LUST AN DER ERKENNTNIS:
Moderne Mathematik

SERIE PIPER
Band 1089

Zu diesem Buch

In diesem Lesebuch aus der Reihe »Lust an der Erkenntnis« sind wichtige Grundlagentexte der modernen Mathematik des 19. und 20. Jahrhunderts zusammengestellt. Es beginnt jedoch mit einem längeren, für den Laien sicher besonders reizvollen Kapitel über die »mathematische Kleinkunst«: Bedeutende Forscher haben sich nebenher oft auch mit elementar-verständlichen Problemen beschäftigt, die jedem unmittelbar zugänglich sind, z. B. mit dem Lebesgueschen Tafelproblem. Danach folgen Kapitel über die Grundlagenforschung der letzten 150 Jahre: Grundlagen der Geometrie, Mengenlehre, Fundierung der Analysis, Intuitionismus, mathematische Logik usw. Sie enthalten Originalbeiträge von Hilbert, Poincaré, Einstein, Cantor, Fraenkel, Landau und vielen anderen. In diesen Kapiteln werden auch neuere Ansätze der letzten Jahrzehnte vorgestellt, so die Nicht-Cantorsche Mengenlehre und die Non-Standard-Analysis. Hier kommen jüngere Mathematiker (Cohen, Hersh, Laugwitz) zu Wort. Im letzten Kapitel zieht der Autor aus den Auseinandersetzungen um die Grundlagen der Mathematik ein sehr persönliches Fazit.

Herbert Meschkowski, 1909–1990, Professor für Mathematik an der Pädagogischen Hochschule und an der Freien Universität Berlin. Das vorliegende Buch ist das letzte Werk Herbert Meschkowskis. Er ist unmittelbar nach der Fertigstellung des Manuskripts gestorben. Außerdem liegen im Piper Verlag vor: Was wir wirklich wissen, 1984; Wandlungen des mathematischen Denkens, 1985; Jeder nach seiner Façon, Berliner Geistesleben 1700–1810, 1986; Von Humboldt bis Einstein, 1989; Mathematik, verständlich dargestellt (SP 634).

LUST AN DER ERKENNTNIS:

Moderne Mathematik

Eine Lesebuch

Herausgegeben von
Herbert Meschkowski

Piper
München Zürich

In der Reihe »Lust an der Erkenntnis« liegen
in der Serie Piper bereits vor:
Die Philosophie des 20. Jahrhunderts (547)
Die Theologie des 20. Jahrhunderts (646)
Die klassische deutsche Philosophie (750)
Russisches Christentum (866)
Politisches Denken im 20. Jahrhundert (955)
Die Psychologie des 20. Jahrhunderts (1063)
Triumph und Krise der Mechanik (1146)
Weitere Bände sind in Vorbereitung.

Von Herbert Meschkowski liegt
in der Serie Piper außerdem vor:
Mathematik verständlich dargestellt (634)

ISBN 3-492-11089-4
Originalausgabe
Februar 1991
© R. Piper GmbH & Co. KG, München 1991
Umschlag: Federico Luci,
unter Verwendung des »Gemäldes mit Rot, Blau und Gelb« (1930)
von Piet Mondrian
(© VG Bild-Kunst, Bonn 1990)
Foto Umschlagrückseite: H. Krautwurst
Gesamtherstellung: Clausen & Bosse, Leck
Printed in Germany

Inhalt

Vorwort

Dieses Buch ist unter ungewöhnlich schwierigen Umständen entstanden. Schon lange gesundheitlich stark beeinträchtigt und viele Monate ans Bett gefesselt, hat HERBERT MESCHKOWSKI mit der ihm eigenen Energie weiter an »seinen Projekten« gearbeitet. Er ist unmittelbar nach Fertigstellung des Manuskriptes zu diesem Buch verstorben; ein Vorwort hatte er noch nicht verfaßt.

Als sein langjähriger Mitarbeiter danke ich an seiner Stelle all denen, die an der Verwirklichung dieses Projektes ihren Anteil haben, vor allem seinen unermüdlichen Helfern bei der Herstellung des Manuskriptes, Frau HILDEGARD FREY, Frau ANNELIESE MALLACH und Herrn CHRISTIAN ROSE. Ohne ihren Einsatz wäre es MESCHKOWSKI nicht möglich gewesen, die Arbeit an diesem Buch zu einem erfolgreichen Abschluß zu bringen. Dem Verlag, insbesondere Frau RENATE DÖRNER, sei für die gute und verständnisvolle Zusammenarbeit gedankt.

Das Buch wendet sich, wie alle Werke dieser Reihe, primär an den Leser ohne spezifische Fachkenntnisse. Dieser tut gut daran, die Hinweise zu beachten, die MESCHKOWSKI in dem einführenden Kapitel gegeben hat. Mögen die Originaltexte noch so sorgfältig ausgewählt sein, das Nachvollziehen mathematischer Gedankengänge – gerade auch aus dem hier vielfach angesprochenen Grundlagenbereich – birgt für den mathematischen Laien besondere Schwierigkeiten. Er wird sie nur überwinden, wenn er die »Lust am Denken« bereits mitbringt. Dafür gewinnt er Einblicke in Fragestellungen, Methoden und Ergebnisse einer Wissenschaft, deren Aussagen gemeinhin als »absolut gesichert« gelten. Doch sollte er sich dabei auf manche Überraschung gefaßt machen.

Gewiß hätte MESCHKOWSKI noch einige Ergänzungen oder Abrundungen der Darstellung vorgenommen, wenn ihm die Zeit dazu verblieben wäre. So war es mir überlassen, diese Abstimmungen zu vollziehen; verständliche Wünsche des Verlages machten zusätzliche Änderungen notwendig. Ich hoffe, daß beides ohne Bruch gelungen ist. Die in diesem Buch abgedruckten Texte enthalten ihrerseits Hinweise auf Veröffentlichungen Dritter, die in der Regel in das Literaturverzeichnis aufgenommen worden sind. Bei aus Büchern oder umfangreicheren Artikeln entnommenen Abschnitten sind sinnlos gewordene Verweise auf nicht abgedruckte Textstellen grundsätzlich eliminiert worden, ohne daß dies im einzelnen vermerkt wurde. Soweit es für das Verständnis notwendig erschien, ist das durch Fußnoten ausgeglichen worden, die im Gegensatz zu den durch Sterne gekennzeichneten Originalfußnoten arabisch beziffert sind. Andererseits ist auf die Übernahme mancher Fußnote aus dem Originaltext verzichtet worden, besonders dann, wenn sie nur Angaben für den Fachmann enthielt. Auch darauf wird nicht extra hingewiesen. Nur bei Auslassung längerer Textpassagen ist die entsprechende Stelle markiert. Anfang und Ende der Zitate aus Werken der Mathematik wurden durch die Symbole □ bzw. ■ gekennzeichnet.

Es war stets das Ziel HERBERT MESCHKOWSKIS, möglichst vielen Menschen die Grundgedanken der Mathematik nahezubringen. Möge deshalb auch dieses Buch – sein letztes – einen breiten Leserkreis finden.

Berlin, im Frühjahr 1991   *Winfried Nilson*

Zur Einführung

Der Berliner Schulmathematiker WILLY GRIEPENTROG hat einmal gesagt:»Es gibt nur zwei Arten von Menschen: Mathematiker und Idioten!« Mancher Leser mag verärgert sein über diesen schulmeisterlichen Satz. Was soll diese Beschimpfung der Leute, die sich nicht für die exakten Wissenschaften interessieren?

Wer aber diese These so aufnimmt, hat sie mißverstanden. Gemeint ist nicht eine Beschimpfung derer, die keinen Spaß an der Mathematik haben. Unser Schulmeister will vielmehr etwas sehr Tröstliches sagen: Die Mathematik ist keine Geheimwissenschaft, die nur solchen Menschen offen ist, die über einige besondere Windungen im Gehirn verfügen. Jedem Menschen vielmehr, der bei klarem Verstand ist, kann auch die Mathematik zugänglich gemacht werden. Er »ist ein Mathematiker«.

Aber auch diese freundlich-optimistische Interpretation dürfte Widerspruch erfahren. Gibt es nicht genug sprachlich begabte Menschen, die in der Mathematik ihre Schwierigkeiten haben? Und ist nicht jedes mathematische Fachbuch für die Mehrzahl der gebildeten Menschen ein Buch mit sieben Siegeln? Hat nicht schon GOETHE über das »Hexengewirre« der mathematischen Formeln geschimpft?

Das ist wahr. Die Schwierigkeit liegt in dem strengen Aufbau der mathematischen Begriffsbildungen. Jede mathematische Aussage bleibt unverständlich, wenn sie nur *einen* Begriff enthält, der dem Leser nicht vertraut ist. Deshalb sind auch die Probleme des mathematischen Unterrichts (in jeder Form) so anders als die etwa des philologischen. Man kann im allgemeinen der Einführung in ein Werk der Dichtung folgen, auch wenn man einmal eine Unterrichtsstunde versäumt (oder einfach verschlafen) hat. In der Mathematik ist das anders. Wenn etwa in einer Stunde der Gruppenbegriff eingeführt und beim nächsten Mal auch benutzt wird, dann bleibt die zweite Lektion jedem völlig unverständlich, der aus irgendeinem Grunde die Definition nicht parat hat. Ähnliches gilt für den Umgang mit der mathematischen Formalsprache. Wer die Symbole eines Kalküls beherrscht, kann damit leicht umgehen. Dem andern erscheint sie als ein »Hexengewirre«. Die Folgerungen aus dieser Einsicht für den Unterricht liegen auf der Hand. Ein guter Lehrer sollte erreichen, daß alle seine Schüler »Mathematiker« werden. Bei Fehlleistungen sollte er bemüht sein, die dem Schüler unverständlichen Begriffsbildungen zu verdeutlichen.

Wir wollen mit diesen Hinweisen hier nur deutlich machen, wie schwer es ist, ein »mathematisches Lesebuch« über die moderne Mathematik zusammenzustellen.

Die mathematische Forschung hat im neunzehnten und zwanzigsten Jahrhundert gewaltige Fortschritte gemacht. Neue Disziplinen entstanden, die ihre eigenen Formalsprachen entwickelt haben. Ihre Ergebnisse werden in dieser Formalsprache mitgeteilt, und bei den vielfältigen Verzweigungen der mathematischen Wissenschaft ist es heute sogar auch einem sehr tüchtigen Mathematiker nicht mehr möglich, alle Veröffentlichungen seiner Wissenschaft zu verstehen. Man kann ja in einem Bericht über ein Forschungsergebnis nicht alle benutzten Definitionen wiederholen. Frühere Ergebnisse, vor allem aber die einschlägigen Begriffsbildungen, werden als bekannt vorausgesetzt. Sie sind aber nur dem Kollegen vertraut, der in der Nähe dieses Forschungsgebietes gearbeitet hat. Daran liegt es, daß man zum Beispiel dem an der Philosophie Interessierten sehr wohl zu »Lust an der Erkenntnis« verhelfen kann, indem man ihm die (notfalls kommentierten) Arbeiten eines Philosophen vorlegt. Um aber eine Arbeit über moderne Funktionalanalysis einem Gebildeten verständlich zu machen, müßten die Kommentare den Umfang von Lehrbüchern haben.

Trotzdem brauchen wir nicht an der übernommenen Aufgabe zu verzweifeln. Was an der modernen Mathematik erkenntnistheoretisch besonders bedeutsam ist, sind nicht knifflige Resultate der Kalküle, sondern die Ergebnisse der Grundlagenforschung, die man auch dem interessierten Laien verständlich machen kann. Man muß also jene Stellen aus der modernen mathematischen Literatur auswählen, die neue Fundamente schaffen.

Nehmen wir als Beispiele die Mengenlehre und die mathematische Logik. Georg Cantor (1845–1918), der Begründer der Mengenlehre, ist nicht müde geworden, in langen handgeschriebenen Briefen Gymnasiallehrer, Philosophen oder Theologen über die Elemente seiner Theorie des Unendlichen zu informieren. Natürlich kann man auch aus den gedruckten Publikationen einzelne Arbeiten herausfinden, die zu einer solchen Einführung geeignet sind. Ähnliches läßt sich über die Anfänge der mathematischen Logik sagen. In beiden Fällen werden damit Felder der Forschung erschlossen, die für allgemeine Einsichten in die Möglichkeiten und Grenzen mathematischer Verfahren besonders wichtig sind. Jeder philosophische Kopf unserer Zeit muß deshalb bemüht sein zu verstehen, was die Mathematik zur Erkenntnistheorie beizutragen hat. Hat doch Heinrich Scholz die berühmte Gödelsche Arbeit »eine Kritik der reinen Vernunft vom Jahre 1931« genannt. Solche Einsichten sind wichtiger als Einzelheiten, die nur durch formales Rechnen zu gewinnen sind. Da die moderne Mathematik nicht nur den Ausbau der alten klassischen Methoden gebracht hat, sondern immer wieder Ansätze zu einem neuen Selbstverständnis machte, gibt es schon Arbeiten, die für interessierte Laien geeignet sind.

Natürlich hat ein solches Vorhaben seine Probleme; wir müssen uns auf das Elementare beschränken, vor allem auf die Fundierung alter und neuer mathematischer Disziplinen. Damit kommen wir tatsächlich zu einem guten Verständnis der Mathematik unserer Zeit. Das ist ja gerade ihr Charakteristikum. Sie fragt nach den Grundlagen, sie wagt neue Anfänge. Früher bestand die Neigung, das Elementare als gegeben hinzunehmen. Wenn wir also den schöpferischen Mathematikern, die neue Anfänge wagen, über die Schulter gucken, dann haben wir die Chance, moderne Mathematik zu verstehen.

Freilich, es gibt auch heute viele Publikationen (es sind die meisten), die nicht bei den Anfängen stehenbleiben, sondern Theorien mit verzwickten Formalismen ausbauen. Ihnen können wir in diesem Lesebuch nicht folgen.

Es gibt aber noch einen ganz anderen Weg, auf dem wir Außenseiter an die Denkweise der Mathematiker heranführen können. Zu allen Zeiten hat das Leben Fragen gestellt, die das mathematische Denken herausfordern, ohne daß sofort klar wäre, welche

11

vorhandenen Theorien hilfreich sein könnten. Am besten, man läßt sich etwas Neues einfallen. Auf diese Weise gewinnt man einen Zugang zu ursprünglichem mathematischem Denken. Zuweilen findet sich in den mathematischen Zeitschriften unseres Jahrhunderts neben den vielen Arbeiten über partielle Differentialgleichungen, HILBERTsche Räume und Tensorrechnung auch einmal eine Abhandlung, die sich einem anscheinend elementaren Problem zuwendet, das den Forschern bisher entgangen war. Beispiele bringen wir im nächsten Kapitel.

Es steht zu hoffen, daß dieses Kapitel über »mathematische Kleinkunst« gerade bei solchen Lesern Anklang findet, die Freude am eigenen Forschen und Tüfteln haben. Die folgenden Kapitel bringen dann eine Einführung in die Grundlagenfragen jener Disziplinen, mit denen sich die moderne Mathematik vorwiegend beschäftigt hat. Der in Mathematik ungeübte Leser sollte sich bei der Beschäftigung mit mathematischer Literatur darauf einstellen, daß in den exakten Wissenschaften ein anderer Stil des Lesens vonnöten ist als etwa bei der Zeitungslektüre. Die mathematische Sprache bringt komprimierte Information, und es kommt wirklich auf jedes Wort an.

Ein Beispiel mag das erläutern. Wenn Sie in der Zeitung lesen, daß der scheidende Minister sein Amt »wohl verwaltet« habe, dann werden Sie dieses Adverb »wohl« nicht besonders wichtig nehmen. Das ist eine freundliche Floskel, die dies oder das oder auch nichts bedeuten kann.

Wenn Sie aber in einem mathematischen Text lesen, daß eine Menge »wohlgeordnet« sei, dann tun Sie gut, dieses »wohl« wichtig zu nehmen. Sie verstehen vorbei, wenn Sie das als eine nichtssagende Redensart hinnehmen.

Eine (linear) geordnete Menge[1] heißt wohlgeordnet, wenn jede nicht leere Teilmenge ein erstes Element hat.

---

1 Die Bezeichnungen für die Ordnungsbegriffe sind in der Mathematik leider besonders uneinheitlich. Wenn hier im Buch von »geordneten Mengen« die Rede ist, so denke man dabei stets an »linear geordnete Mengen«, d. h. an Mengen, bei denen je zwei verschiedene Elemente bzgl. der Ordnungsrelation $<$ »vergleichbar« sind (also stets genau eine der Beziehungen $a < b$, $b < a$, $a = b$ gilt). Die Kleinerrelation $<$ in der Menge der rationalen Zahlen ist von diesem Typ.

Das soll an einem Beispiel verdeutlicht werden. Setzen wir als bekannt voraus, daß die rationalen Zahlen durch die Beziehung < (»kleiner«) geordnet sind. Von zwei verschiedenen rationalen Zahlen ist immer eine von beiden kleiner als die andere, etwa a < b, und aus a < b, b < c folgt a < c. Die Menge der rationalen Zahlen zwischen 0 und 1 ist in diesem Sinne linear geordnet, aber sie ist nicht wohlgeordnet. Sie enthält ja zum Beispiel die Teilmenge

$$\{\tfrac{1}{2}, \tfrac{1}{3}, \tfrac{1}{4}, \tfrac{1}{5}, \ldots\},$$

die kein kleinstes Element enthält. Dagegen ist die Menge $\mathbb{N}$ der natürlichen Zahlen $\{1, 2, 3, 4, \ldots\}$ offenbar *wohlgeordnet*.

Wenn in einem mathematischen Text das Wort »offenbar« steht, dann geht es um eine Aussage, von der der Autor meint, daß er ihre Begründung dem Leser überlassen kann. Weshalb also ist die Menge $\mathbb{N}$ der natürlichen Zahlen wohlgeordnet? Sei N′ eine nicht leere Teilmenge von $\mathbb{N}$, a eines ihrer Elemente. Wenn es dann das kleinste Element von N′ ist, dann haben wir ja das gesuchte Objekt gefunden. Ist aber a nicht das kleinste Element, dann betrachte man die Zahlen 1, 2, 3, ..., a−1 und prüfe, ob sie zu N′ gehören. Die erste Zahl mit dieser Eigenschaft ist dann das gesuchte kleinste Element von N′.

Diese Hinweise auf den Stil des Lesens mathematischer Texte mögen genügen. Der strenge Aufbau der Mathematik bedingt eben, daß man die Ausführungen in einem mathematischen Lehrbuch nur versteht, wenn man die jeweils vorangehenden gelesen – besser: erarbeitet – hat.

Bei einem »Lesebuch« zur Mathematik können die Anforderungen an den Leser jedoch nicht ganz so streng sein. Dieses Buch ist so angelegt, daß es von einem Kerngedanken durchzogen wird: der Entwicklung der Grundlagenprobleme der Mathematik in den letzten 100 Jahren.[1] Dennoch sind die einzelnen Kapitel weitgehend in sich abgeschlossen. Man kann also etwa das Kapitel über »Analysis« verstehen, ohne die vorangehenden in allen Einzelheiten erarbeitet zu haben. Innerhalb der Kapitel, und besonders bei der Lektüre der darin aufgenommenen Arbeiten, ist es jedoch rat-

---

1 Dabei sind einige neuere Entwicklungen allerdings nicht berücksichtigt.

sam, sich an die obigen Hinweise zu erinnern. Es hat wenig Sinn, sich über »Non-Standard-Analysis« informieren zu wollen, wenn man keine Grundkenntnisse in Analysis mitbringt.

Obwohl möglichst voraussetzungsarme und breit angelegte Darstellungen über die einzelnen Sachgebiete aufgenommen worden sind, wird der Leser sich dennoch bei einigen Artikeln mit dem Problem konfrontiert sehen, daß Begriffe auftreten oder auf Sachverhalte zurückgegriffen wird, die im Rahmen dieses Buches nicht erklärt bzw. behandelt worden sind. Dies ist um des Lesebuchcharakters willen bewußt in Kauf genommen worden. Dann kann der Griff zu einem mathematischen Lexikon helfen, oder man muß darauf verzichten, alle Einzelheiten des betreffenden Abschnittes zu verstehen. Und wenn der Leser erkennt, daß solche Lücken nicht »zu dicht liegen«, so halte er es ruhig mit der Aufforderung des im folgenden ausführlich zu Worte kommenden »Meisters der mathematischen Kleinkunst«, ROLAND SPRAGUE, der in solchen Fällen zu seinen Hörern zu sagen pflegte: »Dann vertagen Sie eben das Verständnis auf später!«

Das Verständnis des Grundgedankens dieses Buches dürfte dadurch kaum beeinträchtigt werden.

I. Mathematische Kleinkunst

1. Einführung

Auf einem Schulausflug erzählte unser Turnlehrer über eine mathematische Aufgabe, die das Schicksal eines Abiturienten entscheiden sollte. Wenn er sie richtig löste, sollte die Prüfung als bestanden gelten. Er hat die richtige Antwort nicht gefunden, der Arme, obwohl es doch um ganz elementares Rechnen ging.

Dies ist die Aufgabe: In der Wüste treffen zwei Araber einen Wanderer, der am Verhungern ist, und er bittet sie um Hilfe. Sie teilen redlich zu gleichen Teilen, was sie haben. Einer der Araber besaß fünf Datteln, der andere drei. Der dankbare Wanderer gab seinen Lebensrettern alles, was er besaß: acht Goldstücke. Und er fügte hinzu: »Für das, was ihr mir gegeben habt.« – Später gerieten die beiden Araber über diese Gabe in Streit; der eine meinte, jeder solle vier Goldstücke erhalten. Der Araber aber, der fünf Datteln zu der gemeinsamen Mahlzeit beigesteuert hatte, hielt eine Teilung 5:3 für angemessen. Sie konnten sich nicht einigen und liefen zum Kadi, der ein gerechter Mann und ein guter Rechner war. Wie hat er entschieden?

Die meisten Hörer dieser Geschichte sind geneigt, die 5:3-Teilung für richtig zu halten, und auch der in arge Verlegenheit gebrachte Abiturient dachte so.

Und doch hat der Richter anders entschieden. Die Juristen haben mit den Mathematikern das eine gemeinsam, daß sie sich genau an den Wortlaut der Aussagen halten. Der Geber hatte seine Goldstücke für das bestimmt, was die anderen ihm gegeben hatten. Wenn man acht Datteln auf drei Leute verteilt, so kommen auf jeden $2\frac{2}{3}$. Der Araber mit den drei Datteln hat also nur *ein Drittel* einer Frucht an den Wanderer abgegeben. Der andere, der

15

fünf Datteln besaß und ebenfalls $2\frac{2}{3}$ Früchte gegessen hatte, hat also dem hungrigen Fremden sieben Drittel gegeben. Das gerechte Verhältnis ist also 1:7.

2. Die drei Götter

Die eben behandelte Aufgabe konnte man durch schlichtes Rechnen und sorgfältiges Beachten des Textes lösen. Aber nicht alle mathematischen Probleme lassen sich einfach durch Anwenden eines mathematischen Kalküls erledigen. LICHTENBERG, der geistreiche Spötter, hat den Mathematikern zwar vorgeworfen, daß sie nichts weiter können als rechnen. Und das sei »schließlich mehr das Werk der Routine als des Denkens« [81, 82][1].

Natürlich spielen in der Mathematik die Kalküle eine große Rolle. Es gibt aber immer wieder jene großen Augenblicke, wo man mit Fragen konfrontiert wird, auf die kein Kalkül paßt. Und dann muß sich der Mathematiker dadurch bewähren, daß ihm etwas »einfällt«. Auch heute kommt es immer wieder vor, daß das Leben Fragen mathematischen Charakters stellt, für die man zunächst keine Möglichkeit sieht, sie mit Hilfe der bekannten Rechenverfahren zu lösen. Als ein Beispiel nennen wir das seit den achtziger Jahren des vorigen Jahrhunderts viel diskutierte »Vierfarbenproblem«. Es fiel den Geographen auf, daß man bei der Färbung einer Landkarte immer mit vier Farben auskommt, wenn man sich zur Regel macht, daß Länder mit einer gemeinsamen Grenze verschieden zu färben sind. Wenn man also auf einer politischen Europakarte Deutschland blau und die Schweiz grün färbt, dann darf man zum Beispiel auch Dänemark grün anstreichen, weil ja Dänemark und die Schweiz keine gemeinsame Grenze haben.

Es steht hier nicht zur Diskussion, ob es für die Anschaulichkeit zweckmäßig ist, mit möglichst wenig Farben auszukommen. Es ist aber doch ein bemerkenswertes Faktum, daß vier Farben hinreichen. Alle praktischen Versuche haben das bisher bestätigt. Aber kann man es auch exakt beweisen? Es ist nicht schwer zu zeigen,

---

1 Die in eckige Klammern gesetzten Zahlen verweisen auf das Literaturverzeichnis.

daß man jedenfalls immer mit *fünf* Farben auskommt (s. [107], S. 62ff.). Aber um den exakten Beweis für den *Vier*farbensatz haben sich die Mathematiker jahrzehntelang vergebens bemüht.

Wir wollen es uns versagen, auf dieses Problem ausführlicher einzugehen. Über den neuesten Stand der Forschung (in der auch die Computertechnik hinzugezogen wird) berichtet LAUGWITZ [78].

Das Vierfarbenproblem ist eines der vielen Beispiele, die zeigen, wie sehr vom Mathematiker nicht formaler Schematismus, sondern Einfallsreichtum gefordert wird. Deshalb beschäftigen sich viele Mathematiker auch gern mit solchen Fragestellungen, in denen dieser Einfallsreichtum herausgefordert wird. Das ist in vieler Hinsicht reizvoller als der Ausbau von Kalkülen. Ein Meister dieser mathematischen Kleinkunst war mein Lehrer und Kollege ROLAND SPRAGUE (1894–1967). Er war ein Nachkomme von MOSES MENDELSSOHN, ein Urenkel von ERNST EDUARD KUMMER (1810–1893) und ein Enkel von HERMANN AMANDUS SCHWARZ (1843–1921). Die von diesen ererbte mathematische Begabung erwies sich in der Neigung, immer neue, ausgefallene Probleme zu lösen. Seine Meisterschaft in der mathematischen Kleinkunst zeigt sich in seiner Aufgabensammlung, aus der wir noch einiges zitieren wollen.

Zunächst will ich über zwei Denkaufgaben berichten, die er mir mitgeteilt hat.[1] Da ist zunächst das Problem mit den drei Göttern. Im alten Griechenland gab es einen Tempel, in dem die Statuen dreier Götter aufgestellt waren: der Gott der Wahrheit, der Gott der Lüge und der Gott der Diplomatie. Der erste Gott sagte immer die Wahrheit, der zweite log immer, und der dritte sagte manchmal die Wahrheit, und manchmal schwindelte er. Dieser Tempel war für das griechische Volk ein Orakel, und sie zogen in den heiligen Hain, um Antwort auf ihre Fragen zu finden. Aber leider wußten sie nicht, welcher von den dreien der Gott der Wahrheit war, welcher der der Lüge und welcher der der Diplomatie. Die Priester des Tempels wußten es, aber sie verrieten es nicht. Da kam der weise SOKRATES daher und identifizierte die drei Götter durch geschicktes Fragen.

Wie konnte man da zum Ziel kommen? Stellen wir uns vor, er

---

1 Es ist mir nicht bekannt, ob es noch frühere Quellen gibt.

würde jeden der drei Götter fragen: »Bist du der Gott der Wahrheit?« Dann könnte es ihm passieren, daß alle drei mit »ja« antworten. Der Gott der Wahrheit sagte ja damit die Wahrheit, der Gott der Lüge log pflichtgemäß und der »Diplomat« schwindelte diesmal auch. Wir wollen die drei Götter mit A, B und C bezeichnen und uns vorstellen, daß sie so nebeneinander standen:

A   B   C

SOKRATES fragte den Gott A: »Wer ist dein Nachbar B?« Die Antwort lautete: »Der Gott der Wahrheit.« Dann wandte er sich an B selbst und fragte ihn: »Wer bist du?« Die Antwort war: »Der Gott der Diplomatie.« Schließlich wandte er sich an den dritten mit der Frage: »Wer ist dein Nachbar?« Die Antwort war: »Der Gott der Lüge.« Damit hatte SOKRATES die Gottheiten identifiziert. Man kommt am einfachsten auf die Lösung, wenn man danach fragt, welches wohl der Gott der Wahrheit sei. A kann es nicht sein (sonst hätte er nicht behauptet, B sei der Gott der Wahrheit). B kann es auch nicht sein, sonst hätte er sich dazu bekannt. C ist also der Gott der Wahrheit, B der der Lüge (weil C es gesagt hat), und A ist schließlich der Diplomat (der in diesem Fall lügt).

Eine andere SPRAGUE-Story vom klugen SOKRATES: Eines Tages stand er an einer Wegkreuzung, von der ein Weg nach Athen, ein anderer nach Sparta führte. Der Wegweiser war zerstört, aber es waren da zwei landeskundige Brüder, die er fragen konnte. Einer dieser Brüder log immer, der andere sagte stets die Wahrheit. Nur wußte SOKRATES nicht, welcher von beiden der Lügner, welcher der Wahrheitsliebende war. Wie konnte SOKRATES fragen, um die Richtungen herauszufinden? SOKRATES fragte: »Würde Ihr Herr Bruder sagen, daß diese Straße nach Sparta führt?« Nehmen wir an, daß die Straße wirklich nach Sparta führt. Dann würde der »wahre« Bruder mit »nein« antworten, weil er ja weiß, daß sein Bruder lügt. Hat er aber seine Frage an den »Lügenbruder« gerichtet, so würde dieser auch mit »nein« antworten, weil er ja selbst ein Lügner ist. Aus einem »nein« könnte SOKRATES schließen, daß der fragliche Weg tatsächlich nach Sparta führt.

Wir bringen nun einige Beispiele aus der Aufgabensammlung [127] von ROLAND SPRAGUE.

3. Aus SPRAGUES Aufgabensammlung

1. Ein Spiel mit vier Zahlen

Bildet man zu vier beliebigen ganzen Zahlen a, b, c, d reihum ihre Differenzbeträge $|a-b|$, $|b-c|$, $|c-d|$, $|d-a|$, so entsteht eine neue Reihe von vier ganzen (nichtnegativen) Zahlen, aus der man wieder eine dritte gewinnen kann, und so fort.

Das Beispiel $a = 5$, $b = 11$, $c = 0$, $d = 2$ führt zur Tabelle:

5	11	0	2
6	11	2	3
5	9	1	3
4	8	2	2
4	6	0	2
2	6	2	2
4	4	0	0
0	4	0	4
4	4	4	4
0	0	0	0

Die zehnte und jede folgende Reihe besteht aus lauter Nullen.

Weitere Versuche scheinen dafür zu sprechen, daß früher oder später stets die Nullenreihe auftritt. Ersetzt man im Beispiel die 11 durch 12, so hat schon die achte Reihe vier Nullen; ersetzt man aber die 11 durch irgendeine riesige ganze Zahl, dann steht die erste Nullenreihe sogar in der siebenten Zeile. Damit erheben sich folgende Fragen:

(1) Ergibt sich *stets* schließlich eine Reihe von Nullen? Und wenn dies bejaht wird,

(2) existiert eine Zahl N mit der Eigenschaft, daß in jedem Falle spätestens die N-te Zeile des Schemas aus lauter Nullen besteht?

(Vorsicht! Im Spiel mit *drei* Zahlen enthält die mit 0, 0, 1 beginnende Tabelle *keine* Nullenreihe.)

2. Von Ziffernsystemen und Palindromen

Um Zahlen zu schreiben, benutzen wir heute ein Verfahren, das mit zehn verschiedenen Zeichen auskommt, nämlich mit den Ziffern von 0 bis 9. Wir haben gelernt, z. B. die Summe $3 \cdot 10^3 + 0 \cdot 10^2 + 9 \cdot 10 + 7$ kurz und unmißverständlich durch 3097 zu bezeichnen, und ein Schulkind kann nachprüfen, daß diese Zahl sich ergibt, wenn man 163 mit 19 multipliziert. Um die Schwierigkeit einer solchen Aufgabe mit römischen Zahlzeichen zu ermessen, bedenke man, daß im Jahre 1326 die Aufstellung des Einmaleins bis $50 \cdot 50$ durch den damaligen Rektor der Universität Paris als bedeutende wissenschaftliche Leistung galt.

Die Bevorzugung der Zahl 10 in unserem Ziffernsystem ist nicht mathematisch begründet: der Anfänger im Rechnen nimmt seine Finger zu Hilfe; »Ziffer« und »Finger« haben im Englischen denselben Namen.

Im System mit der Grundzahl 5 ist $3097 = 4 \cdot 5^4 + 4 \cdot 5^3 + 3 \cdot 5^2 + 4 \cdot 5 + 2$ und darum als »44342« zu schreiben, dort gibt es nur die Ziffern von 0 bis 4, $5 = 1 \cdot 5 + 0$ wird zu »10« und 55 $= 2 \cdot 5^2 + 1 \cdot 5 + 0$ zu »210«.

Im System mit der Grundzahl 2, dem »dyadischen« oder »binären« Ziffernsystem gibt es dementsprechend nur die Ziffern 0 und 1, dafür übertrifft freilich die »Länge«, d. h. die Stellenzahl, einer dyadisch geschriebenen Zahl, von endlich viel Ausnahmen abgesehen, das Dreifache ihrer Länge im dekadischen System.

Ebenso einfach wie im dekadischen System entscheidet man in anderen Systemen, welche von zwei Zahlen größer ist. Haben sie ungleiche Länge, so ist die längere auch die größere Zahl. Sonst vergleicht man, von links beginnend, ihre Ziffern: die Zahl, die zuerst eine höhere Ziffer hat als die andere an der gleichen Stelle, ist dann größer. So ist 1100 größer als 1011, um welches System es sich auch handele.

Das Addieren zweier dyadisch geschriebenen Zahlen ist leicht zu lernen. Man schreibt sie wie im dekadischen System untereinander, fängt mit dem Rechnen von rechts an und hat nur etwaige Überträge von 1 auf die nach links folgende Stelle zu beachten. Das Beispiel

$$
\begin{array}{r}
11011 \\
+ \ 1110 \\
\hline
101001
\end{array}
\quad \left(\text{dekadisch:} \begin{array}{r} 27 \\ + \ 14 \\ \hline 41 \end{array} \right)
$$

enthält schon alle Schwierigkeiten.

Für das dyadische System läßt sich eine Frage beantworten, die im dekadischen System noch offen zu sein scheint. Addiert man im

20

dekadischen System zwei Zahlen, welche die entgegengesetzte Ziffernfolge aufweisen, so kann es sein, daß die Summe ein »Palindrom« wird, d. h. eine Zahl, die von links gelesen dieselbe Ziffernfolge zeigt wie von rechts; z. B. ergibt die Summe von 1030 und 0301 das Palindrom 1331. Es kann aber auch sein, daß die Summe kein Palindrom wird, wie bei 812 + 218 = 1030, wo dann erst die nochmalige Anwendung des Verfahrens zu einem Palindrom führt, nämlich eben zu 1331. Die erwähnte Frage ist nun, ob man von *jeder* Zahl aus auf diese Art früher oder später zu einem Palindrom gelangt. Diese Frage ist für das dyadische System zu verneinen: Im dyadischen System ergibt der obige Prozeß, beliebig oft angewandt auf die Zahl »10110« (dekadisch: 22), nie ein Palindrom. Beweis?

3. Zwei Tafelrunden

Für n Personen, die um einen kreisförmigen Tisch sitzen, sollen zwei Tischordnungen so angegeben werden, daß je zwei Personen beidemal verschieden weit voneinander entfernt sitzen.

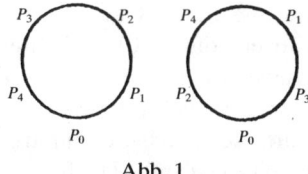

Abb. 1

Für $n = 5$, mit den Personen $P_0, P_1, \ldots, P_4$ wird die Aufgabe z. B. durch Abb. 1 gelöst.

Für $n < 5$ gibt es keine zwei solche Tafelrunden, aber auch nicht für $n = 6$. Für welche Werte von n existieren derartige Tischordnungen?

4. Ein Gewichtssatz von Laputa

In der von Gulliver beschriebenen, magnetisch über dem Lande schwebenden Stadt Laputa empfahlen die Mathematiker neue Gewichtssätze mit je einem Stück von 1, 2, 4, 8, $\ldots$, allgemein 2^n ($n = 0, 1, 2, \ldots, k$) Gramm, aus denen jede ganze Zahl von Grammen zusammengesetzt werden könne (sogar eindeutig; dyadisches Ziffernsystem).

Durch eine bei der Zerstreutheit der dortigen Gelehrten äußerst naheliegende Verwechslung wurden statt dessen Gewichtssätze mit je einem Stück von n^2 ($n = 0, 1, 2, \ldots, k$) Gramm in Auftrag gegeben, so daß sich in den Kästen auch eine zylindrische Vertiefung für 0^2 g befand, die natürlich leer blieb. Da nicht jede Anzahl aus lauter verschiedenen Quadratzahlen zusammengesetzt werden kann, z. B. 2, 3, 6 und noch andere nicht, waren diese Gewichtssätze unbrauchbar, weil ein Dekret des Königs Subtraktionen an der Waage generell verbot. Um die Produktion nicht ganz verlorengeben zu müssen, untersuchten die Experten, ob durch ein Zusatzgewicht von x g an der leeren Stelle im Kasten, das beim Wägen im Bedarfsfall stets (mit Sondergenehmigung) auf die Warenseite gelegt werden sollte, zu erreichen sei, daß die Zahlen $2 + x, 3 + x, 6 + x$ usw. Summen von verschiedenen Quadratzahlen würden. Die Untersuchung ergab die Existenz solcher Zahlen x. Die kleinste wurde gewählt. – Welche ist es?

5. Eine Eigenschaft der harmonischen Reihe

»Harmonisch« heißt die Reihe $1 + \frac{1}{2} + \frac{1}{3} + \ldots + \frac{1}{n} +$ usw. Jemand versucht, sich schrittweise durch Addition ihrer Glieder dem Wert dieser Summe anzunähern. Er scheitert, weil dieser Wert jede Zahl übersteigt. Hierüber belehrt, beschließt er, seine Arbeit wenigstens so weit fortzusetzen, bis er für irgendein n (> 1) in $1 + \frac{1}{2} + \frac{1}{3} + \ldots + \frac{1}{n}$ auf eine *ganze* Zahl trifft?

Wann wird das sein?

Lösungen

Zu 1:

Die erste Frage ist zu bejahen, die zweite zu verneinen.

(1) Bezeichnet man jede gerade der vier gewählten Zahlen mit »g«, jede ungerade mit »u«, so ergeben sich daraus die Buchstaben aller folgenden Zeilen des Schemas, da die Differenz zweier geraden ebenso wie die zweier ungeraden Zahlen gerade ist, sonst aber ungerade. Man probiert leicht durch, daß spätestens nach viermaligem Bilden der Differenz vier gerade Zahlen entstehen. Dabei kann man Fälle wie $g\,g\,g\,u$ und $u\,u\,u\,g$, wo jedes g durch ein u

ersetzt ist, und umgekehrt, zusammenfassen, weil sie in den weiteren Teilen übereinstimmen. Ferner braucht man von den Fällen $gggu, ggug, gugg, uggg$ nur einen zu behandeln, denn sie gehen durch Reihumtausch der Buchstaben, also auch der Spalten ihrer Tabellen ineinander über. Darum genügt es, die Fälle $uuuu, gggu, gguu$ und $gugu$ zu betrachten. Bei $uuuu$ enthält schon die nächste Zeile vier gerade Zahlen, und das bleibt durch das ganze Schema hin so. Auf $gggu$ folgen nacheinander die Zeilen $gguu$, $gugu, uuuu, gggg$. Hiermit ist allgemein gezeigt, daß nach (höchstens) viermaliger Differenzbildung alle Zahlen gerade werden; die Fälle $gguu$ und $gugu$ kamen eben schon vor. Wenn aber eine Zeile des Schemas vier gerade Zahlen enthält, etwa die Zahlen $2a, 2b, 2c, 2d$, d. h. die Zweifachen von a, b, c, d, so enthält auch jede weitere Zeile die Doppelten der entsprechenden Zeile des zu a, b, c, d gehörigen Schemas, weil $|2x - 2y| = 2 \cdot |x - y|$ ist. Nun enthält (spätestens) die vierte auf a, b, c, d folgende Zeile lauter gerade Zahlen, also die vierte auf $2a, 2b, 2c, 2d$ folgende lauter durch vier teilbare. Diese Schlußweise läßt sich beliebig oft wiederholen und begründet so die Tatsache, daß in jeder solchen Tabelle (spätestens) die fünfte Zeile vier durch 2^1 teilbare Zahlen, die neunte Zeile vier durch 2^2 teilbare Zahlen, die dreizehnte Zeile lauter durch 2^3 teilbare, allgemein die $(4n+1)$-te Zeile vier durch 2^n teilbare Zahlen enthält. Da man n so groß wählen kann, daß 2^n alle Zahlen des Schemas übertrifft, entsteht nur dann kein Widerspruch, wenn es sich um die Nullenreihe handelt.

(2) Es werde eine Folge von nichtnegativen ganzen Zahlen betrachtet, in der vom vierten Gliede an jedes Glied gleich der Summe seiner drei letzten Vorgänger und positiv ist. Sechs aufeinanderfolgende Glieder sind dann etwa

$$a_n, \quad a_{n+1}, \quad a_{n+2}, \quad a_n + a_{n+1} + a_{n+2}, \quad a_n + 2a_{n+1} + 2a_{n+2},$$
$$2a_n + 3a_{n+1} + 4a_{n+2}.$$

Das Spiel mit den *letzten* vier dieser Zahlen führt mit $a_n \leqq a_{n+2}$ zu

a_{n+2}	$a_n + a_{n+1} + a_{n+2}$	$a_n + 2a_{n+1} + 2a_{n+2}$	$2a_n + 3a_{n+1} + 4a_{n+2}$
$a_n + a_{n+1}$	$a_{n+1} + a_{n+2}$	$a_n + a_{n+1} + 2a_{n+2}$	$2a_n + 3a_{n+1} + 3a_{n+2}$
$a_{n+2} - a_n$	$a_{n+2} + a_n$	$a_n + 2a_{n+1} + a_{n+2}$	$a_n + 2a_{n+1} + 3a_{n+2}$
$2a_n$	$2a_{n+1}$	$2a_{n+2}$	$2(a_n + a_{n+1} + a_{n+2})$,

also nach dreimaliger Differenzbildung zu den Doppelten der *ersten* vier Zahlen der obigen Reihe. Die angefangene Tabelle ist daher bis zur Nullenreihe um drei Zeilen länger als die Tabelle zu a_n, a_{n+1}, a_{n+2}, $a_n + a_{n+1} + a_{n+2}$. Jedesmal, wenn man die Gruppe der vier Zahlen in der genannten Zahlenfolge um zwei Glieder nach rechts rückt, braucht man drei Schritte mehr bis zur Nullenreihe.

Wählt man 0,0,1 als Anfangsglieder der Folge, so heißt sie

$$0,0,1,1,2,4,7,13,24,44,81,149,\ldots,$$

und da der Übergang von 0,0,1,1 zu 0,0,0,0 drei Schritte erfordert, sind es bei 1,1,2,4 sechs, bei 2,4,7,13 neun usw. Eine Zahl N mit der besagten Eigenschaft gibt es also nicht. – Auf rationale Zahlen lassen sich diese Ergebnisse leicht verallgemeinern. Werden irrationale Zahlen zugelassen, so kommt man z. B. mit 0, $\sqrt{2}$, π, e schnell auf die Nullenreihe, aber nie mit $1, x, x^2, x^3$, wenn x der Gleichung $x^3 = x^2 + x + 1$ genügt ($x = 1{,}839\ldots$); denn das ist ein Stück einer Folge mit dem erwähnten Bildungsgesetz, die auch nach links hin beliebig weit fortsetzbar ist, mit lauter positiven Gliedern.

Zu 2:
Vier Schritte des Verfahrens, angewandt auf die dyadische Zahl 10110 ergeben die Zahl 10110100, ohne daß zwischendurch ein Palindrom auftritt. Diese Zahl werde als 101_2010_2 geschrieben, sie stellt so den Fall $n = 2$ der allgemeinen Form 101_n010_n dar.

Es soll gezeigt werden, daß vier weitere Schritte zur Zahl $101_{n+1}010_{n+1}$ führen und dabei abermals kein Palindrom vorkommt. Um leichter addieren zu können, schreibe man 101_n010_n, in der Gestalt $101_{n-2}11010_{n-2}00$, was ja dasselbe bedeutet. Die beiden ersten Schritte ergeben nun

$$
\begin{array}{r}
101_{n-2}11010_{n-2}00 \\
+\ 000_{n-2}10111_{n-2}01 \\
\hline
110_{n-2}10001_{n-2}01 \\
+\ 101_{n-2}00010_{n-2}11 \\
\hline
1011_{n-2}10100_{n-2}00,
\end{array}
$$

oder, bequemer für die folgende Addition, $1011_{n-2}110100_{n-2}00$. Der dritte und vierte Schritt liefern

$$101_{n-2}110100_{n-2}00$$
$$+ \quad 000_{n-2}010111_{n-2}01$$
$$\overline{110_{n-2}001011_{n-2}01}$$
$$+ \quad 101_{n-2}101000_{n-2}11$$
$$\overline{1011_{n-2}110100_{n-2}00,}$$

also, wie behauptet, $101_{n+1}010_{n+1}$, und keine Summe ist ein Palindrom, weil dauernd die Formen $\underline{10}\ldots\underline{00}$ und $\underline{11}\ldots\underline{01}$ abwechseln.

Zu 3:
Die Stühle seien fest ebenso numeriert wie die Personen, die beim erstenmal auf ihnen Platz nehmen, etwa im Gegensinn des Uhrzeigers von 0 bis $n-1$. Die Anzahl der Plätze, um welche die Person P_k für die zweite Sitzordnung nach rechts rückt, heiße r_k und sei auch wieder eine der Zahlen von 0 bis $n-1$. In der angegebenen Lösung für $n=5$ ist P_3 um 3 Plätze nach rechts gerückt, sitzt also in der zweiten Tafelrunde auf Platz 1, weil $3+3=6$ bei der Division durch 5 Rest 1 ergibt, in Zeichen: $6 \equiv 1 \pmod{5}$, in Worten: 6 kongruent (= restgleich) 1 modulo (= für den Divisor) 5. – Die Menge der k ist definitionsgemäß die Menge der Zahlen von 0 bis $n-1$.

Die Menge der r_k muß dieselbe Menge sein; denn wären zwei der r_k einander gleich, etwa $r_x = r_y$, so behielten P_x und P_y ihren Abstand bei. (Die Zusatzforderung, daß *jede* Person ihren Platz wechseln solle, ist also unerfüllbar, weil eins der r_k den Wert Null haben muß.)

Ebenso bilden die Reste von $k + r_k$ dieselbe Menge; sie sind ja die Platznummern der zweiten Tischordnung. Endlich besteht auch die Menge der Reste von $2k + r_k$ (bei der Division durch n) aus den Zahlen von 0 bis $n-1$; denn wäre $2x + r_x \equiv 2y + r_y \pmod{n}$, so folgt $x - y \equiv (y + r_y) - (x + r_x) \pmod{n}$, und P_x und P_y hätten in beiden Tafelrunden den gleichen Abstand, nur in entgegengesetzter Richtung.

Aus diesen Bemerkungen ergibt sich bei der Summierung von $k = 0$ bis $k = n-1$

1. $\Sigma k \equiv \Sigma r_k \equiv \Sigma (k + r_k) \equiv \Sigma (2k + r_k) \pmod{n}$
2. $\Sigma k^2 \equiv \Sigma r_k{}^2 \equiv \Sigma (k + r_k)^2 \equiv \Sigma (2k + r_k)^2 \pmod{n}$.

Da nach 1.

$$\Sigma k \equiv \Sigma (k + r_k) \equiv \Sigma k + \Sigma r_k \equiv 2 \Sigma k$$

ist, folgt

$$\Sigma k \equiv 2 \Sigma k$$

oder

$$0 \equiv \Sigma k,$$

d. h. Σk ist ein Vielfaches von n. Aber die Summe der Zahlen von 0 bis n − 1 beträgt $\dfrac{n \cdot (n-1)}{2}$ und ist genau dann ein Vielfaches von n, nämlich $n \cdot \dfrac{n-1}{2}$, wenn $\dfrac{n-1}{2}$ eine ganze Zahl, also n *ungerade* ist.

Aus 2. folgt

$$\Sigma (k^2 + 2 kr_k + r_k^2) \equiv \Sigma (4k^2 + 4kr_k + r_k^2),$$

daher

$$0 \equiv \Sigma k^2 + 2 \cdot \Sigma kr_k \equiv 4 \cdot \Sigma k^2 + 4 \Sigma kr_k$$

und auch

$$0 \equiv 2 \Sigma k^2 + 4 \cdot \Sigma kr_k.$$

Die beiden letzten rechten Seiten liefern durch »Gleichsetzen«

$$2 \Sigma k^2 \equiv 0 \quad (\text{mod. } n),$$

daher muß $2 \Sigma k^2 = \dfrac{n (n-1)(2n-1)}{3}$ ein Vielfaches von n, nämlich

$n \cdot \dfrac{(n-1)(2n-1)}{3}$ sein. Der Ausdruck $\dfrac{(n-1)(2n-1)}{3}$ ist aber

genau dann eine ganze Zahl, wenn n *nicht durch 3 teilbar* ist.

Hat andererseits die Zahl n die Eigenschaft, weder durch 2 noch durch 3 teilbar zu sein, so führt der Ansatz $r_k = k$ zum Ziel: man läßt also jede Person um so viele Plätze nach rechts rücken, wie ihre Nummer angibt.

Die k sind die Zahlen $\quad 0, 1, 2, \ldots, n-1,$
die $k + r_k = 2k$ dann $\quad 2 \cdot 0, 2 \cdot 1, 2 \cdot 2, \ldots, 2 \cdot (n-1),$
und die $2k + r_k = 3k \quad 3 \cdot 0, 3 \cdot 1, 3 \cdot 2, \ldots, 3 \cdot (n-1).$

Gäben $2x$ und $2y$ denselben Rest bei der Division durch n, so müßte $2x - 2y = 2 \cdot (x - y)$, also, da n ungerade ist, $x - y$ durch n teilbar sein; das geht nicht, wenn x und y zwei verschiedene Zahlen aus der Reihe $0, 1, 2, \ldots, n - 1$ sind. Entsprechend schließt man, daß auch die Menge der Reste von $3 \cdot 0, 3 \cdot 1, \ldots, 3(n - 1)$ mit der Menge der Zahlen $0, 1, 2, \ldots, n - 1$ identisch ist, wenn n nicht durch 3 aufgeht.

Das Tafelrundenproblem ist dann und nur dann für n (> 1) Personen lösbar, wenn die Zahl n weder durch 2 noch durch 3 teilbar ist.

Zu 4:
Jede Zahl über 128 ist als Summe von lauter verschiedenen Quadratzahlen darstellbar. Man zeigt dies, indem man zuerst die Zahlen von 129 bis 249 als solche Summen aufschreibt* und dabei als Summanden nur 1, 4, 9, 16, 25, 36, 49, 64, 81 und 100 benutzt; z. B. $129 = 100 + 25 + 4, \ldots, 249 = 100 + 81 + 64 + 4$. Das ist eine Serie von 121 aufeinanderfolgenden Zahlen. Addiert man zu jeder die Zahl $11^2 = 121$, so hat man nunmehr die Zahlen von 129 bis 370 als Summen von lauter verschiedenen Quadratzahlen dargestellt und als Summanden höchstens die Zahl 121 benutzt. Diese Serie besteht aus 242 Zahlen, das sind mehr als $12^2 = 144$. Durch Addition von 144 zu den 144 letzten Zahlen der Serie wird eine neue längere Serie gewonnen, die mit 144 als höchsten Summanden auskommt. Dies Verfahren läßt sich unbegrenzt wiederholen, weil schon von $n = 3$ an $2n^2$ größer ist als $(n + 1)^2$.

Dem Gewichtssatz von Laputa entzogen sich also nur endlich viel Zahlen, nämlich

> 2, 3, 6, 7, 8, 11, 12, 15, 18, 19, 22, 23, 24, 27, 31, 32, 33, 43, 44, 47, 48, 60, 67, 72, 76, 92, 96, 108, 112, 128.

Als Differenzen zwischen ihnen kommen die Zahlen von 1 bis 46 vor, 47 dagegen nicht. Anders ausgedrückt: wenn nicht die Zahl a, so ist doch die Zahl $a + 47$ als Summe von lauter verschiedenen

---

* Man braucht nur die Zahlen von 129 bis 192 so zu zerlegen, weil wegen $1 + 4 + 9 + \ldots + 100 = 385$ aus einer Darstellung von n unmittelbar eine solche für $385 - n$ erhalten wird, z. B. aus $136 = 100 + 36$ sofort $249 = 81 + 64 + 49 + 25 + 16 + 9 + 4 + 1$.

Quadratzahlen darstellbar und 47 ist die kleinste Zahl mit dieser Eigenschaft. Das gesuchte Gewichtsstück wog 47 g.

Zu 5:
Begleiten wir Herrn Jemand ein kleines Stück Wegs und hoffen auf eine rettende Idee!

$$1 + \frac{1}{2} = \frac{2+\mathbf{1}}{2}, 1 + \frac{1}{2} + \frac{1}{3} = \frac{6+\mathbf{3}+2}{6},$$

$$1 + \frac{1}{2} + \frac{1}{3} + \frac{1}{4} = \frac{12+6+4+\mathbf{3}}{12},$$

$$1 + \frac{1}{2} + \frac{1}{3} + \frac{1}{4} + \frac{1}{5} = \frac{60+30+20+\mathbf{15}+12}{60},$$

$$1 + \frac{1}{2} + \frac{1}{3} + \frac{1}{4} + \frac{1}{5} + \frac{1}{6} = \frac{60+30+20+\mathbf{15}+12+10}{60}.$$

Es fällt auf, daß im Zähler neben lauter geraden Zahlen eine einzige ungerade steht. Ist dies weiterhin immer der Fall, so können wir auf eine stets ungerade Summe im Zähler schließen und, da der Hauptnenner mindestens einmal den Faktor 2 enthält, sagen: Eine ungerade Zahl dividiert durch eine gerade, ergibt »natürlich« einen Bruch!

Wie oft enthält eigentlich der Hauptnenner den Faktor 2? Genau k-mal, wenn 2^k die höchste Potenz von 2 ist, die in der Folge 1, 2, 3, ..., n vorkommt; alle anderen Zahlen bis n enthalten ihn weniger oft oder gar nicht. Die Zähler der Brüche, die diese andern Zahlen im Nenner haben, werden also nach dem Erweitern *gerade*, während der Bruch $\frac{1}{2^k}$ mit einer ungeraden Zahl zu erweitern ist.

■ Auch das bescheidenere Ziel ist unerreichbar.

4. Das Höhenfußpunktdreieck

Eine Fülle bemerkenswerter Fragen der Elementarmathematik enthält die Schrift von RADEMACHER/TOEPLITZ [109]. Wir bringen die Lösung der Aufgaben über das Höhenfußpunktdreieck in zwei Fassungen:

Wir wollen uns dieses Mal wieder mit einer Maximum- oder richtiger einer Minimumaufgabe beschäftigen. Sie werden das Muster eines ebenso anschaulichen wie feingeschliffenen mathematischen Gedankens kennenlernen. Er stammt von dem Mathematiker HERMANN AMANDUS SCHWARZ, der bis vor kurzem noch in Berlin lehrte und dessen Genie sich ebenso in einer solchen mathematischen Miniatur äußert, wie in seinen ganz großen, umfassenden Arbeiten.

1. Wir wollen zur Einübung eine sehr einfache andere Aufgabe voranschicken, die mit dem bekannten Reflexionsgesetz der Optik zusammenhängt. Dieses besagt bekanntlich, daß ein Lichtstrahl, der – man vergleiche Abb. 2 – von *A* ausgeht, an dem Spiegel *g* reflektiert wird und dann nach *B* gelangt, die Reflexion an *g* unter demselben Einfalls- und Ausfallswinkel vollzieht. Unsere Behauptung ist, daß dieser Weg, den der Lichtstrahl wählt, der kürzeste ist, auf dem er von *A* unter Berührung des Spiegels *g* nach *B* gelangen kann, also derselbe, den ein Dampfer wählen wird, der von der Station *A* nach der Station *B* fahren will und dazwischen am Ufer, das die gerade Linie *g* darstellt, anlegen soll. Wir wollen hier nicht bei der Frage verweilen, warum der vernunftlose Lichtstrahl den nämlichen Weg wählt wie der vernunftbegabte Kapitän des Dampfers unter ausdrücklicher Anwendung seiner Vernunft; sondern wir wollen bloß die rein mathematische Minimumstatsache feststellen, *daß der Weg A D B, der sich unter gleichem Einfalls- und Ausfallswinkel vollzieht, kürzer ist als jeder andere Weg A C B.*

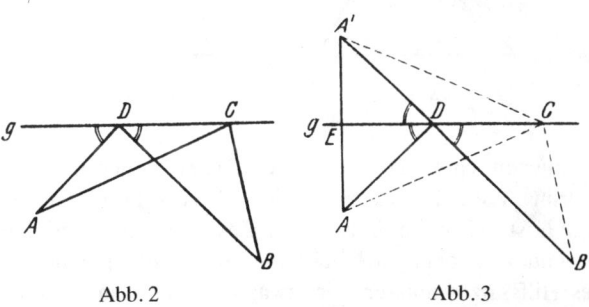

Abb. 2   Abb. 3

Der *Beweis* beruht auf einer Maßnahme, die rein mathematisch als ein bloßer Kunstgriff erscheint, aber durch die optische Deutung nahegelegt ist. Wir spiegeln den Punkt A und die Geraden AC *und* AD an dem Spiegel g. Abb. 3 wiederholt Abb. 2 unter Eintragung dieses Spiegelbildes. Sei A' das Spiegelbild von A, so wird $A'C$ das von AC sein und $A'D$ das von AD. Es wird also $A'C = AC$ und $A'D = AD$ sein. Die Dreiecke EDA und EDA' sind daher kongruent, und also Winkel EDA = Winkel EDA'. Nun ist nach Voraussetzung Winkel EDA = Winkel CDB. Also spielt Winkel CDB für Winkel EDA' genau die Rolle eines Scheitelwinkels, d. h. $A'D$ ist die geradlinige Fortsetzung von DB.

Nun ist der Streckenzug $ADB = A'DB$ und $ACB = A'CB$. Da $A'DB$ eben als die geradlinige Verbindung von A' und B erkannt worden ist, ist $A'DB$ kürzer als $A'CB$ – daß die geradlinige Verbindung zweier Punkte stets die kürzeste ist, wollen wir hier nicht weiter begründen –, und folglich ist auch ADB kürzer als ACB, was zu beweisen war.

2. Die Aufgabe, mit der wir uns heute eigentlich beschäftigen wollen, ist die, *einem gegebenen spitzwinkligen Dreieck A B C ein Dreieck U V W einzubeschreiben, dessen Umfang möglichst klein ist* (Abb. 4). *Die Behauptung ist, daß das »Höhenfußpunktdreieck«, d. h. das aus den Fußpunkten der drei Höhen des Dreiecks A B C gebildete Dreieck E F G* (Abb. 5) *einen kleineren Umfang hat als jedes andere Dreieck U V W, das A B C eingeschrieben ist.*

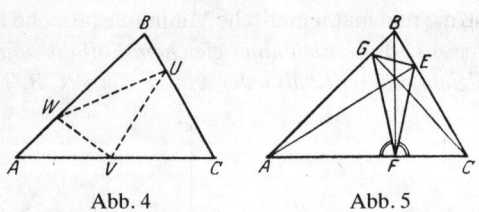

Abb. 4   Abb. 5

Wir schicken einen *Hilfssatz* über dieses Höhenfußpunktdreieck voraus. Wir behaupten nämlich, daß Winkel AFG gleich Winkel CFE ist (wie beim optischen Reflexionsgesetz), und daß Entsprechendes wie bei F auch bei E und bei G zutrifft. Zum Beweise dieses Hilfssatzes müssen wir etwas an die Geometriestunde in

Untertertia erinnern: Satz des THALES, daß der Halbkreis den rechten Winkel faßt (Abb. 6), Peripheriewinkelsatz (Abb. 7), Höhensatz (die Höhen im Dreieck gehen durch einen Punkt, den Höhenpunkt H). Mit diesen Reminiszenzen ausgerüstet, entnehmen wir Abb. 8, daß der Kreis mit dem Durchmesser AH durch G und F geht und ebenso der Kreis mit dem Durchmesser CH durch E und F; ferner, daß Winkel AFG als Peripheriewinkel über dem Bogen AG gleich Winkel AHG ist, und entsprechend Winkel CFE gleich Winkel CHE. Nun sind die Winkel AHG und CHE als Scheitelwinkel einander gleich. Also ist auch Winkel $AFG =$ Winkel CFE, wie behauptet.

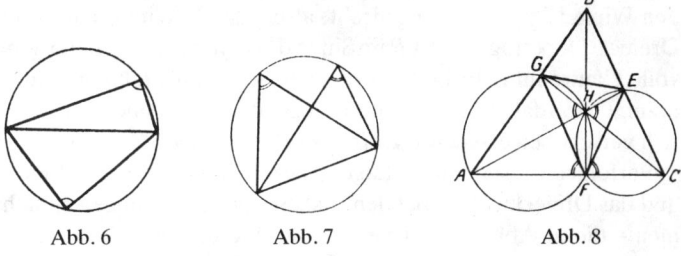

Abb. 6   Abb. 7   Abb. 8

3. Nach diesen Vorbereitungen treten wir an den Beweis von H. A. SCHWARZ heran. Wir spiegeln das Dreieck ABC an der Seite BC, das gespiegelte Dreieck an der Seite CA', das Resultat dieser zweiten Spiegelung an der Seite $A'B'$ und lassen darauf nochmals drei Spiegelungen folgen, wiederum der Reihe nach an den Seiten $B'C'$, $C'A''$, $A''B''$.

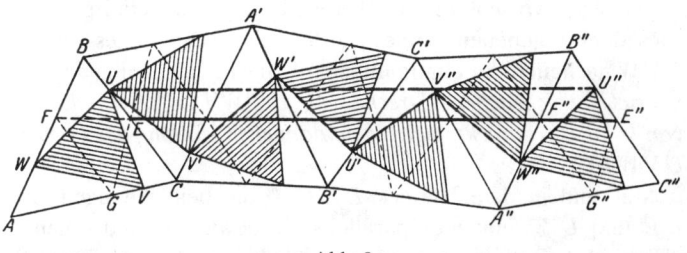

Abb. 9

31

Wir überlegen zuerst, daß – was der Augenschein deutlich macht – die Endlage $A''B''C''$ gegenüber der Anfangslage ABC lediglich parallel verschoben ist. Wir überlegen, um dies einzusehen, vorab, was nach den 2 ersten Spiegelungen aus dem Dreieck geworden ist. Anstatt durch zweimalige Spiegelung, die das Dreieck aus seiner Ebene jedesmal herausklappt, hätten wir das Ausgangsdreieck in die 3. Lage auch dadurch bringen können, daß wir es in seiner Ebene unter Festhaltung des Eckpunktes C um den Winkel 2γ in der Richtung des Uhrzeigers drehen. Ebenso hätten wir es aus dieser 3. Lage in die 5. einfach überführen können, indem wir es unter Festhaltung des Punktes B' um den Winkel 2β im Sinne des Uhrzeigers drehen und endlich durch Drehung um 2α unter Festhaltung von A'' in die 7. oder Endlage. Im ganzen ist dabei das Dreieck um den Winkel $2\gamma + 2\beta + 2\alpha$ gedreht, also – da die Winkelsumme im Dreieck $2R$ beträgt – um $4R$ im Sinne des Uhrzeigers, d. h. um eine volle Umdrehung. Es hat also am Ende seine alte Stellung wiedererlangt, bloß daß es in eine andere Gegend seiner Ebene parallel mit sich verschoben erscheint. *Es ist also BC parallel $B''C''$.*

Verfolgen wir sodann die Lagen, die das Höhenfußpunktdreieck und das Dreieck UVW bei den sukzessiven Spiegelungen einnehmen – die in Abb. 9 angebrachte Schraffierung erleichtert dieses Verfolgen –, so ergibt der vorausgeschickte Hilfssatz zunächst, daß die 2. Lage von EG die genau geradlinige Fortsetzung der 1. Lage FE ist und daß sich ebenso in den weiteren Lagen immer eine Seite des Höhenfußpunktdreiecks in der Flucht dieses geradlinigen Zuges befindet. *Die in der Abbildung stark ausgezogene Linie EE''* enthält daher unter ihren 6 Teilstrecken zwei, die FG gleich sind, zwei, die GE gleich sind, zwei, die EF gleich sind; sie *ist also gleich dem doppelten Umfange des Höhenfußpunktdreiecks.*

Verfolgen wir in ähnlicher Weise die Lagen, die ein irgendwelches dem gegebenen Dreieck ABC einbeschriebenes Dreieck UVW nacheinander einnimmt, so sehen wir, daß analog *der stark gestrichelte gebrochene Streckenzug $UV'W'U'V''W''U''$, der sich von U bis U'' erstreckt, gleich dem doppelten Umfang des Dreiecks UVW ist.*

Nun sind in dem Viereck $EE''UU''$ die beiden Gegenseiten UE und $U''E''$ einander parallel (wie bewiesen) und einander gleich (als homologe Stücke in verschiedenen Lagen des Dreiecks

ABC). Also ist nach einem bekannten Satz der elementaren Geometrie dieses Viereck ein Parallelogramm, und folglich sind auch seine beiden anderen Gegenseiten einander gleich, $UU'' = EE''$. Daher ist auch UU'' gleich dem doppelten Umfang des Höhenfußpunktdreiecks. Daß aber UU'' kürzer ist als der sich zwischen denselben Endpunkten erstreckende gebrochene Linienzug, der gleich dem doppelten Umfang von UVW erkannt ist, ist unmittelbar ersichtlich. Also ist auch der Umfang des Höhenfußpunktdreiecks kleiner als der des Dreiecks UVW, was zu beweisen war.

Das ist ein echt mathematischer Beweis. Voraussetzung und Behauptung werden so umgeformt, daß der Kern des Satzes mit einem einzigen Blick übersehen werden kann.

Dieselbe Minimaleigenschaft nach L. FEJÉR

1. Wir haben in dem vorigen Kapitel den Satz bewiesen, daß unter allen einem spitzwinkligen Dreieck eingeschriebenen Dreiecken das Höhenfußpunktdreieck den kleinsten Umfang besitzt. Wenn wir für diesen Satz nun noch einen zweiten Beweis vorbringen, so geschieht es darum, weil uns in diesen Betrachtungen das Methodische wichtiger ist als der neue mathematische Gehalt der vorgeführten Sätze. In dem vorangehenden Beweise unseres Satzes haben wir nach H. A. SCHWARZ erstens die grundlegende Tatsache benutzt, daß die gerade Linie die kürzeste Verbindung zweier Punkte darstellt, und haben zweitens von Abbildungen einer Figur durch Spiegelungen Gebrauch gemacht. Diese beiden Prinzipien bilden auch für den zweiten Beweis die Grundlage; die Gegenüberstellung ihrer verschiedenen Verwendung in beiden Fällen ist gerade von besonderem Interesse. Der folgende Beweis rührt von dem ungarischen Mathematiker L. FEJÉR her, der ihn noch als Student gefunden und damit das besondere Gefallen von H. A. SCHWARZ erregt hat.

2. In das gegebene spitzwinklige Dreieck ABC (Abb. 10) sei das beliebige Dreieck UVW eingeschrieben, und zwar liege U auf BC, V auf CA, W auf AB.

Es werde nun der Punkt U an den beiden Geraden AC und AB gespiegelt; seine Spiegelbilder seien bzw. U' und U''. Dann ist auf Grund der Spiegelung die Strecke UV gleich der Strecke $U'V$ und aus demselben Grunde $UW = U''W$. Der Umfang des Dreiecks

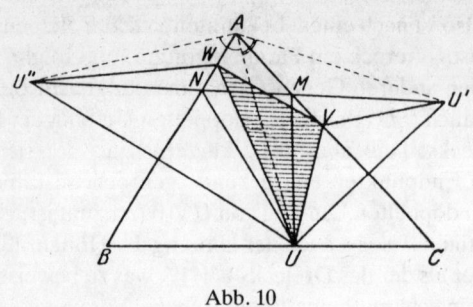

Abb. 10

UVW, der sich aus den Strecken UV, VW, WU zusammensetzt, ist daher ebenso groß wie die Länge des Streckenzuges $U'VWU''$.

Hält man nun den Punkt U fest und erteilt den Punkten V und W andere Lagen, so bleiben die nur durch U und das Dreieck ABC bestimmten Punkte U' und U'' fest. Der Streckenzug $U'VWU''$ bleibt dann also zwischen den festen Punkten U' und U'' eingespannt, und stets stellt dieser Streckenzug den Umfang von UVW dar. Der die Punkte U' und U'' verbindende Streckenzug ist aber nach dem vorhin erwähnten Prinzip dann am kürzesten, wenn er selbst eine gerade Strecke ist. Die gerade Strecke $U'U''$ ist danach der kürzeste Umfang, den ein eingeschriebenes Dreieck mit der festgehaltenen Ecke U annehmen kann. Dieses Dreieck minimalen Umfangs mit der Ecke U heiße UMN.

3. Da wir nun unter allen eingeschriebenen Dreiecken mit der gemeinsamen Ecke U das von kleinstem Umfang herausgesucht haben, so brauchen wir nur noch die Minimaldreiecke, die zu verschiedenen Lagen von U gehören, zu vergleichen und aus ihnen dasjenige kleinsten Umfanges herauszusuchen, das dann also überhaupt unter allen eingeschriebenen Dreiecken den kleinsten Umfang aufweisen wird.

Es handelt sich nun also darum, U so zu legen, daß die Strecke $U'U''$ möglichst klein wird. Zu diesem Zwecke bemerken wir, daß das Dreieck $AU'U''$ *gleichschenklig* ist mit den beiden Schenkeln AU' und AU''. Denn diese Strecken sind darum einander gleich, weil jede Spiegelbild derselben Strecke AU ist, $AU = AU' = AU''$.

Während nun hiernach die Länge der beiden Schenkel des Dreiecks $A U' U''$ gleich $A U$ ist, also von der Lage von U auf $B C$ abhängt, ist *die Größe des Winkels $U'' A U'$ von der Lage von U unabhängig* und vielmehr von vornherein durch das gegebene Dreieck $A B C$ bestimmt. Denn auf Grund der Spiegelung gelten folgende Gleichungen zwischen den Winkeln der Figur

$$UAB = U''AB, \quad UAC = U'AC.$$

Daher ist erstens

$$U''AU = 2\,UAB$$

und zweitens

$$U'AU = 2\,UAC$$

und daher

$$U'AU + U''AU = 2\,UAB + 2\,UAC$$

oder

$$U'AU'' = 2\,BAC,$$

womit unsere Behauptung über den Winkel $U'A U''$ bewiesen ist.

4. In dem gleichschenkligen Dreieck $A U' U''$ ist nun die möglichst kurz zu machende Strecke $U'U''$ die Basis. Da der Winkel an der Spitze durch die Lage von U nicht beeinflußt wird, so stimmen alle Dreiecke $A U' U''$, die bei beliebiger Lage von U entstehen, in dem Winkel an der Spitze überein. Unter ihnen hat dasjenige die kürzeste Basis, das auch die kürzesten Schenkel hat. Die Schenkel $A U'$ und $A U''$ haben aber die Länge $A U$. Also erhalten wir die kürzeste Strecke $U' U''$, wenn wir U so wählen, daß $A U$ möglichst kurz ist.

Die Strecke $A U$ stellt aber eine Verbindung des Punktes A mit der Geraden $B C$ dar. Da nun bekanntlich die kürzeste Verbindung eines Punktes mit einer Geraden durch das von dem Punkte auf die Gerade gefällte Lot geleistet wird, so muß $A U$ auf $B C$ senkrecht stehen, oder anders ausgedrückt, $A U$ muß die von A ausgehende »Höhe« im Dreieck $A B C$ sein.

5. Jetzt läßt sich das eingeschriebene Dreieck $E F G$ kleinsten Umfanges konstruieren. Zunächst sei E der Fußpunkt des von A auf $B C$ gefällten Lotes. Sind E' und E'' die Spiegelbilder von E, die durch Spiegelung an $A C$ und $A B$ entstehen, so ist $E'E''$ die Länge des kleinsten Umfanges eines eingeschriebenen Dreiecks. Die Schnittpunkte F und G der Geraden $E'E''$ mit den Seiten $A C$ und $A B$ sind die weiteren Ecken des gesuchten Minimaldreiecks.

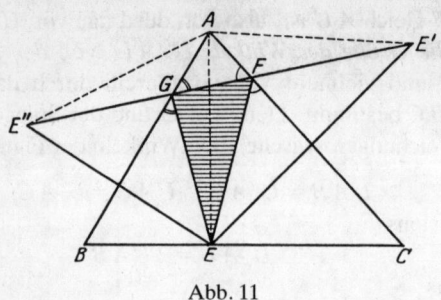

Abb. 11

Jedes von EFG verschiedene eingeschriebene Dreieck UVW muß wirklich einen größeren Umfang als EFG haben, wie wir einsehen, wenn wir unseren Gedankengang noch einmal überblikken. Denn entweder ist sein Eckpunkt U von E verschieden; dann gehört zu ihm eine Strecke $U'U''$, die größer als $E'E''$ ist, und die von dem Umfang jenes Dreiecks nicht unterschritten werden kann. Oder seine Ecke U fällt auf E. Dann muß mindestens eine von den Ecken V und W von F und G verschieden sein und daher der Streckenzug $E'VWE''$ von der geraden Verbindung $E'FGE''$ abweichen, also auch in diesem Falle der Umfang von UVW größer sein als der von EFG.

6. Die Aufgabe, ein eingeschriebenes Dreieck von möglichst kleinem Umfang zu suchen, hat also nur eine Lösung. Diese Eindeutigkeit machen wir uns noch für einige weitere Schlüsse zunutze. Unsere Konstruktion des Minimaldreiecks verlief nämlich für seine drei Ecken durchaus nicht gleichartig. Die eine Ecke E wird als Fußpunkt der Höhe durch A gefunden. Die beiden weiteren Ecken F und G werden dann aber ohne Zuhilfenahme der Höhen durch B und C, vielmehr durch eine gewisse von E ausgehende Spiegelungskonstruktion bestimmt.

Nun hätte man aber alle Betrachtungen an dem Dreieck ABC, die die Ecke A betrafen, auch z. B. an der Ecke B ausführen können, also statt in 2. den Punkt U an den Seiten AB und AC zu spiegeln, den Punkt V an den Seiten BA und BC spiegeln und demgemäß fortfahren können. Dann hätte sich als Minimaldreieck ein solches ergeben, dessen Ecke F Fußpunkt der von B ausgehenden Höhe ist. Da es nun aber nur *ein* Minimaldreieck gibt, wie wir vorhin festgestellt haben, so muß die von B ausgehende Konstruktion zu demselben Dreieck EFG führen wie die von A ausgehende. Da das gleiche für eine Bevorzugung des Punktes C gilt, so schließen wir, daß in dem Minimaldreieck EFG nicht nur E, sondern auch F und G Höhenfußpunkte sind. Damit haben wir den angekündigten Satz über die Minimaleigenschaft des Höhenfußpunktdreiecks bewiesen.

7. Unser Beweis liefert uns aber zugleich noch mehr. Während wir nämlich eben auf Grund der Eindeutigkeit der Lösung den Punkten F und G eine Eigenschaft zugeschrieben haben, die wir an E vorfinden, so können wir auch umgekehrt schließen, daß eine durch die Konstruktion von F und G bedingte Eigenschaft auch für E gelten muß. Auf Grund der Spiegelungskonstruktion ist nämlich Winkel EFC = Winkel $E'FC$. Und da die Scheitelwinkel $E'FC$ und GFA einander gleich sind, so muß auch die Gleichung Winkel EFC = Winkel GFA bestehen, oder in Worten: Die beiden durch F gehenden Seiten des Minimaldreiecks bilden mit der Seite AC des Grunddreiecks gleiche Winkel. Entsprechendes gilt im Punkte G. Da wir nun, wenn wir F als Fußpunkt der von B ausgehenden Höhe konstruiert hätten, dann E durch die Spiegelungskonstruktion hätten finden können, so müssen die Winkel GEB und FEC bei E auch einander gleich sein.

Sehen wir einmal von der Minimaleigenschaft des Dreiecks EFG ab, so wissen wir aus 6., daß EFG sich als Höhenfußpunktdreieck eindeutig charakterisieren läßt. Verbinden wir diese Auffassung mit der eben durchgeführten Überlegung, so gelangen wir zu dem Satz:

Die Seiten des einem spitzwinkligen Dreieck ABC eingeschriebenen Höhenfußpunktdreiecks bilden derartig mit den Seiten von ABC paarweise gleiche Winkel, daß je einer Seite von ABC ein Paar gleicher Winkel anliegt.

Dieser Satz enthält nun keine Aussage über ein Minimum mehr und gehört seinem Typus nach ganz der herkömmlichen Elementargeometrie an, innerhalb deren er sich auch beweisen lassen muß. Das haben wir in Kapitel 5 auch wirklich ausgeführt. Der SCHWARZsche Beweis über die Minimaleigenschaft des Höhenfußpunktdreiecks benötigte nämlich diese elementargeometrische Ergänzung, die wir durch Heranziehung von Sätzen aus der Kreislehre gegeben haben. Ein Vorzug des FEJÉRschen Beweises liegt demgegenüber darin, daß er ohne weitere Hilfsmittel außer den Prinzipien der kürzesten Verbindung und der Spiegelungsabbildung zum Ziele führt. Außerdem ist der FEJÉRsche Beweis noch dadurch ausgezeichnet, daß in ihm nur zwei Spiegelungen benutzt werden, während im SCHWARZschen Beweis sechs Spiegelungen auftreten.

Es gibt zu dem Satz vom Höhenfußpunktdreieck ein Seitenstück, das folgendermaßen lautet:

In jedem spitzwinkligen Dreieck ABC gibt es einen und nur einen Punkt P, dessen Abstände von den drei Ecken eine minimale Summe haben. Dieser Punkt P liegt so, daß seine geradlinigen Verbindungen mit den drei Ecken untereinander Winkel von $120°$ bilden.

L. SCHRUTTKA hat in der Festschrift zum fünfzigjährigen Doktorjubiläum von HERMANN AMANDUS SCHWARZ (Berlin 1914) einen Beweis für diesen Satz gegeben, der dem Beweise von H. A. SCHWARZ aus unserer 5. Vorlesung bewußt nachgebildet ist. Kürzlich hat ein Königsberger Student, Herr BÜCKNER, einen bemerkenswert kurzen Beweis für diesen Satz gefunden, der dem SCHRUTTKAschen in ähnlicher Weise an die Seite tritt wie der FEJÉRsche dem von H. A. SCHWARZ (Abb. 12a, b). Er wird nur wenige Zeilen in Anspruch nehmen.

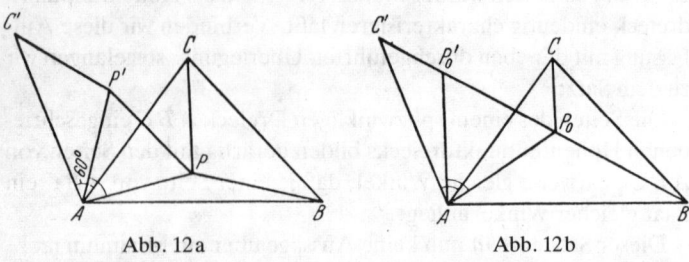

Abb. 12a   Abb. 12b

Es sei nämlich P ein beliebiger Punkt in dem Dreieck ABC. Das Dreieck ACP werde um den Punkt A um $60°$ gedreht und kommt dann in die Lage $AC'P'$. Die Drehung soll in dem Sinn erfolgen, daß AC von dem Dreieck ABC weggedreht wird, also nachher die Gerade AC zwischen AB und AC' liegt. Dann ist $C'P' = CP$,

$P P' = A P$ (denn das Dreieck $A P P'$ ist nicht nur gleichschenklig, sondern wegen des Winkels von $60°$ bei A auch gleichseitig). *Der Streckenzug $B P P' C'$ stellt also schon die Summe der Entfernungen von P von den drei Ecken A, B, C dar.* Der Punkt C' ist von der Lage von P völlig unabhängig. Alle bei beliebiger Lage von P in dem Dreieck sich ergebenden Streckenzüge sind zwischen B und C' eingespannt. Der kürzeste unter diesen Streckenzügen ist aber die gerade Strecke $B C'$ selbst. Der Punkt P_0 liegt also bei Erfüllung der Minimalforderung auf der Strecke $B C'$, und zwar ist seine Lage eindeutig dadurch bestimmt, daß der Winkel $A P_0 C'$ gleich $60°$ werden muß. Der Nebenwinkel $A P_0 B$ ist also $120°$. Die Konstruktion zeigt, daß es nur *einen* Minimalpunkt P_0 geben kann. Folglich führt die Konstruktion bei Vertauschung der Ecke A mit den andern Ecken zu demselben Punkt P_0, also sind auch die Winkel $B P_0 C$ und $C P_0 A$ je $120°$ groß. ■

5. Das Lebesguesche Tafelproblem

Eine einfach zu formulierende Aufgabe, die trotzdem noch immer nicht völlig gelöst ist, bildet das Lebesguesche Tafelproblem. Wir zitieren aus Meschkowski [91], S. 12 und S. 66 ff.

Welches ist die kleinste ebene Figur, mit der man jeden ebenen Punkthaufen vom Durchmesser 1 bedecken kann?

Ein »Punkthaufen« ist eine endliche Menge von Punkten, sein »Durchmesser« das Maximum des Abstandes von irgend zwei unter ihnen.

Es ist verhältnismäßig einfach, den kleinsten Kreis zu bestimmen, der jeden Punkthaufen vom Durchmesser 1 bedeckt. Sein Radius ist, wie zuerst H. W. E. Jung gezeigt hat [66], gleich $\frac{1}{3}\sqrt{3}$.

Es gibt aber noch kleinere Flächenstücke (wir werden sie »Tafeln« nennen), die ebenfalls die betrachteten Punkthaufen zudecken. Die Frage nach der Tafel mit dem kleinsten Inhalt ist noch nicht beantwortet.

1. Die Fragestellung □

Viele Aussagen über das »Tafelproblem« bleiben gültig, wenn man an Stelle von Punkthaufen (*endlichen* Punktmengen) beliebige beschränkte, d. h. nicht bis ins Unendliche reichende Punktmengen $\mathfrak{M}$ betrachtet. Ein ebenes Flächenstück einschließlich seiner Randpunkte (ein »abgeschlossener« Bereich der Ebene) heißt dann eine *Tafel*, wenn mit ihr eine ebene Punktmenge vom Durchmesser 1 vollständig bedeckt werden kann. Als *Durchmesser* einer beliebigen beschränkten Punktmenge bezeichnet man dabei die obere Grenze[1] des Abstandes von irgend zwei Punkten der Menge. Unsere Aufgabe fordert die Bestimmung einer Tafel von minimalem Flächeninhalt. In dieser Form ist das Problem zuerst von LEBESGUE im Jahre 1914 formuliert worden ([100], S. 4). Man kann leicht zeigen, daß für den Flächeninhalt von Tafeln eine positive untere Grenze existiert, aber es ist nicht ohne weiteres sicher, daß es eine (oder mehrere) Tafeln gibt, deren Inhalt gleich dieser unteren Grenze ist.

Zur Untersuchung solcher Existenzfragen ist es bequem, sich auf konvexe* Tafeln zu beschränken. In diesem Sinne hat PÁL [100] das LEBESGUEsche Problem spezialisiert:

Es sei τ_0 die untere Grenze der Flächeninhalte $\tau(\mathfrak{T})$ aller konvexen Tafeln.

a) *Es ist der Zahlenwert τ_0 zu bestimmen.*

b) *Es ist festzustellen, ob es unter den Tafeln $\mathfrak{T}$ solche gibt, deren Flächeninhalt gleich τ_0 ist.*

c) *Wenn Tafeln mit minimalem Flächeninhalt existieren, sind alle Tafeln vom Flächenmaß τ_0 der Form nach zu bestimmen.*

Da wir die Tafeln als abgeschlossene Mengen definiert haben, können wir auch die Mengen $\mathfrak{M}$ als abgeschlossen voraussetzen. Wir werden im folgenden mit dem Buchstaben $\mathfrak{M}$ stets eine abgeschlossene Menge vom Durchmesser 1 bezeichnen.

Unsere Aufgabe wollen wir so angreifen, daß wir zunächst Beispiele von Tafeln zusammenstellen und versuchen, solche mit möglichst kleinem Inhalt zu finden. Es ist leicht zu zeigen, daß das Quadrat von der Seitenlänge 1 eine für jede Menge $\mathfrak{M}$ geeignete

---

1 Eine reelle Zahl s heißt *obere Schranke* einer Menge M von reellen Zahlen, wenn für alle Elemente x aus M gilt: $x \leqq s$. Die kleinste obere Schranke von M heißt *obere Grenze* oder *Supremum* von M. Entsprechend definiert man *untere Schranke* und *untere Grenze (Infimum)*.

* Ein Bereich heißt *konvex*, wenn mit den Punkten P und Q auch die Strecke PQ zum Bereich gehört.

Tafel ist. Um das zu begründen, führen wir den Begriff der *Stützge-raden* ein. So bezeichnen wir eine Gerade g, die mindestens einen Punkt aus $\mathfrak{M}$ und deren eine Halbebene keinen Punkt von $\mathfrak{M}$ ent-hält. Zu jeder Geraden g aus der Ebene von $\mathfrak{M}$ gibt es dann zwei parallele Stützgeraden g_1 und g_2. Sie haben einen Abstand d_1, der höchstens gleich 1 ist. Sind dann g_3 und g_4 die auf g_1 senkrechten Stützgeraden mit dem Abstand $d_2 \leqq 1$, so ist $\mathfrak{M}$ durch diese 4 Gera-den in ein Rechteck mit den Seiten $d_1 \leqq 1$ und $d_2 \leqq 1$ eingeschlos-sen. Damit ist klar, daß das Quadrat mit der Seite 1 eine Tafel ist. Diese Tafel bezeichnen wir als $\mathfrak{T}_2$. Die Nummer 1 wollen wir für den JUNGschen Kreis vom Radius $r = \frac{1}{3}\sqrt{3}$ aufheben. Sein Flä-cheninhalt $F = \frac{\pi}{3}$ ist etwas größer als 1 ($F = 1{,}047197\ldots$).

Es ist sofort einleuchtend, daß kein Kreis mit einem Radius $r < \frac{1}{3}\sqrt{3}$ die Tafeleigenschaft hat: Die Eckpunkte eines gleichseiti-gen Dreiecks von der Seitenlänge 1 bilden einen Punkthaufen vom Durchmesser 1, der abgeschlossene Dreiecksbereich eine konvexe Menge $\mathfrak{M}$. Er wird von seinem Umkreis $\left(r = \frac{1}{3}\sqrt{3}\right)$, aber von kei-nem kleineren Kreis bedeckt. Daß $\mathfrak{T}_1$ tatsächlich die Tafeleigen-schaft hat, kann man leicht unmittelbar beweisen (siehe z. B. [109]!). Wir werden diese Eigenschaft von $\mathfrak{T}_1$ aus der Tafeleigen-schaft des dem JUNGschen Kreis einbeschriebenen regulären Sechsecks nebenher mit gewinnen.

2. Die Sechseck-Tafel

Um eine weitere Tafel $\mathfrak{T}_3$ zu gewinnen, schließen wir $\mathfrak{M}$ ein durch ein gleichwinkliges Sechseck mit den Seiten s_ν ($\nu = 1, 2, \ldots, 6$) nach folgender Vorschrift: Die Seiten s_1 und s_4 sollen auf par-allelen Stützgeraden liegen, deren Abstand 1 ist. s_2 und s_3 gehören zu Stützgeraden, die mit s_1 bzw. s_4 Winkel von $120°$ einschließen. s_5 und s_6 schließlich sollen auf Parallelen zu s_2 bzw. s_3 im Ab-stande 1 liegen. s_5 und s_6 *können also* Stützgeraden sein, *müssen* es aber nicht (Abb. 13). Die Numerierung der Seiten soll einen posi-tiven Umlaufsinn ergeben.

Durch Projektion der Seiten s_1 und s_2 auf eine die Seiten s_3 und s_6 senkrecht durchsetzende Geraden erhält man

$$(s_1 + s_2)\cos 30° = 1.$$

Entsprechend wird

$$s_2 + s_3 = s_3 + s_4 = s_4 + s_5 = s_5 + s_6 = s_6 + s_1 = \frac{2}{\sqrt{3}},$$

und daraus folgt

$$s_2 = s_4 = s_6 \,(= s), \quad s_1 = s_3 = s_5 \,(= \sigma).$$

Falls $s_1 = s_2$, also $s = \sigma$ ist, ist das gleichwinklige Sechseck regulär.

Wir wollen zeigen, daß in jedem Fall ein reguläres Sechseck (mit dem Abstand 1 für die Gegenseiten) zur Bedeckung von $\mathfrak{M}$ benutzt werden kann.

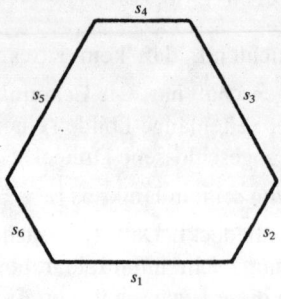

Abb. 13

Sei etwa $s_1 > s_2$. Dann führen wir in der Ebene von $\mathfrak{M}$ eine Richtungsbezeichnung ein. Der Trägergeraden von s_1 ordnen wir die Richtung $\varphi = 0°$ zu, der Geraden von s_2 die Richtung $\varphi = 60°$. Zu jeder Richtung φ mit $0° \leqq \varphi \leqq 60°$ kann nun ein aus einer Stützgeraden und einer Parallelen im Abstande 1 gebildeter Parallelstreifen gefunden werden, der $\mathfrak{M}$ einschließt. Er gibt Anlaß zu der Konstruktion eines $\mathfrak{M}$ einschließenden gleichwinkligen Sechsecks nach dem beschriebenen Verfahren. Die Seiten dieses Sechsecks seien $s_n\,(\varphi)$, $n = 1, 2, \ldots, 6$. Dann ist

$$S\,(\varphi) = s_1\,(\varphi) - s_2\,(\varphi)$$

eine stetige Funktion von φ. Für $\varphi = 0°$ haben wir nach Voraussetzung $S\,(0°) = s_1 - s_2 > 0$. Dagegen ist

$$S(60°) = s_1(60°) - s_2(60°) = s_2 - s_3 = s_2 - s_1 < 0.$$

Zwischen $\varphi = 0°$ und $\varphi = 60°$ muß es deshalb aus Stetigkeitsgründen einen Wert φ geben, für den $S(\varphi)$ verschwindet. Dann ist $s_1(\varphi) = s_2(\varphi)$, und das zugehörige gleichwinklige Sechseck ist regulär.

Damit ist gezeigt, daß das reguläre Sechseck mit dem Inkreis $\varrho = \frac{1}{2}$, also dem Umkreis $r = \frac{1}{3}\sqrt{3}$, eine Tafel ist. Wir bezeichnen sie mit $\mathfrak{T}_3$.

Natürlich hat auch der Umkreis von $\mathfrak{T}_3$ die Tafeleigenschaft. Das ist gerade der JUNGsche Kreis, den wir mit $\mathfrak{T}_1$ bezeichnet haben.

Auf diese Weise haben wir drei Tafeln gefunden, deren Inhalt mit der Nummer n abnimmt:

$$\tau_1 = F(\mathfrak{T}_1) = 1{,}04797\ldots > \tau_2 = F(\mathfrak{T}_2) = 1$$
$$> \tau_3 = F(\mathfrak{T}_3) = \frac{1}{2}\sqrt{3} = 0{,}8660\ldots$$

3. Die Tafeln von PÁL und SPRAGUE

Die Tafel $\mathfrak{T}_3$ kann leicht verbessert werden. Zeichnet man an den Inkreis von $\mathfrak{T}_3$ die Tangenten, die auf den Diagonalen senkrecht stehen, so erhält man an den 6 Ecken E_ν von $\mathfrak{T}_3$ (Abb. 14) 6 gleichschenklige Dreiecke Δ_ν. Es sei nun eine Punktmenge $\mathfrak{M}$ durch $\mathfrak{T}_3$ bedeckt. Dann können nicht alle Dreiecke Δ_ν mit Punkten von $\mathfrak{M}$ besetzt sein: Die inneren Punkte gegenüberliegender Dreiecke

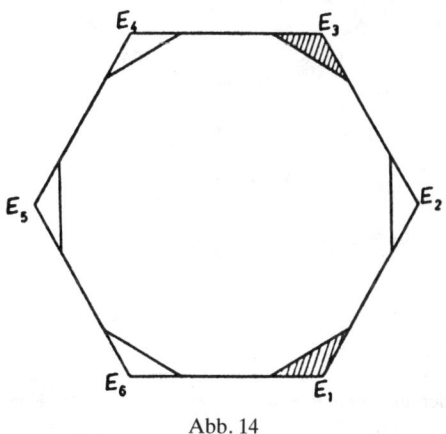

Abb. 14

haben ja einen Abstand, der größer als 1 ist. Ist also Δ_1 besetzt*, so ist Δ_4 frei und umgekehrt. Ebenso können nicht Δ_2 und Δ_5 bzw. Δ_3 und Δ_6 gleichzeitig besetzt sein. Es gibt deshalb folgende 8 Möglichkeiten für die Besetzung von drei Ecken:

$$\begin{array}{lll}
\Delta_1, \Delta_2, \Delta_3 & \Delta_4, \Delta_5, \Delta_6 & \\
\Delta_2, \Delta_3, \Delta_4 & \Delta_5, \Delta_6, \Delta_1 & \Delta_1, \Delta_3, \Delta_5 \qquad (1) \\
\Delta_3, \Delta_4, \Delta_5 & \Delta_6, \Delta_1, \Delta_2 & \Delta_2, \Delta_4, \Delta_6
\end{array}$$

Die drei anderen Ecken sind jeweils frei. Man übersieht sofort, daß es unter den freien Ecken immer zwei gibt, deren Nummern die Differenz 2 oder 4 haben. Deshalb verliert $\mathfrak{T}_3$ die Tafeleigenschaft nicht, wenn man zwei Ecken abschneidet, die nicht benachbart sind und nicht gegenüberliegen, etwa Δ_1 und Δ_3. Die verbleibende von PÁL [100] angegebene Tafel $\mathfrak{T}_4$ ($= A\,B\,E_2C\,D\,E_4E_5E_6$ in Abb. 15) hat den Flächeninhalt

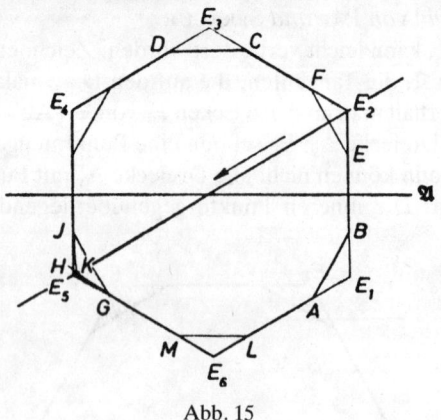

Abb. 15

$$\tau_4 = F\,(\mathfrak{T}_4) = 2 - \frac{2}{3}\sqrt{3} = 0{,}845299\ldots$$

---

* Wir sagen, ein Dreieck Δ_ν sei »besetzt«, wenn ein Punkt von $\mathfrak{M}$ im Innern des Dreiecks oder auf einem nicht zur Tangente gehörenden Randpunkt von Δ_ν liegt.

R. Sprague [126] hat gezeigt, daß man auch diese Tafel noch verbessern kann. Das kann man so zeigen: Es sei $\mathfrak{M}$ eine von $\mathfrak{T}_4$ bedeckte Punktmenge vom Durchmesser 1. Von den bei E_2 und E_5 gelegenen gleichschenkligen Dreiecken $\Delta_2 = E_2EF$ und $\Delta_5 = JGE_5$ kann nur eins von beiden besetzt sein.* Setzen wir zunächst voraus, daß auf der Strecke CF ein Punkt P von $\mathfrak{M}$ liegt. Wir zeichnen dann um C mit dem Radius 1 den Kreisbogen GH, der E_5E_6 in G berühren und E_4E_5 in H treffen soll. In dem von diesem Bogen abgeschnittenen Teil der Tafel kann dann kein Punkt von $\mathfrak{M}$ liegen, da alle diese Punkte ja von dem auf CF gelegenen Punkt von $\mathfrak{M}$ einen Abstand haben, der größer als 1 ist. Wir wollen zeigen, daß wir in jedem Fall mit der Resttafel auskommen, die durch Abschneiden von $\Delta = E_5GH$ (GH als Kreisbogen) von $\mathfrak{T}_4$ entsteht.

Nehmen wir also an, daß auf CF kein Punkt von $\mathfrak{M}$ liegt. Falls auf EF einer liegt, ist das ganze Dreieck Δ_5 unbesetzt, und wir kommen gewiß mit der verkleinerten Tafel $\mathfrak{T}_5 = \mathfrak{T}_4 - \Delta_5$ aus. Falls auf EB oder AB ein Punkt von $\mathfrak{M}$ liegt, so kann man die Tafel um die Achse E_2E_5 (Abb. 15) umklappen und erreicht auf diese Weise, daß CF bzw. DC auf einem Punkt von $\mathfrak{M}$ liegt. Im ersten Fall – das sahen wir schon – kommen wir gewiß mit der »Resttafel« aus. Im 2. Fall verschieben wir die Tafel so lange in Richtung der Achse $\mathfrak{A}$ nach links, bis auf dem Polygon $CFEBAL$ ein Punkt von $\mathfrak{M}$ zu liegen kommt. Ist der Streckenzug $CFEB$ besetzt, so reicht die Resttafel zur Bedeckung. Führt aber die Verschiebung zu einer Besetzung von BAL, so klappen wir die Tafel um die Achse $\mathfrak{A}$ und erreichen so eine Besetzung von EFC. Dieses Umklappen ist bei einer Besetzung von CD erlaubt, da die gegenüberliegende Ecke ($\Delta_6 = MLE_6$) in diesem Fall frei sein muß.

Nehmen wir jetzt an, daß bei einer Bedeckung einer Menge $\mathfrak{M}$ durch $\mathfrak{T}_4$ der ganze Streckenzug $ABEFCD$ (und natürlich auch das Dreieck Δ_2) frei von Punkten von $\mathfrak{M}$ ist. Dann braucht man nur die ganze Tafel in Richtung E_2E_5 (Pfeil in Abb. 15) zu verschieben, bis ein Punkt des Streckenzuges $ABEFCD$ einen Punkt von $\mathfrak{M}$

---

* F soll auf E_2E_3, G auf E_5E_6 liegen.

erreicht. Durch diese Verschiebung wird die Bedeckung der übrigen Punkte von $\mathfrak{M}$ durch die Tafel nicht aufgehoben. Damit ist auch dieser allgemeine Fall auf den bereits diskutierten zurückgeführt, und wir haben gezeigt, daß auch $\mathfrak{T}_5 = \mathfrak{T}_4 - \Delta$ eine Tafel ist.

$\mathfrak{T}_5$ ist zur Achse $E_2 E_5$ unsymmetrisch. Es liegt der Gedanke nahe, daß man auch durch den Kreis um B mit dem Radius $BJ = 1$ (Abb. 15) vom Dreieck Δ_5 noch ein weiteres Stück abschneiden kann. Es sei K der auf $E_2 E_5$ gelegene Schnittpunkt der Kreise um B und C mit dem Radius 1. Dann ist in der Tat $\mathfrak{T}_6 = A B E_2 C$ $D E_4 J K G E_6$ eine Tafel, wie wir im nächsten Abschnitt zeigen wollen.

4. Kurven und Bereiche von konstanter Breite[1]

Ein beschränkter Bereich heißt von konstanter Breite b, wenn jedes Paar paralleler Stützgeraden den gleichen Abstand b hat. Der Rand eines solchen Bereiches heißt eine Kurve von konstanter Breite. Die Kreisscheibe vom Durchmesser b ist natürlich ein solcher Bereich. Weitere einfache Beispiele bilden gewisse Kreisbogendreiecke. Zeichnet man um jede Ecke eines $2n+1$-Ecks die durch die Ecken der gegenüberliegenden Seite gehenden Kreisbogen, so entsteht ein Bereich von konstanter Breite d; dabei ist d gleich dem Radius der Kreisbogen (Abb. 16 für $2n+1 = 5$).

Für unser Tafelproblem ist nun der folgende Satz von Bedeutung:

Satz 1:

Jeder Punkthaufen $\mathfrak{H}$ vom Durchmesser 1 ist Teilmenge eines abgeschlossenen konvexen Bereichs von der konstanten Breite 1.

Zum Beweis legen wir um $\mathfrak{H}$ ein aus Stützgeraden dieser Menge gebildetes Polygon $\mathfrak{P}$, dessen Ecken Punkte des Haufens $\mathfrak{H}$ sind. Es sei $\mathfrak{H} = \{Q_1, Q_2, Q_3, \ldots, Q_m\}$ der Punkthaufen und $P_1 P_2 P_3 \ldots P_n$ das Polygon. $\{P_1, P_2, \ldots, P_n\}$ ist dabei eine Teilmenge von $\mathfrak{H}$. Der Abstand von mindestens einem Paar von Punkten $P_\gamma P_\mu$ muß dann gleich 1 sein. Es sei dies der Fall für $P_1 P_i$.

---

1 In diesem Abschnitt werden einige Begriffe aus der Analysis benutzt. Man vgl. dazu Kap. V.

Wir bezeichnen die durch die Gerade P_1P_i bestimmte Halbebene, die die Punkte $P_2, P_3, \ldots, P_{i-1}$ enthält, mit $\mathfrak{h}_1$; die andere Halbebene sei $\mathfrak{h}_2$.

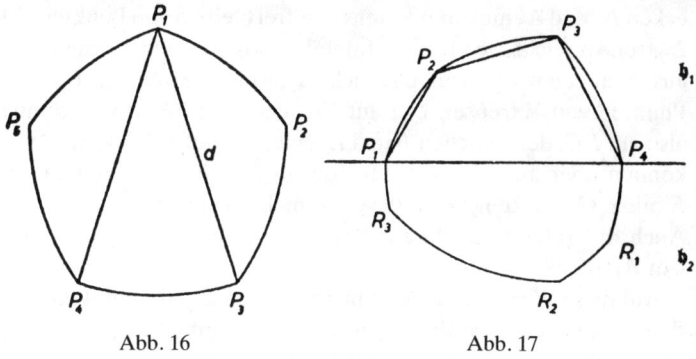

Abb. 16   Abb. 17

Um die Punkte $P_1, P_2, P_3, \ldots, P_i$, zeichnen wir nun Kreise ($\mathfrak{k}_1, \mathfrak{k}_2, \ldots, \mathfrak{k}_i$) mit dem Radius 1. $\mathfrak{k}_j$ und $\mathfrak{k}_{j+1}$ schneiden sich in einem Punkt R_j der Halbebene $\mathfrak{h}_2$. Auf diese Weise entsteht in $\mathfrak{h}_2$ ein Kreisbogenpolygon $P_iR_1R_2 \ldots R_{i-1}P_1$. Zeichnen wir nun auch um die Punkte R_j Kreise vom Radius 1, so entsteht auch in der Halbebene $\mathfrak{h}_1$ ein Kreisbogenpolygon: $P_1P_2P_3 \ldots P_i$ (Abb. 17).

Das ganze Kreisbogenpolygon $P_1P_2 \ldots P_iR_1 \ldots R_{i-1}P_1$ ist dann offenbar eine Kurve von der konstanten Breite 1: Von einem Paar paralleler Stützgeraden im Abstande 1 geht dann immer eine durch einen Eckpunkt des Kreisbogenpolygons, die andere ist Tangente an den gegenüberliegenden Bogen. In dem durch das Kreisbogenpolygon bestimmten Bereich müssen alle Punkte unseres Haufens $\mathfrak{H}$ liegen, da auch die in $\mathfrak{h}_2$ gelegenen von allen Punkten P_j der Halbebene $\mathfrak{h}_1$ höchstens die Entfernung 1 haben dürfen.

Der so konstruierte konvexe Bereich von der Breite 1 heißt auch das zu $\mathfrak{H}$ gehörende REULEAUXsche Kreisbogenpolygon.

Dieser Satz 1 kann nun benutzt werden, um die Tafeleigenschaften von $\mathfrak{T}_6$ nachzuweisen. Es sei $\mathfrak{H}$ ein Punkthaufen mit dem

47

Durchmesser 1, $\mathfrak{R}$ ein ihm zugeordnetes REULEAUXsches Kreisbogenpolygon. Dann kann $\mathfrak{R}$ durch die Tafel $\mathfrak{T}_4$ bedeckt werden. Da zu jeder Richtung ein Paar paralleler Stützgeraden im Abstand 1 gehört, muß auf jeder der Strecken $B\,E_2$, E_2C, $D\,E_4$, E_4E_5, E_5E_6 und E_6A (Abb. 15) je ein Randpunkt von $\mathfrak{R}$ liegen. Von den Dreiecken Δ_2 und Δ_5 muß mindestens eins frei bleiben von Punkten. Ist Δ_5 frei, so reicht die kleinere Tafel $\mathfrak{T}_6$ gewiß zur Bedeckung von $\mathfrak{H}$ aus. Nehmen wir also an, daß nicht Δ_5, wohl aber $\Delta_2 = E\,E_2F$ von Punkten von $\mathfrak{R}$ frei sei. Der auf E_2C gelegene Punkt von $\mathfrak{R}$ muß also auf $F\,C$, der zwischen B und E_2 gelegene auf $B\,E$ liegen. Dann können aber außerhalb der Kreise um C mit $F\,G = 1$ und um E mit $E\,G = 1$ keine Punkte von $\mathfrak{R}$ mehr liegen. Das heißt aber: Auch die Tafel $\mathfrak{T}_6$ reicht zur Bedeckung von $\mathfrak{R}$ und damit auch von $\mathfrak{H}$ aus.

Auf diese Weise ist zunächst nur gezeigt, daß jeder Punkt*haufen* $\mathfrak{H}$ von $\mathfrak{T}_6$ bedeckt werden kann, nicht aber unbedingt jede beliebige Menge vom Durchmesser 1. Nun kann man die Aussage von Satz 1 ohne Schwierigkeiten auf beliebige Mengen vom Durchmesser 1 erweitern. Es ist aber noch einfacher, zunächst aus der Tafeleigenschaft für Punkthaufen auf die für beliebige offene (d.h. keine Randpunkte enthaltende) Mengen $\mathfrak{M}$ zu schließen.

Dazu denken wir uns die Punkte von $\mathfrak{M}$ mit rationalen Koordinaten irgendwie numeriert: P_1, P_2, …, P_n, …; $\mathfrak{H}_n$ sei dann der Punkthaufen $\{P_1, P_2, …, P_n\}$. Jeder Haufen $\mathfrak{H}_n$ wird von $\mathfrak{T}_6$ bedeckt. Es seien $\mathfrak{T}_6^{(n)}$ die zu unserer beweglich gedachten Tafel $\mathfrak{T}_6$ kongruenten Bereiche, die jeweils den Haufen $\mathfrak{H}_n$ mit gleicher Nummer bedecken. Aus der Folge $\mathfrak{T}_6^{(n)}$ kann man nun eine Teilfolge $\mathfrak{T}_6^{(n)'}$ auswählen, für die die (endlich vielen) Eckpunkte von $\mathfrak{T}_6^{(n)'}$ gegen Grenzpunkte konvergieren. Diese Grenzpunkte legen eine neue Lage $\mathfrak{T}_6^{*}$ unserer Tafel $\mathfrak{T}_6$ fest. Sie bedeckt offenbar alle Punkte P_n und damit auch $\mathfrak{M}$, da ja jeder Punkt von $\mathfrak{M}$ Häufungspunkt von Punkten der Menge $\{P_n\}$ ist.

Die (auch von R. SPRAGUE gefundene) Tafel $\mathfrak{T}_6$ hat den Flächeninhalt

$$\tau_6 = F(\mathfrak{T}_6) = 0{,}844144\ldots$$

Um die Annäherung dieser unseres Wissens bisher besten Tafel*
an die untere Grenze τ_0 zu übersehen, wollen wir versuchen, untere Schranken für den Inhalt aller Tafeln zu finden.

Jede Tafel, die alle Mengen vom Durchmesser 1 bedecken soll,
muß einen Kreis dieses Durchmessers enthalten. Der Inhalt jeder
Tafel ist also mindestens gleich $\frac{\pi}{6}$. Um diese Schranke zu verbessern, bedenken wir, daß jede Tafel auch gleichseitige Dreiecke mit
der Seite 1 zudecken muß. Jede konvexe Tafel enthält also die konvexe Hülle einer Vereinigungsmenge von Kreis und Dreieck[1]. PÁL
hat gezeigt [100], daß diese Menge minimalen Flächeninhalt hat,
wenn der Mittelpunkt des Kreises im Schwerpunkt des Dreiecks
liegt. Der Flächeninhalt dieser Figur $\mathfrak{F}$ ist also eine untere
Schranke für den Flächeninhalt aller Tafeln. $\mathfrak{F}$ *selbst ist aber keine
Tafel.* Man kann nämlich zeigen, daß $\mathfrak{F}$ das reguläre Fünfeck von
der konstanten Breite 1 (Abb. 16) *nicht* bedeckt. Deshalb ist**
$F(\mathfrak{F}) = 0{,}825711\ldots$ kleiner als die untere Grenze τ_0 der Inhalte
aller Tafeln, und wir haben als bisheriges Ergebnis

$$0{,}825711\ldots < \tau_0 \leqq \tau_6 = F(\mathfrak{T}_6) = 0{,}844144\ldots$$

oder

$$\tau_0 = 0{,}834928 \pm 0{,}009217\ldots \qquad (2)$$

Damit ist der in der Aufgabe unter a) genannte Zahlwert zwar
nicht bestimmt, aber doch wenigstens eingeschränkt. Die Frage b)
in der Aufgabe ist zu bejahen. Man kann mit Hilfe des BLASCHKE-
schen Auswahlsatzes*** zeigen, daß es tatsächlich mindestens
eine minimale konvexe Tafel gibt. Wir wollen auf die nicht schwierige, aber doch etwas umständliche Beweisführung für diese reine

---

* Man sieht sofort, daß die Ecken E_2, E_4 und E_6 der Tafel $\mathfrak{T}_6$ (Abb. 15) nicht
mehr abgeschnitten werden können, weil sie zur Bedeckung des gleichseitigen Dreiecks von der Seitenlänge 1 benötigt werden. Herr R. SPRAGUE
vermutet, daß man auch für die anderen Ecken der Tafel durch geeignete
einfache Punkthaufen die Unentbehrlichkeit nachweisen kann.

  Aber selbst wenn man von $\mathfrak{T}_6$ nichts mehr abschneiden kann, wäre es doch
möglich, daß es noch eine andersartige Tafel von kleinerem Inhalt gäbe.

[1] Das ist der kleinste konvexe Bereich, der Kreis und Dreieck zugleich umfaßt.

** Hier ist die Bejahung der Frage b) unserer Aufgabe vorweggenommen.

*** Siehe dazu z. B. [62].

Existenzaussage nicht eingehen*. Die Frage nach der effektiven Bestimmung einer oder mehrerer Minimaltafeln ist immer noch offen.

Satz 2:

Unter allen konvexen Tafeln, die jeden ebenen Bereich vom Durchmesser 1 bedecken, gibt es mindestens eine Tafel mit dem minimalen Flächeninhalt τ_0. Für diesen Zahlwert gilt

$$0{,}825711\ldots < \tau_0 \leqq \tau_6$$

Dabei ist τ_6 der Inhalt der SPRAGUE*schen Tafel $\mathfrak{T}_6$.*

5. Anwendungen

Im Jahre 1933 stellte G. BORSUK** die Frage, ob es immer möglich sei, eine Punktmenge des n-dimensionalen Raumes vom Durchmesser 1 so in $n + 1$ Teile zu zerlegen, daß der Durchmesser jeder Teilmenge kleiner als 1 wird.

Für die Ebene kann man nach unseren Ergebnissen über das Tafelproblem diese Frage sofort bejahen. Jede ebene Menge vom Durchmesser 1 kann ja durch die Sechsecktafel $\mathfrak{T}_3$ vollständig bedeckt werden. Wenn man diese Tafel in drei Teile zerlegen kann, deren Durchmesser kleiner als 1 ist, so ist eine entsprechende Zerlegung für jede Menge vom Durchmesser 1 möglich.

Um die Tafel $\mathfrak{T}_3$ in der erforderlichen Weise zu zerlegen, fällen wir vom Mittelpunkt dieser Tafel die Lote auf drei nicht benachbarte Seiten. Die Fußpunkte dieser Winkel von 120° einschließenden Lote seien P_1, P_2 und P_3. Durch diese Lote wird $\mathfrak{T}_3$ in drei Teiltafeln vom Durchmesser $P_\nu \, P_\mu = \frac{1}{2} \sqrt{3}$ zerlegt. Damit haben wir die BORSUKsche Frage für den IR^2 bejaht:

Satz 3:

Jede ebene Menge vom Durchmesser 1 kann in drei Teilmengen zerlegt werden, deren Durchmesser höchstens gleich $\frac{1}{2} \sqrt{3}$ ist.

Eine andere Anwendung unserer Schlüsse über das Bedeckungsproblem führt auf den

---

* Siehe dazu z. B. [100].
** Fund. Math. 20, S. 177–190, 1933.

Satz 4:

Es sei $\mathfrak{K}$ eine Menge von offenen Kreisscheiben vom Radius 1, von denen je zwei einen Punkt gemeinsam haben. Dann gibt es ein gleichseitiges Dreieck P Q R von der Seitenlänge 1 derart, daß jede Kreisscheibe mindestens einen der Punkte P, Q oder R enthält.

Diesen Satz können wir uns so veranschaulichen: Man denke sich die aus Papier ausgeschnittenen Kreisscheiben der Menge $\mathfrak{K}$ auf ein Reißbrett gelegt. Dann kann man in drei Punkten *P, Q* und *R* (die die Ecken eines gleichseitigen Dreiecks von der Seite 1 bilden) durch eingestochene Nadeln die Scheiben in dem Sinne fixieren, daß jeder Kreis durch (mindestens) eine Nadel auf das Brett festgeheftet wird.

Zum Beweis dieses Satzes beachten wir, daß die Mittelpunkte der Kreise von $\mathfrak{K}$ einen Punkthaufen $\mathfrak{H}$ mit einem Durchmesser $d < 2$ bilden, da ja je zwei Kreise einen Punkt gemeinsam haben. $\mathfrak{H}$ kann durch eine Tafel vom Typ $\mathfrak{T}_3$ bedeckt werden, bei der der Abstand der gegenüberliegenden Sechseckseiten gleich 2 ist. Bezeichnen wir die Ecken dieser Tafel mit A_v ($v = 1, 2, \ldots, 6$) und die Mittelpunkte von $A_1 A_3$, $A_3 A_5$ und $A_5 A_1$ mit *P, Q* und *R*. *P Q R* ist dann ein gleichseitiges Dreieck von der Seitenlänge 1. Da jeder Punkt der Tafel von mindestens einem der drei Punkte *P, Q* und *R* einen Abstand hat, der höchstens gleich 1 ist, gilt das auch für die Mittelpunkte der durch die Tafel bedeckten Kreise. Das heißt aber, daß jeder Kreis von $\mathfrak{K}$ mindestens einen der drei Punkte bedeckt.

Man kann das hier behandelte Problem verallgemeinern und fragen, durch wieviel Punkte eine Menge $\mathfrak{K}'$ von Kreisscheiben festgelegt werden kann, wenn je zwei Kreise dieser Menge einen (inneren) Punkt gemeinsam haben, die Radien aber *verschieden* sein können. Man weiß, daß 5 Punkte ausreichen*, und L. FEJES TÓTH vermutet, daß man auch mit 4 Punkten auskommen kann. ∎

---

* Siehe dazu HADWIGER in: Ungelöste Probleme Nr. 19, El. d. Math. XII, S. 109/110, 1957.

II. Die Grundlagen der Geometrie

1. Die »Elemente« EUKLIDS

Es gibt kein Lehrbuch der Weltliteratur, das so lange in Geltung war wie die »Elemente« des EUKLID [31]. Es entstand um 250 v. Chr., wurde damals von den Studenten in Alexandria durchgearbeitet, später haben es die Mönche des Mittelalters gelesen und übersetzt. Es wurde die Grundlage für den geometrischen Schulunterricht in den westlichen Kulturstaaten. EUKLIDS Methode, eine Wissenschaft exakt aus Definitionen und Axiomen aufzubauen und strenge Beweise zu führen, galt als vorbildlich, und man hat versucht, sie auf anderen Gebieten zu übernehmen. Es sei an die Ethik des SPINOZA erinnert, der seine Lehre »more geometrico« behandelt, d. h. im Stil EUKLIDS.

Auch GOETHE sind von seinem Hauslehrer die Definitionen, Lehrsätze und Beweise EUKLIDS beigebracht worden, und er hat die Exaktheit dieser Methode wohl zu schätzen gewußt. Er war sonst der Mathematik nicht besonders freundlich gesinnt und hat manches gegen das »Hexengewirre« der Formeln zu sagen gewußt; aber er würdigte doch die Strenge der Geometer. Er hat später einmal gesagt, daß jeder Gelehrte so arbeiten müsse, als ob er sich vor dem strengsten Geometer verantworten müsse. Es ist bezeichnend, daß er nicht Mathematiker sagte. Er müsse sich vor dem strengsten Geometer verantworten, das heißt auch, er möge so exakt verfahren wie EUKLID in seinen »Elementen«.

Diese Hochachtung für EUKLID war auch im 19. Jahrhundert noch allgemein verbreitet, auch wenn um 1830 herum von JOHANN VON BOLYAI (1802–1860) und NIKOLAI LOBATSCHEWSKY (1793 bis 1856) die nichteuklidische Geometrie entwickelt worden war. Sie war entstanden aus dem vergeblichen Versuch, das EUKLIDische

Parallelenpostulat zu beweisen. Die Tatsache, daß es durch einen Punkt zu einer Geraden genau eine Parallele gibt, scheint manchen Mathematikern der Neuzeit ein Satz gewesen zu sein, den man aus den übrigen Axiomen EUKLIDS müsse beweisen können, und viele Leute haben es vergebens versucht. Es zeigte sich, daß gerade auch an dieser Stelle EUKLID weise war. Dieses Postulat ist tatsächlich nicht beweisbar, es ist unabhängig von den übrigen Axiomen und Postulaten. Das läßt an die Möglichkeit einer nicht-euklidischen Geometrie denken. Man kann nun die Versuche, das Parallelenpostulat zu beweisen, als eine Kritik an dem großen Geometer ansehen. Aber dieser Ansatz einer Kritik ist gescheitert.

Um so bemerkenswerter ist, daß im 19. Jahrhundert eine Kritik ganz anderer Art an EUKLID auftrat, eine Kritik, an die bisher niemand gedacht hatte.

2. BOLZANOS »Anti-Euklid«

In Prag wirkte zu Anfang des 19. Jahrhunderts der böhmische Priester BERNHARD BOLZANO (1781–1848) als »Weltanschauungsprofessor«, wie wir heute sagen würden. Diese Professur war von der kaiserlichen Regierung eingerichtet worden, um die Universität »gut katholisch« zu halten. BOLZANOS Aufgabe war es, allgemeine theologische Vorlesungen und akademische Gottesdienste zu halten. Diese hatten einen großen Zulauf.

BOLZANO hatte einige Zeit geschwankt, ob er diese Professur oder eine mathematische annehmen sollte. Er hatte nämlich starkes Interesse an der Mathematik. Er hat sich für die theologische Professur entschieden, und das hat sein Leben sehr schwierig gemacht. Denn BOLZANO war ein freier Geist, und er sagte in seinen Reden vieles, was der Regierung und der Kirche nicht gefiel. Es wurde ihm der Prozeß gemacht, und er wurde im Jahre 1820 mit einer elenden kleinen Pension verabschiedet. Er durfte nicht mehr öffentlich wirken. Wohlhabende Freunde nahmen ihn auf, und er konnte sich jetzt den mathematischen Wissenschaften widmen. Man dankt ihm die erste saubere Definition für den Begriff »Stetigkeit einer Funktion« und eine Reihe von Aussagen über die

Grundlagen der Analysis. Auch sein aus dem Nachlaß veröffentlichtes Buch »Paradoxien des Unendlichen« [11] ist mit Recht immer wieder nachgedruckt worden. BOLZANO gilt als ein Vorläufer von GEORG CANTOR, dem Gründer der Mengenlehre. Wenig bekannt ist, daß er auch in der Geometrie seinen kritischen Geist einsetzte. Es gibt eine nicht zu Lebzeiten publizierte Arbeit »Anti-Euklid« [12]. Sie wurde erst 1967 von der tschechischen Akademie der Wissenschaften veröffentlicht. Das ist ein Werk von wenigen Seiten, die aber wichtige kritische Aussagen enthalten und zeigen, daß er weit über seine Zeit hinausdachte. Er würdigte das Werk EUKLIDS und war durchaus der Meinung, daß es geeignet sei, im Schulunterricht Kinder an die Geometrie heranzuführen. BOLZANO vertrat aber die Ansicht, daß die Gelehrten doch auch die Unzulänglichkeiten dieses Werkes sehen müßten. Er kritisierte unter anderem den Umstand, daß manche Eigenschaften und Beziehungen zwischen geometrischen Objekten einfach der Anschauung entnommen wurden. BOLZANO war der Meinung, wenn man schon axiomatisch fundiert, dann muß man auf solche Anleihen an die Anschauung verzichten und auch die Eigenschaften des Zwischenbegriffs axiomatisch festlegen. Mit den Definitionen EUKLIDS war er nicht immer einverstanden. Er meinte, daß man Geometrie eigentlich nur treiben könne im Zusammenhang mit einer Philosophie des Raumes, die er bei EUKLID ganz vermißte.

Die »Grundlagen der Geometrie« von HILBERT [54], von denen gleich zu reden sein wird, haben viele der Gedanken BOLZANOS aufgenommen und in einer neuen Schrift realisiert. Und doch sollte man festhalten, daß BOLZANO nicht einfach ein Vorläufer HILBERTS war. Ihre Einstellung zur Mathematik war doch recht verschieden. Die Bemerkung BOLZANOS über die Philosophie des Raumes zeigt, daß er das Wesen der Mathematik anders sah als HILBERT. HILBERT war Formalist und meinte, daß man sich mit dem Nachweis der Widerspruchsfreiheit begnügen müsse. BOLZANO hatte andere ontologische Vorstellungen. Ihm ging es um ein korrektes Beschreiben des Seienden, und man kann vielleicht sagen, daß er in seiner Einstellung über das Wesen der Mathematik GEORG CANTOR weit näher stand als DAVID HILBERT. BOLZANOS »Anti-Euklid«, es waren ja nur ein paar Notizen eines einsamen kritischen Gelehrten, hat damals das öffentliche Denken nicht beeinflußt.

3. HILBERTS »Grundlagen der Geometrie«

In der zweiten Hälfte des 19. Jahrhunderts wurden nun tatsächlich einige Versuche unternommen, die Mängel des EUKLIDischen Systems zu beheben. Hier ist eine Arbeit von MORITZ PASCH zu nennen, der im Jahre 1882 mit den »Vorlesungen über neuere Geometrie« [101] einige der Unzulänglichkeiten EUKLIDS beseitigte. Eine radikale Änderung erbrachten aber erst die 1899 erschienenen »Grundlagen der Geometrie« [54] von DAVID HILBERT in Göttingen. Der große Zahlentheoretiker und Meister der Invariantentheorie hatte im Zusammenhang mit seinen Vorlesungen über Geometrie angefangen, sich mit dem Aufbau dieser Disziplin auseinanderzusetzen. Er versuchte zunächst, die axiomatischen Fundamente der einzelnen geometrischen Aussagen herauszufinden.

Am 31.12.1898 schrieb er aus seinem Ferienaufenthalt in Westerland an seinen Freund ADOLF HURWITZ nach Königsberg: »Meine Vorlesung über Euklidische Geometrie hat mich noch auf eine Reihe ziemlich merkwürdiger Dinge geführt. Am wichtigsten kommt mir das Resultat vor, das ich jüngst gefunden habe und welches darin besteht, dass es thatsächlich möglich ist, ausschliesslich auf Grund der Argumentationssätze in der Ebene und des Parallelenaxioms (also der sogenannten Schulgeometrie) die Euklidische Geometrie aufzubauen, so dass also ohne Stetigkeit (d. h. ohne Archimedisches Axiom) alle Sätze über Schneiden von Höhen im Dreieck, alle Aehnlichkeitssätze etc. wirklich beweisbar sind. Dass dieser Beweis nicht auf der Hand liegt, sondern recht tief verborgen ist, werden Sie finden, wenn Sie versuchen z. B. den DESARGUES mit Hilfe der Congruenzsätze und des Parallelenaxioms zu beweisen.« (S. Abb. 18)

Wichtiger noch als Feststellungen dieser Art über die axiomatische Fundierung erscheint uns Heutigen der Umstand, daß HILBERT auf die Definition der geometrischen Grundbegriffe (Punkt, Gerade, Ebene) vollständig verzichtete. Die Kritiker EUKLIDS hatten ja auch die Unzulänglichkeit seiner Definitionen unterstrichen. Wer kritisiert, soll es besser machen, und das haben nicht wenige Mathematiker auch versucht. Sie haben z. B. erklärt: »Eine Gerade ist die kürzeste Verbindung zwischen zwei Punkten.« Wer so

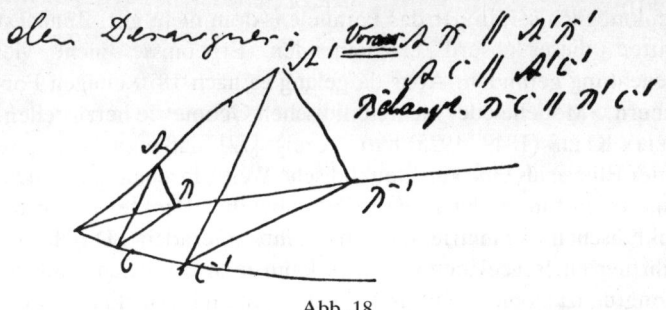

Abb. 18

definiert, übersieht aber, daß der Begriff der »kürzesten Verbindung« das Gegebensein von Meßstrecken voraussetzt, die wiederum Teile von Geraden sind.

HILBERT spricht am Anfang von drei »Dingen«, die er Punkte, Geraden, Ebenen nennt und die er nicht definiert. Ihre Eigenschaften und Relationen werden durch die nachfolgenden Axiome festgelegt. HILBERT hat seinen »formalistischen« Standpunkt dadurch unterstrichen, daß er bei einem Gespräch im Wartesaal eines Bahnhofs sagte, man müsse sich unter »Punkten, Geraden und Ebenen jederzeit Tische, Stühle und Bierseidel« vorstellen können. Ein anderes Mal hatte er als Interpretation »Liebe, Gesetz und Schornsteinfeger« vorgeschlagen. Er war natürlich nicht ernsthaft davon überzeugt, daß man mit diesen Begriffen wirklich Geometrie treiben könne. Es kam ihm darauf an, den formalistischen Standpunkt auf drastische Weise deutlich zu machen.

Es ist verständlich, daß diese formalistische Interpretation der Mathematik bei nicht wenigen Mathematikern und Philosophen auf Widerspruch stieß. Die Mathematik hatte es schließlich mit der Wahrheit zu tun, und sie war ein angemessenes Hilfsmittel zur Beschreibung der Natur. Warum sollte man sie zu einer formalistischen Spielerei abwerten?

Um HILBERT zu verstehen, muß man an die Fortschritte denken, die im Laufe des 19. Jahrhunderts die nichteuklidische Geometrie gemacht hatte. Da hatten doch um 1830 JOHANN VON BOLYAI [10] und NIKOLAI LOBATSCHEWSKY [85] gezeigt, daß eine Geometrie denkmöglich sei, in der das Parallelenaxiom nicht gilt. Zunächst hatten diese absurd erscheinenden Ergebnisse nicht viel Beachtung gefunden. Aber da gelang es nach 1870 einigen Forschern, »Modelle« der nichteuklidischen Geometrie herzustellen. FELIX KLEIN (1849–1925) hatte gezeigt [72], daß man das Innere einer Ellipse als eine »nichteuklidische Welt« ansehen könne. Die Punkte im Innern der Ellipse sind dabei die »Punkte« der nichteuklidischen Geometrie, die Sehnen ihre »Geraden«. Durch Einführung eines geeigneten Maßes kann man erreichen, daß die Kongruenzaxiome erfüllt sind. Auch die Stetigkeitsaxiome gelten, nur eben das Parallelenpostulat nicht, wie man sich an Abb. 19 deutlich machen kann. Dabei beachte man, daß zwei Geraden genau dann parallel heißen, wenn sie keinen Punkt gemeinsam haben. Deshalb sind in diesem Modell g_1 und g_2 zwei verschiedene Parallelen zu der Geraden g durch den Punkt C.

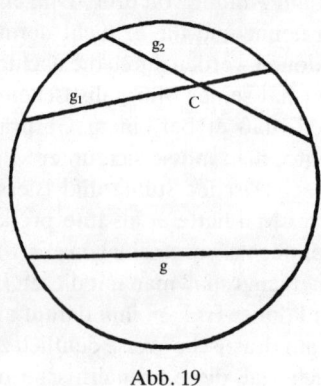

Abb. 19

Weitere Modelle für eine solche nichteuklidische Geometrie stammen von HENRI POINCARÉ (1854–1912) [105] und dem Italiener EUGENIO BELTRAMI (1835–1900) [6].

Die Möglichkeit der Deutung der geometrischen Gesetze in verschiedenen Modellen legt ein formalistisches Verständnis der Geometrie nahe: Nicht auf die »Substanz« der geometrischen Objekte kommt es an, sondern nur auf ihre Beziehungen untereinander. Es erscheint sinnvoll, wenn das, was die nichteuklidische Geometrie uns lehrt, auch auf die euklidische angewandt wird. Verzichten wir also, so meinte HILBERT, auf die sich immer wieder als unzulänglich erweisenden Versuche zu einer Definition der Grundobjekte.

Es leuchtet ein, daß HILBERT mit solchen Auffassungen mit konservativen Mathematikern und den an KANT orientierten Philosophen in Konflikt geraten mußte. Geht es in der Mathematik nicht mehr um *Wahrheit*, sondern nur um formale Spiele? Von einer solchen Auseinandersetzung über das Wesen der Axiome soll noch die Rede sein. Zunächst aber wollen wir HILBERT zu Wort kommen lassen und den Anfang seiner »Grundlagen« [54] mitteilen. Wir gehen dabei bis zu dem Beweis der Kongruenzsätze; diese Sätze werden heute in der Schulmathematik im allgemeinen nicht bewiesen, sondern als evident hingenommen.

Einleitung ☐

> So fängt denn alle menschliche Erkenntnis mit Anschauungen an, geht von da zu Begriffen und endigt mit Ideen.
>
> KANT, Kritik der reinen Vernunft, Elementarlehre 2. T. 2. Abt.

Die Geometrie bedarf – ebenso wie die Arithmetik – zu ihrem folgerichtigen Aufbau nur weniger und einfacher Grundsätze. Diese Grundsätze heißen *Axiome* der Geometrie. Die Aufstellung der Axiome der Geometrie und die Erforschung ihres Zusammenhanges ist eine Aufgabe, die seit EUKLID in zahlreichen vortrefflichen Abhandlungen der mathematischen Literatur sich erörtert findet. Die bezeichnete Aufgabe läuft auf die logische Analyse unserer räumlichen Anschauung hinaus.

Die vorliegende Untersuchung ist ein neuer Versuch, für die Geometrie ein *vollständiges* und *möglichst einfaches* System von Axiomen aufzustellen und aus denselben die wichtigsten geometrischen Sätze in der Weise abzuleiten, daß dabei die Bedeutung der verschiedenen Axiomgruppen und die Tragweite der aus den einzelnen Axiomen zu ziehenden Folgerungen möglichst klar zutage tritt.

Kapitel I
Die fünf Axiomgruppen

§ 1
Die Elemente der Geometrie und die fünf Axiomgruppen
Erklärung. Wir denken drei verschiedene Systeme von Dingen: die Dinge des *ersten* Systems nennen wir *Punkte* und bezeichnen sie mit *A, B, C,* ...; die Dinge des *zweiten* Systems nennen wir *Gerade* und bezeichnen sie mit *a, b, c,* ...; die Dinge des *dritten* Systems nennen wir *Ebenen* und bezeichnen sie mit $\alpha, \beta, \gamma,$ ...; die Punkte heißen auch die *Elemente der linearen Geometrie*, die Punkte und Geraden heißen die *Elemente der ebenen Geometrie* und die Punkte, Geraden und Ebenen heißen die *Elemente der räumlichen Geometrie* oder *des Raumes*.

Wir denken die Punkte, Geraden, Ebenen in gewissen gegenseitigen Beziehungen und bezeichnen diese Beziehungen durch Worte wie »*liegen*«, »*zwischen*«, »*parallel*«, »*kongruent*«, »*stetig*«; die genaue und vollständige Beschreibung dieser Beziehungen erfolgt durch die *Axiome der Geometrie*.

Die Axiome der Geometrie gliedern sich in fünf Gruppen; jede einzelne dieser Gruppen drückt gewisse zusammengehörige Grundtatsachen unserer Anschauung aus. Wir benennen diese Gruppen von Axiomen in folgender Weise:

I 1–8. Axiome der *Verknüpfung*,
II 1–4. Axiome der *Anordnung*,
III 1–6. Axiome der *Kongruenz*,
IV   Axiom der *Parallelen*,
V 1–2. Axiome der *Stetigkeit*.

§ 2

Die Axiomgruppe I: Axiome der Verknüpfung

Die Axiome dieser Gruppe stellen zwischen den oben erklärten Begriffen Punkte, Geraden und Ebenen eine *Verknüpfung* her und lauten wie folgt:

I 1. *Zwei voneinander verschiedene Punkte A, B bestimmen stets eine Gerade a.*

Statt »*bestimmen*« werden wir auch andere Wendungen gebrauchen, z. B. *a* »*geht durch*« *A* »*und durch*« *B, a* »*verbindet*« *A* »*und*« oder »*mit*« *B*. Wenn *A* ein Punkt ist, der mit einem anderen Punkte zusammen die Gerade *a* bestimmt, so gebrauchen wir auch die Wendungen: *A* »*liegt auf*« *a, A* »*ist ein Punkt von*« *a*, »*es gibt den Punkt*« *A* »*auf*« *a* usw. Wenn *A* auf der Geraden *a* und außerdem auf einer anderen Geraden *b* liegt, so gebrauchen wir auch die Wendung: »*die Geraden*« *a* »*und*« *b* »*haben den Punkt A gemein*« usw.

I 2. *Irgend zwei voneinander verschiedene Punkte einer Geraden bestimmen diese Gerade.*

I 3. *Auf einer Geraden gibt es stets wenigstens zwei Punkte, in einer Ebene gibt es stets wenigstens drei nicht auf einer Geraden gelegene Punkte.*

I 4. *Drei nicht auf ein und derselben Geraden liegende Punkte A, B, C bestimmen stets eine Ebene α.*

Wir gebrauchen auch die Wendungen: *A, B, C* »*liegen in*« *α; A, B, C* »*sind Punkte von*« *α;* usw.

I 5. *Irgend drei Punkte einer Ebene, die nicht auf ein und derselben Geraden liegen, bestimmen die Ebene α.*

I 6. *Wenn zwei Punkte A, B einer Geraden a in einer Ebene α liegen, so liegt jeder Punkt von a in der Ebene α.*

In diesem Falle sagen wir: *Die Gerade a liegt in der Ebene α;* usw.

I 7. *Wenn zwei Ebenen α, β einen Punkt A gemein haben, so haben sie wenigstens noch einen weiteren Punkt B gemein.*

I 8. *Es gibt wenigstens vier nicht in einer Ebene gelegene Punkte.*

Die Axiome I 1–3 mögen die *ebenen Axiome der Gruppe* I heißen zum Unterschied von den Axiomen I 4–8, die ich als die *räumlichen Axiome der Gruppe* I bezeichne.

Von den Sätzen, die aus den Axiomen I 1–8 folgen, erwähne ich nur diese beiden:

Satz 1. Zwei Geraden einer Ebene haben einen oder keinen

Punkt gemein; zwei Ebenen haben keinen Punkt oder eine Gerade gemein; eine Ebene und eine nicht in ihr liegende Gerade haben keinen oder einen Punkt gemein.

Satz 2. Durch eine Gerade und einen nicht auf ihr liegenden Punkt sowie auch durch zwei verschiedene Geraden mit einem gemeinsamen Punkt gibt es stets eine und nur eine Ebene.

§ 3

Die Axiomgruppe II: Axiome der Anordnung

Die Axiome dieser Gruppe definieren den Begriff »zwischen« und ermöglichen auf Grund dieses Begriffes die *Anordnung* der Punkte auf einer Geraden, in einer Ebene und im Raume.

Erklärung. Die Punkte einer Geraden stehen in gewissen Beziehungen zueinander, zu deren Beschreibung uns insbesondere das Wort »*zwischen*« dient.

II 1. *Wenn A, B, C Punkte einer Geraden sind, und B zwischen A und C liegt, so liegt B auch zwischen C und A.*

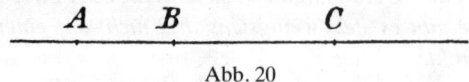

Abb. 20

II 2. *Wenn A und C zwei Punkte einer Geraden sind, so gibt es stets wenigstens einen Punkt B, der zwischen A und C liegt, und wenigstens einen Punkt D, so daß C zwischen A und D liegt.*

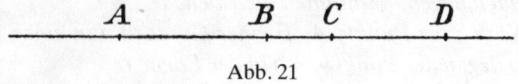

Abb. 21

II 3. *Unter irgend drei Punkten einer Geraden gibt es stets einen und nur einen, der zwischen den beiden andern liegt.*

Erklärung. Wir betrachten auf einer Geraden *a* zwei Punkte *A* und *B*; wir nennen das System der beiden Punkte *A* und *B* eine *Strecke* und bezeichnen dieselbe mit *AB* oder mit *BA*. Die Punkte zwischen *A* und *B* heißen Punkte der Strecke *AB* oder auch *innerhalb* der Strecke *AB* gelegen; die Punkte *A, B* heißen *Endpunkte* der Strecke *AB*. Alle übrigen Punkte der Geraden *a* heißen *außerhalb* der Strecke *AB* gelegen.

II 4. *Es seien A, B, C drei nicht in gerader Linie gelegene Punkte und a eine Gerade in der Ebene ABC, die keinen der Punkte A, B, C trifft: wenn dann die Gerade a durch einen Punkt der Strecke AB geht, so geht sie gewiß auch entweder durch einen Punkt der Strecke BC oder durch einen Punkt der Strecke AC.*

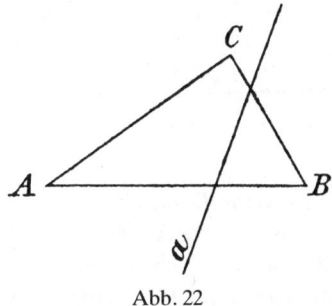

Abb. 22

Die Axiome II 1–3 enthalten nur Aussagen über die Punkte auf einer Geraden und mögen daher die *linearen Axiome der Gruppe* II heißen; das Axiom II 4 enthält eine Aussage über die Elemente der ebenen Geometrie und heiße daher das *ebene Axiom der Gruppe* II.

§ 4
Folgerungen aus den Axiomen der Verknüpfung und der Anordnung
Aus den Axiomen I und II folgen die nachstehenden Sätze:

Satz 3. Zwischen irgend zwei Punkten einer Geraden gibt es stets unbegrenzt viele Punkte.

Satz 4. Sind irgend vier Punkte einer Geraden gegeben, so lassen sich dieselben stets in der Weise mit *A, B, C, D* bezeichnen, daß der mit *B* bezeichnete Punkt zwischen *A* und *C* und auch zwischen A und *D* und ferner der mit *C* bezeichnete Punkt zwischen *A* und *D* und auch zwischen *B* und *D* liegt.*

---

* Dieser in der ersten Auflage als Axiom bezeichnete Satz ist von E.H. Moore, Transactions of the American Mathematical Society 1902, als eine Folge der aufgestellten ebenen Axiome der Verknüpfung und der Anordnung erkannt worden.

Satz 5 (Verallgemeinerung von Satz 4). Sind irgendeine endliche Anzahl von Punkten einer Geraden gegeben, so lassen sich dieselben stets in einer Weise mit A, B, C, D, E, ..., K bezeichnen, daß der mit B bezeichnete Punkt zwischen A einerseits und C, D, E, ..., K andererseits, ferner C zwischen A, B einerseits und D, E,

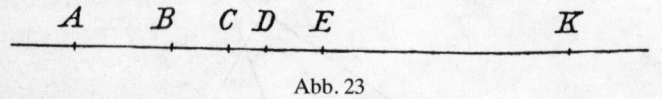

Abb. 23

..., K andererseits, so dann D zwischen A, B, C einerseits und E, ..., K andererseits usw. liegt. Außer dieser Bezeichnungsweise gibt es nur noch die umgekehrte Bezeichnungsweise K, ..., E, D, C, B, A, die von der nämlichen Beschaffenheit ist.

Satz 6. Jede Gerade a, welche in einer Ebene α liegt, trennt die nicht auf ihr liegenden Punkte dieser Ebene α in zwei Gebiete von folgender Beschaffenheit: ein jeder Punkt A des einen Gebietes bestimmt mit jedem Punkt B des anderen Gebietes eine Strecke AB, innerhalb derer ein Punkt der Geraden a liegt; dagegen bestimmen irgend zwei Punkte A und A' ein und desselben Gebietes eine Strecke AA', welche keinen Punkt von a enthält.

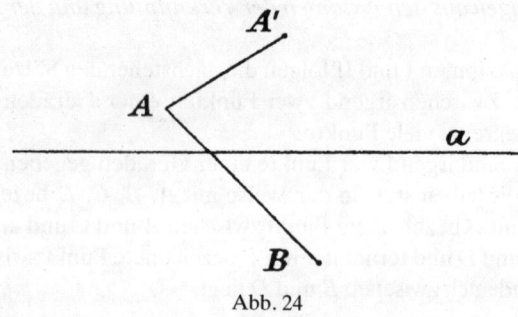

Abb. 24

Erklärung. Es seien A, A', O, B vier Punkte einer Geraden a, so daß O zwischen A und B, aber nicht zwischen A und A' liegt; dann sagen wir: Die Punkte A, A' liegen *in der Geraden a auf ein und derselben Seite vom Punkte O*, und die Punkte A, B liegen *in der*

Abb. 25

Geraden a, auf verschiedenen Seiten vom Punkte O. Die sämtlichen auf ein und derselben Seite von *O* gelegenen Punkte der Geraden *a* heißen auch ein von *O* ausgehender *Halbstrahl*; somit teilt jeder Punkt einer Geraden diese in zwei Halbstrahlen.

Erklärung. Indem wir die Bezeichnungen des Satzes 6 benutzen, sagen wir: Die Punkte *A*, *A'* liegen *in der Ebene α auf ein und derselben Seite von der Geraden a,* und die Punkte *A*, *B* liegen *in der Ebene α auf verschiedenen Seiten von der Geraden a.*

Erklärung. Ein System von Strecken *AB*, *BC*, *CD*, ..., *KL* heißt ein *Streckenzug*, der die Punkte *A* und *L* miteinander verbindet; dieser Streckenzug wird auch kurz mit *ABCD...KL* bezeichnet. Die Punkte innerhalb der Strecken *AB*, *BC*, *CD*, ..., *KL* sowie die Punkte *A*, *B*, *C*, *D*, ..., *K*, *L* heißen insgesamt die *Punkte des Streckenzuges.* Fällt insbesondere der Punkt *L* mit dem Punkt *A* zusammen, so wird der Streckenzug ein *Polygon* genannt und als Polygon *ABCD...K* bezeichnet. Die Strecken *AB*, *BC*, *CD*, ..., *KA* heißen auch die *Seiten des Polygons.* Die Punkte *A*, *B*, *C*, *D*, ..., *K* heißen die *Ecken des Polygons.* Polygone mit 3, 4, ..., *n* Ecken heißen bzw. *Dreiecke, Vierecke, ..., n-Ecke.*

Erklärung. Wenn die Ecken eines Polygons sämtlich voneinander verschieden sind und keine Ecke des Polygons in eine Seite fällt und endlich irgend zwei Seiten eines Polygons keinen Punkt miteinander gemein haben, so heißt das Polygon *einfach.*

Mit Zuhilfenahme des Satzes 6 gelangen wir jetzt ohne erhebliche Schwierigkeit zu folgenden Sätzen:

Satz 7. Ein jedes einfache Polygon, dessen Ecken sämtlich in einer Ebene *α* liegen, trennt die Punkte dieser Ebene *α*, die nicht dem Streckenzuge des Polygons angehören, in zwei Gebiete, ein Inneres und ein Äußeres, von folgender Beschaffenheit: ist *A* ein Punkt des Inneren (*innerer Punkt*) und *B* ein Punkt des Äußeren (*äußerer Punkt*), so hat jeder Streckenzug, der *A* mit *B* verbindet, mindestens einen Punkt mit dem Polygon gemein; sind dagegen *A*, *A'* zwei Punkte des Inneren und *B*, *B'* zwei Punkte des Äußeren, so gibt es stets Streckenzüge, die *A* mit *A'* und *B* mit *B'* verbinden und keinen Punkt mit dem Polygon gemein haben. Es gibt Gerade in α, die ganz im Äußeren des Polygons verlaufen, dagegen keine solche Gerade, die ganz im Inneren des Polygons verläuft.

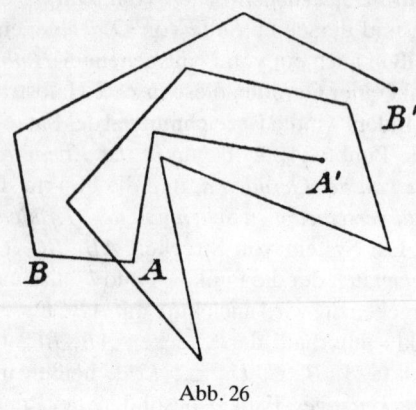

Abb. 26

Satz 8. Jede Ebene α trennt die übrigen Punkte des Raumes in zwei Gebiete von folgender Beschaffenheit: jeder Punkt A des einen Gebietes bestimmt mit jedem Punkt B des andern Gebietes eine Strecke AB, innerhalb deren ein Punkt von α liegt; dagegen bestimmen irgend zwei Punkte A und A' eines und desselben Gebietes stets eine Strecke AA', die keinen Punkt von α enthält.

Erklärung. Indem wir die Bezeichnungen dieses Satzes 8 benutzen, sagen wir: die Punkte A, A' liegen im Raume *auf ein und derselben Seite von der Ebene* α, und die Punkte A, B liegen im Raume *auf verschiedenen Seiten von der Ebene* α.

Der Satz 8 bringt die wichtigsten Tatsachen betreffs der Anordnung der Elemente im *Raume* zum Ausdruck; diese Tatsachen sind daher lediglich Folgerungen aus den bisher behandelten Axiomen, und es bedurfte in der Gruppe II keines neuen *räumlichen* Axioms.

§5
Die Axiomgruppe III: Axiome der Kongruenz
Die Axiome dieser Gruppe definieren den Begriff der Kongruenz und damit auch den der Bewegung.

Erklärung. Die Strecken stehen in gewissen Beziehungen zueinander, zu deren Beschreibung uns die Worte »*kongruent*« oder »*gleich*« dienen.

III. 1. *Wenn A, B zwei Punkte auf einer Geraden a und ferner A' ein Punkt auf derselben oder einer anderen Geraden a' ist, so kann man auf einer gegebenen Seite der Geraden a' von A' stets einen und nur einen Punkt B' finden, so daß die Strecke AB der Strecke A'B' kongruent oder gleich ist, in Zeichen:*

$$AB \equiv A'B'.$$

Jede Strecke ist sich selbst kongruent, d. h. es ist stets:

$$AB \equiv AB \quad und \quad AB \equiv BA.$$

Wir sagen auch kürzer: eine jede Strecke kann auf einer gegebenen Seite einer gegebenen Geraden von einem gegebenen Punkte in eindeutig bestimmter Weise *abgetragen* werden.

III. 2. *Wenn eine Strecke AB sowohl der Strecke A'B' als auch der Strecke A''B'' kongruent ist, so ist auch A'B' der Strecke A''B'' kongruent, d. h. wenn*

$$AB \equiv A'B' \quad und \quad AB \equiv A''B'',$$

so ist auch

$$A'B' \equiv A''B''.$$

III. 3. *Es seien AB und BC zwei Strecken ohne gemeinsame Punkte auf der Geraden a und ferner A'B' und B'C' zwei Strecken*

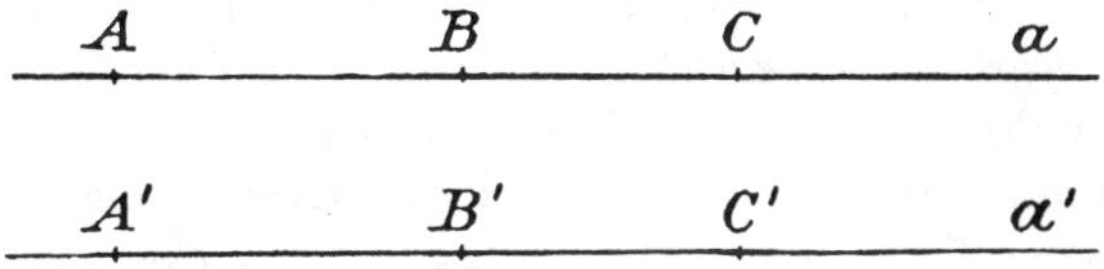

Abb. 27

auf derselben oder einer anderen Geraden a' ebenfalls ohne gemeinsame Punkte; wenn dann

$$AB \equiv A'B' \quad und \quad BC \equiv B'C'$$

ist, so ist auch stets

$$AC \equiv A'C'.$$

Erklärung. Es sei α eine beliebige Ebene und h, k seien irgend zwei verschiedene von einem Punkte O ausgehende Halbstrahlen in α, die *verschiedenen* Geraden angehören. Das System dieser beiden Halbstrahlen h, k nennen wir einen *Winkel* und bezeichnen denselben mit $\measuredangle\,(h, k)$ oder mit $\measuredangle\,(k, h)$. Aus den Axiomen II 1–4 kann leicht geschlossen werden, daß die Halbstrahlen h und k, zusammengenommen mit dem Punkte O, die übrigen Punkte der Ebene α in zwei Gebiete von folgender Beschaffenheit teilen: Ist A ein Punkt des einen und B ein Punkt des anderen Gebietes, so geht jeder Streckenzug, der A mit B verbindet, entweder durch O oder hat mit h oder k wenigstens einen Punkt gemein; sind dagegen A, A' Punkte desselben Gebietes, so gibt es stets einen Streckenzug, der A mit A' verbindet und weder durch O noch durch einen Punkt der Halbstrahlen h, k hindurchläuft. Eines dieser beiden Gebiete ist vor dem anderen ausgezeichnet, indem jede Strecke, die irgend zwei Punkte dieses ausgezeichneten Gebietes verbindet, stets ganz in demselben liegt; dieses ausgezeichnete Gebiet heiße das *Innere* des Winkels $\measuredangle\,(h, k)$ zum Unterschiede von dem anderen Gebiete, welches das *Äußere* des Winkels $\measuredangle\,(h, k)$ genannt werden möge. Die Halbstrahlen h, k heißen *Schenkel* des Winkels, und der Punkt O heißt der *Scheitel* des Winkels.

Erklärung. Die Winkel stehen in gewissen Beziehungen zueinander, zu deren Bezeichnung uns ebenfalls die Worte »*kongruent*« oder »*gleich*« dienen.

III. 4. *Es sei ein Winkel $\measuredangle\,(h, k)$ in einer Ebene α und eine Gerade a' in einer Ebene α' sowie eine bestimmte Seite von a' auf α' gegeben. Es bedeute h' einen Halbstrahl der Geraden a', der vom Punkte O' ausgeht: dann gibt es in der Ebene α' einen und nur einen Halbstrahl k, so daß der Winkel $\measuredangle\,(h, k)$ kongruent oder gleich dem Winkel $\measuredangle\,(h', k')$ ist und zugleich alle inneren Punkte des Winkels $\measuredangle\,(h', k')$ auf der gegebenen Seite von a' liegen, in Zeichen:*

$$\measuredangle\,(h, k) \equiv \measuredangle\,(h', k').$$

Jeder Winkel ist sich selbst kongruent, d. h. es ist stets

$$\angle (h, k) \equiv \angle (h, k) \quad und \quad \angle (h, k) \equiv \angle (k, h).$$

Wir sagen auch kurz: ein jeder Winkel kann in einer gegebenen Ebene nach einer gegebenen Seite an einen gegebenen Halbstrahl auf eine eindeutig bestimmte Weise *abgetragen* werden.

III. 5. *Wenn ein Winkel* $\angle(h, k)$ *sowohl dem Winkel* $\angle (h', k')$ *als auch dem Winkel* $\angle (h'', k'')$ *kongruent ist, so ist auch der Winkel* $\angle (h', k')$ *dem Winkel* $\angle (h'', k'')$ *kongruent, d. h. wenn*

$$\angle (h, k) \equiv \angle (h', k') \quad und \quad \angle (h, k) \equiv \angle (h'', k'')$$

ist, so ist auch stets

$$\angle (h', k') \equiv \angle (h'', k'').$$

Erklärung. Es sei ein Dreieck ABC vorgelegt; wir bezeichnen die beiden von A ausgehenden durch B und C laufenden Halbstrahlen mit h und k. Der Winkel $\angle (h, k)$ heißt dann der von den Seiten AB und AC eingeschlossene oder der der Seite BC gegenüberliegende Winkel des Dreieckes ABC; er enthält in seinem Inneren sämtliche innere Punkte des Dreieckes ABC und wird mit $\angle BAC$ oder $\angle A$ bezeichnet.

III. 6. *Wenn für zwei Dreiecke* ABC *und* $A'B'C'$ *die Kongruenzen*

$$AB \equiv A'B', \quad AC \equiv A'C', \quad \angle BAC \equiv \angle B'A'C'$$

gelten, so sind auch stets die Kongruenzen

$$\angle ABC \equiv \angle A'B'C' \quad und \quad \angle ACB \equiv \angle A'C'B'$$

erfüllt.

Die Axiome III 1–3 enthalten nur Aussagen über die Kongruenz von Strecken; sie mögen daher die *linearen* Axiome der Gruppe III heißen. Die Axiome III 4, 5 enthalten Aussagen über die Kongruenz von Winkeln. Das Axiom III 6 knüpft das Band zwischen den Begriffen der Kongruenz von Strecken und von Winkeln. Die Axiome III 4–6 enthalten Aussagen über die Elemente der ebenen Geometrie und mögen daher die *ebenen* Axiome der Gruppe III heißen.

Folgerungen aus den Axiomen der Kongruenz

Erklärung. Es sei die Strecke AB kongruent der Strecke $A'B'$. Da nach Axiom III 1 auch die Strecke AB kongruent AB ist, so ist nach Axiom III 2 auch $A'B'$ kongruent AB; wir sagen: die beiden Strecken AB und $A'B'$ sind *untereinander kongruent.*

Erklärung. Sind $A, B, C, D, \ldots, K, L$ auf a und $A', B', C', D', \ldots, K', L'$ auf a' zwei Reihen von Punkten, so daß die sämtlichen entsprechenden Strecken AB und $A'B'$, AC und $A'C'$, BC und $B'C'$, $\ldots$, KL und $K'L'$ bez. einander kongruent sind, so heißen die beiden Reihen von Punkten *untereinander kongruent;* A und A', B und B', $\ldots$, L und L' heißen die *entsprechenden Punkte* der kongruenten Punktreihen.

Aus den linearen Axiomen III 1–3 schließen wir leicht folgende Sätze:

Satz 9. Ist von zwei kongruenten Punktreihen $A, B, \ldots, K, L$ und $A', B', \ldots, K', L'$ die erste so geordnet, daß B zwischen A einerseits und $C, D, \ldots, K, L$ andererseits, C zwischen A, B einerseits und $D, \ldots, K, L$ andererseits usw. liegt, so sind die Punkte $A', B', \ldots, K', L'$ auf die gleiche Weise geordnet, d. h. B' liegt zwischen A' einerseits und $C', D', \ldots, K', L'$ andererseits, C' zwischen A', B' einerseits und $D', \ldots, K', L'$ andererseits usw.

Erklärung. Es sei $\angle(h, k)$ kongruent dem Winkel $\angle(h', k')$. Da nach Axiom III 4 der Winkel $\angle(h, k)$ kongruent $\angle(h, k)$ ist, so folgt aus Axiom III 5, daß $\angle(h', k')$ kongruent $\angle(h, k)$ ist; wir sagen: die beiden Winkel $\angle(h, k)$ und $\angle(h', k')$ sind *untereinander kongruent.*

Erklärung. Zwei Winkel, die den Scheitel und einen Schenkel gemein haben und deren nicht gemeinsame Schenkel eine gerade Linie bilden, heißen *Nebenwinkel.* Zwei Winkel mit gemeinsamem Scheitel, deren Schenkel je eine Gerade bilden, heißen *Scheitelwinkel.* Ein Winkel, welcher einem seiner Nebenwinkel kongruent ist, heißt ein *rechter Winkel.*

Die Existenz rechter Winkel folgt in bekannter Weise aus III 1, III 4, III 6. Wenn man nämlich einen beliebigen Winkel vom Scheitel aus an einen seiner Schenkel anträgt und dann die äußeren Schenkel gleichmacht, so schneidet die Verbindungsgerade der Endpunkte den gemeinsamen Schenkel senkrecht.

Zwei Dreiecke ABC und $A'B'C'$ heißen einander *kongruent*, wenn sämtliche Kongruenzen

$$AB \equiv A'B', \quad AC \equiv A'C', \quad BC \equiv B'C',$$
$$\sphericalangle A \equiv \sphericalangle A', \quad \sphericalangle B \equiv \sphericalangle B', \quad \sphericalangle C \equiv \sphericalangle C'$$

erfüllt sind.

Satz 10 (Erster Kongruenzsatz für Dreiecke). Wenn für zwei Dreiecke ABC und $A'B'C'$ die Kongruenzen

$$AB \equiv A'B', \quad AC \equiv A'C', \quad \sphericalangle A \equiv \sphericalangle A'$$

gelten, so sind die beiden Dreiecke einander kongruent.

Beweis. Nach Axiom III 6 sind die Kongruenzen

$$\sphericalangle B \equiv \sphericalangle B' \quad und \quad \sphericalangle C \equiv \sphericalangle C'$$

erfüllt, und es bedarf somit nur des Nachweises, daß die Seiten BC und $B'C'$ einander kongruent sind. Nehmen wir nun im Gegenteil

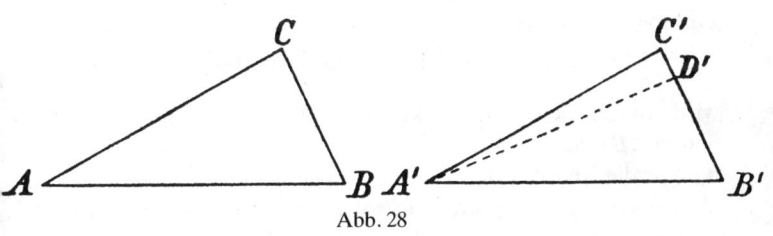

Abb. 28

an, es wäre etwa BC nicht kongruent $B'C'$, und bestimmen auf $B'C'$ den Punkt D', so daß $BC \equiv B'D'$ wird, so stimmen die beiden Dreiecke ABC und $A'B'D'$ in zwei Seiten und dem von ihnen eingeschlossenen Winkel überein; nach Axiom III 6 sind mithin insbesondere die beiden Winkel $\sphericalangle BAC$ und $\sphericalangle B'A'D'$ einander kongruent. Nach Axiom III 5 müßten mithin auch die beiden Winkel $\sphericalangle B'A'C'$ und $\sphericalangle B'A'D'$ einander kongruent ausfallen; dies ist nicht möglich, da nach Axiom III 4 ein jeder Winkel an einen gegebenen Halbstrahl nach einer gegebenen Seite in einer Ebene nur auf *eine* Weise abgetragen werden kann. Damit ist der Beweis für Satz 10 vollständig erbracht.

Ebensoleicht beweisen wir die weitere Tatsache:

Satz 11 (Zweiter Kongruenzsatz für Dreiecke). Wenn in zwei

Dreiecken je eine Seite und die beiden anliegenden Winkel kongruent ausfallen, so sind die Dreiecke stets kongruent.

Wir sind nunmehr imstande, die folgenden wichtigen Tatsachen zu beweisen:

Satz 12. Wenn zwei Winkel $\not< ABC$ und $\not< A'B'C'$ einander kongruent sind, so sind auch ihre Nebenwinkel $\not< CBD$ und $\not< C'B'D'$ einander kongruent.

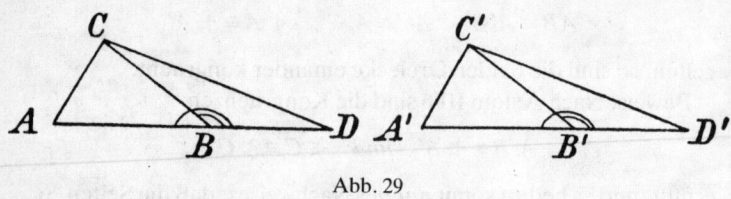

Abb. 29

Beweis. Wir wählen die Punkte A', C', D' auf den durch B' gehenden Schenkel derart, daß

$$A'B' \equiv AB, \quad C'B' \equiv CB, \quad D'B' \equiv DB$$

wird. In den beiden Dreiecken ABC und $A'B'C'$ sind dann die Seiten AB und CB bez. den Seiten $A'B'$ und $C'B'$ kongruent, und da überdies die von diesen Seiten eingeschlossenen Winkel nach Voraussetzung kongruent sein sollen, so folgt nach Satz 10 die Kongruenz jener Dreiecke, d. h. es gelten die Kongruenzen

$$AC \equiv A'C' \quad \text{und} \quad \not< BAC \equiv \not< B'A'C'.$$

Da andererseits nach Axiom III 3 die Strecken AD und $A'D'$ einander kongruent sind, so folgt wiederum aus Satz 10 die Kongruenz der Dreiecke CAD und $C'A'D'$, d. h. es gelten die Kongruenzen

$$CD \equiv C'D' \quad \text{und} \quad \not< ADC \equiv \not< A'D'C',$$

und hieraus folgt mittels Betrachtung der Dreiecke BCD und $B'C'D'$ nach Axiom III 6 die Kongruenz der Winkel $\not< CBD$ und $\not< C'B'D'$.

Eine unmittelbare Folgerung aus Satz 12 ist der Satz von der Kongruenz der Scheitelwinkel.

72

Satz 13. Es sei der Winkel $\not\subset (h, k)$ in der Ebene α dem Winkel $\not\subset (h', k')$ in der Ebene α' kongruent, und ferner sei l ein Halbstrahl der Ebene α, der vom Scheitel des Winkels $\not\subset (h, k)$ ausgeht und im Inneren dieses Winkels verläuft: dann gibt es stets einen Halbstrahl l' in der Ebene α', der vom Scheitel des Winkels $\not\subset (h', k')$ ausgeht und im Inneren dieses Winkels $\not\subset (h', k')$ verläuft, so daß

$$\not\subset (h, l) \equiv \not\subset (h', l') \quad \text{und} \quad \not\subset (k, l) \equiv \not\subset (k', l')$$

wird.

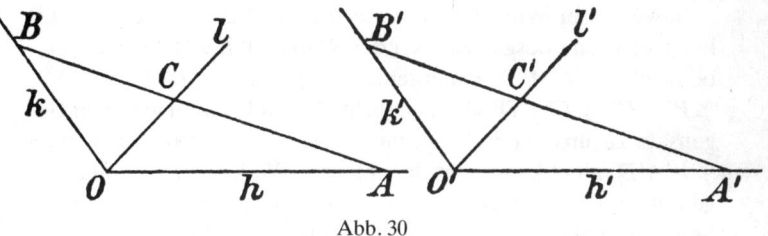

Abb. 30

Beweis. Wir bezeichnen die Scheitel der Winkel $\not\subset (h, k)$ und $\not\subset (h', k')$ bez. mit O, O' und bestimmen dann auf den Schenkeln h, k, h', k' die Punkte A, B, A', B' derart, daß die Kongruenzen

$$OA \equiv O'A' \quad \text{und} \quad OB \equiv O'B'$$

erfüllt sind. Wegen der Kongruenz der Dreiecke OAB und $O'A'B'$ wird

$$AB \equiv A'B', \quad \not\subset OAB \equiv \not\subset O'A'B', \quad \not\subset OBA \equiv \not\subset O'B'A'.$$

Die Gerade AB schneide l in C; bestimmen wir dann auf der Strecke $A'B'$ den Punkt C', so daß $A'C' \equiv AC$ wird, so ist $O'C'$ der gesuchte Halbstrahl l'. In der Tat, aus $AC \equiv A'C'$ und $AB \equiv A'B'$ kann mittels Axiom III 3 leicht die Kongruenz $BC \equiv B'C'$ geschlossen werden; nunmehr erweisen sich die Dreiecke OAC und $O'A'C'$ sowie ferner die Dreiecke OBC und $O'B'C'$ untereinander kongruent; hieraus ergeben sich die Behauptungen des Satzes 13.

Auf ähnliche Art gelangen wir zu folgender Tatsache:

Satz 14. Es seien einerseits h, k, l und andererseits h', k', l' je drei von einem Punkte ausgehende und je in einer Ebene gelegene Halbstrahlen: wenn dann die Kongruenzen

$$\not\prec (h, l) \equiv \not\prec (h', l') \quad \text{und} \quad \not\prec (k, l) \equiv \not\prec (k', l')$$

erfüllt sind, so ist stets auch

$$\not\prec (h, k) \equiv \not\prec (h', k').$$

Auf Grund der Sätze 12 und 13 gelingt der Nachweis des folgenden einfachen Satzes, den EUKLID – meiner Meinung nach mit Unrecht – unter die Axiome gestellt hat.

Satz 15. Alle rechten Winkel sind einander kongruent.

Beweis. Der Winkel $\not\prec BAD$ sei seinem Nebenwinkel $\not\prec CAD$ kongruent und desgleichen sei der Winkel $\not\prec B'A'D'$ seinem Nebenwinkel $\not\prec C'A'D'$ kongruent; es sind dann $\not\prec BAD$, $\not\prec CAD$, $\not\prec B'A'D'$, $\not\prec C'A'D'$ sämtlich rechte Winkel. Wir nehmen im Gegensatz zu unserer Behauptung an, es wäre der rechte Winkel $\not\prec B'A'D'$ nicht kongruent dem rechten Winkel $\not\prec BAD$, und tragen dann $\not\prec B'A'D'$ an den Halbstrahl AB an, so daß der entstehende Schenkel AD'' entweder in das Innere des Winkels $\not\prec BAD$ oder des Winkels $\not\prec CAD$ fällt; es treffe etwa die erstere Möglichkeit zu. Wegen der Kongruenz der Winkel $\not\prec B'A'D'$ und $\not\prec BAD''$ folgt nach Satz 12, daß auch der Winkel $\not\prec C'A'D'$ dem Winkel $\not\prec CAD''$ kongruent ist, und da die Winkel $\not\prec B'A'D'$ und $\not\prec C'A'D'$ einander kongruent sein sollen, so lehrt Axiom III 5, daß auch der Winkel $\not\prec BAD''$ dem Winkel $\not\prec CAD''$ kongruent sein muß. Da ferner $\not\prec BAD$ kongruent $\not\prec CAD$ ist, so können wir nach Satz 13 innerhalb des Winkels $\not\prec CAD$ einen von A ausge-

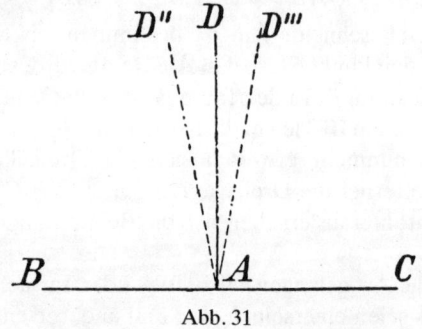

Abb. 31

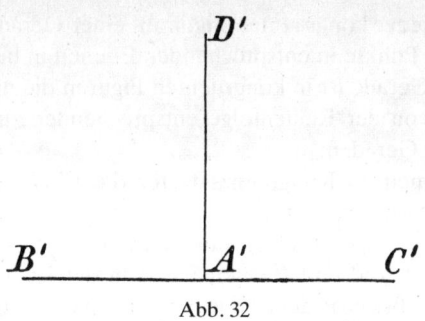

Abb. 32

henden Halbstrahl AD''' finden, so daß $\sphericalangle BAD''$ kongruent $\sphericalangle CAD'''$ und zugleich $\sphericalangle DAD''$ kongruent $\sphericalangle DAD'''$ wird. Nun war aber $\sphericalangle BAD''$ kongruent $\sphericalangle CAD''$, und somit müßte nach Axiom III 5 auch $\sphericalangle CAD''$ kongruent $\sphericalangle CAD'''$ sein; das ist nicht möglich, weil nach Axiom III 4 ein jeder Winkel an einen gegebenen Halbstrahl nach einer gegebenen Seite in einer Ebene nur auf eine Weise abgetragen werden kann; hiermit ist der Beweis für Satz 15 erbracht.

Wir können jetzt die Bezeichnungen *»spitzer Winkel«* und *»stumpfer Winkel«* in bekannter Weise einführen.

Der Satz von der Kongruenz des Basiswinkel $\sphericalangle A$ und $\sphericalangle B$ im gleichschenkligen Dreieck ABC folgt unmittelbar durch Anwendung des Axioms III 6 auf Dreieck ABC und Dreieck BAC. Mit Hilfe dieses Satzes und unter Hinzuziehung des Satzes 14 beweisen wir dann leicht in bekannter Weise die folgende Tatsache:

Satz 16 (Dritter Kongruenzsatz für Dreiecke). Wenn in zwei Dreiecken die drei Seiten entsprechend kongruent ausfallen, so sind die Dreiecke kongruent.

Erklärung. Irgendeine endliche Anzahl von Punkten heißt eine *Figur;* liegen alle Punkte der Figur in einer Ebene, so heißt sie eine *ebene Figur*.

Zwei Figuren heißen *kongruent*, wenn ihre Punkte sich paarweise einander so zuordnen lassen, daß die auf diese Weise einander zugeordneten Strecken und Winkel sämtlich einander kongruent sind.

Kongruente Figuren haben, wie man aus den Sätzen 12 und 9 erkennt, folgende Eigenschaften: Drei Punkte einer Geraden lie-

75

gen auch in jeder kongruenten Figur auf einer Geraden. Die Anordnung der Punkte in entsprechenden Ebenen in bezug auf entsprechende Gerade ist in kongruenten Figuren die nämliche; das gleiche gilt von der Reihenfolge entsprechender Punkte in entsprechenden Geraden.

Der allgemeinste Kongruenzsatz für die Ebene und für den Raum drückt sich wie folgt aus:

Satz 17. Wenn $(A, B, C, \ldots)$ und $(A', B', C', \ldots)$ kongruente ebene Figuren sind und P einen Punkt in der Ebene der ersten bedeutet, so läßt sich in der Ebene der zweiten Figur stets ein Punkt P' finden, derart, daß $(A, B, C, \ldots, P)$ und $(A', B', C', \ldots, P')$ wieder kongruente Figuren sind. Enthält die Figur $(A, B, C, \ldots)$ wenigstens drei nicht auf einer Geraden liegende Punkte, so ist die Konstruktion von P' nur auf *eine* Weise möglich.

Satz 18. Wenn $(A, B, C, \ldots)$ und $(A', B', C', \ldots)$ kongruente Figuren sind und P einen beliebigen Punkt bedeutet, so läßt sich stets ein Punkt P' finden, so daß die Figuren $(A, B, C, \ldots, P)$ und $(A', B', C', \ldots, P')$ kongruent sind. Enthält die Figur $(A, B, C. \ldots)$ mindestens vier nicht in einer Ebene liegende Punkte, so ist die Konstruktion von P' nur auf *eine* Weise möglich.

Der Satz 18 spricht das wichtige Resultat aus, daß die sämtlichen *räumlichen* Tatsachen der Kongruenz und mithin der Bewegung im *Raume* – unter Hinzuziehung der Axiomgruppen I und II – Folgerungen aus den sechs oben aufgestellten *linearen* und *ebenen* Axiomen der Kongruenz sind.

4. Der Briefwechsel HILBERT – FREGE

Besonders deutlich wird die veränderte Denkweise über das Wesen der Axiome in dem Briefwechsel [61] zwischen HILBERT und dem Jenenser Professor GOTTLOB FREGE (1848–1925), der HILBERT gegenüber den klassischen Standpunkt vertrat.

Jena, den 16. September 1900

Hochgeehrter Herr Kollege!

Besten Dank für die mir gütigst zugesandten beiden Drucksachen! Die mathematischen Probleme habe ich mit grossem, durch einzelne Meinungsverschiedenheiten nicht vermindertem Interesse gelesen. Doch ist die Reibungsfläche unserer Meinungen schon hinreichend gross, sodass eine Erweiterung fürs erste wohl besser unterbleibt. Ich will mir daher nur einige Bemerkungen erlauben, die mit den in unserem Briefwechsel behandelten Fragen zusammenhängen.

Auf S. 12 ist mir der Satz aufgefallen, in dem von den Axiomen gesagt wird, dass sie eine genaue und vollständige Beschreibung derjenigen Beziehungen enthalten, die zwischen den elementaren Begriffen einer Wissenschaft stattfinden. Das kann ich mit dem nicht in Einklang bringen, was Sie in Ihrem Briefe über die Axiome schreiben, wonach diese als Bestandteile der Definitionen jener elementaren Begriffe anzusehen seien. Von Beziehungen zwischen Begriffen – z. B. der der Unterordnung des ersten unter den zweiten – kann doch erst die Rede sein, nachdem diese Begriffe als scharf begrenzte gefasst sind, nicht aber während sie definiert werden.

Aus manchen Stellen in Ihren Vorträgen glaube ich entnehmen zu dürfen, dass meine Gründe Sie nicht überzeugt haben, um so gespannter bin ich darauf, Ihre Gegengründe zu erfahren. Es scheint mir, dass Sie im Besitze eines Prinzips zum Beweise der Widerspruchslosigkeit zu sein glauben, wesentlich verschieden von dem in meinem letzten Briefe formulierten, das Sie, wenn ich mich recht erinnere, in Ihren Grundlagen der Geometrie allein anwenden. Wenn Sie hierin Recht hätten, so könnte das von ungeheuerer Bedeutung sein; ich glaube allerdings zunächst noch nicht daran, sondern vermute, dass sich ein solches Prinzip auf das von mir formulierte wird zurückführen lassen, und also von keiner grösseren Tragweite als dieses sein kann. Wenn Sie mir in Ihrer Antwort auf meinen letzten Brief, auf die ich immer noch hoffe, ein solches Prinzip genau formulieren und vielleicht an einem Beispiele der

Anwendung erläutern könnten, so würde das zur Klärung viel beitragen.

Da ich mich gerade viel mit dem Problem des Irrationalen beschäftige, ist mir die Andeutung interessant, die Sie unten auf S. 13 geben. Aber zunächst halte ich diese Art der Begründung nicht für durchführbar aus zwei Gründen, von denen der eine durch Angabe des oben gedachten Prinzips vielleicht entkräftet werden könnte.

Ich habe unseren Briefwechsel Herrn Dr. LIEBMANN in Leipzig mitgeteilt, der über die Grundlagen der Geometrie im Winter lesen will. Damit werden Sie hoffentlich einverstanden sein. Herr Dr. L. will mir seine Ansicht schreiben, sobald er ein selbständiges Urteil gewonnen hat.

Mit besten Grüssen
hochachtungsvoll
G. FREGE

HILBERT an FREGE

Göttingen d. 22.9.00

Sehr geehrter Herr College.

Besten Dank für Ihren Brief, den ich, von Aachen zurückgekehrt, vorfinde und wie Ihre früheren Briefe mit grossem Interesse gelesen habe. Ich weiss sehr wohl, dass ich Ihnen noch die ausführliche Antwort auf Ihren letzten Brief schuldig bin und nunmehr mein Schuldconto noch grösser wird. Aber da ich jetzt erst wieder eine neue Vorlesung über partielle Differentialgl[eichungen] der Physik vorzubereiten habe, so sende ich vorläufig lieber diese Karte als garnichts.

Meine Meinung ist eben die, dass ein Begriff nur durch seine Beziehungen zu anderen Begriffen logisch festgelegt werden kann. Diese Beziehungen, in bestimmten Aussagen formulirt, nenne ich Axiome und komme so dazu, dass die Axiome (ev[tl]. mit Hinzunahme der Namengebungen für die Begriffe) die Definitionen der Begriffe sind. Diese Auffassung habe ich mir nicht etwa zur Kurzweil ausgedacht, sondern ich sah mich zu derselben gedrängt durch die Forderung der Strenge beim logischen

Schliessen und beim logischen Aufbau einer Theorie. Ich bin zu der Ueberzeugung gekommen, dass man in der Mathematik und den Naturwissenschaften subtilere Dinge nur so mit Sicherheit behandeln kann, anderenfalls sich bloss im Kreise dreht.

Mit den besten Grüssen und der Hoffnung, Sie doch noch zu überzeugen und vielleicht auch von Ihnen trotz meiner vorläufig flüchtigen Antwort zu hören

Ihr ergebenster
HILBERT

HILBERT an FREGE

Göttingen d. 7. 11. 03

Sehr geehrter Herr College. Besten Dank für den 2ten Band Ihrer »Grundgesetze«, der mich sehr interessirt. Ihr Beispiel am Schlusse des Buches S. 253 ist uns hier bekannt*; andere noch überzeugendere Widersprüche fand ich bereits vor 4–5 Jahren; sie führten mich zu der Ueberzeugung, dass die traditionelle Logik unzureichend ist, die Lehre von der Begriffsbildung vielmehr einer Verschärfung und Verfeinerung bedarf, wobei ich als die wesentlichste Lücke im herköm[m]lichen Aufbau der Logik die Annahme ansehe, wonach – das nehmen alle Logiker u. Mathem[atiker] bisher an – ein Begriff bereits da sei, wenn man von jedem Gegenstande angeben könne, ob er unter ihn falle oder nicht. Dies ist wie mir scheint nicht hinreichend. Vielmehr ist die Erkenntnis der Widerspruchslosigkeit der Axiome, die den Begriff definiren, das Entscheidende. – Ihren Kritiken kann ich im Allgemeinen zustimmen; nur dass Sie DEDEKIND u. vor Allem CANTOR nicht voll gerecht werden.

Schade, dass Sie weder in Cassel noch in Göttingen waren – vielleicht entschliessen Sie sich doch einmal ausser der Zeit zu einem Besuch in G[öttingen]. Bei den heutigen bequemen Eisenbahnfahrten ist doch der mündliche Verkehr dem schriftlichen vorzu-

---

* Ich glaube, vor 3–4 Jahren fand es Dr. ZERMELO auf die Mitteilung meiner Beispiele hin.

ziehen. Mir wenigstens fehlt es zu letzterem leider an Zeit. Es sind hier eine Reihe junger Gelehrter, die sich für die »Axiomatisirung der Logik« interessiren.

Hochachtungsvoll HILBERT

Dieser Briefwechsel zwischen HILBERT und FREGE ist charakteristisch für die Auseinandersetzungen über die Grundlagen der Mathematik (und der Physik) des 20. Jahrhunderts. Im allgemeinen hat sich der HILBERTsche Formalismus durchgesetzt. Die Vorteile dieser Denkweise sind offensichtlich: Man vermeidet zweifelhafte Überlegungen über metaphysische Fragen, und man hat die Möglichkeit, die Formalismen einer mathematischen Struktur in den verschiedensten Gebieten anzuwenden. Aber es gibt doch nicht wenige bedeutende Forscher, die das Nachdenken über Existenzfragen nicht aufgeben wollen und mit GEORG CANTOR der Meinung sind, daß es ohne ein »Quentchen Metaphysik« [1] auch in der Mathematik nicht geht.

Von ganz anderer Art ist die Kritik, die die »Konstruktivisten« an dem HILBERTschen Denkansatz üben. Davon wird noch zu reden sein (Kap. VIII). Zunächst ist zu berichten, was sich in der Geometrie in neuerer Zeit weiter getan hat.

5. RIEMANNsche Geometrie

Für die praktische Anwendung der Geometrie im 20. Jahrhundert wurden die Gedankengänge wichtig, die BERNHARD RIEMANN (1826–1866) in seiner Habilitationsrede von 1854 [113] entwickelt hatte. Der schwerkranke CARL FRIEDRICH GAUSS wohnte dieser Vorlesung noch bei und war erfreut über die schöpferischen Ideen seines jungen Kollegen. Er selbst hatte wohl auch schon in dieser Richtung gedacht.

RIEMANN hatte die Idee, neue Geometrien im n-dimensionalen

---

1 Zitat aus einem nachgelassenen Papier von GEORG CANTOR; vgl. [94], S. 114.

Raum durch Definition einer neuen »Metrik«, also einer gegenüber der euklidischen abgeänderten Entfernungsfunktion, zu schaffen.

Die RIEMANNsche Arbeit fand zunächst nicht viel Beachtung. Das wurde aber plötzlich anders, als EINSTEIN (1879–1955) den RIEMANNschen Ansatz in seiner »allgemeinen Relativitätstheorie« benutzte [28].

Es gibt eine anschauliche Einführung in eine RIEMANNsche Geometrie von zwei Dimensionen. Sie steht in der Schrift »Wissenschaft und Hypothese« des französischen Mathematikers HENRI POINCARÉ [105]. Diese auch in Deutschland viel beachtete Schrift hat sich zum Ziel gesetzt, einen weiten Kreis von Lesern in die Grundlagenprobleme der Mathematik einzuführen. Wir zitieren den Abschnitt über die »RIEMANNsche Geometrie«.

Die Geometrie von RIEMANN. – Wir wollen uns eine eigenartige □ Welt vorstellen, welche mit Wesen bevölkert ist, die keine Dicke (oder Höhe) haben, und wir wollen ferner voraussetzen, daß diese »gänzlich flachen« Lebewesen alle in derselben Ebene sich befinden und nicht aus ihr heraus können. Wir nehmen außerdem an, daß diese Welt weit genug von den anderen Welten entfernt sei, so daß sie deren Einflusse entzogen ist. Wenn wir einmal dabei sind, Hypothesen aufzustellen, so kostet es uns weiter keine Mühe, diese Wesen mit Vernunft auszustatten und sie für fähig zu halten, Geometrie zu treiben. In diesem Falle werden sie dem Raume gewiß nur zwei Dimensionen zuerkennen.

Aber wir wollen jetzt voraussetzen, daß diese eingebildeten Lebewesen, indem sie zwar ohne Dicke (resp. Höhe) bleiben, eine kugelförmig gewölbte Gestalt haben und nicht eine flache Gestalt, und daß sie alle auf derselben Kugel wären, ohne die Macht zu haben, sich davon zu entfernen. Welche Geometrie würden sie konstruieren? Es ist klar, daß sie vor allem dem Raume nur zwei Dimensionen zusprechen würden; was würde nun für sie die Rolle der geraden Linie spielen? Offenbar der kürzeste Weg zwischen zwei Punkten auf der Kugel, d. h. ein Bogen eines größesten Kreises; mit einem Worte: ihre Geometrie würde die Geometrie der Kugel sein (Sphärische Geometrie).

Was sie den Raum nennen würden, wird diese Kugel sein, von

welcher sie nicht fort können und auf welcher sich alle Ereignisse abspielen, von denen sie Kenntnis haben können. Ihr Raum wird also *ohne Grenzen* sein, weil man auf einer Kugel stets vorwärtsschreiten kann, ohne jemals aufgehalten zu werden, und dennoch wird er *endlich* sein; man wird niemals ans Ende kommen, aber man wird bei stetigem Fortschreiten in gleicher Richtung zum Ausgangspunkte zurückkehren.

In gleichem Sinne ist die Geometrie von RIEMANN identisch mit der sphärischen Geometrie, wenn man letztere auf drei Dimensionen ausdehnt. Um sie zu konstruieren, mußte der deutsche Mathematiker nicht nur das Euklidische Postulat über Bord werfen, sondern auch das erste Axiom: *durch zwei Punkte kann man nur eine Gerade gehen lassen.*

Auf einer Kugel kann man durch zwei gegebene Punkte im *allgemeinen* nur einen größten Kreis legen (der, wie wir soeben gesehen haben, für unsere eingebildeten Lebewesen die Rolle der geraden Linie spielen würde); aber es gibt eine Ausnahme: Wenn die beiden gegebenen Punkte einander diametral gegenüber liegen, kann man durch sie eine unendliche Anzahl von größten Kreisen hindurch legen. Ebenso wird man in der RIEMANNschen Geometrie (wenigstens bei einer der für sie möglichen Formen) durch zwei Punkte im allgemeinen nur eine gerade Linie legen können; aber es gibt Ausnahmefälle, wo durch zwei Punkte unendlich viele gerade Linien hindurchgehen.

Es besteht eine Art Gegensatz zwischen der RIEMANNschen und der LOBATSCHEWSKYschen Geometrie. So ist die Summe der Winkel eines Dreiecks

gleich zwei Rechten in der Euklidischen Geometrie,

kleiner als zwei Rechte bei LOBATSCHEWSKY,

größer als zwei Rechte bei RIEMANN.

Die Zahl der Linien, welche man parallel zu einer gegebenen Linie durch einen gegebenen Punkt ziehen kann, ist:

gleich eins in der Euklidischen Geometrie,

gleich Null bei RIEMANN,

unendlich groß bei LOBATSCHEWSKY.

Wir wollen noch hervorheben, daß der RIEMANNsche Raum endlich, jedoch unbegrenzt ist, wenn man diese Worte in dem oben festgesetzten Sinne versteht.

6. Geometrie und Erfahrung

Mit diesen Ausführungen POINCARÉs [105] wird deutlich, wie sehr sich im 19. und 20. Jahrhundert die Stellung der Geometrie in der Mathematik verändert hat.

Sie war einmal das wichtigste Fachgebiet der Mathematik; der »Mathematiker« war eben auch der »Geometer«. Die Geometrie war durch EUKLID sicher fundiert und galt als ein Muster für wissenschaftliche Korrektheit. Nur das »Parallelenproblem« gab den Forschern noch Anlaß zum Grübeln. Aber diese Grübeleien führten zu ganz unerwarteten Konsequenzen. Mit der Einsicht, daß das Parallelenpostulat nicht beweisbar sei, war auch der Gedanke möglich geworden, es könne mehrere Geometrien geben. Aber dann konnte es doch nicht stimmen, daß die Axiome der euklidischen Geometrie »synthetische Urteile a priori« (KANT) sind. Nun bezieht sich die Geometrie – die »Erdmessung« – doch ursprünglich auf die uns umgebende physikalische Welt. Jetzt wurde deutlich, daß die wirkliche Welt mit einer andern Geometrie zu beschreiben sei und die euklidische Geometrie nur für den Grenzfall kleiner Dimensionen (im astronomischen Sinne) brauchbar war.

Nachdem EINSTEIN im Jahre 1915 in seiner »allgemeinen Relativitätstheorie« [28] eine RIEMANNsche Geometrie benutzt hatte, in der die Metrik von der Materieverteilung im Raum abhängig war, hatte man einigen Grund, über das Verhältnis der Geometrie zur Erfahrung erneut nachzudenken. EINSTEIN selbst hat das in einem Vortrag getan, den er am 27.1.1921 vor der Preußischen Akademie der Wissenschaften hielt [29]. Wir zitieren ihn im folgenden:

Die Mathematik genießt vor allen anderen Wissenschaften aus □ *einem* Grunde ein besonderes Ansehen; ihre Sätze sind absolut sicher und unbestreitbar, während die aller andern Wissenschaften bis zu einem gewissen Grad umstritten und stets in Gefahr sind, durch neu entdeckte Tatsachen umgestoßen zu werden. Trotzdem brauchte der auf einem anderen Gebiete Forschende den Mathematiker noch nicht zu beneiden, wenn sich seine Sätze nicht auf Gegenstände der Wirklichkeit, sondern nur auf solche unserer bloßen Einbildung bezögen. Denn es kann nicht wundernehmen, daß man zu übereinstimmenden logischen Folgerungen kommt, wenn man sich über die fundamentalen Sätze (Axiome) sowie über die Methoden geeinigt hat, vermittels welcher aus diesen fundamentalen Sätzen andere Sätze abgeleitet werden sollen. Aber jenes große Ansehen der Mathematik ruht andererseits darauf, daß die Mathematik es auch ist, die den exakten Naturwissenschaften ein gewisses Maß von Sicherheit gibt, das sie ohne Mathematik nicht erreichen könnten.

An dieser Stelle nun taucht ein Rätsel auf, das Forscher aller Zeiten so viel beunruhigt hat. Wie ist es möglich, daß die Mathematik, die doch ein von aller Erfahrung unabhängiges Produkt des menschlichen Denkens ist, auf die Gegenstände der Wirklichkeit so vortrefflich paßt? Kann denn die menschliche Vernunft ohne Erfahrung durch bloßes Denken Eigenschaften der wirklichen Dinge ergründen?

Hierauf ist nach meiner Ansicht kurz zu antworten: Insofern sich die Sätze der Mathematik auf die Wirklichkeit beziehen, sind sie nicht sicher, und insofern sie sicher sind, beziehen sie sich nicht auf die Wirklichkeit. Die volle Klarheit über diese Sachlage scheint mir erst durch diejenige Richtung in der Mathematik Besitz der Allgemeinheit geworden zu sein, welche unter dem Namen »Axiomatik« bekannt ist. Der von der Axiomatik erzielte Fortschritt besteht nämlich darin, daß durch sie das Logisch-Formale vom sachlichen bzw. anschaulichen Gehalt sauber getrennt wurde; nur das Logisch-Formale bildet gemäß der Axiomatik den Gegenstand der Mathematik, nicht aber der mit dem Logisch-Formalen verknüpfte anschauliche oder sonstige Inhalt.

Betrachten wir einmal von diesem Gesichtspunkte aus irgendein Axiom der Geometrie, etwa das folgende: Durch zwei Punkte des Raumes geht stets eine und nur eine Gerade. Wie ist dies Axiom im älteren und im neueren Sinne zu interpretieren?

Ältere Interpretation. Jeder weiß, was eine Gerade ist und was ein Punkt ist. Ob dies Wissen aus einem Vermögen des menschlichen Geistes oder aus der Erfahrung, aus einem Zusammenwirken beider oder sonstwoher stammt, braucht der Mathematiker nicht zu entscheiden, sondern er überläßt diese Entscheidung dem Philosophen. Gestützt auf diese vor aller Mathematik gegebene Kenntnis ist das genannte Axiom (sowie alle anderen Axiome) evident, d. h. es ist der Ausdruck für einen Teil dieser Kenntnis a priori.

Neuere Interpretation. Die Geometrie handelt von Gegenständen, die mit den Worten Gerade, Punkt usw. bezeichnet werden. Irgendeine Kenntnis oder Anschauung wird von diesen Gegenständen nicht vorausgesetzt, sondern nur die Gültigkeit jener ebenfalls rein formal, d. h. losgelöst von jedem Anschauungs- und Erlebnisinhalte, aufzufassenden Axiome, von denen das genannte ein Beispiel ist. Diese Axiome sind freie Schöpfungen des menschlichen Geistes. Alle anderen geometrischen Sätze sind logische Folgerungen aus den (nur nominalistisch aufzufassenden) Axiomen. Die Axiome definieren erst die Gegenstände, von denen die Geometrie handelt. SCHLICK hat die Axiome deshalb in seinem Buche über Erkenntnistheorie sehr treffend als »implizite Definitionen« bezeichnet.

Diese von der modernen Axiomatik vertretene Auffassung der Axiome säubert die Mathematik von allen nicht zu ihr gehörigen Elementen und beseitigt so das mystische Dunkel, welches der Grundlage der Mathematik vorher anhaftete. Eine solche gereinigte Darstellung macht es aber auch evident, daß die Mathematik als solche weder über Gegenstände der anschaulichen Vorstellung noch über Gegenstände der Wirklichkeit etwas auszusagen vermag. Unter »Punkt«, »Gerade« usw. sind in der axiomatischen Geometrie nur inhaltsleere Begriffsschemata zu verstehen. Was ihnen Inhalt gibt, gehört nicht zur Mathematik.

Andererseits ist es aber doch sicher, daß die Mathematik überhaupt, und im speziellen auch die Geometrie, ihre Entstehung dem Bedürfnis verdankt, etwas zu erfahren über das Verhalten wirklicher Dinge. Das Wort Geometrie, welches ja »Erdmessung« bedeutet, beweist dies schon. Denn die Erdmessung handelt von den Möglichkeiten der relativen Lagerung gewisser Naturkörper zueinander, nämlich von Teilen des Erdkörpers, Meßschnüren, Meßlatten usw. Es ist klar, daß das Begriffssystem der axiomatischen Geometrie allein über das Verhalten derartiger Gegenstände der Wirklichkeit, die wir als praktisch starre Körper bezeichnen wollen, keine Aussagen liefern kann. Um derartige Aussagen liefern zu können, muß die Geometrie dadurch ihres nur logisch-formalen Charakters entkleidet werden, daß den leeren Begriffsschemen der axiomatischen Geometrie erlebbare Gegenstände der Wirklichkeit zugeordnet werden. Um dies zu bewerkstelligen, braucht man nur den Satz zuzufügen:

Feste Körper verhalten sich bezüglich ihrer Lagerungsmöglichkeiten wie Körper der euklidischen Geometrie von drei Dimensionen: dann enthalten die Sätze der euklidischen Geometrie Aussagen über das Verhalten praktisch starrer Körper.

Die so ergänzte Geometrie ist offenbar eine Naturwissenschaft; wir können sie geradezu als den ältesten Zweig der Physik betrachten. Ihre Aussagen beruhen im wesentlichen auf Induktion aus der Erfahrung, nicht aber nur auf logischen Schlüssen. Wir wollen die so ergänzte Geometrie »praktische Geometrie« nennen und sie im folgenden von der »rein axiomatischen Geometrie« unterscheiden. Die Frage, ob die praktische Geometrie der Welt eine euklidische sei oder nicht, hat einen deutlichen Sinn, und ihre Beantwortung kann nur durch die Erfahrung geliefert werden. Alle Längenmessung in der Physik ist praktische Geometrie in diesem Sinne, die geodätische und astronomische Längenmessung ebenfalls, wenn man den Erfahrungssatz zu Hilfe nimmt, daß sich das Licht in gerader Linie fortpflanzt, und zwar in gerader Linie im Sinne der praktischen Geometrie.

Dieser geschilderten Auffassung der Geometrie lege ich deshalb besondere Bedeutung bei, weil es mir ohne sie unmöglich gewesen wäre, die Relativitätstheorie aufzustellen. Ohne sie wäre nämlich folgende Erwägung unmöglich gewesen: In einem relativ zu einem Inertialsystem rotierenden Bezugssystem entsprechen die Lagerungsgesetze starrer Körper wegen der LORENTZ-Kontraktion nicht den Regeln der euklidischen Geometrie; also muß bei der Zulassung von Nicht-Inertialsystemen als gleichberechtigten Systemen die euklidische Geometrie verlassen werden. Der entscheidende Schritt des Überganges zu allgemein kovarianten Gleichungen wäre gewiß unterblieben, wenn die obige Interpretation nicht zugrunde gelegen hätte. Lehnt man die Beziehung zwischen dem Körper der axiomatischen euklidischen Geometrie und dem praktisch-starren Körper der Wirklichkeit ab, so gelangt man leicht zu der folgenden Auffassung, welcher insbesondere der scharfsinnige und tiefe H. POINCARÉ gehuldigt hat: Von allen anderen denkbaren axiomatischen Geometrien ist die euklidische Geometrie durch Einfachheit ausgezeichnet. Da nun die axiomatische Geometrie allein keine Aussagen über die erlebbare Wirklichkeit enthält, sondern nur die axiomatische Geometrie in Verbindung mit physikalischen Sätzen, so dürfte es – wie auch die Wirklichkeit beschaffen sein mag – möglich und vernünftig sein, an der euklidischen Geometrie festzuhalten. Denn man wird sich lieber zu einer Änderung der physikalischen Gesetze als zu einer Änderung der axiomatischen euklidischen Geometrie entschließen, falls sich Widersprüche zwischen Theorie und Erfahrung zeigen. Lehnt man die Beziehung zwischen dem praktisch-starren Körper und der Geometrie ab, so wird man sich in der Tat nicht leicht von der Konvention freimachen, daß an der euklidischen Geometrie als der einfachsten festzuhalten sei.

Warum wird von POINCARÉ und anderen Forschern die naheliegende Äquivalenz des praktisch starren Körpers der Erfahrung und des Körpers der Geometrie abgelehnt? Einfach deshalb, weil die wirklichen festen Körper der Natur bei genauerer Betrachtung nicht starr sind, weil ihr geometrisches Verhalten, d. h. ihre relativen Lagerungsmöglichkeiten von Temperatur, äußeren Kräften usw. abhängen. Damit scheint die ursprüngliche, unmittelbare Beziehung zwischen Geometrie und physikalischer Wirklichkeit zerstört, und man fühlt sich zu folgender allgemeinerer Auffassung hingedrängt, welche POINCARÉS Standpunkt charakterisiert. Die Geometrie (G) sagt nichts über das Verhalten der wirklichen Dinge aus, sondern nur die Geometrie zusammen mit dem Inbegriff (P) der physikalischen Gesetze. Symbolisch können wir sagen, daß nur die Summe (G) + (P) der Kontrolle der Erfahrung unterliegt. Es kann also (G) willkürlich gewählt werden, ebenso Teile von (P); all diese Gesetze sind Konventionen. Es ist zur Vermeidung von Widersprüchen nur nötig, den Rest von (P) so zu wählen, daß (G) und das totale (P) zusammen den Erfahrungen gerecht wird. Bei dieser Auffassung erscheinen die axiomatische Geometrie und der zu Konventionen erhobene Teil der Naturgesetze als erkenntnistheoretisch gleichwertig.

Sub specie aeterni hat POINCARÉ mit dieser Auffassung nach meiner Meinung recht: Der Begriff des Meßkörpers sowie auch der ihm in der Relativitätstheorie koordinierte Begriff der Meßuhr findet in der wirklichen Welt kein ihm exakt entsprechendes Objekt. Auch ist klar, daß der feste Körper und die Uhr nicht die

Rolle von irreduzibeln Elementen im Begriffsgebäude der Physik spielen, sondern die Rolle von zusammengesetzten Gebilden, die im Aufbau der theoretischen Physik keine selbständige Rolle spielen dürfen. Aber es ist meine Überzeugung, daß diese Begriffe beim heutigen Entwicklungsstadium der theoretischen Physik noch als selbständige Begriffe herangezogen werden müssen; denn wir sind noch weit von einer so gesicherten Kenntnis der theoretischen Grundlagen der Atomistik entfernt, daß wir exakte theoretische Konstruktionen jener Gebilde geben könnten.

Was ferner den Einwand angeht, daß es wirklich starre Körper in der Natur nicht gibt und daß also die von solchen behaupteten Eigenschaften gar nicht die physische Wirklichkeit betreffen, so ist er keineswegs so tiefgehend, wie man bei flüchtiger Betrachtung meinen möchte. Denn es fällt nicht schwer, den physikalischen Zustand eines Meßkörpers so genau festzulegen, daß sein Verhalten bezüglich der relativen Lagerung zu anderen Meßkörpern hinreichend eindeutig wird, so daß man ihn für den »starren« Körper substituieren darf. Auf solche Meßkörper sollen die Aussagen über starre Körper bezogen werden.

Alle praktische Geometrie ruht auf einem der Erfahrung zugänglichen Grundsatze, den wir uns nun vergegenwärtigen wollen. Wir wollen den Inbegriff zweier auf einem praktisch starren Körper angebrachten Marken eine Strecke nennen. Wir denken uns zwei praktisch starre Körper und auf jedem eine Strecke markiert. Diese beiden Strecken sollen »einander gleich« heißen, wenn die Marken der einen dauernd mit den Marken der anderen zur Koinzidenz gebracht werden können. Es wird nun vorausgesetzt:

Wenn zwei Strecken einmal und irgendwo als gleich befunden sind, so sind sie stets und überall gleich.

Nicht nur die praktische euklidische Geometrie, sondern auch ihre nächste Verallgemeinerung, die praktische RIEMANNsche Geometrie und damit die allgemeine Relativitätstheorie, beruhen auf diesen Voraussetzungen. Von den Erfahrungsgründen, welche für das Zutreffen dieser Voraussetzung sprechen, will ich nur einen anführen. Das Phänomen der Lichtausbreitung im leeren Raum ordnet jedem Lokal-Zeit-Intervall eine Strecke, nämlich den zugehörigen Lichtweg, zu, und umgekehrt. Damit hängt es zusammen, daß die oben für Strecken angegebene Voraussetzung in der Relativitätstheorie auch für Uhr-Zeit-Intervalle gelten muß. Sie kann dann so formuliert werden: Gehen zwei ideale Uhren irgendwann und irgendwo gleich rasch (wobei sie unmittelbar benachbart sind), so gehen sie stets gleich rasch, unabhängig davon, wo und wann sie am gleichen Orte miteinander verglichen werden. Wäre dieser Satz für die natürlichen Uhren nicht gültig, so würden die Eigenfrequenzen der einzelnen Atome desselben chemischen Elementes nicht so genau miteinander übereinstimmen, wie es die Erfahrung zeigt. Die Existenz scharfer Spektrallinien bildet einen überzeugenden Erfahrungsbeweis für den genannten Grundsatz der praktischen Geometrie. Hierauf beruht es in letzter Linie, daß wir in sinnvoller Weise von einer Metrik im Sinne RIEMANNs des vierdimensionalen Raum-Zeit-Kontinuums sprechen können.

Die Frage, ob dieses Kontinuum euklidisch oder gemäß dem allgemeinen RIEMANNschen Schema oder noch anders strukturiert sei, ist nach der hier vertretenen Auffassung eine eigentlich physikalische Frage, die durch die Erfahrung beantwortet werden muß, keine Frage bloßer nach Zweckmäßigkeitsgründen zu wählender Konvention. Die RIEMANNsche Geometrie wird dann gelten, wenn die Lagerungsgesetze praktisch starrer Körper desto genauer in diejenigen der Körper der euklidischen Geometrie übergehen, je kleiner die Abmessungen des ins Auge gefaßten raumzeitlichen Gebietes sind.

Die hier vertretene physikalische Interpretation der Geometrie versagt zwar bei ihrer unmittelbaren Anwendung auf Räume von submolekularer Größenordnung. Einen Teil ihrer Bedeutung behält sie indessen auch noch den Fragen der Konstitution der Elementarteilchen gegenüber. Denn man kann versuchen, denjenigen Feldbegriffen, welche man zur Beschreibung des geometrischen Verhaltens von gegen das Molekül großen Körpern physikalisch definiert hat, auch dann physikalische Bedeutung zuzuschreiben, wenn es sich um die Beschreibung der elektrischen Elementarteilchen handelt, die die Materie konstituieren. Nur der Erfolg kann über die Berechtigung eines solchen Versuches entscheiden, der den Grundbegriffen der RIEMANNschen Geometrie über ihren physikalischen Definitionsbereich hinaus physikalische Realität zuspricht. Möglicherweise könnte es sich zeigen, daß diese

Extrapolation ebensowenig angezeigt ist wie diejenige des Temperaturbegriffes auf Teile eines Körpers von molekularer Größenordnung.

Weniger problematisch erscheint die Ausdehnung der Begriffe der praktischen Geometrie auf Räume von kosmischer Größenordnung. Man könnte zwar einwenden, daß eine aus festen Stäben gebildete Konstruktion sich von dem Starrheitsideal desto mehr entfernt, je größer ihre räumliche Erstreckung ist. Aber man wird diesem Einwand wohl schwerlich prinzipielle Bedeutung zuschreiben dürfen. Deshalb erscheint mir auch die Frage, ob die Welt räumlich endlich sei oder nicht, eine im Sinne der praktischen Geometrie durchaus sinnvolle Frage zu sein. Ich halte es nicht einmal für ausgeschlossen, daß diese Frage in absehbarer Zeit von der Astronomie beantwortet werden wird. Vergegenwärtigen wir uns, was die allgemeine Relativitätstheorie in dieser Beziehung lehrt. Nach dieser gibt es zwei Möglichkeiten.

1. Die Welt ist räumlich unendlich. Dies ist nur möglich, wenn die durchschnittliche räumliche Dichte der in Sternen konzentrierten Materie im Weltraume verschwindet, d. h. wenn das Verhältnis der Gesamtmasse der Sterne zur Größe des Raumes, über welchen sie verstreut sind, sich unbegrenzt dem Werte Null nähert, wenn man die in Betracht gezogenen Räume immer größer werden läßt.

2. Die Welt ist räumlich endlich. Dies muß der Fall sein, wenn es eine von Null verschiedene mittlere Dichte der ponderabeln Materie im Weltraume gibt. Das Volumen des Weltraumes ist desto größer, je kleiner jene mittlere Dichte ist.

Ich will nicht unerwähnt lassen, daß ein theoretischer Grund für die Hypothese von der Endlichkeit der Welt geltend gemacht werden kann. Die allgemeine Relativitätstheorie lehrt, daß die Trägheit eines bestimmten Körpers desto größer ist, je mehr ponderable Massen sich in seiner Nähe befinden; es erscheint demnach überhaupt naheliegend, die gesamte Trägheitswirkung eines Körpers auf Wechselwirkung zwischen ihm und den übrigen Körpern der Welt zurückzuführen, wie ja auch die Schwere seit NEWTON vollständig auf Wechselwirkung zwischen den Körpern zurückgeführt ist. Es läßt sich aus den Gleichungen der allgemeinen Relativitätstheorie ableiten, daß diese restlose Zurückführung der Trägheit auf Wechselwirkung zwischen den Massen – wie sie z. B.

E. Mach gefordert hat – nur dann möglich ist, wenn die Welt räumlich endlich ist.

Auf viele Physiker und Astronomen macht dieses Argument keinen Eindruck. Letzten Endes kann in der Tat nur die Erfahrung darüber entscheiden, welche der beiden Möglichkeiten in der Natur realisiert ist; wie kann die Erfahrung eine Antwort liefern? Zunächst könnte man meinen, daß sich die mittlere Dichte der Materie durch Beobachtung des unserer Wahrnehmung zugänglichen Teils des Weltalls bestimmen lasse. Diese Hoffnung ist trügerisch. Die Verteilung der sichtbaren Sterne ist eine ungeheuer unregelmäßige, so daß wir keineswegs wagen dürfen, die mittlere Dichte der Sternmaterie in der Welt etwa der mittleren Dichte in der Milchstraße gleichzusetzen. Überhaupt könnte man – wie groß auch der durchforschte Raum sein mag – immer argwöhnen, daß außerhalb dieses Raumes keine Sterne mehr seien. Eine Abschätzung der mittleren Dichte erscheint also ausgeschlossen.

Es gibt aber noch einen zweiten Weg, der mir eher gangbar scheint, wenngleich auch dieser große Schwierigkeiten bietet. Fragen wir nämlich nach den Abweichungen, welche die der astronomischen Erfahrung zugänglichen Konsequenzen der allgemeinen Relativitätstheorie gegenüber denen der Newtonschen Theorie bieten, so ergibt sich zunächst eine in großer Nähe der gravitierenden Masse sich geltend machende Abweichung, welche sich am Merkur hat bestätigen lassen. Für den Fall, daß die Welt räumlich endlich ist, gibt es aber noch eine zweite Abweichung von der Newtonschen Theorie, die sich in der Sprache der Newtonschen Theorie so ausdrücken läßt: Das Gravitationsfeld ist so beschaffen, wie wenn es außer von den ponderabeln Massen noch von einer Massendichte negativen Vorzeichens hervorgerufen wäre, die gleichmäßig über den Raum verteilt ist. Da diese fingierte Massendichte ungeheuer klein sein müßte, so könnte sie sich nur in gravitierenden Systemen von sehr großer Ausdehnung bemerkbar machen.

Angenommen, wir kennen etwa die statistische Verteilung der Sterne in der Milchstraße sowie deren Massen. Dann können wir das Gravitationsfeld nach Newtons Gesetz berechnen sowie die mittleren Geschwindigkeiten, welche die Sterne haben müssen, damit die Milchstraße durch die gegenseitigen Wirkungen dieser

Sterne nicht in sich zusammenstürze, sondern ihre Ausdehnung aufrechterhalte. Wenn nun die wirklichen mittleren Geschwindigkeiten der Sterne, welche sich ja messen lassen, kleiner wären als die berechneten, so wäre der Nachweis geführt, daß die wirklichen Anziehungen auf große Entfernungen kleiner seien als nach NEWTONS Gesetz. Aus einer solchen Abweichung könnte man die Endlichkeit der Welt indirekt beweisen und sogar ihre räumliche ■ Größe abschätzen.

7. Unlösbare Konstruktionsaufgaben

PLATON hat einmal geschrieben[1], er habe gelebt wie »ein Schweinevieh«, bevor er etwas über die Existenz inkommensurabler Strecken wußte. Zwei Strecken heißen *inkommensurabel*, wenn sie kein gemeinsames Maß haben. Das heißt ausführlicher: Es gibt keine (noch so kleine) Meßstrecke E, die man genau eine ganze Anzahl von Malen auf *beiden* Strecken abtragen könnte. Die Pythagoreer hatten damals gerade herausgefunden, daß die Seite eines Quadrats zu seiner Diagonalen inkommensurabel ist.

Aber weshalb war das so wichtig? Mußte man einen Menschen mit einem »Schweinevieh« bezeichnen, der darüber nicht Bescheid wußte? Das hängt mit der Philosophie der Pythagoreer zusammen. Sie glaubten: »Alles ist Zahl«, und meinten damit, daß alle Vorgänge in der Natur durch die Verhältnisse *ganzer* Zahlen zu beschreiben seien. Dafür hatten sie in der Musik und in der Astronomie Beispiele gefunden. Und nun stellte sich heraus, daß eine so einfache geometrische Figur wie ein Quadrat ein Gegenbeispiel zu ihrer Ideologie lieferte.

Ungelöste geometrische Probleme waren aber auch dann ärgerlich, wenn man ihre Unlösbarkeit nicht beweisen konnte. Für die Mathematiker der Platonischen Akademie waren es einige geometrische Konstruktionsaufgaben, die ihnen viel Mühe machten. Sie waren gewohnt, zur Lösung geometrischer Aufgaben das Lineal und den Zirkel zu benutzen.

Es gibt noch weitere Arbeitsmittel, die man zur Lösung geome-

---

1 Näheres in [97], S. 8ff.

trischer Konstruktionsaufgaben heranziehen kann, z. B. den
»Rechtwinkelhaken« und das »Einschiebelineal«[1]. Wir wollen uns
aber in der Folge an jene Konstruktionsmittel halten, die im klassischen Griechenland üblich waren, den Zirkel und das (einfache)
Lineal.

Eine Aufgabe, mit der die platonischen Akademiker nicht fertig
wurden, war das sogenannte Delische Problem. Die Delier, so
erzählt die Sage, hatten sich an Apollo gewandt mit der Bitte um
Hilfe vor einer Seuche, und die Gottheit hatte gefordert, man solle
einen ihr geweihten würfelförmigen Altar »verdoppeln«. Als die
Herstellung eines Würfels mit doppelter Kantenlänge nicht den
gewünschten Erfolg hatte, wurde ihnen klar, daß mit der Verdop-
pelung der Kante das Volumen des Würfels nicht verdoppelt, sondern verachtfacht worden war. Und weil die Delier mit der Konstruktion eines Würfels von doppeltem Volumen nicht zu Rande
kamen, schickten sie eine Abordnung an die Platonische Akademie mit der Bitte, das Problem zu lösen. Die Männer der Akademie haben die Aufgabe auch nicht lösen können.

Eine ähnliche Konstruktionsaufgabe, an der die Akademiker
scheiterten, war das Problem der Dreiteilung eines beliebigen
Winkels (mit Zirkel und Lineal). Man wußte, daß man (mit den
gegebenen Hilfsmitteln) jeden Winkel halbieren konnte. Das ist
eine Konstruktionsaufgabe, mit der man sich heute schon auf der
Grundschule beschäftigt. Es lag nahe zu fragen, ob auch eine Teilung eines Winkels in *drei* gleiche Teile möglich ist. Für gewisse
Spezialfälle gibt es eine Lösung, z. B. für rechte Winkel. Bei der
Drittelung eines rechten Winkels muß man Winkel von 30° erzeugen, und das ist leicht möglich. Man muß ja nur ein gleichseitiges
Dreieck zeichnen, dessen Winkel alle 60° haben. Durch Halbierung dieses Winkels kommt man auf Winkel von 30°.

Aber gibt es eine Lösung der Dreiteilungsaufgabe für beliebige
Winkel? Den Akademikern gelang es nicht, ein solches Verfahren
zu finden.

Erst viele Jahrhunderte später, nach Einführung der analytischen Geometrie, war es möglich, die Unmöglichkeit der Dreiteilung für beliebige Winkel zu beweisen. Durch die Einführung

---

1 Näheres z. B. in [8].

der Methoden der analytischen Geometrie gelingt es, die geometrische Aufgabe in ein algebraisches Problem zu transponieren. Um die Bedeutung solcher Unmöglichkeitsaussagen zu würdigen, muß man zunächst wissen, was genau eine Konstruktion mit Zirkel und Lineal bedeutet. Es geht *nicht* darum, eine möglichst genaue Näherungslösung zu finden; gefragt ist vielmehr eine exakte Lösung in endlich vielen Schritten. Wenn der Mathematik solche »Unmöglichkeitsaussagen« gelingen, dann leistet sie damit einen wichtigen Beitrag zur Erkenntnistheorie. Es ist doch wichtig zu wissen, daß man (mit genau vorgegebenen Mitteln) ein gewisses Problem nicht lösen kann. Manche Anfänger sind über solche Ergebnisse enttäuscht. Sie ärgern sich darüber, daß es in der Mathematik überhaupt unlösbare Probleme gibt. Der Eingeweihte gibt aber diesen Unmöglichkeitsaussagen den richtigen Stellenwert. Der Hamburger Geometer WILHELM BLASCHKE (1885–1962) hatte einmal die Tatsache, daß die Dreiteilung eines beliebigen Winkels mit Zirkel und Lineal nicht möglich ist, durch die Bemerkung kommentiert, eine Brettersäge sei zum Rasieren eben ungeeignet.

Wir zitieren im folgenden einige Abschnitte aus der Schrift von BIEBERBACH, »Theorie der geometrischen Konstruktionen« [8]. Da wird in § 6 zunächst genau expliziert, was das Konstruieren (mit Zirkel und Lineal) bedeutet, und die Transponierung des Problems ins Algebraische vollzogen. In § 13 erfolgen dann die Beweise für die Unmöglichkeit der oben beschriebenen Konstruktionen.

□ *§ 6*
Konstruktionen mit Zirkel und Lineal
Die Hinzunahme eines fest gezeichneten Kreises als Konstruktionsmittel hat den Bereich der mit dem Lineal konstruierbaren Punkte erweitert. Denn während man ohne diesen Kreis nur diejenigen Punkte konstruieren kann, deren Koordinaten sich durch die Koordinaten der gegebenen Punkte rational ausdrücken lassen, werden nach Vorgabe eines festen Kreises alle die Punkte konstruierbar, deren Koordinaten sich durch einen Quadratwurzelausdruck aus den Koordinaten der gegebenen Punkte darstellen lassen. Die Hinzunahme eines festen Kreises zum Lineal bedeutet eine einmalige Verwendung des Zirkels zur Aufzeichnung

dieses Kreises. Der Zirkel wird dann nicht weiter zum Konstruieren benutzt. Dies legt die Frage nahe, inwieweit sich der Bereich der konstruierbaren Punkte erweitert, wenn man eine beliebig oftmalige Verwendung des Zirkels zuläßt. Unter Konstruktionen mit Zirkel und Lineal versteht man das Auffinden neuer Punkte aus gegebenen durch folgende Prozesse:

1. Anlegen des Lineals an gegebene oder bereits konstruierte Punkte zwecks Verzeichnung der durch diese Punkte bestimmten Geraden.

2. Einsetzen der beiden Zirkelspitzen in zwei gegebene oder schon konstruierte Punkte, Verzeichnung eines Kreises um einen gegebenen oder bereits konstruierten Punkt als Mittelpunkt mit dem in die Zirkelöffnung genommenen (durch zwei schon vorhandene Punkte bestimmten) Radius.

3. Erzeugung neuer Punkte durch Schnitt von Geraden und Kreisen, die auf die eben beschriebene Weise gewonnen wurden.

4. Gerade und Kreise treten in endlicher Anzahl auf.

Die auf diese eben beschriebene Weise verlaufenden Konstruktionen nennt man *Konstruktionen mit Zirkel und Lineal*. Es ist klar, daß Zirkel und Lineal noch in anderer Weise verwendet werden können. Wenn man z. B. durch Probieren mit dem Zirkel die Ecken eines regulären Siebenecks auf einer Kreisperipherie bestimmt, so macht man vom Zirkel einen anderen als den eben beschriebenen Gebrauch. Man nennt das nicht Konstruktion mit Zirkel (und Lineal). Wenn man durch Abtasten mit dem Zirkel auf einem gegebenen Kreis Punkte ermittelt, die von der Leitlinie und dem Brennpunkt einer Parabel gleichen Abstand haben, so macht man wieder einen anderen Gebrauch vom Zirkel.

In diesem Paragraphen ist indessen von den Konstruktionen mit Zirkel und Lineal die Rede im Sinne der gerade ausführlich erörterten Definition. Es wird bewiesen werden, daß durch öfteren Gebrauch des Zirkels der Bereich der durch einmaligen Gebrauch des Zirkels konstruierbaren Punkte nicht erweitert wird. Das lehrt der Satz:

Mit Zirkel und Lineal konstruierbar sind alle und nur die Punkte, deren Koordinaten in einem gegebenen oder konstruierten rechtwinkligen Koordinatensystem sich durch Quadratwurzelausdrücke aus den Koordinaten der gegebenen Punkte darstellen lassen, d. h.

aus ihnen durch die vier Grundrechnungsarten und den Prozeß des Quadratwurzelziehens bei endlich oftmaliger Verwendung dieser Operationen gewonnen werden können.

Der Beweis beruht darauf, daß nach den Regeln der analytischen Geometrie zur Bestimmung der Schnittpunkte von Kreisen und Geraden nur lineare und quadratische Gleichungen zu lösen sind, und daß die Koeffizienten der Gleichungen der auftretenden Geraden und Kreise sich rational durch die Koordinaten der gegebenen oder schon konstruierten Punkte ausdrükken lassen. Hierbei verläßt man den Bereich des Reellen nicht; insbesondere sind alle auftretenden Quadratwurzeln reell. Umgekehrt kann man nach den §§ 2 und 3 alle rationalen Ausdrücke in gegebenen reellen Zahlen, nach dem Höhensatz aber auch jede reelle Quadratwurzel mit Zirkel und Lineal konstruieren. Daher gestatten diese Instrumente auch die Konstruktion jedes reellen Punktes, dessen Koordinaten aus denen der gegebenen Punkte mittels rationaler Operationen und beliebiger (komplexer) Quadratwurzeln entstehen. Denn komplexe Zahlen sind durch ihren Realteil und ihren Imaginärteil gegeben. Rationale Operationen drücken sich auch in diesen rational aus, und die Ausziehung von Quadratwurzeln aus komplexen Zahlen bedeutet nach deren bekannter Theorie die Ausziehung der Wurzel aus dem absoluten Betrag und die Halbierung des Argumentes der komplexen Zahl:

$$a + i\,b = r\cos\varphi + i\,r\sin\varphi = r\,e^{i\varphi},$$

$$\sqrt{a+i\,b} = \sqrt{r}\cos\frac{\varphi}{2} + i\,\sqrt{r}\sin\frac{\varphi}{2} = \sqrt{r}\,e^{i\frac{\varphi}{2}}$$

oder $\sqrt{a+i\,b} = \sqrt{r}\cos\left(\frac{\varphi}{2}+\pi\right) + i\,\sqrt{r}\sin\left(\frac{\varphi}{2}+\pi\right) = -\sqrt{r}\,e^{i\frac{\varphi}{2}},$

jedenfalls also zwei mit Zirkel und Lineal ausführbare Operationen.

Man nennt daher die Konstruktionen mit Zirkel und Lineal auch quadratische Konstruktionen. Wir werden uns in einigen der folgenden Paragraphen ausführlich mit den in den Bereich der quadratischen Konstruktionen fallenden Aufgaben befassen und werden durch Angabe von Problemen, die nicht in diesen Bereich fallen, die Grenzen der mit Zirkel und Lineal lösbaren Aufgaben abstecken.

Bevor ich dazu übergehe, soll noch von anderen Zirkel und Lineal ersetzenden Konstruktionsmitteln die Rede sein und auch festgestellt werden, daß auf das Lineal ganz verzichtet werden kann, wenn es sich nur um die Konstruktion von Punkten handelt.

Noch mag aber ausdrücklich hervorgehoben werden, daß es sich in diesem Paragraphen ebenso wie bei den PONCELET-STEINER-schen Konstruktionen stets um ein *Konstruieren in der orientierten Ebene* handelt. Es soll bei jedem gegebenen und bei jedem konstruierten Punkt feststehen, welches die Vorzeichen seiner Koordinaten sind. Anderenfalls steht nur fest, daß der gesuchte Punkt sich unter den konstruierten befindet. Man vergleiche dazu auch die »Anmerkungen und Zusätze« am Ende dieses Buches.

Zum Abschluß dieses Paragraphen soll noch einiges über die *Struktur der Quadratwurzelausdrücke* gesagt werden, mit deren Hilfe sich im Sinne des bewiesenen Satzes die Koordinaten der mit Zirkel und Lineal konstruierbaren Punkte aus den Koordinaten der gegebenen Punkte darstellen lassen. Ein Quadratwurzelausdruck Q wird durch endlich oftmalige Verwendung der vier Grundrechnungsarten und der Operation des Quadratwurzelziehens, ausgehend von gegebenen Zahlen, aufgebaut. Die Gesamtheit der Zahlen, welche sich aus einem Vorrat gegebener (oder schon berechneter) durch die vier Grundrechnungsarten gewinnen lassen, nennen wir einen Rationalitätsbereich oder *Körper*. Der einfachste Rationalitätsbereich wird aus der Zahl 1 gewonnen. Es ist der Körper der rationalen Zahlen. Wir ziehen nun aus einer Zahl des Ausgangskörpers K die Quadratwurzel und adjungieren sie dem Ausgangskörper, d. h. wir fügen sie den Zahlen des Ausgangsbereiches hinzu und bilden wieder alle Zahlen, die man aus den Zahlen des Ausgangsbereiches und dieser Quadratwurzel durch die vier Grundrechnungsarten gewinnen kann. Das ist ein neuer Körper K_1. Ihm adjungieren wir erneut die Quadratwurzel aus einer seiner Zahlen. Durch endlich oftmalige Wiederholung solcher Adjunktionen wird ein Körper K_n gewonnen, dem der gewünschte Quadratwurzelausdruck Q angehört.

Wie sieht nun ein solcher Quadratwurzelausdruck aus? Beginnen wir mit einem, der nur eine Quadratwurzel enthält, der also dem Körper K_1 angehört. Bezeichnen wir mit a, b, c, d, r Zahlen von K und gewinnen wir K_1 aus K durch Adjunktion von $\sqrt{r}$ – wobei wir immer annehmen, daß $\sqrt{r}$ nicht ziehbar ist, d. h. daß $\sqrt{r}$ nicht einer Zahl von K gleich ist –, so sind alle Zahlen von K_1 rationale Funktionen von $\sqrt{r}$ mit Koeffizienten aus K. Da aber jede rationale Funktion als Quotient zweier ganzer rationaler Funktionen geschrieben werden kann und da die geraden Potenzen von $\sqrt{r}$ als Potenzen von r selber zu K gehören, ist jede Zahl von K_1 eine (gebrochene) lineare Funktion von $\sqrt{r}$, d. h. von der Form

$$\frac{a + b \sqrt{r}}{c + d \sqrt{r}}.$$

Erweitert man diesen Bruch mit $c - d \sqrt{r}$, so wird er

$$\frac{(a + b \sqrt{r})(c - d \sqrt{r})}{c^2 - d^2 r} = A + B \sqrt{r},$$

wo A, B wieder Zahlen aus K sind. Man kann so jede Zahl von K_1 als ganze lineare Funktion von $\sqrt{r}$ mit Koeffizienten aus K schreiben. Die gleiche Überlegung zeigt, daß man jede Zahl aus K_2 als ganze lineare Funktion von $\sqrt{r_1}$ mit Koeffizienten aus K_1 schreiben kann. Dabei ist unter $\sqrt{r_1}$ die Quadratwurzel aus einer Zahl r_1 aus K_1 verstanden, deren Adjunktion zu K_1 den Rationalitätsbereich K_2 liefert. Ähnlich ist demnach auch jede Zahl aus K_n von der Form $A + B \sqrt{R}$, wobei A, B, R Zahlen aus K_{n-1} sind.

§ 13
Die Dreiteilung des Winkels und die Verdopplung des Würfels als Beispiele nichtquadratischer Konstruktionen

Beide Aufgaben führen auf Gleichungen dritten Grades, die sich nicht durch Quadratwurzelausdrücke lösen lassen. Die *Verdopplung des Würfels*, auch das Delische Problem genannt, ist die Aufgabe, aus der Kante a eines Würfels die Kante $ax = \sqrt[3]{2}\,a$ des Würfels vom doppelten Volumen $2a^3$ zu finden. Für x gilt daher die Gleichung dritten Grades

$$x^3 a^3 - 2a^3 = 0$$

oder, was dasselbe ist,

$$x^3 - 2 = 0. \tag{1}$$

Ist ein Winkel α gegeben, so kennt man auf der Peripherie des Einheitskreises $x^2 + y^2 - 1 = 0$ die beiden Punkte $(1, 0)$ und $(\cos\alpha, \sin\alpha)$. Gesucht wird der Punkt $(\cos\alpha/3, \sin\alpha/3)$. Da $\sin\alpha/3 = \sqrt{1 - \cos^2\alpha/3}$ ist, so ist es eine quadratische Aufgabe, aus $\cos\alpha/3$ den $\sin\alpha/3$ zu finden. Für $x = 2\cos\alpha/3$ gilt die Gleichung dritten Grades

$$x^3 - 3x - 2\cos\alpha = 0. \tag{2}$$

Wegen $\cos 3\beta = 4\cos^3\beta - 3\cos\beta$ ist nämlich $\cos\alpha = 4\cos^3\alpha/3 - 3\cos\alpha/3$, also $2\cos\alpha = (2\cos\alpha/3)^3 - 3(2\cos\alpha/3)$. Übrigens genügen noch $2\cos\dfrac{\alpha+2\pi}{3}$ und $2\cos\dfrac{\alpha+4\pi}{3}$ der Gleichung (2). Insbesondere ist demnach für $\alpha = \pi/3 = 60°$ wegen $\cos\pi/3 = 1/2$

$$x^3 - 3x - 1 = 0. \tag{3}$$

Dieser Gleichung genügt also $2\cos\pi/9 = 2\cos 20°$.

Man bestätigt leicht, daß beide Gleichungen (1) und (3) keine rationale Wurzel haben. Setzt man nämlich in (1) und (3) $x = m/n$ mit $(m, n) = 1$, d. h. mit teilerfremden ganzen rationalen Zahlen m und n ein, so hat man $m^3 - 2n^3 = 0$ bzw. $m^3 - 3mn^3 - n^3 = 0$.

Im zweiten Fall müßte jeder Primfaktor von m in n aufgehen und müßte jeder Primfaktor von n in m aufgehen. Da aber m und n teilerfremd sind, muß $x = 1$ oder $x = -1$ sein. Beide Zahlen genügen aber nicht (3). Im ersten Fall müßte jeder Primfaktor von n in m aufgehen. Also ist $n = 1$ oder $n = -1$. Es genügt, $n = 1$ weiter zu betrachten. Für m gilt dann $m^3 - 2 = 0$. Es gibt aber keine ganze Zahl m, deren dritte Potenz 2 ist.

Gleichungen dritten Grades mit rationalen Koeffizienten ohne rationale Wurzeln sind irreduzibel*. Nun gilt der *Satz: Eine irredu-*

---

* Die Algebra nennt allgemein eine Gleichung und das auf ihrer linken Seite stehende Polynom irreduzibel im Körper der rationalen Zahlen, wenn das Polynom rationale Koeffizienten hat und nicht in Faktoren mindestens ersten Grades mit rationalen Koeffizienten zerlegt werden kann. Eine rationale Wurzel gibt zu einem Linearfaktor mit rationalen Koeffizienten Anlaß, und ein reduzibles (d. h. nicht irreduzibles) Polynom dritten Grades mit rationalen Koeffizienten hat mindestens einen Linearfaktor mit rationalen Koeffizienten, also auch eine rationale Nullstelle.

*zible Gleichung dritten Grades (mit rationalen Koeffizienten) hat
keine durch einen Quadratwurzelausdruck darstellbare Nullstelle.*

Da nach § 6 alle mit Zirkel und Lineal konstruierbaren Punkte
Koordinaten haben, die sich durch Quadratwurzelausdrücke aus
den Koordinaten der gegebenen Punkte herstellen lassen, folgt
aus diesem Satz, daß sich die Kante des doppelten Würfels nicht
aus der Kante des einfachen Würfels mit Zirkel und Lineal konstruieren läßt und daß sich 2 cos 20° nicht mit Zirkel und Lineal aus
2 cos 60° konstruieren läßt, daß also der Winkel von 60° nicht durch
Konstruieren mit Zirkel und Lineal in drei gleiche Teile zu teilen
ist.

Dieser Satz begegnet in Kreisen von Nichtmathematikern
ebensoviel Interesse wie Mißverständnis. Er besagt, daß die genannte Aufgabe nicht lösbar ist, wenn man Zirkel und Lineal in
der in § 6 beschriebenen und genau festgelegten Weise benutzt.
Er besagt nicht, daß man die Aufgabe nicht bei anderem Gebrauch dieser Instrumente, z. B. durch Probieren, lösen kann.
Schon die Tatsache, daß eine gegebene Aufgabe auf gegebenem
Weg unmöglich lösbar ist, begegnet in Laienkreisen Staunen. Offenbar setzt das Verstehen dieser Dinge schon eine gewissen Ver-
trautheit mit dem mathematischen Denken voraus, und doch
wundert sich niemand, daß man mit dem Lineal allein keinen
Kreis zeichnen kann. Das ist auch eine Unmöglichkeitsaussage.
Sie ist zwar primitiv, aber grundsätzlich der schwer verständlichen
gleichartig.

Der folgende Beweis beruht auf einer von EDMUND LANDAU
1897 entdeckten Methode. Es sei

$$x^3 + a_1 x^2 + a_2 x + a_3 \qquad (4)$$

eine in einem Körper K irreduzible ganze rationale Funktion dritten Grades. Die Koeffizienten von (4) gehören zu K. Man kann
aber (4) nach Definition nicht in ganze rationale Faktoren mindestens ersten Grades mit Koeffizienten aus K zerlegen, oder was
bekanntlich dasselbe ist: (4) besitzt keine Nullstelle, die K angehört. Ich knüpfe nun an die schon in § 6 gegebene Darlegung über
die Struktur der Quadratwurzelausdrücke an, insbesondere an
das, was dort über Quadratwurzelkörper gesagt wurde. Nehmen

wir an, ein zu K_n, aber noch nicht zu K_{n-1} gehöriger Quadratwurzelausdruck

$$x_1 = a + b\sqrt{R} \tag{5}$$

sei Nullstelle von (4). Man bemerkt sofort, daß dann auch

$$x_2 = a - b\sqrt{R} \tag{6}$$

Nullstelle von (4) ist. Setzt man nämlich (5) in (4) ein, so erhält
man einen Quadratwurzelausdruck

$$A + B\sqrt{R} \tag{7}$$

mit Koeffzienten aus K_{n-1}. Setzt man (6) ein, so erhält man

$$A - B\sqrt{R}. \tag{8}$$

Soll (7) verschwinden, so muß $A = B = 0$ sein, weil sonst

$$\sqrt{R} = -\frac{A}{B}$$

eine Zahl aus K_{n-1} wäre. Dies ist aber nicht der Fall, weil ja dann
$K_n = K_{n-1}$ wäre, während doch x_1 noch nicht in K_{n-1} liegt. Ist also
(7) Null, so auch (8). Die Nullstelle x_2 ist von x_1 verschieden, da
sonst $x_1 = a$ wäre, also x_1 in K_{n-1} läge. Nun ist

$$a_1 + x_1 + x_2 + x_3 = 0,$$

wenn man mit x_3 die dritte Nullstelle von (4) bezeichnet, a_1 ist der
Koeffizient von x^2 in (4). Wegen (5) und (6) ist daher

$$x_3 = -a_1 - 2a.$$

x_3 ist demnach eine Zahl aus K_{n-1}, da diesem Körper a und a_1
angehören. Nach der Definition eines Körpers führt ja die Anwendung der vier Grundrechnungsarten auf Zahlen eines Körpers zu
Zahlen desselben Körpers. Als erstes Ergebnis können wir somit
notieren: Wenn eine ganze rationale Funktion (4) mit Koeffizienten aus K eine Nullstelle hat, die einem Körper K_n angehört, so hat
sie auch eine Nullstelle, die K_{n-1} angehört. Wiederholt man diesen
Schluß n mal, so erkennt man, daß (4) eine Nullstelle haben muß,
die K selber angehört. Da aber (4) als irreduzibel in K angenommen ist, so ist das unmöglich. Damit ist der Satz bewiesen, daß eine
irreduzible Gleichung dritten Grades durch keinen Quadratwur-

zelausdruck über dem Körper ihrer Koeffizienten befriedigt werden kann. Damit ist auch beweisen, daß die Vervielfachung des Würfels und die Dreiteilung des Winkels von 60° nicht mit Zirkel und Lineal bewerkstelligt werden können.

Es gibt natürlich Winkel, die durch Konstruktion mit Zirkel und Lineal gedrittelt werden können, z. B. der rechte Winkel, da man den Winkel von 30° ja mit Zirkel und Lineal aus der auf seinem einen Schenkel abgetragenen Längeneinheit konstruieren kann. Da man aber den Winkel von 60° nicht so dritteln kann, kann es auch *kein einheitliches Konstruktionsverfahren* geben, das in Anwendung auf einen beliebigen Winkel dessen Dreiteilung ergeben würde.

Im weiteren Verlauf dieses Paragraphen hat BIEBERBACH noch eine gewichtige Ergänzung zu den Unmöglichkeitsbeweisen erbracht. Da es sowohl solche Winkel gibt, die sich durch Konstruktionen mit Zirkel und Lineal dreiteilen lassen, als auch solche, bei denen dies unmöglich ist, stellt sich die Frage, welcher Fall »häufiger« ist. BIEBERBACH zeigt ([8], S. 55), daß die Menge der dreiteilbaren Winkel »abzählbar unendlich«, die Menge der übrigen Winkel dagegen von der »Mächtigkeit des Kontinuums« ist. Dieses Ergebnis kann man so interpretieren: Der Fall der Nichtdreiteilbarkeit ist die »Regel«, der andere die »Ausnahme«. (Zur Bedeutung der hier auftretenden mengentheoretischen Begriffsbildungen vgl. man das nächste Kapitel.)

III. Mengenlehre

1. Problematik des Unendlichen

Man kann Mengen hinsichtlich ihrer Größe vergleichen, ohne sich des Zählens zu bedienen. Bei einem Test mit Vorschulkindern stellte der Psychologe je zwei verschieden geformte Glasschalen mit blauen und roten Murmeln hin und forderte die Kinder auf, zu untersuchen, ob es da mehr blaue oder mehr rote Murmeln gab. Oder waren es etwa gleich viele?

Die Kinder mußten sich etwas einfallen lassen, denn ihre Fähigkeit des Zählens reichte für die hier vorliegenden Mengen von Murmeln nicht aus. Ein Junge erkannte sehr rasch, daß es gleich viele blaue und rote Murmeln waren. »Wie hast du das herausgefunden?« fragte der Leiter des Tests. »Ich habe sie miteinander verheiratet«, war die Antwort. Er hatte immer eine blaue neben eine rote Murmel gelegt und dabei festgestellt, daß »es« aufging.

Dieses Verfahren der umkehrbar eindeutigen (»eineindeutigen«) Zuordnung ist auch manchen Naturvölkern bekannt, die nicht bis zehn zählen können. Die Mathematiker des 19. Jahrhunderts wandten dieses Verfahren der eineindeutigen Zuordnung an, um die Eigenschaften unendlicher Mengen zu studieren. Dabei kamen sie zu grotesken Ergebnissen. Bekannt war ihnen die »GALILEIsche Paradoxie«. Dieser hatte bemerkt, daß man die Menge $\mathbb{N}$ der natürlichen Zahlen umkehrbar eindeutig der Menge der geraden Zahlen zuordnen kann, die doch eine echte Teilmenge von $\mathbb{N}$ ist. Man kann ja so zuordnen:

$$
(1) \quad
\begin{array}{cccccc}
1 & 2 & 3 & 4 & 5 & 6 \quad \ldots \\
\updownarrow & \updownarrow & \updownarrow & \updownarrow & \updownarrow & \updownarrow \\
2 & 4 & 6 & 8 & 10 & 12 \quad \ldots
\end{array}
$$

Das sieht doch so aus, als ob es »gleichviel« natürliche und gerade Zahlen gäbe. Und doch gehören zu den natürlichen Zahlen auch die ungeraden Zahlen 1, 3, 5, 7 ...

Eine sonderbare Geschichte ist auch die von dem Hotel mit den unendlich vielen Zimmern. Wir können uns, mindestens in unserer Phantasie, vorstellen, daß es ein solches Wolkenkratzerhotel gibt, dessen Zimmernummern von 1 bis unendlich laufen. Nehmen wir an, daß es alles Einzelzimmer seien, und vergleichen wir seine Möglichkeiten mit denen eines entsprechenden, normalen Hotels mit hundert Zimmern. Nehmen wir an, beide Hotels seien vollständig besetzt, und jetzt kommt noch ein weiterer Gast, der um Aufnahme ersucht. Der Chef des Hundert-Betten-Hotels muß dann bedauernd ablehnen, weil er ja wirklich keinen Platz mehr hat. Anders ist die Lage seines Kollegen in dem infinitesimalen Hotel. Der könnte zum Beispiel den Gast aus dem Zimmer 1 bitten, in das Zimmer 2 zu übersiedeln. Der Gast aus 2 wechselt nach 3, der aus 3 nach 4 und so fort. Probleme gibt es nicht, da unser Hotel unendlich viele Zimmer hat. Das Zimmer 1 ist dann für den neuen Gast frei. Wenn man für das Unendliche das Symbol ∞ anwendet und es wie eine Zahl behandelt, könnte man die Gleichung wagen:

$$(2) \qquad 1 + \infty = \infty$$

Wenn man ∞ auf beiden Seiten abzieht, dann kommt man aus (2) auf die unsinnige Aussage $1 = 0$.

Derartige Späße machen verständlich, daß besonnene Mathematiker vor dem unvorsichtigen Umgang mit dem Unendlichen gewarnt haben. Sie ließen nur das »potentiale Unendlich« gelten, die Möglichkeit also, einer endlichen Zahlenreihe immer noch ein weiteres Glied hinzuzufügen, ohne Ende. Sie hielten es aber nicht für zulässig, »aktualunendliche« Mengen einzuführen und mit den ihnen zugeordneten »transfiniten« Zahlen zu rechnen.

GEORG CANTOR (1845–1918), ein Schüler von WEIERSTRASS, hat aber gezeigt [15], daß auch eine mathematische Theorie der transfiniten Mengen möglich ist. Wir wollen, bevor wir ihn selbst zitieren, eine Einführung in seine Grundüberlegungen geben. CANTOR nannte zwei Mengen »von gleicher Mächtigkeit« oder auch »äquivalent«, wenn zwischen ihnen eine eineindeutige Zuordnung möglich ist. Danach sind alle endlichen Mengen von gleicher Anzahl äquivalent. Eine Menge von sieben Männern ist zu einer Menge von sieben Hüten äquivalent. Man kann das nachweisen, indem man jedem der Männer einen der Hüte aufsetzt. Wenn wir den Begriff der Äquivalenz auf transfinite Mengen anwenden, dann können wir (nach der GALILEISchen Paradoxie (1)) sagen, daß die Menge $\mathbb{N}$ der natürlichen Zahlen zur Menge $\mathbb{G}$ der geraden Zahlen äquivalent ist. Man kann aber auch zeigen, daß es noch umfassendere Mengen gibt, die auch »abzählbar«[1] sind. Betrachten wir zum Beispiel die Menge $\mathbb{Q}_1$ der rationalen Zahlen zwischen Null und Eins. Offensichtlich ist die folgende Teilmenge von $\mathbb{Q}_1$

$$\{\tfrac{1}{2}, \tfrac{1}{3}, \tfrac{1}{4}, \tfrac{1}{5}, \ldots\}$$

abzählbar. Aber dasselbe gilt auch·für die Gesamtmenge $\mathbb{Q}_1$. Man muß sie nur nach steigenden Nennern aufschreiben.[2]

$$\{\tfrac{1}{2}; \tfrac{1}{3}, \tfrac{2}{3}; \tfrac{1}{4}, \tfrac{3}{4}; \tfrac{1}{5}, \tfrac{2}{5}, \tfrac{3}{5}, \tfrac{4}{5}; \ldots\}$$

Schreibt man unter diese Reihe die der natürlichen Zahlen, so hat man die »Abzählung« aller rationalen Zahlen, die größer als Null und kleiner als Eins sind, vollzogen.

Man kann zeigen, daß es noch wesentlich »größere« Mengen gibt, die ebenfalls abzählbar sind, z. B. die Menge $\mathbb{Q}$ *aller* positiven und negativen rationalen Zahlen oder die noch umfangreichere Menge aller algebraischen Zahlen (vgl. [94], S. 28). Es sieht so aus, als ob in der Nacht des Unendlichen alle Katzen grau sind, daß sinnvolle Differenzierungen nicht möglich sind. Aber das ist falsch. GEORG CANTOR hat gezeigt [15], daß die Menge aller reellen Zahlen zwischen Null und Eins nicht abzählbar ist. Man kann den 9. Dezember 1873 als den »Geburtstag« der Mengenlehre bezeichnen, weil CANTOR an diesem Tage in einem Brief an seinen Freund RICHARD DEDEKIND (1831–1916) einen Beweis da-

---

1 Eine Menge heißt abzählbar, wenn ihre Elemente umkehrbar eindeutig den Elementen der Menge $\mathbb{N}$ der natürlichen Zahlen zugeordnet werden können.
2 In dieser Reihe sind solche Brüche weggelassen, die man kürzen kann. Es ist ja zum Beispiel $\tfrac{2}{4}$ schon als $\tfrac{1}{2}$ in der Aufzählung enthalten.

für mitgeteilt hat [16]. Er hat damit gezeigt, daß es doch sinnvolle Differenzierungen im Bereich des Unendlichen gibt. Sein Beweis in diesem Brief ist etwas umständlich. Wir möchten dem Leser aber einen später formulierten einfacheren Beweis mitteilen.Dabei wird das *Diagonalverfahren* verwendet.

Eine reelle Zahl ist durch einen unendlichen Dezimalbruch gegeben. Liegt die Zahl zwischen Null und Eins, so fängt sie mit $0,\ldots$ an. Wir können irgendeine dieser Zahlen durch $0, a_1a_2a_3a_4\ldots$ darstellen. Dabei bedeuten die a_n irgendwelche der Ziffern 0, 1, 2, 3, 4, 5, 6, 7, 8, 9. Gäbe es nun die Möglichkeit der »Abzählung« aller dieser reellen Zahlen zwischen Null und Eins, so könnte man diese Zahlen mit b_1, b_2, b_3, ... bezeichnen und ihre Dezimalbrüche untereinanderschreiben. Wir wollen den Dezimalbruch der ersten Zahl b_1 dadurch charakterisieren, daß wir an die die Ziffern des Bruches charakterisierenden Zeichen $a_1, a_2, a_3, \ldots$ noch 1 als zweiten Index hinzufügen, also so schreiben[1]:

$$b_1 = 0, a_{11}a_{21}a_{31}a_{41}\ldots\ldots;$$

entsprechend bei b_2, b_3, ... Wenn nun die reellen Zahlen zwischen Null und Eins abzählbar wären, so könnte man ihre Dezimalbrüche so untereinanderschreiben:

$$
\begin{aligned}
&0, a_{11}a_{21}a_{31}a_{41}\ldots\ldots\ldots \\
&0, a_{12}a_{22}a_{32}a_{42}\ldots\ldots\ldots \\
&\ldots\ldots\ldots\ldots\ldots\ldots\ldots\ldots \\
(3)\quad &\ldots\ldots\ldots\ldots\ldots\ldots\ldots\ldots \\
&0, a_{1n}a_{2n}a_{3n}a_{4n}\ldots\ldots\ldots \\
&\ldots\ldots\ldots\ldots\ldots\ldots\ldots\ldots \\
&\ldots\ldots\ldots\ldots\ldots\ldots\ldots\ldots
\end{aligned}
$$

Jede reelle Zahl

$$c = 0, c_1c_2c_3c_4\ldots\ldots\ldots$$

wäre in unserem Schema (3) enthalten. c müßte mit irgendeinem dieser Dezimalbrüche in allen Stellen übereinstimmen. Man kann aber leicht einen Dezimalbruch c definieren, der in dem

---

1 Man liest nicht a_{elf}, $a_{einundzwanzig}$, ..., sondern $a_{einseins}$, $a_{zweieins}$, ...

Schema (3) nicht enthalten ist. Man braucht nur die Dezimalziffern c_m so zu definieren, daß

$$(4) \qquad\qquad c_m \neq a_{mm}$$

gilt.

Ist also z. B. $a_{11} = 7$, so kann man für c_1 jede von 7 verschiedene Ziffer nehmen usw. Die so entstandene reelle Zahl ist bestimmt nicht in dem Schema (3) enthalten. Sie kann nicht die Zahl mit der Nummer m sein, weil (4) gilt. Da das für alle Nummern m richtig ist, haben wir in c eine reelle Zahl definiert, die nicht in der Abzählung enthalten ist.

Es gibt also Stufen des Unendlichen. Wir kennen vorläufig zwei: die abzählbaren Mengen und jene, die der Menge der reellen Zahlen zwischen Null und Eins, dem »Kontinuum«, äquivalent sind. Auch das ist ein »weites Feld«. Man kann zeigen, daß die Menge der Punkte aller Strecken, die aller Geraden, aber auch die aller Quadrate oder aller Würfel, ja sogar aller Punkte des n-dimensionalen Raumes der von uns betrachteten Menge äquivalent sind. Sie alle sind von der »Mächtigkeit des Kontinuums«. Man sieht: Es gibt sogar Mengen von verschiedener Dimension, die die Mächtigkeit des Kontinuums haben. Damit erhalten wir zunächst zwei wesentlich verschiedene Typen unendlicher Mengen. Es zeigt sich aber, daß wir damit noch nicht am Ende sind.

Man kann leicht feststellen, daß für endliche Mengen die Menge aller Teilmengen immer mehr Elemente hat als die Menge selbst. CANTOR konnte zeigen, daß das Entsprechende im folgenden Sinne auch für unendliche Mengen gilt. Die Menge der Teilmengen einer Menge M (die *Potenzmenge* von M) ist immer von höherer Mächtigkeit[1] als die Menge selbst. Damit ist gezeigt, daß sehr wesentliche Differenzierungen im Unendlichen möglich sind. CANTOR hat den Mächtigkeiten »transfinite Kardinalzahlen« zugeordnet und für sie eine eigene Algebra entwickelt.

In den Jahren 1895–1897 hat CANTOR die Ergebnisse seiner Forschung in den »Mathematischen Annalen« veröffentlicht. Wir

---

1 Eine Menge B heißt *von höherer Mächtigkeit* als eine Menge A, wenn A einer Teilmenge von B, nicht aber B selbst äquivalent ist. (Vgl. dazu § 2 der CANTORschen Arbeit.)

bringen im folgenden die ersten sechs Paragraphen dieser Arbeit ([15], S. 282–296) und berichten von einigen weiteren Überlegungen CANTORS.

2. CANTORS grundlegende Arbeit

☐ **Beiträge zur Begründung der transfiniten Mengenlehre**

>»Hypotheses non fingo.«

>»Neque enim leges intellectui aut rebus damus ad arbitrium nostrum, sed tanquam scribae fideles ab ipsius naturae voce latas et prolatas excipimus et describimus.«

>»Veniet tempus, quo ista quae nunc latent, in lucem dies extrahat et longioris aevi diligentia.«

§ 1
Der Mächtigkeitsbegriff oder die Kardinalzahl
Unter einer »Menge« verstehen wir jede Zusammenfassung M von bestimmten wohlunterschiedenen Objekten m unsrer Anschauung oder unseres Denkens (welche die »Elemente« von M genannt werden) zu einem Ganzen.

In Zeichen drücken wir dies so aus:

$$M = \{m\}. \tag{1}$$

Die Vereinigung mehrerer Mengen $M, N, P, \ldots$, die keine gemeinsamen Elemente haben, zu einer einzigen bezeichnen wir mit

$$(M, N, P, \ldots). \tag{2}$$

Die Elemente dieser Menge sind also die Elemente von M, von N, von P etc. zusammengenommen.

»Teil« oder »Teilmenge« einer Menge M nennen wir jede *andere* Menge M_1, deren Elemente zugleich Elemente von M sind.

Ist M_2 ein Teil von M_1, M_1 ein Teil von M, so ist auch M_2 ein Teil von M.

Jeder Menge M kommt eine bestimmte »Mächtigkeit« zu, welche wir auch ihre »Kardinalzahl« nennen.

»Mächtigkeit« oder »Kardinalzahl« von M nennen wir den Allgemeinbegriff, welcher mit Hilfe unseres aktiven Denkvermögens dadurch aus der Menge M hervorgeht, daß von der Beschaffenheit ihrer verschiedenen Elemente m und von der Ordnung ihres Gegebenseins abstrahiert wird.

Das Resultat dieses zweifachen Abstraktionsakts, die Kardinalzahl oder Mächtigkeit von M, bezeichnen wir mit

$$\overline{\overline{M}}. \tag{3}$$

Da aus jedem einzelnen Element m, wenn man von seiner Beschaffenheit absieht, eine »Eins« wird, so ist die Kardinalzahl $\overline{\overline{M}}$ selbst *eine bestimmte aus lauter Einsen zusammengesetzte Menge, die als intellektuelles Abbild oder Projektion der gegebenen Menge M in unserm Geiste Existenz hat.*

Zwei Mengen M und N nennen wir »äquivalent« und bezeichnen dies mit

$$M \sim N \text{ oder } N \sim M, \tag{4}$$

wenn es möglich ist, dieselben gesetzmäßig in eine derartige Beziehung zueinander zu setzen, daß jedem Element der einen von ihnen ein und nur ein Element der andern entspricht.

Jedem Teil M_1 von M entspricht alsdann ein bestimmter äquivalenter Teil N_1 von N und umgekehrt.

Hat man ein solches Zuordnungsgesetz zweier äquivalenten Mengen, so läßt sich dasselbe (abgesehen von dem Falle, daß jede von ihnen aus nur einem Element besteht) mannigfach modifizieren. Namentlich kann stets die Vorsorge getroffen werden, daß einem besonderen Element m_0 von M irgendein besonderes Element n_0 von N entspricht. Denn entsprechen bei dem anfänglichen Gesetz die Elemente m_0 und n_0 noch nicht einander, vielmehr dem Element m_0 von M das Element n_1 von N, dem Element n_0 von N das Element m_1 von M, so nehme man das modifizierte Gesetz, wonach m_0 und n_0 und ebenso m_1 und n_1 entsprechende Elemente beider Mengen werden, an den übrigen Elementen jedoch das erste Gesetz erhalten bleibt. Hierdurch ist jener Zweck erreicht.

Jede Menge ist sich selbst äquivalent:

$$M \sim M. \tag{5}$$

Sind zwei Mengen einer dritten äquivalent, so sind sie auch unter-
einander äquivalent:

$$\text{aus } M \sim P \text{ und } N \sim P \text{ folgt } M \sim N. \tag{6}$$

Von fundamentaler Bedeutung ist es, daß *zwei Mengen M und N
dann und nur dann dieselbe Kardinalzahl haben, wenn sie äquivalent sind:*

$$\text{aus } M \sim N \text{ folgt } \overline{\overline{M}} = \overline{\overline{N}}, \tag{7}$$

und

$$\text{aus } \overline{\overline{M}} = \overline{\overline{N}} \text{ folgt } M \sim N. \tag{8}$$

*Die Äquivalenz von Mengen bildet also das notwendige und untrüg-
liche Kriterium für die Gleichheit ihrer Kardinalzahlen.*

In der Tat bleibt nach der obigen Definition der Mächtigkeit die
Kardinalzahl $\overline{\overline{M}}$ ungeändert, wenn an Stelle eines Elementes oder
auch an Stelle mehrerer, selbst aller Elemente m von M je ein anderes Ding substituiert wird.

Ist nun $M \sim N$, so liegt ein Zuordnungsgesetz zugrunde, durch
welches M und N gegenseitig eindeutig aufeinander bezogen sind;
dabei entspreche dem Element m von M das Element n von N. Wir
können uns alsdann an Stelle jedes Elementes m von M das entsprechende Element n von N substituiert denken, und es verwan-
delt sich dabei M in N ohne Änderung der Kardinalzahl; es ist
folglich

$$\overline{\overline{M}} = \overline{\overline{N}}.$$

Die Umkehrung des Satzes ergibt sich aus der Bemerkung, daß
zwischen den Elementen von M und den verschiedenen Einsen
ihrer Kardinalzahl $\overline{\overline{M}}$ ein gegenseitig eindeutiges Zuordnungsverhältnis besteht. Denn es wächst gewissermaßen, wie wir sa-
hen, $\overline{\overline{M}}$ so aus M heraus, daß dabei aus jedem Elemente m von
M eine besondere Eins von $\overline{\overline{M}}$ wird. Wir können daher sagen,
daß

$$M \sim \overline{\overline{M}}. \tag{9}$$

Ebenso ist $N \sim \overline{\overline{N}}$. Ist also $\overline{\overline{M}} = \overline{\overline{N}}$, so folgt nach (6) $M \sim N$.

Wir heben noch den aus dem Begriff der Äquivalenz unmittelbar folgenden Satz hervor:

Sind M, N, P, ... Mengen, die keine gemeinsamen Elemente haben, M′, N′, P′, ... ebensolche jenen entsprechende Mengen, und ist

$$M \sim M', \ N \sim N', \ P \sim P', \ \ldots,$$

so ist auch immer

$$(M, N, P, \ldots) \sim (M', N', P', \ldots).$$

§ 2

Das »Größer« und »Kleiner« bei Mächtigkeiten

Sind bei zwei Mengen M und N mit den Kardinalzahlen $\mathfrak{a} = \overline{\overline{M}}$ und $\mathfrak{b} = \overline{\overline{N}}$ die *zwei* Bedingungen erfüllt:

1. *es gibt keinen Teil von M, der mit N äquivalent ist,*

2. *es gibt einen Teil N_1 von N, so daß $N_1 \sim M$,*

so ist zunächst ersichtlich, daß dieselben erfüllt bleiben, wenn in ihnen M und N durch zwei denselben äquivalente Mengen $M′$ und $N′$ ersetzt werden; *sie drücken daher eine bestimmte Beziehung der Kardinalzahlen $\mathfrak{a}$ und $\mathfrak{b}$ zueinander aus.*

Ferner *ist die Äquivalenz von M und N, also die Gleichheit von $\mathfrak{a}$ und $\mathfrak{b}$, ausgeschlossen;* denn wäre $M \sim N$, so hätte man, weil $N_1 \sim M$, auch $N_1 \sim N$, und es müßte wegen $M \sim N$ auch ein Teil M_1 von M existieren, so daß $M_1 \sim M$, also auch $M_1 \sim N$ wäre, was der Bedingung 1. widerspricht.

Drittens *ist die Beziehung von $\mathfrak{a}$ zu $\mathfrak{b}$ eine solche, daß sie dieselbe Beziehung von $\mathfrak{b}$ zu $\mathfrak{a}$ unmöglich macht;* denn wenn in 1. und 2. die Rollen von M und N vertauscht werden, so entstehen daraus zwei Bedingungen, die jenen kontradiktorisch entgegengesetzt sind.

Wir drücken die durch 1. und 2. charakterisierte Beziehung von $\mathfrak{a}$ zu $\mathfrak{b}$ so aus, daß wir sagen: $\mathfrak{a}$ ist kleiner als $\mathfrak{b}$, oder auch: $\mathfrak{b}$ ist größer als $\mathfrak{a}$, in Zeichen

$$\mathfrak{a} < \mathfrak{b} \text{ oder } \mathfrak{b} > \mathfrak{a}. \tag{1}$$

Man beweist leicht, daß

$$\text{wenn } \mathfrak{a} < \mathfrak{b}, \ \mathfrak{b} < \mathfrak{c}, \text{ dann immer } \mathfrak{a} < \mathfrak{c}. \tag{2}$$

Ebenso folgt ohne weiteres aus jener Definition, daß, *wenn P_1 Teil einer Menge P ist, aus $\mathfrak{a} < \overline{\overline{P_1}}$ immer auch $\mathfrak{a} < \overline{\overline{P}}$ und aus $\overline{\overline{P}} < \mathfrak{b}$ immer auch $\overline{\overline{P_1}} < \mathfrak{b}$ sich ergibt.*

Wir haben gesehen, daß von den drei Beziehungen

$$\mathfrak{a} = \mathfrak{b}, \ \mathfrak{a} < \mathfrak{b}, \ \mathfrak{b} < \mathfrak{a}$$

jede einzelne die beiden anderen ausschließt.

Dagegen versteht es sich keineswegs von selbst und dürfte an dieser Stelle unseres Gedankenganges kaum zu beweisen sein, daß bei irgend zwei Kardinalzahlen $\mathfrak{a}$ und $\mathfrak{b}$ eine von jenen drei Beziehungen notwendig realisiert sein müsse.

Erst später, wenn wir einen Überblick über die aufsteigende Folge der transfiniten Kardinalzahlen und eine Einsicht in ihren Zusammenhang gewonnen haben werden, wird sich die Wahrheit des Satzes ergeben:

A. *»Sind $\mathfrak{a}$ und $\mathfrak{b}$ zwei beliebige Kardinalzahlen, so ist entweder* $\mathfrak{a} = \mathfrak{b}$ *oder* $\mathfrak{a} < \mathfrak{b}$ *oder* $\mathfrak{a} > \mathfrak{b}$.«

Aufs einfachste lassen sich aus diesem Satze die folgenden ableiten, von denen wir aber vorläufig keinerlei Gebrauch machen dürfen:

B. *»Sind zwei Mengen M und N so beschaffen, daß M mit einem Teil N_1 von N und N mit einem Teil M_1 von M äquivalent ist, so sind auch M und N äquivalent.«*

C. *»Ist M_1 ein Teil einer Menge M, M_2 ein Teil der Menge M_1, und sind die Mengen M und M_2 äquivalent, so ist auch M_1 den Mengen M und M_2 äquivalent.«*

D. *»Ist bei zwei Mengen M und N die Bedingung erfüllt, daß N weder mit M selbst, noch mit einem Teile von M äquivalent ist, so gibt es einen Teil N_1 von N, der mit M äquivalent ist.«*

E. *»Sind zwei Mengen M und N nicht äquivalent, und gibt es einen Teil N_1 von N, der mit M äquivalent ist, so ist kein Teil von M mit N äquivalent.«*

§ 3

Die Addition und Multiplikation von Mächtigkeiten

Die Vereinigung zweier Mengen M und N, die keine gemeinschaftlichen Elemente haben, wurde in § 1, (2) mit (M, N) bezeichnet. Wir nennen sie die *»Vereinigungsmenge von M und N«.*

Sind M', N' zwei andere Mengen ohne gemeinschaftliche Elemente, und ist $M \sim M'$, $N \sim N'$, so sahen wir, daß auch

$$(M, N) \sim (M', N').$$

Daraus folgt, daß die Kardinalzahl von (M, N) nur von den Kardinalzahlen $\overline{\overline{M}} = \mathfrak{a}$ und $\overline{\overline{N}} = \mathfrak{b}$ abhängt.

Dies führt zur Definition der Summe von $\mathfrak{a}$ und $\mathfrak{b}$, indem wir setzen

$$\mathfrak{a} + \mathfrak{b} = \overline{\overline{(M, N)}}. \qquad (1)$$

Da im Mächtigkeitsbegriff von der Ordnung der Elemente abstrahiert ist, so folgt ohne weiteres

$$\mathfrak{a} + \mathfrak{b} = \mathfrak{b} + \mathfrak{a} \qquad (2)$$

und für je drei Kardinalzahlen $\mathfrak{a}$, $\mathfrak{b}$, $\mathfrak{c}$

$$\mathfrak{a} + (\mathfrak{b} + \mathfrak{c}) = (\mathfrak{a} + \mathfrak{b}) + \mathfrak{c}. \qquad (3)$$

Wir kommen zur Multiplikation.

Jedes Element m einer Menge M läßt sich mit jedem Element n einer andern Menge N zu einem neuen Element (m, n) verbinden; für die Menge aller dieser Verbindungen (m, n) setzen wir die Bezeichnung $(M \cdot N)$ fest. Wir nennen sie die »*Verbindungsmenge von M und N*«[1]. Es ist also

$$(M \cdot N) = \{(m, n)\}. \qquad (4)$$

Man überzeugt sich, daß auch die Mächtigkeit von $(M \cdot N)$ nur von den Mächtigkeiten $\overline{\overline{M}} = \mathfrak{a}$, $\overline{\overline{N}} = \mathfrak{b}$ abhängt; denn ersetzt man die Mengen M und N durch die ihnen äquivalenten Mengen

$$M' = \{m'\} \quad \text{und} \quad N' = \{n'\}$$

und betrachtet man m, m' sowie n, n' als zugeordnete Elemente, so wird die Menge

$$(M' \cdot N') = \{(m', n')\}$$

---

1 Heute spricht man vom *kartesischen Produkt* und schreibt: $M \times N$; die »Verbindungen« (m, n) nennt man *geordnete Paare*.

dadurch in ein gegenseitig eindeutiges Zuordnungsverhältnis zu $(M \cdot N)$ gebracht, daß man (m, n) und (m', n') als einander entsprechende Elemente ansieht; es ist also

$$(M' \cdot N') \sim (M \cdot N). \qquad (5)$$

Wir definieren nun das Produkt $\mathfrak{a} \cdot \mathfrak{b}$ durch die Gleichung

$$\mathfrak{a} \cdot \mathfrak{b} = \overline{\overline{(M \cdot N)}}. \qquad (6)$$

Eine Menge mit der Kardinalzahl $\mathfrak{a} \cdot \mathfrak{b}$ läßt sich aus zwei Mengen M und N mit den Kardinalzahlen $\mathfrak{a}$ und $\mathfrak{b}$ auch nach folgender Regel herstellen: man gehe von der Menge N aus und ersetze in ihr jedes Element n durch eine Menge $M_n \sim M$; faßt man die Elemente aller dieser [unter sich elementefremder] Mengen M_n zu einem Ganzen S zusammen, so sieht man leicht, daß

$$S \sim (M \cdot N), \qquad (7)$$

folglich

$$\bar{\bar{S}} = \mathfrak{a} \cdot \mathfrak{b}.$$

Denn wird bei irgendeinem zugrunde liegenden Zuordnungsgesetz der beiden äquivalenten Mengen M und M_n das dem Element m von M entsprechende Element von M_n mit m_n bezeichnet, so hat man

$$S = \{m_n\}, \qquad (8)$$

und es lassen sich daher die Mengen S und $(M \cdot N)$ dadurch gegenseitig eindeutig aufeinander beziehen, daß m_n und (m, n) als entsprechende Elemente angesehen werden.

Aus unseren Definitionen folgen leicht die Sätze:

$$\mathfrak{a} \cdot \mathfrak{b} = \mathfrak{b} \cdot \mathfrak{a}, \qquad (9)$$
$$\mathfrak{a} \cdot \mathfrak{b} \cdot \mathfrak{c} = (\mathfrak{a} \cdot \mathfrak{b}) \cdot \mathfrak{c}, \qquad (10)$$
$$\mathfrak{a} \, (\mathfrak{b} + \mathfrak{c}) = \mathfrak{a}\mathfrak{b} + \mathfrak{a}\mathfrak{c}, \qquad (11)$$

weil

$$(M \cdot N) \sim (N \cdot M),$$
$$(M \cdot (N \cdot P)) \sim ((M \cdot N) \cdot P),$$
$$(M \cdot (N, P)) \sim ((M \cdot N), (M \cdot P)).$$

Addition und Multiplikation von Mächtigkeiten unterliegen also allgemein dem kommutativen, assoziativen und distributiven Gesetz.

§4

Die Potenzierung von Mächtigkeiten

Unter einer »*Belegung der Menge N mit Elementen der Menge M*« oder einfacher ausgedrückt, unter einer »*Belegung von N mit M*« verstehen wir ein Gesetz, durch welches mit jedem Element n von N je ein bestimmtes Element von M verbunden ist, wobei ein und dasselbe Element von M wiederholt zur Anwendung kommen kann. Das mit n verbundene Element von M ist gewissermaßen eine eindeutige Funktion von n und kann etwa mit $f(n)$ bezeichnet werden; sie heiße »*Belegungsfunktion von n*«; die entsprechende Belegung von N werde $f(N)$ genannt.

Zwei Belegungen $f_1(N)$ und $f_2(N)$ heißen dann und nur dann gleich, wenn *für alle Elemente n von N* die Gleichung erfüllt ist

$$f_1(n) = f_2(n), \qquad (1)$$

so daß, wenn auch nur für ein einziges besonderes Element $n = n_0$ diese Gleichung *nicht* besteht, $f_1(N)$ und $f_2(N)$ als *verschiedene* Belegungen von N charakterisiert sind.

Beispielsweise kann, wenn m_0 ein besonderes Element von M ist, festgesetzt sein, daß für alle n

$$f(n) = m_0$$

sei; dieses Gesetz konstituiert eine besondere Belegung von N mit M.

Eine andere Art von Belegungen ergibt sich, wenn m_0 und m_1 zwei verschiedene besondere Elemente von M sind, n_0 ein besonderes Element von N ist, durch die Festsetzung

$$f(n_0) = m_0,$$
$$f(n) = m_1$$

für alle n, die von n_0 verschieden sind.

Die Gesamtheit aller verschiedenen Belegungen von N mit M bildet eine bestimmte Menge mit den Elementen $f(N)$; wir nennen sie die »*Belegungsmenge von N mit M*« und bezeichnen sie durch

$$(N \mid M) = \{f(N)\}. \qquad (2)$$

Ist $M \sim M'$ und $N \sim N'$, so findet man leicht, daß auch

$$(N \mid M) \sim (N' \mid M'). \qquad (3)$$

Die Kardinalzahl von $(N \mid M)$ hängt also nur von den Kardinalzahlen $\overline{\overline{M}} = \mathfrak{a}$ und $\overline{\overline{N}} = \mathfrak{b}$ ab; sie dient uns zur Definition der Potenz $\mathfrak{a}^{\mathfrak{b}}$:

$$\mathfrak{a}^{\mathfrak{b}} = \overline{\overline{(N \mid M)}} \qquad (4)$$

Für drei beliebige Mengen M, N und P beweist man leicht die Sätze:

$$((N \mid M) \cdot (P \mid M)) \sim ((N, P) \mid M), \qquad (5)$$
$$((P \mid M) \cdot (P \mid N)) \sim (P \mid (M \cdot N)), \qquad (6)$$
$$(P \mid (N \mid M)) \sim ((P \cdot N) \mid M), \qquad (7)$$

aus denen, wenn $\overline{\overline{P}} = \mathfrak{c}$ gesetzt wird, aufgrund von (4) und im Hinblick auf § 3 die für drei beliebige Kardinalzahlen $\mathfrak{a}$, $\mathfrak{b}$ und $\mathfrak{c}$ gültigen Sätze sich ergeben

$$\mathfrak{a}^{\mathfrak{b}} \cdot \mathfrak{a}^{\mathfrak{c}} = \mathfrak{a}^{\mathfrak{b}+\mathfrak{c}}, \qquad (8)$$
$$\mathfrak{a}^{\mathfrak{c}} \cdot \mathfrak{b}^{\mathfrak{c}} = (\mathfrak{a} \cdot \mathfrak{b})^{\mathfrak{c}}, \qquad (9)$$
$$(\mathfrak{a}^{\mathfrak{b}})^{\mathfrak{c}} = \mathfrak{a}^{\mathfrak{b} \cdot \mathfrak{c}}. \qquad (10)$$

Wie inhaltreich und weittragend diese einfachen auf die Mächtigkeiten ausgedehnten Formeln sind, erkennt man an folgendem Beispiel:

Bezeichnen wir die Mächtigkeit des Linearkontinuums X (d. h. des Inbegriffs X aller reellen Zahlen x, die $\geqq 0$ und $\leqq 1$ sind) mit $\mathfrak{o}$, so überzeugt man sich leicht, daß sie sich unter anderm durch die Formel

$$\mathfrak{o} = 2^{\aleph_0} \qquad (11)$$

darstellen läßt, wo über die Bedeutung von $\aleph_0$ der § 6 Aufschluß gibt.

In der Tat ist $2^{\aleph_0}$ nach (4) nichts anderes als die Mächtigkeit aller Darstellungen

$$x = \frac{f(1)}{2} + \frac{f(2)}{2^2} + \ldots + \frac{f(\nu)}{2^{\nu}} + \ldots \quad (\text{wo } f(\nu) = 0 \text{ oder } 1) \qquad (12)$$

der Zahlen x im Zweiersystem. Beachten wir hierbei, daß jede Zahl x nur einmal zur Darstellung kommt mit Ausnahme der Zahlen $x = \dfrac{2\,\nu + 1}{2^{\mu}} < 1$, die zweimal dargestellt werden, so haben wir, wenn wir die »abzählbare« Gesamtheit der letzteren mit $\{s_{\nu}\}$ bezeichnen, zunächst

116

$$2^{\aleph_0} = \overline{\overline{(\{s_\nu\}, X)}} \ .$$

Hebt man aus X irgendeine »abzählbare« Menge $\{t_\nu\}$ heraus und bezeichnet den Rest mit X_1, so ist

$$X = (\{t_\nu\}, X_1) = (\{t_{2\nu-1}\}, \{t_{2\nu}\}, X_1),$$
$$(\{s_\nu\}, X) = (\{s_\nu\}, \quad \{t_\nu\}, \quad X_1),$$
$$\{t_{2\nu-1}\} \sim \{s_\nu\}, \quad \{t_{2\nu}\} \sim \{t_\nu\}, \quad X_1 \sim X_1,$$

mithin

$$X \sim (\{s_\nu\}, X),$$

also (§ 1)

$$2^{\aleph_0} = \overline{\overline{X}} = \mathfrak{o}.$$

Aus (11) folgt durch Quadrieren nach (§ 6, (6))

$$\mathfrak{o} \cdot \mathfrak{o} = 2^{\aleph_0} \cdot 2^{\aleph_0} = 2^{\aleph_0 + \aleph_0} = 2^{\aleph_0} = \mathfrak{o}$$

und hieraus durch fortgesetzte Multiplikation mit $\mathfrak{o}$

$$\mathfrak{o}^\nu = \mathfrak{o}, \tag{13}$$

wo ν irgendeine endliche Kardinalzahl ist.

Erhebt man beide Seiten von (11) zur Potenz $\aleph_0$, so erhält man

$$\mathfrak{o}^{\aleph_0} = (2^{\aleph_0})^{\aleph_0} = 2^{\aleph_0 \cdot \aleph_0}.$$

Da aber nach § 6, (8) $\aleph_0 \cdot \aleph_0 = \aleph_0$, so ist

$$\mathfrak{o}^{\aleph_0} = \mathfrak{o}. \tag{14}$$

Die Formeln (13) und (14) haben aber keine andere Bedeutung als diese: »Das ν-dimensionale sowohl, wie das $\aleph_0$-dimensionale Kontinuum haben die Mächtigkeit des eindimensionalen Kontinuums.« Es wird also *der ganze Inhalt* der Arbeit im 84ten Band des Crelle'schen Journals, S. 242 ([15], S. 119) *mit diesen wenigen Strichen* aus den *Grundformeln des Rechnens mit Mächtigkeiten* rein algebraisch abgeleitet.

§ 5

Die endlichen Kardinalzahlen

Es soll zunächst gezeigt werden, wie die dargelegten Prinzipien, auf welchen später die Lehre von den aktual unendlichen oder transfiniten Kardinalzahlen aufgebaut werden soll, auch die natürlichste, kürzeste und strengste Begründung der endlichen Zahlenlehre liefern.

Einem einzelnen Ding e_0, wenn wir es unter den Begriff einer Menge $E_0 = (e_0)$ subsumieren, entspricht als Kardinalzahl das, was wir »Eins« nennen und mit 1 bezeichnen; wir haben

$$1 = \overline{\overline{E}}_0. \tag{1}$$

Man vereinige nun mit E_0 ein anderes Ding e_1, die Vereinigungsmenge heiße E_1, so daß

$$E_1 = (E_0, e_1) = (e_0, e_1). \tag{2}$$

Die Kardinalzahl von E_1 heißt »Zwei« und wird mit 2 bezeichnet:

$$2 = \overline{\overline{E}}_1. \tag{3}$$

Durch Hinzufügung neuer Elemente erhalten wir die Reihe der Mengen

$$E_2 = (E_1, e_2), \quad E_3 = (E_2, e_3), \ldots,$$

welche in unbegrenzter Folge uns sukzessive die übrigen, mit 3, 4, 5, ... bezeichneten, sogenannten *endlichen Kardinalzahlen* liefern. Die hierbei vorkommende hilfsweise Verwendung derselben Zahlen als Indizes rechtfertigt sich daraus, daß eine Zahl erst dann in dieser Bedeutung gebraucht wird, nachdem sie als Kardinalzahl definiert worden ist. Wir haben, wenn unter $\nu - 1$ die der Zahl ν in jener Reihe nächstvorangehende verstanden wird,

$$\nu = \overline{\overline{E}}_{\nu-1}, \tag{4}$$
$$E_\nu = (E_{\nu-1}, e_\nu) = (e_0, e_1, \ldots e_\nu). \tag{5}$$

Aus der Summendefinition in § 3 folgt

$$\overline{\overline{E}}_\nu = \overline{\overline{E}}_{\nu-1} + 1, \tag{6}$$

d. h. jede endliche Kardinalzahl (außer 1) ist die Summe aus der nächstvorhergehenden und 1.

Bei unserm Gedankengang treten nun folgende drei Sätze in den Vordergrund:

A. »*Die Glieder der unbegrenzten Reihe endlicher Kardinalzahlen*

$$1, 2, 3, \ldots \nu, \ldots$$

sind alle untereinander verschieden (d. h. die in § 1 aufgestellte Äquivalenzbedingung ist an den entsprechenden Mengen nicht erfüllt).«

B. »*Jede dieser Zahlen ν ist größer als die ihr vorangehenden und kleiner als die auf sie folgenden* (§ 2).«

C. »*Es gibt keine Kardinalzahlen, welche ihrer Größe nach zwischen zwei benachbarten ν und $\nu + 1$ lägen* (§ 2).«

Die Beweise dieser Sätze stützen wir auf die zwei folgenden D und E, welche daher zunächst zu erhärten sind.

D. »*Ist M eine Menge von solcher Beschaffenheit, daß sie mit keiner von ihren Teilmengen gleiche Mächtigkeit hat, so hat auch die Menge (M, e), welche aus M durch Hinzufügung eines einzigen neuen Elementes e hervorgeht, dieselbe Beschaffenheit, mit keiner von ihren Teilmengen gleiche Mächtigkeit zu haben.*«

E. »*Ist N eine Menge mit der endlichen Kardinalzahl ν, N_1 irgendeine Teilmenge von N, so ist die Kardinalzahl von N_1 gleich einer der vorangehenden Zahlen $1, 2, 3, \ldots \nu - 1$.*«

Beweis von D. Nehmen wir an, es hätte die Menge (M, e) mit einer ihrer Teilmengen, wir wollen sie N nennen, gleiche Mächtigkeit, so sind zwei Fälle zu unterscheiden, die beide auf einen Widerspruch führen:

1. Die Menge N enthält e als Element; es sei $N = (M_1, e)$; dann ist M_1 ein Teil von M, weil N ein Teil von (M, e) ist. Wie wir in § 1 sahen, läßt sich das Zuordnungsgesetz der beiden äquivalenten Mengen (M, e) und (M_1, e) so modifizieren, daß das Element e der einen demselben Element e der andern entspricht; alsdann sind von selbst auch M und M_1 gegenseitig eindeutig aufeinander bezogen. Dies streitet aber gegen die Voraussetzung, daß M mit seinem Teile M_1 nicht gleiche Mächtigkeit hat.

2. Die Teilmenge N von (M, e) enthält e nicht als Element, dann ist N entweder M oder ein Teil von M. Bei dem zugrunde liegenden Zuordnungsgesetze zwischen (M, e) und N möge das Element e

der ersteren dem Elemente f der letzteren entsprechen. Sei $N = (M_1, f)$; dann wird gleichzeitig die Menge M in gegenseitig eindeutige Beziehung zu M_1 gesetzt sein; M_1 ist aber als Teil von N jedenfalls auch ein Teil von M. Es wäre auch hier M einem seiner Teile äquivalent, gegen die Voraussetzung.

Beweis von E. Es werde die Richtigkeit des Satzes bis zu einem gewissen ν vorausgesetzt und dann auf die Gültigkeit für das nächstfolgende $\nu + 1$ wie folgt geschlossen.

Als Menge mit der Kardinalzahl $\nu+1$ werde $E_\nu = (e_0, e_1, \ldots e_\nu)$ zugrunde gelegt; ist der Satz für diese richtig, so folgt ohne weiteres (§ 1) auch seine Gültigkeit für jede andere Menge mit derselben Kardinalzahl $\nu + 1$. Sei E' irgendein Teil von E_ν; wir unterscheiden folgende Fälle:

1. E' enthält e_ν nicht als Element, dann ist E' entweder $E_{\nu-1}$ oder ein Teil von $E_{\nu-1}$, hat also zur Kardinalzahl entweder ν oder eine der Zahlen $1, 2, 3, \ldots \nu - 1$, weil wir ja unsern Satz als richtig für die Menge $E_{\nu-1}$ mit der Kardinalzahl ν voraussetzen.

2. E' besteht aus dem einzigen Element e_ν, dann ist $\bar{\bar{E}}' = 1$.

3. E' besteht aus e_ν und einer Menge E'', so daß $E' = (E'', e_\nu)$. E'' ist ein Teil von $E_{\nu-1}$, hat also vorausgesetztermaßen zur Kardinalzahl eine der Zahlen $1, 2, 3, \ldots \nu - 1$.

Nun ist aber $\bar{\bar{E}}' = \bar{\bar{E}}'' + 1$, daher hat E' zur Kardinalzahl eine der Zahlen $2, 3, \ldots \nu$.

Beweis von A. Jede der von uns mit E_ν bezeichneten Mengen hat die Beschaffenheit, mit keiner ihrer Teilmengen äquivalent zu sein. Denn nimmt man an, daß dies für ein gewisses ν richtig sei, so folgt aus dem Satze D dasselbe für das nächstfolgende $\nu + 1$.

Für $\nu = 1$ erkennt man aber unmittelbar, daß die Menge $E_1 = (e_0, e_1)$ keiner ihrer Teilmengen, die hier (e_0) und (e_1) sind, äquivalent ist.

Betrachten wir nun irgend zwei Zahlen μ und ν der Reihe $1, 2, 3, \ldots$ und ist μ die frühere, ν die spätere, so ist $E_{\mu-1}$ *eine Teilmenge von* $E_{\nu-1}$; es sind daher $E_{\mu-1}$ und $E_{\nu-1}$ nicht äquivalent; die zugehörigen Kardinalzahlen $\mu = \bar{\bar{E}}_{\mu-1}$ und $\nu = \bar{\bar{E}}_{\nu-1}$ sind somit nicht gleich.

Beweis von B. Ist von den beiden endlichen Kardinalzahlen μ und ν die erste die frühere, die zweite die spätere, so ist $\mu < \nu$. Denn betrachten wir die beiden Mengen $M = E_{\mu-1}$ und $N = E_{\nu-1}$, so ist an ihnen jede der beiden Bedingungen in § 2 für $\overline{\overline{M}} < \overline{\overline{N}}$ erfüllt. Die Bedingung 1. ist erfüllt, weil nach Satz E eine Teilmenge von $M = E_{\mu-1}$ nur eine von den Kardinalzahlen $1, 2, 3, \ldots$ $\mu - 1$ haben, also der Menge $N = E_{\nu-1}$ nach Satz A nicht äquivalent sein kann. Die Bedingung 2. ist erfüllt, weil hier M selbst ein Teil von N ist.

Beweis von C. Sei α eine Kardinalzahl, die kleiner ist als $\nu + 1$. Wegen der Bedingung 2. des § 2 gibt es eine Teilmenge von E_ν mit der Kardinalzahl α. Nach Satz E kommt einer Teilmenge von E_ν nur eine der Kardinalzahlen $1, 2, 3, \ldots \nu$ zu.

Es ist also α gleich einer von den Zahlen $1, 2, 3, \ldots \nu$.

Nach Satz B ist keine von diesen größer als ν.

Folglich gibt es keine Kardinalzahl α, die kleiner als $\nu + 1$ und größer als ν wäre.

Von Bedeutung für das Spätere ist folgender Satz:

F. *»Ist K irgendeine Menge von verschiedenen endlichen Kardinalzahlen, so gibt es unter ihnen eine $\varkappa_1$, die kleiner als die übrigen, also die kleinste von allen ist.«*

Beweis. Die Menge K enthält entweder die Zahl 1, dann ist diese die kleinste, $\varkappa_1 = 1$; oder nicht. Im letzteren Fall sei J der Inbegriff *aller* derjenigen Kardinalzahlen unsrer Reihe $1, 2, 3, \ldots$, welche kleiner sind als die in K vorkommenden. Gehört eine Zahl ν zu J, so gehören auch alle Zahlen $< \nu$ zu J. Es muß aber J ein Element ν_1 haben, so daß $\nu_1 + 1$ und folglich auch alle größeren Zahlen nicht zu J gehören, weil sonst J die Gesamtheit aller endlichen Zahlen umfassen würde, während doch die zu K gehörigen Zahlen nicht in J enthalten sind. J ist also nichts anderes als der Abschnitt $(1, 2, 3, \ldots \nu_1)$. Die Zahl $\nu_1 + 1 = \varkappa_1$ ist notwendig ein Element von K und kleiner als die übrigen.

Aus F schließt man auf:

G. *»Jede Menge $K = \{\varkappa\}$ von verschiedenen endlichen Kardinalzahlen läßt sich in die Reihenform*

$$K = (\varkappa_1, \varkappa_2, \varkappa_3, \ldots)$$

bringen, so daß

$$\varkappa_1 < \varkappa_2 < \varkappa_3 \ldots«$$

§6

Die kleinste transfinite Kardinalzahl Alef-null

Die Mengen mit endlicher Kardinalzahl heißen »*endliche Mengen*«, alle anderen wollen wir »*transfinite Mengen*« und die ihnen zukommenden Kardinalzahlen »*transfinite Kardinalzahlen*« nennen.

Die Gesamtheit *aller endlichen Kardinalzahlen* ν bietet uns das nächstliegende Beispiel einer transfiniten Menge; wir nennen die ihr zukommende Kardinalzahl (§1) »*Alef-null*«, in Zeichen $\aleph_0$, definieren also

$$\aleph_0 = \overline{\overline{\{\nu\}}}. \tag{1}$$

Daß $\aleph_0$ eine *transfinite* Zahl, d. h. *keiner endlichen* Zahl μ *gleich* ist, folgt aus der einfachen Tatsache, daß, wenn zu der Menge $\{\nu\}$ ein neues Element e_0 hinzugefügt wird, die Vereinigungsmenge $(\{\nu\}, e_0)$ der ursprünglichen $\{\nu\}$ äquivalent ist. Denn es läßt sich zwischen beiden die gegenseitig eindeutige Beziehung denken, wonach dem Element e_0 der ersten das Element 1 der zweiten, dem Element ν der ersten das Element $\nu + 1$ der andern entspricht. Nach §3 haben wir daher

$$\aleph_0 + 1 = \aleph_0. \tag{2}$$

In §5 wurde aber gezeigt, daß (für endliches μ) $\mu + 1$ stets von μ verschieden ist, daher ist $\aleph_0$ keiner endlichen Zahl μ gleich.

Die Zahl $\aleph_0$ ist größer als jede endliche Zahl μ:

$$\aleph_0 > \mu. \tag{3}$$

Dies folgt im Hinblick auf §3 daraus, daß $\mu = \overline{\overline{(1, 2, 3, \dots \mu)}}$, kein Teil der Menge $(1, 2, 3, \dots \mu)$ äquivalent der Menge $\{\nu\}$ und daß $(1, 2, 3, \dots \mu)$ selbst ein Teil von $\{\nu\}$ ist.

Andrerseits ist $\aleph_0$ *die kleinste transfinite Kardinalzahl.*

Ist α irgendeine von $\aleph_0$ verschiedene transfinite Kardinalzahl, so ist immer

$$\aleph_0 < \alpha. \tag{4}$$

Dies beruht auf folgenden Sätzen:

A. »*Jede transfinite Menge T hat Teilmengen mit der Kardinalzahl $\aleph_0$.*«

122

Beweis. Hat man nach irgendeiner Regel eine endliche Zahl von Elementen t_1, t_2,... t_{v-1} *aus T* entfernt, so bleibt stets die Möglichkeit, ein ferneres Element t_v herauszunehmen. Die Menge $\{t_v\}$, worin v eine beliebige endliche Kardinalzahl bedeutet, ist eine Teilmenge von T mit der Kardinalzahl $\aleph_0$, weil $\{t_v\} \sim \{v\}$ (§ 1).

B. »*Ist S eine transfinite Menge mit der Kardinalzahl* $\aleph_0$, S_1 *irgendeine transfinite Teilmenge von S, so ist auch* $\bar{\bar{S}}_1 = \aleph_0$.«

Beweis. Vorausgesetzt ist, daß $S \sim \{v\}$; bezeichnen wir unter Zugrundelegung eines Zuordnungsgesetzes zwischen diesen beiden Mengen mit s_v dasjenige Element von S, welches dem Element v von $\{v\}$ entspricht, so ist

$$S = \{s_v\}.$$

Die Teilmenge S_1 von S besteht aus gewissen Elementen $s_\varkappa$ von S, und die Gesamtheit aller Zahlen $\varkappa$ bildet einen transfiniten Teil K der Menge $\{v\}$.

Nach Satz G, § 5 läßt sich die Menge K in die Reihenform bringen

$$K = \{\varkappa_v\},$$

wo

$$\varkappa_v < \varkappa_{v+1},$$

folglich ist auch

$$S_1 = \{s_{\varkappa_v}\}.$$

Daraus folgt, daß $S_1 \sim S$, mithin $\bar{\bar{S}}_1 = \aleph_0$.

Aus A und B ergibt sich die Formel (4) im Hinblick auf § 2.

Aus (2) schließt man durch Hinzufügung von 1 auf beiden Seiten

$$\aleph_0 + 2 = \aleph_0 + 1 = \aleph_0,$$

und indem man diese Betrachtung wiederholt,

$$\aleph_0 + v = \aleph_0. \tag{5}$$

Wir haben aber auch

$$\aleph_0 + \aleph_0 = \aleph_0. \tag{6}$$

Denn nach (1) § 3 ist $\aleph_0 + \aleph_0$ die Kardinalzahl $\overline{\overline{(\{a_v\}, \{b_v\})}}$, weil

$$\overline{\overline{\{a_\nu\}}} = \overline{\overline{\{b_\nu\}}} = \aleph_0.$$

Nun hat man offenbar

$$\{\nu\} = (\{2\nu - 1\}, \{2\nu\}),$$
$$(\{2\nu - 1\}, \{2\nu\}) \sim (\{a_\nu\}, \{b_\nu\}),$$

also

$$\overline{\overline{(\{a_\nu\}, \{b_\nu\})}} = \overline{\overline{\{\nu\}}} = \aleph_0.$$

Die Gleichung (6) kann auch so geschrieben werden:

$$\aleph_0 \cdot 2 = \aleph_0,$$

und indem man zu beiden Seiten wiederholt $\aleph_0$ addiert, findet man, daß

$$\aleph_0 \cdot \nu = \nu \cdot \aleph_0 = \aleph_0. \tag{7}$$

Wir haben aber auch

$$\aleph_0 \cdot \aleph_0 = \aleph_0. \tag{8}$$

Beweis: Nach (6) des § 3 ist $\aleph_0 \cdot \aleph_0$ die der Verbindungsmenge

$$\{(\mu, \nu)\}$$

zukommende Kardinalzahl, wo μ und ν unabhängig voneinander zwei beliebige endliche Kardinalzahlen sind. Ist auch λ Repräsentant einer beliebigen endlichen Kardinalzahl (so daß $\{\lambda\}$, $\{\mu\}$ und $\{\nu\}$ nur verschiedene Bezeichnungen für dieselbe Gesamtheit aller endlichen Kardinalzahlen sind), so haben wir zu zeigen, daß

$$\{(\mu, \nu)\} \sim \{\lambda\}.$$

Bezeichnen wir $\mu + \nu$ mit ϱ, so nimmt ϱ die sämtlichen Zahlenwerte 2, 3, 4, ... an, und es gibt im ganzen $\varrho - 1$ Elemente (μ, ν), für welche $\mu + \nu = \varrho$, nämlich diese:

$$(1, \varrho - 1), (2, \varrho - 2), \dots (\varrho - 1, 1).$$

In dieser Reihenfolge denke man sich zuerst das eine Element $(1, 1)$ gesetzt, für welches $\varrho = 2$, dann die beiden Elemente, für welche $\varrho = 3$, dann die drei Elemente, für welche $\varrho = 4$ usw., so erhält man sämtliche Elemente (μ, ν) in einfacher Reihenform:

$$(1, 1); (1, 2), (2, 1); (1, 3), (2, 2), (3, 1); (1, 4), (2, 3), \dots,$$

und zwar kommt hier, wie man leicht sieht, das Element (μ, ν) an die λ^{te} Stelle, wo

$$\lambda = \mu + \frac{(\mu + \nu - 1)(\mu + \nu - 2)}{2}. \qquad (9)$$

λ nimmt jeden Zahlenwert 1, 2, 3, … einmal an; es besteht also vermöge (9) eine gegenseitig eindeutige Beziehung zwischen den beiden Mengen $\{\lambda\}$ und $\{(\mu, \nu)\}$.

Werden die beiden Seiten der Gleichung (8) mit $\aleph_0$ multipliziert, so erhält man $\aleph_0^3 = \aleph_0^2 = \aleph_0$ und durch wiederholte Multiplikation mit $\aleph_0$ die für jede endliche Kardinalzahl ν gültige Gleichung:

$$\aleph_0^\nu = \aleph_0. \qquad (10)$$

Die Sätze E und A des § 5 führen zu dem Satz über *endliche* Mengen:

C. »*Jede endliche Menge E ist so beschaffen, daß sie mit keiner von ihren Teilmengen äquivalent ist.*«

Diesem Satz steht scharf der folgende für *transfinite* Mengen gegenüber:

D. »*Jede transfinite Menge T ist so beschaffen, daß sie Teilmengen T_1 hat, die ihr äquivalent sind.*«

Beweis. Nach Satz A dieses Paragraphen gibt es eine Teilmenge $S = \{t_\nu\}$ von T mit der Kardinalzahl $\aleph_0$. Sei $T = (S, U)$, so daß U aus denjenigen Elementen von T zusammengesetzt ist, welche von den Elementen t_ν verschieden sind. Setzen wir $S_1 = \{t_{\nu+1}\}$, $T_1 = (S_1, U)$, so ist T_1 eine Teilmenge von T, und zwar die durch Fortlassung des einzigen Elementes t_1 aus T hervorgehende. Da $S \sim S_1$ (Satz B dieses Paragraphen) und $U \sim U$, so ist auch (§ 1) $T \sim T_1$.

In diesen Sätzen C und D tritt die wesentliche Verschiedenheit von endlichen und transfiniten Mengen am deutlichsten zutage, auf welche bereits im Jahre 1877 im 84sten Bande des Crelle'schen Journals S. 242 ([15], S. 119) hingewiesen wurde.

Nachdem wir die kleinste transfinite Kardinalzahl $\aleph_0$ eingeführt und ihre nächstliegenden Eigenschaften abgeleitet haben, entsteht die Frage nach den höheren Kardinalzahlen und ihrem Hervorgang aus $\aleph_0$.

Es soll gezeigt werden, daß die transfiniten Kardinalzahlen sich nach ihrer Größe ordnen lassen und in dieser Ordnung wie die endlichen, jedoch in einem erweiterten Sinne eine *»wohlgeordnete Menge«* bilden.

Aus $\aleph_0$ geht nach einem bestimmten Gesetz die *nächstgrößere* Kardinalzahl $\aleph_1$, aus dieser nach demselben Gesetz die *nächstgrößere* $\aleph_2$ hervor, und so geht es weiter.

Aber auch die unbegrenzte Folge der Kardinalzahlen

$$\aleph_0, \aleph_1, \aleph_2, \ldots, \aleph_\nu, \ldots$$

erschöpft nicht den Begriff der transfiniten Kardinalzahl. Es wird die Existenz einer Kardinalzahl nachgewiesen werden, die wir mit $\aleph_\omega$ bezeichnen und welche sich als die zu *allen* $\aleph_\nu$ *nächstgrößere* ausweist; aus ihr geht in derselben Weise wie $\aleph_1$ aus $\aleph_0$ eine nächstgrößere $\aleph_{\omega+1}$ hervor, und so geht es ohne Ende fort.

Zu *jeder transfiniten Kardinalzahl* α gibt es eine nach einheitlichem Gesetz aus ihr hervorgehende *nächstgrößere;* aber auch zu jeder unbegrenzt aufsteigenden wohlgeordneten Menge $\{\alpha\}$ von transfiniten Kardinalzahlen α gibt es eine *nächstgrößere*, einheitlich daraus hervorgehende.

Zur strengen Begründung dieses im Jahre 1882 gefundenen und in dem Schriftchen »Grundlagen einer allgemeinen Mannigfaltigkeitslehre«, sowie im 21. Bande der Math. Annalen ([15], S. 195–201) ausgesprochenen Sachverhaltes bedienen wir uns der sogenannten *»Ordnungstypen«*, deren Theorie wir zunächst in den folgenden Paragraphen auseinanderzusetzen haben.

Diesen Begriff des »Ordnungstypus« definiert CANTOR ganz analog zum Begriff »Kardinalzahl«, nur daß er »die Ordnung des Gegebenseins der Elemente« dabei beachtet. Er formuliert:

»Jeder geordneten Menge[1] M kommt ein bestimmter ›*Ordnungstypus*‹ oder kürzer ein bestimmter ›*Typus*‹ zu, den wir mit

$$\overline{M}$$

bezeichnen wollen; hierunter verstehen wir *den Allgemeinbegriff, welcher sich aus M ergibt, wenn wir nur von der Beschaffenheit der*

---

1 Im folgenden denken wir dabei an »linear geordnete Mengen« (s. S. 12).

Elemente m abstrahieren, die Rangordnung unter ihnen aber beibehalten.«

Geben wir zur Erläuterung einige Beispiele geordneter Mengen und ihrer Typen: Die Menge der natürlichen Zahlen schreiben wir wie üblich so auf:

$$M_1 = \{1, 2, 3, 4, 5, \ldots\}.$$

Dabei orientieren wir uns an der »natürlichen« Ordnung ihrer Elemente durch die Kleinerbeziehung. Diese wollen wir jetzt beachten. Wir wählen deshalb auch die Bezeichnung M_1 statt $\mathbb{N}$; M_1 bedeutet also die Menge der natürlichen Zahlen *mit* der durch obige Schreibweise angedeuteten Ordnung. Wir können die Menge $\mathbb{N}$ der natürlichen Zahlen aber auch ganz anders ordnen, z. B. so:

$$M_2 = \{\ldots, 5, 4, 3, 2, 1\}$$

oder so

$$M_3 = \{1, 3, 5, \ldots; 2, 4, 6, \ldots\}$$

oder so

$$M_4 = \{2, 3, 4, 5, \ldots; 1\}.$$

Daß diese sämtlich aus der Menge der natürlichen Zahlen »gewonnenen« geordneten Mengen alle zu unterscheiden sind, sieht man sofort ein:

M_1 besitzt ein erstes Element, aber kein letztes; bei M_2 ist es umgekehrt. M_4 hat sowohl ein erstes als auch ein letztes Element. M_3 hat zwar wie M_1 ein erstes und kein letztes Element, unterscheidet sich aber von M_1 z. B. dadurch, daß das Element 2 zwar »Vorgänger« $(1, 3, 5, \ldots)$ aber keinen »unmittelbaren« Vorgänger besitzt.[1]

CANTOR kommt zu den zugehörigen Ordnungstypen durch »Abstraktion von der Beschaffenheit der Elemente«. Für den Ordnungstypus $\overline{M_1}$ gewinnt man also etwa folgende Vorstellung:

---

1 Statt »unmittelbarer Vorgänger« sagt man auch »unterer Nachbar«: a ist unterer Nachbar von b, wenn a vor b steht und kein anderes Element der Menge zwischen a und b steht. b heißt dann entsprechend »oberer Nachbar« von a, und a und b nennt man »benachbarte Elemente«. In M_3 hat also 2 den oberen Nachbarn 4, aber keinen unteren Nachbarn.

$$\overline{M_1} = \{*, *, *, *, *, \ldots\},$$

wobei man die Sterne als Zeichen für Leerstellen deuten kann[1]. Besetzt man diese Leerstellen mit (paarweise verschiedenen) Elementen, so erhält man eine geordnete Menge dieses Typus. So hat z. B. die bei der Abzählung der Menge $\mathbb{Q}_1$ der rationalen Zahlen zwischen 0 und 1 benutzte geordnete Menge (vgl. S. 105)

$$M_5 = \{\tfrac{1}{2}; \tfrac{1}{3}, \tfrac{2}{3}; \tfrac{1}{4}, \tfrac{3}{4}; \tfrac{1}{5}, \tfrac{2}{5}, \ldots\}$$

auch diesen Typus. CANTOR bezeichnet ihn mit ω; es gilt also

$$\omega = \overline{M_1} = \overline{M_5}.$$

Die Menge M_6 der rationalen Zahlen zwischen 0 und 1 mit der natürlichen Ordnung durch die Kleinerrelation hat dagegen einen ganz anderen Ordnungstypus: $\overline{M_6} = \eta$. Ein wesentliches Merkmal dieses Typus ist es, daß in den zugehörigen geordneten Mengen die Elemente »überall dicht« liegen, d. h. daß zwischen je zwei verschiedenen Elementen stets noch ein weiteres liegt, es also keine benachbarten Elemente gibt.

Wir haben soeben gesehen, daß verschiedene geordnete Mengen denselben Ordnungstypus haben können. Zur präziseren Entscheidung, ob zwei geordnete Mengen zum selben Typus gehören oder nicht, führt CANTOR in Analogie zum Begriff der Äquivalenz bei ungeordneten Mengen den Begriff der »Ähnlichkeit« ein. Er nennt zwei geordnete Mengen M und N *ähnlich*, wenn eine ordnungserhaltende eineindeutige Zuordnung zwischen ihren Elementen möglich ist. D. h. – mit CANTORS Worten – die (umkehrbar eindeutige) Abbildung muß die Eigenschaft haben, »daß, wenn m_1 und m_2 irgend zwei Elemente von M, n_1 und n_2 die entsprechenden Elemente von N sind, alsdann immer die Rangbeziehung von m_1 zu m_2 innerhalb M dieselbe ist wie die von n_1 zu n_2 innerhalb N«. Damit gilt:

Genau dann gehören zwei geordnete Mengen zum selben Ordnungstypus, wenn sie ähnlich sind. Man sagt dann auch: sie sind »Repräsentanten« desselben Typus. M_1 und M_5 sind also Reprä-

---

1 Folgt man hier CANTOR streng, so muß man sich statt der Sterne lauter Einsen denken (vgl. S. 109).

sentanten des Typus ω; die Ähnlichkeitsabbildung ist offenbar durch die Zuordnung

$$1 \mapsto \tfrac{1}{2}, 2 \mapsto \tfrac{1}{3}, 3 \mapsto \tfrac{2}{3}, 4 \mapsto \tfrac{1}{4}, 5 \mapsto \tfrac{3}{4}, 6 \mapsto \tfrac{1}{5}, 7 \mapsto \tfrac{2}{5}, \ldots$$

gegeben.

Aus der Definition der Ähnlichkeit ergibt sich sofort:

Ähnliche geordnete Mengen sind stets äquivalent. Andererseits zeigen die einführenden Beispiele, daß äquivalente geordnete Mengen keineswegs ähnlich zu sein brauchen. Das können wir auch so ausdrücken:

Geordnete Mengen, die zum selben Ordnungstypus gehören, besitzen stets dieselbe Kardinalzahl, aber geordnete Mengen mit derselben Kardinalzahl können verschiedene Ordnungstypen haben.

Wir haben bisher die Zeichen ω und η für die Ordnungstypen von M_1 bzw. M_6 eingeführt. Für die Typen der Mengen M_2 bis M_4 verwendet CANTOR die folgenden Bezeichnungen:

$$\overline{M_2} = {}^*\omega, \quad \overline{M_3} = 2\omega, \quad \overline{M_4} = \omega + 1.$$

Diese Bezeichnungen deuten darauf hin, daß man mit Ordnungstypen auch rechnen kann. CANTOR definiert im weiteren Verlauf seiner Arbeit Addition und Multiplikation von Ordnungstypen und gibt damit die Grundlage für eine »Arithmetik der Ordnungstypen«.

Doch wichtiger als die Betrachtung dieser Arithmetik scheint uns, daß wir noch auf jene Überlegungen CANTORS eingehen, die er am Ende von § 6 angedeutet hat und mit deren Hilfe er die »unbegrenzte Folge von Kardinalzahlen« erhält.

Dazu betrachtet CANTOR die schon im Einleitungskapitel erwähnten »wohlgeordneten Mengen«, d. h. diejenigen geordneten Mengen, bei denen jede nichtleere Teilmenge ein erstes Element hat. Deren Ordnungstypen bezeichnet er als »Ordnungszahlen«. Unter den bisher angegebenen Ordnungstypen

sind

$$\omega, {}^*\omega, 2\omega, \omega + 1, \eta$$

$$\omega, 2\omega, \omega + 1$$

Ordnungszahlen, $^*\omega$ und η sind es nicht. Denn sowohl die zu $^*\omega$ gehörende geordnete Menge M_2 als auch die zu η gehörende ge-

129

ordnete Menge M_6 sind nicht wohlgeordnet, weil sie beide schon selbst kein erstes Element besitzen.

Da Ordnungszahlen spezielle Ordnungstypen sind, ist klar, daß Repräsentanten derselben Ordnungszahl dieselbe Kardinalzahl besitzen (aber nicht umgekehrt). Jede Ordnungszahl bestimmt also eindeutig eine Kardinalzahl, aber zu vorgegebener Kardinalzahl gehören im allgemeinen verschiedene Ordnungszahlen[1].

Nun können wir einen Gedankengang CANTORS skizzieren, der sicher zu seinen faszinierendsten gehört.

CANTOR geht von der wohlgeordneten Menge der nichtnegativen ganzen Zahlen aus:

$$\{0, 1, 2, 3, 4, \ldots\}.$$

Sie hat die Ordnungszahl ω und die Kardinalzahl $\aleph_0$. Nimmt man ω als letztes Element zu dieser Menge hinzu, so gewinnt man die wohlgeordnete Menge

$$\{0, 1, 2, 3, 4, \ldots; \omega\},$$

die die Ordnungszahl $\omega + 1$ (aber ebenfalls die Kardinalzahl $\aleph_0$) besitzt. Dieses Verfahren setzt man so fort:

$$\{0, 1, 2, 3, 4, \ldots; \omega, \omega + 1\}$$

hat die Ordnungszahl $\omega + 2$ (und die Kardinalzahl $\aleph_0$); schließlich erhält man mit

$$\{0, 1, 2, 3, \ldots; \omega, \omega + 1, \omega + 2, \omega + 3, \ldots\}$$

eine geordnete Menge, die Repräsentant von 2ω ist (und $\aleph_0$ als Kardinalzahl hat), usw. Das Aufbauprinzip dieser Folge von Ordnungszahlen ist dieses: Jede »neue« Ordnungszahl ist der Ordnungstypus der wohlgeordneten Menge aller ihr in dieser Folge vorangehenden Ordnungszahlen.

---

1 Man beachte, daß bei endlichen Mengen auch umgekehrt äquivalente Mengen stets ähnlich sind, d. h. die Beziehung zwischen Ordnungszahlen und Kardinalzahlen ist umkehrbar eindeutig. Deswegen braucht man bei den natürlichen Zahlen auf den Unterschied zwischen Kardinal- und Ordnungszahl nicht so zu achten wie bei den transfiniten Zahlen.

Dieses Verfahren führt CANTOR zu seinen »Zahlenklassen«, deren Kardinalzahlen die berühmten »Alefs« sind:

Die »1. Zahlenklasse« umfaßt alle endlichen Ordnungszahlen, ist also nichts anderes als die Menge der nichtnegativen ganzen Zahlen, von der CANTOR ausgegangen ist. Sie hat die Kardinalzahl $\aleph_0$.

Zur »2. Zahlenklasse« gehören genau diejenigen Ordnungszahlen, zu denen die Kardinalzahl $\aleph_0$ gehört (anders ausgedrückt: deren Repräsentanten abzählbare geordnete Mengen sind). Diese 2. Zahlenklasse ist eine Menge von Ordnungszahlen und besitzt als solche selbst eine Kardinalzahl; CANTOR nennt sie $\aleph_1$. Von dieser Kardinalzahl kann man zeigen, daß sie die nach $\aleph_0$ nächst größere Kardinalzahl ist.[1]

Die »3. Zahlenklasse« umfaßt nun genau die Ordnungszahlen, zu denen die Kardinalzahl $\aleph_1$ gehört. Ihre Kardinalzahl heißt $\aleph_2$, und dies ist wieder die nächstgrößere Kardinalzahl.

Dieses Verfahren der Gewinnung der Zahlenklassen und der zugehörigen Alefs denkt CANTOR sich fortgesetzt. Bezeichnet man die Zahlenklassen nacheinander mit

$$Z(\nu) \quad \text{(1. Zahlenklasse)},$$
$$Z(\aleph_0) \quad \text{(2. Zahlenklasse)},$$
$$Z(\aleph_1) \quad \text{(3. Zahlenklasse)},$$

usw. und die Kardinalzahl der Zahlenklasse $Z(\aleph_\nu)$ mit $|Z(\aleph_\nu)|$, so wird dieser unendliche Prozeß durch die Beziehung

$$\aleph_{\nu+1} = |Z(\aleph_\nu)|$$

zum Ausdruck gebracht.

Diesen hier nur angedeuteten Gedankengang CANTORS findet man in seiner »grundlegenden Arbeit« allerdings nicht. CANTOR begnügt sich dort mit der Einführung der 2. Zahlenklasse und konzentriert sich auf die Untersuchung dieses Bereichs. Erst in einem

---

1 Hier sei auf Abschnitt 5 dieses Kapitels verwiesen. Dort spielt das »Kontinuumproblem« eine Rolle. CANTOR hatte gezeigt, daß die Kardinalzahl des Kontinuums ($\aleph$) ebenfalls größer als $\aleph_0$ ist (S. 122). Er war davon überzeugt, daß $\aleph$ mit $\aleph_1$ zusammenfällt, konnte dies aber nicht beweisen.

Statt $\aleph$ schreibt CANTOR $\mathfrak{o}$ (s. S. 116 f.); gebräuchlich ist noch die Bezeichnung $\mathfrak{c}$ (s. S. 167 u. 183).

Brief an DEDEKIND aus dem Jahre 1899 führt er ihn genauer aus ([15], [16]). Dies geschah zu einem Zeitpunkt, in dem bereits eine »Antinomie« bekannt geworden war, der bald die Entdeckung weiterer folgte. Über diese Antinomien und ihre Auswirkungen wird im folgenden Abschnitt zu sprechen sein.

3. Die Antinomien

Die CANTORsche Definition des Mengenbegriffs (S. 108) machte sehr verschiedenartige Objekte zum Gegenstand einer mathematischen Theorie. Man kann nach CANTOR Mengen von Zahlen, von Punkten, von Dreiecken oder von Würfeln betrachten. Seine Definition läßt alle Objekte unserer Anschauung oder unseres Denkens zu. Man kann also die Menge aller Bürger der Stadt Halle bilden, aber auch eine Menge, die aus den drei Elementen Liebe, Gesetz und Schornsteinfeger besteht.[1]

CANTOR hatte neuartige »transfinite« Zahlen eingeführt. Man konnte daher versucht sein, Mengen von Kardinalzahlen oder auch die Menge aller Ordnungszahlen zu definieren. Es zeigte sich aber, daß diese letzte Begriffsbildung in einen Widerspruch führte. Aus den Ergebnissen der CANTORschen Theorie folgte nämlich, daß einer solchen Menge eine Ordnungszahl zuzusprechen wäre, die größer sein müßte als die Elemente der Menge selbst.

CANTOR hat in den Jahren nach 1897 über dieses Thema mehrfach mit DAVID HILBERT korrespondiert [16]. Dieser wohl bedeutendste Mathematiker seiner Epoche schätzte die CANTORsche Theorie sehr und war in diesem Briefwechsel bemüht, zusammen mit CANTOR die Schwierigkeiten auszuräumen. CANTORS Auffassung war diese: In der Mathematik darf es nur »consistente« (in sich widerspruchsfreie) Begriffsbildungen geben. Andere, in sich widerspruchsvolle, sind in der exakten Wissenschaft einfach unzulässig. Er nannte sie »inconsistent«.

Wie soll man nun einem mathematischen Begriff ansehen, daß er »inkonsistent« ist? Wenn es jemandem einfallen sollte, von einem »dreieckigen Viereck« zu sprechen, so würde jeder den Wi-

---

1 Vgl. die in Kap. II/3 zitierte Äußerung HILBERTS.

derspruch sofort erkennen und eine solche Begriffsbildung aus einer mathematischen Theorie ausschließen. Aber – wie steht es zum Beispiel mit der Menge aller Ordnungszahlen? CANTOR war doch nicht müde geworden, immer wieder zu betonen, daß seinen transfiniten Zahlen dieselbe »feste Dinglichkeit« ([16], S. 440) zukommt wie den gewöhnlichen reellen oder natürlichen Zahlen.

Diese Diskussion über die »Antinomien« wurde unter Ausschluß der Öffentlichkeit zwischen CANTOR und HILBERT geführt. Das Gespräch über die Widersprüche der Mengenlehre wurde jedoch zu einem Thema aller Mathematiker der Welt, als BERTRAND RUSSELL (1872–1970) in einigen Schriften [116] auf die Möglichkeit von Antinomien in der Mengenlehre hinwies. Sein eindrucksvollstes Beispiel war leicht verständlich und brachte die CANTORschen Theorien in Mißkredit. RUSSELL konnte eine »Menge« R erklären, deren Definition durchaus sinnvoll erschien und die doch auf einen leicht nachweisbaren Widerspruch führte.

Es gibt Mengen, die sich selbst als Element enthalten, und andere, für die das nicht gilt. Eine Menge von Punkten ist etwas anderes als ein Punkt, und eine Menge von ganzen Zahlen ist etwas anderes als eine ganze Zahl. Diese Mengen sind von ihren Objekten wohl zu unterscheiden und enthalten sich selbst *nicht* als Element. Anders ist es mit der »Menge aller abstrakten Begriffe« oder der »Menge aller Mengen«. Da nun die Menge aller abstrakten Begriffe selber ein abstrakter Begriff ist, enthält diese Menge sich selbst als Element.

Es erscheint deshalb durchaus sinnvoll, die folgende »RUSSELLsche Menge« R zu betrachten:

R ist die Menge aller Mengen,
die sich nicht selbst als Element enthalten.

Nun fragen wir: *Enthält die RUSSELLsche Menge R sich selbst als Element?* Es liegt nahe zu sagen: Nein. Wenn aber R sich nicht als Element enthält, so folgt, daß R doch Element von sich selbst sein muß, da R ja *alle* Mengen enthält, die sich selbst nicht als Element enthalten. Vermuten wir also: Ja. Dann schließt man daraus, daß R Element von sich selbst ist, daß R sich nicht als Element enthält, da *nur solche* Mengen Elemente von R sind.

In Kurzform: Genau dann enthält R sich als Element, wenn R sich nicht als Element enthält.

In dieser Form ist der Widerspruch unmittelbar deutlich.

RUSSELL hat auch eine scherzhafte Einkleidung dieser Antinomie gegeben, die wir dem Leser nicht vorenthalten wollen: Ein
Mathematiker läßt sich in einem einsamen Dorf vom Barbier rasieren. Er fragt, wie die Geschäfte gehen, und der Meister war
zufrieden. Er sagte: »Ich rasiere alle Leute im Dorf, die sich nicht
selbst rasieren.« Und da konnte der Mathematiker dem Hand-
werksmeister nachweisen, daß er nicht existiert. Denn er fragte
ihn: »Rasieren Sie sich selbst?« Wenn er sich selbst rasiert, dann
gehört er gewiß nicht zu den Leuten, die sich *nicht* selbst rasieren.
Und er hatte doch eben gesagt, daß er nur die Leute rasiert, die
sich nicht selbst rasieren. Also schließen wir: Der Mann rasiert
sich nicht selbst. Aber gerade dann muß er es doch tun, weil er
nach seiner eigenen Aussage alle diejenigen Leute rasiert, die sich
nicht selbst rasieren.

Die RUSSELLsche Kritik erregte weltweit Aufsehen, und man
fragte sich, ob die CANTORschen Theorien noch zu retten seien.
Aber es gab doch auch viele bedeutende Mathematiker, die von
den Leistungen der CANTORschen Theorie begeistert waren. HIL-
BERT hat einmal gesagt, daß man sich aus dem »Paradies«, das
CANTOR uns geschaffen, nicht vertreiben lassen sollte. Aber solche
Seßhaftigkeit in einem »Paradies« bedurfte jetzt einer Rechtfertigung. Man mußte verhindern, daß in einer mathematisch sauber
fundierten Theorie Widersprüche auftreten konnten. Die CAN-
TORsche Empfehlung, inkonsistente Begriffsbildungen zu vermeiden, war nicht klar genug. Woher konnte man wissen, ob eine nach
der allgemeinen CANTORschen Definition eingeführte Menge sich
später als inkonsistent erwies oder nicht?

Ein Ausweg schien sich den Mathematikern des 20. Jahrhunderts durch das Verfahren der Axiomatisierung zu ergeben. Man
hatte ja zum Beispiel vorhandene Unklarheiten dadurch ausgeräumt, daß man die jeweilige Theorie aus einem gut formulierten
Axiomensystem herleitete. Konnte man auch die Mengenlehre
axiomatisieren? CANTOR selbst war nicht der Mann dazu. Er hatte
sich immer wieder gegen den »Formalismus« in der Mathematik
gewandt. Dazu kam, daß er inzwischen ein kranker, alter Mann
geworden war. Es waren Mathematiker der nächsten Generation,
die sich an die Aufgabe der Axiomatisierung machten. Das erste

System wurde im Jahre 1908 von ERNST ZERMELO (1871–1953) veröffentlicht [145]. Man konnte zeigen, daß bei keiner der nach ZERMELO definierten Mengen eine der bekannten Antinomien auftreten konnte. Ein *absoluter* Beweis für die Widerspruchsfreiheit gelang freilich nicht. Aber damit war die Mengenlehre in keiner andern Situation als die übrigen mathematischen Disziplinen auch. In der Analysis, zum Beispiel, hatte man keine Antinomie gefunden, aber man konnte ihre Widerspruchsfreiheit auch nicht beweisen.

4. Zur Axiomatisierung der Mengenlehre

Wir bringen im folgenden – unter Auslassung einiger schwierigerer Passagen und mehrerer Fußnoten – einen Abschnitt aus dem Lehrbuch von A. FRAENKEL aus dem Jahre 1928 [35], in dem er den ZERMELOschen Ansatz zur Axiomatisierung der Mengenlehre dargestellt und ausgebaut hat.

Der axiomatische Aufbau der Mengenlehre
Die axiomatische Methode

§16
Das Axiomensystem
1. Einleitendes über das Wesen einer Axiomatik. Wir gehen nun zur ausführlichen Darstellung der axiomatischen Begründung der Mengenlehre über, wie sie in den wesentlichsten Zügen schon 1908 von ZERMELO [145] gegeben worden ist. Dieser Aufbau der Mengenlehre verläuft nach der sog. *axiomatischen Methode*, die vom historischen Bestand einer Wissenschaft (hier der Mengenlehre) ausgeht, um durch logische Analyse der darin enthaltenen Begriffe, Methoden und Beweise die zu ihrer Begründung erforderlichen Prinzipien – die *Axiome* – aufzusuchen und aus ihnen die Wissenschaft deduktiv herzuleiten. Gemäß dem Wesen dieser Methode sehen wir ganz davon ab, den Mengenbegriff zu *definieren* oder näher zu zergliedern; vielmehr gehen wir lediglich von gewissen Axiomen aus, in denen der Mengenbegriff wie auch die Rela-

tion »als Element enthalten sein« auftritt und die Existenz gewisser Mengen gefordert wird. Durch die Gesamtheit der Axiome wird so der Begriff der Menge gewissermaßen unausgesprochen festgelegt, nachdem die *ausdrückliche* Umgrenzung, wie sie die Definition CANTORS enthielt, sich als unhaltbar erwiesen hat und auch augenscheinlich nicht etwa durch eine brauchbarere Definition ersetzt werden kann. Sachlich kann man diesen Verzicht auf eine Definition übrigens mit der Erwägung rechtfertigen, daß der Mengenbegriff für die Mathematik (und nicht bloß für sie!) als ein ursprünglicher Grundbegriff in dem nämlichen Sinne gelten kann, wie auch in der Logik oder Metaphysik letzte Begriffe als nicht mehr »definierbar«, d. h. auf andere zurückführbar, zugrunde gelegt werden müssen. Nach Aufstellung der Axiome wird vor allem zu zeigen sein, daß aus den Axiomen durch deduktives Schließen der Bestand der CANTORschen Mengenlehre folgt, daß dagegen für die Antinomien in diesem System kein Raum bleibt. Diese Aufgabe ist heute im wesentlichen gelöst. Demgegenüber trat bisher die weitere Frage zurück, wie etwa die (mehr oder weniger einleuchtend erscheinenden) Axiome zu begründen sind oder wenigstens ihre logische Widerspruchslosigkeit und damit ihre Zulässigkeit nachzuweisen ist; nach dieser Richtung ergeben sich gewisse Ausblicke auf Grund der noch zu schildernden neuesten Arbeiten HILBERTS. Mehr als im Systeme RUSSELLS ist bei dieser Art des Aufbaus der rein mathematische Teil, nämlich die Zurückführung der Mengenlehre auf einige wenige scharf ausdrückbare Voraussetzungen, reinlich geschieden von der anderen, logischen oder »metamathematischen« Aufgabe der Begründung eben jener Voraussetzungen.

Die axiomatische Methode, deren sich die jetzt zu schildernde Begründung bedient, wird eingehender erst später besprochen werden, wenn die recht abstrakten Gedankengänge an Hand des nachfolgenden Axiomensystems im einzelnen illustriert werden können; auch die Literaturangaben allgemeiner Art sind dort zu finden. An dieser Stelle genügen einige Vorbemerkungen. Von einer *Definition* des Begriffs »Menge« und der Relation »m ist ein Element der Menge M« wird überhaupt abgesehen; die durch die Antinomien als unhaltbar erwiesene Definition CANTORS (S. 108) – d. h. letzten Endes das Verfahren, einem beliebigen logischen

Begriff eine Menge, die den »Umfang des Begriffs« bezeichnet, zuzuordnen – wird also aufgegeben und auch nicht eine andere Mengendefinition an ihre Stelle gesetzt. Statt dessen soll der Begriff der Menge wie auch die angeführte Relation, die als *Grundrelation der Axiomatik* bezeichnet wird, ihren Sinn ausschließlich durch die Grundsätze oder *Axiome* der Axiomatik erhalten. In den Axiomen ist nämlich von Mengen und vom Enthaltensein gewisser Elemente einer Menge die Rede: die Axiome sind Aussagen, die entweder gewisse Relationen zwischen einer »Menge« und den »in ihr enthaltenen Elementen« ausdrücken oder die Existenz bestimmter Mengen fordern oder endlich gestatten, aus der Existenz gewisser Mengen allgemein auf die Existenz gewisser anderer Mengen zu schließen. Danach dürfen der Grundrelation »m ist Element der Menge M« keine anderen Eigenschaften zugeschrieben werden als die, die in den Axiomen ausgedrückt sind oder sich aus den Axiomen deduktiv ergeben. Ebenso ist unter »Menge« nicht etwa jede »Zusammenfassung von Elementen« zu verstehen, sondern es gibt nur diejenigen Mengen, die auf Grund der Axiome existieren oder herleitbar sind. Schließlich wird das Wort »Element« überhaupt nicht zur Bezeichnung eines selbständigen Begriffs (etwa der »Menge« gegenüberstehend) gebraucht, sondern nur als Bestandteil der Grund*relation* »Element (einer Menge) sein«; in der Axiomatik tritt also nur eine einzige Kategorie von »Dingen« oder »Objekten« auf, nämlich die »Mengen«, womit von vornherein keine bestimmtere Vorstellung als mit dem allgemeinen Ausdruck »Ding« verbunden zu werden braucht. Die einzelnen zu betrachtenden Mengen gelten uns also einfach als *Objekte der Grundkategorie »Menge«;* diese Grundkategorie stellt nicht eigentlich einen neuen Grundbegriff *neben* der Grundrelation ε dar, vielmehr bestimmt diese die Grundkategorie als den Bereich der Objekte, zwischen denen die Verknüpfung durch ε einen Sinn hat; die Kategorie der Mengen ist, wie man sagt, das »Feld« der Grundrelation ε.

Diese ganz formale, jedes sachlichen Inhalts entkleidete Auffassung, die auf eine Charakterisierung der Begriffe »Menge« und »Element sein« durch *Definition* bewußt verzichtet und sich mit einer Festlegung der Beziehungen zwischen den uns interessierenden Begriffen begnügt, wird vielleicht deutlicher durch den Hinweis, daß jede *mit den Axiomen verträgliche* Interpretation der

Begriffe »Menge« und »als Element enthalten sein« zulässig und mit jeder anderen solchen Interpretation gleichberechtigt ist. Wären beispielsweise die Axiome so beschaffen, daß neben unserer gewöhnlichen Auffassung von jenen Begriffen etwa auch die Interpretation von »Menge« als »Vorfahre«, von »Element einer Menge sein« als »Nachkomme eines Vorfahren sein« mit den Axiomen im Einklang stünde, so würden alle Folgerungen aus den Axiomen (d. h. etwa die ganze Mengenlehre) für die Theorie der Vorfahren einer Gesamtheit von Nachkommen gelten. Die meisten denkbaren Deutungen werden indes allmählich durch die Axiome ausgeschlossen, welche die infolge der Inhaltslosigkeit der Grundbegriffe zunächst bestehende Fülle von Möglichkeiten schrittweise einengen. Man kann hiernach naturgemäß niemals entscheiden, was eine Menge »an sich« ist, ob z. B. ein Pferd eine Menge darstellt; eine inhaltliche Bestimmung der Grundbegriffe entspricht eben gar nicht dem Wesen der axiomatischen Methode. Vielmehr liegt eine nur implizite, unausgesprochene, überdies gegenseitig verkettete Definition der Begriffe »Menge« und »Elementsein« mittels der Gesamtheit der in den Axiomen auftretenden Aussagen vor.

Der Sachverhalt kann cum grano salis auch durch Vergleich mit anderen Wissenschaften, z. B. der Physik, verdeutlicht werden. Begriffe wie der der Wärme oder der Elektrizität, auch etwa der des Äthers, sind in der Naturbetrachtung zunächst implizit gegeben durch ihre Wirkungen und Verknüpfungen bei den experimentell feststellbaren Tatsachen; das Wesen dieser physikalischen Begriffe wird anschaulicher (und auch unabhängiger von dem Wechsel der wissenschaftlichen Theorien) durch die Beschreibung charakteristischer Wirkungen gekennzeichnet als durch eine rein begriffliche Definition dessen, was beim augenblicklichen Stand der Forschung unter dem »Wesen« der Wärme, der Elektrizität, des Äthers verstanden wird.

Einer der Haupterfolge dieser axiomatischen Methode wird sich im Falle der Mengenlehre in folgendem Umstand zeigen müssen: faßt man die Grundrelation »als Element enthalten sein« im üblichen Sinn und versteht man unter einer »Menge« die Gesamtheit der Objekte unserer Axiomatik, die jeweils in einem Objekt »als Elemente enthalten sind«, etwa im Sinne CANTORS, so soll durch die Axiomatik ganz von selbst eine erhebliche *Beschränkung des Mengenbegriffs* gegenüber Cantor erzielt werden; eine Beschränkung, die radikal genug ist, um die Antinomien zu beseitigen, aber doch nicht so weit geht, um etwa brauchbare Mengen der Cantorschen Mengenlehre auszuschließen.

Nach diesen Vorbemerkungen, die für den mit der axiomatischen Methode noch nicht vertrauten Leser ihren vollen Sinn erst durch das nachfolgende System und die daran zu knüpfenden allgemeinen Bemerkungen gewinnen werden, gehen wir zur Konstruktion der Axiomatik über.

2. Die Grundrelation ε. Vorbereitende Definitionen. Den Gegenstand unserer axiomatischen Betrachtung (kurz: Axiomatik) bilden gewisse »Objekte«, die wir *Mengen* (oder ausführlicher: Objekte der Grundkategorie »Menge«) nennen und mit (in der Regel kleinen) lateinischen Buchstaben wie *a, b, m, n* usw. bezeichnen. Es ist für die Ausdrucksweise zuweilen bequem, von den in unserer Betrachtung vorkommenden Mengen zu sagen, daß sie »existieren«; die Behauptung »*m* existiert« will also nichts anderes ausdrücken, als daß *m* eines der für uns in Betracht kommenden Objekte bezeichnet. Welche Mengen existieren, ist lediglich aus den Axiomen zu erschließen; andere Objekte als Mengen existieren für uns überhaupt nicht.

Zwischen je zwei in bestimmter Reihenfolge gegebenen Objekten *m* und *n* der Grundkategorie »Menge« soll die durch das Zeichen ε (Anfangsbuchstabe der Kopula ἐστί) dargestellte Grundrelation *entweder bestehen oder nicht bestehen*. Im ersten Fall schreiben wir *m ε n*, oder in Worten: *m ist ein Element von n, n enthält oder besitzt das Element m, m kommt in n* (als Element) *vor* usw.; im zweiten Fall, wenn also *m* nicht Element von *n* ist, schreiben wir *m $\notin$ n*.

Um die Axiome bequem aussprechen zu können, beginnen wir mit einigen Erklärungen, die aus den Grundbegriffen neue »abgeleitete« Begriffe auf dem üblichen definitorischen Wege bilden. Es handelt sich hier also nicht etwa, wie bei den Axiomen, um tragende und unentbehrliche Pfeiler des zu errichtenden Gebäudes, sondern wesentlich um Abkürzungen der Redeweise, welche bei stetem unmittelbarem Zurückgehen auf »Menge« und ε bis zur Unerträglichkeit schleppend und unübersichtlich würde.

Definition 1. Sind m und n Mengen von der Art, daß jedes Element der Menge m auch in n als Element vorkommt (daß also aus $a \, \varepsilon \, m$ stets $a \, \varepsilon \, n$ folgt), so wird m eine *Teilmenge* der Menge n genannt.

Hiernach ist im besonderen jede Menge eine Teilmenge von sich selbst. Weiter folgt aus dieser Definition, daß *jede Teilmenge einer Teilmenge von n wiederum eine Teilmenge von n ist*. Denn sind m, p, n Mengen, von denen m eine Teilmenge von p, p eine Teilmenge von n ist, so folgt aus $a \, \varepsilon \, m$ stets $a \, \varepsilon \, p$, hieraus stets $a \, \varepsilon \, n$, also aus $a \, \varepsilon \, m$ stets $a \, \varepsilon \, n$, wie zu zeigen war.

Der Unterschied zwischen dieser Definition und der entsprechenden in der Cantorschen Mengenlehre liegt darin, daß hier von wesentlicher Bedeutung die Voraussetzung ist, wonach nicht nur n, sondern auch m eine *Menge* sein muß. Die Menge m muß also von vornherein als existierend vorliegen, um Teilmenge von n sein zu können; sie kann nicht einfach als »Zusammenfassung gewisser Elemente von n« gebildet werden und auf Grund dessen den Charakter als Teilmenge von n erhalten. Das entspricht unserem Grundsatz, keine Mengen außer den durch die Axiome geforderten zuzulassen, also namentlich auch nicht mittels einer Definition Mengen »herzustellen«.

Es ist wichtig, die beiden Relationen »Element sein« und »Teilmenge sein« scharf voneinander zu scheiden; ihre Verwechslung, die durch sprachliche Momente (doppelte Verwendungsfähigkeit des Wortes »enthalten« oder auch »umfassen«) begünstigt wurde, hat in der Logik öfters unerwünschte Folgen gezeigt. Während eine Menge stets Teilmenge von sich selbst ist, wird sie in der Regel nicht Element von sich selbst sein.

Definition 2. Sind m und n Mengen und ist sowohl m eine Teilmenge von n wie auch n eine Teilmenge von m, so heißt *m gleich n;* in Zeichen: $m = n$. In jedem anderen Fall heißt *m verschieden von n ($m \neq n$)*.

Anders ausgedrückt: ist jedes Element von m gleichzeitig Element von n und umgekehrt, so ist $m = n$.

Nach der auf Definition 1 folgenden Bemerkung ist hiernach jede Menge sich selbst gleich $(m = m)$; die definierte Gleichheit enthält also die Identität als Spezialfall. Ferner schließen wir aus der Definition unmittelbar, daß die Relation der Gleichheit symmetrisch und transitiv ist, d. h. daß aus $m = n$ stets $n = m$, aus $m = n$ und $n = p$ stets $m = p$ folgt. (Die durch Definition 1 festgelegte Relation »Teilmenge sein« dagegen ist zwar transitiv, nicht aber symmetrisch.) Schließlich ergibt sich aus Definition 2, daß in jeder Relation der Form $a \; \varepsilon \; A$ die Menge A durch jede ihr gleiche Menge B ersetzt werden darf, d. h. daß aus $a \; \varepsilon \; A$ und $A = B$ stets $a \; \varepsilon \; B$ folgt.

Definition 2 beschränkt stillschweigend die Gleichheit auf die Identität, solange nicht anderweitig besondere Festsetzungen darüber vorliegen, die dann im Einklang mit Definition 2 stehen müssen. Auf die hieran sich knüpfenden subtilen Fragen und auf die etwaigen Vorteile einer Verschmelzung von Definition 2 und Axiom I zu einem andersartigen Axiom soll hier nicht eingegangen werden.

Definition 3. Sind m und n Mengen ohne gemeinsame Elemente, d. h. kommt kein Element von m auch in n als Element vor, so werden m und n *elementefremd* genannt. Sind allgemeiner je zwei beliebige Elemente einer Menge M stets elementefremde Mengen, so heißen die Elemente von M *paarweise elementefremd* oder auch kurz *fremd*.

Diesen Vorbereitungen sollen jetzt die Axiome folgen, durch die ja der Begriff »Menge« und die Grundrelation $m \; \varepsilon \; n$ erst zu bestimmen sind. Wir benötigen für die allgemeine Mengenlehre sieben Axiome und teilen diese nach ihrem allgemein-logischen Charakter in drei Gruppen, von denen übrigens die erste und die letzte nur je ein einziges Axiom enthält. Die den Axiomen jeweils vorangeschickten oder angefügten Bemerkungen sollen namentlich darauf hinweisen, *weshalb* das betreffende Axiom erforderlich ist oder weshalb noch weitere Axiome benötigt werden. Diese Überlegungen wie überhaupt den Inhalt der Axiome wird man sich naturgemäß immer an der gewöhnlichen Mengenlehre, d. h. am CANTORschen Begriff von »Menge« und an der üblichen Bedeutung der Relation »Element sein« zu veranschaulichen suchen.

3. Relationales Axiom (Axiom der Bestimmtheit). Unter der *Gleichheit* wird in den verschiedenen Zweigen der Mathematik zwar keineswegs immer dasselbe verstanden, wohl aber stets eine Relation von ganz bestimmter Prägung, die in vielem an die logische Beziehung der Identität erinnert. Ob auch der durch Definition 2 eingeführte Gleichheitsbegriff diese Prägung besitzt, läßt sich vorerst nicht vollständig feststellen; denn wir haben ja die Gleichheit definitorisch zurückgeführt auf die Relation ε, welche Grundrelation der Axiomatik ist und über deren Natur wir daher einstweilen gar nichts wissen. Fragen wir uns einmal, worin eigentlich jene besondere Prägung des mathematischen Gleichheitsbegriffes besteht! Sie liegt darin, daß jedes mathematische Objekt sich selbst gleich ist, daß die Gleichheit einen symmetrischen und transitiven* Charakter trägt und daß in einer richtigen Aussage, die verschiedene mathematische Objekte miteinander verknüpft, jedes Objekt durch ein ihm gleich erklärtes ersetzt werden darf, ohne daß dadurch die Richtigkeit der Aussage beeinträchtigt würde. Fast alle diese Eigenschaften besitzt auch die hier eingeführte Gleichheit, wie wir vorhin in den Bemerkungen zu Definition 2 festgestellt haben. Nur eins fehlt noch: In den innerhalb unserer Axiomatik möglichen Aussagen, die entweder schon die Form $a \, \varepsilon \, A$ bzw. $a \notin A$ haben oder sich auf derartige Formen zurückführen lassen, darf, wie wir oben sahen, die Menge A durch jede ihr gleiche B ersetzt werden. Soll aber die Gleichheit die sonst übliche Prägung besitzen, so muß es erlaubt sein, in der Relation $a \, \varepsilon \, A$ auch die Menge a durch eine ihr gleiche b zu ersetzen, d. h. es muß aus $a \, \varepsilon \, A$ und $a = b$ stets auch $b \, \varepsilon \, A$ folgen.

Wenn wir diese Aussage als Axiom formulieren, so legen wir damit – übereinstimmend mit der sonst üblichen Art einer Gleichheitsrelation – den Charakter der Gleichheit präziser fest, als es zunächst durch Definition 2 geschah. Schärfer ausgedrückt: wir sprechen mit einem solchen Axiom eine weitergehende Behauptung über die gegenseitige Verknüpfung der Relationen ε und $=$ aus, als schon in Definition 2 enthalten. Dieses Axiom, das also nur eine nähere Charakterisierung der Gleichheitsrelation und damit auch der Grundrelation ε bezweckt, muß demnach lauten:

Axiom I. *Sind a, b, A Mengen, ist a Element von A und gilt a = b, so ist auch b Element von A.* (**Axiom der Bestimmtheit**)

---

* Man erinnere sich an das angebliche »Axiom«: wenn zwei Größen einer dritten gleich sind, so sind sie untereinander gleich. Vom oben eingenommenen Standpunkt aus dient diese Eigenschaft der Gleichheit zusammen mit den übrigen oben angeführten Eigenschaften dazu, die Gleichheit zu *definieren*.

Das eigentliche Wesen dieses Axioms und damit auch die Bezeichnung »Axiom der Bestimmtheit« erklärt sich folgendermaßen: Nach dem Axiom besitzt die hier eingeführte Gleichheit im vollen Maße die Eigenschaft, die ihr auch sonst überall in der Mathematik zukommt, daß nämlich je zwei als gleich erklärte Objekte – hier: Mengen – unterschiedslos einander vertreten können. Zwei gleiche Mengen können daher in allen Fragen, die in der axiomatisierten Mengenlehre überhaupt denkbar sind, nicht voneinander unterschieden werden; man kann sie für alle solchen Probleme als miteinander identisch ansehen, mögen sie auch *logisch* das keineswegs sein.[*] Man kann also gemäß Definition 2 zwei Mengen, die die nämlichen Elemente enthalten, miteinander unterschiedslos identifizieren, wozu jene Definition für sich allein noch nicht berechtigen würde. Eine nähere Kennzeichnung einer Menge als die, daß sie diese und jene Elemente enthält, kommt also für den Mengenbegriff, als axiomatischen Grundbegriff gefaßt, überhaupt nicht in Frage; ein etwaiges Wie? des Enthaltenseins der Elemente, z. B. eine gewisse Reihenfolge des Vorkommens der Elemente in der Menge, spielt keine Rolle. Man kann somit vermöge des Axioms I der Definition 2 die folgende Tatsache entnehmen: *Eine Menge ist durch die Gesamtheit ihrer Elemente völlig bestimmt.*

Infolgedessen kann eine Menge m außer durch Angabe ihres »Namens« m auch durch Angabe sämtlicher in ihr vorkommenden Elemente eindeutig bezeichnet werden. Will oder kann man diese Elemente nicht alle aussprechen bzw. anschreiben, so wird man sich oft unmißverständlich mit »usw.« oder mit Punkten behelfen können. Man gelangt so zu unserer schon eingeführten Schreibweise $M = \{a, b, c, \ldots\}$, wo $a, b, c, \ldots$ die sämtlichen Elemente der Menge M bezeichnen; im Gegensatz zu dort stellen hier die Elemente selbst notwendig Mengen dar, da in unserer Axiomatik ja überhaupt nur Mengen auftreten.

Hiermit wird freilich nur ganz formal wieder die Bestimmung

---

[*] Z. B. behauptet das letzte FERMATsche Theorem, daß die Menge der natürlichen Zahlen n, für die die Gleichung $x^n + y^n = z^n$ ganzzahlig lösbar ist, gleich der Menge $\{1, 2\}$ sei. Von der logischen Identität dieser beiden Zahlenmengen kann aber doch keine Rede sein!

und Bezeichnung einer Menge durch ihre Elemente erreicht, wie sie uns ganz im Anfang entgegengetreten ist. Das damals allenfalls mögliche Mißverständnis, als »bestehe« eine Menge aus ihren Elementen, hat jetzt sicherlich keine Berechtigung mehr; es ist eine völlig inhaltsfreie, übrigens eindeutige Zuordnung, vermöge deren jeweils gegebenen Objekten eine »Menge« entspricht, die jene »als Elemente enthält«.

4. Die »erweiternden« bedingten Existenzaxiome (Axiome der Paarung, der Vereinigung, der Potenzmenge). Bis jetzt haben wir nur formal verabredet, die mathematischen Objekte, die in der aufzubauenden Axiomatik auftreten, als »Mengen« zu bezeichnen; *was für* »Mengen« aber überhaupt vorkommen sollen, darüber wissen wir nichts. Dieser Frage sollen jetzt unsere Betrachtungen gelten.

Während Axiom I nur über die *Art* des Mengenbegriffs bzw. der Grundrelation ε, nicht aber über die *Existenz* von Mengen etwas aussagt, haben die folgenden fünf Axiome, die den wesentlichsten Teil des ganzen Axiomensystems darstellen, sämtlich die folgende logische Form: wenn gewisse Mengen existieren, so existiert auch eine gewisse weitere Menge, die durch jene in einem anzugebenden Sinn bestimmt ist. Diese Axiome fordern also unter der Voraussetzung der Existenz gewisser Mengen die Existenz weiterer Mengen von bestimmter Art; sie drücken *bedingte Existenzforderungen* aus. In lockerer und anschaulicher Formulierung kann man sagen, die Axiome gestatten die Bildung neuer Mengen aus gegebenen; hierbei ist aber »Bildung« in der scharfen Präzisierung der vorangehenden Sätze zu verstehen, nicht etwa mit dem Beigeschmack der Konstruktion. Ihre wahre existenzschaffende Kraft gewinnen derartige bedingte Existenzforderungen natürlich nur durch die *voraussetzungslose* Sicherung irgendwelcher Mengen, d. h. durch ein absolutes (unbedingtes) Existenzaxiom, wie ein solches auf S. 175 ausgedrückt wird; ohne eine derartige Forderung würden ja die bedingten Existenzaxiome auch dann erfüllt sein, wenn es überhaupt keine Mengen gäbe. Übrigens ist diese Auffassung der folgenden Axiome als bedingter Existenzaxiome, die die Bildung neuer Mengen gestatten, mehr auf das psychologische Verständnis zugeschnitten; rein systematisch gesehen liefern die Axiome eine Art relationaler Verknüpfungen zwischen gewissen der vorhandenen Mengen (ähnlich wie das bei einer Axiomatisierung der Arithmetik auch für die »Operationen« der Addition usw. gilt).

Es wäre am kürzesten und mathematisch durchaus zureichend (und üblich), jetzt die Axiome als fertige Gebilde unvermittelt aufmarschieren zu lassen, daran rein deduktiv die aus ihnen ableitbaren Folgerungen zu knüpfen und sich so einen Überblick über die Tragweite der Axiome zu verschaffen. Eine tiefere Einsicht in das Wesen der einzelnen Axiome und in die Gründe, aus denen man gerade *sie* und nicht andere Aussagen zum Fundament des Gebäudes der Mengenlehre macht, würde auf diese Weise nicht oder nur auf weiten Umwegen zu gewinnen sein. Wir wollen daher zur Vorbereitung einen mehr induktiven Weg einschlagen, der die Zweckmäßigkeit, in gewissem Sinne sogar die Notwendigkeit der Aufstellung der einzelnen Axiome in helles Licht setzt und so gleichzeitig für die Untersuchung der »Unabhängigkeit« der Axiome Fingerzeige liefert. Leitender Gedanke von einem freilich nur heuristischen, niemals beweiskräftigen Werte ist uns dabei die Erkenntnis, welche Prozesse der Mengenbildung in der CANTOR-schen Mengenlehre von ausschlaggebender Bedeutung gewesen sind.

Soll die axiomatische Methode im vorliegenden Fall ihr nächstes Ziel, den automatischen Ausschluß der Antinomien, erreichen, so müssen natürlich die durch die Axiome ermöglichten Prozesse der Mengenbildung von so eingeschränkter Natur sein, daß Widersprüche aus ihnen nicht ableitbar sind. Eine uferlose »Zusammenfassung« ganz beliebiger Mengen als Elemente der neu zu bildenden Mengen wird also keinesfalls in Frage kommen.

Die denkbar einfachste Operation der Mengenbildung besteht in der Zusammenfassung zweier gegebener Mengen zu einer neuen Menge, deren Elemente die gegebenen Mengen sind. Wir verlangen die ausnahmslose Ausführbarkeit dieser Operation, also:

Axiom II. *Sind a und b verschiedene Mengen, so existiert eine Menge, die die Elemente a und b, aber kein von ihnen verschiedenes Element enthält.* Diese Menge ist nach dem Vorangehenden mit $\{a, b\}$ zu bezeichnen und wird das *Paar von a und b* genannt. **(Axiom der Paarung)**

Dieses Axiom erlaubt, aus zwei verschiedenen gegebenen Mengen a und b eine neue $\{a, b\}$ »zu bilden«, was immer wieder nichts anderes bedeuten soll, als »aus der vorausgesetzten Existenz der Mengen a und b auf die Existenz der neuen Menge $\{a, b\}$ zu schließen«. Wenn man sich des (vom abstrakt axiomatischen Standpunkt aus allzu gegenständlichen) Ausdrucks der »Zusammenfassung« bedienen will, so kann man sagen: das Axiom der Paarung gestattet, je zwei verschiedene Mengen zu einer neuen Menge zusammenzufassen. Es sei noch bemerkt, daß nur *ein einziges* Paar von a und b existieren kann; denn zwei solche Paare müssen, da sie die nämlichen Elemente enthalten, nach dem Axiom der Bestimmtheit miteinander übereinstimmen. Die nämliche Bemerkung über die eindeutige Bestimmtheit der durch das Axiom geforderten neuen Menge gilt auch für die folgenden Axiome III, IV und V, und zwar immer aus demselben Grunde (wegen des Axioms der Bestimmtheit).

Wenn man im Vordersatz des Axioms das Wort »verschiedene« wegließe, so wäre die Existenz des (seinen Namen dann freilich nicht mehr verdienenden) Paares auch noch für den Fall $a = b$ verlangt; das Axiom würde also eine *weitergehende* Forderung enthalten. Die obige schwächere und somit einfachere Fassung genügt aber für unsere Zwecke.

Sind $a, b, c, d, \ldots$ lauter verschiedene Mengen, so kann man durch wiederholte Anwendung des Axioms der Paarung auch schon kompliziertere Mengen sichern, so z. B. die Menge $\{\{a, b\}, \{c, d\}\}$ oder $\{\{a, b\}, \{a, c\}\}$. Alle auf solche Weise herstellbaren Mengen enthalten indes stets zwei Elemente.

Das Axiom der Paarung gestattet die Zusammenfassung zweier *Mengen* zu einer neuen Menge. Die nächsteinfache Verknüpfung von Mengen, die uns in der Mengenlehre entgegengetreten ist, war die Bildung der Summe oder Vereinigungsmenge von Mengen, d. h. die Zusammenfassung der *Elemente* gewisser Mengen $m, n, p, \ldots$ zu einer neuen Menge. Die Existenz einer solchen Vereinigungsmenge muß auch durch unsere Axiome gesichert werden. Sie kann aber, entsprechend unserem Standpunkt, natürlich nicht für jede beliebige »Gesamtheit« von Mengen $m, n, p, \ldots$ in Betracht kommen, sondern nur dann, wenn diese Mengen $m, n,$ $p, \ldots$ sämtlich in legitimer Form gegeben sind: nämlich als die

Elemente einer und derselben schon als existierend vorausgesetzten Menge *M*. Also:

Axiom III. *Ist M eine Menge, die mindestens ein Element enthält, so existiert eine Menge, die die Elemente der Elemente von M als Elemente enthält, aber keine anderen Elemente besitzt.* Oder ausführlicher: Ist *M* eine Menge mit den Elementen *m, n, p,...*, so existiert eine Menge, deren Elemente die sämtlichen Elemente der Mengen *m, n, p,...* sind, während keine anderen Elemente in ihr vorkommen. Die neue Menge wird die *Vereinigungsmenge der Menge M* genannt und mit $\mathfrak{S}M$ bezeichnet; $a \varepsilon \mathfrak{S}M$ gilt also dann und nur dann, wenn mindestens ein $q \varepsilon M$ existiert, für das $a \varepsilon q$ gilt. **(Axiom der Vereinigung)**

Hiernach existiert z. B., wenn *a* und *b* zwei verschiedene Mengen sind, stets die Menge, die wir früher mit $a + b$ bezeichnet und die »Vereinigungsmenge von *a* und *b*« genannt haben. Denn nach dem Axiom der Paarung existiert das (nur die Elemente *a* und *b* enthaltende) Paar $M = \{a, b\}$; die Vereinigungsmenge $\mathfrak{S}M$ ist dann die gewünschte Menge. Wir werden nachstehend zuweilen wie früher das Zeichen + verwenden; ebenso sollen die Elemente *m, n, p,...* der in Axiom III vorkommenden Menge *M* gelegentlich die *Summanden* der Vereinigungsmenge $\mathfrak{S}M$ genannt werden.

Daß die Vereinigungsmenge unabhängig ist von einer etwaigen Reihenfolge der Summanden, folgt unmittelbar aus Definition 2 und dem Axiom der Vereinigung.

Die Axiome der Paarung und der Vereinigung geben zusammengenommen schon eine gewisse Freiheit in der »Bildung von Mengen«, d. h. sie gestatten auf Grund gewisser Voraussetzungen schon, auf die Existenz zahlreicher Mengen zu schließen. Sind z. B. drei verschiedene Mengen *a, b, c* gegeben, so ermöglicht das Axiom der Paarung zunächst die Bildung der Mengen $\{a, b\} = m$ und $\{b, c\} = n$, dann auch die der Mengen[*] $\{m, c\} = \{\{a, b\}, c\}$ und $\{a, n\} = \{a, \{b, c\}\}$. Nach dem Axiom der Vereinigung

---

[*] Hier und im nächstfolgenden wäre eigentlich (im Sinn des Axioms der Paarung) noch die Bedingung zu stellen, daß die zu paarenden Mengen voneinander verschieden sind; von dieser Bedingung kann man sich jedoch freimachen.

existieren weiter z. B. die Mengen $\mathfrak{S}m = a + b$ und $\mathfrak{S}n = b + c$, ferner nach dem Axiom der Paarung die Mengen $\{\mathfrak{S}m, c\} = C$ und $\{a, \mathfrak{S}n\} = A$, schließlich nach dem Axiom der Vereinigung die Mengen

$$\mathfrak{S}C = \mathfrak{S}m + c = (a + b) + c, \quad \mathfrak{S}A = a + \mathfrak{S}n = a + (b + c).$$

Man erkennt leicht, wie man so allmählich zu umfassenderen Mengen gelangen kann; $\mathfrak{S}A$ und $\mathfrak{S}C$ enthalten ja schon sämtliche Elemente der drei Mengen a, b, c zusammen, und auf dem gleichen oder einem ähnlichen Weg kann man weiterschreiten.

Dennoch gewähren die bisherigen Axiome uns bei weitem nicht diejenige Freiheit in der Mengenbildung, die erforderlich ist, um Mengenlehre in einem mit CANTORS Werk irgendwie vergleichbaren Umfang zu treiben. Um dies einzusehen, braucht man sich nur an die Tatsache zu erinnern, daß in der CANTORSchen Mengenlehre die Vereinigung endlichvieler endlicher Mengen stets eine endliche, die Vereinigung abzählbar unendlichvieler endlicher oder abzählbarer Mengen stets eine höchstens abzählbar unendliche Menge liefert. Selbst wenn unsere Axiomatik über endliche und abzählbare Mengen ausreichend verfügte, wären also die Mittel der Paarung und der Vereinigung nicht kräftig genug, um noch umfassenderen, also überabzählbaren unendlichen Mengen die Existenz zu sichern. Schon zum Kontinuum könnten wir also auf diese Art nicht vordringen.

Auf das zu diesem Zweck erforderliche Hilfsmittel werden wir aufmerksam, wenn wir auf die Methode zurückblicken, die uns in der CANTORSchen Mengenlehre erlaubte, zu jeder Menge M eine Menge von höherer Mächtigkeit nachzuweisen. Es war das die Bildung der Potenzmenge von M, also der Menge, deren Elemente die sämtlichen Teilmengen von M sind. Obgleich für unseren jetzigen Standpunkt der Begriff der Teilmenge weit enger gefaßt ist als damals (vgl. Definition 1 und Axiom V), wird sich doch auch hier die entsprechende Methode als ausreichend erweisen, um von einer beliebigen Menge auf eine Menge von höherer Mächtigkeit zu schließen. Das diesem Zweck dienende nachfolgende Axiom enthält demgemäß eine sehr weitgehende Forderung, was von den Kritikern der ZERMELOschen Auffassung nicht immer beachtet worden ist; wer die Forderungen unseres Axiomsystems für zu weitgehend hält, wird Axiom IV mindestens ebenso scharf mustern müssen wie das (freilich neuartigere) Axiom VI, das viel weniger fordert und viel mehr bestritten worden ist (vgl. S. 169f.).

Axiom IV. *Ist m eine Menge, so existiert eine Menge, die sämtliche Teilmengen von m als Elemente enthält, aber keine anderen Elemente besitzt.* Die neue Menge wird die Menge aller Teilmengen von *m* oder kürzer die *Potenzmenge der Menge m* genannt und mit $\mathfrak{U}m$ bezeichnet; $a \, \varepsilon \, \mathfrak{U}m$ gilt also dann und nur dann, wenn *a* Teilmenge von *m* ist. **(Axiom der Potenzmenge)**

Es werde hier nochmals hervorgehoben, daß, wie in Definition 1, so auch in Axiom IV der Begriff »Teilmenge« eine andere, wesentlich engere Bedeutung hat als in der Cantorschen Mengenlehre. In dieser konnten wir bei der Bildung der Potenzmenge $\mathfrak{U}m$ eine beliebige Gesamtheit von Elementen aus *m* zu einer Teilmenge von *m* zusammenfassen und waren dann sicher, daß diese sich unter den Elementen von $\mathfrak{U}m$ findet. Jetzt ist uns eine derartige, weitgehende Freiheit gewährende »Bildung« einer Teilmenge von *m* nicht gestattet, also auch ihr Auftreten unter den Elementen von $\mathfrak{U}m$ keineswegs gesichert. Vielmehr *muß uns eine Menge erst anderweitig als existierend gegeben sein*, damit wir sie nach Definition 1 darauf prüfen können, ob sie etwa Teilmenge von *m* ist; dann erst können wir bei günstigem Ausfall der Prüfung ihres Auftretens in $\mathfrak{U}m$ sicher sein.

5. Die »einschränkenden« bedingten Existenzaxiome (Axiome der Aussonderung und der Auswahl). Die nächsten beiden Axiome haben einen wesentlich anderen Charakter als die drei vorangehenden. Diese bezweckten vor allem, dem Begriff der Menge eine gewisse Expansion zu geben, derart, daß aus der Existenz gegebener Mengen auf das Vorhandensein anderer, in gewissem Sinne umfassenderer Mengen geschlossen werden könne; das wurde erreicht durch Paarung, durch Vereinigung, durch Potenzmengenbildung. Dagegen fehlt uns in der Hauptsache noch ein entgegengesetztes Verfahren: eine Methode der Bildung von Mengen eingeschränkteren Umfangs oder, schärfer ausgedrückt, eine Forderung, wonach die Existenz einer gewissen Menge die Existenz gewisser Teilmengen von ihr zur Folge hat.

Dieser Mangel bewirkt, daß der Begriff der Teilmenge und daher auch der der Potenzmenge vorerst fast trivial erscheint. Denn ist eine Menge *m* gegeben, so können wir mit den bisherigen

Mitteln über die Teilmengen von m zunächst nur das eine aussagen: sind a und b irgend zwei verschiedene Elemente von m, so existiert nach dem Axiom der Paarung das Paar $\{a, b\}$, das nach Definition 1 eine Teilmenge von m ist; daher ist jedes solche Paar $\{a, b\}$ ein Element der Potenzmenge $\mathfrak{U}m$. Wir bekommen so alle möglichen Teilmengen mit zwei Elementen, aber auch *nur* solche Teilmengen. Durch wiederholte Anwendung des Axioms der Paarung und gleichzeitig auch des Axioms der Vereinigung kann man noch zu allgemeineren Teilmengen von m gelangen, aber immer nur zu Teilmengen, die (im naiven Sinn) *endlichviele* Elemente umfassen. Dagegen ist es nicht möglich, aus der Existenz einer im gewöhnlichen Sinn unendlichen Menge m allgemeinhin das Vorhandensein irgendeiner *unendlichen* Teilmenge von m (außer m selbst) zu folgern, also aus der etwaigen Existenz der Menge aller natürlichen Zahlen auf die Existenz der Menge aller geraden Zahlen oder auch nur auf die Existenz der Menge aller natürlichen Zahlen außer 1 zu schließen.

Andererseits zeigt uns schon ein flüchtiger Rückblick auf CANTORS Aufbau der Mengenlehre, daß die Bildung von Teilmengen – und keineswegs etwa nur endlicher – eine der wichtigsten Methoden unserer Wissenschaft ist. Es genügt z. B., an die Menge der transzendenten Zahlen (Teilmenge der Menge der reellen Zahlen) oder an die Menge u' zu erinnern, die in dem Beweise des grundlegenden CANTORschen Satzes ([35], S. 68; hier s. S. 107) über die Mächtigkeit der Potenzmenge die entscheidende Rolle spielt; mit bloß endlichen Teilmengen werden wir das bei der Aufstellung von Axiom IV gesteckte Ziel, den Übergang von einer beliebigen Mächtigkeit zu einer größeren, jedenfalls nicht erreichen.

Demgemäß verfolgen die Axiome V und VI den Zweck, die Existenz von Teilmengen einer gegebenen Menge in ausreichendem Maße zu sichern. Axiom V läßt Teilmengen sehr allgemeiner Art zu. Dagegen bezieht sich Axiom VI nur auf die Existenz von Teilmengen einer ganz speziellen Beschaffenheit, und zwar werden diese Teilmengen (im Gegensatz zu den durch die Axiome II–V bezeichneten Mengen) durch Axiom VI *nicht eindeutig* bestimmt; es wird da nicht eine Menge gefordert, die gewisse Elemente enthalten soll und daher nach dem Axiom der Bestimmtheit eindeutig festgelegt ist, sondern irgendeine Vertreterin eines Mengentyps, der durch weniger weitgehende Eigenschaften charakterisiert ist. Daß die speziellere Forderung VI nicht etwa in der allgemeinen V miteingeschlossen ist, daß es also wirklich der Aufstellung der *beiden* Axiome bedarf, wird noch zur Erörterung kommen.

Axiom V. *Ist m eine Menge und $\mathfrak{E}$ eine Eigenschaft, die für jedes einzelne Element von m sinnvoll (zutreffend oder auch unzutreffend) ist, so existiert eine Menge, die alle diejenigen Elemente von m, denen die Eigenschaft $\mathfrak{E}$ zukommt, als Elemente enthält, aber keine anderen Elemente besitzt.* Diese Menge ist demnach eine Teilmenge von m, die aus m durch »Aussonderung« der Elemente von der Eigenschaft $\mathfrak{E}$ entsteht und mit $m_{\mathfrak{E}}$ bezeichnet wird. **(Axiom der Aussonderung oder der Teilmengen)**

Der in diesem Axiom vorkommende und ganz wesentliche Begriff »sinnvolle Eigenschaft« entbehrt jener Präzision und Eindeutigkeit, die wir in der Mathematik und ganz gewiß in dem strengen Aufbau einer Axiomatik mit Recht zu fordern gewohnt sind. Er ist sogar geeignet, unangenehme Erinnerungen an gewisse Antinomien wachzurufen, in denen der Eigenschaftsbegriff eine wesentliche Rolle spielt. Wir werden diesen anstößigen Begriff später ausmerzen (S. 155 f.). Einstweilen genügt es, unter »sinnvollen Eigenschaften« solche zu verstehen, die jedem beliebigen Element von m entweder wohl oder nicht zukommen; das braucht freilich nicht etwa durchaus auf konstruktivem Weg entscheidbar zu sein, sondern auch z. B. die Anwendung des Satzes vom ausgeschlossenen Dritten ist zulässig. Ist etwa m eine Menge verschiedenfarbiger Kugeln und $\mathfrak{E}$ die Eigenschaft, weiß zu sein, so existiert die Menge $m_{\mathfrak{E}}$ aller weißen Kugeln der Menge. Ist m die Menge aller reellen Zahlen, $\mathfrak{E}$ die Eigenschaft, transzendent zu sein, so ist auch diese Eigenschaft für jede reelle Zahl sinnvoll, da sie nach der Definition der Transzendenz jedenfalls einer beliebigen reellen Zahl entweder zukommt oder nicht, mag auch die Entscheidung beim gegenwärtigen Stand der Wissenschaft nicht immer möglich sein; daher existiert mit m gleichzeitig auch die Menge $m_{\mathfrak{E}}$ aller reellen transzendenten Zahlen. Dagegen ist z. B. die Eigenschaft »ewig« für die Elemente einer Zahlenmenge nicht sinnvoll und daher auch nicht dem Satz vom ausgeschlossenen Dritten unterworfen.

Um zu Axiom VI zu gelangen, stellen wir eine Betrachtung an, die uns das Vorhandensein einer Lücke innerhalb des Systems der bisherigen Axiome vermuten läßt und die gleichzeitig die Tragweite der bisherigen Axiome teilweise beleuchtet. Es sei eine Menge M gegeben, deren Elemente $m, n, p, \ldots$ *paarweise elementefremd* sind; ferner wollen wir voraussetzen, daß jede dieser Mengen $m, n, p, \ldots$ auch ihrerseits *überhaupt Elemente enthält* (was nicht selbstverständlich ist, vgl. die Nullmenge[1]), d. h. daß es zu jedem Element m von M mindestens eine Menge x gibt, so daß $x \, \varepsilon \, m$. Dann existiert nach dem A. d. Vereinigung die Vereinigungsmenge $\mathfrak{S}M$, die alle Elemente der Mengen $m, n, p, \ldots$ enthält. Jede Teilmenge von $\mathfrak{S}M$ enthält also *gewisse* Elemente der Mengen $m, n, p, \ldots$ Möglicherweise gibt es insbesondere Teilmengen S der Menge $\mathfrak{S}M$ von der Eigenschaft, daß S aus jeder der Mengen $m, n, p, \ldots$ *ein einziges* Element enthält (m. a. W.: daß S mit jedem Element von M gerade ein Element gemein hat). Hierin liegt eine Eigenschaft $\mathfrak{E}$, die einer jeden Teilmenge S von $\mathfrak{S}M$ entweder zukommt oder nicht zukommt. Das Axiom VI soll nun fordern, daß *derartige Mengen S überhaupt existieren*, daß es also mindestens eine Teilmenge S von jener Eigenschaft $\mathfrak{E}$ gibt.

Wir können dies umständlicher, aber systematischer auch so ausdrücken: die Potenzmenge der Menge $\mathfrak{S}M$ existiert nach dem A. d. Potenzmenge und enthält als Elemente *alle* Teilmengen von $\mathfrak{S}M$; statt mit $\mathfrak{U}\mathfrak{S}M$ bezeichnen wir diese Potenzmenge kürzer mit U. Die gewünschten Mengen S sind dann diejenigen Elemente von U (d. h. diejenigen Teilmengen von $\mathfrak{S}M$), denen die Eigenschaft $\mathfrak{E}$ zukommt. Nach dem A. d. Aussonderung existiert sicher die Teilmenge $U_{\mathfrak{E}}$ von U, deren Elemente die Mengen S sind; falls keine derartigen Mengen S vorhanden wären, würde $U_{\mathfrak{E}}$ zwar immer noch existieren, aber $= 0$ sein. Unsere Forderung läßt sich demnach auch so aussprechen: Die Menge $U_{\mathfrak{E}}$, d. i. die Teilmenge der die angeführte Eigenschaft $\mathfrak{E}$ besitzenden Elemente S von U, soll von der Nullmenge verschieden sein, somit mindestens ein Element S enthalten. Also:

Axiom VI. *M sei eine Menge, deren Elemente sämtlich mindestens je ein Element enthalten und überdies paarweise elemente-*

---

1 Die Existenz einer »leeren Menge«, also einer Menge, die keine Elemente enthält, kann aus Axiom V abgeleitet werden. Fraenkel nennt diese Menge »Nullmenge« und bezeichnet sie mit 0.

fremd sind. Dann existiert mindestens eine Menge S – nämlich eine Teilmenge der Vereinigungsmenge $\mathfrak{S}M$ –, *die mit jedem Element von M gerade ein einziges Element gemein hat, aber keine anderen Elemente besitzt.* Jede derartige Menge *S* wird eine *Auswahlmenge* von *M* genannt. **(Axiom der Auswahl.)**

Man kann (mit Zermelo) anschaulich, wenn auch weniger scharf, die Aussage dieses Axioms so formulieren: Ist $M = \{m, n, p, \ldots\}$ eine Menge von den angeführten Eigenschaften, so läßt sich aus jeder der Mengen $m, n, p, \ldots$ je ein einziges Element $m_0, n_0, p_0, \ldots$ »auswählen« und eine Menge *S* bilden, die all die ausgewählten Elemente und nur sie enthält. Die ausgewählten Elemente sind untereinander verschieden, da die Mengen m, $n, p, \ldots$ paarweise elementefremd sein sollten. Natürlich ist die »Auswahl« im allgemeinen auf mehrere Arten möglich; so entstehen verschiedene Auswahlmengen von *M*. Hiermit ist auch die Bezeichnung »Axiom der Auswahl« erklärt; sie ist freilich nicht sehr glücklich und gibt, ebenso wie die angegebene Verdeutlichung des Axioms, mancherlei Mißverständnissen Raum, die bei der ursprünglichen Fassung Zermelos und bei den (mit ihr sachlich übereinstimmenden) Formulierungen im vorigen und im folgenden Absatz nicht möglich sind (vgl. S. 156). Die Aussage des Axioms hat nämlich *nichts* zu tun mit der Möglichkeit eines bestimmten Verfahrens, um die Auswahl geeigneter Elemente m_0, $n_0, p_0, \ldots$ wirklich vorzunehmen, oder auch nur mit der Existenz einer für diese Elemente charakteristischen Eigenschaft; diese mißverständliche Auffassung, die durch die etwas unpassende, aber nun einmal historisch gewordene Bezeichnung des Axioms nahegelegt wird, hat öfters auch noch in neuerer philosophischer und mathematischer Literatur zu Irrtümern geführt.

Eine noch etwas andere, vor Mißverständnissen besonders gut gesicherte Fassung gewinnt das Axiom VI, wenn man an den Begriff des Produkts oder der Verbindungsmenge von Mengen anknüpft. Wir definierten ein solches Produkt $\mathfrak{P}M = m \cdot n \cdot p \cdot \ldots$ als die Menge aller möglichen »Komplexe«, die aus jedem der (hier überdies als paarweise fremd vorausgesetzten) Faktoren m, n, $p, \ldots$ je ein einziges Element enthalten. Daher ergab sich $\mathfrak{P}M = 0$, wenn unter den Faktoren die Nullmenge vorkommt. Es fragt sich nun aber, ob $\mathfrak{P}M$ auch gleich der Nullmenge sein kann, *ohne daß diese unter den Elementen von M auftritt.* Von unserem früheren Standpunkt aus konnten wir diese Frage verneinen. Man braucht ja nur aus jeder der sämtlich von 0 verschiedenen Mengen m, n, p, ... je ein beliebiges Element m_0, n_0, p_0, ... herauszugreifen und all diese Elemente zu einer Menge zusammenzufassen, die dann einen Komplex darstellt; die Menge aller Komplexe ist also von 0 verschieden. Vom jetzigen axiomatischen Standpunkte aus dürfen wir aber nicht so vorgehen. Die Elemente m_0, n_0, p_0, ..., die freilich alle in $\mathfrak{S}M$ vorkommen, sind ja ganz beliebig den zugehörigen Mengen entnommen, brauchen also keineswegs durch eine gemeinsame sinnvolle Eigenschaft charakterisiert zu sein, die *ihnen allein* unter allen Elementen von $\mathfrak{S}M$ zukäme. Das Axiom der Aussonderung gibt uns dann kein Recht, den Komplex $\{m_0, n_0, p_0, ...\}$ oder irgendeinen speziellen anderen (als Teilmenge von $\mathfrak{S}M$) zu bilden. Es kann freilich der Fall sein, daß eine gewisse, anderweitig definierte und axiomatisch gesicherte Menge gerade einen Komplex der gewünschten Art darstellt und somit dem Produkt $\mathfrak{P}M$ einen von 0 verschiedenen Umfang garantiert; eine *Sicherheit*, daß ein derartiger Fall eintritt, daß also Komplexe überhaupt vorhanden sind, ist aber nicht zu erkennen. Es wäre so der paradoxe und mit der CANTORschen Mengenlehre in scharfem Widerstreit stehende Fall denkbar, daß ein Produkt aus lauter von 0 verschiedenen Mengen sich selbst auf die Nullmenge reduzierte. So unangenehm wirken sich, auch nach Aufstellung von Axiom V, die immer noch bestehenden Schranken in der Bildung von Mengen aus! Um eben diesen Übelstand zu vermeiden, stellen wir mit Axiom VI einfach die Forderung auf, daß es Komplexe der angegebenen Art immer gebe, daß also *ein Produkt $\mathfrak{P}M$ der geschilderten Art nur dann gleich der Nullmenge sei, wenn diese unter den Elementen von M vorkommt.* Dies ist die schärfste und unmißverständlichste Fassung des Auswahlaxioms.

Axiom VI fordert im Gegensatz zu den bisherigen Existenzaxiomen nicht eine *bestimmte* Menge, sondern nur *irgendeine* Menge einer gewissen Art. Vom Standpunkt CANTORS aus ist es klar, daß es *verschiedene* Komplexe der gewünschten Art geben muß, außer wenn etwa jede der Mengen m, n, p, ... nur je ein einziges Element enthalten sollte.

Die beiden noch übrigen Axiome, die im einzelnen grundsätzlich weniger bedeutsam sind als die sechs vorstehenden, sollen erst später angeführt werden (S. 175 ff.). Zuvor wollen wir die nach mancher Richtung besonders interessanten Axiome der Aussonderung und der Auswahl näher erörtern.

6. Verschärfung des Aussonderungsaxioms. Während ZERMELOS Axiomatik sonst die allgemeinen logischen Begriffe tunlichst zu vermeiden sucht (und so verfahren *muß*, entsprechend dem allgemeinen Charakter der axiomatischen Methode und im besonderen zur Vermeidung der in den Antinomien liegenden, nach der Logik hinweisenden Gefahren), tritt im A. d. Aussonderung ein Begriff auf, der mathematisch nicht scharf umgrenzt ist und eine neue Quelle der Beunruhigung werden könnte: der Begriff einer für die Elemente von *m* »sinnvollen« Eigenschaft. So einfach und unzweideutig dieser Eigenschaftsbegriff, der übrigens noch von der Menge *m* abhängt, zunächst auch scheint, so verlangt er doch, wie gewisse Antinomien lehren, nach einer schärferen Bestimmung, um derentwillen auch eine abstrakte Sonderbetrachtung nicht gescheut werden darf. Mit dieser Forderung größerer Schärfe ist nicht etwa an die intuitionistische Anschauung gedacht, die den Satz vom ausgeschlossenen Dritten allgemein ablehnt; vielmehr kann auch für den gewöhnlichen, gegenteiligen Standpunkt der Begriff einer solchen Eigenschaft schlechthin bedenklich sein. *Eine scharfe Umgrenzung jenes Eigenschaftsbegriffs muß als ein entscheidender Punkt der Axiomatik angesehen werden.* (Es wird sich indes empfehlen, bei der erstmaligen Lektüre die folgenden kleingedruckten, ziemlich schwierigen Absätze zu überschlagen.)[1]

---

1 Wir folgen der Empfehlung FRAENKELS und lassen diese Abschnitte fort, doch sind im Hinblick auf spätere Ausführungen einige Hinweise zweckmäßig.

FRAENKEL führt zur Präzisierung des Eigenschaftsbegriffs den Begriff der Funktion ein:

Definition 4: Als *Funktion* von x gilt jede feste (konstante) Menge, die Menge x selbst, die Vereinigungsmenge $\mathfrak{S}x$, die Potenzmenge $\mathfrak{U}x$; ferner, wenn $\varphi(x)$ und $\psi(x)$ Funktionen von x sind, das Paar $\{\varphi(x), \psi(x)\}$ und die Funktion einer Funktion $\varphi(\psi(x))$.

Damit kann er das Aussonderungsaxiom V so formulieren:

Axiom V': Gegeben seien eine Menge m und zwei Funktionen $\varphi(x)$ und $\psi(x)$; dann existiert eine Teilmenge $m_\mathfrak{E}$ von m, die alle diejenigen Elemente

7. Das Auswahlaxiom als reines Existenzaxiom. Wir gehen nunmehr zur Besprechung des Axioms der Auswahl (S. 152f.), auch kurz *Auswahlprinzip* genannt, in sachlicher und historischer Hinsicht über. Vor allem sei bemerkt, daß wir für den Fall einer *endlichen* Menge M des Axioms gar nicht bedürfen, um die Existenz einer Auswahlmenge von M zu sichern. Enthält M z. B. nur zwei Elemente m und n, die nach der Voraussetzung des Axioms je mindestens ein Element, aber kein gemeinsames Element enthalten, und ist m_0 irgendein Element von m, n_0 irgendein Element von n, so existiert (wegen $m_0 \neq n_0$) nach dem A. d. Paarung das Paar $\{m_0, n_0\}$, das schon eine Auswahlmenge von M darstellt. Entsprechend kann man im Fall irgendeiner gegebenen endlichen Menge M schließen, wie man durch sukzessive Verwendung der Axiome der Paarung und der Vereinigung erkennt (vgl. S. 149f.). Die Bedeutung des Axioms liegt also in der Forderung, die es für den Fall einer *unendlichen* Menge M aufstellt.

Zu einer Spezialisierung, d. h. zu einem schwächeren Axiom gelangt man offenbar, wenn man die Aussage des Axioms nur für *gewisse* unendliche Mengen M fordert, z. B. nur für abzählbare Mengen, oder aber nur unter gewissen Beschränkungen für die *Elemente* von M, z. B. nur für den Fall, daß diese Elemente sämtlich endlich oder sämtlich höchstens abzählbar sind. Durch Kombination beider Einschränkungsarten erhält man den einfachsten überhaupt denkbaren Spezialfall des Axioms, bei dem nämlich M eine abzählbare Menge von lauter endlichen Mengen (eventuell von lauter Paaren) bedeutet. Ob schon aus einem derartigen Spezialfall die allgemeine Aussage sich folgern läßt, ist eine noch nicht geklärte Frage, die aber vermutlich doch zu verneinen ist.

Was die *Voraussetzungen des Axioms* in seiner obigen Form betrifft, so ist die erste – daß in jedem Element von M wirklich Ele-

---

x von m (und nur sie) als Elemente enthält, für die $\varphi\,(x)\;\varepsilon\;\psi\,(x)$ ist, d. h. für die die Menge $\varphi\,(x)$ Element der Menge $\psi\,(x)$ ist.

Die weiteren Überlegungen in diesen Abschnitten dienen der Erläuterung des Sachverhalts an vier Beispielen sowie einer genaueren Diskussion des Funktionsbegriffes, der später (S. 177) noch einmal erweitert wird. FRAENKEL sieht in der Einführung des Funktionsbegriffs und der damit möglichen Neuformulierung des Axioms V die wesentlichste Verbesserung gegenüber dem ursprünglichen ZERMELOschen System (s. S. 179).

mente vorkommen sollen – von Natur aus notwendig. Denn ist die Nullmenge ein Element von M, so kann es unmöglich eine Auswahlmenge S von M geben, da S mit der Nullmenge, die doch überhaupt kein Element enthält, kein Element gemein haben kann. Dagegen ist die zweite Voraussetzung des Auswahlaxioms, wonach die Elemente von M paarweise elementefremd sein sollen, keineswegs erforderlich. Läßt man diese Voraussetzung weg, so fordert das Axiom wesentlich mehr, nämlich die Existenz einer Auswahlmenge auch in den Fällen, wo M der zweiten Voraussetzung nicht genügt. In einer so weiten Fassung würde das Axiom weniger anschaulich sein. Denn so, wie wir es ausgesprochen haben, verlangt es offenbar: wenn eine Menge (in unserem Fall $\mathfrak{S}M$) in paarweise elementefremde Teilmengen $m, n, p, \ldots$ »zerlegt« ist, so daß $\mathfrak{S}M = m + n + p + \ldots$, so gibt es eine Menge, die durch Zusammenfassung je eines beliebigen Elements aus jedem Summanden entsteht. Das ist eine anschaulich näherliegende und engere Behauptung, als wenn man dasselbe auch noch fordern wollte für den Fall, wo manche Summanden miteinander Elemente gemeinsam haben. Dagegen kann die letztere, allgemeinere Tatsache aus der engeren Aussage des Axioms (unter Benutzung der übrigen Axiome) nachträglich gefolgert werden.

Von besonderer Wichtigkeit ist es, sich den Charakter des Auswahlaxioms als eines reinen *Existenzaxioms* klarzumachen; in dieser Richtung sind nämlich vielerlei Mißverständnisse vorgekommen. Das Axiom behauptet keineswegs, es sei stets möglich, mit den (derzeitigen oder auch künftigen) Mitteln der Wissenschaft eine Auswahlmenge von M herzustellen, d. h. etwa eine Vorschrift anzugeben, vermittels deren aus jedem der Elemente von M ein *bestimmtes* Element ausgewählt wird, und dann die ausgewählten Elemente zu einer Menge zu vereinigen. Das Axiom behauptet, wie schon erwähnt, nichts über die *Konstruktion* einer Auswahlmenge, sondern lediglich die *Existenz* einer solchen; es besagt somit nur, daß die auf S. 152 definierte, jedenfalls vorhandene Teilmenge $U_{\mathfrak{C}}$ der Menge $U = \mathfrak{U}\mathfrak{S}M$ mindestens ein Element enthält, also nicht gerade auf die Nullmenge zusammenschrumpft; oder ausführlicher: *daß unter den verschiedenen Teilmengen von $\mathfrak{S}M$ sich auch solche befinden, die mit jedem Element von M je ein einziges Element gemein haben, gleichviel, ob man derartige Teilmengen* *durch irgendwelche Methoden auffinden kann oder nicht.* [...] Der grundlegende Unterschied zwischen diesen beiden Auffassungen, dessen ungenügende Beachtung manche neuere Diskussionen unfruchtbar gestaltet hat, wird am deutlichsten an Hand einiger Beispiele hervortreten, die der Einfachheit halber nicht auf das Feld unseres Axiomensystems beschränkt werden.

Beispiel 1. $M = \{m\}$ enthalte ein von 0 verschiedenes Element m. In diesem Fall bedarf es nach S. 156 des Auswahlaxioms überhaupt nicht. Man mag es vielleicht in diesem Fall für selbstverständlich halten, daß eine Menge, die ein einziges Element von m und kein weiteres Element enthält, nicht nur existiert, sondern auch in jedem Fall angebbar ist. Nehmen wir, um uns den Sachverhalt anschaulicher zu machen, für m die Menge aller transzendenten Zahlen (die nicht nur in der CANTORschen Mengenlehre, sondern auch in unserer Axiomatik existiert)! Wir kennen heute gewisse transzendente Zahlen und können also eine Menge bilden, die eine einzige transzendente Zahl enthält. Lebten wir aber um ein Jahrhundert früher und wäre uns demgemäß weder eine transzendente Zahl noch überhaupt die Tatsache der Existenz transzendenter Zahlen bekannt, so könnten wir immerhin (und zwar ohne Auswahlaxiom) so schließen: m ist entweder = 0 oder von 0 verschieden, enthält dann also mindestens ein Element; ist m_0 ein beliebiges (wenn auch unbekanntes) Element von m, so existiert die Menge $\{m_0\}$; sie ist offenbar eine Auswahlmenge von $M = \{m\}$. Die Existenz einer Auswahlmenge ist in diesem Fall (wie überhaupt für eine endliche Menge M) ohne das Auswahlaxiom beweisbar [...].

Trotzdem läge offenbar auch in diesem einfachsten Fall ein typisch nichtkonstruktives, über die Kreise der Intuitionisten hinaus anstößiges Verfahren darin, wenn man etwa das Nichtverschwinden von m dazu ausnutzen wollte, um mit einer speziellen Auswahlmenge $\{m_0\}$ zu operieren. Das ist indes nur *scheinbar* dann der Fall, wenn man den in allen Teilen der Mathematik sehr gebräuchlichen, freilich meist anders eingekleideten Gedankengang durchführt: »... also ist m von 0 verschieden. Es sei nun m_0 irgendein Element von m; dann...« In derartigen Fällen werden nämlich nur solche Eigenschaften von m_0 herangezogen, *die m_0 mit allen anderen Elementen von m teilt,* d. h. es wird in Wirklichkeit nur das Nichtverschwinden von m, nicht aber eine »Auswahl« eines Elements von m benutzt; im Laufe der Betrachtung fällt dann auch das benutzte Element m_0 wieder heraus. Nur wo der Gedankengang in der Behauptung endet, daß also ein m_0 oder ein durch m_0 bestimmtes Objekt vorhanden ist, liegt eine wirkliche Existentialaussage vor, die auf Grund des hier behandelten (endlichen, beweisbaren) Sonderfalls der Auswahl genau denselben Charakter trägt, wie es bei Anwendung des allgemeinen Auswahlaxioms auf unendliche Mengen der Fall ist.

Beispiel 2. Die Menge M in Axiom VI sei eine abzählbare Menge von Mengen *natürlicher Zahlen*, d. h. jedes ihrer abzählbar unendlichvielen Elemente m_1, m_2, m_3, ... enthalte (endlichviele oder unendlichviele) natürliche Zahlen, und zwar der Voraussetzung gemäß derart, daß niemals die gleiche Zahl in mehreren der Mengen m_1, m_2, ... vorkommt. (Es mag z. B. m_1 alle Primzahlen umfassen, m_2 alle als Produkt zweier, m_3 alle als Produkt dreier Primzahlen darstellbaren Zahlen usw.) Dann kann man wiederum ohne das Auswahlaxiom eine Auswahlmenge von M nicht nur als existierend nachweisen, sondern sogar ausdrücklich angeben. In jeder der Mengen m_1, m_2, ... läßt sich nämlich einheitlich je ein Element eindeutig auszeichnen; z. B. gibt es ja in jeder Menge von natürlichen Zahlen eine *kleinste* natürliche Zahl, die als das ausgezeichnete Element definiert werden kann. Hat man so abzählbar unendlichviele Zahlen ausgezeichnet, so ist unter Verwendung des A. d. Aussonderung leicht zu sehen, daß unter den Teilmengen von $\mathfrak{S}M$ eine Menge S vorkommt, die all die ausgezeichneten natürlichen Zahlen und nur sie zu Elementen besitzt; die Eigenschaft $\mathfrak{E}$ kann darin bestehen, die kleinste Zahl in einem Element von M zu sein. S ist dann eine der gesuchten Auswahlmengen von M.

Beispiel 3. Ganz anders gestaltet sich die Sachlage, wenn wir unter M eine (unendliche) Menge von Mengen *reeller Zahlen* verstehen, wenn also in den Elementen von M beliebige reelle Zahlen auftreten können. Dann wird die Angabe einer Regel, die jedem Element von M eine darin vorkommende reelle Zahl zuordnet, im allgemeinen mit den derzeitigen Mitteln der Wissenschaft unmöglich sein; »im allgemeinen«, das heißt nämlich, wenn nicht zufällig die Menge M und ihre Elemente so gebaut sind, daß ausnahmsweise ein geeignetes Gesetz angebbar ist. Dies steht in scharfem

Gegensatz zum vorigen Beispiel, wo eine solche Regel für die Elemente von M leicht aufzustellen war, die Regel nämlich: jedem Element von M – d. i. stets eine Menge von natürlichen Zahlen – wird *die kleinste* der darin vorkommenden natürlichen Zahlen zugeordnet. Der Leser wird sich die ungeheure, bisher nicht überwundene Schwierigkeit der Angabe einer solchen Regel in unserem Fall einigermaßen anschaulich machen können, wenn von der (nicht wesentlichen, vgl. S. 157) Bedingung der Elementefremdheit der Elemente von M abgesehen wird, wenn also die Elemente von M *beliebige* Mengen reeller Zahlen sein dürfen. Dann kann und soll für M die *Menge aller Mengen von reellen Zahlen* genommen werden, d. h. die Potenzmenge $\mathfrak{U}N$, wo N die Menge aller reellen Zahlen (oder aller Punkte einer gegebenen Geraden) bedeutet, und zwar unter Ausschluß der (in $\mathfrak{U}N$ zunächst vorkommenden) Nullmenge. Um dann wie im vorigen Beispiel ein Gesetz für die Auswahl je eines Elementes aus den Elementen von M angeben zu können, hätte man eine Regel aufzustellen, durch die *in jeder Menge von reellen Zahlen eine dieser Zahlen eindeutig hervorgehoben wird*. Das scheint vielleicht auf den ersten Blick gar nicht so schwierig, um so mehr aber bei näherem Zusehen. In jeder solchen Menge etwa wieder die *kleinste* Zahl hervorzuheben, geht nicht an; denn in einer Menge reeller Zahlen braucht eine kleinste Zahl gar nicht vorzukommen, wie etwa die Menge *aller* reellen Zahlen zeigt oder auch die Menge *aller positiven* reellen Zahlen, in der doch gleichzeitig mit jeder in ihr enthaltenen Zahl z. B. auch die halb so große Zahl auftritt. Es nützt auch nichts, wenn man etwa mit einer gewissen reellen Zahl a beginnt und festsetzt: In jeder Menge, in der a vorkommt, soll a das ausgezeichnete Element sein. Von diesem Gedanken aus fortschreitend, könnte man etwa zu folgender Idee kommen: Man legt die Abzählung der algebraischen Zahlen zugrunde ([35], S. 36). In jeder Menge m reeller Zahlen, in der überhaupt algebraische Zahlen vorkommen, zeichnet man dann diejenige unter allen in m auftretenden algebraischen Zahlen aus, die in der erwähnten Abzählung am frühesten vorkommt; damit ist in jeder solchen Menge m ein bestimmtes Element eindeutig ausgewählt. Aber für die Mengen, die *ausschließlich transzendente Zahlen* enthalten, ist mit einer solchen Festsetzung gar nichts genützt; für sie kommt man in der Tat auf einem derartigen Weg nicht weiter.

160

Über diese etwas vagen Betrachtungen hinaus kann man in aller Schärfe zeigen, daß sich für unsere Menge $M = \mathfrak{U}N$ und ähnliche Mengen »gesetzmäßige« Regeln (nämlich durch – in einem näher bestimmbaren Sinn – »analytisch darstellbare« Funktionen) für die Auswahl ausgezeichneter Elemente überhaupt nicht angeben lassen [...].

Im allgemeinen Fall ist es also auf dem Wege des vorigen Beispiels sicher nicht möglich, die Existenz einer Teilmenge von $\mathfrak{S}M$, die den Charakter einer Auswahlmenge von M besäße, auf Grund des A. d. Aussonderung nachzuweisen. Ein anderer Weg zu diesem Ziele ist bis jetzt jedenfalls nicht gefunden und allgemeinhin in einem ganz bestimmten Sinne sogar *ausgeschlossen. Nur das Axiom der Auswahl gestattet uns also, zwar nicht eine solche Auswahlmenge zu konstruieren, wohl aber die Existenz einer solchen zu behaupten.* Dieser Charakter des Auswahlaxioms als eines reinen Existenzaxioms wird besonders anschaulich in negativer Fassung, wenn man es etwa so ausspricht: Die Annahme, daß unter den Teilmengen von $\mathfrak{S}M$ gerade solche Teilmengen *fehlen*, die mit jedem Element von M ein einziges Element gemeinsam haben, wird ausgeschlossen – auch dann, wenn dieser Ausschluß nicht schon so möglich ist, daß derartige Teilmengen von $\mathfrak{S}M$ direkt nach dem A. d. Aussonderung gebildet werden. Überhaupt wird man dem existentialen Charakter des Auswahlaxioms wohl am besten gerecht durch die folgende Formulierung, die selbst vom intuitionistischen Standpunkt aus annehmbar sein mag und andererseits den modernen Anschauungen HILBERTS entspricht: der Beweis eines mathematischen Satzes unter Mitbenutzung des Auswahlaxioms ist *eine Bekräftigung der Aussichtslosigkeit jedes Versuchs, das Gegenteil des betreffenden Satzes nachzuweisen.* [...]

8. Bedeutung und Geschichte des Auswahlaxioms. Der Leser, der diesen etwas langen und der Natur der Sache nach einigermaßen blutleeren Ausführungen über das *Wesen* des Auswahlaxioms gefolgt ist, wird nun je nach Veranlagung eine der folgenden die *Bedeutung* des Axioms betreffenden Fragen zu stellen geneigt sein: Ist denn die Behauptung des Auswahlaxioms nicht allzu selbstverständlich, um so eingehender Erörterung zu bedürfen, ist nicht die Annahme der *Nichtexistenz* einer Teilmenge vom Charakter einer Auswahlmenge absurd? Oder aber: Ist das Auswahlaxiom wirklich wichtig genug, um so breiten Raum zu beanspruchen; enthält es nicht eine nur sehr spezielle Aussage, deren wir in unseren Betrachtungen über Mengenlehre (mindestens in den ersten 11 Paragraphen) gar nicht bedurften und deren Diskussion bloß eine Detailfrage der Axiomatik der Mengenlehre ist, die in eine wissenschaftliche Monographie und nicht in ein Lehrbuch gehört? Die Antworten auf diese Fragen sollen den Abschluß der Besprechung unseres Axioms bilden.

Zunächst zur zweiten Frage, die anscheinend noch mehr Berechtigung erhält durch die Tatsache, daß die wesentliche Behauptung des Auswahlaxioms zum erstenmal zu Beginn dieses Jahrhunderts ausgesprochen wurde (vgl. S. 169), zu einer Zeit also, da die Mengenlehre als eine umfangreiche und anerkannte Disziplin längst existierte! Die Antwort lautet: Lange vor seiner Formulierung ist das Auswahlaxiom stillschweigend vorausgesetzt worden, als eine selbstverständliche Tatsache, von deren Benutzung man sich gar keine Rechenschaft gab; an vielen Stellen auch schon der einfachsten und grundlegenden Gedankengänge der Mengenlehre und ihrer Anwendungen (z. B. der Theorie der reellen Funktionen) ist das Auswahlaxiom ein, wie es scheint, unentbehrliches Beweishilfsmittel; ja noch mehr: auch für die Lösung von Problemen auf den verschiedensten anderen Gebieten der Mathematik sind wir auf das Auswahlaxiom angewiesen, und selbst die »reinste« mathematische Disziplin, die Arithmetik, macht hiervon keine Ausnahme. Das Axiom muß also, wenn es nicht mittels anderer Axiome beweisbar ist und wenn man nicht die Mengenlehre durch Amputation vieler wichtigster Teile radikal einengen will, zu den Prinzipien der Mathematik gerechnet werden, die die Grundlage für die (aus ihnen deduktiv herzuleitenden) mathematischen Wissensgebiete bilden; es beruht nach HILBERT auf »einem allgemein logischen Prinzip, das schon für die ersten Anfangsgründe des mathematischen Schließens notwendig und unentbehrlich ist«.

Um die Sachlage selbständig übersehen zu können, wollen wir uns fragen, wo im Verlaufe unserer früheren Überlegungen wir das Auswahlaxiom stillschweigend oder ausdrücklich verwendet haben. Es mag genügen, auf vier charakteristische Stellen hierfür hinzuweisen.

Zunächst sei an das Rechnen mit Kardinalzahlen erinnert, z. B.

an ihre Addition. Um die Summe gegebener Kardinalzahlen zu bilden, wählten wir zu jeder der gegebenen Kardinalzahlen je eine Menge m von dieser Kardinalzahl (und zwar so, daß die Mengen paarweise elementefremd waren) und bildeten die Vereinigungsmenge all dieser Mengen; die Kardinalzahl der Vereinigungsmenge wurde als die Summe der gegebenen Kardinalzahlen definiert. Diese Summe ist aber von der Wahl der einzelnen Mengen m (als Vertreterinnen der Kardinalzahlen) nur deshalb unabhängig, weil bei verschiedenen Arten der Wahl jener Mengen stets die Vereinigungsmengen äquivalent, also von gleicher Kardinalzahl sind; dieser Satz macht somit die Addition von Kardinalzahlen erst möglich. Beim Beweise jenes Satzes ([35], S. 82; vgl. dazu hier S. 113) schließlich war entscheidend der Inbegriff von (im allgemeinen Fall unendlichvielen) einzelnen Abbildungen, nämlich je einer beliebigen Abbildung Φ_1, Φ_2 usw. zwischen je zwei äquivalenten Mengen M_1 und N_1, M_2 und N_2 usw. Wir haben also gleichzeitig jeweils aus der Menge* aller möglichen Abbildungen zwischen je zwei äquivalenten Mengen (M_1 und N_1, M_2 und N_2 usw.) je eine einzige Abbildung »auszuwählen« und den Inbegriff der gewählten Abbildungen zu bilden; dieser Inbegriff ist, genauer gesagt, eine Auswahlmenge der Menge, deren Elemente die Mengen aller Abbildungen zwischen den Paaren gegebener äquivalenter Mengen sind. Existierte keine solche Auswahlmenge, so wäre schon die Addition von Kardinalzahlen im allgemeinen unmöglich; *das Rechnen mit Kardinalzahlen und genau entsprechend das Rechnen mit Ordnungstypen und Ordnungszahlen stützt sich also auf das Auswahlaxiom als wesentliche Grundlage.*

Ein zweites Beispiel betrifft einen Satz über die Multiplikation von Mengen, der schon bei der letzten Art, das Auswahlaxiom zu formulieren (S. 154), gebührend hervorgehoben worden ist. Ist M eine Menge, deren Elemente $m, n, p, \ldots$ alle auch ihrerseits Elemente enthalten und paarweise elementefremd sind, so hat man zur Bildung des Produktes $\mathfrak{P}M$ alle Komplexe (oder, was in diesem Fall infolge der Elementefremdheit dasselbe besagt, alle Mengen)

---

* Die Menge aller möglichen Abbildungen zwischen zwei gegebenen äquivalenten Mengen erweist sich auf Grund unseres Axiomensystems als existierend.

163

aufzusuchen, die aus jeder der Mengen $m, n, p, \ldots$ je ein einziges Element enthalten, ohne aber sonstige Elemente zu umfassen. Die Menge all dieser Komplexe existiert nach der auf S. 152 f. angestellten Betrachtung und ist eine Teilmenge von $U = \amalg \mathfrak{S} M$. Damit ist aber noch nichts darüber entschieden, ob jenes Produkt überhaupt Elemente enthält oder sich etwa auf die Nullmenge reduziert, m. a. W. *ob es überhaupt Komplexe der angegebenen Art gibt.* Zur Bejahung der letzteren Frage verhalf uns der Schluß: da in jeder der Mengen $m, n, p, \ldots$ Elemente vorkommen, so muß mindestens ein Komplex existieren, der aus jeder dieser Mengen je ein einziges Element enthält. Das ist nun gerade das (uns damals als selbstverständlich erscheinende) Auswahlaxiom. Dessen Ablehnung würde also besagen: Ein Produkt von Mengen, die sämtlich Elemente enthalten, kann dennoch die Nullmenge sein, und zwar müssen wir mit dieser Eventualität so lange rechnen, als es uns nicht gelingt, einen Komplex *anzugeben*, der aus jedem Faktor je ein einziges Element enthält.

Als drittes Beispiel ziehen wir eine Bemerkung heran, die ganz im Anfang unseres Aufbaus der CANTORschen Mengenlehre zu den Begriffen »endliche und unendliche Menge« gemacht worden ist. Wir lernten einerseits die endliche Menge im »naiven« Sinn als eine Menge von n Elementen kennen, wo n irgendeine natürliche Zahl (einschließlich 0) bezeichnet, und die unendliche Menge als ihr Gegenbild, d. h. als nicht-endlich in diesem Sinn; andererseits definierten wir mit DEDEKIND die unendliche Menge als eine solche, die einer eigentlichen Teilmenge von sich äquivalent ist, und die endliche als nicht-unendlich gemäß dieser Definition. Im Anschluß an RUSSELL kann man endliche Mengen im erstgenannten Sinn (in Rücksicht auf den innigen Zusammenhang, der zwischen dem Begriff der natürlichen Zahl und der vollständigen Induktion besteht) kurz als *induktive* Mengen und ihre Kardinalzahlen als induktive Zahlen bezeichnen, während für eine Menge, die einer eigentlichen Teilmenge von sich äquivalent ist, bzw. für ihre Kardinalzahl der Ausdruck *reflexive* Menge bzw. Zahl gebraucht wird. Es wurde bewiesen, daß beide Definitionen im Ergebnis übereinstimmen, d. h. daß eine induktive Menge nicht-reflexiv ist *und umgekehrt* ([35], S. 25; vgl. dazu hier S. 118 bis S. 125).

Dieser Beweis aber stützt sich wiederum auf das Auswahlaxiom als wesentliches Hilfsmittel. Zwar wird ohne dieses in der Elementarmathematik gezeigt, daß eine induktive Menge niemals reflexiv sein kann; durch bloße logische Umkehrung folgt, daß eine reflexive Menge nicht induktiv ist, d. h. nicht endlich im naiven Sinn. Um aber die umgekehrte Tatsache zu zeigen, daß nämlich eine nicht-induktive Menge M stets reflexiv (und somit eine nicht-reflexive Menge auch immer induktiv) ist, griffen wir aus M ein beliebiges Element m_1, dann aus der Restmenge $M - \{m_1\}$ ein beliebiges Element m_2 usw. heraus, allgemein aus $M - \{m_1, m_2, \ldots, m_k\}$ ein beliebiges darin noch vorkommendes Element m_{k+1}; erst mittels der so gebildeten abzählbaren Teilmenge $\{m_1, m_2, m_3, \ldots\}$ von M ließ sich der Beweis zu Ende führen. Wir hatten also aus unendlichvielen Teilmengen von M je ein Element auszuwählen und diese ausgezeichneten Elemente zu einer neuen Menge zu vereinigen; diese kann in einem – gegenüber der Formulierung in Axiom VI etwas erweiterten – Sinn, auf den wir im nächsten Beispiel ausführlicher eingehen, als eine Auswahlmenge bezeichnet werden. Übrigens wird das nämliche Auswahlverfahren beim Beweise des Satzes verwandt, wonach jede unendliche Menge abzählbare Teilmengen besitzt, m. a. W. $\aleph_0$ die kleinste unendliche Kardinalzahl ist (vgl. S. 122 f.).

Wenn man vom Auswahlprinzip absehen will, muß man also neben den endlichen (induktiven) und den unendlichen (reflexiven) Mengen und Kardinalzahlen noch eine dritte Sorte von Mengen und Zahlen unterscheiden, die nicht-induktiven und gleichzeitig nicht-reflexiven Mengen und Kardinalzahlen. Umgekehrt würde ein Nachweis der – offenbar höchst plausiblen – *Unmöglichkeit* einer so seltsamen Zahlenart, die ein Zwischenglied zwischen endlichen und unendlichen Zahlen darstellte, gleichzeitig das Auswahlprinzip (oder doch wenigstens einen wichtigen Spezialfall davon) als beweisbaren Satz erscheinen lassen; ein solcher Nachweis ist indes kaum zu erwarten. Jedenfalls hängt also die übliche reinliche Scheidung zwischen endlichen und unendlichen Kardinalzahlen und damit die Eigenschaft von $\aleph_0$, die kleinste unendliche Kardinalzahl darzustellen, wesentlich von der Gültigkeit des Auswahlprinzips ab.

Das letzte Beispiel behandle den Platz, wo das A. d. Auswahl am deutlichsten in Erscheinung trat und auch historisch zum

erstenmal ausdrücklich formuliert wurde: den *Beweis des Wohlordnungssatzes* (vgl. [143] [144]). Der Nerv des Beweises für die
Wohlordnungsfähigkeit einer beliebigen Menge M ist in beiden
Beweisen die Zugrundelegung einer Auswahl ausgezeichneter
Elemente in sämtlichen (von 0 verschiedenen) Teilmengen von M;
d. h. die Zugrundelegung einer »Auswahlmenge« von $\mathfrak{U}M - \{0\}$,
wenn dieser Ausdruck ähnlich wie im Auswahlaxiom, nur ohne die
beschränkende Annahme der Elementefremdheit der Elemente
verstanden wird, also im Sinne einer Zuordnung, die zu jeder von
0 verschiedenen Teilmenge von M ein bestimmtes Element daraus
festlegt. Ohne diese Grundlage erscheint ein Beweis des Wohlordnungssatzes gar nicht denkbar; auch der Satz von der Vergleichbarkeit beliebiger Mengen oder Kardinalzahlen ruht demnach
ganz und gar auf dem Fundament des Auswahlaxioms. Ja, noch
mehr: *Auswahlaxiom und Wohlordnungssatz sind gleichwertig* in
dem Sinn, daß nicht nur (mittels der übrigen Axiome) dieser aus
jenem, sondern erst recht umgekehrt jenes aus diesem folgt. In der
Tat: soll z. B. eine Auswahlmenge für die Potenzmenge $\mathfrak{U}M$ einer
beliebigen Menge M angegeben werden und wird eine beliebige
Wohlordnung von M zugrunde gelegt und festgehalten, so kann
man (wie in Beispiel 2 auf S. 159) eine einfache Regel angeben,
durch die in jedem Element von $\mathfrak{U}M$, d. h. in jeder Teilmenge von
M (außer 0), ein bestimmtes Element ausgezeichnet wird. Durch
die zugrunde gelegte Wohlordnung wird nämlich gleichzeitig mit
M auch jede Teilmenge von M wohlgeordnet, so daß jede Teilmenge ein erstes Element besitzt. Man kann daher festsetzen: in
jeder (wohlgeordneten) Teilmenge von M soll das erste Element
als ausgezeichnetes ausgewählt werden. Hiermit ist eine Eigenschaft von der beim A. d. Aussonderung besprochenen Art gefunden, die zu jeder Teilmenge von M ein ausgezeichnetes Element
eindeutig charakterisiert. Zu $\mathfrak{U}M$ und jeder Teilmenge hiervon existiert also (mindestens) eine Auswahlmenge, ohne daß man sich zu
deren Sicherung auf das Auswahlaxiom zu berufen brauchte. Entsprechend kommt man in dem engeren, durch die Voraussetzung
des Auswahlaxioms bezeichneten Fall zum Ziel, falls man von
einer beliebigen Wohlordnung der Summe $\mathfrak{S}M$ ausgeht. Das Auswahlaxiom ist also auf Grund des Wohlordnungssatzes beweisbar,
wie wir das nämliche für die Vergleichbarkeit der Mengen feststell-

ten. Schließlich ist, wenn man die Vergleichbarkeit der Mengen voraussetzt, auch auf dieser Grundlage der Wohlordnungssatz und damit das Auswahlaxiom beweisbar, wie HARTOGS gezeigt hat. *Auswahlaxiom, Wohlordnungssatz und Vergleichbarkeit der Mengen (oder Kardinalzahlen) sind also gleichwertige Prinzipien*, insofern als aus jedem von ihnen die beiden anderen (mittels der übrigen Axiome) deduktiv gefolgert werden können; es ist gleichgültig, welches von ihnen zu den Axiomen gerechnet wird, die beiden anderen erscheinen dann als beweisbare Sätze. Man wird naturgemäß unter jenen drei Prinzipien das Auswahlaxiom bevorzugen als das allgemeinste, vielleicht auch einleuchtendste von jenen Prinzipien, das überdies nicht bloß der Mengenlehre, sondern der Mathematik bzw. Logik überhaupt angehört. Damit ist indes nichts über die praktische Seite der Aufgabe gesagt; vielmehr wird die wirkliche Angabe einer Auswahlmenge schon bei einer abzählbaren Ausgangsmenge in der Regel nicht leichter sein als die Herstellung einer Wohlordnung.

Bei der Anwendung des Auswahlaxioms zur Begründung des Wohlordnungssatzes und der Mengenvergleichbarkeit zeigt sich besonders scharf und unbequem der rein existentiale, nicht konstruktive Charakter des Axioms. Es wird genügen, dies an dem wichtigsten und am meisten erörterten Beispiel auseinanderzusetzen, an der Frage der *Wohlordnung des Kontinuums* und dem *Kontinuumproblem*. Nimmt man nämlich für die im vorigen Absatz genannte Menge M das Kontinuum, also etwa die Menge aller reellen Zahlen, so folgt auf der Grundlage des Auswahlaxioms, daß das Kontinuum wohlgeordnet werden kann und seine Mächtigkeit $\mathfrak{c}$ unter den Alefs, den Kardinalzahlen wohlgeordneter Mengen, vorkommt; es ist also $\mathfrak{c} = \aleph_n$, wo n eine (endliche oder unendliche) Ordnungszahl bezeichnet. Die Frage, *welche* Ordnungszahl hier für n zu setzen ist, *wo* unter den Alefs also die Mächtigkeit des Kontinuums vorkommt, stellt das schon mehrfach erwähnte Kontinuumproblem dar. CANTOR hat angenommen, daß $n = 1$, d. h. $\mathfrak{c} = \aleph_1$ sei, daß also $\mathfrak{c}$ die zweitkleinste unendliche Kardinalzahl darstelle und somit unmittelbar auf die Kardinalzahl $\mathfrak{a} = \aleph_0$ der abzählbaren Mengen nachfolge; sein vergebliches, dramatischer Wechselfälle nicht entbehrendes Ringen um diese Frage hat sein Leben auch über die spezifisch wissenschaftliche Sphäre hinaus tiefgehend beeinflußt. Jahrzehntelange Versuche, CANTORS Vermutung zu beweisen oder zu widerlegen, sind indes gescheitert; auch heute haben wir noch gar keinen begründeten Anhalt selbst nur über die Richtung, in der ein gangbarer Weg zur Lösung des Kontinuumproblems gefunden werden könnte. Wenn in der allerjüngsten Zeit von HILBERT ein Weg zum Beweis der CANTORschen Vermutung (oder vielmehr eigentlich nur zum Beweis ihrer *Verträglichkeit**) mit den Axiomen der Mengenlehre) vorgezeichnet worden ist, so ist doch die Frage damit noch keineswegs erledigt, u. a. weil einige ausschlaggebende tiefliegende Hilfssätze noch nicht bewiesen sind und, wie zu vermuten gestattet sei, ihrem Beweis auch noch sehr große Schwierigkeiten in den Weg legen werden. Wenn es überhaupt gelingen sollte, das Kontinuumproblem einer endgültigen Lösung zuzuführen, so werden dazu wohl neuartige Beweishilfsmittel oder irgendein Umdenken grundsätzlicher Art erforderlich sein, das z. B. zu einer ganz neuen Form der Fragestellung nötigen könnte.

Die Sprödigkeit des vorliegenden Gegenstandes hängt damit zusammen, daß zwar die *Existenz* einer Wohlordnung des Kontinuums aus dem A. d. Auswahl folgt, aber nicht das geringste über die Möglichkeit einer wirklichen *Herstellung* einer bestimmten Wohlordnung, geschweige denn über deren Art. Die Herstellung würde, wenn man dem Beweis des Wohlordnungssatzes folgen will, eine bestimmte Auswahl ausgezeichneter Elemente aus allen Teilmengen des Kontinuums voraussetzen; eine derartige Auswahl herzustellen ist aber, wie in Beispiel 3 auf S. 159 f. betont wurde, bisher nicht gelungen und mit den üblichen gesetzmäßigen Funktionen überhaupt nicht möglich, obgleich die Existenz einer solchen Auswahl durch das Auswahlaxiom gefordert wird und gewiß auch dem Leser plausibel erscheint. Darin steckt durchaus kein Widerspruch; warum soll man sich nicht das Bestehen von »Gesetzen« denken können, die nicht vollständig formulierbar sind? Unsere Axiomatik sichert also die Wohlordnungsfähigkeit des Kontinuums und das Vorkommen seiner Kardinalzahl unter den Alefs, ohne jedoch zunächst eine nähere Bestimmung über

---

* Es ist ja nämlich denkbar, daß CANTORS Vermutung *unabhängig* von den übrigen Axiomen, also unbeweisbar ist.

beides zu gestatten oder auch nur die Existenz eines Verfahrens zum gewünschten Ziel behaupten zu wollen.

Es ist schließlich noch die erste der auf S. 161 aufgeworfenen Fragen zu beantworten, ob nicht das Auswahlaxiom ein sehr naheliegendes Prinzip von durchaus einleuchtendem und logisch zwingendem Charakter sei. Dieser Eindruck wird sich vielleicht sogar verstärkt haben angesichts der vorstehend aufgewiesenen Unentbehrlichkeit des Axioms für viele einfache Betrachtungen. Der Leser wird zu dieser Frage selbständig so oder so Stellung nehmen können, wenn er von der *Geschichte des Auswahlprinzips* und von den früher und heute gegen es erhobenen Einwänden Kenntnis nimmt. Hierbei können Auswahlprinzip und Wohlordnungssatz auf Grund ihrer soeben hervorgehobenen Gleichwertigkeit [...] offenbar gleichzeitig und wechselweise behandelt werden.

Wie die drei ersten der vorangehenden Beispiele zeigen, ist das Auswahlprinzip stillschweigend seit dem Anfangsstadium der Mengenlehre (im Grunde auch schon vorher in manchen Beweisen der Analysis) benutzt worden, übrigens außer von CANTOR auch von vielen anderen Forschern. An der Verwendung des Prinzips, wie es etwa bei CANTOR in den angeführten (und anderen) Fällen auftrat, hat niemand speziellen Anstoß genommen. Daß in derartigen Beweisen überhaupt ein besonderes Prinzip zur Verwendung kommt, dürfte zuerst BEPPO LEVI 1902 ausgesprochen haben. Aber erst durch den weittragenden Gebrauch, den ZERMELO (auf Anregung von ERHARD SCHMIDT) bei seinem ersten Beweis des Wohlordnungssatzes vom Auswahlprinzip gemacht hat, ist die Aufmerksamkeit weiterer Kreise darauf gezogen worden. Die Folge war in den nächsten Jahren – so namentlich in dem auf ZERMELOS ersten Beweis nachfolgenden (60.) Band der Math. Annalen – eine wahre Flut kritischer Noten zu jenem Beweis, von denen einige eine mehr oder weniger ablehnende Haltung zum Auswahlprinzip einnahmen (vgl. [144]). Die skeptische Haltung vieler Mathematiker gegenüber unserem Prinzip hat auch nach dem zweiten ZERMELOschen Beweis und nach der vielfachen Anwendung des Wohlordnungssatzes innerhalb und außerhalb der Mengenlehre zwar abgenommen, aber keineswegs aufgehört.

Soweit diese Bedenken sich – so z. B. bei den französischen Mengentheoretikern BAIRE, BOREL, LEBESGUE – auf einen mehr oder weniger intuitionistischen Standpunkt stützen, sind sie nur folgerichtig. Denn für den radikalen Intuitionisten hat ja die Behauptung der *Existenz* einer Auswahlmenge ohne die Angabe eines Verfahrens zu ihrer *Konstruktion* keinen Sinn; er wird demgemäß alle vom A. d. Auswahl abhängigen Teile der Mathematik grundsätzlich ablehnen, so insbesondere das allgemeine Rechnen mit Mächtigkeiten, und z. B. zwischen induktiven (endlichen) und nichtreflexiven (nichttransfiniten) Mengen bzw. Zahlen unterscheiden. Hingegen ist es für die nicht intuitionistisch gesinnten, großenteils selbst mengentheoretisch (im Sinne CANTORS) arbeitenden Gegner des Auswahlprinzips im Grunde weniger dieses Prinzip selbst als seine *Konsequenzen*, was zum Mißtrauen oder zur Ablehnung des Prinzips veranlaßte und veranlaßt. Die großen, heute noch unabsehbar scheinenden Schwierigkeiten, die sich der Wohlordnung des Kontinuums und der Lösung des Kontinuumproblems entgegenstellen, haben es nämlich vielen Mathematikern wahrscheinlich gemacht, daß das Kontinuum und um so mehr allgemeinere Mengen überhaupt nicht wohlordnungsfähig, die Mächtigkeiten c, f usw. also keine Alefs seien; CANTORS entgegengesetzte Überzeugung, die auch durch das Scheitern aller Bemühungen nicht zu erschüttern war, hat bei manchen mengentheoretisch arbeitenden Forschern und noch mehr bei vielen der Mengenlehre nur aus der Ferne gegenüberstehenden Mathematikern keineswegs suggestiv gewirkt. Als nun dennoch ZERMELO in seinen scharfsinnigen, aber kurzen Noten die Wohlordnungsfähigkeit jeder Menge, also auch des Kontinuums, beweisen konnte, ohne jedoch ein Verfahren zur Durchführung der Wohlordnung und damit zur Bestimmung der zugehörigen Kardinalzahl anzugeben, da glaubte man vielfach, jene Beweise liefern zu viel und müßten einen Fehlschluß enthalten. Da aber die Deduktion der Beweise der Mehrzahl der Mathematiker unangreifbar schien, so blieb nichts übrig, als *die Grundlage der Beweise, nämlich das Auswahlprinzip, seiner allzu weittragenden Konsequenzen wegen mißtrauisch zu betrachten;* dazu schien man um so eher berechtigt zu sein, als ja das Auswahlprinzip unter den bekannten und ausdrücklich formulierten Prinzipien der klassischen Mathematik nicht vorkam.

Demgegenüber ist zu betonen, daß die angeführten Bedenken

bei klarer Betonung des Unterschiedes zwischen Existenz (einer Auswahlmenge) und Angabe eines konstruktiven Verfahrens (zu einer Bestimmung der auszuwählenden Elemente) nicht haltbar sein dürften. Nicht daß »wir« das Kontinuum wohlordnen können, folgert der Beweis des Wohlordnungssatzes aus dem Auswahlprinzip, sondern nur daß eine Wohlordnung widerspruchsfrei denkbar ist. Daß aber z. B. ein Produkt von Mengen, die sämtlich wirklich Elemente enthalten, sich nicht auf die Nullmenge reduziert, dürfte vielen als anschauungsmäßig unzweifelhaft auch dann erscheinen, wenn die Angabe eines Elementes des Produkts unauflösbare Schwierigkeiten bereiten sollte. Dieses logische Prinzip hat wohl annähernd die gleiche Evidenz und Denknotwendigkeit, wie man sie manchen anderen, für die Grundlegung der Arithmetik, Mengenlehre oder Geometrie unentbehrlichen Axiomen zuzuerkennen pflegt; ist es doch sogar von einem so weitgehend intuitionistisch gesinnten Mann wie Poincaré gebilligt worden. Mit dem gleichen Rechte also, mit dem man das Auswahlaxiom wegen der aus ihm ableitbaren Folgerungen verwirft, könnte man willkürlich andere fruchtbare Grundsätze ablehnen und so wichtige Teile der Mathematik künftig aus ihr verbannen; schließlich ist jedes andere, noch so folgenschwere und unentbehrliche mathematische Prinzip auch irgendwann *zum erstenmal* formuliert worden, und zwar in der Regel *nach* seiner stillschweigenden Verwendung. Man ist denn auch zum Auswahlprinzip in der gleichen Weise wie zu den anderen mathematischen Axiomen gelangt: indem man die Begriffe, Methoden und Beweise, die in der Mathematik sich vorfinden und deren ursprüngliche Entstehung auf vielfach intuitivem Weg nur psychologisch oder historisch, aber nicht logisch zu werten ist, nachträglich logisch analysierte und dabei eben jene Axiome und Prinzipien herausschälte. Auf solchem Wege kam die griechische Mathematik dazu, das Parallelenaxiom unter die Grundpfeiler des geometrischen Gebäudes aufzunehmen; sowenig man seit der Zeit, da die Unbeweisbarkeit des Parallelenaxioms und damit dessen rein axiomatisch-hypothetischer Charakter nachgewiesen wurde, die von ihm abhängigen Teile der Geometrie etwa beseitigte oder auf den weiteren Ausbau dieser »euklidischen« Geometrie verzichtet hat, ebensowenig wäre ein solches Verfahren in der Mengenlehre bezüglich des Auswahlaxioms gerechtfertigt, mag auch dieses gleichfalls ein neues und mit den bisherigen Hilfsmitteln unbeweisbares Prinzip darstellen. Zu einer solchen aposteriorischen Begründung eines Axioms kann dann ein Hinweis auf die anschauliche oder logische Evidenz noch hinzutreten: entscheidend ist er nicht, weil eben gar manche Axiome so recht erst durch die Evidenz der von ihnen abhängigen *Folgerungen* ihr Gewicht bekommen; z. B. werden die meisten Geometer die Existenz nicht-kongruenter ähnlicher Figuren als weit einleuchtender betrachten als das Parallelenaxiom, auf das sich die Möglichkeit ähnlicher Figuren im üblichen Sinne gründet. Wie man neben dieser nachträglichen und relativen Rechtfertigung mathematischer Prinzipien neuerdings auch den Weg einer absoluten Entscheidung über ihre Zulässigkeit oder Unzulässigkeit zu beschreiten versucht und was in dieser Richtung zum Auswahlprinzip zu bemerken ist, wird später noch kurz gestreift werden.

Wenn man hiernach, sofern man nicht den intuitionistischen Standpunkt einnehmen will, dem Auswahlaxiom die Gleichberechtigung mit anderen Prinzipien zuerkennen wird, so ist es doch von Interesse, seine Verwendung einzuschränken, d. h. möglichst viele Gedankengänge ohne Benutzung des Axioms durchzuführen. Man lernt so unterscheiden, welche Teile der Mengenlehre und der Mathematik überhaupt von den reinen Existenzprinzipien des Auswahlaxioms und des Wohlordnungssatzes abhängig sind und welche nicht, wie ja auch der Geometer seine Aufmerksamkeit z. B. der Frage widmet, welche Teile der Geometrie ohne das Parallelenaxiom behandelt werden können und somit in der euklidischen wie in den nichteuklidischen Geometrien gleichmäßig gültig sind. Ja, man kann sogar die Frage aufwerfen, wie die Analysis im allgemeinen und die Mengenlehre im besonderen sich gestalten, wenn man das Auswahlprinzip als *unzutreffend* und etwa eine ihm widersprechende Aussage als gültig ansieht; eine solche nicht-ZERMELOsche Mengenlehre würde in gewissem Sinn der nichteuklidischen Geometrie analog sein, freilich – wie überhaupt die vorangehenden Bemerkungen – entscheidend von der (beim Parallelenaxiom EUKLIDS bekanntlich geklärten) Frage der *Unabhängigkeit* des Auswahlprinzips abhängen. [...]

9. Unbedingtes Existenzaxiom und Axiome spezieller Art (Axiom des Unendlichen und Axiom der Ersetzung). Hiermit beenden wir die Darstellung der grundsätzlich wichtigsten unter den Axiomen, nämlich der Axiome der *allgemeinen Mengenlehre*. Es folgen noch einige Axiome spezielleren Charakters, in deren erstem allerdings noch ein der allgemeinen Mengenlehre zugehöriger Bestandteil auftritt.

Vor allem *wissen wir bisher noch gar nicht, ob überhaupt Mengen existieren*. Mit Ausnahme des A. d. Bestimmtheit, das bloß den Begriff der Menge näher umreißt, stellen nämlich alle bisherigen Axiome *bedingte* Existenzforderungen dar von der Form: falls gewisse Mengen existieren, so existieren auch gewisse andere Mengen. Wenn es überhaupt keine Mengen gibt, so bleiben formal alle Axiome befriedigt. Es wird also in erster Linie noch durch ein weiteres, *unbedingtes (absolutes)* Existenzaxiom zu fordern sein, daß überhaupt *mindestens eine Menge existiert*. Daraus erst schöpfen die Axiome II–VI den Charakter wirklicher Existenzforderungen. Namentlich läßt sich dann die Existenz der Nullmenge 0, ferner der Mengen $\{0\}$, $\{\{0\}\}$ usw. folgern. Übrigens sind diese Mengen untereinander verschieden; denn es enthält z. B. 0 überhaupt kein Element, $\{0\}$ dagegen das Element 0, usw. Durch die Axiome der Paarung, der Vereinigung und der Potenzmenge gelangt man weiterhin zu Mengen von beliebig vielen, aber immer nur *endlich* vielen Elementen, da namentlich auch die Potenzmenge einer endlichen Menge sogar in der CANTORschen Mengenlehre stets endlich ist. Man erkennt übrigens leicht, daß man bei Beschränkung auf nur endliche Mengen die bisherigen Axiome gar nicht sämtlich nötig hätte, auf sie vielmehr großenteils verzichten könnte.

Dagegen geben die Axiome II–IV offenbar keine Handhabe, um von einer gegebenen endlichen Menge aus auf das Vorhandensein von Mengen mit unendlichvielen Elementen zu schließen, und daran wird nichts geändert durch Hinzunahme der Axiome der Aussonderung und der Auswahl, die zu gegebenen Mengen bloß in gewissem Sinn *beschränktere* sichern. Auch der Weg, auf dem DEDEKIND die Existenz einer unendlichen Menge zu sichern versucht hat ([25], § 5; vgl. auch schon [11], § 13), ist von unserem Standpunkt aus nicht brauchbar. DEDEKIND betrachtet die Menge S aller Gegenstände unseres Denkens und beweist auf folgende

Weise, daß sie unendlich ist: Ist s ein Element von S, so ist der Gedanke »s kann gedacht werden« ebenfalls ein (von s verschiedenes) Element von S. Alle Gedanken der Form »s kann gedacht werden«, wobei s ein beliebiges Element von S bedeutet, bilden daher eine Teilmenge S_0 von S, und zwar eine eigentliche Teilmenge; denn nicht jedes Element von S ist gerade ein Gedanke der besonderen Art: ein gewisser Gedanke kann gedacht werden. Endlich ist die eigentliche Teilmenge S_0 äquivalent der Menge S selbst; zwecks Abbildung beider Mengen aufeinander braucht man nämlich nur jedem Element s von S den Gedanken »s kann gedacht werden«, der ein Element von S_0 ist, zuzuordnen und umgekehrt. S ist also nach der erwähnten Definition eine unendliche Menge. Es gibt demnach unendliche Mengen.

Dieser Beweis kann uns deshalb nicht befriedigen, weil die Menge S aller Gegenstände unseres Denkens auf Grund unserer Axiome gar nicht existiert; ja noch mehr: die Menge S stellt offenbar eine paradoxe Menge dar.[1] DEDEKIND selbst hat diesen Mangel nach dem Aufkommen der Antinomien der Mengenlehre anerkannt. Die Existenz unendlicher Mengen muß also, da ein Beweis für sie mittels unserer Axiome nicht möglich ist, durch ein absolutes Existenzaxiom gefordert werden. Darin ist dann von selbst die Forderung eingeschlossen, daß überhaupt mindestens eine Menge existiert (vgl. den vorletzten Absatz). Es genügt übrigens, die Existenz einer *abzählbar* unendlichen Menge (z. B. der Menge der natürlichen Zahlen) zu fordern; die abzählbaren Mengen stellen ja jedenfalls sowohl mathematisch wie auch psychologisch den einfachsten Typ unendlicher Mengen dar. Vom axiomatischen Standpunkt aus, dem zufolge alle benutzten Begriffe aus den Grundbegriffen der Axiomatik abzuleiten sind, darf natürlich weder der Begriff einer abzählbaren Menge noch der einer unendlichen Menge überhaupt vorausgesetzt werden. Die darin liegende Schwierigkeit ist leicht zu umgehen. Das für unseren Zweck allein

---

1 FRAENKEL nennt eine Menge »paradox«, wenn sie Anlaß zu einer Antinomie (Paradoxie) gibt. Z.B. ist die RUSSELLsche Menge R paradox (s. S. 133). Entgegen dem auch heute noch üblichen Brauch (s. etwa S. 362) empfehlen wir, die Bezeichnungen »Antinomie« und »Paradoxie« nicht synonym zu verwenden (vgl. [97], S. 50).

wesentliche Merkmal der Menge der natürlichen Zahlen liegt nämlich darin, daß sie erstens eine »ausgezeichnete« Zahl (die Eins) aufweist und zweitens zu jeder natürlichen Zahl n auch die eindeutig bestimmte und von allen übrigen Zahlen verschiedene »nächstfolgende« Zahl $n + 1$ enthält, womit übrigens keine Ordnungsvorstellung verbunden zu werden braucht. Analog können wir in der Mengenlehre als ausgezeichnete Menge die Nullmenge, als durch eine beliebige Menge m eindeutig bestimmt die Menge $\{m\}$ wählen. Das Axiom, das zwecks Sicherung spezieller, nämlich unendlicher Mengen an die Stelle der – noch der allgemeinen Mengenlehre zugehörigen – bloßen Postulierung *irgendeiner* Menge zu treten hat, besagt somit (vgl. [145]):

Axiom VII. *Es gibt mindestens eine Menge Z von folgenden beiden Eigenschaften:*

1. *falls die Nullmenge (d. h. eine Menge ohne Elemente) existiert, so ist die Nullmenge Element von Z;*

2. *ist m irgendein Element von Z, so ist auch $\{m\}$ (d. h. die Menge, die m und kein anderes Element enthält) ein Element von Z.*
(Axiom des Unendlichen)

Jede Menge Z von diesen Eigenschaften ist eine unendliche Menge (im naiven wie im DEDEKINDSCHEN Sinn). Denn sie enthält als Elemente zunächst die Nullmenge 0, dann (wegen der zweiten Eigenschaft) die davon verschiedene Menge $\{0\}$, weiter die Menge $\{\{0\}\}$, deren einziges Element die Menge $\{0\}$ ist, usw. Es läßt sich zeigen ([145], S. 267), daß jede solche Menge Z eine *kleinste* Teilmenge Z_0 mit den nämlichen beiden Eigenschaften enthält – d. h. eine Menge, welche Teilmenge *jeder* so beschaffenen Menge ist –, nämlich die Menge

$$Z_0 = \{0, \{0\}, \{\{0\}\}, \{\{\{0\}\}\}, \ldots\}.$$

Das ist bis auf die Bezeichnungsweise die Menge aller natürlichen Zahlen; denn man kann ja die Nullmenge durch das Zeichen 1 bezeichnen, die Menge $\{0\}$ durch 2, $\{\{0\}\}$ durch 3 usw., und da hierbei nie wieder dieselbe Menge auftritt, werden immer neue Zeichen erforderlich. Das obige Axiom kommt also im wesentlichen hinaus auf die Forderung, daß eine abzählbar unendliche Menge existieren soll.

Ausgehend von einer hiermit gesicherten, zum mindesten abzählbar unendlichen Menge kann man nunmehr auch unendliche Mengen von höherer Mächtigkeit bilden, wesentlich auf Grund des A. d. Potenzmenge; dieses Axiom erlaubt die Benutzung des Diagonalverfahrens und sichert also Mengen von der Mächtigkeit des Kontinuums und von größeren Mächtigkeiten. Indes reicht das Axiom des Unendlichen in Verbindung mit den übrigen sechs Axiomen noch nicht aus, um *alle* unendlichen Mengen eines sicher noch einwandfreien Gebietes der Mengenlehre zu sichern; zur Bildung sehr umfassender Mengen sind A. d. Potenzmenge und Diagonalverfahren noch nicht genügende Hilfsmittel. Bezeichnet man nämlich die Potenzmenge $\mathfrak{U}Z_0$ der eben eingeführten Menge Z_0 (also im wesentlichen das »Kontinuum«) mit Z_1, ebenso $\mathfrak{U}Z_1$ mit Z_2, $\mathfrak{U}Z_2$ mit Z_3 usw., so läßt sich mittels unserer sieben Axiome z. B. die Existenz der abzählbaren Menge

$$M = \{Z_0, Z_1, Z_2, Z_3, \ldots\}$$

nicht beweisen, also auch nicht die Existenz der Vereinigungsmenge $\mathfrak{S}M$ usw. Damit bleiben, wie man leicht erkennt, Mengen von sehr großer Kardinalzahl aus unserer Axiomatik ausgeschlossen, nämlich Mengen, deren Kardinalzahl ein Alef mit transfinitem Index (also $\geq \aleph_\omega$) ist (wenigstens wenn man hinsichtlich des Kontinuumproblems annimmt, daß $2^{\aleph_0} = \mathfrak{c}$ nicht alle Alefs mit endlichem Index übersteigt).

Um den Bereich der Mengenlehre nicht unnötig einzuengen, hat man also das Axiom des Unendlichen weiter auszudehnen. Man wird zunächst daran denken, in der ersten Eigenschaft von Axiom VII statt der Nullmenge eine beliebige schon als existierend erweisbare Menge zuzulassen und in der zweiten Eigenschaft an die Stelle der speziellen Operation, die in der Bildung von $\{m\}$ aus m besteht, eine beliebige Funktion von m zu setzen [...]. So wird z. B. die obige Menge M gesichert, wenn man in Axiom VII statt 0 die Menge Z_0, statt $\{m\}$ die Menge $\mathfrak{U}m$ einsetzt.

Indes ist für manche Zwecke auch ein derartiges Axiom noch nicht weittragend genug. In der Theorie der ungeordneten Mengen müßte man sich zwar zu speziellen Mengen von überaus großen Mächtigkeiten erheben, um über die Grenze des durch die bisherigen Axiome gesicherten Gebietes hinaus vorzudringen. Anders in der Theorie der geordneten – z. B. der wohlgeordneten – Mengen, wenn man diese allein auf unsere Grundbegriffe und Axiome aufbauen will, wie das im nächsten Paragraphen noch angedeutet werden soll. Zwar ist auch auf diesem Gebiet die *allgemeine* Theorie schon durch die Axiome I bis VI (bzw. VII) vollständig ermöglicht. Bei der Betrachtung *spezieller* geordneter Mengen und insbesondere bei der Axiomatisierung der speziellen Theorie der Ordnungszahlen stößt man indes schon bald auf Hindernisse, die aus der für diese Zwecke noch allzu engen Begrenzung unseres Axiomensystems hervorgehen. Bei der Verfolgung derartiger besonderer Ziele – aber auch *nur* dann – benötigt man ein weiteres Axiom der folgenden Art:

Axiom VIII. *Ist m eine Menge und φ (x) eine Funktion, so existiert auch die Menge, die aus m hervorgeht, falls jedes Element x von m durch die Menge φ (x) ersetzt wird.* **(Axiom der Ersetzung)**

Der hier eingehende Begriff der »Funktion« soll natürlich nicht etwa einen neuen undefinierten Grundbegriff unserer Axiomatik darstellen – das würde ja eine erhebliche und höchst unerwünschte Komplikation des Ganzen bedeuten –, sondern er ist im Sinne der Definition 4 als aus den bisherigen Grundbegriffen abgeleitet zu verstehen. Indes genügt für die hier in Betracht kommenden speziellen Zwecke der Umfang noch nicht, den die Definition 4 dem Funktionsbegriff verleiht; vielmehr würde bei dieser bisherigen Festsetzung sich die Aussage des Axioms VIII mittels der bisherigen Axiome sogar *beweisen* lassen, so daß ihre axiomatische Formulierung nichts Neues brächte und somit überflüssig wäre.[1] [...]

Ob schließlich mit den beiden speziellen Existenzaxiomen VII und VIII die Grenzen der Mengenlehre im mathematisch wünschenswerten Maße ausgedehnt sind, ist eine noch nicht völlig geklärte Frage. Man kann den Begriff gewisser (überaus umfassender) Mengen bilden, für die auch in der genetischen Mengenlehre CANTORS die Existenz noch nicht feststeht; zur Sicherung der Existenz derartiger Mengen, falls sie überhaupt widerspruchsfrei sind, bzw. zur Entscheidung der Frage nach ihrer Möglichkeit könnten vielleicht noch weitere spezielle Existenzaxiome benötigt

---

1 In den darauf folgenden Abschnitten – die »nur für den Kenner bestimmt« sind und die wir hier fortlassen – führt FRAENKEL die notwendige Erweiterung des Funktionsbegriffs durch (vgl. Fußnote auf S. 155f.).

werden. Indes liegen diese Probleme – und im Bereich der ungeordneten Mengen auch schon die mit Axiom VIII zusammenhängenden – in den entferntesten Regionen der theoretischen Wissenschaft und haben noch kaum eine Verbindung mit den durch die
wissenschaftlichen Bedürfnisse der Gegenwart angeregten Fragen.

10. Historisches zum Axiomensystem. In den wesentlichsten
Grundzügen stammt das vorstehende Axiomensystem von ZER-
MELO [145]. Außer der Grundrelation ε sind noch die Axiome der
Vereinigung, der Potenzmenge, der Auswahl (III, IV, VI) sowie
von den speziellen Axiomen das Axiom des Unendlichen (VII) aus
jener bahnbrechenden Abhandlung übernommen, ferner das
Axiom der Aussonderung in seiner erstangegebenen Form V (vgl.
S. 151). Unter diesen Axiomen ist das einzige, das einen der CAN-
TORSCHEN Mengenlehre nicht bewußt gewordenen Prozeß enthält,
nämlich das Auswahlaxiom, in einer weitergehenden Form schon
1904 von ZERMELO [143] ausgesprochen und benutzt worden; die
speziellere, also weniger fordernde Form des Axioms VI, aus der
sich die allgemeinere Aussage mittels der übrigen Axiome herleiten
läßt, erscheint zuerst wohl bei RUSSELL [116] und ZERMELO [144].

Die wesentlicheren Abweichungen gegen ZERMELOS Axiomensystem bestehen – abgesehen von der nur formalen Vermeidung
des ZERMELOschen »Bereiches« aller Mengen – in folgendem: Die
Relation der Gleichheit wird bei ZERMELO durch eine von der Relation ε zunächst unabhängige inhaltliche Erklärung eingeführt,
aus der sich dann die Aussage unseres Axioms I stillschweigend
ergibt; demgemäß wird unsere Definition 2 dort als *besonderes
Axiom* aufgestellt. Weiter werden bei ZERMELO außer Mengen
noch andere »Dinge« als existierend zugelassen, so daß der Begriff
der *Menge* – im Gegensatz zu den Dingen, die keine Mengen sind –
einer besonderen Erklärung mittels ε bedarf; bei dieser Auffassung ist die Umwandlung der Definition 2 in ein Axiom, in dem das
Wort »Menge« einen anderen, nicht so allgemeinen Sinn erhält, in
der Tat gar nicht zu vermeiden. Statt des Axioms der Paarung tritt
bei ZERMELO ein umfassenderes Axiom auf, das noch die (hier
bewiesenen) Resultate der Beispiele 2 und 3 (vgl. Fußnote auf
S. 155 f.) als *Forderungen* enthält. Als spezielles Existenzaxiom
kommt bei ZERMELO nur unser Axiom VII vor. Wie oben bemerkt
(S. 176), reicht dieses Axiom zur Sicherung der rechtmäßigen und

erforderlichen Mengen nicht aus; diesem Mangel hilft das Axiom der Ersetzung (VIII) ab, das sich inzwischen an einer Reihe verschiedenartiger Probleme als fruchtbar und ausreichend bewährt hat.

All diese Abweichungen treten aber wohl zurück hinter der Einführung des Funktionsbegriffs und der dadurch ermöglichten Ersetzung des ZERMELOschen Aussonderungsaxioms V durch Axiom V', das den allgemeinen Eigenschaftsbegriff aus dem Axiomensystem ausmerzt; diese Fortbildung vollendet die rein mathematische Fassung der Axiomatik und ermöglicht – trotz der scheinbar engen Fassung des Funktionsbegriffs – gerade infolge der Ausschaltung einer überaus weitgehenden Berufung auf die allgemeine Logik erst eine volle Ausnutzung des Aussonderungsaxioms und damit auch die Lösung von bisher offengebliebenen Fragen, so z. B. die Durchführung der axiomatischen Theorie der (wohl)geordneten Mengen und den Beweis der Unabhängigkeit des Auswahlaxioms. Durch diese Ausschaltung des Eigenschaftsbegriffs werden die Teile der Logik, die noch als selbstverständliche Hilfsmittel des axiomatischen Aufbaus benutzt werden, sehr eingeengt und namentlich nach der Seite des Elementareren zu verschoben; das ist u. a. deshalb von Bedeutung, weil damit auch für den grundsätzlichen Anhänger der logischen Auffassung RUSSELLs die Heranziehung der unbequemen Typentheorie als sehr erheblich einschränkbar erscheinen wird. Auf die Möglichkeit einer wesentlich anderen Art, das Axiom der Aussonderung vom allgemeinen Eigenschaftsbegriff zu entlasten, hat SKOLEM hingewiesen; dieser Weg macht, über den üblichen mathematischen Rahmen etwas hinausgehend, von den Grundoperationen der Logistik wesentlichen Gebrauch, dürfte indes der Sache nach der Aussonderungsmenge einen ähnlichen Umfang verleihen wie das hier geübte Verfahren. Die Form der Ausdehnung des Funktionsbegriffs, wie sie für die speziellen Zwecke des Ersetzungsaxioms heranzuziehen ist, hat VON NEUMANN angegeben.

Kritische Bemerkungen zu ZERMELOS Axiomatik findet man namentlich bei POINCARÉ und SKOLEM; sie sind zum größten Teil in diesem und den beiden nächsten Paragraphen gebührend berücksichtigt. Die Hinweise SKOLEMS sind auch bei nicht intuitionistischer Einstellung beachtenswert.

Eine Modifikation des vorstehenden Axiomensystems gibt Ku-
ratowski; die Abweichung besteht in der Hauptsache darin, daß
statt des Paares $\{a, b\}$ (Axiom II) die Vereinigungsmenge $a + b$
gefordert wird.

5. Nicht-Cantorsche Mengenlehre

Cantor hat mit verschiedenen Methoden bewiesen [15], daß das
Kontinuum von höherer Mächtigkeit ist als die Menge der natürlichen Zahlen: $\aleph > \aleph_0$ (s. S. 122 f.).

Es liegt die Frage nahe, ob $\aleph$ die kleinste Mächtigkeit ist, die
größer ist als $\aleph_0$. Wir können auch so fragen: Gibt es eine Mächtigkeit $\aleph^*$, für die die Ungleichungen

$$\aleph > \aleph^* > \aleph_0$$

erfüllt sind?

Das ist das Kontinuumproblem (s. S. 167 u. 183), das Cantor
zum ersten Male im Jahre 1884 in einer seiner Arbeiten erwähnt
([15], S. 192). Er hoffte, diese offene Frage schon bald durch einen
strengen Beweis beantworten zu können. Die Cantorsche Ver-
mutung lautet, daß es keine Mächtigkeit $\aleph^*$ zwischen $\aleph$ und $\aleph_0$
geben kann.

Es ist Cantor trotz ernstester Bemühungen nicht gelungen,
seine Vermutung zu beweisen.

Aus dem Briefwechsel zwischen Cantor und Mittag-Leffler
im Jahre 1884 wird deutlich, wie stark ihn dieses Problem beschäftigt hat [16]. Da gibt es einen Brief (vom 24.8.), in dem er einen
Beweis für seine Vermutung ankündigt. Aber dann muß er sich
korrigieren: seine Deduktion ist doch noch nicht einwandfrei, und
kurz darauf glaubt er sogar beweisen zu können, daß seine Vermutung falsch war. Immer wieder hat er sich um das Kontinuumproblem bemüht, in dessen Lösung er einen wichtigen Schritt zur
Abschließung seiner Theorie des Transfiniten ansah. Die Lösung
dieser Aufgabe ist ihm aber nicht gelungen, und so hat er schließlich resigniert.

SCHOENFLIES [122] hat die Vermutung geäußert, daß das quälende Grübeln über das Kontinuumproblem zum Ausbruch seiner psychischen Erkrankung im Jahre 1884 geführt habe. Das ist wahrscheinlich nicht richtig, aber ganz gewiß war es für den sonst so erfolgreichen Forscher eine schwere Enttäuschung, daß er mit diesem Problem nicht fertig wurde.

Eine Lösung dieses schwierigen Problems wurde erst möglich, nachdem ZERMELO (und andere Schüler CANTORS) eine Axiomatisierung der Mengenlehre geliefert hatten. Die Beschäftigung mit dem alten Kontinuumproblem bei den Forschern des 20. Jahrhunderts führte zu einem eigenartigen, für CANTOR gewiß unerwarteten Ergebnis. Es zeigte sich, daß die CANTORsche Aussage über das Kontinuum in der Mengenlehre eine ähnliche Stellung hat wie das EUKLIDische Parallelenpostulat in der Geometrie. Dieses Postulat ist unabhängig von den übrigen axiomatischen Grundlagen der Geometrie. Fügt man es den übrigen Postulaten und Axiomen hinzu, so hat man eine Basis für die klassische Geometrie. Man kann aber auch die Negation des Parallelenpostulats den Grundlagen der »absoluten« Geometrie anfügen und gewinnt damit ein Axiomensystem für die nichteuklidische Geometrie (BOLYAI und LOBATSCHEWSKY).

Entsprechend kann man zu dem ZERMELO-FRAENKELschen-Axiomensystem der Mengenlehre die CANTORsche »Hypothese« als Axiom hinzufügen und gewinnt damit ein Fundament für die klassische (CANTORsche) Mengenlehre. Es ist aber auch möglich, die Negation des CANTORschen Satzes den übrigen Axiomen anzufügen, also die Existenz einer Mächtigkeit zwischen $\aleph_0$ und $\aleph$ zu postulieren. Das hat COHEN in seinen aufsehenerregenden Arbeiten [17, 18] bewiesen. Wir bringen im folgenden einen Abschnitt aus einem Buch von PHILIP J. DAVIS und REUBEN HERSH ([24], S. 235–245)[1], in dem über dieses wichtige Ergebnis der Grundlagenforschung berichtet wird:

---

1 Es handelt sich dabei um die deutsche Übersetzung eines zuerst in »Scientific American« erschienenen Artikels von COHEN und HERSH.

☐ In der abstrakten Mengenlehre gibt es ebenfalls ein besonderes Axiom, das manche Mathematiker nicht ohne weiteres schluckten. Das ist das Auswahlaxiom, das folgendes besagt: Wenn α eine beliebige Familie[1] von Mengen {A, B, ...} ist und keine der Mengen in α leer ist, dann existiert eine Menge Z, die genau aus je einem Element aus A, aus B usw. quer durch alle Mengen in α besteht. Wenn zum Beispiel α aus zwei Mengen besteht, der Menge aller Dreiecke und der Menge aller Quadrate, dann erfüllt α klar das Auswahlaxiom. Wir wählen einfach ein bestimmtes Dreieck und ein bestimmtes Quadrat und lassen diese beiden Elemente die Menge Z bilden.

Die meisten Menschen empfinden das Auswahlaxiom, wie das Parallelenaxiom, als intuitiv sehr einleuchtend. Die Schwierigkeit liegt in der Breite des Spielraums, den wir α einräumen: eine *beliebige* Familie von Mengen. Wie wir gesehen haben, gibt es endlose Ketten von immer größeren unendlichen Mengen. Bei einer so unvorstellbar großen Familie von Mengen ist es unmöglich, aus jeder dazugehörenden Menge wirklich ein Element auszuwählen. Wenn wir das Auswahlaxiom akzeptieren, ist unsere Zustimmung nichts anderes als ein Glaubensakt, daß eine solche Auswahl möglich ist, genau wie unsere Zustimmung zum Parallelenaxiom auf dem gläubigen Vertrauen beruht, daß die Geraden sich schon so verhalten werden, wenn man sie ins Unendliche ausdehnt. Es zeigt sich, daß das unschuldig wirkende Auswahlaxiom einige unerwartete und äußerst kräftige Folgerungen nach sich zieht. Wir können zum Beispiel mittels einer induktiven Beweisführung Behauptungen über die Elemente in *jeder beliebigen* Menge beweisen, ähnlich wie die mathematische Induktion verwendet werden kann, um Sätze über die natürlichen Zahlen 1, 2, 3 usw. zu beweisen.

Das Auswahlaxiom hat in der Mengenlehre eine besondere Rolle gespielt. Viele Mathematiker waren der Meinung, es sollte sowenig wie möglich verwendet werden. Mit einer Form der axiomatischen Mengenlehre, in der das Auswahlaxiom *weder* als wahr *noch* als falsch angenommen wird, wären vermutlich die meisten Mathematiker einverstanden. Im folgenden verwenden wir den

---

1 Der Leser kann sich hier darunter einfach eine Menge vorstellen, die Mengen als Elemente hat (vgl. S. 152).

Ausdruck »eingeschränkte Mengenlehre« für ein solches Axiomensystem. Dagegen verwenden wir die Bezeichnung »Standard-Mengenlehre« für die Theorie, die auf der Gesamtheit der Axiome beruht, die ZERMELO und ABRAHAM FRAENKEL vorbrachten, d. h. die eingeschränkte Mengenlehre *plus* das Auswahlaxiom.[1]

1938 brachte KURT GÖDEL Licht in diese Sache [44]. GÖDEL ist vor allem durch seinen großen »Unvollständigkeits«-Satz von 1931 [43] bekannt. Hier beziehen wir uns auf spätere Arbeiten GÖDELS, die Nichtmathematikern weniger bekannt sein dürften. 1938 bewies GÖDEL das folgende Resultat: Wenn die eingeschränkte Mengenlehre konsistent[2] ist, dann ist es auch die Standard-Mengenlehre. Mit anderen Worten, das Auswahlaxiom ist nicht gefährlicher als die anderen Axiome; wenn sich in der Standard-Mengenlehre ein Widerspruch zeigt, muß ein Widerspruch bereits in der eingeschränkten Mengenlehre versteckt sein.

Doch das war noch nicht alles, was GÖDEL bewiesen hat. Wir erinnern den Leser an CANTORS »Kontinuumshypothese«, daß keine unendliche Kardinalzahl existiert, die größer ist als $\aleph_0$ und kleiner als c. GÖDEL zeigte auch, daß wir die Kontinuumshypothese unbesorgt als ein zusätzliches Axiom der Mengenlehre dazunehmen können; d. h. wenn die Kontinuumshypothese plus die eingeschränkte Mengenlehre einen Widerspruch implizierten, dann muß ein Widerspruch bereits in der eingeschränkten Mengenlehre stecken. Das war die halbe Lösung des CANTORschen Problems; es ist kein *Beweis* der Kontinuumshypothese, sondern nur ein Beweis, daß sie nicht widerlegbar ist.

Um zu verstehen, wie GÖDEL seine Resultate erhielt, müssen wir verstehen, was unter einem Modell für ein Axiomensystem zu verstehen ist. Wenden wir uns noch einmal für einen Moment den Axiomen der Geometrie der Ebene zu. Wenn wir diese Axiome einschließlich des Parallelenpostulats nehmen, haben wir die Axiome der euklidischen Geometrie; wenn wir statt dessen alle Axiome wie zuvor belassen, aber das Parallelenpostulat durch seine Negation ersetzen, haben wir die Axiome der nichteuklidischen Geometrien. Für beide Axiomensysteme – euklidisch und

---

1 Vgl. Abschnitt 4 dieses Kapitels.
2 d. h. widerspruchsfrei.

nichteuklidisch – fragen wir uns: Können diese Axiome zu einem Widerspruch führen?

Diese Frage im Hinblick auf das euklidische System zu stellen, scheint unvernünftig. Was könnte an unserer vertrauten, 2000 Jahre alten Geometrie schon falsch sein? Andererseits erscheint dem Nichtmathematiker das zweite Axiomensystem mit seiner Negation des intuitiv einleuchtenden Parallelenpostulats eher verdächtig. Trotzdem sind vom Standpunkt der Mathematik des zwanzigsten Jahrhunderts die beiden Geometrien ungefähr gleichwertig. Beide lassen sich manchmal auf die physikalische Welt anwenden und beide sind, in einem relativen Sinne, konsistent.

Die Erfindung der nichteuklidischen Geometrie und die Einsicht, daß ihre Widerspruchsfreiheit durch die Widerspruchsfreiheit der euklidischen Geometrie impliziert wird, war das Werk vieler großer Mathematiker des neunzehnten Jahrhunderts; wir nennen hier vor allem BERNHARD RIEMANN [113]. Erst im zwanzigsten Jahrhundert wurde die Frage gestellt, ob die euklidische Geometrie selber konsistent ist.

Diese Frage wurde von DAVID HILBERT gestellt und beantwortet [54]. HILBERTS Lösung war eine einfache Anwendung der Idee eines Koordinatensystems. Mit jedem Punkt in der Ebene können wir ein Zahlenpaar verbinden: seine x- und y-Koordinaten. Dann können wir mit jeder Geraden oder jedem Kreis eine Gleichung in Verbindung bringen: eine Beziehung zwischen den x- und den y-Koordinaten, die nur für die Punkte auf jener Geraden oder jenem Kreis zutrifft. Auf diese Weise werden Geometrie und elementare Algebra miteinander verbunden. Für jede Aussage über den einen Gegenstand gibt es eine entsprechende Aussage über den anderen. Daraus folgt, daß die Axiome der euklidischen Geometrie nur zu einem Widerspruch führen können, wenn die Regeln der elementaren Algebra – die Eigenschaften der gewöhnlichen reellen Zahlen – zu einem Widerspruch führen können. Hier haben wir abermals einen relativen Beweis der Widerspruchsfreiheit. Die nichteuklidische Geometrie war konsistent, wenn die euklidische Geometrie konsistent war; nun ist die euklidische Geometrie konsistent, wenn die elementare Algebra konsistent ist. Die euklidische Kugeloberfläche war ein Modell für die nichteuklidische

Ebene; die Menge der Koordinatenpaare ist ihrerseits ein Modell für die euklidische Ebene.

Angesichts dieser Beispiele können wir sagen, daß GÖDELS Beweis der relativen Widerspruchsfreiheit des Auswahlaxioms und der Kontinuumshypothese analog zu HILBERTS Beweis der relativen Widerspruchsfreiheit der euklidischen Geometrie ist. In beiden Fällen wurde die Standard-Theorie durch eine elementarere Theorie gerechtfertigt. Selbstverständlich bezweifelte niemand im Ernst die Zuverlässigkeit der euklidischen Geometrie, während so hervorragende Mathematiker wie L. E. J. BROUWER, HERMANN WEYL und HENRI POINCARÉ das Auswahlaxiom ernsthaft bezweifelten. In diesem Sinne hatte GÖDELS Resultat eine viel größere Wirkung und Bedeutung.

Die analoge Entwicklung in bezug auf die nichteuklidische Geometrie – was wir die Nicht-CANTORsche Mengenlehre nennen könnten – hat erst seit 1963 in den Arbeiten von PAUL J. COHEN stattgefunden [17, 18]. Was versteht man unter dem Begriff »Nicht-CANTORsche Mengenlehre«? So wie die euklidische und die nichteuklidische Geometrie, mit Ausnahme des Parallelenaxioms, dieselben Axiome verwenden, so weichen auch die Standard-(»CANTORsche«) und Nichtstandard-(»Nicht-CANTOR-sche«)Mengenlehre nur in einem Axiom voneinander ab. Die Nicht-CANTORsche Mengenlehre nimmt die Axiome der eingeschränkten Mengenlehre und fügt nicht das Auswahlaxiom, sondern die eine oder andere Form einer Negation des Auswahlaxioms hinzu. Insbesondere können wir als Axiom die Negation der Kontinuumshypothese nehmen. So existiert nun, wie wir erklären werden, eine vollständige Lösung des Kontinuum-Problems. Zu GÖDELS Entdeckung, daß die Kontinuumshypothese nicht widerlegbar ist, kommt die Tatsache hinzu, daß sie auch nicht beweisbar ist.

Sowohl GÖDELS Resultat wie auch die neuen Entdeckungen erfordern die Konstruktion eines Modells, so wie die Konsistenzbeweise der Geometrie, die wir beschrieben haben, ein Modell erforderten. In beiden Fällen wollen wir beweisen, daß, wenn die eingeschränkte Mengenlehre konsistent ist, das auch auf die Standard-Mengenlehre (oder Nichtstandard-Mengenlehre) zutrifft.

GÖDELS Idee bestand darin, ein Modell für die eingeschränkte

Mengenlehre zu konstruieren und zu beweisen, daß in diesem Modell das Auswahlaxiom und die Kontinuumshypothese Sätze sind. Er ging folgendermaßen vor: Indem man nur die Axiome der eingeschränkten Mengenlehre verwendet, ist uns durch Axiom 2 die Existenz von wenigstens einer Menge (der leeren Menge) garantiert; Axiom 3 und Axiom 4 garantieren dann die Existenz einer unendlichen Folge immer größerer endlicher Mengen, Axiom 5 garantiert die Existenz einer unendlichen Menge und Axiom 7 schließlich eine endlose Folge immer größerer (nicht gleichmächtiger) unendlicher Mengen usw.[1] Im wesentlichen auf diesem Wege spezifizierte GÖDEL eine Klasse von Mengen nach der Art und Weise, in der sie in sukzessiven Schritten aus einfacheren Mengen konstruiert werden können. Er nannte diese Mengen »konstruierbare Mengen«; ihre Existenz wird durch die Axiome der eingeschränkten Mengenlehre garantiert. Dann zeigte er, daß im Bereich der konstruierbaren Mengen das Auswahlaxiom und die Kontinuumshypothese beide bewiesen werden können. Das heißt, daß zuerst aus jeder beliebigen konstruierbaren Familie α von konstruierbaren Mengen (A, B, ...) eine konstruierbare Menge Z ausgewählt werden kann, die aus mindestens je einem Element aus A, B usw. besteht. Das ist das Auswahlaxiom, das hier angemessener der Auswahlsatz genannt werden könnte. Als nächstes folgt, daß, wenn A eine unendliche, konstruierbare Menge ist, es «zwischen» A und 2^A keine konstruierbare Menge (größer als A, kleiner als die Potenzmenge von A und zu keinem der beiden gleichmächtig) gibt. Wenn unter A die erste unendliche Kardinalzahl verstanden wird, dann ist diese Aussage die Kontinuumshypothese.[2]

So wurde im Fall der *konstruierbaren* Mengenlehre eine »verallgemeinerte Kontinuumshypothese« bewiesen. Wenn wir also bereit sind, das Axiom zu akzeptieren, daß es nur konstruierbare Mengen gibt, so wären diese beiden Fragen durch GÖDELS Arbeit

---

1 Die Numerierung der Axiome und ihre Formulierung ist hier anders als bei FRAENKEL (vgl. Abschnitt 4).

2 Man sollte hier besser sagen: Wenn unter A *eine Menge mit der ersten unendlichen Kardinalzahl* verstanden wird, ... (vgl. (11), S. 116). Man beachte ferner, daß 2^A hier ein Zeichen für die Potenzmenge (die Menge aller Teilmengen) von A ist.

vollständig aus der Welt geschafft. Warum tut man es nicht? Weil man der Meinung ist, daß es unvernünftig wäre, darauf zu bestehen, daß eine Menge nach *irgendeiner* vorgeschriebenen Formel konstruiert werden muß, um als echte Menge anerkannt zu werden. So waren in der gewöhnlichen (nicht notwendigerweise konstruierbaren) Mengenlehre weder das Auswahlaxiom noch die Kontinuumshypothese bewiesen worden. So viel war zumindest gewiß: sie konnten alle beide angenommen werden, ohne einen Widerspruch auszulösen, wenn sich nicht schon die »sicheren« Axiome der eingeschränkten Mengenlehre widersprachen. Jeder Widerspruch, den sie verursachen, muß also bereits in der konstruierbaren Mengenlehre vorhanden sein, die ein Modell der gewöhnlichen Mengenlehre ist. Mit anderen Worten, man wußte, daß keines von beiden durch die anderen Axiome widerlegbar war, was man nicht wußte, war, ob sie überhaupt beweisbar sind.

Hier wird die Analogie mit dem Parallelenpostulat der euklidischen Geometrie besonders passend. Daß EUKLIDS Axiome konsistent sind, wurde bis vor kurzem als selbstverständlich angenommen. Die Frage, welche die Geometer interessierte, war, ob sie unabhängig sind oder nicht, das heißt, ob das Parallelenpostulat auf der Grundlage der anderen zu beweisen war. Eine ganze Reihe von Geometern versuchte, das Parallelenaxiom zu beweisen, indem sie zeigen wollten, daß seine Negation in die Absurdität führte. Doch sie wurden nicht in Absurditäten geführt, sondern entdeckten »phantastische« Geometrien, die logisch ebenso konsistent waren wie die euklidische Geometrie »der wirklichen Welt«. Erst nachdem das gesehen war, erkannte man, daß die zweidimensionale nichteuklidische Geometrie nichts anderes ist als die gewöhnliche euklidische Geometrie auf gewissen krummen Flächen (Sphären und Pseudosphären).

In der Mengenlehre bestünde der analoge Schritt darin, das Auswahlaxiom oder die Kontinuumshypothese zu negieren. Damit meinen wir natürlich, daß analog zu beweisen wäre, daß eine solche Negation mit der eingeschränkten Mengenlehre vereinbar ist, im gleichen Sinne, in dem GÖDEL bewiesen hatte, daß es konsistent ist, sie zu bejahen. Dieser Beweis ist in den letzten Jahren gelungen und löste in der mathematischen Logik eine Welle der Aktivität aus, deren Endergebnis noch nicht abzusehen ist.

Da es sich darum handelt, die relative Widerspruchsfreiheit eines Axiomensystems zu prüfen, drängt sich der Gedanke an ein Modell auf. Wie sich gezeigt hat, wurde die relative Widerspruchsfreiheit der nichteuklidischen Geometrie bewiesen, als man erkannte, daß Flächen im euklidischen, dreidimensionalen Raum Modelle der zweidimensionalen nichteuklidischen Geometrien sind. In vergleichbarer Weise müssen wir die Axiome der eingeschränkten Mengenlehre verwenden, um ein Modell zu konstruieren, in dem die Negation des Auswahlaxioms oder die Negation der Kontinuumshypothese als Sätze bewiesen werden können; so ließe sich die Legitimität einer Nicht-CANTORschen Mengenlehre nachweisen, in der das Auswahlaxiom oder die Kontinuumshypothese falsch sind.

Es läßt sich nicht bestreiten, daß die Konstruktion dieses Modells eine komplexe und delikate Angelegenheit ist. Das kommt nicht unerwartet. Im Falle von GÖDELS konstruierbaren Mengen, seinem Modell der CANTORschen Mengenlehre, bestand die Aufgabe darin, etwas zu schaffen, das im wesentlichen unseren intuitiven Vorstellungen von Mengen entspricht, aber leichter zu handhaben ist. Unsere gegenwärtige Aufgabe besteht darin, ein Modell von etwas Fremdem zu schaffen, das sich der Intuition widersetzt, und dies mit den bekannten Bausteinen der eingeschränkten Mengenlehre.

Bevor wir entmutigt die Feder sinken lassen und sagen, ein solches Modell läßt sich unmöglich auf untechnische Weise beschreiben, wollen wir wenigstens versuchen, eine oder zwei der darin enthaltenen Hauptideen wiederzugeben. Unser Ausgangspunkt ist die gewöhnliche Mengenlehre (ohne das Auswahlaxiom). Wir wollen nur die Widerspruchsfreiheit der Nicht-CANTORschen Mengenlehre in einem relativem Sinn beweisen. So wie die Modelle der nichteuklidischen Geometrie beweisen, daß sie widerspruchsfrei ist, wenn die euklidische Geometrie konsistent ist, werden wir beweisen, daß, falls die eingeschränkte Mengenlehre konsistent ist, sich daran nichts ändert, wenn wir die Behauptung hinzufügen, »Das Auswahlaxiom ist falsch« oder »Die Kontinuumshypothese ist falsch«. Wir nehmen nun an, daß wir als Ausgangspunkt ein Modell für eine eingeschränkte Mengenlehre zur Verfügung haben. Man nenne dieses Modell *M;* es kann als GÖDELS Klasse der konstruierbaren Mengen betrachtet werden.

Wir wissen aus GÖDELS Arbeit, daß das Auswahlaxiom oder die Kontinuumshypothese nicht funktioniert, wenn wir zu M mindestens eine nicht konstruierbare Menge hinzufügen. Wie tut man das? Wir führen den Buchstaben a ein, der für einen Gegenstand stehen soll, der zu M hinzugefügt wird; es bleibt abzuklären, was für eine Art Gegenstand a sein sollte. Wenn wir a einmal hinzugefügt haben, müssen wir auch alles hinzufügen, was mit Hilfe der erlaubten Operationen der eingeschränkten Mengenlehre aus a gebildet werden kann: die Vereinigung von zwei oder mehr Mengen, um eine neue Menge zu bilden; die Potenzmengenbildung usw. Die neue Familie von Mengen, die auf diese Weise durch $M + a$ erzeugt wird, soll N heißen. Das Problem besteht darin, a so zu wählen, daß erstens N ein Modell für eine eingeschränkte Mengenlehre ist, wie M es annahmegemäß war, und zweitens a in N nicht konstruierbar ist. Nur wenn das möglich ist, besteht die Hoffnung, das Auswahlaxiom oder die Kontinuumshypothese zu negieren.

Wir können ein vages Gefühl für das, was zu tun ist, entwickeln, wenn wir uns fragen, wie ein Geometer, der 1850 versuchte, die Pseudosphäre zu entdecken, vorgegangen wäre. Grob umrissen könnte man sagen, er begann mit einer Kurve M in der euklidischen Ebene, erfand einen Punkt a außerhalb dieser Ebene und verband dann diesen Punkt a mit allen Punkten auf M. Da a so gewählt ist, daß er nicht in der Ebene von M liegt, wird die daraus resultierende Fläche N mit Sicherheit nicht dieselbe sein wie die euklidische Ebene. So gesehen ist es nicht unvernünftig anzunehmen, daß man mit genügend Erfindungsgabe und technischem Geschick zeigen könnte, daß sie wirklich ein Modell für eine nichteuklidische Geometrie ist.

Wenn man in der Nicht-CANTORschen Mengenlehre analog vorgeht, so wählt man die neue Menge a als nicht konstruierbare Menge und erzeugt dann ein neues Modell N, das aus allen Mengen besteht, die man durch die auf a und die Mengen in M angewendeten Operationen der eingeschränkten Mengenlehre erhält. Wenn dies gelingt, dann hat man bewiesen, daß man das Konstruierbarkeitsaxiom ungestraft negieren kann. Da GÖDEL gezeigt hat, daß die Konstruierbarkeit das Auswahlaxiom und die Kontinuumshypothese impliziert, ist dies der notwendige erste Schritt zur Negation jeder dieser beiden Behauptungen.

Um diesen ersten Schritt auszuführen, müssen zwei Dinge gezeigt werden: daß *a* so gewählt werden kann, daß es nicht konstruierbar bleibt, und zwar nicht nur in *M*, sondern auch in *N*, und daß *N*, wie *M*, ein Modell für die eingeschränkte Mengenlehre ist. Um *a* zu bestimmen, gehen wir etwas umständlich vor. Wir stellen uns vor, daß wir eine Liste aller möglichen Aussagen über *a* als eine Menge in *N* aufstellen. Dann wird *a* spezifiziert sein, wenn wir eine Regel angeben, nach der wir bestimmen können, ob eine solche Aussage wahr oder falsch ist.

Der springende Punkt besteht darin, *a* so zu wählen, daß es ein »generisches« Element ist, das heißt, es so zu wählen, daß nur jene Aussagen auf *a* zutreffen, die auf fast alle Mengen in *M* zutreffen.[1] Das ist eine paradoxe Vorstellung. Jede Menge in *M* hat sowohl besondere, spezifische Eigenschaften, die sie identifiziert, als auch allgemeine, typische Eigenschaften, die sie mit fast allen anderen Mengen in *M* teilt. Es zeigt sich, daß man auf präzise Weise diese Unterscheidung zwischen spezifischen und generischen Eigenschaften vollkommen explizit und formal formulieren kann. Wenn wir also *a* als generische Menge wählen (die gewissermaßen keine spezifischen Eigenschaften hat, durch die sie sich von jeder anderen Menge in *M* unterscheidet), so folgt daraus, daß *N* immer noch ein Modell für eine eingeschränkte Mengenlehre ist. Das neue Element *a*, das wir eingeführt haben, hat keine störenden Eigenschaften, die *M*, unseren Ausgangspunkt, in Unordnung bringen könnten. Gleichzeitig ist *a* nicht konstruierbar. Jede konstruierbare Menge hat einen spezifischen Charakter – die Schritte, mit deren Hilfe sie konstruiert wurde –, und unserem *a* fehlt eben gerade eine solche Individualität.

Um ein Modell zu konstruieren, in dem die Kontinuumshypothese falsch ist, müssen wir zu *M* nicht nur ein neues Element *a* hinzufügen, sondern sehr viele neue Elemente. In der Tat müssen wir eine unendliche Anzahl hinzufügen. Wir können das auf solche Weise tun, daß die hinzugefügten Elemente vom Standpunkt des Modells *M* die Mächtigkeit

$$\aleph_2 = 2^{(2^{\aleph_0})}$$

---

1 Vgl. S. 320

haben. Wiederum kann sich eine grobe geometrische Analogie als hilfreich erweisen: Für ein zweidimensionales Geschöpf, das eingebettet in eine nichteuklidische Fläche lebt, wäre es unmöglich zu erkennen, daß seine Welt Teil eines dreidimensionalen euklidischen Raums ist. Wir, die wir im Moment außerhalb von M stehen, können sehen, daß wir nur abzählbar unendlich viele neue Elemente hinzugefügt haben. Sie sind jedoch so geartet, daß sie nicht mit Hilfe irgendeines in M selber vorhandenen Instruments abgezählt werden können. So erhalten wir ein neues Modell, N', in dem die Kontinuumshypothese falsch ist. Die neuen Elemente, die in N' die Rolle von reellen Zahlen (d. h. Punkten auf einer Strecke) spielen, haben eine Mächtigkeit, die größer als $2^{\aleph_0}$ ist, und so gibt es nun eine unendliche Kardinalzahl – nämlich $2^{\aleph_0}$ –, die größer als $\aleph_0$ und trotzdem kleiner als c ist, denn in unserem Modell N' ist c gleich

$$2^{(2^{\aleph_0})}.$$

Da wir nun also ein Modell der Mengenlehre konstruieren können, in dem die Kontinuumshypothese falsch ist, folgt daraus, daß wir unserer gewöhnlichen, eingeschränkten Mengenlehre die Annahme hinzufügen können, daß die Kontinuumshypothese falsch sei; daraus kann sich kein Widerspruch ergeben, der nicht schon vorhanden gewesen wäre. Im gleichen Stil können wir Modelle für die Mengenlehre konstruieren, in denen das Auswahlaxiom nicht funktioniert. Wir können uns sogar ziemlich genau dazu äußern, welche unendliche Mengen geeignet sind, um »daraus auszuwählen«, und welche »zu groß« dazu sind.

Während GÖDEL seine Resultate mit einem einzigen Modell produzierte (den konstruierbaren Mengen), haben wir in der Nicht-CANTORschen Mengenlehre nicht eines, sondern viele Modelle, von denen jedes in einer bestimmten Absicht konstruiert wurde. Wichtiger vielleicht als die Modelle ist die Technik, die uns erlaubt, sie zu konstruieren: die Vorstellung des »Generischen« und die verwandte Vorstellung des »Forcing« (Zwingens). Grob gesagt haben allgemeine Mengen nur die Eigenschaften, die sie »gezwungenermaßen« haben müssen, um mengenartig zu sein. Um zu entscheiden, ob a »gezwungen« ist, eine bestimmte Eigenschaft zu haben, müssen wir die ganze Menge N betrachten. Doch

N ist nicht wirklich definiert, bevor wir nicht *a* spezifiziert haben! Die Erkenntnis, wie dieser scheinbare Zirkelschluß zu durchbrechen ist, ist ein weiteres Schlüsselelement der neuen Theorie.

Im *Handbook of Mathematical Logic* [4] (herausgegeben von J. BARWISE) findet sich ein Bericht von J. P. BURGESS über die späteren Verzweigungen der Methode COHENS. Er schreibt: »COHENS Methode wurde seither angewendet, um die Widerspruchsfreiheit von Hypothesen in der transfiniten Arithmetik zu beweisen, ebenso in der infinitären Kombinatorik, in der Maßtheorie, in der Topologie der reellen Zahlengeraden, in der universellen Algebra und in der Modelltheorie.«

Die Wahrheit der Kontinuumshypothese bleibt eine offene Frage. COHEN und GÖDEL haben bewiesen, daß die Axiome der Mengenlehre von ZERMELO-FRAENKEL nicht ausreichen, darüber zu entscheiden. Wenn wir der Meinung sind, daß Mengen real sind, dann sind wir möglicherweise auch der Überzeugung, daß die Kontinuumshypothese entweder wahr oder falsch sein muß. Was wir dann tun müssen, ist, ein neues Axiom entdecken, das intuitiv einleuchtend und kräftig genug ist, die Frage zu entscheiden. Niemand hat ein solches neues Axiom gefunden, und es bleibt daher unserer freien Wahl überlassen, die Kontinuumshypothese zu akzeptieren oder zu verwerfen.

IV. Zahlen

1. Geschichtlicher Rückblick

Wenn es einer unternehmen wollte, nach dem Ursprung des Zahlbegriffs zu forschen, er müßte weit zurückgehen in der Geschichte der alten Völker. Und es würde ihm wohl doch nicht gelingen zu sagen: Hier oder da haben die Menschen mit dem Zählen angefangen. Die Zahlen waren eben da, und bald lernte man auch, einfache Rechnungen auszuführen.

Es gab aber schon früh Gelehrte, die sich für die Eigenschaften der Zahlen selbst interessierten. Es sah so einfach aus: Man fügte immer eins zum andern, und das Ergebnis eines solchen Prozesses konnte manchmal etwas langweilig erscheinen. Doch schon unter den Pythagoreern im alten Griechenland (um 500 v. Chr.) waren Mathematiker, die zahlentheoretische Gesetze herausfanden. Sie fanden die pythagoreischen Zahlentripel a, b, c, die die Gleichung $a^2 + b^2 = c^2$ erfüllen. Die ersten Beispiele sind:

$$3, 4, 5; \quad 5, 12, 13.$$

Man wußte auch, daß diese Zahlen die Seitenlängen rechtwinkliger Dreiecke sind.

Andere Erkenntnisse beruhten auf der Produktzerlegung der Zahlen. Die Zahl 12 zum Beispiel kann durch 1, 2, 3, 4 und 6 geteilt werden. Die Summe dieser »echten« (d. h. von 12 verschiedenen) Teiler ist 16. Bei der Zahl 8 hat man die echten Teiler 1, 2, 4; ihre Summe ist 7. Jetzt suchte man nach Zahlen, für die die Summe der echten Teiler gerade gleich der Zahl selbst ist. Die kleinste Zahl mit dieser Eigenschaft ist die 6. Sie hat ja die echten Teiler 1, 2, 3, und es ist $1 + 2 + 3 = 6$. Solche Zahlen nannte man »vollkommene Zahlen«. Die nächste vollkommene Zahl ist 28. Schon EUKLID fand ein Gesetz, nach dem man weitere vollkommene Zahlen finden konnte. LEONHARD EULER (1707–1783) zeigte darüber hinaus, daß alle geraden vollkommenen Zahlen die von EUKLID gefundene Form haben müssen. Bei ihm heißt es deshalb [32]:

> Eine gerade Zahl n ist genau dann eine vollkommene Zahl, wenn sie von der Form
>
> (1) $$n = 2^m(2^{m+1} - 1)$$
>
> ist, und wenn der Faktor $2^{m+1} - 1$ eine Primzahl[1] ist.

Man kann leicht nachrechnen, daß man für m gleich 1 und 2 die vollkommenen Zahlen 6 und 28 erhält. Setzt man m gleich 3 ein, so hat man n = 8 · 15 = 120. Diese Zahl ist, wie man leicht nachrechnet, nicht vollkommen. Aber in diesem Fall ist ja auch der Faktor $2^{m+1} - 1 = 15$ keine Primzahl. Für m gleich 4 hat man dann n = 16 · 31 = 496, und diese Zahl ist wieder »vollkommen«. In diesem Fall ist ja auch der Faktor 31 eine Primzahl.

Die Mathematiker im alten Griechenland haben also schon erstaunliche zahlentheoretische Erkenntnisse gewonnen. Wir möchten hinzufügen, daß in jener Frühzeit und darüber hinaus die Beschäftigung mit den Zahlen auch zuweilen eine mystische Deutung fand. Die Eigenschaft »vollkommen« tat es den Philosophen und Theologen an: Diese Zahlen mußten eben etwas besonderes sein. Und so finden wir im Kommentar zur Genesis von Meister ECKEHART (1260–1327) [88] eine Erwähnung der vollkommenen Zahl 6. ABRAHAMS Frau Sarah hatte für einige himmlische Gäste sechs Kuchen gebacken, und der Theologe kommentierte, daß dies geschehen sei, weil die Zahl 6 vollkommen ist.

Eine besondere Rolle in der frühen zahlentheoretischen Forschung spielen die Primzahlen. Ihre Reihe fängt so an:

$$2, 3, 5, 7, 11, 13, 17, 19, 23, \ldots$$

Schon EUKLID konnte beweisen, daß es unendlich viele Primzahlen gibt. Unter diesen fand man die »Primzahlzwillinge« interessant. Das sind Primzahlen, deren Differenz zwei ist. Beispiele:

---

1 Eine natürliche Zahl heißt *Primzahl*, wenn sie größer als 1 und nur durch 1 und sich selber teilbar ist.

$$3, 5; \quad 11, 13; \quad 17, 19; \quad 29, 31; \ldots$$

Man vermutet, daß es unendlich viele Primzahlzwillinge gibt. Aber das ist bis heute noch nicht bewiesen. Unbewiesen ist bisher auch ein von GOLDBACH (1690–1764) vermutetes Gesetz [47]:

Jede gerade Zahl (> 2) ist (auf mindestens eine Weise) als Summe zweier Primzahlen darstellbar.

Beispiele:

$$20 = 3 + 17 = 7 + 13; \quad 24 = 7 + 17 = 11 + 13; \ldots$$

Man hat in neuerer Zeit mit Hilfe von Computern immer größere Zahlen untersucht, aber bisher kein Gegenbeispiel gefunden. Einen *Beweis* für die GOLDBACHsche Vermutung gibt es aber bis heute noch nicht.

Schließlich wollen wir aus der elementaren Zahlentheorie noch einen Satz erwähnen, der auch schon von EULER bewiesen wurde:

Jede Primzahl von der Form $4k + 1$ ist als Summe zweier Quadrate darstellbar.

Beispiele:

$$41 = 16 + 25; \quad 73 = 9 + 64; \ldots$$

Die klassische Theorie der natürlichen Zahlen ist über die Jahrtausende bis heute ein interessantes Forschungsgebiet für manche Mathematiker geblieben, als sich andere längst etwa den Problemen der Analysis zuwandten. Diese konnte erst begründet werden, als man den Zahlbegriff mehrfach erweitert hatte. Der erste Schritt dazu war die Einführung rationaler Zahlen (Brüche). Die Zulassung von Brüchen erschien aus praktischen Gründen geboten, aber die Mitglieder der Platonischen Akademie haben das Rechnen mit diesen »Krämerzahlen« abgelehnt.

Aber sie konnten die Einführung der rationalen Zahlen doch nicht aufhalten. Bei ARCHIMEDES (287? – 212 v. Chr.) zum Beispiel finden wir den Bruch $\frac{22}{7}$ als Näherung für die Kreiszahl π. Bei HERON VON ALEXANDRIEN (ca. 130 n. Chr.) finden wir in seinen geometrischen Schriften, daß jeder Strecke eine »Maßzahl« zugeordnet werden könne. Nun wußte man aber bereits seit den Tagen PLATONS, daß die Seite und die Diagonale eines Quadrates inkommensurabel sind. Das bedeutet, daß die Maßzahl $\sqrt{2}$ für die Diagonale eines Quadrates mit der Seitenlänge 1 keine rationale Zahl sein kann.[1] Heron läßt also offenbar irrationale Zahlen als Maßzahlen in der Geometrie zu. Aber woher hat er diese Zahlen? Wie sind sie definiert? Darüber finden wir bei ihm nichts. Und es ging auch noch Jahrhunderte so weiter: Man nahm stillschweigend an, daß es so etwas wie »reelle« Zahlen gibt, für die man später eine Darstellung durch unendliche Dezimalbrüche einführte.

Eine theoretische Begründung für diese Erweiterung des Zahlbegriffs gab es erst sehr spät. Nachdem sich Weierstrass um eine neue Fundierung der Analysis bemüht hatte [137], versuchten seine Schüler auch eine theoretische Begründung des Rechnens mit reellen Zahlen. Merkwürdigerweise erschienen im Jahre 1872 gleich drei Arbeiten zu diesem Thema. Sie stammten von den beiden Weierstrass-Schülern Georg Cantor [15] und Eduard Heine (1821–1881) [52] und, nach einer eigenen Methode, von Richard Dedekind (1831–1916) [25].

Die neuere Mathematik (seit Weierstrass) hat sich nicht nur darum bemüht, das Vorhandene auszubauen, immer neue, kompliziertere Probleme zu untersuchen, neue Disziplinen zu begründen. Wichtig ist, daß seit dieser Zeit auf allen Gebieten der Mathematik nach den Fundamenten gefragt wird. Die Analytiker wollten nicht mehr die erfolgreichen, aber in der Definition unklaren Begriffe des Differentials und Integrals hinnehmen. Dabei wurde erkennbar, daß auch der zugrundegelegte Begriff der reellen Zahlen nicht fundiert war. Das führte zu den erwähnten Arbeiten von 1872. In der Geometrie – wir berichteten darüber bereits in Kap. II – bemühte man sich um eine saubere Axiomatik.

Es lag nahe, bei der Beschäftigung mit dem Zahlbegriff noch weiter zu gehen und auch nach einer Begründung des Rechnens mit den natürlichen (und den rationalen) Zahlen zu suchen. Richard Dedekind und Giuseppe Peano (1858–1932) bemühten sich um eine Fundierung des Rechnens mit natürlichen Zahlen. Von Dedekind [25] stammt ein Versuch, der von den Grundbegriffen der Mengenlehre ausgeht. Peano hat ein Axiomensystem für die natürlichen Zahlen geschaffen [102], das bis in unsere Zeit

---

1 Näheres z. B. in [89], Kap. I.

hinein immer wieder zitiert wird. Wir können darauf verzichten, es hier mitzuteilen, weil es in dem unten aufgenommenen Beitrag [77] von EDMUND LANDAU (1877–1938) enthalten ist.

Man kann verstehen, daß manchen Mathematikern die Beschäftigung mit den axiomatischen Grundlagen langweilig erschien. Sie wollten lieber versuchen, mit alten und modernen (analytischen) Methoden unser Wissen über die Zahlenreihe auszubauen. Andere meinten, man müsse doch endlich einmal klarstellen, warum das uns gewohnte und von der Grundschule her geübte elementare Rechnen richtig ist. In unserem Lesebuch werden die auf die Elemente gerichteten Bemühungen der modernen Mathematik besonders berücksichtigt. Sie sind ja nötig für das Verständnis der weiterführenden Theorien.

Im 20. Jahrhundert fanden sich einige Mathematiker von Rang, die die Frage nach der Darstellung des Elementaren wichtig nahmen. So hat der durch seine Arbeiten auf dem Gebiet der Funktionentheorie und analytischen Zahlentheorie bekannte Forscher EDMUND LANDAU im Jahre 1930 ein Büchlein über die »Grundlagen der Analysis« [77] herausgebracht. Der Titel könnte mißverstanden werden. Es geht hier nicht um eine Begründung der Infinitesimalrechnung, sondern um die des ganz elementaren Rechnens, das ja auch in der Analysis gebraucht wird. In seinem Vorwort an den Leser sagt LANDAU zur Rechtfertigung seines Unternehmens, daß er zwei Töchter habe, die sich im Gymnasium mit der Differentialrechnung beschäftigen. Sie wüßten aber nicht, so versichert der Vater, warum $x \cdot y = y \cdot x$ ist. LANDAU hat mit seinem Vorwort einigen Ärger erregt. Mein Ausbilder in der Referendarzeit beklagte es als unfair gegenüber der Schule, daß LANDAU solche ungerechten Vorwürfe mache. Man sollte der Schule doch zugestehen, daß sie das ganz Elementare ebenso naiv hinnehmen darf, wie es in früheren Zeiten auch die Wissenschaftler taten.

Wir bringen jetzt das erste Kapitel aus dem erwähnten Buch von LANDAU.

2. LANDAUS »Grundlagen der Analysis«

☐ **Natürliche Zahlen**

§ 1
Axiome

Wir nehmen als gegeben an:

Eine Menge, d. h. Gesamtheit, von Dingen, natürliche Zahlen genannt, mit den nachher aufzuzählenden Eigenschaften, Axiome genannt.

Vor der Formulierung der Axiome sei einiges in bezug auf die benutzten Zeichen = und ≠ vorangeschickt.

Kleine lateinische Buchstaben bedeuten in diesem Buch, wenn nichts anderes gesagt wird, durchweg natürliche Zahlen.

Ist x gegeben und y gegeben, so sind

entweder x und y dieselbe Zahl; das kann man auch

$$x = y$$

schreiben (= sprich: gleich);

oder x und y nicht dieselbe Zahl; das kann man auch

$$x \neq y$$

schreiben (≠ sprich: ungleich).

Hiernach gilt aus rein logischen Gründen:

1) $\qquad\qquad\qquad\qquad x = x$

für jedes x.

2) Aus

$$x = y$$

folgt

$$y = x.$$

3) Aus

$$x = y, \; y = z$$

folgt

198

$$x = z.$$

Eine Schreibweise wie

$$a = b = c = d,$$

mit der zunächst nur

$$a = b, \ b = c, \ c = d$$

gemeint ist, enthält also überdies z. B.

$$a = c, \ a = d, \ b = d.$$

(Entsprechend in den späteren Kapiteln.)

Von der Menge der natürlichen Zahlen nehmen wir nun an, daß sie die Eigenschaften hat:

Axiom 1: 1 *ist eine natürliche Zahl.*

D. h. unsere Menge ist nicht leer; sie enthält ein Ding, das 1 (sprich: Eins) heißt.

Axiom 2: *Zu jedem x gibt es genau eine natürliche Zahl, die der Nachfolger von x heißt und mit x' bezeichnet werden möge.*

Bei komplizierten x wird die Zahl, um deren Nachfolger es sich handelt, eingeklammert, wenn sonst ein Mißverständnis zu befürchten ist. Entsprechendes gilt im ganzen Buch bei $x + y$, xy, $x - y$, $- x$, x^y u. dgl.

Aus

$$x = y$$

folgt also

$$x' = y'.$$

Axiom 3: *Stets ist*

$$x' \neq 1.$$

D. h. es gibt keine Zahl mit dem Nachfolger 1.

Axiom 4: *Aus*

$$x' = y'$$

folgt

$$x = y.$$

D. h. zu jeder Zahl gibt es keine oder genau eine, deren Nachfolger jene Zahl ist.

Axiom 5 (Induktionsaxiom): *Es sei $\mathfrak{M}$ eine Menge natürlicher Zahlen mit den Eigenschaften:*

I. *1 gehört zu $\mathfrak{M}$.*

II. *Wenn x zu $\mathfrak{M}$ gehört, so gehört x' zu $\mathfrak{M}$.*

Dann umfaßt $\mathfrak{M}$ alle natürlichen Zahlen.

§ 2
Addition

Satz 1: *Aus*

$$x \neq y$$

folgt

$$x' \neq y'.$$

Beweis: Sonst wäre

$$x' = y',$$

also nach Axiom 4

$$x = y.$$

Satz 2:
$$x' \neq x.$$

Beweis: $\mathfrak{M}$ sei die Menge der x, für die dies gilt.

I) Nach Axiom 1 und Axiom 3 ist

$$1' \neq 1;$$

also gehört 1 zu $\mathfrak{M}$.

II) Ist x zu $\mathfrak{M}$ gehörig, so ist

$$x' \neq x,$$

also nach Satz 1

$$(x')' \neq x',$$

also x' zu $\mathfrak{M}$ gehörig.

Nach Axiom 5 umfaßt also $\mathfrak{M}$ alle natürlichen Zahlen; d. h. für jedes x ist

$$x' \neq x.$$

Satz 3: *Ist*

$$x \neq 1,$$

so gibt es ein (also nach Axiom 4 genau ein) *u mit*

$$x = u'.$$

Beweis: $\mathfrak{M}$ sei die Menge, die aus der Zahl 1 und denjenigen x besteht, zu denen es ein solches u gibt. (Von selbst ist jedes derartige

$$x \neq 1$$

nach Axiom 3.)

I) 1 gehört zu $\mathfrak{M}$.

II) Ist x zu $\mathfrak{M}$ gehörig, so ist, wenn unter u die Zahl x verstanden wird,

$$x' = u',$$

also x' zu $\mathfrak{M}$ gehörig.

Nach Axiom 5 umfaßt also $\mathfrak{M}$ alle natürlichen Zahlen; zu jedem

$$x \neq 1$$

gibt es also ein u mit

$$x = u'.$$

Satz 4, zugleich **Definition 1:** *Auf genau eine Art läßt sich jedem Zahlenpaar x, y eine natürliche Zahl, $x + y$ genannt* (+ sprich: plus), *so zuordnen, daß*

1) $x + 1 = x'$ *für jedes x,*
2) $x + y' = (x + y)'$ *für jedes x und jedes y.*

$x + y$ heißt die Summe von x und y oder die durch Addition von y zu x entstehende Zahl.

Beweis: A) Zunächst zeigen wir, daß es bei jedem festen x höchstens eine Möglichkeit gibt, $x + y$ für alle y so zu definieren, daß

$$x + 1 \; = x'$$

und

$$x + y' = (x + y)' \;\text{ für jedes } y.$$

Es seien a_y und b_y für alle y definiert und so beschaffen, daß

$$a_1 = x', \qquad b_1 = x',$$
$$a_{y'} = (a_y)', \quad b_{y'} = (b_y)' \;\text{ für jedes } y.$$

$\mathfrak{M}$ sei die Menge der y mit

$$a_y = b_y.$$

I) $$a_1 = x' = b_1;$$

1 gehört also zu $\mathfrak{M}$.

   II) Ist y zu $\mathfrak{M}$ gehörig, so ist

$$a_y = b_y,$$

also nach Axiom 2

$$(a_y)' = (b_y)',$$

also

$$a_{y'} = (a_y)' = (b_y)' = b_{y'},$$

also y' zu $\mathfrak{M}$ gehörig.

   Daher ist $\mathfrak{M}$ die Menge aller natürlichen Zahlen; d. h. für jedes y ist

$$a_y = b_y.$$

B) Wir zeigen jetzt, daß es zu jedem x eine Möglichkeit gibt, $x + y$ für alle y so zu definieren, daß

$$x + 1 = x'$$

und

$$x + y' = (x + y)' \quad \text{für jedes } y.$$

$\mathfrak{M}$ sei die Menge der x, zu denen es eine, (also nach A) genau eine solche Möglichkeit gibt.

   I) Für

$$x = 1$$

leistet

$$x + y = y'$$

das Gewünschte. Denn

$$x + 1 = 1' = x',$$
$$x + y' = (y')' = (x + y)'.$$

Also gehört 1 zu $\mathfrak{M}$.

   II) Es sei x zu $\mathfrak{M}$ gehörig, also ein $x + y$ für alle y vorhanden. Dann leistet

$$x' + y = (x + y)'$$

das Gewünschte bei x'. Denn

$$x' + 1 = (x + 1)' = (x')'$$

und

$$x' + y' = (x + y')' = ((x + y)')' = (x' + y)'.$$

Also gehört x' zu $\mathfrak{M}$.

Daher umfaßt $\mathfrak{M}$ alle x.

Satz 5 (assoziatives Gesetz der Addition):

$$(x + y) + z = x + (y + z).$$

Beweis: x und y seien fest, $\mathfrak{M}$ die Menge der z, für die die Behauptung gilt.

I) $\qquad (x + y) + 1 = (x + y)' = x + y' = x + (y + 1);$

also gehört 1 zu $\mathfrak{M}$.

II) z gehöre zu $\mathfrak{M}$. Dann ist

$$(x + y) + z = x + (y + z),$$

also

$$(x + y) + z' = ((x + y) + z)' = (x + (y + z))' =$$
$$x + (y + z)' = x + (y + z'),$$

also z' zu $\mathfrak{M}$ gehörig.

Die Behauptung gilt also für alle z.

Satz 6 (kommutatives Gesetz der Addition):

$$x + y = y + x.$$

Beweis: y sei fest, $\mathfrak{M}$ die Menge der x, für die die Behauptung gilt.

I) Es ist

$$y + 1 = y'$$

und nach der Konstruktion beim Beweise des Satzes 4

$$1 + y = y',$$

also

$$1 + y = y + 1,$$

1 zu $\mathfrak{M}$ gehörig.

II) Ist x zu $\mathfrak{M}$ gehörig, so ist

$$x + y = y + x,$$

also

$$(x + y)' = (y + x)' = y + x'.$$

Nach der Konstruktion beim Beweise des Satzes 4 ist

$$x' + y = (x + y)',$$

also

$$x' + y = y + x',$$

also x' zu $\mathfrak{M}$ gehörig.

Die Behauptung gilt also für alle x.

Satz 7: $\qquad\qquad y \neq x + y.$

Beweis: x sei fest, $\mathfrak{M}$ die Menge der y, für die die Behauptung gilt.

I) $\qquad\qquad\qquad\qquad 1 \neq x',$
$$1 \neq x + 1;$$

1 gehört zu $\mathfrak{M}$.

II) Ist y zu $\mathfrak{M}$ gehörig, so ist

$$y \neq x + y,$$

also

$$y' \neq (x + y)'$$
$$y' \neq x + y',$$

y' zu $\mathfrak{M}$ gehörig.

Die Behauptung gilt also für alle y.

Satz 8: *Aus*

$$y \neq z$$

folgt

$$x + y \neq x + z.$$

Beweis: Bei festen y, z mit

$$y \neq z$$

sei $\mathfrak{M}$ die Menge der x mit

$$x + y \neq x + z.$$

I) $\qquad\qquad\qquad\qquad y' \neq z',$
$$1 + y \neq 1 + z;$$

1 gehört also zu $\mathfrak{M}$.

II) Ist x zu $\mathfrak{M}$ gehörig, so ist
$$x + y \neq x + z,$$
also
$$(x + y)' \neq (x + z)',$$
$$x' + y \neq x' + z,$$

x' zu $\mathfrak{M}$ gehörig.

Also gilt die Behauptung stets.

Satz 9: *Sind x und y gegeben, so liegt genau einer der Fälle vor:*

1) $$x = y.$$

2) *Es gibt ein* (also nach Satz 8 genau ein) *u mit*
$$x = y + u.$$

3) *Es gibt ein* (also nach Satz 8 genau ein) *v mit*
$$y = x + v.$$

Beweis: A) Nach Satz 7 sind 1), 2) unverträglich und 1), 3) unverträglich. Aus Satz 7 folgt auch die Unverträglichkeit von 2), 3); denn sonst wäre
$$x = y + u = (x + v) + u = x + (v + u) = (v + u) + x.$$

Also liegt höchstens einer der Fälle 1), 2), 3) vor.

B) x sei fest, $\mathfrak{M}$ die Menge der y, für die einer (also nach A) genau einer) der Fälle 1), 2), 3) vorliegt.

I) Für $y = 1$ ist nach Satz 3 entweder
$$x = 1 = y \quad \text{(Fall 1)).}$$
oder
$$x = u' = 1 + u = y + u \quad \text{(Fall 2)).}$$

Daher gehört 1 zu $\mathfrak{M}$.

II) Es gehöre y zu $\mathfrak{M}$. Dann ist
entweder (Fall 1) bei y)
$$x = y,$$
also
$$y' = y + 1 = x + 1 \quad \text{(Fall 3) für } y');$$

205

oder (Fall 2) bei y)

$$x = y + u,$$

also, wenn

$$u = 1$$
$$x = y + 1 = y' \quad \text{(Fall 1) für } y');$$

wenn

$$u \neq 1,$$

nach Satz 3

$$u = w' = 1 + w,$$
$$x = y + (1 + w) = (y + 1) + w = y' + w \quad \text{(Fall 2) für } y');$$
oder (Fall 3) bei y)

$$y = x + v,$$

also

$$y' = (x + v)' = x + v' \quad \text{(Fall 3) für } y').$$

Jedenfalls gehört also y' zu $\mathfrak{M}$.

Daher liegt stets einer der Fälle 1), 2), 3) vor.

§ 3
Ordnung

Definition 2: *Ist*

$$x = y + u,$$

so ist

$$x > y.$$

($>$ sprich: größer als.)

Definition 3: *Ist*

$$y = x + v,$$

so ist

$$x < y.$$

($<$ sprich: kleiner als.)

Satz 10: *Sind x, y beliebig, so liegt genau einer der Fälle*

$$x = y, \quad x > y, \quad x < y$$

vor.

206

Beweis: Satz 9, Definition 2 und Definition 3.

Satz 11: *Aus*

$$x > y$$

folgt

$$y < x.$$

Beweis: Beides besagt

$$x = y + u$$

bei passendem u.

Satz 12: *Aus*

$$x < y$$

folgt

$$y > x.$$

Beweis: Beides besagt

$$y = x + v$$

bei passendem v.

Definition 4: $\qquad x \geqq y$

bedeutet

$$x > y \quad oder \quad x = y.$$

($\geqq$ sprich: größer oder gleich.)

Definition 5: $\qquad x \leqq y$

bedeutet

$$x < y \quad oder \quad x = y.$$

($\leqq$ sprich: kleiner oder gleich.)

Satz 13: *Aus*

$$x \geqq y$$

folgt

$$y \leqq x.$$

Beweis : Satz 11.

Satz 14: *Aus*

$$x \leqq y$$

folgt

$$y \geqq x.$$

207

Beweis: Satz 12.

Satz 15 (Transitivität der Ordnung): *Aus*

$$x < y, \ y < z$$

folgt

$$x < z.$$

Vorbemerkung: Aus
$$x > y, \ y > z$$
folgt also (wegen
$$z < y, \ y < x,$$
$$z < x)$$
$$x > z;$$

aber solche trivialerweise durch Rückwärtslesen entstehenden Wortlaute schreibe ich in der Folge nicht erst auf.

Beweis: Bei passenden v, w ist

$$y = x + v, \ z = y + w,$$

also

$$z = (x + v) + w = x + (v + w),$$
$$x < z.$$

Satz 16: *Aus*
$$x \leqq y, \ y < z \quad oder \quad x < y, y \leqq z$$
folgt
$$x < z.$$

Beweis: Mit dem Gleichheitszeichen in der Voraussetzung klar; sonst durch Satz 15 erledigt.

Satz 17: *Aus*

$$x \leqq y, \ y \leqq z$$

folgt

$$x \leqq z.$$

Beweis: Mit zwei Gleichheitszeichen in der Voraussetzung klar; sonst durch Satz 16 erledigt.

Nach den Sätzen 15 bis 17 ist eine Schreibweise wie

$$a < b \leqq c < d$$

gerechtfertigt; das heißt zunächst

$$a < b, \quad b \leqq c, \quad c < d,$$

enthält aber nach jenen Sätzen auch z. B.

$$a < c, \quad a < d, \quad b < d.$$

(Entsprechend in den späteren Kapiteln.)

Satz 18: $\qquad\qquad x + y > x.$
Beweis: $\qquad\qquad x + y = x + y.$

Satz 19: *Aus*

$$x > y \quad bzw. \quad x = y \quad bzw. \quad x < y$$

folgt

$$x + z > y + z \quad bzw. \quad x + z = y + z \quad bzw. \quad x + z < y + z.$$

Beweis: 1) Aus

$$x > y$$

folgt

$$x = y + u,$$
$$x + z = (y + u) + z = (u + y) + z = u + (y + z) = (y + z) + u,$$
$$x + z > y + z.$$

2) Aus

$$x = y$$

folgt natürlich

$$x + z = y + z.$$

3) Aus

$$x < y$$

folgt

$$y > x,$$

also nach 1)

$$y + z > x + z,$$
$$x + z < y + z.$$

Satz 20: *Aus*

$$x + z > y + z \quad bzw. \quad x + z = y + z \quad bzw. \quad x + z < y + z$$

folgt

$$x > y \quad bzw. \quad x = y \quad bzw. \quad x < y.$$

Beweis: Folgt aus Satz 19, da die drei Fälle beide Male sich ausschließen und alle Möglichkeiten erschöpfen.

Satz 21: *Aus*

$$x > y, z > u$$

folgt

$$x + z > y + u.$$

Beweis: Nach Satz 19 ist

$$x + z > y + z$$

und

$$y + z = z + y > u + y = y + u,$$

also

$$x + z > y + u.$$

Satz 22: *Aus*

$$x \geqq y, z > u \quad oder \quad x > y, z \geqq u$$

folgt

$$x + z > y + u.$$

Beweis: Mit dem Gleichheitszeichen in der Voraussetzung durch Satz 19, sonst durch Satz 21 erledigt.

Satz 23: *Aus*

$$x \geqq y, z \geqq u$$

folgt

$$x + z \geqq y + u.$$

Beweis: Mit zwei Gleichheitszeichen in der Voraussetzung klar; sonst durch Satz 22 erledigt.

Satz 24: $\qquad\qquad x \geqq 1.$

Beweis: Entweder ist

$$x = 1$$

oder

$$x = u' = u + 1 > 1.$$

Satz 25: *Aus*

$$y > x$$

folgt

$$y \geqq x + 1.$$

Beweis:

$$y = x + u,$$

$$u \geqq 1,$$

also

$$y \geqq x + 1.$$

Satz 26: *Aus*

$$y < x + 1$$

folgt

$$y \leqq x.$$

Beweis: Sonst wäre

$$y > x,$$

also nach Satz 25

$$y \geqq x + 1.$$

Satz 27: *In jeder nicht leeren Menge natürlicher Zahlen gibt es eine kleinste* (d. h. eine, die kleiner ist als jede etwaige andere).

Beweis: $\mathfrak{N}$ sei die gegebene Menge. $\mathfrak{M}$ sei die Menge der x, die $\leqq$ jeder Zahl aus $\mathfrak{N}$ sind.

1 gehört zu $\mathfrak{M}$ nach Satz 24. Nicht jedes x gehört zu $\mathfrak{M}$; denn für jedes y aus $\mathfrak{N}$ gehört $y + 1$ nicht zu $\mathfrak{M}$, wegen

$$y + 1 > y.$$

Also gibt es in $\mathfrak{M}$ ein m, so daß $m + 1$ nicht zu $\mathfrak{M}$ gehört; denn sonst müßte nach Axiom 5 jede natürliche Zahl zu $\mathfrak{M}$ gehören.

Von jenem m behaupte ich, daß es $\leqq$ jedem n aus $\mathfrak{N}$ ist und zu $\mathfrak{N}$ gehört. Ersteres steht schon fest. Letzteres folgt indirekt so: Wäre m nicht zu $\mathfrak{N}$ gehörig, so wäre für jedes n aus $\mathfrak{N}$

$$m < n,$$

also nach Satz 25

$$m + 1 \leqq n;$$

$m + 1$ würde also zu $\mathfrak{M}$ gehören, gegen das Obige.

§ 4

Multiplikation

Satz 28, zugleich **Definition 6:** *Auf genau eine Art läßt sich jedem Zahlenpaar x, y eine natürliche Zahl, x · y genannt (· sprich: mal; aber man schreibt den Punkt meist nicht), so zuordnen, daß*

1) $x \cdot 1 = x$ *für jedes x,*
2) $x \cdot y' = x \cdot y + x$ *für jedes x und jedes y.*

x · y heißt das Produkt von x mit y oder die durch Multiplikation von x mit y entstehende Zahl.

Beweis (mutatis mutandis wörtlich mit dem des Satzes 4 übereinstimmend): A) Zunächst zeigen wir, daß es bei jedem festen x höchstens eine Möglichkeit gibt, xy für alle y so zu definieren, daß

$$x \cdot 1 = x$$

und

$$xy' = xy + x \quad \text{für jedes } y.$$

Es seien a_y und b_y für alle y definiert und so beschaffen, daß

$$a_1 = x, \ b_1 = x,$$
$$a_{y'} = a_y + x, \ b_{y'} = b_y + x \quad \text{für jedes } y.$$

$\mathfrak{M}$ sei die Menge der y mit

$$a_y = b_y.$$

I) $a_1 = x = b_1;$

1 gehört also zu $\mathfrak{M}$.

II) Ist y zu $\mathfrak{M}$ gehörig, so ist

$$a_y = b_y,$$

also

$$a_{y'} = a_y + x = b_y + x = b_{y'},$$

also y' zu $\mathfrak{M}$ gehörig.

Daher ist $\mathfrak{M}$ die Menge aller natürlicher Zahlen; d. h. für jedes y ist

$$a_y = b_y.$$

212

B) Wir zeigen jetzt, daß es zu jedem x eine Möglichkeit gibt, xy für alle y so zu definieren, daß

$$x \cdot 1 = x$$

und

$$xy' = xy + x \quad \text{für jedes } y.$$

$\mathfrak{M}$ sei die Menge der x, zu denen es eine (also nach A) genau eine) solche Möglichkeit gibt.

I) Für

$$x = 1$$

leistet

$$xy = y$$

das Gewünschte. Denn

$$x \cdot 1 = 1 = x,$$
$$xy' = y' = y + 1 = xy + x.$$

Also gehört 1 zu $\mathfrak{M}$.

II) Es sei x zu $\mathfrak{M}$ gehörig, also ein xy für alle y vorhanden. Dann leistet

$$x'y = xy + y$$

das Gewünschte bei x'. Denn

$$x' \cdot 1 = x \cdot 1 + 1 = x + 1 = x'$$

und

$$x'y' = xy' + y' = (xy + x) + y' = xy + (x + y') = xy + (x + y)'$$
$$= xy + (x' + y) = xy + (y + x') = (xy + y) + x' = x'y + x'.$$

Also gehört x' zu $\mathfrak{M}$.

Daher umfaßt $\mathfrak{M}$ alle x.

Satz 29 (kommutatives Gesetz der Multiplikation):

$$xy = yx.$$

Beweis: y sei fest, $\mathfrak{M}$ die Menge der x, für die die Behauptung gilt.
I) Es ist

$$y \cdot 1 = y$$

und nach der Konstruktion beim Beweise des Satzes 28

$$1 \cdot y = y$$

also

$$1 \cdot y = y \cdot 1,$$

1 zu $\mathfrak{M}$ gehörig.

II) Ist x zu $\mathfrak{M}$ gehörig, so ist

$$xy = yx,$$

also

$$xy + y = yx + y = yx'.$$

Nach der Konstruktion beim Beweise des Satzes 28 ist

$$x'y = xy + y,$$

also

$$x'y = yx',$$

also x' zu $\mathfrak{M}$ gehörig.

Die Behauptung gilt also für alle x.

Satz 30 (distributives Gesetz):

$$x(y + z) = xy + xz.$$

Vorbemerkung: Die aus Satz 30 und Satz 29 fließende Formel

$$(y + z)x = yx + zx$$

und ähnliche Analoga späterhin brauchen nicht besonders als Sätze formuliert oder auch nur aufgeschrieben zu werden.

Beweis: Bei festen x, y sei $\mathfrak{M}$ die Menge der z, für die die Behauptung gilt.

I) $\qquad x(y + 1) = xy' = xy + x = xy + x \cdot 1;$

1 gehört zu $\mathfrak{M}$.

II) Wenn z zu $\mathfrak{M}$ gehört, ist

$$x(y + z) = xy + xz,$$

also

$$x(y + z') = x\big((y + z)'\big) = x(y + z) + x = (xy + xz) + x$$
$$= xy + (xz + x) = xy + xz',$$

also z' zu $\mathfrak{M}$ gehörig.

Daher gilt die Behauptung stets.

Satz 31 (assoziatives Gesetz der Multiplikation):

$$(xy)z = x(yz).$$

Beweis: x und y seien fest, $\mathfrak{M}$ die Menge der z, für die die Behauptung gilt.

I) $$(xy) \cdot 1 = xy = x(y \cdot 1);$$

also gehört 1 zu $\mathfrak{M}$.

II) z gehöre zu $\mathfrak{M}$. Dann ist

$$(xy)z = x(yz),$$

also unter Benutzung von Satz 30

$$(xy)z' = (xy)z + xy = x(yz) + xy = x(yz + y) = x(yz'),$$

also z' zu $\mathfrak{M}$ gehörig.

$\mathfrak{M}$ umfaßt also alle natürlichen Zahlen.

Satz 32: *Aus*

$$x > y \quad bzw. \quad x = y \quad bzw. \quad x < y$$

folgt

$$xz > yz \quad bzw. \quad xz = yz \quad bzw. \quad xz < yz.$$

Beweis: 1) Aus

$$x > y$$

folgt

$$x = y + u,$$
$$xz = (y + u)\,z = yz + uz > yz.$$

2) Aus

$$x = y$$

folgt natürlich

$$xz = yz.$$

3) Aus

$$x < y$$

folgt

$$y > x,$$

also nach 1)

$$yz > xz,$$
$$xz < yz.$$

Satz 33: *Aus*

$$xz > yz \quad bzw. \quad xz = yz \quad bzw. \quad xz < yz$$

folgt

$$x > y \quad bzw. \quad x = y \quad bzw. \quad x < y.$$

Beweis: Folgt aus Satz 32, da die drei Fälle beide Male sich ausschließen und alle Möglichkeiten erschöpfen.

Satz 34: *Aus*

$$x > y, \; z > u$$

folgt

$$xz > yu.$$

Beweis: Nach Satz 32 ist

$$xz > yz$$

und

$$yz = zy > uy = yu,$$

also

$$xz > yu.$$

Satz 35: *Aus*

$$x \geqq y, z > u \quad oder \quad x > y, z \geqq u$$

folgt

$$xz > yu.$$

Beweis: Mit dem Gleichheitszeichen in der Voraussetzung durch Satz 32, sonst durch Satz 34 erledigt.

Satz 36: *Aus*

$$x \geqq y, \; z \geqq u$$

folgt

$$xz \geqq yu.$$

Beweis: Mit zwei Gleichheitszeichen in der Voraussetzung klar; ■ sonst durch Satz 35 erledigt.

3. Reelle Zahlen

Wir haben darauf verzichtet, die relativ einfache Einführung der rationalen Zahlen hier wiederzugeben. Dagegen sei noch etwas über die Definition der reellen Zahlen gesagt. Man könnte natürlich die entsprechenden Seiten aus der Schrift von LANDAU wiedergeben. Wir ziehen es aber vor, den Leser auch noch mit der Darstellung eines anderen Mathematikers bekanntzumachen. GEORG FEIGL (1890–1945) war in den zwanziger Jahren Privatdozent in Berlin und hat dort den Studenten durch seine didaktisch geschickten Vorlesungen über verschiedene Gebiete der Mathematik sehr geholfen. Seine Vorlesungen zur »Einführung in die Höhere Mathematik« wurden nach dem Zweiten Weltkrieg von seinem Freund HANS ROHRBACH herausgegeben. Ebenso wie LANDAU hat FEIGL die reellen Zahlen mit der Methode der »DEDEKINDschen Schnitte« eingeführt[1]. Wir bringen nun die Vorbemerkungen über reelle Zahlen (S. 1–9) und den 1. Paragraphen von Kapitel XI (S. 333–345) aus den Vorlesungen von FEIGL [33]:

§1
Vorbemerkungen über reelle Zahlen

1. Die Grundgesetze der Arithmetik. Im ersten Teil dieses Buches sollen die reellen Zahlen und die Gesetze, nach denen man mit ihnen rechnet, als bekannt vorausgesetzt werden. Eine Definition der reellen Zahlen und der mit ihnen möglichen Grundoperationen der Addition, Substraktion, Multiplikation und Division wird, zusammen mit der Herleitung der zugehörigen Rechengesetze, im letzten Kapitel des Buches erfolgen.

Vorerst genügt es, wenn der Leser unter den reellen Zahlen die Zahlen versteht, mit denen im täglichen Leben gerechnet und gemessen wird, und beachtet, daß mit a und b auch die **Summe** $a + b$, die **Differenz** $a - b$, das **Produkt** $a \cdot b$ (wofür man meist ab schreibt) und, falls b nicht 0 ist, der **Quotient** $\frac{a}{b}$ (wofür man auch $a : b$ und zuweilen a/b schreibt) stets wieder reelle Zahlen sind. Sie lassen sich jeweils in eindeutiger Weise aus a und b errechnen. *Die*

---

1 CANTOR und HEINE benutzten ein anderes Verfahren (»Äquivalenzklassen« von Folgen rationaler Zahlen).

Division durch 0 ergibt keine Zahl und *wird ein für allemal ausgeschlossen.* Ferner besteht zwischen je zwei reellen Zahlen *a* und *b* genau eine der beiden Beziehungen

$$a = b, \quad a \neq b \tag{1}$$

(letztere wird gelesen: *a* ungleich *b*).

Schließlich möge sich der Leser daran erinnern, daß für das Rechnen die folgenden Gesetze gelten, die man als **Grundgesetze der Arithmetik** bezeichnet.

A. Gesetze der Gleichheit. *Sind a, b, c Zahlen, so gilt:*
1. *Es ist stets a = a* (Reflexivgesetz).
2. *Ist a = b, so ist auch b = a* (Symmetriegesetz).
3. *Aus a = b und b = c folgt a = c* (Transitivgesetz).

B. Gesetze der Addition. *Sind a, b, c Zahlen, so gilt:*
1. *Aus a = b folgt a + c = b + c* (schwaches Monotoniegesetz).
2. *Es ist stets a + b = b + a* (Kommutativgesetz).
3. *Es ist stets (a + b) + c = a + (b + c)* (Assoziativgesetz).
4. *Zu gegebenen a, b gibt es stets eine Zahl x derart, daß*

$$a + x = b \tag{2}$$

ist (Umkehrbarkeitsgesetz).

Die Lösung von (2) ist $x = b - a$, speziell $x = 0$, wenn $b = a$ ist. Sie ist, wie man leicht einsieht, eindeutig durch *a* und *b* bestimmt.

C. Gesetze der Multiplikation. *Sind a, b, c Zahlen, so gilt:*
1. *Aus a = b folgt ac = bc* (schwaches Monotoniegesetz).
2. *Es ist stets ab = ba* (Kommutativgesetz).
3. *Es ist stets (ab)c = a(bc)* (Assoziativgesetz).
4. *Es ist stets (a + b)c = ac + bc* (Distributivgesetz).
5. *Zu gegebenen a, b mit a ≠ 0 gibt es stets eine Zahl x derart, daß*

$$ax = b \tag{3}$$

ist (Umkehrbarkeitsgesetz).

Die Lösung von (3) ist $x = b/a$, speziell $x = 1$, wenn $b = a$ ist. Sie ist, wie man leicht einsieht, eindeutig durch *a* und *b* bestimmt.

Zu den unter A, B und C zusammengefaßten Gesetzen, die etwas über die Gleichheit von Zahlen und Zahlverknüpfungen aussagen, kommen nun die Gesetze, die die *Anordnung der reellen Zahlen* berücksichtigen. Von je zwei verschiedenen reellen Zahlen a und b ist eine die kleinere (und dann die andere die größere). Führt man also neben dem Zeichen = noch die Zeichen < (gelesen: kleiner als) bzw. > (gelesen: größer als) ein, so gilt: Für $a \neq b$ ist entweder $a < b$ (und dann $b > a$) oder $b < a$ (und dann $a > b$). Daher kann man die Disjunktion (1) dahin präzisieren, daß zwischen je zwei reellen Zahlen a, b genau eine der drei Beziehungen

$$a < b, \quad a = b, \quad a > b \tag{4}$$

besteht.

Bei Bedarf faßt man die ersten beiden der Beziehungen (4) zu $a \leqq b$ (gelesen: a kleiner oder gleich b; a nicht größer als b) und die letzten beiden zu $a \geqq b$ zusammen (gelesen: a größer oder gleich b; a nicht kleiner als b). Es ist $a \leqq b$ bzw. $a \geqq b$ das Gegenteil von $a > b$ bzw. $a < b$, ebenso wie die aus der ersten und dritten Beziehung (4) zusammengefaßte Relation $a \lessgtr b$ (gelesen: a kleiner oder größer als b; a nicht gleich b), die mit $a \neq b$ äquivalent ist, das Gegenteil der zweiten Beziehung (4) bedeutet.

Eine reelle Zahl a heißt *positiv*, wenn $a > 0$ ist, *negativ*, wenn $a < 0$ ist. Ist $a = 0$, so sagt man auch, *a verschwindet*. Nach (4) trifft für jede reelle Zahl a genau eine dieser drei Möglichkeiten zu.

D. Gesetze der Anordnung. *Sind a, b, c reelle Zahlen, so gilt:*
1. *Aus $a < b$ und $b < c$ folgt $a < c$* (Transitivgesetz).
2. *Aus $a < b$ folgt stets $a + c < b + c$* (starkes Monotoniegesetz der Addition).
3. *Aus $a < b$ und $c > 0$ folgt stets $ac < bc$* (starkes Monotoniegesetz der Multiplikation).

2. Folgerungen. Aus den Grundgesetzen der Arithmetik lassen sich die bekannten Regeln des Buchstabenrechnens, das ist das Rechnen mit Klammern und mit Gleichheiten sowie die Vorzeichenregeln, ableiten. Doch gehen wir an dieser Stelle nur mit dem folgenden Beispiel darauf ein:

Regel 1. *Gleichheiten zwischen Zahlen dürfen gliedweise zueinander addiert und miteinander multipliziert werden, in Zeichen:*

Aus $a = b$, $c = d$ folgt $a + c = b + d$ und $ac = bd$.

Beweis. Die Voraussetzungen ergeben nach B.1 bzw. C.1

$$a + c = b + c \quad \text{bzw.} \quad ac = bc,$$
$$c + b = d + b \quad \text{bzw.} \quad cb = db.$$

Hieraus folgt aber mittels B.2 bzw. C.2 und A.3 die Behauptung.

Einige andere Folgerungen aus den Grundgesetzen aber, die grundsätzliche Bedeutung haben oder dem Anfänger nicht bekannt sein dürften, sollen noch erwähnt werden.

Die Zahlen 0 und 1, die durch die Gl. (2) bzw. (3) für $b = a$ definiert sind, haben die Eigenschaft

$$a \cdot 0 = 0 \cdot a = 0 \quad \text{für jede Zahl } a \tag{5}$$

bzw.

$$a \cdot 1 = 1 \cdot a = a \quad \text{für jede Zahl } a. \tag{6}$$

Die Lösung von (2) für $b = 0$ heißt die zu a *entgegengesetzte Zahl* und wird mit $-a$ bezeichnet. Für sie gilt also

$$a + (-a) = -a + a = 0. \tag{7}$$

Die Lösung von (3) für $b = 1$ heißt die *reziproke* oder *inverse Zahl* zu a und wird mit $1/a$ bezeichnet. Für sie gilt also

$$a \cdot \frac{1}{a} = \frac{1}{a} \cdot a = 1 \quad (a \neq 0). \tag{8}$$

Jede reelle Zahl a hat ein *Vorzeichen,* sgn a (gelesen: signum a), das durch die Festsetzung

$$\text{sgn } a = \begin{cases} 1 & \text{für } a > 0, \\ 0 & \text{für } a = 0, \\ -1 & \text{für } a < 0 \end{cases} \tag{9}$$

definiert wird. Es ist z. B. sgn $(-3) = -1$, sgn $\frac{1}{2} = 1$.

Auf Grund der assoziativen Gesetze ist die Summe und das Produkt von beliebig, aber endlich vielen, etwa n, Zahlen eindeutig bestimmt. In dem Spezialfall, daß diese n Zahlen alle einander gleich sind und etwa den gemeinsamen Wert a haben, erhält man bei der Summe das *n-fache na* von a (ein **Vielfaches**), beim Produkt die *n*-te **Potenz** a^n der Basis a. Hierin bedeutet n eine *natürliche* Zahl, d. h. eine ganze Zahl ≥ 1. Im Fall des Vielfachen ist durch

$$0 \cdot a = 0, \quad (-n) \cdot a = n \cdot (-a),$$

wo die rechte Seite der zweiten Gleichung als Summe von n Summanden $-a$ zu denken ist, die Erweiterung des Begriffes auf eine beliebige ganze Zahl für jedes a sofort gegeben. Im Fall der Potenz wird dies durch die Festsetzungen* $a^0 = 1$ und, *falls* $a \neq 0$ ist,

$$a^{-1} = \frac{1}{a}, \quad a^{-n} = (a^{-1})^n$$

erreicht. Das *b-fache* von a für beliebig reelles b ist das Produkt ba.

Von grundsätzlicher Bedeutung, da für Zahlen charakteristisch, ist schließlich noch der folgende

Satz 1. *Ein Produkt zweier Zahlen ist dann und nur dann gleich 0, wenn mindestens einer der Faktoren verschwindet.*

Die hier gebrauchte, dem Leser vielleicht noch ungewohnte Formulierung *dann und nur dann* hat in der mathematischen Sprechweise eine *ganz bestimmte Bedeutung*, daß nämlich sowohl die ausgesprochene Behauptung wie auch deren Umkehrung gilt oder, anders ausgedrückt, daß Voraussetzung und Behauptung ihre Rolle vertauschen dürfen**.

In einem Dann-und-nur-dann-Satz sind also stets zwei Aussagen konzentriert, z. B. in Satz 1:

a) *Dann* (hinreichend): Ein Produkt zweier Zahlen ist gleich 0, wenn mindestens einer der Faktoren verschwindet.

b) *Nur dann* (notwendig): Wenn ein Produkt zweier Zahlen gleich 0 ist, verschwindet mindestens einer der Faktoren.

Dementsprechend besteht auch die Beweisanordnung für einen Dann-und-nur-dann-Satz immer aus zwei Einzelbeweisen, je einem für die beiden im Satz enthaltenen Aussagen.

Beweis von Satz 1. Die beiden Zahlen seien c und d.

a) Wenn $c = 0$ oder $d = 0$ oder beide gleich 0 sind, so ist $cd = 0$ nach (5).

b) Es sei $cd = 0$. Verschwinden beide Faktoren, so ist nichts zu beweisen. Es sei also etwa $c \neq 0$. Dann existiert $1/c$ nach C.5, und aus $cd = 0$ folgt mittels (8), C.3, C.1 und (5)

---

* Man beachte, daß hierin auch die Festsetzung $0^0 = 1$ enthalten ist.
** Mit der Ausdrucksweise *dann und nur dann* gleichbedeutend sind die Formulierungen *genau dann* oder *notwendig und hinreichend* (z. B. notwendig und hinreichend für das Verschwinden eines Produktes zweier Zahlen ist, daß mindestens einer der Faktoren verschwindet).

$$d = \left(\frac{1}{c} \cdot c\right) d = \frac{1}{c}(cd) = \frac{1}{c} \cdot 0 = 0.$$

3. Abbildung auf die Zahlengerade. Man pflegt die reellen Zahlen in bestimmter Weise den Punkten einer Geraden zuzuordnen,

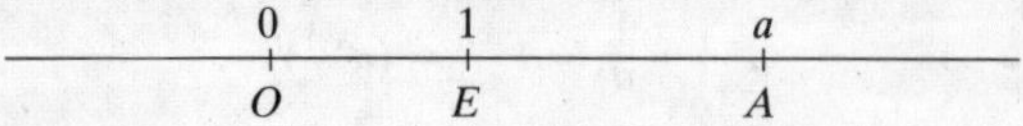

Abb. 33

auf der man durch beliebige Wahl zweier verschiedenen Punkte O und E als Nullpunkt und Einheitspunkt einen Maßstab festgelegt hat (Abb. 33).

Den Punkten O bzw. E der (beiderseits unbegrenzt zu denkenden) Geraden ordnet man die Zahlen 0 bzw. 1 zu und umgekehrt den Zahlen 0 und 1 die Punkte O bzw. E. Ist a eine beliebige reelle Zahl, so wird ihr derjenige Punkt A der Geraden zugeordnet, dessen Abstand von O gleich dem a-fachen des Abstandes des Punktes E von O ist. Dabei liegen A und E auf derselben Seite von O oder nicht, je nachdem die Zahl a positiv oder negativ ist. Umgekehrt entspricht jedem Punkte A der Geraden als reelle Zahl a die (in entsprechender Weise wie eben) mit Vorzeichen zu versehende, auf die Einheitsstrecke OE bezogene Maßzahl seines Abstandes von O. Man nennt a auch die *Koordinate des Punktes A*.

Eine Begründung für die Möglichkeit dieser Zuordnung, die man als eine *eineindeutige Abbildung* der reellen Zahlen auf die Punkte einer Geraden bezeichnet, wird ebenfalls im Schlußteil dieses Buches nachgeholt werden. Die zur Abbildung benutzte Gerade heißt die *Zahlengerade*. Sie bringt zwei wesentliche Eigenschaften des Systems der reellen Zahlen zum Ausdruck: seine *Anordnung* und seine *Lückenlosigkeit*.

4. Das Rechnen mit Ungleichungen. Relationen zwischen Zahlen, die nicht das Gleichheitszeichen, sondern eines der Zeichen $<, \leqq, >, \geqq$ oder $\neq$ enthalten, bezeichnet man als *Ungleichheiten* oder *Ungleichungen*. Da das Rechnen hiermit weniger bekannt zu sein pflegt als das mit Gleichheiten, sollen die wichtigsten Regeln hier zusammengestellt werden.

Regel 2. *Aus* $a < b$, $c < d$ *folgt* $a + c < b + d$.

Beweis. Man addiere (nach D.2) in $a < b$ beiderseits c, in $c < d$ beiderseits b und wende D.1 an.

Regel 3. *Aus* $a < b$, $c < d$ *und* $b > 0$, $c > 0$ *folgt* $ac < bd$.

Beweis. Man multipliziere (nach D.3) $a < b$ mit c, dann $c < d$ mit b und wende D.1 an.

Hier müssen die Voraussetzungen $b > 0$, $c > 0$ beachtet werden. Dies zeigen die Beispiele:

α) $-3 < -2$, $+1 < +2$, aber $(-3) \cdot (+1) > (-2) \cdot (+2)$,

β) $-3 < +1$, $-1 < +2$, aber $(-3) \cdot (-1) > (+1) \cdot (+2)$,

γ) $-3 < -2$, $-1 < +2$, aber $(-3) \cdot (-1) > (-2) \cdot (+2)$.

Regel 4. *Aus* $0 < a < b$ *folgt* $a^n < b^n$ *für ganzzahliges* $n \geqq 1$.

Beweis. Aus $a < b$, $a < b$ folgt $a^2 < b^2$ nach Regel 3. Aus $a < b$ und $a^2 < b^2$ ebenso $a^3 < b^3$. Durch Fortsetzung dieser Schlußweise erhält man aus $a^{n-1} < b^{n-1}$ und $a < b$ schließlich $a^n < b^n$.

Regel 5. *Aus* $a < b$ *folgt* $-a > -b$, *allgemeiner* $ac > bc$, *wenn* $c < 0$ *ist*.

Beweis. Man addiere (nach D.2) in $a < b$ beiderseits $-b$; dann folgt $a - b < 0$. Addiert man hier beiderseits $-a$, so erhält man $-b < -a$ mittels B.2 und B.3. Ist $c < 0$, so setze man $c = -c'$. Dann ist $c' > 0$, und nach D.3 und dem eben Bewiesenen folgt aus $a < b$

$$ac' < bc', \quad -ac' > -bc', \quad ac > bc.$$

Regel 6. *Aus* $0 < a < b$ *oder* $a < b < 0$ *folgt* $\dfrac{1}{a} > \dfrac{1}{b}$.

Beweis. Nach Voraussetzung ist $ab > 0$, ferner ist $ab \cdot \dfrac{1}{ab} = 1 > 0$ nach (8) und daher auch $c = \dfrac{1}{ab} > 0$. Aus $a < b$ folgt also nach D.3

$$\frac{1}{b} = a \cdot \frac{1}{ab} < b \cdot \frac{1}{ab} = \frac{1}{a}.$$

Liest man die Ungleichungen von rechts nach links, statt von links nach rechts, so erhält man die den Regeln 2 bis 6 entsprechenden Aussagen für Ungleichungen mit dem Zeichen $>$ statt $<$. Werden die Regeln über Ungleichungen mit denen für Gleichungen kombiniert, so ergeben sich Aussagen über Ungleichungen mit dem Zeichen $\geqq$ bzw. $\leqq$. Es folgt z. B.

$$a + c > b + d \quad \text{aus} \quad a \geqq b, c > d \quad \text{oder aus} \quad a > b, c \geqq d \quad (10)$$

mittels D.2 (falls das Zeichen = gilt) und Regel 2 (falls das Zeichen $>$ gilt). Entsprechend folgt mittels D.3 und Regel 3

$$ac > bd, \quad \text{wenn außerdem} \quad b > 0, c > 0 \quad \text{ist.} \qquad (11)$$

Die Zusammenfassung von Regel 1 und Regel 2 ergibt:

$$a + c \geqq b + d, \quad \text{falls} \quad a \geqq b, c \geqq d \quad \text{ist.} \qquad (12)$$

Entsprechend erhält man aus Regel 1 und Regel 3 bzw. Regel 4:

$$ac \geqq bd, \quad \text{wenn außerdem} \quad b > 0, c > 0 \quad \text{ist;} \qquad (13)$$

$$a^n \geqq b^n, \quad \text{falls} \quad a \geqq b > 0 \quad \text{ist.} \qquad (14)$$

Und die Regeln 5 und 6 liefern:

$$\frac{1}{a} \geqq \frac{1}{b}, \quad \text{falls} \quad 0 < a \leqq b \quad \text{oder} \quad a \leqq b < 0 \quad \text{ist,} \qquad (15)$$

$$ac \geqq bc, \quad \text{falls} \quad a \geqq b \quad \text{und} \quad c > 0 \quad \text{ist.} \qquad (16)$$

Wie wir später zeigen werden, hat die Gleichung $x^n = a$ für ganzzahliges $n \geqq 1$ und reelles $a > 0$ stets genau eine positive reelle Lösung x, die man die **positive n-te Wurzel aus a** nennt und mit $x = \sqrt[n]{a}$ bezeichnet. Für $n = 2$ spricht man von der **Quadratwurzel** oder kurz **Wurzel** aus a und schreibt $x = \sqrt{a}$. Da in diesem Fall mit $\sqrt{a}$ stets auch $-\sqrt{a}$ der Gleichung $x^2 = a$ genügt, so pflegt man $\sqrt{a}$ meist deutlich durch $+\sqrt{a}$ zu kennzeichnen.

Regel 7. *Aus $a^n < b^n$ für ganzzahliges $n \geqq 1$ und $b > 0$ folgt $a < b$.*
Beweis. Wäre $a \geqq b$, so wäre wegen $b > 0$ nach (14) auch $a^n \geqq b^n$ im Widerspruch zur Voraussetzung.

Regel 7'. *Aus $0 < a \leqq b$ folgt $\sqrt[n]{a} \leqq \sqrt[n]{b}$ für ganzzahliges $n \geqq 1$.*
Beweis. Für $a = b$ ist $\sqrt[n]{a} = \sqrt[n]{b}$ nach Definition. Ist $a < b$, so gilt $\sqrt[n]{a} < \sqrt[n]{b}$ nach Regel 7, da $\sqrt[n]{b} > 0$ und $(\sqrt[n]{a})^n = a$, $(\sqrt[n]{b})^n = b$ ist.

Regel 8. *Aus $a + b = 0$ und $a \geqq 0, b \geqq 0$ folgt $a = b = 0$.*
Beweis. Wäre $a \neq 0$ oder $b \neq 0$, also $a > 0$, $b \geqq 0$ bzw. $a \geqq 0$, $b > 0$, so wäre $a + b > 0$ nach (10) im Widerspruch zur Voraussetzung.

Bemerkung. Im Gegensatz zu den Beweisen der Regeln 1 bis 6, bei denen man von der Voraussetzung ausgehend die Richtigkeit der Behauptung erschließt (Methode des *direkten Beweises*), sind die Regeln 7 und 8 in der Weise bewiesen worden, daß die Behauptung als unrichtig angenommen und diese Annahme widerlegt, d. h. daraus ein Widerspruch zur Voraussetzung gefolgert wird. Diese Methode des *indirekten Beweises* benutzt das logische *Prinzip des ausgeschlossenen Dritten*, nach dem eine Aussage nur entweder richtig oder nicht richtig, also eine Behauptung, deren Unrichtigkeit als nicht möglich erwiesen wird, notwendigerweise richtig sein muß. Die Frage, wie weit dieses unmittelbar einleuchtende Prinzip auch beim Operieren mit dem Unendlichen gültig bleibt, hat zu tiefgehenden Untersuchungen über die Grundlagen der Mathematik geführt, ohne bisher vollständig gelöst worden zu sein.

5. Der absolute Betrag. Ist a eine reelle Zahl, so liegen a und $-a$ auf der Zahlengeraden auf verschiedenen Seiten des Nullpunktes; beide haben aber denselben Abstand vom Nullpunkt. Diesen Sachverhalt erfaßt die folgende

Definition. *Unter dem **absoluten Betrag** $|a|$ (gelesen: a absolut oder Betrag a) der reellen Zahl a versteht man die durch die Festsetzung*

$$|a| = \begin{cases} a & \text{für} & a > 0 \\ 0 & \text{für} & a = 0 \\ -a & \text{für} & a < 0 \end{cases} \tag{17}$$

gekennzeichnete nichtnegative Zahl.

Beispiele. $|2| = 2, \quad |-2| = -(-2) = 2, \quad |0| = 0.$

Nach (9) und (17) gilt also für jede reelle Zahl a die Zerlegung

$$a = \operatorname{sgn} a \cdot |a|.$$

Aus der Definition folgt unmittelbar:

$$|a| \geqq 0, \quad |-a| = |a|, \quad \pm a \leqq |a|.$$

Hierbei gilt $|a| = 0$ dann und nur dann, wenn $a = 0$ ist. Die zweite Beziehung besagt, daß a und $-a$ auf der Zahlengeraden gleichen Abstand vom Nullpunkt haben, und die dritte bedeutet: Entweder ist $a = |a|$ (und dann $-a < |a|$) oder $-a = |a|$ (und dann $a < |a|$).

Regel 9. *Für je zwei reelle Zahlen a, b ist*

$$|a + b| \leqq |a| + |b|, \quad (18\,\mathrm{a}) \qquad |a - b| \leqq |a| + |b|, \quad (18\,\mathrm{b})$$

$$|a + b| \geqq ||a| - |b||, \quad (19\,\mathrm{a}) \qquad |a - b| \geqq ||a| - |b||, \quad (19\,\mathrm{b})$$

oder in eine Formel zusammengefaßt:

$$||a| - |b|| \leqq |a \pm b| \leqq |a| + |b|.$$

Beweis. Ersetzt man in (18 a) bzw. (19 a) b durch $-b$, so erhält man (18 b) bzw. (19 b), da $|-b| = |b|$ ist. Es genügt also, (18 a) und (19 a) zu beweisen. Aus $a \leqq |a|$, $b \leqq |b|$ folgt $a + b \leqq |a| + |b|$ nach Regel 2, ebenso $-(a + b) \leqq |a| + |b|$ aus $-a \leqq |a|$, $-b \leqq |b|$. Da nun eine der beiden Zahlen $\pm (a + b)$ nach Definition mit $|a + b|$ übereinstimmt, so ist (18 a) bewiesen.

Zum Beweis von (19 a) wende man (18 a) auf die Gleichungen

$$a = (a + b) - b, \quad b = (a + b) - a$$

an. Man erhält

$$|a| = |(a+b) - b| \leqq |a+b| + |b|, \quad |b| = |(a+b) - a| \leqq |a+b| + |a|,$$
$$|a| - |b| \leqq |a+b|, \qquad\qquad\qquad |b| - |a| \leqq |a+b|.$$

Daher ist $\pm (|a| - |b|) \leqq |a + b|$, andererseits eine der beiden Zahlen $\pm (|a| - |b|)$ gleich $||a| - |b||$, also (19 a) bewiesen.

Man beachte, daß die Differenz $|a| - |b|$ negativ sein kann (z. B. $a = 1$, $b = 2$). Die Ungleichungen

$$|a \pm b| \geqq |a| - |b|$$

sind dann selbstverständlich, da links eine nichtnegative Zahl steht. Erst wenn man, wie es in (19 a) und (19 b) geschieht, rechts den absoluten Betrag der Differenz setzt, bedürfen die Ungleichungen eines Beweises.

Regel 10. *Für je zwei reelle Zahlen a, b ist*

$$|a \cdot b| = |a| \cdot |b|. \tag{20}$$

Beweis. Ist $a = 0$ oder $b = 0$, so sind beide Seiten von (20) gleich 0. Es sei also $a \neq 0$, $b \neq 0$. Dann folgt aus

$$|a| = \begin{cases} a \text{ für } a > 0 \\ -a \text{ für } a < 0, \end{cases} \qquad |b| = \begin{cases} b \text{ für } b > 0 \\ -b \text{ für } b < 0, \end{cases}$$

daß

$$|a| \cdot |b| = \begin{cases} ab = (-a)(-b) & \text{für } ab > 0 \\ (-a)b = a(-b) & \text{für } ab < 0. \end{cases}$$

Andererseits ist nach Definition

$$|ab| = \begin{cases} ab \text{ für } ab > 0 \\ -ab \text{ für } ab < 0. \end{cases}$$

Regel 11. *Für reelle Zahlen a, b mit a $\neq$ 0 ist*

$$\left|\frac{1}{a}\right| = \frac{1}{|a|}, \qquad (21\,\text{a}) \qquad \left|\frac{b}{a}\right| = \frac{|b|}{|a|}. \qquad (21\,\text{b})$$

Beweis. Man wende (20) auf

$$a \cdot \frac{1}{a} = 1 \quad \text{bzw.} \quad b \cdot \frac{1}{a} = \frac{b}{a}$$

an. Dann folgt, da mit a auch $|a| \neq 0$ ist,

$$\left|a \cdot \frac{1}{a}\right| = |a| \cdot \left|\frac{1}{a}\right| = 1 \quad \text{bzw.} \quad \left|b \cdot \frac{1}{a}\right| = |b| \cdot \left|\frac{1}{a}\right| = \left|\frac{b}{a}\right|,$$

$$\left|\frac{1}{a}\right| = \frac{1}{|a|} \quad \text{bzw.} \quad \left|\frac{b}{a}\right| = |b| \cdot \frac{1}{|a|} = \frac{|b|}{|a|}.$$

Die reellen Zahlen[1]

§1

Die positiven reellen Zahlen

1. Abschnitte. Die einzelnen Etappen beim Aufbau des Zahlensystems, die wir bisher durchlaufen haben, sind durch das Ziel bestimmt gewesen, einen Zahlbereich zu erhalten, in dem beide Verknüpfungen umkehrbar sind, in dem man also unbeschränkt addieren, subtrahieren, multiplizieren und – bis auf die nicht zulässige Division durch 0 – auch stets dividieren kann. Dieses Ziel haben wir mit dem Bereich $\mathfrak{P}$ der rationalen Zahlen erreicht. Warum

---

1 Dieses Kapitel steht am Ende des Buches von FEIGL-ROHRBACH und setzt deshalb eine Vielzahl von Gesetzen und Begriffen – insbesondere die ganze Arithmetik im Bereich der rationalen Zahlen – als bekannt voraus. FEIGL verweist stets sehr genau auf die jeweils verwendeten Voraussetzungen. Entsprechend unserer im Vorwort getroffenen Verabredung haben wir diese Verweise fortgelassen. In der Regel wird aus dem Zusammenhang deutlich, welche Gesetzmäßigkeiten vorausgesetzt sind; in einigen Fällen geben wir Hinweise in Fußnoten.

setzt man den Aufbau jetzt noch weiter fort? Nun, dazu ist zu sagen: Wir brauchen die Zahlen nicht nur zum Rechnen; sie dienen
ebenso zum Messen und müssen daher auch für diesen Zweck bestimmten Anforderungen genügen. Man wird z. B. mindestens
fordern, daß die Länge jeder Strecke durch eine Zahl ausgedrückt
werden kann. Das ist aber, wenn man sich auf den rationalen Zahlbereich beschränkt, nicht immer möglich. Beispielsweise hat die
Diagonale eines Quadrats von der Seitenlänge 1 eine Länge, die
nicht durch eine rationale Zahl wiedergegeben werden kann.
Denn $\sqrt{2}$ ist nicht rational.

Wollen wir also jeder Strecke eine Maßzahl zuordnen, so müssen wir den Zahlbereich nochmals erweitern. Wir gehen aus vom
rationalen Zahlbereich $\mathfrak{P}$, dessen Elemente wir jetzt mit kleinen
lateinischen Buchstaben a, b, c ... bezeichnen, um die kleinen
griechischen Buchstaben wieder für die Elemente des Erweite-
rungsbereiches frei zu haben. Im Bedarfsfalle schreiben wir die
rationalen Zahlen als Quotienten zweier ganzen Zahlen mit positi-
vem Nenner:

$$a = \frac{p}{q}, \quad b = \frac{r}{s}, \dots \quad (q > 0, s > 0, \dots),$$

so daß kleine lateinische Buchstaben künftig sowohl für ganze wie
auch für rationale Zahlen gebraucht werden. Den Übergang vom
rationalen Zahlbereich $\mathfrak{P}$ zum Bereich $\mathfrak{R}$ der reellen Zahlen vollziehen wir, wie den von $\mathfrak{R}$ zu $\mathfrak{P}$, ebenfalls in zwei Schritten. Zunächst
definieren wir die positiven, später die übrigen reellen Zahlen.
Wir benutzen auch hierfür je einen Klassenbildungsprozeß, für
den ersten Schritt allerdings von anderer Art als bisher. Er beruht
nicht auf einer Äquivalenzrelation, sondern auf einer Schnittbil-
dung im Bereich der (positiven) rationalen Zahlen.

Definition. *Unter einem **Abschnitt** einer geordneten, offenen
Menge $\mathfrak{M}$ versteht man eine echte, nicht leere Teilmenge von $\mathfrak{M}$, die
kein letztes Element und mit einem Element von $\mathfrak{M}$ auch alle ihm
vorangehenden Elemente von $\mathfrak{M}$ enthält.*

Bezeichnet α einen solchen Abschnitt, so ist also α durch folgende drei Eigenschaften gekennzeichnet:

$$1. \ \alpha \neq \mathfrak{M}, \quad \alpha \neq 0, \quad \alpha \subset \mathfrak{M}. \tag{1}$$

2. Zu jedem $x \in \alpha$ gibt es mindestens ein $x' \in \alpha$ mit x vor x'. (2)

$$3. \text{ Aus } \ x, y \in \mathfrak{M}, \quad x \text{ vor } y, \quad y \in \alpha \ \text{ folgt } \ x \in \alpha. \tag{3}$$

Ist $\overline{\alpha}$ die Komplementärmenge zu α in bezug auf $\mathfrak{M}$, so bildet die Zerlegung von $\mathfrak{M}$ in die beiden Teilmengen α und $\overline{\alpha}$ einen Schnitt[1] in $\mathfrak{M}$, bei dem α die Unterklasse, $\overline{\alpha}$ die Oberklasse darstellt. Denn jedes Element von $\mathfrak{M}$ gehört entweder zu α oder zu $\overline{\alpha}$, nach (1) ist keine der beiden Klassen leer, und nach (3) kommt jedes Element von α vor jedem Element von $\overline{\alpha}$. Die Eigenschaft (2) bedeutet, daß das erzeugende Element des Schnittes, wenn vorhanden, nicht zu α gehört. Umgekehrt folgt in entsprechender Weise, daß die Unterklasse eines Schnittes in $\mathfrak{M}$, bei dem ein etwaiges erzeugendes Element zur Oberklasse gerechnet wird, einen Abschnitt von $\mathfrak{M}$ darstellt. Wir brauchen jedoch die Tatsache, daß α als Unterklasse eines Schnittes aufgefaßt werden kann, vorläufig nicht. Diese Bemerkung soll lediglich die jetzt benutzte Art der Klassenbildung klarlegen. Wir werden erst später auf den Zusammenhang zurückgreifen (Nr. 11).

2. Ein Hilfssatz. Wir betrachten für den geplanten Erweiterungsschritt als Menge $\mathfrak{M}$ speziell die Menge $\mathfrak{P}^{+}$ der positiven rationalen Zahlen. Diese ist durch die Relation $<$ geordnet. Sie ist ferner eine offene Menge, da aus $\frac{1}{2} < 1 < 2$ und $a > 0$ auch

$$0 < \frac{a}{2} < a < 2a$$

folgt und daher zu jedem $a \in \mathfrak{P}^{+}$ ein größeres und ein kleineres Element in $\mathfrak{P}^{+}$ vorhanden ist. Man kann also Abschnitte von $\mathfrak{P}^{+}$ bilden. Beispielsweise ist die Menge α der rationalen Zahlen x mit $0 < x < a$ ein Abschnitt von $\mathfrak{P}^{+}$. Die drei Eigenschaften (1), (2), (3) sind, wie man leicht nachprüft, für α erfüllt.

Wir können, allerdings mit einer Einschränkung, in $\mathfrak{P}^{+}$ auch rechnen. Für $\frac{p}{q} > 0$ und $\frac{r}{s} > 0$, d. h. $p > 0$, $q > 0$, $r > 0$, $s > 0$, ist stets auch

---

1 Eine Zerlegung einer (linear) geordneten Menge M in zwei Teilmengen U und O heißt ein (DEDEKINDscher) *Schnitt* in der Menge M und U die *Unterklasse*, O die *Oberklasse* des Schnittes, wenn gilt:
1. Jedes Element von M gehört zu genau einer der Teilmengen (Klassen).
2. Keine der beiden Klassen ist leer.
3. Jedes Element von U kommt vor jedem Element von O.
   Ein Schnitt kann durch ein Element *erzeugt* werden. Z.B. ist 1 *erzeugendes Element* des Schnittes in $\mathfrak{P}$, bei dem U $= \alpha$ die Menge aller rationalen Zahlen < 1 und O $= \overline{\alpha}$ ist.

$$\frac{p}{q} + \frac{r}{s} = \frac{ps + qr}{qs} > 0, \tag{4}$$

$$\frac{p}{q} \cdot \frac{r}{s} = \frac{pr}{qs} > 0, \tag{5}$$

$$\frac{p}{q} : \frac{r}{s} = \frac{ps}{qr} > 0, \tag{6}$$

gleichgültig, wie $\frac{p}{q}$ und $\frac{r}{s}$ in $\mathfrak{P}^+$ gewählt werden. Jedoch gilt

$$\frac{p}{q} - \frac{r}{s} = \frac{ps - qr}{qs} > 0 \tag{7}$$

nur, falls $ps - qr > 0$, d. h. $\frac{p}{q} > \frac{r}{s}$ ist. Daher kann man in $\mathfrak{P}^+$ zwar unbeschränkt addieren, multiplizieren und dividieren, aber subtrahieren nur, falls der Minuend größer als der Subtrahend ist. Das Grundgesetz B.4 gilt also in $\mathfrak{P}^+$ nicht allgemein. Daher erfüllt $\mathfrak{P}^+$ nicht alle Voraussetzungen, die wir an einen Zahlbereich $\mathfrak{P}$ gestellt haben, und wir dürfen die früher abgeleiteten Regeln, soweit sie die Subtraktion benutzen, nicht ohne nochmalige Prüfung anwenden.

Hilfssatz 1. *Ist k ein Element, α ein Abschnitt von* $\mathfrak{P}^+$, *so gibt es Elemente* $x \in \alpha, \bar{x} \in \bar{\alpha}$ *derart, daß* $\bar{x} - x = k$ *ist.*

Beweis. Man wähle $x_1 \in \alpha$ und $\bar{x}_1 \in \bar{\alpha}$ beliebig. Dann ist $(\bar{x}_1 - x_1)/k$ eine rationale Zahl. Folglich gibt es nach dem Satz des ARCHIMEDES[1] eine natürliche Zahl n, für die

$$n > \frac{\bar{x}_1 - x_1}{k}$$

gilt. Hieraus folgt, da $k \in \mathfrak{P}^+$, also $k > 0$ ist,

$$x_1 + nk > \bar{x}_1, \text{ d. h. } x_1 + nk \in \bar{\alpha}.$$

Anderenfalls wäre nämlich nach (3) auch $\bar{x}_1 \in \alpha$, was nicht zutrifft.

---

1 Für den Körper der rationalen Zahlen gibt FEIGL diesem Satz die folgende Form: Zu jeder rationalen Zahl $\frac{a}{b}$ gibt es eine natürliche Zahl n derart, daß $n > \frac{a}{b}$ ist. Eine entsprechende Aussage spielt in vielen Bereichen eine Rolle. Man kann sie so formulieren: Zu beliebigen $x > 0$, $y > 0$ gibt es eine natürliche Zahl n mit $n \cdot x > y$. Je nach ihrer Stellung im Aufbau der betreffenden Theorie ist diese nach ARCHIMEDES benannte Aussage ein »Satz« (wie oben) oder ein »Axiom« (s. Kap. V, Abschn. 2).

In der Folge der Zahlen

$$x_1, x_1 + k, x_1 + 2k, \ldots, x_1 + nk \qquad (8)$$

haben nun je zwei benachbarte die Differenz k, da

$$(x_1 + ik) + k = x_1 + (i + 1)k \qquad (i = 0,1,2,\ldots, n - 1)$$

ist. Ferner liegt die erste Zahl von (8) in α, die letzte in $\overline{\alpha}$. Also muß es in (8) zwei benachbarte Zahlen geben, deren erste, sie heiße x, zu α, deren zweite, sie heiße $\overline{x}$, zu $\overline{\alpha}$ gehört. Für diese beiden Elemente ist dann $\overline{x} - x = k$.

3. Gleichheit und Ordnung in $\mathfrak{R}^+$. Es sei $\mathfrak{R}^+$ die Menge aller Abschnitte von $\mathfrak{P}^+$. Wir wollen zeigen, daß man mit diesen Abschnitten rechnen kann und sie daher als Zahlen ansprechen darf.

Definition. *Zwei Elemente α, β von $\mathfrak{R}^+$ heißen **gleich**, wenn sie als Mengen einander gleich sind, in Zeichen:*

$$\alpha = \beta, \text{ wenn } \alpha \subseteq \beta \text{ und } \beta \subseteq \alpha. \qquad (9)$$

Da für die Gleichheit von Mengen die drei Grundgesetze A erfüllt sind, so genügt auch die Gleichheit (9) den Gesetzen A.1, A.2 und A.3 (S. 218). Ist (9) nicht erfüllbar, so heißen α und β voneinander *verschieden*, und man schreibt $\alpha \neq \beta$ (gelesen: α ungleich β).

Definition. *Sind α und β verschiedene Elemente von $\mathfrak{R}^+$, so heißt α **kleiner als** β, wenn α echte Teilmenge von β ist, in Zeichen:*

$$\alpha < \beta, \text{ wenn } \alpha \subseteq \beta, \alpha \neq \beta. \qquad (10)$$

Hiermit ist tatsächlich eine Ordnungsbeziehung definiert, denn die Relation (10) ist asymmetrisch und transitiv. Wäre mit $\alpha < \beta$ auch $\beta < \alpha$ erfüllt, so wäre $\alpha = \beta$ nach (9), im Widerspruch zur Voraussetzung. Und ist α echt in β enthalten und β in γ, so ist α auch echte Teilmenge von γ. In $\mathfrak{R}^+$ gilt also das Gesetz D.1. Statt $\alpha < \beta$ schreibt man auch $\beta > \alpha$ (gelesen: β größer als α).

Satz 1. *Sind α und β irgend zwei Elemente von $\mathfrak{R}^+$, so gilt genau eine der drei Relationen*

$$\alpha < \beta, \quad \alpha = \beta, \quad \alpha > \beta. \qquad (11)$$

Beweis. Nach Definition ist entweder $\alpha = \beta$ oder $\alpha \neq \beta$. Im zweiten Fall ist eine der beiden Mengen in der anderen echt enthalten.

Denn wegen $\alpha \neq \beta$ gibt es mindestens ein Element y von $\mathfrak{P}^+$, das nur zu einer der beiden Mengen gehört. Es sei etwa $y \notin \alpha$, aber $y \in \beta$. Ist dann x ein beliebiges Element von α, so muß $y \geq x$ sein; mit $y < x$ und $x \in \alpha$ wäre nämlich nach (3) auch $y \in \alpha$. Aus $y \geq x$ und $y \in \beta$ folgt aber, wieder nach (3), daß $x \in \beta$ ist. Da dies für *jedes* x von α gilt, ist α Teil von β, und zwar echter Teil, da $y \in \beta$, aber $y \notin \alpha$ ist. Analog schließt man, falls $y \in \alpha$, aber $y \notin \beta$ ist. In diesem Fall ist $\beta \subset \alpha$. Aus $\alpha \neq \beta$ folgt daher, daß entweder $\alpha < \beta$ oder $\beta < \alpha$ ist.

4. Addition in $\mathfrak{R}^+$. Zur Definition der Summe zweier Abschnitte brauchen wir den folgenden Satz.

Satz 2. *Es seien α und β Abschnitte von $\mathfrak{P}^+$. Durchläuft dann x die Elemente von α, y die von β, so bildet die Menge γ der Elemente $x + y$ wieder einen Abschnitt von $\mathfrak{P}^+$.*

Beweis. Wir haben zu zeigen, daß γ die Eigenschaften (1), (2) und (3) hat. Nach (4) ist $\gamma \subseteq \mathfrak{P}^+$, und es ist $\gamma \neq 0$, da α und β nicht leer sind. Ferner ist $\gamma \neq \mathfrak{P}^+$; ist nämlich $\bar{a} \in \bar{\alpha}$, $\bar{b} \in \bar{\beta}$, so ist für alle x aus α bzw. alle y aus β

$$x < \bar{a} \quad \text{bzw.} \quad y < \bar{b}, \quad \text{also} \quad x + y < \bar{a} + \bar{b}.$$

Dies bedeutet $\bar{a} + \bar{b} \in \bar{\gamma}$; folglich ist $\bar{\gamma}$ nicht leer, $\gamma \neq \mathfrak{P}^+$. Damit ist (1) für γ nachgewiesen. Ist nun $z \in \gamma$, so ist

$$z = x + y < x' + y = z' \quad \text{und} \quad z' \in \gamma, \tag{12}$$

falls man – was nach (2) für α möglich ist – x' als Element von α und $x' > x$ wählt. (12) besagt, daß (2) für γ zutrifft. Ist schließlich $z \in \mathfrak{P}^+$, $z^* \in \mathfrak{P}^+$ und $z^* < z$, $z \in \gamma$, d. h. $z = x + y$ mit $x \in \alpha$, $y \in \beta$, so nehme man etwa $x \leq y$ an und unterscheide die beiden Fälle

$$0 < z^* \leq x \quad \text{und} \quad x < z^* < x + y.$$

Im ersten Fall ist $z^* \in \alpha$, und für irgendein a mit $0 < a < z^*$ gilt $z^* = a + r$ mit $r = z^* - a$. Nach (3) ist $a \in \alpha$, ferner gilt

$$0 < r = z^* - a < z^* \leq x \leq y, \quad \text{also} \quad r \in \beta,$$

so daß $z^* \in \gamma$ ist. Im zweiten Fall ist $z^* = x + r'$ mit $0 < r' < y$, also $r' \in \beta$ und daher ebenfalls $z^* \in \gamma$. Damit ist auch (3) für γ nachgewiesen.

Definition. *Sind α und β Elemente von $\Re^+$, so versteht man unter der* **Summe** *$\alpha + \beta$ in $\Re^+$ den nach Satz 2 vorhandenen Abschnitt γ von $\mathfrak{P}^+$, d. h. es ist*

$$\alpha + \beta = \text{Menge aller } x + y \text{ mit } x \in \alpha, y \in \beta. \tag{13}$$

Satz 3. *Es seien α, β, γ Elemente von $\Re^+$. Dann gilt:*

$$\text{Aus } \alpha = \beta \text{ folgt } \alpha + \gamma = \beta + \gamma. \tag{14}$$

$$\alpha + \beta = \beta + \alpha. \tag{15}$$

$$(\alpha + \beta) + \gamma = \alpha + (\beta + \gamma). \tag{16}$$

$$\text{Aus } \alpha < \beta \text{ folgt } \alpha + \gamma < \beta + \gamma. \tag{17}$$

Beweis. Wenn α und β dieselben Elemente enthalten, so gilt das gleiche nach (13) auch für $\alpha + \gamma$ und $\beta + \gamma$. Daraus folgt (14). Auch die Aussagen (15) und (16) ergeben sich unmittelbar aus (13), da für Elemente x, y, z von $\mathfrak{P}^+$ das kommutative und das assoziative Gesetz gelten. Ist schließlich $\alpha < \beta$, also jedes x aus α auch Element von β, so ist für irgendein $z \in \gamma$ stets $x + z$ nicht nur Element von $\alpha + \gamma$, sondern auch von $\beta + \gamma$, also $\alpha + \gamma \subseteq \beta + \gamma$. Um zu zeigen, daß $\alpha + \gamma$ echter Teil von $\beta + \gamma$ ist, wähle man erstens $\bar{x}$ so, daß $\bar{x} \in \bar{\alpha}$ und $\bar{x} \in \beta$ ist (das geht wegen $\alpha < \beta$), zweitens y so, daß $y > \bar{x}$ und $y \in \beta$ ist [das geht nach (2)], drittens $z \in \gamma$ und $\bar{z} \in \bar{\gamma}$ so, daß $\bar{z} - z = y - \bar{x}$ ist (das geht nach Hilfssatz 1). Dann ist

$$y + z = \bar{x} + \bar{z}, \quad y + z \in \beta + \gamma, \quad \bar{x} + \bar{z} \in \overline{\alpha + \gamma}.$$

Folglich gibt es ein Element, nämlich $y + z$, das zu $\beta + \gamma$, aber nicht zu $\alpha + \gamma$ gehört. Dies besagt aber, daß $\alpha + \gamma < \beta + \gamma$ ist. Also ist auch (17) bewiesen.

5. Umkehrbarkeit der Addition in $\Re^+$. Hinsichtlich der Bildung von Differenzen befinden wir uns in einer ähnlichen Lage wie im Bereich der natürlichen Zahlen, denn es gehören (vgl. Nr. 2) nicht alle Differenzen zwischen Elementen von $\mathfrak{P}^+$ wieder zu $\mathfrak{P}^+$. Infolgedessen werden wir auch in $\Re^+$ nicht unbeschränkt subtrahieren können.

Satz 4. *Es seien α und β Abschnitte von $\mathfrak{P}^+$, und zwar sei $\alpha < \beta$. Durchläuft dann $\bar{x}$ die Elemente von $\bar{\alpha}$, y die von β, so bildet die Menge δ der Elemente $y - \bar{x}$ mit $y > \bar{x}$ wieder einen Abschnitt von $\mathfrak{P}^+$.*

Beweis. Da jedes $y - x > 0$ ist, ist $\delta \subseteq \mathfrak{P}^+$. Ferner ist $\delta \neq 0$; denn wegen $\alpha < \beta$ gibt es ein $\overline{x}$ in β und dann auch ein $y > \overline{x}$ in β, da β kein letztes Element besitzt. Und es ist auch $\delta \neq \mathfrak{P}^+$. Ist nämlich $\overline{b} \in \overline{\beta}$, so ist für jedes $d \in \delta$

$$d = y - \overline{x} < y < \overline{b},$$

also $\overline{b} \in \overline{\delta}$, d. h. $\overline{\delta}$ nicht leer. Damit ist (1) für δ nachgewiesen. Auch (2) ist erfüllt. Denn für jedes $d \in \delta$ ist

$$d = y - \overline{x} < y' - \overline{x} = d' \quad \text{und} \quad d' \in \delta,$$

falls $y < y'$ und y' als Element von β gewählt wird. Das geht, da β kein letztes Element enthält. Ist schließlich $d \in \mathfrak{P}^+$, $d^* \in \mathfrak{P}^+$ und $d^* < d$, $d \in \delta$, also $d = y - \overline{x}$, so setze man $d - d^* = r$. Dann ist $0 < r < d < y$ und

$$0 < d^* = d - r = (y - \overline{x}) - r = (y - r) - \overline{x},$$

also $d^* \in \delta$, da $y - r < y$ und daher $y - r \in \beta$, ferner $x \in \overline{\alpha}$ und $y - r > \overline{x}$ ist. Folglich gilt auch (3) für δ.

Definition. *Sind α und β Elemente von $\mathfrak{R}^+$ und ist $\alpha < \beta$, so versteht man unter der **Differenz** $\beta - \alpha$ in $\mathfrak{R}^+$ den nach Satz 4 vorhandenen Abschnitt δ von $\mathfrak{P}^+$, d. h. es ist*

$$\beta - \alpha = \text{Menge aller } y - \overline{x} \text{ mit } x \in \overline{\alpha}, y \in \beta, y > \overline{x}. \tag{18}$$

Satz 5. *Für je zwei Elemente α, β von $\mathfrak{R}^+$ mit $\alpha < \beta$ hat die Gleichung*

$$\alpha + \xi = \beta \tag{19}$$

eine und nur eine Lösung ξ in $\mathfrak{R}^+$.

Beweis. Die Eindeutigkeit der Lösung folgt aus dem Monotoniegesetz (17), die Existenz mittels (18). Denn für $\alpha < \beta$ ist $\beta - \alpha$ vorhanden und

$$\alpha + (\beta - \alpha) = \beta. \tag{20}$$

Um dies zu beweisen, muß nach (9) gezeigt werden, daß $\alpha + (\beta - \alpha) \subseteq \beta$ und $\beta \subseteq \alpha + (\beta - \alpha)$ gilt. Es sei zunächst $z \in \alpha + (\beta - \alpha)$. Dann ist * mit $x' \in \alpha$, $y - x \in \beta - \alpha$

---

* Wir benutzen jetzt die Grundgesetze und die aus ihnen abgeleiteten Regeln, ohne sie jedesmal vollständig anzugeben, führen auch nicht mehr jeden

$$z = x' + (y - \overline{x}) = y - (\overline{x} - x') < y, \qquad (21)$$

da $x' < \overline{x}$ (denn $x' \in \alpha$, $\overline{x} \in \overline{\alpha}$), also $\overline{x} - x' > 0$ ist. Aus $z < y$ und $y \in \beta$ folgt aber $z \in \beta$. Daher ist $\alpha + (\beta - \alpha) \subseteq \beta$. Ist umgekehrt $y \in \beta$ und, was wegen $\alpha < \beta$ möglich ist, $y \in \overline{\alpha}$, so wähle man $y' \in \beta$ mit $y' > y$ und hierzu nach Hilfssatz 1 (Nr. 2) $x \in \alpha$, $\overline{x} \in \overline{\alpha}$ so, daß $\overline{x} - x = y' - y$ ist. Dann ist

$$y' = y + (\overline{x} - x) = \overline{x} + (y - x) > x$$

(denn wegen $x \in \alpha, y \in \overline{\alpha}$ ist $x < y$, also $y - x > 0$) und daher

$$y = y' - (\overline{x} - x) = (y' - x) + x = x + (y' - \overline{x}) \in \alpha + (\beta - \alpha).$$

Ist aber $y \in \beta$ und $y \in \alpha$, so ist ebenfalls $y \in \alpha + (\beta - \alpha)$. Denn da die Elemente y von $\overline{\alpha}$, wie eben gezeigt, zu $\alpha + (\beta - \alpha)$ gehören, so trifft dies nach (3) erst recht für die ihnen vorangehenden Elemente von α zu. Folglich ist $\beta \subseteq \alpha + (\beta - \alpha)$ und damit (20) bewiesen.

6. Ein zweiter Hilfssatz. Das Analogon zu Hilfssatz 1 für die Division lautet:

Hilfssatz 2. *Ist $k > 1$ ein Element, α ein Abschnitt von $\mathfrak{P}^+$, so gibt es Elemente $x \in \alpha$, $\overline{x} \in \overline{\alpha}$ derart, daß $\overline{x} : x = k$ ist.*

Beweis. Man wähle $x_1 \in \alpha$ beliebig. Dann folgt für jede natürliche Zahl n

$$x_1 k^n = x_1 + x_1(k^n - 1) = x_1 + x_1(k-1)\sum_{i=1}^{n} k^{i-1} > x_1 + x_1(k-1)n. \quad (22)$$

Nunmehr wähle man $\overline{x}_1 \in \overline{\alpha}$ beliebig und dann $n \geqq 2$ so groß, daß

$$n > \frac{\overline{x}_1 - x_1}{x_1(k-1)} \qquad (23)$$

ist. Das ist, da der Quotient auf der rechten Seite eine rationale Zahl ist, nach dem Satz des Archimedes möglich. Aus (23) folgt

$$x_1 + x_1(k-1)n > \overline{x}_1 \qquad (24)$$

und daher aus (22) und (24) nach D.1, daß für das gemäß (23) gewählte n

$$x_1 k^n > \overline{x}_1, \quad \text{d. h.} \quad x_1 k^n \in \overline{\alpha}$$

Schritt einer Rechnung vor, sondern überlassen manches dem Leser zur Nachprüfung.

ist. In der Folge der Zahlen

$$x_1, \; x_1 k, \; x_1 k^2, \ldots, x_1 k^n \qquad (25)$$

haben nun je zwei benachbarte den Quotienten k, da

$$x_1 k^i \cdot k = x_1 k^{i+1} \qquad (i = 0, 1, \ldots, n-1)$$

ist. Ferner liegt die erste Zahl von (25) in α, die letzte in $\overline{\alpha}$. Also muß es in (25) zwei benachbarte Zahlen geben, deren erste, sie heiße x, zu α, deren zweite, sie heiße $\overline{x}$, zu $\overline{\alpha}$ gehört. Für diese beiden Elemente ist dann $\overline{x} : x = k$.

7. Multiplikation in $\mathfrak{R}^+$. Die Definition des Produktes zweier Abschnitte wird wie die von Summe und Differenz durch einen Existenzsatz vorbereitet.

Satz 6. *Sind α und β Abschnitte von $\mathfrak{P}^+$ und durchläuft x die Elemente von α, y die von β, so bildet die Menge μ aller Produkte $x \cdot y$ wieder einen Abschnitt von $\mathfrak{P}^+$.*

Beweis. Nach (5) ist $\mu \subseteq \mathfrak{P}^+$, ferner ist $\mu \neq 0$, da α und β nicht leer sind, und $\mu \neq \mathfrak{P}^+$; denn für $\overline{x} \in \overline{\alpha}$, $\overline{y} \in \overline{\beta}$ ist jedes fragliche $xy < \overline{x}\,\overline{y}$, also $\overline{x}\,\overline{y} \in \overline{\mu}$. Folglich ist (1) für μ erfüllt. Ist nun $z \in \mu$, so ist

$$z = xy < x'y = z' \quad \text{und} \quad z' \in \mu,$$

falls man – was nach (2) für α möglich ist – x' als Element von α und $x' > x$ wählt. Zu jedem Element von μ gibt es also ein größeres, z', in μ; mithin gilt auch (2) für μ. Ist schließlich $z \in \mathfrak{P}^+$, $z^* \in \mathfrak{P}^+$ und $z^* < z$, $z \in \mu$, d. h. $z = xy$ mit $x \in \alpha$, $y \in \beta$, so ist

$$0 < \frac{z^*}{x} = z^* \cdot \frac{1}{x} < z \cdot \frac{1}{x} = xy \cdot \frac{1}{x} = \left(x \cdot \frac{1}{x} \right) y = y, \quad \text{d. h.} \quad \frac{z^*}{x} \in \beta.$$

Setzt man $z^* : x = y'$, so ist $z^* = xy' \in \mu$. Damit ist auch (3) für μ nachgewiesen.

Definition. *Sind α und β Elemente von $\mathfrak{R}^+$, so versteht man unter dem **Produkt** $\alpha \cdot \beta$ in $\mathfrak{R}^+$ den nach Satz 6 vorhandenen Abschnitt μ von $\mathfrak{P}^+$, d. h. es ist*

$$\alpha \cdot \beta = \text{Menge aller } x \cdot y \text{ mit } x \in \alpha, \; y \in \beta. \qquad (26)$$

Satz 7. *Es seien α, β, γ Elemente von $\mathfrak{R}^+$. Dann gilt:*

$$\text{Aus } \; \alpha = \beta \; \text{ folgt } \; \alpha \cdot \gamma = \beta \cdot \gamma. \qquad (27)$$

$$\alpha \cdot \beta = \beta \cdot \alpha. \qquad (28)$$

$$(\alpha \cdot \beta) \cdot \gamma = \alpha \cdot (\beta \cdot \gamma). \tag{29}$$

$$\alpha \cdot (\beta + \gamma) = \alpha \cdot \beta + \alpha \cdot \gamma. \tag{30}$$

$$Aus \ \alpha < \beta \ folgt \ \alpha \cdot \gamma < \beta \cdot \gamma. \tag{31}$$

Beweis. Die Behauptungen (27), (28) und (29) ergeben sich unmittelbar aus den Definitionen (9) und (26) von Gleichheit und Produkt und den entsprechenden Eigenschaften der Elemente von α, β, γ. Zum Beweis von (30) sei $x \in \alpha$, $y \in \beta$, $z \in \gamma$. Dann ist stets $x(y+z) = xy + xz$, also $\alpha(\beta + \gamma) \subseteq \alpha\beta + \alpha\gamma$. Ist umgekehrt $xy + x'z$ mit $x' \in \alpha$ ein Element von $\alpha\beta + \alpha\gamma$, so sei etwa $x \leqq x'$. Dann ist

$$x y \leqq x' y, \quad \frac{xy}{x'} \leqq y, \quad \text{also} \quad \frac{xy}{x'} = y' \in \beta.$$

Folglich ist $x y = x' y'$ und daher

$$x y + x' z = x' y' + x' z = x' (y' + z) \in \alpha (\beta + \gamma),$$

also $\alpha\beta + \alpha\gamma \subseteq \alpha (\beta + \gamma)$ und damit (30) bewiesen. Zum Beweis von (31) wähle man erstens $\overline{x}$ so, daß $\overline{x} \in \overline{\alpha}$, $\overline{x} \in \beta$ ist (das ist wegen $\alpha < \beta$ möglich), zweitens y so, daß $y > \overline{x}$ und $y \in \beta$ ist [das geht nach (2)], drittens $z \in \gamma$ und $\overline{z} \in \overline{\gamma}$ so, daß $\overline{z} : z = y : \overline{x}$ ist (das geht nach Hilfssatz 2, da $y > \overline{x}$, also $y : \overline{x} > 1$ ist). Dann gilt

$$\frac{\overline{z}}{z} = \frac{y}{\overline{x}}, \quad \text{also} \quad yz = \overline{x}\,\overline{z},$$

und dies bedeutet, daß das zu $\beta\gamma$ gehörende Element yz nicht zu $\alpha\gamma$ gehört (denn es ist $\overline{x}\,\overline{z} \in \overline{\alpha}\,\overline{\gamma}$), also $\alpha\gamma < \beta\gamma$ ist.

8. Umkehrbarkeit der Multiplikation in $\Re^+$. Nach (6) gehört der Quotient zweier Elemente von $\mathfrak{P}^+$ stets zu $\mathfrak{P}^+$. Daher darf man erwarten, daß die Multiplikation in $\Re^+$ umkehrbar ist. Wir beweisen zunächst

Satz 8. *Sind α und β Abschnitte von $\mathfrak{P}^+$ und durchläuft $\overline{x}$ die Elemente von $\overline{\alpha}$, y die von β, so bildet die Menge $\varkappa$ der Elemente $y : \overline{x}$ wieder einen Abschnitt von $\mathfrak{P}^+$.*

Beweis. Wir haben wieder die Eigenschaften (1), (2) und (3), diesmal für $\varkappa$, nachzuweisen. Nach (6) ist $\varkappa \subseteq \mathfrak{P}^+$; ferner ist $\varkappa \neq 0$, da α und β nicht leer sind, und es ist $\varkappa \neq \mathfrak{P}^+$. Ist nämlich a irgendein Element von α, so ist $a < \overline{x}$ für jedes $\overline{x} \in \overline{\alpha}$ und daher

$$\frac{1}{\overline{x}} < \frac{1}{a}, \quad \text{also} \quad \frac{y}{\overline{x}} < \frac{y}{a}$$

237

für jedes y, insbesondere jedes $y \in \beta$. Folglich gehört $y : a$ zu $\bar{\varkappa}$. Damit ist (1) für $\varkappa$ nachgewiesen. Ist nun $z \in \varkappa$, so ist

$$z = \frac{y}{\bar{x}} < \frac{y'}{\bar{x}} = z' \quad \text{und} \quad z' \in \varkappa,$$

falls man – was nach (2) für β möglich ist – y' als Element von β und $y' > y$ wählt. Also gilt auch (2) für $\varkappa$. Ist schließlich $z \in \mathfrak{P}^+$ $z^* \in \mathfrak{P}^+$ und $z^* < z$, $z = \frac{y}{\bar{x}} \in \varkappa$, so ist $0 < z^* < \frac{y}{\bar{x}}$, also $\bar{x} < \frac{y}{z^*}$ d. h. $\frac{y}{z^*} \in \bar{\alpha}$. Folglich gibt es ein $\bar{x}' \in \bar{\alpha}$ so, daß

$$\frac{y}{z^*} = \bar{x}', \quad \text{d. h.} \quad z^* = \frac{y}{\bar{x}'}$$

und daher $z^* \in \varkappa$ ist. Damit ist (3) für $\varkappa$ bewiesen.

Definition. *Sind α und β Elemente von $\mathfrak{R}^+$, so versteht man unter dem **Quotienten** $\beta : \alpha$ in $\mathfrak{R}^+$ den nach Satz 8 vorhandenen Abschnitt $\varkappa$ von $\mathfrak{P}^+$, d. h. es ist*

$$\beta : \alpha = \frac{\beta}{\alpha} = \text{Menge aller } \frac{y}{\bar{x}} \text{ mit } \bar{x} \in \bar{\alpha}, x \in \beta. \tag{32}$$

Satz 9. *Für je zwei Elemente α und β von $\mathfrak{R}^+$ hat die Gleichung*

$$\alpha \xi = \beta \tag{33}$$

eine und nur eine Lösung ξ in $\mathfrak{R}^+$.

Beweis. 1. *Eindeutigkeit.* Angenommen, (33) habe zwei Lösungen ξ und ξ', und es sei etwa $\xi < \xi'$. Nach (31) wäre dann $\alpha \xi < \alpha \xi' = \beta$, im Widerspruch zu (33).

2. *Existenz.* Der Quotient $\beta : \alpha$ löst (33), d. h. es ist

$$\alpha \cdot \frac{\beta}{\alpha} = \beta. \tag{34}$$

Ist nämlich $z \in \alpha \cdot \frac{\beta}{\alpha}$, also $z = x \cdot \frac{y}{\bar{x}}$ mit $x \in \alpha$, $\bar{x} \in \bar{\alpha}$, $y \in \beta$, so ist

$$x < \bar{x}, \quad \text{also} \quad z = x \cdot \frac{y}{\bar{x}} < \bar{x} \cdot \frac{y}{\bar{x}} = y$$

und daher $z \in \beta$. Folglich ist $\alpha \cdot \frac{\beta}{\alpha} \subseteq \beta$. Ist umgekehrt $y \in \beta$, so wähle man $y' > y$ nach (2) als Element von β und nach Hilfssatz 2 dann $x \in \alpha$, $\bar{x} \in \bar{\alpha}$ so, daß

$$\frac{\bar{x}}{x} = \frac{y'}{y} > 1, \quad \text{also} \quad y = x \cdot \frac{y'}{x}$$

---

* Für $\frac{\beta}{\alpha}$ wird zuweilen auch β / α geschrieben.

ist. Dann ist $y \in \alpha \cdot \dfrac{\beta}{\alpha}$ und daher $\beta \subseteq \alpha \cdot \dfrac{\beta}{\alpha}$. Nach (9) ist damit (34) bewiesen.

9. Inverses Element in $\mathfrak{R}^+$. Ist speziell $\beta = \alpha$ in (33), so sei ε die Lösung, also $\alpha \cdot \varepsilon = \alpha$. Daß diese Lösung ε von α unabhängig ist, erkennt man am einfachsten durch Angabe von ε als Abschnitt. Es ist nämlich

$$\varepsilon = \textit{Menge der } y \in \mathfrak{P}^+ \textit{ mit } 0 < y < 1. \tag{35}$$

Satz 10. *Der durch* (35) *definierte Abschnitt von* $\mathfrak{P}^+$ *ist das Einselement von* $\mathfrak{R}^+$, *d. h. es ist*

$$\alpha \cdot \varepsilon = \varepsilon \cdot \alpha = \alpha \quad \textit{für jedes } \alpha \in \mathfrak{R}^+. \tag{36}$$

Beweis. Durchläuft x die Elemente von α, so besteht $\alpha\varepsilon$ nach (26) aus allen Elementen xy mit $0 < xy < x$. Nach (3) ist also jedes $xy \in \alpha$, d. h. $\alpha\varepsilon \subseteq \alpha$. Ist umgekehrt x_0 irgendein Element von α, so gibt es nach (2) ein $x_1 > x_0$ in α. Man setze $y = \dfrac{1}{x_1} x_0$. Dann ist

$$y = \frac{1}{x_1} x_0 < \frac{1}{x_0} x_0 = 1, \quad \text{d. h. } y \in \varepsilon$$

und daher $x_0 = x_1 y \in \alpha\varepsilon$. Folglich ist $\alpha \subseteq \alpha\varepsilon$, also $\alpha = \alpha\varepsilon$ nach (9). Der zweite Teil der Behauptung (36) folgt aus (28).

Satz 11. *Zu jedem Element α von $\mathfrak{R}^+$ gibt es ein inverses Element α^{-1} in $\mathfrak{R}^+$. Division in $\mathfrak{R}^+$ und Multiplikation mit dem inversen Element sind gleichbedeutend. Es ist*

$$\frac{\varepsilon}{\alpha} = \alpha^{-1}. \tag{37}$$

$$\frac{\beta}{\alpha} = \beta \cdot \frac{\varepsilon}{\alpha} = \beta \cdot \alpha^{-1}. \tag{38}$$

Beweis. Beides folgt aus der eindeutigen Lösbarkeit von (33). Denn α^{-1} ist definiert als Lösung von $\alpha\xi = \varepsilon$, und diese Lösung ist nach (34) gleich ε/α. Es gilt also (37) und damit auch

$$\alpha \cdot \frac{\varepsilon}{\alpha} = \frac{\varepsilon}{\alpha} \cdot \alpha = \varepsilon. \tag{39}$$

Ferner ist

$$\alpha \cdot \left(\beta \cdot \frac{\varepsilon}{\alpha}\right) = (\alpha \cdot \beta) \cdot \frac{\varepsilon}{\alpha} = (\beta \cdot \alpha) \cdot \frac{\varepsilon}{\alpha} = \beta \cdot \left(\alpha \cdot \frac{\varepsilon}{\alpha}\right) = \beta \cdot \varepsilon = \beta,$$

also muß $\beta \cdot \dfrac{\varepsilon}{\alpha}$ mit der Lösung $\dfrac{\beta}{\alpha}$ von $\alpha\xi = \beta$ übereinstimmen. Damit ist (38) bewiesen.

10. Einige Folgerungen. In der üblichen Weise ergeben sich die Umkehrungen der Grundgesetze B.1, C.1, D.2 und D.3 in $\Re^+$. Da wir sie für das Folgende benötigen, notieren wir sie und schließen einige Folgerungen an, auf die wir später zurückgreifen müssen.

Mittels (17) bzw. (31) erhält man indirekt:

$$\text{Aus } \alpha + \gamma = \beta + \gamma \text{ bzw. } \alpha \cdot \gamma = \beta \cdot \gamma \text{ folgt } \alpha = \beta. \qquad (40)$$

Man beachte, daß (31) in $\Re^+$ ohne Ausnahme gilt. Entsprechend liefern (14) und (17) bzw. (27) und (31):

$$\text{Aus } \alpha + \gamma < \beta + \gamma \text{ bzw. } \alpha \cdot \gamma < \beta \cdot \gamma \text{ folgt } \alpha < \beta. \qquad (41)$$

Ferner gilt für je zwei Elemente α, β von $\Re^+$:

$$\alpha < \alpha + \beta. \qquad (42)$$

Wählt man nämlich zu $y \in \beta$ nach Hilfssatz 1 ein $x \in \alpha$ und ein $\bar{x} \in \bar{\alpha}$ so, daß $\bar{x} - x = y$ wird, so ist

$$x < \bar{x} = x + y.$$

Dies besagt erstens, nach (3), daß α Teil von $\alpha + \beta$ ist, und zweitens, daß $x + y$ zu $\alpha + \beta$, aber nicht zu α gehört, also α *echter* Teil von $\alpha + \beta$, mithin $\alpha < \alpha + \beta$ ist.

Schließlich läßt sich (30) auf die Subtraktion ausdehnen. Es ist

$$\alpha(\beta - \gamma) = \alpha\beta - \alpha\gamma, \qquad (43)$$

falls $\beta - \gamma \in \Re^+$, d.h. $\beta > \gamma$ ist. Denn dann ist nach (31) auch $\alpha\beta > \alpha\gamma$, also $\alpha\beta - \alpha\gamma$ als Lösung von

$$\alpha\gamma + \xi = \alpha\beta \qquad (44)$$

vorhanden. Andererseits folgt aus $\gamma + (\beta - \gamma) = \beta$ durch Multiplikation mit α nach (27) und (30)

$$\alpha\gamma + \alpha(\beta - \gamma) = \alpha\beta. \qquad (45)$$

Aus (44) und (45) ergibt sich (43) auf Grund von Satz 5.

11. $\Re^+$ als Erweiterung von $\mathfrak{P}^+$. Fassen wir die bisherigen Ergebnisse über das Rechnen in $\Re^+$ zusammen, so können wir sagen, daß man je zwei Abschnitte von $\mathfrak{P}^+$ addieren, multiplizieren und dividieren kann und daß die Grundgesetze der Arithmetik mit

Ausnahme von B.4 sämtlich erfüllt sind. Die Addition ist nicht immer umkehrbar; subtrahieren kann man in $\mathfrak{R}^+$ nur, wenn der Minuend größer als der Subtrahend ist.

Wir wollen, trotz des fehlenden Gesetzes B.4, die Elemente von $\mathfrak{R}^+$, d. h. die Abschnitte von $\mathfrak{P}^+$, als *Zahlen* bezeichnen. Wir nennen sie die *positiven reellen Zahlen* und behaupten, daß $\mathfrak{R}^+$ eine Erweiterung von $\mathfrak{P}^+$ im Sinne von IX, Nr. 12 ist.[1] Es sei $a > 0$ eine rationale Zahl und der Abschnitt α von $\mathfrak{P}^+$ definiert durch

$$\alpha = \textit{Menge der } x \in \mathfrak{P}^+ \textit{ mit } 0 < x < a. \tag{46}$$

Schließlich sei $\mathfrak{P}^*$ die Menge dieser Abschnitte. Dann gilt

Satz 12. *Die Teilmenge $\mathfrak{P}^*$ von $\mathfrak{R}^+$ ist zu $\mathfrak{P}^+$ ähnlich und in bezug auf jede der beiden Verknüpfungen isomorph.*

Beweis. Man betrachte die durch die Zuordnung

$$\varphi(a) = \alpha \tag{47}$$

vermittelte Abbildung von $\mathfrak{P}^+$ auf $\mathfrak{P}^*$, wo α durch (46) gegeben ist. Es sei b ein zweites Element von $\mathfrak{P}^+$ und $\varphi(b) = \beta$, also

$$\beta = \textit{Menge der } y \in \mathfrak{P}^+ \textit{ mit } 0 < y < b. \tag{48}$$

Dann gilt: Die Abbildung (47) ist erstens eineindeutig, d. h.

$$\text{aus } a = b \text{ folgt } \varphi(a) = \varphi(b) \text{ und umgekehrt.} \tag{49}$$

Dies ergibt sich ohne Mühe mittels (9) aus (46) und (47). Ebenso erhält man mittels (10):

$$\text{aus } a < b \text{ folgt } \varphi(a) < \varphi(b) \text{ und umgekehrt.} \tag{50}$$

Die Abbildung (47) ist also zweitens eine ähnliche Abbildung. Sie ist drittens ein Isomorphismus sowohl in bezug auf die Addition:

$$\varphi(a + b) = \varphi(a) + \varphi(b), \tag{51}$$

---

[1] Der dort beschriebene Begriff der »Erweiterung eines Zahlbereiches« wird in Satz 12 nochmals deutlich: Man zeigt, daß eine Teilmenge (hier $\mathfrak{P}^*$) des neu konstruierten Bereichs (hier $\mathfrak{R}^+$) zum alten Bereich (hier $\mathfrak{P}^+$) ähnlich und bzgl. beider Verknüpfungen isomorph ist. D. h.: in $\mathfrak{P}^*$ sind die Ordnungsbeziehungen die gleichen wie in $\mathfrak{P}^+$ (Ähnlichkeit, vgl. S. 128), und man rechnet genauso wie in $\mathfrak{P}^+$ (Isomorphie). Da sich daraus die Gleichheit aller Gesetzmäßigkeiten in $\mathfrak{P}^*$ und $\mathfrak{P}^+$ ergibt, braucht man diese Bereiche nicht mehr zu unterscheiden (s. Abschnitt 12).

als auch in bezug auf die Multiplikation:

$$\varphi(a \cdot b) = \varphi(a) \cdot \varphi(b). \tag{52}$$

Denn aus $0 < x < a$ und $0 < y < b$ folgt

$$0 < x \circ y < a \circ b,$$

wo $\circ$ entweder durchweg $+$ oder durchweg $\cdot$ bedeuten darf. Es ist also nach (13) bzw. (26) und (46)

$$\varphi(a \circ b) = \alpha \circ \beta = \varphi(a) \circ \varphi(b).$$

Damit ist Satz 12 bewiesen.

Satz 13. *Ein Abschnitt α entspricht dann und nur dann einer positiven rationalen Zahl, wenn $\bar{\alpha}$ ein erstes Element besitzt.*

Beweis. Ist $a > 0$ eine rationale Zahl und α der durch (46) definierte Abschnitt, so besteht die Komplementärmenge aus allen rationalen Zahlen $\bar{x} \geqq a$. Also hat $\bar{\alpha}$ ein erstes Element, nämlich a. Ist umgekehrt α ein Abschnitt von $\mathfrak{P}^+$ derart, daß $\bar{\alpha}$ ein erstes Element besitzt, so ist dieses eine positive rationale Zahl a und α der Abschnitt (46). Denn nach Nr. 1 sind α und $\bar{\alpha}$ die beiden Klassen eines DEDEKINDschen Schnitts in der Menge $\mathfrak{P}^+$ der positiven rationalen Zahlen. Hat nun die Oberklasse $\bar{\alpha}$ ein erstes Element, a, so gehört a zu $\mathfrak{P}^+$, und α besteht aus allen Elementen von $\mathfrak{P}^+$ vor a.

12. Gleichsetzung von $\mathfrak{P}^+$ und $\mathfrak{P}^*$. Auf Grund von Satz 13 können und werden wir die nach Satz 12 mögliche Einbettung der positiven rationalen Zahlen in die Menge $\mathfrak{R}^+$ der positiven reellen Zahlen, d. h. die Gleichsetzung von $\mathfrak{P}^+$ mit $\mathfrak{P}^*$, in der Weise vollziehen, daß wir jeden Abschnitt α von $\mathfrak{P}^+$, dessen Komplementärmenge $\bar{\alpha}$ ein erstes Element, es heiße a, besitzt, mit dieser positiven rationalen Zahl a identifizieren. Beispielsweise ist nach (35) das Einselement ε von $\mathfrak{P}^+$ durch 1 zu ersetzen.

Definition. *Ein Abschnitt α von $\mathfrak{P}^+$, dessen Komplementärmenge $\bar{\alpha}$ kein erstes Element besitzt, heißt eine positive **irrationale Zahl**.*

Es gibt irrationale Zahlen. Ist z. B. α_0 die Menge der positiven rationalen Zahlen x, für die $x^2 < 2$ ist, so ist α_0 ein Abschnitt von $\mathfrak{P}^+$, für den $\bar{\alpha}_0$ kein erstes Element hat; α_0 ist also eine irrationale Zahl. Ist ferner β irgendeine positive rationale Zahl, so ist $\alpha_0 + \beta$

stets irrational. Wäre nämlich $\alpha_0 + \beta = \gamma$ rational, so wäre $\gamma > \beta$ und $\alpha_0 = \gamma - \beta$ als Differenz zweier rationalen Zahlen selbst rational, was nicht zutrifft. ∎

V. Analysis

1. Fundierung durch die WEIERSTRASSSche Schule

In unserem Jahrhundert wurde die Behandlung der Differential-
und Integralrechnung in den Unterrichtsplan der Gymnasien aufgenommen. Freilich, man wagte noch nicht, den Schülern die exakte Fundierung der Infinitesimalrechnung nach den Methoden
der WEIERSTRASSSchen Schule zuzumuten. Es blieb bei der
Sprechweise, die im 18. Jahrhundert üblich war: Man arbeitete mit
den »Differentialen« dx und dy, die im Grenzübergang »unendlich
klein« wurden. Der »Differentialquotient« $\frac{dy}{dx}$ lieferte so die Steigung der Tangente einer Kurve.

Ich habe (es war in den zwanziger Jahren) damals meinen Lehrer gefragt, ob denn die Differentialrechnung eine exakte Theorie
oder nur eine Art Näherungsrechnung sei. »Wenn die Differentiale dy und dx von Null verschieden sind, dann liefert ihr Quotient
nicht die Steigung der Tangente, sondern die einer Sekante. Sind
sie aber gleich Null, dann wird aus dem Differentialquotienten $\frac{0}{0}$,
also ein sinnloser Ausdruck.« Die Antwort meines Lehrers war:
»Die Differentialrechnung ist tatsächlich exakt. Aber warum das
so ist, kann ich Ihnen nicht erklären. Das werden Sie auf der Universität erfahren.« Als mein Freund ein Semester vor mir anfing,
an der Universität mathematische Vorlesungen zu hören, fragte
ich ihn nach dem Wesen des Differentialquotienten. Seine Antwort war: »Dein Mathematiklehrer hat recht. Aber das ist zu kompliziert, ich kann dir das nicht erklären.« Ein Jahr später hörte ich
selbst die Vorlesung von ERHARD SCHMIDT, fand die Infinitesimalrechnung faszinierend und gar nicht so schwer.

Der Ausbau einer korrekten Grenzwerttheorie war die Leistung
der WEIERSTRASSSchen Schule. Die Historiker der Mathematik ha-

ben sich bemüht, die Anfänge dieser Entwicklung deutlich zu machen. Aber das ist gar nicht so einfach. In den gesammelten Werken von CARL WEIERSTRASS [137] findet man seine Ergebnisse zur Funktionentheorie und über kompliziertere Probleme der reellen Analysis, nicht aber die Definition der elementaren Grundbegriffe. Er hat die neuen Wege in seinen Vorlesungen gewiesen, sie aber nicht selbst publiziert, weil er sie noch nicht für ausgereift hielt. Nun haben viele Mathematiker, die später zu Rang und Namen kamen, die Vorlesungen von WEIERSTRASS gehört und mitgeschrieben. Kürzlich wurden solche Nachschriften von P. DUGAC[1] und P. ULRICH [138] veröffentlicht. Man findet dort bemerkenswerte Resultate aus der Analysis, aber keine vollständige Begründung der Infinitesimalrechnung. Tatsächlich wurden auch wichtige Beiträge zur Fundierung der Analysis erst von seinen Schülern erbracht. Wir haben in den »Denkweisen großer Mathematiker« [89][2] einen Brief von HERMANN AMANDUS SCHWARZ (1843–1921) an GEORG CANTOR veröffentlicht, in dem er ihm voller Stolz einen korrekten Beweis für den Satz liefert, daß die Ableitung einer Funktion genau dann gleich null ist, wenn sie eine Konstante ist. Andere Schüler WEIERSTRASSENS haben die ersten Lehrbücher über die Differential- und Integralrechnung geschrieben, in denen der exakte Aufbau der Theorie einem größeren Leserkreis zugänglich wurde. Einer dieser Autoren war GERHARD KOWALEWSKI (1876–1950) [73]. Es stimmt schon, daß die modernen Definitionen des Begriffes des Grenzwertes, der Stetigkeit und des Differentialquotienten für den Anfänger nicht leicht waren. Ohne veranschaulichende Hilfestellung blieb die moderne »Epsilontik« verwirrend.

Dem 20. Jahrhundert blieb es vorbehalten, von der Anschauung auszugehen und die Einführung von Ungleichungen mit ε und δ verständlich zu machen. So können RICHARD COURANT (1888–1972) und HERBERT ROBBINS in ihrem schönen Werk »Was ist Mathematik?« [19] mit Recht sagen, daß die Infinitesimalrechnung LEIBNIZENS heute jedem gebildeten Menschen auf anschauliche Weise verständlich gemacht werden kann (s. S. 268f.). Die

---

1 Archive for History of Exact Sciences *10*, Number 1/2, 1973, p. 41–176.
2 3. Aufl. 1990 bei Vieweg.

Probleme, die meinem Mathematiklehrer und meinem Freund noch so schwierig erschienen, lassen sich in eine Form bringen, die gut lesbar ist.

Wir übernehmen aus dem genannten Buch mehrere Abschnitte (S. 220–230; 231–235; 302–337), wobei lediglich einige Übungen und ergänzende Bemerkungen fortgelassen sind.

COURANT und ROBBINS gehen (S. 220) aus von der Zahlenfolge

$$1, \frac{1}{2}, \frac{1}{3}, \frac{1}{4}, \cdots \frac{1}{n}, \cdots \tag{1}$$

Es liegt nahe zu sagen, daß diese Zahlenfolge gegen null «strebt», wofür man auch

$$\frac{1}{n} \to 0, \text{ wenn } n \to \infty \tag{2}$$

schreibt. Aber wie macht das eine Zahlenfolge, wenn sie gegen etwas »strebt«? Anders ausgedrückt: Welchen Sinn hat die Limesrelation (2)? Um saubere Mathematik zu treiben, muß diese Aussage mit mathematischen Mitteln präzis definiert werden. COURANT und ROBBINS formulieren so:

Wir wollen versuchen, exakt auszudrücken, was hiermit gemeint □ ist. Wenn wir diese Folge weiter und weiter fortsetzen, dann werden die Glieder kleiner und kleiner. Nach dem 100sten Gliede sind alle Glieder kleiner als 1/100, nach dem 1000sten alle kleiner als 1/1000 und so weiter. Keines der Glieder ist jemals genau gleich 0. Aber wenn wir nur *genügend weit* in der Folge (1) gehen, können wir sicher sein, daß die einzelnen Glieder sich von 0 um *beliebig wenig* unterscheiden.

Der einzige Mangel an dieser Erklärung ist, daß die Bedeutung der kursiv gedruckten Ausdrücke nicht vollkommen klar ist. Wie weit ist »genügend weit«, und wie wenig ist »beliebig wenig«? Erst wenn wir diesen Ausdrücken einen präzisen Sinn beilegen können, dann erhält auch die Limesrelation (2) einen präzisen Sinn.

Eine geometrische Deutung ist hier von Nutzen. Wenn wir die Glieder der Folge (1) durch die entsprechenden Punkte auf der Zahlenachse darstellen, so bemerken wir, daß die Glieder der Folge sich um den Punkt 0 zusammendrängen.

Wählen wir ein beliebiges Intervall I auf der Zahlenachse, mit dem Mittelpunkt 0 und einer Gesamtbreite 2ε, so daß das Intervall sich zu beiden Seiten von 0 bis zum Abstand ε erstreckt. Wenn wir $\varepsilon = 10$ wählen, so liegen natürlich *alle* Glieder $a_n = 1/n$ der Folge innerhalb des Intervalls I. Nehmen wir $\varepsilon = 1/10$, so liegen die ersten Glieder außerhalb I; aber alle Glieder von a_{11} an,

$$\frac{1}{11}, \frac{1}{12}, \frac{1}{13}, \frac{1}{14}, \dots,$$

liegen innerhalb I. Selbst wenn wir $\varepsilon = 1/1000$ wählen, liegen nur die ersten tausend Glieder nicht innerhalb I, während von dem Glied a_{1001} an alle die unendlich vielen Glieder

$$a_{1001}, a_{1002}, a_{1003}, \dots$$

innerhalb I liegen. Diese Überlegung gilt offenbar für jede positive Zahl ε: sobald man ein positives ε gewählt hat, wie klein es auch immer sein mag, kann man auch eine ganze Zahl N finden, die so groß ist, daß

$$\frac{1}{N} < \varepsilon.$$

Daraus folgt, daß alle Glieder a_n der Folge, bei denen $n \geqq N$ ist, innerhalb I liegen; nur die endlich vielen Glieder $a_1, a_2 \dots, a_{N-1}$ können außerhalb liegen. Wichtig ist: *Zuerst* wird dem Intervall I durch die Wahl von ε eine beliebige Breite zuerteilt; *dann* kann eine passende Zahl N gefunden werden. Dieses Verfahren, zuerst eine Zahl ε zu wählen und dann eine passende ganze Zahl N zu bestimmen, kann für jede positive Zahl ε, so klein sie auch sei, durchgeführt werden und gibt der Aussage, daß alle Glieder der Folge (1) sich beliebig wenig von 0 unterscheiden, wenn wir die Folge nur genügend weit fortsetzen, einen präzisen Sinn.

Wir fassen zusammen: Es sei ε eine beliebig gewählte positive Zahl. Dann können wir eine natürliche Zahl N finden, derart daß alle Glieder a_n der Folge (1), für die $n \geqq N$ ist, innerhalb eines Intervalls von der Breite 2ε liegen, dessen Mittelpunkt der Punkt 0 ist. Dies ist der präzise Sinn der Limesrelation (2).

Auf Grund dieses Beispiels sind wir nun in der Lage, eine exakte Definition für die allgemeine Aussage zu geben: »Die reelle Zahlenfolge $a_1, a_2, a_3 \dots$ hat den Grenzwert a.« Wir schließen a in ein Intervall I auf der Zahlenachse ein: wenn das Intervall klein ist, können einige der Zahlen a_n außerhalb des Intervalls liegen, aber sobald n genügend groß wird, etwas größer oder gleich einer gewissen ganzen Zahl N, dann müssen alle Zahlen a_n, für die $n \geqq N$ ist, innerhalb des Intervalls I liegen. Natürlich muß die Zahl N möglicherweise sehr groß genommen werden, falls man ein sehr kleines Intervall gewählt hat; aber wie klein das Intervall I auch sei, es muß eine solche Zahl N geben, wenn die Folge den Grenzwert a haben soll.

Die Tatsache, daß eine Folge a_n den Grenzwert oder Limes a hat, wird symbolisch ausgedrückt, indem man schreibt

$$\lim a_n = a, \quad \text{wenn} \quad n \to \infty$$

oder einfach

$$a_n \to a, \quad \text{wenn} \quad n \to \infty$$

(sprich: a_n *strebt gegen* a, oder *konvergiert gegen* a). Die Definition der Konvergenz einer Folge a_n gegen a läßt sich kurz wie folgt formulieren: *Die Folge $a_1, a_2, a_3 \ldots$ hat für $n \to \infty$ den Limes a, falls man zu jeder noch so kleinen positiven Zahl ε eine (von ε abhängige) natürliche Zahl N finden kann, so daß*

$$|a - a_n| < \varepsilon \tag{3}$$

für alle

$$n \geqq N.$$

Dies ist eine abstrakte Formulierung des Grenzwertbegriffs bei einer Folge. Es ist kein Wunder, daß man sie, wenn man ihr zum ersten Mal begegnet, nicht sofort vollständig erfassen kann. Manche Lehrbuchverfasser haben bedauerlicherweise die beinahe snobistische Ansicht, man könne dem Leser diese Definition ohne Vorbereitung vorsetzen – als ob eine nähere Erklärung unter der Würde eines Mathematikers läge.

Diese Definition läßt sich illustrieren durch einen »Wettstreit« zwischen zwei Personen A und B. A stellt die Forderung auf, daß die a_n sich dem festen Wert a mit einem Genauigkeitsgrad annähern sollen, der besser ist als eine gewählte Fehlergröße $\varepsilon = \varepsilon_1$; B erfüllt die Forderung, indem er eine ganze Zahl $N = N_1$ angibt, derart, daß alle a_n, die hinter dem Element a_{N_1} kommen, die ε_1-Forderung erfüllen. Nun wird A anspruchsvoller und stellt eine neue, kleinere Fehlergrenze $\varepsilon = \varepsilon_2$ auf. B entspricht wieder der

Forderung von A, indem er eine (vielleicht viel größere) ganze Zahl $N = N_2$ aufzeigt. *Wenn A durch B zufriedengestellt werden kann, wie klein auch immer A die Fehlergrenze wählt, so haben wir die Situation, die durch $a_n \to a$ ausgedrückt wird.*

Es besteht eine bestimmte psychologische Schwierigkeit beim Erfassen dieser genauen Definition des Limes. Unsere Anschauung suggeriert eine »dynamische« Idee des Grenzwerts als Ergebnis eines »Bewegungsvorganges«; wir bewegen uns durch die Folge der natürlichen Zahlen 1, 2, 3,..., n, ... und beobachten dabei, wie sich die Folge a_n zum Grenzwert a hin bewegt. Aber diese »natürliche« Auffassung entzieht sich einer klaren mathematischen Formulierung. Um zu einer präzisen Definition zu gelangen, müssen wir die Reihenfolge der Schritte *umkehren;* anstatt zuerst auf die unabhängige Variable n und dann erst auf die abhängige Variable a_n zu blicken, müssen wir die Definition auf das Verfahren gründen, das wir zu befolgen haben, wenn wir die Behauptung $a_n \to a$ tatsächlich nachprüfen wollen. Dazu müssen wir zuerst eine beliebig kleine Umgebung von a wählen und dann prüfen, ob wir die Bedingung, daß die a_n in der Umgebung liegen, erfüllen können, indem wir *nach* der Wahl der Genauigkeitsgrenze die unabhängige Variable n hinreichend groß wählen. Geben wir dann den Ausdrücken »beliebig kleine Umgebung« und »hinreichend großes n« die symbolischen Namen ε und N, so haben wir die präzise Definition des Limes.

Als weiteres Beispiel betrachten wir die Folge

$$\frac{1}{2}, \frac{2}{3}, \frac{3}{4}, \frac{4}{5}, \dots, \frac{n}{n+1}, \dots,$$

worin $a_n = \dfrac{n}{n+1}$ ist. Denken wir wieder an die Partner A und B. B behauptet, daß lim $a_n = 1$ ist. Wenn A ein Intervall wählt, dessen Mittelpunkt beim Punkt 1 liegt und für das $\varepsilon = 1/10$, so kann B die Forderung (3) von A erfüllen, indem er $N = 10$ wählt; denn es gilt

$$0 < 1 - \frac{n}{n+1} = \frac{n+1-n}{n+1} = \frac{1}{n+1} < \frac{1}{10},$$

sobald $n \geqq 10$. Wenn A seine Forderung verschärft, indem er $\varepsilon = 1/1000$ verlangt, so kann B dem wiederum begegnen, indem er $N = 1000$ wählt, und dasselbe gilt für jede noch so kleine Zahl ε, die A wählt; wie man sieht, braucht B nur eine ganze Zahl größer als $1/\varepsilon$ zu wählen. Dieses Verfahren, eine beliebig kleine ε-Umgebung der Zahl a anzugeben und dann zu beweisen, daß die Glieder der Reihe a_n alle um weniger als ε von a entfernt sind, wenn wir in der Reihe weit genug gehen, ist die ausführliche Beschreibung der Tatsache, daß $\lim a_n = a$.

Wenn die Glieder der Folge $a_1, a_2, a_3 \ldots$ als unendliche Dezimalbrüche ausgedrückt sind, so bedeutet die Behauptung $\lim a_n = a$ einfach, daß für eine beliebige natürliche Zahl m die ersten m Ziffern von a_n mit den ersten m Ziffern der Dezimalbruchentwicklung der festen Zahl a übereinstimmen, vorausgesetzt, daß n genügend groß gewählt wird, etwa größer oder gleich einer Zahl N (die von m abhängt). Das entspricht einfach der Wahl eines ε in der Form 10^{-m}.

Es gibt noch einen anderen, recht suggestiven Weg, den Grenzwertbegriff auszudrücken. Wenn $\lim a_n = a$ ist und wenn wir a in ein Intervall I einschließen, dann werden, so klein I auch sein mag, alle Zahlen a_n, deren n größer oder gleich einer gewissen Zahl N ist, innerhalb von I liegen, so daß also höchstens *eine endliche Anzahl $N - 1$ von Gliedern* am Anfang der Folge

$$a_1, a_2, a_3, \ldots, a_{N-1},$$

außerhalb I liegen kann. Wenn I sehr klein ist, kann N sehr groß sein, vielleicht hundert oder gar tausend Milliarden; es wird doch nur eine endliche Anzahl von Gliedern der Folge außerhalb I liegen, während die unendlich vielen übrigen Glieder innerhalb I liegen.

Man sagt von den Gliedern einer unendlichen Folge, daß »fast alle« eine gewisse Eigenschaft haben, wenn nur eine endliche Anzahl von Gliedern, so groß sie auch sei, die Eigenschaft nicht hat. Zum Beispiel sind »fast alle« positiven ganzen Zahlen größer als $1\,000\,000\,000\,000$. Benutzen wir diese Terminologie, so ist die Aussage $\lim a_n = a$ äquivalent mit der Aussage: *Wenn I ein beliebiges Intervall mit dem Mittelpunkt in a ist, so liegen fast alle Zahlen a_n innerhalb I.*

Nebenbei sei bemerkt, daß nicht notwendigerweise angenommen werden muß, daß alle Glieder a_n der Folge verschiedene Werte haben. Es ist zulässig, daß einige, unendlich viele oder sogar *alle* Zahlen a_n dem Grenzwert a gleich sind. Zum Beispiel ist die

Folge $a_1 = 0$, $a_2 = 0, \ldots, a_n = 0 \ldots$ eine durchaus zulässige Folge, und ihr Limes ist natürlich 0.

Eine Folge a_n, die einen Grenzwert a besitzt, heißt *konvergent*. Eine Folge a_n, die keinen Grenzwert hat, heißt *divergent*.

Übungen: Man beweise:

1. Die Folge $a_n = \dfrac{n}{n^2 + 1}$ hat den Limes 0. $\left(\text{Anleitung: } a_n = \dfrac{1}{n + \dfrac{1}{n}}\right.$ ist kleiner als $\dfrac{1}{n}$ und größer als $0.\Big)$

2. Die Folge $1, 2, 3, 4, \ldots$ und die oszillierenden Folgen
$$1, 2, 1, 2, 1, 2, \ldots,$$
$$-1, 1, -1, 1, -1, \ldots \quad (\text{d. h. } a_n = (-1)^n),$$
und $\qquad 1, \dfrac{1}{2}, 1, \dfrac{1}{3}, 1, \dfrac{1}{4}, 1, \dfrac{1}{5}, \ldots$

haben keinen Grenzwert.

Wenn in einer Folge a_n die Glieder so groß werden, daß schließlich a_n größer ist als jede vorgegebene Zahl K, dann sagen wir, daß a_n *gegen unendlich strebt*, und schreiben $\lim a_n = \infty$ oder $a_n \to \infty$. Zum Beispiel gilt $n^2 \to \infty$ und $2^n \to \infty$. Diese Terminologie ist nützlich, aber vielleicht nicht ganz konsequent, da ∞ ja nicht als Zahl a betrachtet werden kann. *Eine Folge, die gegen unendlich strebt, heißt jedenfalls immer noch divergent.*

Anfänger denken zuweilen, daß man den Übergang zur Grenze bei $n \to \infty$ einfach dadurch bewerkstelligen könnte, daß man $n = \infty$ in den Ausdruck für a_n einsetzt. Zum Beispiel: $1/n \to 0$, weil »$1/\infty = 0$«. Aber das Symbol ∞ ist keine Zahl, und seine Verwendung in dem Ausdruck $1/\infty$ ist unzulässig. Versucht man, sich den Grenzwert einer Folge als das »letzte« Glied a_n vorzustellen, mit $n = \infty$, so verkennt man das Wesentliche und verdunkelt den wahren Sachverhalt.

2. Monotone Folgen

In der allgemeinen Definition auf S. 249 wurde keine spezielle Art der Annäherung der konvergenten Folge a_1, a_2, $a_3, \ldots$ an ihren Grenzwert a gefordert. Den einfachsten Typ bildet eine sogenannte monotone Folge, wie zum Beispiel die Folge

$$\frac{1}{2}, \frac{2}{3}, \frac{3}{4}, \dots, \frac{n}{n+1}, \dots$$

Jedes Glied dieser Folge ist größer als das vorhergehende. Denn $a_{n+1} = \dfrac{n+1}{n+2} = 1 - \dfrac{1}{n+2} > 1 - \dfrac{1}{n+1} = \dfrac{n}{n+1} = a_n$. Von einer Folge dieser Art, bei der $a_{n+1} > a_n$, sagt man, daß sie *monoton zunimmt* oder *monoton wächst*. Entsprechend sagt man von einer Folge, für die $a_n > a_{n+1}$, also etwa von der Folge 1, 1/2, 1/3, ..., daß sie *monoton abnimmt*. Solche Folgen nähern sich ihrem Grenzwert nur von einer Seite. Im Gegensatz zu ihnen gibt es Folgen, die oszillieren, wie zum Beispiel die Folge $-1, +1/2, -1/3, +1/4, \dots$ Diese Folge nähert sich dem Grenzwert 0 von beiden Seiten.

Das Verhalten einer monotonen Folge ist besonders leicht zu bestimmen. Eine solche Folge kann ohne Grenzwert sein und unbegrenzt zunehmen wie die Folge

$$1, 2, 3, 4, \dots,$$

bei der $a_n = n$ ist, oder wie

$$2, 3, 5, 7, 11, 13, \dots,$$

wo a_n gleich der n-ten Primzahl p_n ist. In diesem Falle strebt die Folge gegen ∞. Wenn aber die Glieder einer monoton wachsenden Folge beschränkt bleiben – das heißt, wenn jedes Glied kleiner ist als eine obere Schranke S, die man von vorherein kennt –, dann ist es anschaulich klar, daß die Folge sich einem gewissen Grenzwert a nähern muß, der kleiner als der Wert S oder höchstens gleich S ist. Wir formulieren dies als das *Prinzip der monotonen Folgen: jede monoton zunehmende Folge, die eine obere Schranke hat, konvergiert gegen einen Grenzwert.* (Ein analoger Satz gilt für jede *monoton abnehmende* Folge, die eine *untere* Schranke hat.) Es ist be-

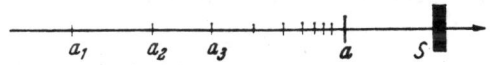

Abb. 34 Eine monotone beschränkte Folge

merkenswert, daß der Wert des Limes a nicht gegeben oder im voraus bekannt zu sein braucht; der Satz besagt, daß unter den angegebenen Bedingungen der Limes *existiert*. Natürlich hängt dieser Satz von der Einführung irrationaler Zahlen ab und würde ohne diese nicht immer zutreffen; denn wie wir gesehen haben, ist jede irrationale Zahl (wie z. B. $\sqrt{2}$) der Grenzwert einer monoton wachsenden, beschränkten Folge von rationalen Dezimalbrüchen, die man erhält, wenn man einen gewissen unendlichen Dezimalbruch hinter der n-ten Ziffer abbricht.[1] [...]

Die Bedeutung des Grenzbegriffs in der Mathematik liegt in der Tatsache, daß *viele Zahlen nur als Grenzwerte definiert sind* – häufig als Grenzwerte monotoner, beschränkter Folgen. Das ist der Grund, weshalb der Körper der rationalen Zahlen, in dem ein solcher Grenzwert nicht immer existiert, für die Bedürfnisse der Mathematik nicht ausreicht.

3. Die Eulersche Zahl e

Seit dem Erscheinen von Eulers *Introductio in Analysin Infinitorum* im Jahre 1748 nimmt die Zahl e neben der Archimedischen Zahl π einen zentralen Platz in der Mathematik ein. Sie illustriert in glänzender Weise, wie das Prinzip der monotonen Folgen dazu dienen kann, eine neue reelle Zahl zu definieren. Unter Verwendung der Abkürzung

$$n! = 1 \cdot 2 \cdot 3 \cdot 4 \cdot \ldots \cdot n$$

für das Produkt der ersten n natürlichen Zahlen, betrachten wir die Folge $a_1, a_2, a_3, \ldots$ mit

(4)
$$a_n = 1 + \frac{1}{1!} + \frac{1}{2!} + \ldots + \frac{1}{n!}.$$

Die Glieder a_n bilden eine monoton wachsende Folge, da a_{n+1} aus a_n durch Addition des positiven Wertes $\dfrac{1}{(n+1)!}$ entsteht. Ferner sind die Werte der a_n nach oben beschränkt:

(5)
$$a_n < S = 3.$$

---

1 Wir begnügen uns mit dem Hinweis darauf, daß dieses Prinzip eines Beweises bedarf. Auf die Wiedergabe des in [19] ausführlich dargestellten Beweises verzichten wir – das Verständnis der weiteren Ausführungen wird dadurch nicht beeinträchtigt.

Denn wir haben

$$\frac{1}{s!} = \frac{1}{2} \cdot \frac{1}{3} \cdot \ldots \cdot \frac{1}{s} < \frac{1}{2} \cdot \frac{1}{2} \cdot \ldots \cdot \frac{1}{2} = \frac{1}{2^{s-1}}$$

und folglich

$$a_n < 1 + 1 + \frac{1}{2} + \frac{1}{2^2} + \frac{1}{2^3} + \ldots + \frac{1}{2^{n-1}} = 1 + \frac{1 - \left(\frac{1}{2}\right)^n}{1 - \frac{1}{2}}$$

$$= 1 + 2\left(1 - \left(\frac{1}{2}\right)^n\right) < 3,$$

wenn wir die Formel für die Summe der ersten n Glieder einer geometrischen Folge benutzen. Daher muß nach dem Prinzip der monotonen Folgen a_n sich einem Grenzwert nähern, wenn n gegen unendlich strebt, und *diesen Grenzwert nennen wir e*. Um die Tatsache auszudrücken, daß $e = \lim a_n$ ist, können wir e als »unendliche Reihe« schreiben:

$$(6) \qquad e = 1 + \frac{1}{1!} + \frac{1}{2!} + \frac{1}{3!} + \ldots + \frac{1}{n!} + \ldots .$$

Diese »Gleichung«, mit einer Anzahl von Punkten am Ende, ist nur eine andere Ausdrucksweise für den Inhalt der beiden Aussagen

$$a_n = 1 + \frac{1}{1!} + \frac{1}{2!} + \ldots + \frac{1}{n!}$$

und

$$a_n \to e, \quad \text{wenn} \quad n \to \infty.$$

Die Reihe (6) gestattet die Berechnung von e bis zu jeder gewünschten Genauigkeit. Zum Beispiel ist die Summe der Glieder von (6) bis zu 1/12! einschließlich (auf acht Stellen hinter dem Komma) $\Sigma = 2{,}71828183\ldots$ (Der Leser sollte dies nachprüfen.) Der »Fehler«, d. h. die Differenz zwischen diesem Wert und dem wahren Wert von e, läßt sich leicht abschätzen. Wir haben für die Differenz $(e - \Sigma)$ den Ausdruck

$$\frac{1}{13!} + \frac{1}{14!} + \ldots < \frac{1}{13!}\left(1 + \frac{1}{13} + \frac{1}{13^2} + \ldots\right) =$$

$$\frac{1}{13!} \cdot \frac{1}{1 - \frac{1}{13}} = \frac{1}{12 \cdot 12!}.$$

Dieser Wert ist so klein, daß er die achte Stelle von Σ nicht mehr beeinflußt. Wenn wir daher einen möglichen Fehler in der letzten Ziffer des obigen Wertes berücksichtigen, so haben wir den Wert von e mit 2,7182818 auf sieben Stellen genau.

Die Zahl e ist irrational. Wir beweisen diese wichtige Tatsache indirekt, indem wir annehmen, daß $e = p/q$, mit ganzen Zahlen p und q, und dann aus dieser Annahme einen Widerspruch ableiten. Wegen $2 < e < 3$ kann e keine ganze Zahl sein, und q muß demnach mindestens gleich 2 sein. Nun multiplizieren wir beide Seiten von (6) mit $q! = 2 \cdot 3 \cdots q$ und erhalten

$$e \cdot q! = p \cdot 2 \cdot 3 \cdots \cdot (q-1)$$

$$(7) \quad = [q! + q! + 3 \cdot 4 \cdots q + 4 \cdot 5 \cdots q + \cdots + (q-1)q + q + 1]$$
$$+ \frac{1}{(q+1)} + \frac{1}{(q+1)(q+2)} + \cdots$$

Auf der linken Seite haben wir offenbar eine ganze Zahl. Auf der rechten Seite ist der eingeklammerte Ausdruck ebenfalls eine ganze Zahl. Der Rest ist jedoch eine positive Zahl kleiner als $1/2$ und daher keine ganze Zahl. Denn q ist $\geqq 2$, und daher ist jedes Glied der Reihe $1/(q+1) + \ldots$ nicht größer als das entsprechende Glied der geometrischen Reihe $1/3 + 1/3^2 + 1/3^3 + \ldots$, deren Summe $1/3 [1/(1 - 1/3)] = 1/2$ ist. Also stellt (7) einen Widerspruch dar; die ganze Zahl auf der linken Seite kann nicht gleich der Zahl auf der rechten Seite sein; denn die letzte ist die Summe aus einer ganzen Zahl und einer positiven Zahl kleiner als $1/2$ und folglich keine ganze Zahl.

4. Die Zahl π

Wie aus der Schulmathematik bekannt ist, kann der Umfang eines Kreises vom Radius eins als der Grenzwert einer Folge von Umfängen regulärer Polygone mit wachsender Seitenzahl definiert werden. Der definierte Umfang wird mit 2π bezeichnet. Genauer: Wenn p_n den Umfang des einbeschriebenen und q_n den des umbeschriebenen regulären n-Ecks bedeutet, dann ist $p_n < 2\pi < q_n$. Mit wachsendem n nähert sich nun jede der Folgen p_n, q_n monoton dem Werte 2π, und bei jedem Schritt wird der Fehler der Annäherung an 2π durch p_n oder q_n kleiner. Wir fanden früher schon den Ausdruck

$$p_{2^m} = 2^m\sqrt{2 - \sqrt{2 + \sqrt{2 + \cdots}}},$$

der $m - 1$ ineinandergeschachtelte Quadratwurzeln enthält. Diese Formel läßt sich zur Berechnung des angenäherten Wertes von 2π benutzen.

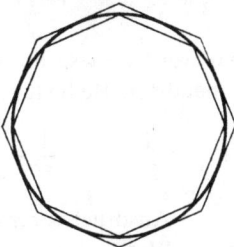

Abb. 35 Ein durch Polygone angenäherter Kreis

Was *ist* die Zahl π? Die Ungleichheit $p_n < 2\pi < q_n$ gibt die vollständige Antwort, da sie eine Intervallschachtelung definiert, die den Punkt 2π erfaßt. Indessen läßt diese Antwort noch etwas zu wünschen übrig, da sie keine Auskunft über die Natur von π als reeller Zahl gibt: ist sie rational oder irrational, algebraisch oder transzendent? Wie wir schon bemerkten, ist π tatsächlich eine transzendente Zahl und somit irrational. Im Gegensatz zu dem Beweis für e ist der Beweis für die Irrationalität von π, der zuerst von J. H. LAMBERT (1728–1777) geliefert wurde, ziemlich schwierig und muß hier übergangen werden. Dagegen gibt es andere Eigenschaften von π, die uns leichter zugänglich sind. Es ist z. B. von prinzipiellem Interesse, die Zahl π in einfache Beziehungen zu den ganzen Zahlen zu bringen. Zwar läßt die Dezimalbruchentwicklung von π, obwohl sie bis zu mehreren hundert Stellen berechnet worden ist, keinerlei Regelmäßigkeit erkennen – das ist weiter nicht verwunderlich, da π und 10 nichts gemeinsam haben. Aber im 18. Jahrhundert haben EULER und andere in genialer Weise die Zahl π durch unendliche Reihen und Produkte mit den ganzen Zahlen in Verbindung gebracht.

Wir können uns heute kaum vorstellen, welches Gefühl der

Erhebung diese faszinierenden Entdeckungen damals ausgelöst haben müssen. Vielleicht die einfachste solcher Formeln ist die folgende:

$$\frac{\pi}{4} = 1 - \frac{1}{3} + \frac{1}{5} - \frac{1}{7} + \ldots,$$

die $\pi/4$ als unendliche Reihe darstellt, d. h. als Grenzwert der Partialsummen

$$s_n = 1 - \frac{1}{3} + \frac{1}{5} - \ldots + (-1)^n \frac{1}{2n+1}$$

bei wachsendem n. Wir werden diese Formel später (S. 311 ff.) ableiten. Eine andere unendliche Reihe für π ist

$$\frac{\pi^2}{6} = \frac{1}{1^2} + \frac{1}{2^2} + \frac{1}{3^2} + \frac{1}{4^2} + \frac{1}{5^2} + \frac{1}{6^2} + \ldots$$

Ein weiterer merkwürdiger Ausdruck für π wurde von dem englischen Mathematiker JOHN WALLIS (1616–1703) entdeckt. Seine Formel sagt aus, daß

$$\left\{ \frac{2}{1} \cdot \frac{2}{3} \cdot \frac{4}{3} \cdot \frac{4}{5} \cdot \frac{6}{5} \cdot \frac{6}{7} \cdot \ldots \cdot \frac{2n}{2n-1} \cdot \frac{2n}{2n+1} \right\} \to \frac{\pi}{2}, \text{ wenn } n \to \infty.$$

Dies wird vielfach in der abgekürzten Form

$$\frac{\pi}{2} = \frac{2}{1} \cdot \frac{2}{3} \cdot \frac{4}{3} \cdot \frac{4}{5} \cdot \frac{6}{5} \cdot \frac{6}{7} \cdot \frac{8}{7} \cdot \frac{8}{9} \cdot \ldots$$

geschrieben, wobei man den Ausdruck auf der rechten Seite als ein *unendliches Produkt* bezeichnet.

Beweise für die letzten beiden Formeln findet man in jedem ausführlichen Buch über Infinitesimalrechnung. [...]

§3
Grenzwerte bei stetiger Annäherung

1. Einleitung. Allgemeine Definition

Auf S. 249 gaben wir eine präzise Formulierung der Aussage »Die Folge a_n (d. h. die Funktion $a_n = F(n)$ der positiv-ganzzahligen Variablen n) hat den Limes a, wenn n gegen unendlich strebt«. Wir gehen jetzt an eine entsprechende Definition für die Aussage »Die

Funktion $u = f(x)$ der stetigen Variablen[1] x hat den Limes a, wenn x gegen den Wert x_1 strebt«. In anschaulicher Form wurde diese Vorstellung eines Grenzwertes bei stetiger Annäherung der unabhängigen Variablen x schon benutzt, um die Stetigkeit der Funktion $f(x)$ (s. S. 261, Fußnote) zu prüfen.

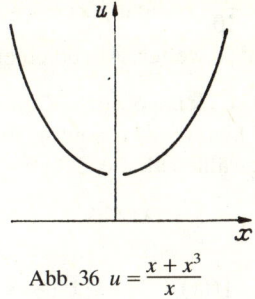

Abb. 36 $\quad u = \dfrac{x + x^3}{x}$

Beginnen wir wieder mit einem speziellen Beispiel. Die Funktion

$$f(x) = \frac{x + x^3}{x}$$

ist definiert für alle Werte von x außer $x = 0$, weil dort der Nenner verschwindet. Wenn wir den Graphen der Funktion $u = f(x)$ für x-Werte in der Umgebung von 0 zeichnen, dann wird folgendes klar: »nähert« x sich von irgendeiner Seite dem Wert 0, dann »nähert« der entsprechende Wert $u = f(x)$ sich dem Grenzwert 1. Um eine präzise Beschreibung dieses Sachverhalts zu geben, suchen wir eine explizite Formel für die Differenz zwischen dem Wert $f(x)$ und dem festen Wert 1:

$$f(x) - 1 = \frac{x + x^3}{x} - 1 = \frac{x + x^3 - x}{x} = \frac{x^3}{x}.$$

Wenn wir vereinbaren, nur Werte von x in der Nähe von 0, aber nicht den Wert $x = 0$ selbst zu betrachten (für den $f(x)$ gar nicht definiert ist), so können wir Zähler und Nenner auf der rechten

---

1 COURANT und ROBBINS sprechen von einer »stetigen Variablen« x, wenn ihr Variabilitätsbereich ein Intervall $[a,b]$ (Menge aller x mit $a \leqq x \leqq b$) der reellen Zahlenachse ist. $-\infty$ und $+\infty$ sind als Intervallgrenzen zugelassen.

Seite dieser Gleichung durch x dividieren und erhalten die einfachere Formel

$$f(x) - 1 = x^2.$$

Wir können also diese Differenz *beliebig klein* machen, wenn wir x auf eine *hinreichend kleine* Umgebung des Wertes 0 beschränken. So ist für $x = \pm \frac{1}{10}$ offenbar $f(x) - 1 = \frac{1}{100}$, für $x = \pm \frac{1}{100}$ ist $f(x) - 1 = \frac{1}{10\,000}$ und so weiter. Allgemeiner ausgedrückt: wenn ε eine beliebige, noch so kleine positive Zahl ist, so ist die Differenz zwischen $f(x)$ und 1 kleiner als ε, sofern wir nur den Abstand der Zahl x von 0 kleiner wählen als die Zahl $\delta = \sqrt{\varepsilon}$. Denn aus

$$|x| < \sqrt{\varepsilon}$$

folgt offenbar

$$|f(x) - 1| = |x^2| < \varepsilon.$$

Die Analogie mit unserer Definition des Grenzwerts einer Zahlenfolge ist somit vollkommen. Auf S. 249 f. stellten wir die Definition auf: »Die Folge a_n hat den Grenzwert a, wenn n gegen unendlich strebt, falls sich zu jeder noch so kleinen positiven Zahl ε eine von ε abhängige natürliche Zahl N finden läßt, so daß

$$|a_n - a| < \varepsilon$$

für alle n, die der Ungleichung

$$n \geqq N$$

genügen.«

Für die Funktion $f(x)$ einer stetigen Variablen x ersetzen wir, wenn x gegen einen endlichen Wert x_1 strebt, das »hinreichend große« n, das durch N gegeben ist, durch ein »hinreichend nahes« x, das durch die Zahl δ gegeben ist, und gelangen so zu der folgenden Definition des Grenzwerts bei stetiger Annäherung, die zuerst von CAUCHY (um 1820) aufgestellt wurde: *Die Funktion $f(x)$ hat, wenn x gegen x_1 strebt, den Grenzwert a, wenn sich zu jeder noch so kleinen positiven Zahl ε eine (von ε abhängige) positive Zahl δ finden läßt, so daß*

$$|f(x) - a| < \varepsilon$$

für alle $x \neq x_1$, die der Ungleichung

$$|x - x_1| < \delta$$

genügen. Wenn das der Fall ist, schreiben wir

$$f(x) \to a \quad \text{für} \quad x \to x_1.^{[1]}$$

Für die Funktion $f(x) = (x + x^3)/x$ zeigten wir oben, daß $f(x)$ den Limes 1 hat, wenn x sich dem Wert $x_1 = 0$ nähert. In diesem Fall genügt es, $\delta = \sqrt{\varepsilon}$ zu wählen.

2. Bemerkungen zum Begriff des Grenzwertes

Diese (ε, δ)-Definition des Limes ist das Ergebnis von mehr als hundertjährigen Bemühungen und enthält in wenigen Worten das Resultat unablässigen Ringens um eine präzise mathematische Formulierung. Nur durch Grenzprozesse können die Grundbegriffe der Infinitesimalrechnung – die Ableitung und das Integral – definiert werden; aber das volle Verständnis und eine präzise Definition von Grenzwerten wurden lange durch scheinbar unüberwindliche Schwierigkeiten blockiert.

Bei ihren Untersuchungen von Bewegungsabläufen gingen die Mathematiker des 17. und 18. Jahrhunderts von der anschaulichen Vorstellung einer Variablen x aus, die sich stetig verändert und sich stetig gegen einen Grenzwert x_1 bewegt. Zusammen mit dem stetigen Fließen der Zeit oder einer anderen unabhängigen Größe x betrachtete man eine zweite, davon abhängige Größe $u = f(x)$. Dabei entstand das Problem, in einer präzisen mathematischen Weise auszudrücken, was man mit der Aussage meint, daß $f(x)$ sich einem festen Wert a »nähert« oder »gegen ihn strebt«, wenn x sich gegen x_1 bewegt.

Schon seit der Zeit des ZENO und seiner Paradoxien hat sich der anschauliche, physikalische oder metaphysische Begriff der kontinuierlichen Bewegung einer exakten mathematischen Formulierung entzogen. Es liegt keine Schwierigkeit darin, schrittweise eine diskrete Folge von Werten $a_1, a_2, a_3, \ldots$ zu durchlaufen. Hat man es aber mit einer stetigen Variablen x zu tun, die über ein

---

1 Stimmt der Grenzwert a mit dem Funktionswert $f(x_1)$ überein, so heißt die Funktion $f(x)$ *an der Stelle* x_1 *stetig.*

261

volles Intervall der Zahlenachse variiert, so kann man nicht sagen, in welcher Weise x sich dem festen Wert x_1 »nähern« soll, derart, daß x nacheinander und in der Reihenfolge ihrer Größe alle Werte des Intervalls annimmt; denn die Punkte der Geraden bilden eine dichte Menge, und es gibt keinen »nächsten« Punkt, der auf einen schon erreichten Punkt folgt. Gewiß hat die anschauliche Idee des Kontinuums für den menschlichen Geist eine psychologische Realität. Aber sie darf nicht in Anspruch genommen werden, um eine mathematische Schwierigkeit zu beseitigen; es bleibt eine Diskrepanz zwischen der anschaulichen Idee und der mathematischen Formulierung, welche die naive Intuition in exakt logischer Ausdrucksweise einfangen soll. Die Paradoxien des ZENO beleuchten diese Diskrepanz.

Es war CAUCHYS große Leistung zu erkennen, daß für die Zwecke der Mathematik jeder Rückgriff auf eine a priori vorhandene anschauliche Idee der kontinuierlichen Bewegung vermieden werden kann und sogar muß. Wie so häufig, wurde auch hier dem wissenschaftlichen Fortschritt der Weg gebahnt durch die Abkehr von metaphysischen Bestrebungen und durch den Entschluß, nur mit Begriffen zu arbeiten, die grundsätzlich »beobachtbaren« Erscheinungen entsprechen. Wenn wir analysieren, was wir eigentlich mit den Worten »stetige Annäherung« meinen, wie wir vorgehen müssen, um sie in einem konkreten Fall nachzuweisen, dann sind wir gezwungen, eine Definition wie die von CAUCHY anzunehmen. Diese Definition ist *statisch;* sie stützt sich nicht auf die anschauliche Idee der Bewegung. Im Gegenteil, nur eine solche statische Definition macht eine genaue mathematische Analyse der kontinuierlichen Bewegung in der Zeit möglich und löst die Paradoxien des ZENO auf, soweit sie mathematischer Natur sind.

In der (ε, δ)-Definition ist die unabhängige Variable nicht in Bewegung; sie »strebt« nicht und »nähert« sich nicht im physikalischen Sinne einem Grenzwert x_1. Diese Sprechweise und das Symbol $\rightarrow$ bleiben bestehen und erinnern an die auch für den Mathematiker unentbehrlichen anschaulichen Vorstellungen. Handelt es sich aber darum, die Existenz eines Grenzwertes in wissenschaftlich einwandfreier Weise nachzuprüfen, dann kann nur die (ε, δ)-Definition angewendet werden. Ob diese Definition der anschaulichen »dynamischen« Vorstellung der Annäherung entspricht, ist eine Frage von derselben Art wie die, ob die Axiome der Geometrie eine befriedigende Beschreibung des anschaulichen Raumbegriffs liefern. Beide Formulierungen lassen etwas für die Anschauung Reales fort, aber sie liefern eine ausreichende Basis für die mathematische Behandlung der betreffenden Probleme.

Ebenso wie im Falle des Grenzwerts einer Zahlenfolge liegt der Schlüssel zu der CAUCHYSCHEN Definition in der Umkehrung der »natürlichen« Reihenfolge, in der die Variablen betrachtet werden. Wir richten zuerst unsere Aufmerksamkeit auf das Intervall ε für die abhängige Variable, und dann erst versuchen wir, ein passendes Intervall δ für die unabhängige Variable zu bestimmen. Die Aussage »$f(x) \to a$, wenn $x \to x_1$« ist nur eine abgekürzte Art zu sagen, daß dies für jede positive Zahl ε möglich ist. Insbesondere hat kein *Teil* dieser Aussage, z. B. »$x \to x_1$« für sich genommen, einen Sinn.

Wir müssen noch betonen: Wenn wir x »gegen x_1 streben« lassen, können wir x größer oder kleiner als x_1 sein lassen, aber wir schließen die Gleichheit ausdrücklich aus, indem wir fordern, daß $x \neq x_1$ ist: x strebt gegen x_1, aber es *nimmt* den Wert x_1 niemals *an*. Daher können wir unsere Definition auf Funktionen anwenden, die für $x = x_1$ nicht definiert sind, aber doch bestimmte Grenzwerte haben, wenn x gegen x_1 strebt, wie z. B. die Funktion $f(x) = \frac{x + x^3}{x}$, die auf S. 259 f. besprochen wurde. Die Ausschließung des Punktes $x = x_1$ entspricht der Tatsache, daß wir, um den Grenzwert einer Folge a_n für $n \to \infty$, z. B. $a_n = 1/n$, zu erhalten, niemals $n = \infty$ in die Formel einsetzen.

Jedoch darf $f(x)$ für $x \to x_1$ sich dem betreffenden Grenzwert a in solcher Weise nähern, daß es Werte $x \neq x_1$ gibt, für die $f(x) = a$ ist. Betrachten wir zum Beispiel die Funktion $f(x) = x/x$, wenn x gegen 0 strebt, so werden wir niemals $x = 0$ setzen, aber es ist $f(x) = 1$ für alle $x \neq 0$; der Limes a existiert und ist nach unserer Definition gleich 1.

3. Der Grenzwert von $\frac{\sin x}{x}$

Wenn x das Bogenmaß eines Winkels bedeutet, dann ist der Ausdruck $\frac{\sin x}{x}$ definiert für alle x außer $x = 0$, wo er in das sinnlose Symbol $0/0$ übergeht. Der Leser, dem eine Tafel der trigonometrischen Funktionen zur Verfügung steht, kann die Werte von $\frac{\sin x}{x}$ für kleine Werte von x berechnen. Diese Tafeln werden gewöhnlich für Winkelgrade hergestellt; wir erinnern uns daran, daß das Gradmaß y mit dem Bogenmaß x durch die Relation $x = \frac{\pi}{180}\, y = 0,01745\, y$ (auf 5 Stellen genau) verknüpft ist. Aus einer vierstelligen Tafel entnehmen wir für

10°:	$x = 0,1745$	$\sin x = 0,1736$	$\frac{\sin x}{x} = 0,9948$
5°:	$0,0873$	$0,0872$	$0,9988$
2°:	$0,0349$	$0,0349$	$1,0000$
1°:	$0,0175$	$0,0175$	$1,0000.$

Obwohl diese Zahlen nur auf vier Stellen genau sind, scheint daraus hervorzugehen, daß

$$(1) \qquad \frac{\sin x}{x} \to 1 \quad \text{für} \quad x \to 0.$$

Wir geben jetzt einen Beweis für diese Aussage.

Auf Grund der Definition der trigonometrischen Funktionen mittels des Einheitskreises haben wir, wenn x das Bogenmaß des Winkels BOC ist, für $0 < x < \frac{\pi}{2}$:

Fläche des Dreiecks $OBC \qquad = \frac{1}{2} \cdot 1 \cdot \sin x$

Fläche des Kreissektors $OBC = \frac{1}{2} \cdot x$

Fläche des Dreiecks $OBA \qquad = \frac{1}{2} \cdot 1 \cdot \tan x.$

Folglich ist

$$\sin x < x < \tan x.$$

Division durch $\sin x$ ergibt

$$1 < \frac{x}{\sin x} < \frac{1}{\cos x}$$

oder

$$(2) \qquad \cos x < \frac{\sin x}{x} < 1.$$

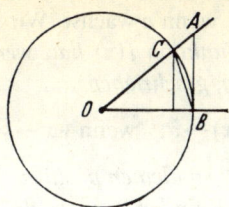

Abb. 37 Einheitskreis

Nun ist

$$1 - \cos x = (1 - \cos x) \cdot \frac{1 + \cos x}{1 + \cos x} = \frac{1 - \cos^2 x}{1 + \cos x} = \frac{\sin^2 x}{1 + \cos x} < \sin^2 x.$$

Wegen $\sin x < x$ sieht man hieraus, daß

(3) $$1 - \cos x < x^2$$

oder

$$1 - x^2 < \cos x.$$

Zusammen mit (2) liefert dies schließlich die Ungleichung

(4) $$1 - x^2 < \frac{\sin x}{x} < 1.$$

Obwohl wir angenommen hatten, daß $0 < x < \frac{\pi}{2}$, ist diese Unglei-

chung auch für $-\frac{\pi}{2} < x < 0$ richtig, da $\frac{\sin(-x)}{(-x)} = \frac{-\sin x}{-x} = \frac{\sin x}{x}$
und $(-x)^2 = x^2$.

Aus (4) folgt die Grenzwertbeziehung (1) als unmittelbare Konsequenz. Denn die Differenz zwischen $\frac{\sin x}{x}$ und 1 ist kleiner als x^2, und dies kann man kleiner als jede Zahl ε machen, indem man $|x| < \delta = \sqrt{\varepsilon}$ wählt.

Übung: Aus der Ungleichung (3) ist die Grenzwertbeziehung $\frac{1 - \cos x}{x} \to 0$ für $x \to 0$ abzuleiten.

4. Grenzwerte für $x \to \infty$

Wenn die Variable x hinreichend groß ist, wird die Funktion $f(x) = \frac{1}{x}$ beliebig klein oder »strebt gegen 0«. Tatsächlich ist das Verhalten dieser Funktion bei wachsendem x im Grunde dasselbe wie das der Folge $1/n$, wenn n wächst. Wir stellen die allgemeine Definition auf: *Die Funktion $f(x)$ hat, wenn x gegen unendlich strebt, den Grenzwert a, geschrieben*

$$f(x) \to a, \quad \text{wenn} \quad x \to \infty,$$

falls man zu jeder noch so kleinen positiven Zahl ε eine (von ε abhängige) positive Zahl K finden kann, so daß

$$|f(x) - a| < \varepsilon,$$

sofern nur $|x| > K$. (Vgl. die entsprechende Definition auf S. 260.)

Im Fall der Funktion $f(x) = 1/x$ mit dem Grenzwert $a = 0$ genügt es, $K = 1/\varepsilon$ zu wählen, wie der Leser sofort nachprüfen kann.

Übungen:
Die folgenden Grenzrelationen sind zu beweisen:

1. $\dfrac{x+1}{x-1} \to 1$, wenn $x \to \infty$.

2. $\dfrac{\sin x}{x} \to 0$, wenn $x \to \infty$.

3. $\dfrac{\sin x}{x + \cos x} \to 0$, wenn $x \to \infty$.

Es besteht ein gewisser Unterschied zwischen den Definitionen des Grenzwertes einer Funktion $f(x)$ und einer Folge a_n. Im Fall der Folge kann n nur gegen unendlich streben, indem es wächst, aber bei einer Funktion können wir x sowohl positiv wie negativ unendlich werden lassen. Wenn wir uns nur für das Verhalten von $f(x)$ für große *positive* Werte von x interessieren, so können wir die Bedingung $|x| > K$ durch die Bedingung $x > K$ ersetzen; für große negative Werte von x benutzen wir dagegen die Bedingung $x < -K$. Um diese beiden Arten des »einseitigen« Unendlichwerdens zu kennzeichnen, schreiben wir

$$x \to +\infty \quad \text{bzw.} \quad x \to -\infty.$$

[...]

Die Infinitesimalrechnung

Einleitung

Es ist eine absurde Vereinfachung, wenn man die »Erfindung« der Infinitesimalrechnung NEWTON und LEIBNIZ allein zuschreibt. In Wirklichkeit ist die Infinitesimalrechnung das Ergebnis einer langen Entwicklung, die von NEWTON und LEIBNIZ weder eingeleitet noch abgeschlossen wurde, in der aber beide eine entscheidende Rolle spielten. Im 17. Jahrhundert gab es, über ganz Europa verstreut und meist außerhalb der offiziellen Universitäten, eine Gruppe geistvoller Gelehrter, die sich bemühten, das mathematische Werk GALILEIS und KEPLERS fortzuführen. Zwischen diesen Gelehrten bestand ein enger Kontakt durch Korrespondenz und persönliche Besuche. Unter den Problemen, die auf diese Weise diskutiert wurden, erregten zwei besonderes Interesse. Erstens das *Tangentenproblem:* zu einer gegebenen Kurve die berührenden Geraden zu finden, das Fundamentalproblem der Differentialrechnung. Zweitens das *Quadraturproblem*: den Flächeninhalt innerhalb einer gegebenen Kurve zu finden, das Fundamentalproblem der Integralrechnung. NEWTONS und LEIBNIZ' großes Verdienst ist es, den *inneren Zusammenhang dieser beiden Probleme* klar erkannt zu haben. In ihren Händen entwickelten sich die vielfach vorhandenen Ansätze zu neuen einheitlichen Methoden, und die Infinitesimalrechnung entstand als ein machtvolles neues Werkzeug für die Wissenschaft. Ein guter Teil des Erfolges beruht auf der genialen symbolischen Schreibweise, die LEIBNIZ erfand. Seine Leistung wird in keiner Weise beeinträchtigt durch den Umstand, daß sie nicht frei von nebelhaften und unklaren Vorstellungen war, die lange ein genaues Verständnis erschwerten und einen leisen Mystizismus begünstigten. NEWTON, der bei weitem bedeutendere Wissenschaftler, scheint hauptsächlich durch BARROW (1630–1677), seinen Lehrer und Vorgänger in Cambridge, angeregt worden zu sein. LEIBNIZ war eher ein Außenseiter; als glänzender Jurist, Diplomat und Philosoph, einer der aktivsten und vielseitigsten Köpfe seines Jahrhunderts, lernte er die neue Mathematik in unglaublich kurzer Zeit von dem Physiker HUYGENS, während er in diplomatischer Mission Paris besuchte. Kurz darauf veröffentlichte er Resultate, die den Kern der modernen Infinitesimalrechnung enthalten. Newton, dessen Entdeckungen viel weiter zurückgingen, scheute sich vor dem Publizieren. Obwohl er viele der Resultate seines Meisterwerks, der *Principia*, ursprünglich mit Hilfe der Methoden der Infinitesimalrechnung gefunden hatte, bevorzugte er eine Darstellung im Stil der klassischen Geometrie, und so tritt in den *Principia* explizit die Infinitesimalrechnung kaum hervor. Erst später wurden seine Arbeiten über die »Fluxionsmethode« veröffentlicht. Bald begannen seine Verehrer eine bittere Prioritätsfehde mit den Freunden von Leibniz. Sie beschuldigten Leibniz des Plagiats; obwohl in einer Atmosphäre, die mit den Ideen einer neuen Theorie gesättigt ist, nichts natürlicher ist als gleichzeitige, voneinander unabhängige Entdeckungen. Der daraus entstandene Streit über die Priorität der »Erfindung« der Infinitesimalrechnung schuf ein unseliges Vorbild für die Überbetonung von Prioritätsfragen und von Ansprüchen auf geistiges Eigentum, die den freien wissenschaftlichen Austausch gelegentlich schwer beeinträchtigen.

In der mathematischen Analysis des 17. und fast des ganzen 18. Jahrhunderts wurde das griechische Ideal der klaren und strengen Schlußfolgerungen vernachlässigt. Ein unkritischer Glaube an die Zauberkraft der neuen Methoden herrschte vor. Man glaubte allgemein, daß eine klare Darstellung der Ergebnisse der Infinitesimalrechnung nicht nur unnötig, sondern unmöglich sei. Wäre die neue Wissenschaft nicht von einer kleinen Gruppe außerordentlich fähiger Männer gehandhabt worden, so hätten sich entscheidende Irrtümer ergeben können. Die genialen Pioniere ließen sich oft durch ein instinktives, aber sicheres Gefühl leiten, das sie davor bewahrte, zu weit in die Irre zu gehen. Aber als die Französische Revolution den Weg für eine gewaltige Ausdehnung der wissenschaftlichen Ausbildung freilegte, als immer zunehmende Scharen von Menschen sich zu wissenschaftlicher Betätigung drängten, da ließ sich die kritische Revision der neuen Analysis nicht länger aufschieben. Diese Aufgabe wurde im 19. Jahrhundert mit Erfolg in Angriff genommen, und heute wird die Infinitesimalrechnung ohne jede Spur von Mystik und in voller Strenge gelehrt. Für den gebildeten Menschen ist dieses wichtige Hilfsmittel der Wissenschaft heute leicht zugänglich.

Das vorliegende Kapitel gibt eine elementare Einführung, wobei der Nachdruck mehr auf dem Verständnis der grundlegenden Begriffe liegt als auf formaler Rechentechnik. Wir werden dabei versuchen, anschauliche Motivierungen mit präzisen Begriffen und klaren Ableitungen zu verbinden.

§1
Das Integral

1. Der Flächeninhalt als Grenzwert

Um den Flächeninhalt einer ebenen Figur zu berechnen, wählen wir als Flächeneinheit ein Quadrat, dessen Seiten gleich der Längeneinheit sind. Ist die Längeneinheit ein Zentimeter, so ist die entsprechende Flächeneinheit das Quadratzentimeter, d. h. das Quadrat mit der Seitenlänge von 1 cm. Auf Grund dieser Definition ist es sehr leicht, den Flächeninhalt des Rechtecks zu berechnen. Sind p und q die Längen zweier benachbarter Seiten, in den gegebenen Längeneinheiten gemessen, dann ist die Fläche des Rechtecks pq Flächeneinheiten, oder kurz: gleich dem Produkt pq. Dies gilt für beliebige p und q, einerlei ob rational oder nicht. Für rationale p und q erhalten wir dies Ergebnis, indem wir $p = m/n$ und $q = m'/n'$ schreiben, mit den natürlichen Zahlen m, n, m', n'. Dann ergibt sich das gemeinsame Maß $1/N = 1/nn'$ für die beiden Seiten, so daß $p = mn'/N$, $q = nm'/N$. Schließlich unterteilen wir das Rechteck in kleine Quadrate mit der Seitenlänge $1/N$ und der Fläche $1/N^2$. Die Anzahl dieser Quadrate ist $nm' \cdot mn'$, und die Gesamtfläche ist $nm'mn' \cdot 1/N^2 = nm'mn'/n^2n'^2 = m/n \cdot m'/n' = pq$. Sind p und q irrational, so erhält man dasselbe Resultat, indem man zuerst p und q durch die rationalen Näherungswerte p_r bzw. q_r ersetzt und dann p_r und q_r gegen p und q streben läßt.

Es ist geometrisch evident, daß die Fläche eines Dreiecks gleich der halben Fläche eines Rechtecks mit derselben Basis b und Höhe h ist; folglich ist die Fläche des Dreiecks durch den bekannten Ausdruck $\frac{1}{2}bh$ gegeben. Jedes Gebiet der Ebene, das durch eine oder mehrere Polygonzüge begrenzt ist, kann in Dreiecke zerlegt werden, also kann sein Flächeninhalt als Summe der Dreiecksflächen bestimmt werden.

Eine allgemeinere Methode zur Flächenberechnung wird erforderlich, wenn nach dem Flächeninhalt einer Figur gefragt wird, die nicht von Polygonen, sondern von *Kurven* begrenzt ist. Wie sollen wir zum Beispiel die Fläche eines Kreises oder eines Abschnitts einer Parabel bestimmen? Diese entscheidende Frage, die der Integralrechnung zugrunde liegt, wurde schon im dritten Jahrhundert v. Chr. von ARCHIMEDES behandelt, der solche Flächen mit Hilfe der »Exhaustionsmethode« berechnete. Mit ARCHIMEDES und den großen Mathematikern bis GAUSS können wir die »naive« Einstellung annehmen, daß der Flächeninhalt eines krummlinig begrenzten Gebiets eine anschauliche Gegebenheit ist und daß es nicht darauf ankommt, ihn zu *definieren*, sondern ihn zu *berechnen*. Wir nähern das Gebiet durch ein einbeschriebenes Gebiet mit polygonaler Grenzlinie und daher wohldefinierter Fläche an. Durch Wahl eines zweiten polygonalen Gebietes, welches das vorige umfaßt, erhalten wir eine bessere Annäherung an das gegebene Gebiet. Fahren wir in dieser Weise fort, so können wir allmählich die ganze Fläche »ausschöpfen« (lat. exhaurire), und wir erhalten die Fläche des gegebenen Gebietes als Limes der Flächen einer geeignet gewählten Folge von einbeschriebenen polygonalen Gebieten mit zunehmender Seitenzahl. Die Fläche des Kreises vom Radius 1 kann auf diese Weise berechnet werden; ihr numerischer Wert wird durch das Symbol π bezeichnet.

ARCHIMEDES führte dieses allgemeine Schema für den Kreis und für den Parabelabschnitt durch. Während des 17. Jahrhunderts wurden viele weitere Fälle erfolgreich behandelt. In jedem Einzelfall wurde die tatsächliche Ausrechnung des Grenzwerts auf einen sinnreichen Kunstgriff gegründet, der dem speziellen Problem angepaßt war. Einer der Hauptfortschritte der Infinitesimalrechnung lag darin, daß diese speziellen Verfahren zur Flächenberechnung durch eine allgemeine leistungsfähige Methode ersetzt wurden.

2. Das Integral

Der erste grundlegende Begriff der Infinitesimalrechnung ist der des Integrals. In diesem Abschnitt wollen wir das Integral als Ausdruck für den *Flächeninhalt unter einer Kurve* im Sinne eines Grenzwerts verstehen. Wenn eine positive stetige Funktion $y = f(x)$ gegeben ist, z. B. $y = x^2$ oder $y = 1 + \cos x$, so betrachten wir das Gebiet, das unten begrenzt ist durch das Stück der x-Achse von der Koordinate a bis zu der größeren Koordinate b, an den Seiten durch die Senkrechten zur x-Achse in diesen Punkten und oben durch die Kurve $y = f(x)$. Unser Ziel ist, die Fläche F dieses Gebietes zu berechnen.

Da man ein solches Gebiet im allgemeinen nicht in Rechtecke und Dreiecke zerlegen kann, so haben wir zur expliziten Berechnung dieser Fläche F keinen direkten Ausdruck zur Verfügung. Aber wir können einen angenäherten Wert von F finden und F als einen Grenzwert ausdrücken mit Hilfe des folgenden Verfahrens: wir unterteilen das Intervall von $x = a$ bis $x = b$ in eine Anzahl kleiner Teilstrecken, errichten Senkrechten in jedem der Teilpunkte und ersetzen jeden Streifen des Gebietes unter der Kurve durch ein Rechteck, dessen Höhe irgendwo zwischen der größten und kleinsten Höhe der Kurve in diesem Streifen gewählt wird. Die Summe S der Flächen dieser Rechtecke ergibt einen Näherungswert für die wirkliche Fläche F unterhalb der Kurve. Die Genauigkeit der Approximation wird um so größer sein, je größer die Anzahl der Rechtecke und je kleiner die Breite jedes einzelnen Rechtecks ist. Daher können wir den genauen Flächeninhalt als einen Grenzwert charakterisieren. Bilden wir eine Folge

(1) $$S_1, S_2, S_3, \ldots$$

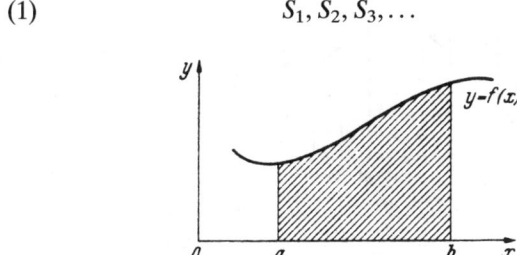

Abb. 38 Das Integral als Flächeninhalt

von Rechteckapproximationen der Fläche unterhalb der Kurve in der Weise, daß die Breite des breitesten Rechtecks in S_n gegen 0 strebt, wenn n zunimmt, so nähert sich die Folge (1) dem Grenzwert F,

(2) $$S_n \to F,$$

271

und dieser Grenzwert F, die Fläche unter der Kurve, ist unabhängig von der besonderen Art, wie die Folge (1) gewählt wurde, wenn nur die Breiten der die Näherung bildenden Rechtecke gegen null streben. (Zum Beispiel kann S_n aus S_{n-1} entstehen, indem man einen oder mehrere neue Unterteilungspunkte zu den in S_{n-1} enthaltenen hinzugefügt, aber die Wahl der Teilpunkte für S_n kann auch ganz unabhängig von deren Wahl für S_{n-1} sein.) Die Fläche F des Gebietes, ausgedrückt durch diesen Grenzprozeß, nennen wir nach Definition das *Integral der Funktion $f(x)$ von a bis b*. Mit einem besonderen Symbol, dem »Integralzeichen«, schreiben wir

(3)
$$F = \int_a^b f(x)\,dx.$$

Das Symbol $\int$, das »dx« und der Name »Integral« wurden von Leibniz eingeführt, um damit den Weg anzudeuten, auf dem man den Grenzwert erhält. Um diese Bezeichnungsweise zu erläutern, wollen wir den Vorgang der Annäherung an die Fläche F nochmals

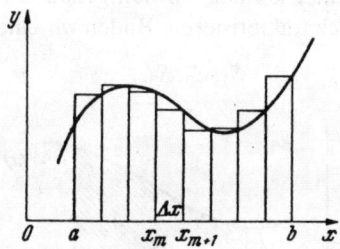

Abb. 39 Annäherung der Fläche durch schmale Rechtecke

etwas eingehender wiederholen. Die analytische Formulierung des Grenzprozesses erlaubt uns zugleich, von der einschränkenden Voraussetzung $f(x) \geqq 0$ und $b > a$ abzusehen und schließlich auch die vorherige anschauliche Vorstellung einer Fläche als der Grundlage unserer Integraldefinition auszuschalten.

Wir teilen das Intervall von a bis b in n kleine Teilstrecken, die wir nur der Einfachheit wegen von gleicher Breite, also $\dfrac{b-a}{n}$, wählen. Wir bezeichnen die Teilpunkte mit $x_0 = a$, $x_1 = a + \dfrac{b-a}{n}$,

$x_2 = a + \dfrac{2(b-a)}{n}, \ldots, x_n = a + \dfrac{n(b-a)}{n} = b$.

Für die Größe $\dfrac{b-a}{n}$, die Differenz zwischen benachbarten x-Werten, führen wir die Bezeichnung Δx (sprich »Delta x«) ein,

$$\Delta x = \frac{b-a}{n} = x_{j+1} - x_j,$$

worin das Symbol Δ einfach »Differenz« bedeutet (es ist ein Symbol für einen »Operator« und darf nicht mit einer Zahl verwechselt werden). Wir können als Höhe jedes der Näherungsrechtecke den Wert von $y = f(x)$ am rechten Endpunkt der Teilstrecke wählen. Dann ist die Summe der Flächen dieser Rechtecke

(4) $S_n = f(x_1) \cdot \Delta x + f(x_2) \cdot \Delta x + \ldots + f(x_n) \cdot \Delta x,$

abgekürzt:

(5) $$S_n = \sum_{j=1}^{n} f(x_j) \cdot \Delta x.$$

Hier bedeutet das Symbol $\sum\limits_{j=1}^{n}$ (sprich »Summe von $j = 1$ bis n«) die Summe aller der Ausdrücke, die man erhält, wenn j der Reihe nach die Werte $1, 2, 3, \ldots, n$ annimmt.

Nun bilden wir eine Folge derartiger Näherungswerte S_n, in der n über alle Grenzen wächst, so daß die Anzahl der Glieder jeder Summe (5) zunimmt, während jedes einzelne Glied $f(x_j)\,\Delta x$ gegen 0 strebt, wegen des Faktors $\Delta x = (b-a)/n$. Mit wachsendem n strebt diese Summe gegen den Flächeninhalt F:

(6) $$F = \lim \sum_{j=1}^{n} f(x_j) \cdot \Delta x = \int_a^b f(x)\,dx.$$

Leibniz symbolisierte diesen Grenzübergang von der Näherungssumme S_n zu F, indem er das Summationszeichen Σ durch $\int$ und das Differenzsymbol Δ durch ein d ersetzte. (Das Summationszeichen Σ wurde zu Leibniz' Zeiten gewöhnlich S geschrieben, und das Symbol $\int$ ist nur ein etwas stilisiertes S.) Wenn auch der Leibnizsche Symbolismus suggestiv daran erinnert, wie das Integral als Grenzwert einer endlichen Summe erhalten werden kann, so muß man sich doch davor hüten, dieser Bezeichnung eine tiefere, philosophische Bedeutung beizulegen; es handelt sich im Grunde nur um eine Übereinkunft zur Bezeichnung des Grenzwerts. In den Anfängen der Infinitesimalrechnung, als der Begriff des Grenzwerts noch nicht vollkommen klar verstanden und jedenfalls nicht immer gehörig beachtet wurde, erklärte man die Bedeutung des Integrals, indem man sagte: »Die endliche Differenz Δx wird durch die unendlich kleine Größe dx ersetzt, und das Integral selbst ist die Summe von unendlich vielen, unendlich kleinen Größen $f(x)dx$.« Obwohl das »unendlich Kleine« eine gewisse Anziehungskraft auf spekulative Geister ausübt, hat es keinen Platz in der modernen Mathematik. Es wird nichts gewonnen, wenn man den klaren Begriff des Integrals mit einem Nebel bedeutungsloser Phrasen umgibt. Selbst LEIBNIZ ließ sich zuweilen von der suggestiven Kraft seiner Symbole verleiten; sie lassen sich gebrauchen, *als ob* sie eine Summe »unendlich kleiner« Größen bezeichneten, mit denen man trotzdem bis zu einem gewissen Grade wie mit gewöhnlichen Größen umgehen kann. Tatsächlich wurde das Wort Integral geprägt, um anzudeuten, daß die ganze oder integrale Fläche aus den »infinitesimalen« Teilen $f(x)\,dx$ zusammengesetzt ist. Jedenfalls sind nach NEWTON und LEIBNIZ fast hundert Jahre vergangen, ehe klar erkannt wurde, daß der Grenzbegriff und nichts anderes die wahre Grundlage für die Definition des Integrals ist. Indem wir an dieser Grundlage festhalten, können wir alle Unklarheiten und Schwierigkeiten vermeiden, die bei der ersten Entwicklung der Infinitesimalrechnung so viel Verwirrung gestiftet haben.

3. Allgemeine Bemerkungen zum Integralbegriff. Endgültige Definition

Bei der geometrischen Definition des Integrals als Fläche nahmen wir ausdrücklich an, daß $f(x)$ in dem Integrationsintervall $[a,b]$ niemals negativ ist, d. h. daß kein Stück der Kurve unterhalb der x-Achse liegt. Bei der analytischen Definition des Integrals als Grenzwert einer Folge von Summen S_n ist diese Annahme aber überflüssig. Wir nehmen einfach die kleinen Größen $f(x_i) \cdot \Delta x$, bilden ihre Summe und gehen zur Grenze über; dieses Verfahren

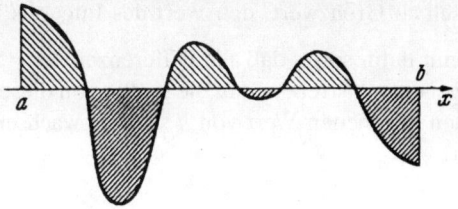

Abb. 40 Positive und negative Flächen

bleibt vollkommen sinnvoll, wenn einige oder alle Werte von $f(x_j)$ negativ sind. Deuten wir dies geometrisch durch Flächenstücke (Abb. 40), so finden wir, daß das Integral von $f(x)$ die *algebraische* Summe der Flächen zwischen der Kurve und der x-Achse ist, wobei alle unterhalb der x-Achse liegenden Flächen negativ und die übrigen positiv gerechnet werden.

Es kann vorkommen, daß wir bei den Anwendungen auf Integrale $\int\limits_a^b f(x)\,dx$ geführt werden, bei denen b kleiner ist als a, so daß $(b-a)/n = \Delta x$ eine negative Zahl ist. In unserer analytischen Definition ergibt sich $f(x_j) \cdot \Delta x$ als negativ, wenn $f(x_j)$ positiv und Δx negativ ist, usw. Mit anderen Worten: Der Wert des Integrals ist in diesem Falle der entgegengesetzte Wert des Integrals von b bis a. Wir haben also die einfache Regel

$$\int\limits_a^b f(x)\,dx = -\int\limits_b^a f(x)\,dx.$$

Wir müssen betonen, daß der Wert des Integrals unverändert bleibt, auch wenn wir uns nicht auf äquidistante Teilpunkte x_j, d. h. auf gleich große Differenzen $\Delta x = x_{j+1} - x_j$ beschränken. Wir können nämlich die x_j auch anders wählen, so daß die Differenzen $\Delta x_j = x_{j+1} - x_j$ nicht gleich sind (und daher durch Indizes unterschieden werden müssen). Auch dann streben die Summen

$$S_n = f(x_1)\Delta x_0 + f(x_2)\,\Delta x_1 + \ldots + f(x_n)\,\Delta x_{n-1}$$

und ebenso die Summen

$$S'_n = f(x_0)\,\Delta x_0 + f(x_1)\,\Delta x_1 + \ldots + f(x_{n-1})\Delta x_{n-1}$$

275

gegen denselben Grenzwert, den Wert des Integrals, $\int\limits_a^b f(x)\, dx$, wenn man nur dafür sorgt, daß alle Differenzen $\Delta x_j = x_{j+1} - x_j$, in der Weise gegen null streben, daß die größte von diesen Differenzen für einen gegebenen Wert von n sich bei wachsendem n der Null nähert.

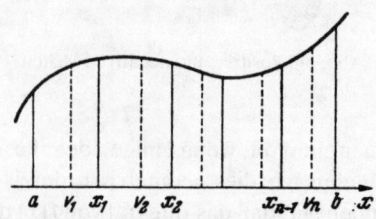

Abb. 41 Beliebige Unterteilung bei der allgemeinen Definition des Integrals

Demnach ist die *endgültige Definition des Integrals* gegeben durch

(6a) $$\int\limits_a^b f(x)\, dx = \lim \sum_{j=1}^n f(v_j)\, \Delta x_j,$$

wenn $n \to \infty$. In diesem Ausdruck kann v_j einen beliebigen Punkt des Intervalls $x_j \leqq v_j \leqq x_{j+1}$ bedeuten, und die einzige Beschränkung für die Unterteilung ist, daß das längste Intervall $\Delta x_j = x_{j+1} - x_j$ gegen null streben muß, wenn n wächst.

Die Existenz des Grenzwertes (6a) braucht nicht bewiesen zu werden, wenn wir den Begriff der Fläche unter einer Kurve und die Möglichkeit, diese Fläche durch eine Summe von Rechtecken zu approximieren, als gegeben ansehen. Wie sich indessen aus einer späteren Betrachtung ergibt, zeigt eine genauere Untersuchung, daß es wünschenswert und für eine logisch vollständige Darstellung des Integralbegriffs sogar notwendig ist, die Existenz dieses Grenzwertes für eine beliebige stetige Funktion $f(x)$ ohne Bezugnahme auf die geometrische Vorstellung einer Fläche zu beweisen.

4. Beispiele. Integration von x^n

Bis hierher war unsere Besprechung des Integrals ganz theoretisch. Die entscheidende Frage ist, ob das allgemeine Verfahren, eine Summe S_n zu bilden und dann zur Grenze überzugehen, zu greifbaren Ergebnissen im konkreten Fall führt. Das erfordert natürlich einige weitere Überlegungen, die der speziellen Funktion $f(x)$, deren Integral gesucht wird, angepaßt sind. Als ARCHIMEDES vor zweitausend Jahren die Fläche eines Parabelabschnitts fand, leistete er in genialer Weise das, was wir jetzt die Integration der Funktion $f(x) = x^2$ nennen würden; im 17. Jahrhundert gelang den Vorläufern der modernen Infinitesimalrechnung die Lösung von Integrationsproblemen für einfache Funktionen wie x^n wiederum mit speziellen Methoden. Erst nach vielen Erfahrungen an Spezialfällen wurde ein allgemeiner Zugang zum Integrationsproblem durch die systematischen Methoden der Infinitesimalrechnung gefunden und damit der Bereich der lösbaren Einzelprobleme bedeutend erweitert. Im vorliegenden Abschnitt wollen wir einige der instruktiven, speziellen Probleme besprechen, die aus der Zeit vor der Infinitesimalrechnung stammen; denn nichts kann die Integration besser verdeutlichen, als ein direkt ausgeführter Grenzprozeß.

a) Wir beginnen mit einem trivialen Beispiel. Wenn $y = f(x)$ eine Konstante ist, zum Beispiel $f(x) = 2$, dann ist offenbar das Integral $\int_a^b 2\,dx$, als Fläche aufgefaßt, gleich $2\,(b - a)$, da die Fläche eines Rechtecks gleich Grundlinie mal Höhe ist. Wir wollen dieses Ergebnis mit der Integraldefinition (6) vergleichen. Wenn wir in (5) $f(x_j) = 2$ für alle Werte von j einsetzen, so finden wir

$$S_n = \sum_{j=1}^{n} f(x_j)\,\Delta x = \sum_{j=1}^{n} 2\,\Delta x = 2 \sum_{j=1}^{n} \Delta x = 2\,(b - a)$$

für jedes n, da

$$\sum_{j=1}^{n} \Delta x = (x_1 - x_0) + (x_2 - x_1) + \ldots + (x_n - x_{n-1}) = x_n - x_0 = b - a.$$

b) Beinahe ebenso einfach ist die Integration von $f(x) = x$. Hier ist $\int_a^b x\,dx$ die Fläche eines Trapezes (Abb. 42), und diese ist nach der elementaren Geometrie

$$(b - a)\,\frac{b + a}{2} = \frac{b^2 - a^2}{2}.$$

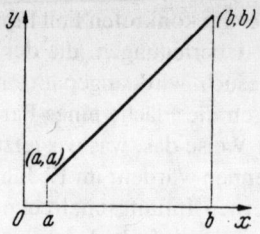

Abb. 42 Fläche eines Trapezes

Dieses Resultat stimmt wieder mit der Integraldefinition (6) überein, wie man aus dem Grenzübergang erkennt, ohne die geometrische Figur zu benutzen. Setzen wir $f(x) = x$ in (5) ein, dann wird die Summe

$$S_n = \sum_{j=1}^{n} x_j \, \Delta x = \sum_{j=1}^{n} (a + j\Delta x) \, \Delta x$$

$$= (na + \Delta x + 2\Delta x + 3\Delta x + \ldots + n\Delta x) \, \Delta x$$

$$= na \, \Delta x + (\Delta x)^2 \, (1 + 2 + 3 + \ldots + n).$$

Unter Verwendung der Formel für die arithmetische Reihe $1 + 2 + 3 + \ldots + n$ haben wir

$$S_n = na \, \Delta x + \frac{n(n + 1)}{2} \, (\Delta x)^2.$$

Da $\Delta x = \dfrac{b - a}{n}$, so ist dies gleich

$$S_n = a(b - a) + \frac{1}{2} \, (b - a)^2 + \frac{1}{2n} \, (b - a)^2.$$

Lassen wir jetzt n gegen unendlich gehen, so strebt das letzte Glied gegen null, und wir erhalten

$$\lim S_n = \int_a^b x \, dx = a(b - a) + \frac{1}{2}(b - a)^2 = \frac{1}{2}(b^2 - a^2),$$

in Übereinstimmung mit der geometrischen Deutung des Integrals als Fläche.

c) Weniger trivial ist die Integration der Funktion $f(x) = x^2$. ARCHIMEDES benutzte geometrische Methoden, um das äquivalente Problem der Flächenbestimmung eines Abschnittes der Parabel $y = x^2$ zu lösen. Wir wollen auf Grund der Definition (6a) analytisch vorgehen. Um die formale Berechnung zu vereinfachen, wollen wir die «untere Grenze» a des Integrals gleich 0 wählen; dann wird $\Delta x = b/n$. Wegen $x_j = j\,\Delta x$ und $f(x_j) = j^2(\Delta x)^2$ erhalten wir für S_n den Ausdruck

$$S_n = \sum_{j=1}^{n} f(j\,\Delta x)\,\Delta x = [1^2(\Delta x)^2 + 2^2(\Delta x)^2 + \ldots + n^2(\Delta x)^2]\,\Delta x$$
$$= (1^2 + 2^2 + \ldots + n^2)\,(\Delta x)^3.$$

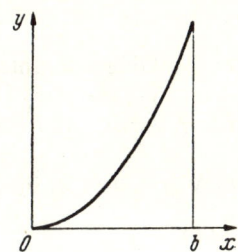

Abb. 43 Fläche unter einer Parabel

Jetzt können wir den Grenzwert sogleich ausrechnen. Unter Benutzung der Formel

$$1^2 + 2^2 + \ldots + n^2 = \frac{n(n+1)\,(2n+1)}{6}$$

und der Substitution $\Delta x = b/n$ erhalten wir

$$S_n = \frac{n(n+1)\,(2n+1)}{6} \cdot \frac{b^3}{n^3} = \frac{b^3}{6}\left(1 + \frac{1}{n}\right)\left(2 + \frac{1}{n}\right).$$

Diese Umformung macht den Grenzübergang sehr einfach, da $\frac{1}{n}$ gegen null strebt, wenn n unbegrenzt zunimmt. Daher ergibt sich als Grenzwert $\frac{b^3}{6} \cdot 1 \cdot 2 = \frac{b^3}{3}$, und demnach ist das Ergebnis:

$$\int_0^b x^2\,dx = \frac{b^3}{3}.$$

Für die Fläche von 0 bis a erhalten wir also

$$\int_0^a x^2\,dx = \frac{a^3}{3}$$

und durch Subtraktion der Flächen

$$\int_a^b x^2\,dx = \frac{b^3 - a^3}{3}.$$

Durch Entwicklung allgemeiner Formeln für die Summe $1^k + 2^k + \ldots + n^k$ der k-ten Potenzen der ganzen Zahlen von 1 bis n kann man ableiten, daß

(7) $\int_a^b x^k\,dx = \dfrac{b^{k+1} - a^{k+1}}{k+1}$, für jede natürliche Zahl k.

[...]

Übungen:

1. Man bestimme den Wert folgender Integrale:

a) $\int_{-2}^{-1} x\,dx$. b) $\int_{-1}^{+1} x\,dx$. c) $\int_1^2 x^2\,dx$ d) $\int_{-1}^{-2} x^3\,dx$. e) $\int_0^n x\,dx$.

2. Man bestimme den Wert folgender Integrale:

a) $\int_{-1}^{+1} x^3\,dx$ b) $\int_{-2}^{+2} x^3 \cos x\,dx$.

(Anleitung: Man betrachte die Kurven der Funktionen unter dem Integralzeichen, beachte ihre Symmetrie in bezug auf $x = 0$ und deute die Integrale als Flächen.)

3. Man integriere $f(x) = x$ und $f(x) = x^2$ von 0 bis b, indem man in gleiche Teile unterteilt und in (6a) die Werte $v_j = \frac{1}{2}(x_j + x_{j+1})$ einsetzt.

4. Man drücke die Fläche eines Parabelsegments, das durch einen Bogen $P_1 P_2$ und die Sehne $P_1 P_2$ der Parabel $y = ax^2$ begrenzt wird, durch die Koordinaten x_1 und x_2 der beiden Punkte aus.

5. Regeln der Integralrechnung

Für die Entwicklung der Infinitesimalrechnung war entscheidend, daß gewisse allgemeine Regeln aufgestellt wurden, mit deren Hilfe man verwickelte Probleme auf einfachere zurückführen und sie dadurch in einem fast mechanischen Verfahren lösen konnte. Diese algorithmische Behandlung wird durch die LEIBNIZsche Bezeichnungsweise außerordentlich unterstützt. Man sollte allerdings der bloßen Rechentechnik nicht zuviel Gewicht beimessen, da sonst der Unterricht in der Integralrechnung in leere Routine ausartet.

Einige einfache Regeln zum Integrieren folgen sofort entweder aus der Definition (6) oder aus der geometrischen Deutung der Integrale als Flächen.

Das Integral der Summe zweier Funktionen ist gleich der Summe der Integrale der beiden Funktionen. Das Integral des Produkts einer Konstanten c mit einer Funktion f(x) ist gleich dem c-fachen des Integrals von f(x). Diese beiden Regeln zusammen lassen sich in der Formel ausdrücken

$$(8) \qquad \int_a^b [cf(x) + dg(x)]\, dx = c \int_a^b f(x)\, dx + d \int_a^b g(x)\, dx.$$

Der Beweis folgt unmittelbar aus der Definition des Integrals als Grenzwert einer endlichen Summe (5), da die entsprechende Formel für eine Summe S_n offenbar zutrifft. Die Regel läßt sich sofort auf Summen von mehr als zwei Funktionen ausdehnen.

Als Beispiel für die Anwendung dieser Regel betrachten wir ein Polynom

$$f(x) = a_0 + a_1 x + a_2 x^2 + \ldots + a_n x^n$$

mit konstanten Koeffizienten $a_0, a_1, \ldots, a_n$. Um das Integral von $f(x)$ von a bis b zu bilden, gehen wir der Regel entsprechend gliedweise vor. Mittels der Formel (7) erhalten wir

$$\int_a^b f(x)\, dx = a_0(b - a) + a_1 \frac{b^2 - a^2}{2} + \ldots + a_n \frac{b^{n+1} - a^{n+1}}{n+1}.$$

Eine weitere Regel, die ebenfalls aus der analytischen Definition und zugleich aus der geometrischen Deutung folgt, wird durch die Formel

$$(9) \qquad \int_a^b f(x)\, dx + \int_b^c f(x)\, dx = \int_a^c f(x)\, dx$$

gegeben. Ferner ist klar, daß das Integral null wird, wenn b gleich a ist. Die Regel von S. 275

$$(10) \qquad \int_a^b f(x)\, dx = - \int_b^a f(x)\, dx$$

ist mit den beiden letzten Regeln in Einklang, da sie sich aus (9) ergibt, wenn $c = a$ ist.

Zuweilen ist es eine Erleichterung, daß der Wert des Integrals in keiner Weise von dem speziellen Namen x abhängt, den man der unabhängigen Variablen in $f(x)$ gibt; zum Beispiel ist

$$\int_a^b f(x)\,dx = \int_a^b f(u)\,du = \int_a^b f(t)\,dt, \quad \text{usw.},$$

denn eine bloße Umbenennung der Koordinaten in dem System, auf das sich der Graph einer Funktion bezieht, ändert die Fläche unter der Kurve nicht. [...]

§2
Die Ableitung

1. Die Ableitung als Steigung

Während der Integralbegriff im Altertum wurzelt, wurde der andere Grundbegriff der Infinitesimalrechnung, die Ableitung, erst im 17. Jahrhundert von FERMAT und anderen formuliert. NEWTON und LEIBNIZ entdeckten dann, daß zwischen diesen beiden scheinbar ganz verschiedenen Begriffen ein organischer Zusammenhang besteht, wodurch eine beispiellose Entwicklung der mathematischen Wissenschaft eingeleitet wurde.

FERMAT stellte sich die Aufgabe, die Maxima und Minima einer Funktion $y = f(x)$ zu bestimmen. In der graphischen Darstellung einer Funktion entspricht ein Maximum einem Gipfel, der höher liegt als alle benachbarten Punkte, und ein Minimum einem Tal, das tiefer liegt als alle benachbarten Punkte. In der Abb. 46 auf S. 286 ist der Punkt B ein Maximum und der Punkt A ein Minimum. Um die Punkte des Maximums und Minimums zu charakterisieren, liegt es nahe, daß man die *Kurventangente* benutzt. Wir nehmen an, daß die Kurve keine scharfen Ecken oder sonstigen Singularitäten besitzt und daß sie an jeder Stelle eine bestimmte, durch die Tangente gegebene Richtung hat. In Maximum- und Minimumpunkten muß die Tangente der Kurve $y = f(x)$ der x-Achse parallel sein, da andernfalls die Kurve in diesen Punkten steigen oder fallen würde. Diese Einsicht regt dazu an, ganz allgemein in jedem Punkt der Kurve $y = f(x)$ die Richtung der Kurventangente zu betrachten.

Um die Richtung einer Geraden in der x, y-Ebene zu charakterisieren, gibt man üblicherweise ihre *Steigung* an, das ist der Tangens des Winkels α, den die Gerade mit der positiven x-Achse bildet. Ist P irgendein Punkt der Geraden L, so gehen wir nach rechts bis zu einem Punkt R und dann hinauf oder hinunter bis zu dem Punkt Q

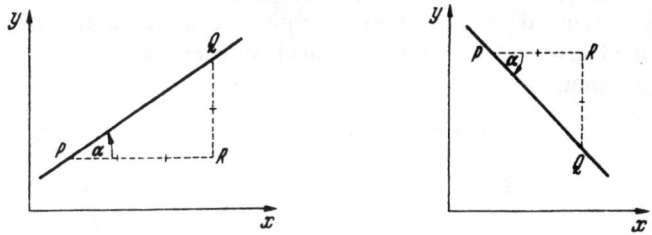

Abb. 44 Die Steigung von Geraden

auf der Geraden; dann ist die Steigung von $L = \tan \alpha = \dfrac{RQ}{PR}$. Die Länge PR wird positiv genommen, während RQ positiv oder negativ ist, je nachdem, ob die Richtung von R nach Q aufwärts oder abwärts weist, so daß die Steigung den Auf- oder Abstieg je Längeneinheit längs der Horizontalen angibt, wenn wir auf der Geraden von links nach rechts gehen. In Abb. 44 ist die Steigung der ersten Geraden 2/3, die der zweiten -1.

Unter der Steigung einer *Kurve* in einem Punkt P verstehen wir die Steigung der Tangente an die Kurve in P. Wenn wir die Tangente einer Kurve als anschaulich gegebenen mathematischen Begriff akzeptieren, bleibt nur noch das Problem, ein *Verfahren zur Berechnung der Steigung zu finden*. Vorderhand wollen wir diesen Standpunkt einnehmen und eine genauere Analyse der damit zusammenhängenden Probleme verschieben.

2. Die Ableitung als Grenzwert

Die Steigung einer Kurve $y = f(x)$ im Punkte $P(x,y)$ kann nicht berechnet werden, wenn man sich nur auf die Kurve im Punkt P selbst bezieht. Man muß statt dessen zu einem Grenzprozeß greifen, der dem für die Berechnung der Fläche unter einer Kurve ganz ähnlich ist. Dieser Grenzprozeß bildet die Grundlage der Differentialrechnung. Wir betrachten auf der Kurve einen anderen, P

283

nahegelegenen Punkt P_1 mit den Koordinaten x_1, y_1. Die gerade Verbindungslinie von P und P_1 nennen wir t_1; sie ist eine Sekante der Kurve, welche die Tangente in P annähert, wenn P_1 dicht bei P liegt. Den Winkel von der x-Achse bis zu t_1 nennen wir α_1. Wenn wir nun x_1 gegen x rücken lassen, so bewegt sich P_1 auf der Kurve gegen P, und die Sekante t_1 wird in ihrer Grenzlage zur Tangente t an die Kurve in P. Wenn α den Winkel zwischen der x-Achse und t bezeichnet, dann gilt für $x_1 \to x$ *

$$y_1 \to y, \ P_1 \to P, \ t_1 \to t \ \text{ und } \ \alpha_1 \to \alpha.$$

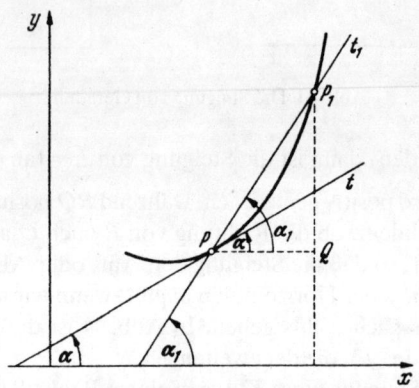

Abb. 45 Die Ableitung als Grenzwert

Die Tangente ist der Limes der Sekante, und die Steigung der Tangente ist der Limes der Steigung der Sekante.

Während wir keinen expliziten Ausdruck für die Steigung der Tangente t selbst haben, ist die Steigung der Sekante t_1 gegeben durch die Formel

$$\text{Steigung von } t_1 = \frac{y_1 - y}{x_1 - x} = \frac{f(x_1) - f(x)}{x_1 - x}$$

oder, wenn wir die Operation der Differenzenbildung wieder durch das Symbol Δ ausdrücken,

---

* Unsere Schreibweise ist hier etwas verschieden von der in Kapitel VI, insofern als wir dort $x \to x_1$ hatten, wobei der zweite Wert festlag. Durch diesen Wechsel der Symbole darf man sich nicht verwirren lassen.

$$\text{Steigung von } t_1 = \frac{\Delta y}{\Delta x} = \frac{\Delta f(x)}{\Delta x}.$$

Die Steigung der Sekante t_1 ist ein »Differenzenquotient« – die Differenz Δy der Funktionswerte, geteilt durch die Differenz Δx der Werte der unabhängigen Variablen. Ferner gilt:

$$\text{Steigung von } t = \lim \text{ der Steigung von } t_1$$

$$= \lim \frac{f(x_1) - f(x)}{x_1 - x} = \lim \frac{\Delta y}{\Delta x},$$

wobei die Limites für $x_1 \to x$, d. h. für $\Delta x = x_1 - x \to 0$, genommen werden. *Die Steigung der Tangente t an die Kurve ist der Limes des Differenzenquotienten $\Delta y / \Delta x$, wenn $\Delta x = x_1 - x$ gegen null strebt.*

Die ursprüngliche Funktion $f(x)$ gab die *Höhe* der Kurve $y = f(x)$ an der Stelle x an. Wir können jetzt die *Steigung* der Kurve für einen variablen Punkt P mit den Koordinaten x und $y[= f(x)]$ als eine neue Funktion von x betrachten, die wir mit $f'(x)$ bezeichnen und die *Ableitung* der Funktion $f(x)$ nennen. Der Grenzprozeß, durch den wir sie erhielten, wird *Differentiation* von $f(x)$ genannt. Dieser Prozeß ist eine Operation, die einer gegebenen Funktion $f(x)$ nach einer bestimmten Regel eine neue Funktion $f'(x)$ zuordnet, genauso, wie die Funktion $f(x)$ durch eine Regel definiert ist, die jedem Wert der Variablen x den Wert $f(x)$ zuordnet:

$f(x) = $ Höhe der Kurve $y = f(x)$ an der Stelle x,
$f'(x) = $ Steigung der Kurve $y = f(x)$ an der Stelle x.

Das Wort »Differentiation« beruht auf der Tatsache, daß $f'(x)$ der Grenzwert der Differenz $f(x_1) - f(x)$, dividiert durch die Differenz $x_1 - x$, ist:

(1) $\qquad f'(x) = \lim \dfrac{f(x_1) - f(x)}{x_1 - x}$, wenn $x_1 \to x$.

Eine andere, vielfach nützliche, Schreibweise ist

$$f'(x) = Df(x),$$

worin D einfach eine Abkürzung ist für »Ableitung von«; eine weitere Schreibweise ist die LEIBNIZsche für die Ableitung von $y = f(x)$:

$$\frac{dy}{dx} \quad \text{oder} \quad \frac{df(x)}{dx},$$

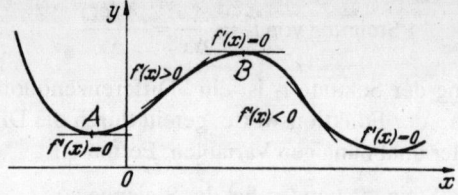

Abb. 46 Das Vorzeichen der Ableitung

die wir in § 4 besprechen werden und die den Charakter der Ableitung als Grenzwert eines Differenzenquotienten $\Delta y / \Delta x$ oder $\Delta f(x) / \Delta x$ andeutet.

Wenn wir die Kurve $y = f(x)$ in der Richtung zunehmender x-Werte durchlaufen, dann bedeutet eine *positive Ableitung*, $f'(x) > 0$, ein *Ansteigen der Kurve* (wachsende y-Werte) in dem betreffenden Punkt, eine *negative Ableitung*, $f'(x) < 0$, bedeutet ein *Fallen der Kurve*, während $f'(x) = 0$ einen horizontalen Verlauf der Kurve für den Wert x anzeigt. Bei einem Maximum oder Minimum muß die Steigung null sein (Abb. 46).

Folglich kann man durch Auflösen der Gleichung

$$f'(x) = 0$$

nach x die Lage der Maxima und Minima finden, wie es FERMAT erstmalig durchgeführt hat.

3. Beispiele

Die Überlegungen, die zu der Definition (1) führten, könnten für die Praxis ziemlich wertlos erscheinen. Ein Problem ist durch ein anderes ersetzt worden: anstatt die Steigung der Tangente an eine Kurve $y = f(x)$ zu bestimmen, sollen wir einen Grenzwert (1) berechnen, was auf den ersten Blick ebenso schwierig erscheint. Aber sobald wir die allgemeinen Begriffsbildungen auf spezielle Funktionen $f(x)$ anwenden, erkennen wir einen greifbaren Vorteil.

Die einfachste derartige Funktion ist $f(x) = c$, worin c eine Konstante ist. Der Graph der Funktion $y = f(x) = c$ ist eine horizontale Gerade, die mit allen ihren Tangenten zusammenfällt, und es ist offenbar, daß

$$f'(x) = 0$$

für alle Werte von x gilt. Dies folgt auch aus der Definition (1), denn wegen

$$\frac{\Delta y}{\Delta x} = \frac{f(x_1) - f(x)}{x_1 - x} = \frac{c - c}{x_1 - x} = \frac{0}{x_1 - x} = 0$$

ist es trivial, daß

$$\lim \frac{f(x_1) - f(x)}{x_1 - x} = 0, \text{ wenn } x_1 \to x.$$

Sodann betrachten wir die einfache Funktion $y = f(x) = x$, deren Graph eine Gerade durch den Nullpunkt ist, die den ersten Quadranten halbiert. Geometrisch ist klar, daß

$$f'(x) = 1$$

für alle Werte von x, und die analytische Definition (1) liefert wiederum

$$\frac{f(x_1) - f(x)}{x_1 - x} = \frac{x_1 - x}{x_1 - x} = 1,$$

so daß

$$\lim \frac{f(x_1) - f(x)}{x_1 - x} = 1, \text{ wenn } x_1 \to x.$$

Das einfachste, nicht triviale Beispiel ist die Differentiation der Funktion

$$y = f(x) = x^2,$$

die darauf hinausläuft, die Steigung einer Parabel zu finden. Dies ist der einfachste Fall, der uns lehrt, wie man den Grenzübergang ausführt, wenn das Ergebnis nicht von vornherein evident ist. Wir haben

$$\frac{\Delta y}{\Delta x} = \frac{f(x_1) - f(x)}{x_1 - x} = \frac{x_1^2 - x^2}{x_1 - x}.$$

Wollten wir versuchen, direkt in Zähler und Nenner zur Grenze überzugehen, so erhielten wir den sinnlosen Ausdruck 0/0. Wir können dies aber vermeiden, wenn wir den Differenzenquotienten umformen und den störenden Faktor $x_1 - x$ wegkürzen, *ehe wir zur Grenze übergehen.* (Beim Auswerten des Limes des Differenzenquotienten betrachten wir nur Werte $x_1 \neq x$, so daß dies erlaubt ist; siehe S. 263). Dann erhalten wir den Ausdruck:

$$\frac{x_1^2 - x^2}{x_1 - x} = \frac{(x_1 - x)(x_1 + x)}{x_1 - x} = x_1 + x.$$

Jetzt, *nach* dem Kürzen, besteht keine Schwierigkeit mehr mit dem Grenzwert für $x_1 \to x$. Wir erhalten den Grenzwert »durch Einsetzen«; denn die neue Form $x_1 + x$ des Differenzenquotienten ist stetig, und der Limes einer stetigen Funktion für $x_1 \to x$ ist einfach der Wert der Funktion für $x_1 = x$ (s. S. 261, Fußnote), also in diesem Fall $x + x = 2x$, so daß

$$f'(x) = 2x \quad \text{für} \quad f(x) = x^2.$$

In ähnlicher Weise können wir beweisen, daß $f(x) = x^3$ die Ableitung $f'(x) = 3x^2$ hat. Denn der Differenzenquotient

$$\frac{\Delta y}{\Delta x} = \frac{f(x_1) - f(x)}{x_1 - x} = \frac{x_1^3 - x^3}{x_1 - x}$$

kann nach der Formel $x_1^3 - x^3 = (x_1 - x) \cdot (x_1^2 + x_1 x + x^2)$ vereinfacht werden; der Nenner $\Delta x = x_1 - x$ kürzt sich weg, und wir erhalten den stetigen Ausdruck

$$\frac{\Delta y}{\Delta x} = x_1^2 + x_1 x + x^2.$$

Wenn wir nun x_1 gegen x rücken lassen, so nähert sich dieser Ausdruck einfach $x^2 + x^2 + x^2$, und wir erhalten als Grenzwert $f'(x) = 3x^2$. Ganz allgemein ergibt sich für

$$f(x) = x^n,$$

wenn n eine beliebige positive ganze Zahl ist, als Ableitung

$$f'(x) = n x^{n-1}.$$

Übung: Man beweise dieses Resultat. (Man benutze die algebraische Formel
$x_1^n - x^n = (x_1 - x) \ (x_1^{n-1} + x_1^{n-2} x + x_1^{n-3} x^2 + \ldots + x_1 x^{n-2} + x^{n-1})$.

Als weiteres Beispiel für einfache Kunstgriffe, die eine explizite Bestimmung der Ableitung erlauben, betrachten wir die Funktion

$$y = f(x) = \frac{1}{x}.$$

Wir haben

$$\frac{\Delta y}{\Delta x} = \frac{y_1 - y}{x_1 - x} = \left(\frac{1}{x_1} - \frac{1}{x}\right) \cdot \frac{1}{x_1 - x} = \frac{x - x_1}{x_1 x} \cdot \frac{1}{x_1 - x}.$$

Wieder können wir kürzen und erhalten $\dfrac{\Delta y}{\Delta x} = -\dfrac{1}{x_1 x}$; dies ist eine stetige Funktion in $x_1 = x$, also haben wir nach dem Grenzübergang

$$f'(x) = -\frac{1}{x^2}.$$

Natürlich ist weder die Ableitung noch die Funktion selbst für $x = 0$ definiert.

Übungen: Man beweise in derselben Weise: für $f(x) = \dfrac{1}{x^2}$ ist $f'(x) = -\dfrac{2}{x^3}$, für $f(x) = \dfrac{1}{x^n}$ ist $f'(x) = -\dfrac{n}{x^{n+1}}$ und für $f(x) = (1 + x)^n$ ist $f'(x) = n(1 + x)^{n-1}$.

Wir wollen jetzt die Differentiation von

$$y = f(x) = \sqrt{x}$$

durchführen. Für den Differenzenquotienten erhalten wir

$$\frac{y_1 - y}{x_1 - x} = \frac{\sqrt{x_1} - \sqrt{x}}{x_1 - x}.$$

Nach der Formel $x_1 - x = (\sqrt{x_1} - \sqrt{x})\,(\sqrt{x_1} + \sqrt{x})$ können wir den einen Faktor kürzen und erhalten die stetige Funktion

$$\frac{y_1 - y}{x_1 - x} = \frac{1}{\sqrt{x_1} + \sqrt{x}}.$$

Gehen wir zur Grenze über, so ergibt sich

$$f'(x) = \frac{1}{2\sqrt{x}}.$$

4. Die Ableitungen der trigonometrischen Funktionen

Wir behandeln jetzt die wichtige Aufgabe der *Differentiation der trigonometrischen Funktionen.* Hier werden wir ausschließlich das Bogenmaß benutzen.

Um die Funktion $y = f(x) = \sin x$ zu differenzieren, setzen wir $x_1 - x = h$, so daß $x_1 = x + h$ und $f(x_1) = \sin x_1 = \sin(x + h)$. Nach der trigonometrischen Formel für $\sin(A + B)$ ist

$$f(x_1) = \sin(x + h) = \sin x \cos h + \cos x \sin h.$$

Daher ist

$$(2) \quad \frac{f(x_1) - f(x)}{x_1 - x} = \frac{\sin(x + h) - \sin x}{h} = \cos x \frac{\sin h}{h} + \sin x \frac{\cos h - 1}{h}.$$

Wenn wir jetzt x_1 gegen x gehen lassen, strebt h gegen 0, $\sin h$ gegen 0 und $\cos h$ gegen 1. Ferner ist nach den Ergebnissen von S. 265

$$\lim \frac{\sin h}{h} = 1$$

und

$$\lim \frac{\cos h - 1}{h} = 0.$$

Daher strebt die rechte Seite von (2) gegen $\cos x$, so daß sich ergibt:

Die Funktion $f(x) = \sin x$ hat die Ableitung $f'(x) = \cos x$, oder kurz

$$D \sin x = \cos x.$$

Übung: Man beweise, daß $D \cos x = -\sin x$.

Um die Funktion $\tan x$ zu differenzieren, schreiben wir $\tan x = \dfrac{\sin x}{\cos x}$ und erhalten

$$\frac{f(x + h) - f(x)}{h} = \left(\frac{\sin(x + h)}{\cos(x + h)} - \frac{\sin x}{\cos x} \right) \frac{1}{h}$$

$$= \frac{\sin(x + h) \cos x - \cos(x + h) \sin x}{h} \cdot \frac{1}{\cos(x + h) \cos x}$$

$$= \frac{\sin h}{h} \cdot \frac{1}{\cos(x + h) \cos x}.$$

(Die letzte Gleichung folgt aus der Formel $\sin(A - B) = \sin A \cos B - \cos A \sin B$, für $A = x + h$ und $B = x$). Wenn wir jetzt h gegen null rücken lassen, nähert sich $\dfrac{\sin h}{h}$ dem Wert 1, $\cos(x + h)$ nähert sich $\cos x$, und wir schließen:

Die Ableitung der Funktion $f(x) = \tan x$ ist $f'(x) = \dfrac{1}{\cos^2 x}$ oder

$$D \tan x = \frac{1}{\cos^2 x}.$$

Übung: Man beweise, daß $D \cot x = - \dfrac{1}{\sin^2 x}$.

5. Differentiation und Stetigkeit

Die Differenzierbarkeit einer Funktion impliziert ihre Stetigkeit.
Denn existiert der Limes von $\Delta y / \Delta x$, wenn Δx gegen null geht, so
sieht man leicht, daß die Änderung Δy der Funktion $f(x)$ beliebig
klein werden muß, wenn die Differenz Δx gegen null geht. Wenn
sich daher eine Funktion differenzieren läßt, so ist ihre Stetigkeit
automatisch gesichert; wir werden deshalb darauf verzichten, die
Stetigkeit der in diesem Kapitel vorkommenden differenzierbaren
Funktionen ausdrücklich zu erwähnen oder zu beweisen, es sei
denn, daß ein besonderer Grund dafür vorliegt.

6. Ableitung und Geschwindigkeit.
   Zweite Ableitung und Beschleunigung

Die bisherige Diskussion der Ableitung wurde in Verbindung mit
dem geometrischen Begriff der Kurve einer Funktion durchgeführt. Aber die Bedeutung des Ableitungsbegriffs ist keineswegs
beschränkt auf das Problem der Bestimmung der Tangentenstei-
gung einer Kurve. Noch wichtiger ist in der Naturwissenschaft die
Berechnung der *Änderungsgeschwindigkeit* einer Größe $f(t)$, die
mit der Zeit t variiert. Dieses Problem führte NEWTON auf die Differentialrechnung. NEWTON suchte insbesondere das Phänomen
der Geschwindigkeit zu analysieren, bei dem die Zeit und die momentane Lage eines bewegten Teilchens als die variablen Elemente betrachtet werden oder, wie NEWTON es ausdrückte, als
»die fließenden Größen«.

Wenn ein Teilchen sich auf einer Geraden, der x-Achse, bewegt,
wird seine Bewegung vollkommen durch die Lage x zu jeder Zeit t
als Funktion $x = f(t)$ beschrieben. Eine »gleichförmige Bewegung« mit konstanter Geschwindigkeit längs der x-Achse wird
durch die lineare Funktion $x = a + bt$ definiert, wobei a die Koordinate des Teilchens zur Zeit $t = 0$ ist.

In einer Ebene wird die Bewegung eines Teilchens durch zwei
Funktionen
$$x = f(t), \quad y = g(t),$$

beschrieben, welche die beiden Koordinaten als Funktionen der Zeit charakterisieren. Gleichförmige Bewegung insbesondere entspricht einem Paar von linearen Funktionen,

$$x = a + bt, \quad y = c + dt,$$

wobei b und d die beiden »Komponenten« einer konstanten Geschwindigkeit sind und a und c die Koordinaten des Teilchens im Augenblick $t = 0$; die Bahn des Teilchens ist eine Gerade mit der Gleichung $(x - a)d - (y - c)b = 0$, die man erhält, wenn man die Zeit t aus den beiden obigen Relationen eliminiert.

Wenn ein Teilchen sich in der vertikalen x,y-Ebene unter dem Einfluß der Schwerkraft allein bewegt, dann läßt sich, wie in der elementaren Physik gezeigt wird, die Bewegung durch zwei Gleichungen beschreiben:

$$x = a + bt, \quad y = c + dt - \frac{1}{2} g t^2,$$

worin a, b, c, d Konstanten sind, die von dem Anfangszustand des Teilchens abhängen, und g die Erdbeschleunigung, die angenähert gleich 9,81 ist, wenn die Zeit in Sekunden und die Entfernung in Metern gemessen werden. Die Bahn des Teilchens, die man erhält, wenn man t aus den beiden Gleichungen eliminiert, ist jetzt eine Parabel,

$$y = c + \frac{d}{b}(x - a) - \frac{1}{2} g \frac{(x - a)^2}{b^2},$$

wenn $b \neq 0$; andernfalls ist sie eine vertikale Gerade.

Wenn ein Teilchen gezwungen ist, sich auf einer gegebenen Kurve in der Ebene zu bewegen (wie ein Zug auf den Gleisen), so kann seine Bewegung beschrieben werden, indem man die Bogenlänge s, gemessen von einem festen Anfangspunkt P_0 längs der Kurve bis zu der Lage P des Teilchens zur Zeit t, als Funktion von t angibt: $s = f(t)$. Auf dem Einheitskreis $x^2 + y^2 = 1$ zum Beispiel stellt die Funktion $s = ct$ eine gleichförmige Rotation mit der Geschwindigkeit c auf dem Kreise dar.

NEWTONS erstes Ziel war, die Geschwindigkeit einer nichtgleichförmigen Bewegung zu definieren. Der Einfachheit halber betrachten wir die Bewegung eines Teilchens längs einer Geraden, gegeben durch eine Funktion $x = f(t)$. Wäre die Bewegung gleichförmig, d. h. die Geschwindigkeit konstant, so könnte die Geschwindigkeit gefunden werden, indem man zwei Werte der Zeit t und t_1 mit den zugehörigen Werten der Lage $x = f(t)$ und $x_1 = f(t_1)$ wählt und den Quotienten bildet:

$$v = \text{Geschwindigkeit} = \frac{\text{Entfernung}}{\text{Zeit}} = \frac{x_1 - x}{t_1 - t} = \frac{f(t_1) - f(t)}{t_1 - t}.$$

Wenn zum Beispiel t in Stunden und x in Kilometern gemessen werden, so bedeutet für $t_1 - t = 1$ die Differenz $x_1 - x$ die Anzahl der Kilometer, die in einer Stunde durchlaufen werden, und v ist die Geschwindigkeit in Kilometern pro Stunde. Die Aussage, daß die Geschwindigkeit der Bewegung konstant ist, bedeutet einfach, daß der Differenzenquotient

$$(3) \qquad \frac{f(t_1) - f(t)}{t_1 - t}$$

für alle Werte von t und t_1 derselbe ist. Wenn aber die Bewegung nicht gleichförmig ist, wie im Falle eines frei fallenden Körpers, dessen Geschwindigkeit während des Fallens zunimmt, dann gibt der Quotient (3) nicht die Geschwindigkeit im Augenblick t an, sondern nur die *mittlere Geschwindigkeit* während des Zeitintervalls von t bis t_1. Um die Geschwindigkeit in dem exakten Augenblick t zu erhalten, müssen wir den Grenzwert der mittleren Geschwindigkeit nehmen, wenn t_1 gegen t geht. So definieren wir nach NEWTON

$$(4) \qquad \text{Geschwindigkeit zum Zeitpunkt } t = \lim \frac{f(t_1) - f(t)}{t_1 - t} = f'(t).$$

Mit anderen Worten: die Geschwindigkeit ist die Ableitung der Entfernungskoordinate in bezug auf die Zeit oder die »momentane Änderungsgeschwindigkeit« der Entfernung in bezug auf die Zeit (im Unterschied zu der *mittleren* Änderungsgeschwindigkeit, die durch (3) gegeben ist).

Die *Änderungsgeschwindigkeit der Geschwindigkeit* selbst nennt man *Beschleunigung*. Sie ist einfach die Ableitung der Ableitung, wird gewöhnlich mit $f''(t)$ bezeichnet und heißt die *zweite Ableitung* von $f(t)$.

GALILEI machte die Beobachtung, daß bei einem frei fallenden Körper die vertikale Strecke, um die der Körper während der Zeit t fällt, gegeben ist durch die Formel

$$(5) \qquad x = f(t) = \frac{1}{2} g t^2,$$

worin g die Gravitationskonstante ist. Durch Differentiation von (5) ergibt sich, daß die Geschwindigkeit v des Körpers zur Zeit t gegeben ist durch

$$(6) \qquad v = f'(t) = g\,t$$

und die Beschleunigung b durch

$$b = f''(t) = g,$$

eine Konstante.

Nehmen wir an, es werde verlangt, die Geschwindigkeit zu bestimmen, die der Körper nach 2 Sekunden freien Fallens besitzt. Die *mittlere* Geschwindigkeit während des Zeitintervalls von $t = 2$ bis $t = 2,1$ ist

$$\frac{\frac{1}{2} g(2,1)^2 - \frac{1}{2} g(2)^2}{2,1 - 2} = \frac{4,905\,(0,41)}{0,1} = 20,11 \ (\text{m}/\text{sec}).$$

Setzen wir jedoch $t = 2$ in (6) ein, so finden wir die *momentane* Geschwindigkeit nach zwei Sekunden zu $v = 19,62$.

Für Bewegungen in der Ebene geben die beiden Ableitungen $f'(t)$ und $g'(t)$ der Funktionen $x = f(t)$ und $y = g(t)$ die Komponenten der Geschwindigkeit. Für eine Bewegung längs einer festen Kurve ist der Betrag der Geschwindigkeit durch die Ableitung der Funktion $s = f(t)$ gegeben, worin s die Bogenlänge bezeichnet.

7. Die geometrische Bedeutung der zweiten Ableitung

Die zweite Ableitung ist auch in der Analysis und der Geometrie von Bedeutung; denn $f''(x)$, d. h. die »Änderungsgeschwindigkeit« der Steigung $f'(x)$ der Kurve $y = f(x)$ in bezug auf x, gibt eine Vorstellung davon, in welcher Weise die Kurve sich krümmt. Wenn $f''(x)$ in einem Intervall positiv ist, dann ist die Änderung von $f'(x)$ im Verhältnis zu der von x positiv. Ein positives Änderungsverhältnis einer Funktion bedeutet, daß die Werte der Funktion zunehmen, wenn x zunimmt. Daher bedeutet $f''(x) > 0$, daß die Steigung $f'(x)$ zunimmt, wenn x zunimmt, so daß die Kurve steiler wird, wenn sie eine positive Steigung hat, und weniger steil, wenn sie eine negative Steigung hat. Wir sagen dann, daß die Kurve *nach oben konkav* ist (Abb. 47).

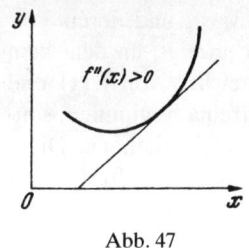
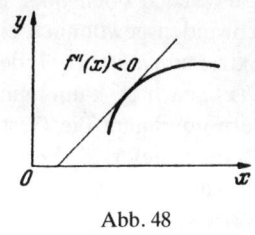

Abb. 47   Abb. 48

Umgekehrt ist, wenn $f''(x) < 0$, die Kurve $y = f(x)$ *nach unten konkav* (Abb. 48).

Die Parabel $y = f(x) = x^2$ ist überall nach oben konkav, da $f''(x) = 2$ stets positiv ist. Die Kurve $y = f(x) = x^3$ ist nach oben konkav für $x > 0$ und nach unten konkav für $x < 0$, da $f''(x) = 6x$, wie der Leser leicht nachprüfen kann. Nebenbei haben wir für $x = 0$ die Steigung $f'(x) = 3x^2 = 0$ (aber kein Maximum oder Minimum!); ferner ist $f''(x) = 0$ für $x = 0$. Dieser Punkt wird ein *Wendepunkt* genannt. An einem solchen Punkt durchsetzt die Tangente, in diesem Fall die x-Achse, die Kurve.

Wenn s die Bogenlänge längs der Kurve und α den Steigungswinkel bezeichnet, so ist $\alpha = h(s)$ eine Funktion von s. Indem wir die Kurve durchlaufen, ändert sich $\alpha = h(s)$. Die »Änderungsgeschwindigkeit« $h'(s)$ heißt die *Krümmung* der Kurve an dem Punkt, in dem die Bogenlänge s ist. Wir erwähnen ohne Beweis, daß die Krümmung $\varkappa$ sich mit Hilfe der ersten und zweiten Ableitung der Funktion $f(x)$, welche die Kurve bestimmt, ausdrücken läßt:

$$\varkappa = \frac{f''(x)}{(1 + (f'(x))^2)^{3/2}} \ .$$

8. Maxima und Minima

Wir können die Maxima und Minima einer gegebenen Funktion $f(x)$ ermitteln, indem wir zuerst $f'(x)$ bilden, dann die Werte von x bestimmen, für welche diese Ableitung verschwindet, und zum Schluß untersuchen, welche dieser Werte Maxima und welche Minima liefern. Diese Frage läßt sich entscheiden, wenn wir die zweite Ableitung $f''(x)$ bilden, deren Vorzeichen angibt, ob die

295

Kurve nach oben oder nach unten konkav ist, und deren Verschwinden gewöhnlich einen Wendepunkt anzeigt, an dem kein Extremum auftritt. Indem man die Vorzeichen von $f'(x)$ und $f''(x)$ beachtet, kann man nicht nur die Extrema bestimmen, sondern überhaupt die Gestalt der Kurve $y = f(x)$ erkennen. Diese Methode liefert die Werte von x, bei denen Extrema auftreten; um die zugehörigen Werte von $y = f(x)$ zu finden, haben wir diese Werte von x in $f(x)$ einzusetzen.

Als Beispiel betrachten wir das Polynom

$$f(x) = 2x^3 - 9x^2 + 12x + 1$$

und erhalten

$$f'(x) = 6x^2 - 18x + 12, \quad f''(x) = 12x - 18.$$

Die Wurzeln der quadratischen Gleichung $f'(x) = 0$ sind $x_1 = 1$, $x_2 = 2$, und wir haben $f''(x_1) = -6 < 0$, $f''(x_2) = 6 > 0$. Daher hat $f(x)$ ein Maximum $f(x_1) = 6$ und ein Minimum $f(x_2) = 5$.

Übungen:
1. Man skizziere die Kurve der obigen Funktion.
2. Man diskutiere und skizziere die Kurve $f(x) = (x^2 - 1)(x^2 - 4)$.

§3
Die Technik des Differenzierens
Bisher haben wir uns bemüht, eine Reihe spezieller Funktionen zu differenzieren, indem wir den Differenzenquotienten vor dem Grenzübergang umformten. Es war ein entscheidender Fortschritt, als durch die Arbeiten von LEIBNIZ, NEWTON und ihren Nachfolgern diese individuellen Kunstgriffe durch leistungsfähigere allgemeine Methoden ersetzt wurden. Mit diesen Methoden kann man beinahe automatisch jede Funktion differenzieren, die normalerweise in der Mathematik auftritt, sofern man nur einige einfache Regeln beherrscht und richtig anwendet. So hat das Differenzieren geradezu den Charakter eines »Algorithmus« erhalten.

Wir können hier nicht auf die feineren Einzelheiten der Technik eingehen. Nur einige einfache Regeln sollen erwähnt werden.

a) *Differentiation einer Summe.* Wenn a und b Konstanten sind, und die Funktion $k(x)$ gegeben ist durch

$$k(x) = af(x) + bg(x),$$

so ist, wie der Leser leicht bestätigen wird,

$$k'(x) = af'(x) + bg'(x).$$

Eine entsprechende Regel gilt für beliebig viele Summanden.

b) *Differentiation eines Produktes*. Für ein Produkt

$$p(x) = f(x)\,g(x)$$

ist die Ableitung

$$p'(x) = f(x)\,g'(x) + g(x)\,f'(x).$$

Dies kann man leicht durch den folgenden Kunstgriff beweisen: Wir schreiben, indem wir denselben Ausdruck nacheinander addieren und subtrahieren

$$\begin{aligned}
p(x+h) - p(x) &= f(x+h)\,g(x+h) - f(x)\,g(x) \\
&= f(x+h)\,g(x+h) - f(x+h)\,g(x) + f(x+h)\,g(x) \\
&\quad - f(x)\,g(x)
\end{aligned}$$

und erhalten, indem wir die beiden ersten und die beiden letzten Glieder zusammenfassen,

$$\frac{p(x+h) - p(x)}{h} = f(x+h)\,\frac{g(x+h) - g(x)}{h} + g(x)\,\frac{f(x+h) - f(x)}{h}.$$

Nun lassen wir h gegen null streben; da $f(x+h)$ gegen $f(x)$ strebt, ergibt sich sofort die Behauptung, die zu beweisen war.

Übung: Man beweise mit dieser Regel, daß die Funktion $p(x) = x^n$ die Ableitung $p'(x) = nx^{n-1}$ hat. (Anleitung: Man schreibe $x^n = x \cdot x^{n-1}$ und benutze die mathematische Induktion.)

Mit Hilfe der Regel a) können wir jedes Polynom

$$f(x) = a_0 + a_1x + a_2x^2 + \ldots + a_nx^n$$

differenzieren; die Ableitung ist

$$f'(x) = a_1 + 2a_2x + 3a_3x^2 + \ldots + na_nx^{n-1}.$$

Als Anwendung können wir den *binomischen Satz* beweisen. Dieser Satz betrifft die Entwicklung von $(1 + x)^n$ als Polynom:

(1) $$f(x) = (1 + x)^n = 1 + a_1x + a_2x^2 + a_3x^3 + \ldots + a_nx^n,$$

und sagt aus, daß der Koeffizient a_k gegeben ist durch die Formel

(2) $$a_k = \frac{n(n-1)\ldots(n-k+1)}{k!}.$$

Natürlich ist $a_n = 1$.

Nun wissen wir (Übung S. 289), daß die linke Seite von (1) die Ableitung $n(1+x)^{n-1}$ liefert. Daher erhalten wir nach dem vorigen Absatz

(3) $$n(1+x)^{n-1} = a_1 + 2a_2x + 3a_3x^2 + \ldots + na_nx^{n-1}.$$

In dieser Formel setzen wir nun $x = 0$ und finden, daß $n = a_1$ ist, was (2) für $k = 1$ entspricht. Dann differenzieren wir (3) nochmals und erhalten

$$n(n-1)(1+x)^{n-2} = 2a_2 + 3 \cdot 2a_3x + \ldots + n(n-1)a_nx^{n-2}.$$

Setzen wir wieder $x = 0$, so ergibt sich $n(n-1) = 2a_2$, in Übereinstimmung mit (2) für $k = 2$.

Übung: Man beweise (2) für $k = 3, 4$ und für allgemeines k mittels mathematischer Induktion.

c) *Differentiation eines Quotienten.* Wenn

$$q(x) = \frac{f(x)}{g(x)},$$

so ist

$$q'(x) = \frac{g(x)f'(x) - f(x)g'(x)}{(g(x))^2}.$$

Der Beweis bleibe dem Leser überlassen. (Natürlich muß $g(x) \neq 0$ angenommen werden.)

Wir sind jetzt in der Lage, jede Funktion zu differenzieren, die sich als Quotient zweier Polynome schreiben läßt. Zum Beispiel hat

$$f(x) = \frac{1-x}{1+x}$$

die Ableitung

$$f'(x) = \frac{-(1+x) - (1-x)}{(1+x)^2} = \frac{-2}{(1+x)^2}.$$

d) *Differentiation inverser Funktionen.* Wenn

$$y = f(x) \quad \text{und} \quad x = g(y)$$

inverse Funktionen sind (z. B. $y = x^2$ und $x = \sqrt{y}$), dann sind ihre Ableitungen reziprok zueinander:

$$g'(y) = \frac{1}{f'(x)} \quad \text{oder} \quad Dg(y) \cdot Df(x) = 1.$$

Dies läßt sich leicht beweisen, indem man auf die reziproken Differenzenquotienten $\dfrac{\Delta y}{\Delta x}$ bzw. $\dfrac{\Delta x}{\Delta y}$ zurückgeht.

Als Beispiel differenzieren wir die Funktion

$$y = f(x) = \sqrt[m]{x} = x^{\frac{1}{m}},$$

die invers zu $x = y^m$ ist. (Siehe auch die direkte Behandlung für $m = 2$ auf S. 289). Da die letzte Funktion die Ableitung $m\, y^{m-1}$ hat, so gilt

$$f'(x) = \frac{1}{m\, y^{m-1}} = \frac{1}{m}\, \frac{y}{y^m} = \frac{1}{m}\, y\, y^{-m},$$

woraus man durch die Substitutionen $y = x^{\frac{1}{m}}$ und $y^{-m} = x^{-1}$

$$f'(x) = \frac{1}{m}\, x^{\frac{1}{m}-1} \quad \text{oder} \quad D\!\left(x^{\frac{1}{m}}\right) = \frac{1}{m}\, x^{\frac{1}{m}-1}$$

erhält.

Als weiteres Beispiel differenzieren wir die *inverse trigonometrische Funktion*

$$y = \text{arc tan } x, \text{ was gleichbedeutend ist mit } x = \tan y.$$

Hier ist die Variable y, die das Bogenmaß angibt, auf das Intervall $-\dfrac{1}{2}\pi < y < \dfrac{1}{2}\pi$ beschränkt, damit eine eindeutige Definition der inversen Funktion garantiert ist.

Da $D \tan y = \dfrac{1}{\cos^2 y}$ ist (siehe S. 290) und $\dfrac{1}{\cos^2 y} = \dfrac{\sin^2 y + \cos^2 y}{\cos^2 y} = 1 + \tan^2 y = 1 + x^2$, haben wir

$$D \text{ arc tan } x = \frac{1}{1 + x^2} \ .$$

Schließlich kommen wir zu der wichtigen Regel für die

e) *Differentiation zusammengesetzter Funktionen.* Solche Funktionen bestehen aus zwei (oder mehr) einfacheren Funktionen. Zum Beispiel ist $z = \sin \sqrt{x}$ zusammengesetzt aus $z = \sin y$ und

$y = \sqrt{x}$; die Funktion $z = \sqrt{x} + \sqrt{x^5}$ ist zusammengesetzt aus $z = y + y^5$ und $y = \sqrt{x}$; $z = \sin(x^2)$ ist zusammengesetzt aus $z = \sin y$ und $y = x^2$; $z = \sin\frac{1}{x}$ ist zusammengesetzt aus $z = \sin y$ und $y = \frac{1}{x}$.

Wenn zwei Funktionen

$$z = g(y) \quad \text{und} \quad y = f(x)$$

gegeben sind, und wenn die zweite Funktion in die erste eingesetzt wird, so erhalten wir die zusammengesetzte Funktion

$$z = k(x) = g[f(x)].$$

Wir behaupten, daß

(4) $$k'(x) = g'(y)f'(x)$$

ist. Denn, wenn wir schreiben

$$\frac{k(x_1) - k(x)}{x_1 - x} = \frac{z_1 - z}{y_1 - y} \cdot \frac{y_1 - y}{x_1 - x},$$

worin $y_1 = f(x_1)$ und $z_1 = g(y_1) = k(x_1)$ ist, und lassen wir dann x_1 gegen x rücken, so strebt die linke Seite gegen $k'(x)$, und die beiden Faktoren der rechten Seite streben gegen $g'(y)$ bzw. $f'(x)$, womit (4) bewiesen ist.

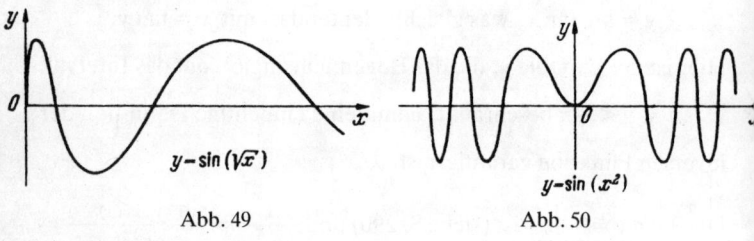

Abb. 49   Abb. 50

Bei diesem Beweis war die Bedingung $y_1 - y \neq 0$ notwendig. Denn wir dividierten durch $\Delta y = y_1 - y$, und wir können keine Werte x_1 benutzen, für die $y_1 - y = 0$ ist. Aber die Formel (4) bleibt gültig, selbst wenn in einem Intervall um x herum $\Delta y = 0$ ist; y ist dann konstant, $f'(x)$ ist 0, $k(x) = g(y)$ ist konstant in bezug auf x, (da y sich mit x nicht ändert) und folglich ist $k'(x) = 0$, was in diesem Fall der Aussage von (4) entspricht.

Es wird empfohlen, die folgenden Beispiele nachzuprüfen:

$$k(x) = \sin \sqrt{x}, \quad k'(x) = (\cos \sqrt{x}) \frac{1}{2\sqrt{x}},$$

$$k(x) = \sqrt{x} + \sqrt{x^5}, \quad k'(x) = (1 + 5x^2) \frac{1}{2\sqrt{x}},$$

$$k(x) = \sin(x^2), \quad k'(x) = \cos(x^2) \cdot 2x,$$

$$k(x) = \sqrt{1 - x^2}, \quad k'(x) = \frac{-1}{2\sqrt{1-x^2}} \cdot 2x = \frac{-x}{\sqrt{1-x^2}}.$$

Übung: Mit Hilfe der Resultate von S. 289 und S. 299 zeige man, daß die Funktion

$$f(x) = \sqrt[m]{x^s} = x^{\frac{s}{m}}$$

die Ableitung hat

$$f'(x) = \frac{s}{m} x^{\frac{s}{m} - 1}.$$

Man beachte, daß alle unsere Formeln, die Potenzen von x betreffen, zu einer einzigen zusammengefaßt werden können:

Wenn r eine beliebige positive oder negative rationale Zahl ist, so hat die Funktion

$$f(x) = x^r$$

die Ableitung

$$f'(x) = rx^{r-1}.$$

Übungen:

1. Man differenziere folgende Funktionen:

$x \sin x$, $\dfrac{1}{1 + x^2} \sin nx$, $(x^3 - 3x^2 - x + 1)^3$, $1 + \sin^2 x$, $x^2 \sin \dfrac{1}{x^2}$, arc $\sin(\cos nx)$, $\tan \dfrac{1 + x}{1 - x}$, arc $\tan \dfrac{1 + x}{1 - x}$, $\sqrt[4]{1 - x^2}$, $\dfrac{1}{1 + x^2}$.

2. Man bestimme die Extrema der folgenden Funktionen, skizziere ihre Kurven und stelle die Abschnitte fest, in denen sie zunehmen, abnehmen, nach unten und nach oben konkav sind:

$$x^3 - 6x + 2, \quad \frac{x}{1 + x^2}, \quad \frac{x^2}{1 + x^4}, \quad \cos^2 x.$$

3. Man untersuche die Maxima und Minima der Funktion $x^3 + 3ax + 1$ in ihrer Abhängigkeit von a.

4. Welcher Punkt der Hyperbel $2y^2 - x^2 = 2$ hat den kleinsten Abstand von dem Punkt $x = 0$, $y = 3$?

5. Unter allen Rechtecken von gegebenem Flächeninhalt ist das mit der kürzesten Diagonale zu bestimmen.

§4

Die LEIBNIZ*sche Schreibweise und das »unendlich Kleine«* [1]

NEWTON und LEIBNIZ wußten das Integral und die Ableitung als Grenzwerte zu bestimmen. Aber die eigentlichen Grundlagen des »Kalküls«, wie man die Infinitesimalrechnung früher bezeichnete, wurden lange verdunkelt durch die verbreitete Abneigung, den Grenzbegriff allein als wahre Quelle der neuen Methoden anzuerkennen. Weder NEWTON noch LEIBNIZ brachten es über sich, eine solche unmißverständliche Auffassung auszusprechen, so einfach sie uns heute auch erscheint, nachdem der Grenzbegriff vollkommen klar herausgearbeitet worden ist. So wurde der Gegenstand mehr als ein Jahrhundert lang durch Formulierungen wie »unendlich kleine Größen«, »Differentiale«, »letzte Verhältnisse« usw. verschleiert. Das Widerstreben, mit dem diese Vorstellungen schließlich aufgegeben wurden, war tief verwurzelt in der philosophischen Einstellung der damaligen Zeit und in dem Wesen des menschlichen Geistes überhaupt. Man hätte argumentieren können: »Natürlich lassen sich Integral und Ableitung als Grenzwerte berechnen. Aber was *sind* schließlich diese Objekte selbst, unabhängig von der besonderen Art, sie als Grenzprozesse zu beschreiben? Es scheint doch selbstverständlich, daß anschauliche Begriffe, wie Fläche und Steigung einer Kurve, eine absolute Bedeutung in sich tragen und nicht auf Hilfsvorstellungen wie eingeschriebene Polygone oder Sekanten und deren Grenzwerte angewiesen sind!« Es ist in der Tat psychologisch ganz natürlich, nach angemessenen Definitionen von Fläche und Steigung als »Dingen an sich« zu suchen. Diesem Bedürfnis zu entsagen und statt dessen in den Grenzprozessen die einzige wissenschaftlich brauchbare Definition zu sehen – dies entspricht einer reiferen Geisteshaltung, die auch auf anderen Gebieten dem Fortschritt den Weg bereitet hat. Im 17. Jahrhundert gab es noch keine geistige Tradition, die solchen philosophischen Radikalismus gestattet hätte.

LEIBNIZ' Versuch, die Ableitung zu »erklären«, begann vollkommen korrekt mit dem Differenzenquotienten einer Funktion $f(x)$,

$$\frac{\Delta y}{\Delta x} = \frac{f(x_1) - f(x)}{x_1 - x}.$$

1 Vgl. dazu die Abschnitte 2 und 3 dieses Kapitels.

Für den Limes, also die Ableitung, die wir $f'(x)$ genannt haben (dem später von Lagrange eingeführten Brauch entsprechend), schrieb Leibniz
$$\frac{dy}{dx},$$
indem er das Differenzsymbol Δ durch das »Differentialsymbol« d ersetzte. Wenn wir verstehen, daß dieses Symbol nur andeuten soll, daß der Grenzübergang $\Delta x \to 0$ und folglich $\Delta y \to 0$ auszuführen ist, besteht keine Schwierigkeit und nichts Geheimnisvolles. *Ehe* man zur Grenze übergeht, wird der Nenner Δx in dem Quotienten $\Delta y / \Delta x$ weggekürzt oder so umgeformt, daß der Grenzprozeß glatt durchgeführt werden kann. Dies ist entscheidend für die Durchführung der Differentiation. Hätten wir versucht, ohne eine solche vorherige Umformung zur Grenze überzugehen, so hätten wir nur die sinnlose Beziehung $\Delta y / \Delta x = 0/0$ erhalten, mit der sich gar nichts anfangen läßt. Mystizismus und Konfusion ergeben sich nur, wenn wir mit Leibniz und vielen seiner Nachfolger etwa folgendermaßen argumentieren.

»Δx nähert sich nicht der Null. Vielmehr ist der ›letzte Wert‹ von Δx nicht 0, sondern eine ›unendlich kleine Größe‹, ein ›Differential‹, dx genannt, und ebenso hat Δy einen ›letzten‹ unendlich kleinen Wert dy. Der Quotient dieser unendlich kleinen Differentiale ist wieder eine gewöhnliche Zahl, $f'(x) = dy/dx$.« Leibniz nannte daher die Ableitung »*Differentialquotient*«. Solche unendlich kleinen Größen wurden als eine neue Art von Zahlen aufgefaßt, die nicht null sind, aber kleiner als jede positive Zahl des reellen Zahlensystems. Nur wer den richtigen »mathematischen Sinn« besaß, konnte diesen Begriff erfassen, und man hielt die Infinitesimalrechnung für ausgesprochen schwierig, weil nicht jeder diesen Sinn besitzt oder entwickeln kann. In ähnlicher Weise wurde auch das Integral als eine Summe unendlich vieler »unendlich kleiner Größen« $f(x)dx$ aufgefaßt. Eine solche Summe, so schien man zu empfinden, sei das Integral oder die Fläche, während die Berechnung des Wertes als *Grenzwert einer endlichen Summe gewöhnlicher Zahlen $f(x_i)\Delta x$* nur als Hilfsmittel angesehen wurde. Heute verzichten wir einfach auf eine »direkte« Erklärung und *definieren* das Integral als den Grenzwert einer endlichen Summe. Auf diese Weise werden die Schwierigkeiten vermieden, und die Infinitesimalrechnung wird auf eine solide Grundlage gestellt.

Trotz dieser späteren Entwicklung wurde die LEIBNIZsche Schreibweise dy/dx für $f'(x)$ und $\int f(x)dx$ für das Integral beibehalten und hat sich als äußerst nützlich bewährt. Sie tut keinerlei Schaden, wenn wir die Buchstaben d nur als Symbole für einen Grenzübergang ansehen. Die LEIBNIZsche Schreibweise hat den Vorzug, daß man mit den Grenzwerten von Quotienten und Summen in gewissem Sinne so umgehen kann, »als ob« sie wirkliche Quotienten und Summen wären. Die suggestive Kraft dieses Symbolismus hat vielfach die Menschen verleitet, diesen Symbolen einen gänzlich unmathematischen Sinn beizulegen. Aber wenn wir dieser Versuchung widerstehen, dann ist die LEIBNIZsche Schreibweise zumindest eine vorzügliche Abkürzung für die etwas umständliche Schreibweise des Grenzprozesses; tatsächlich ist sie für die weiter fortgeschrittenen Zweige der Theorie nahezu unentbehrlich.

Zum Beispiel ergab die Regel (d) auf S. 299 für die Differentiation der inversen Funktion $x = g(y)$ von $y = f(x)$, daß $g'(y) \cdot f'(x) = 1$. In der LEIBNIZschen Schreibweise stellt sie sich einfach dar als

$$\frac{dx}{dy} \cdot \frac{dy}{dx} = 1,$$

»als ob« die »Differentiale« weggekürzt werden dürften wie bei einem gewöhnlichen Bruch. Ebenso schreibt sich die Regel (e) der S. 300 für die Differentiation einer zusammengesetzten Funktion $z = k(x)$, wenn

$$z = g(y), \quad y = f(x),$$

jetzt als

$$\frac{dz}{dx} = \frac{dz}{dy} \cdot \frac{dy}{dx}.$$

Die LEIBNIZsche Schreibweise hat ferner den Vorzug, daß sie den Nachdruck auf die *Größen x, y, z* legt, mehr als auf ihre explizite funktionale Verknüpfung. Diese drückt ein *Verfahren* aus, eine *Operation*, die eine Größe y aus einer anderen Größe x entstehen läßt, z. B. erzeugt die Funktion $y = f(x) = x^2$ eine Größe y gleich dem Quadrat der Größe x. Die Operation (das Quadrieren) ist in den Augen des Mathematikers das wesentliche; aber die Physiker und Techniker interessieren sich im allgemeinen in erster Linie für die Größen selbst. Daher ist der Nachdruck, den die LEIBNIZsche

Schreibweise den Größen selbst verleiht, für alle angewandten Mathematiker besonders ansprechend.

Noch eine weitere Bemerkung sei angeführt. Während die »Differentiale« als unendlich kleine Größen endgültig diskreditiert und abgeschafft sind, hat sich dasselbe Wort »Differential« durch eine Hintertür wieder eingeschlichen – diesmal zur Bezeichnung eines vollkommen berechtigten und nützlichen Begriffs. Es bedeutet jetzt einfach eine Differenz Δx, wenn Δx im Verhältnis zu den anderen vorkommenden Größen klein ist. Wir können uns hier nicht auf eine Erörterung des Wertes dieser Vorstellung für Näherungsrechnungen einlassen. Auch können wir nicht noch andere legitime mathematische Begriffsbildungen erörtern, für die ebenfalls der Name »Differentiale« eingeführt worden ist und von denen einige sich in der Infinitesimalrechnung und ihren Anwendungen auf die Geometrie durchaus als nützlich erwiesen haben.

§5
Der Fundamentalsatz der Differential- und Integralrechnung

1. Der Fundamentalsatz

Die Idee der Integration und bis zu einem gewissen Grade auch die der Differentiation waren schon vor NEWTON und LEIBNIZ recht gut entwickelt. Um die gewaltige Entwicklung der neueren Analysis in Gang zu setzen, war nur noch eine weitere einfache Entdeckung notwendig. Die beiden anscheinend ganz verschiedenartigen Grenzprozesse, die bei der Differentiation und Integration einer Funktion auftreten, hängen eng zusammen. Sie sind tatsächlich invers zueinander wie etwa die Operationen der Addition und Subtraktion oder der Multiplikation und Division. Es gibt keine Differentialrechnung für sich und Integralrechnung für sich, sondern nur eine *Infinitesimalrechnung*.

Es war die große Leistung von LEIBNIZ und NEWTON, diesen *Fundamentalsatz der Infinitesimalrechnung* zuerst erkannt und angewandt zu haben. Natürlich lag ihre Entdeckung auf dem geraden Wege der wissenschaftlichen Entwicklung, und es ist naheliegend, daß verschiedene Gelehrte unabhängig voneinander und fast zur gleichen Zeit zu der klaren Einsicht in die Situation gelangt sind.

Um den Fundamentalsatz zu formulieren, betrachten wir das

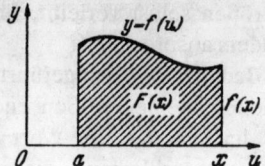

Abb. 51 Das Integral als Funktion der oberen Grenze

Integral einer Funktion $f(x)$ von der festen unteren Grenze a an bis zu der variablen oberen Grenze x. Um Verwechslungen zwischen der oberen Integrationsgrenze und der Variablen x zu vermeiden, die in dem Symbol $f(x)$ vorkommt, schreiben wir dieses Integral in der Form (s. S. 282)

$$(1) \qquad F(x) = \int_a^x f(u)\,du\,,$$

um anzudeuten, daß wir das Integral als Funktion $F(x)$ der oberen Grenze x ansehen wollen (Abb. 51). Diese Funktion $F(x)$ ist die Fläche unter der Kurve $y = f(u)$ von der Stelle $u = a$ bis zur Stelle $u = x$. Zuweilen wird das Integral $F(x)$ mit variabler oberer Grenze ein »unbestimmtes« Integral genannt.

Nun besagt der Fundamentalsatz der Infinitesimalrechnung:

Die Ableitung des unbestimmten Integrals (1) *als Funktion von x ist gleich dem Wert von f(u) an der Stelle x:*

$$F'(x) = f(x).$$

Mit anderen Worten, der Prozeß der Integration, der von der Funktion f(x) zu F(x) führt, wird rückgängig gemacht durch den Prozeß der Differentiation, angewandt auf F(x), d. h. er wird umgekehrt.

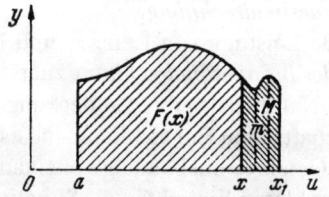

Abb. 52 Beweis des Fundamentalsatzes

Auf anschaulicher Grundlage kann der Beweis sehr einfach geführt werden. Er beruht auf der Deutung des Integrals $F(x)$ als einer Fläche und würde erschwert werden, wenn man versuchte, $F(x)$ durch eine Kurve und die Ableitung $F'(x)$ durch ihre Steigung darzustellen. Statt dieser ursprünglichen geometrischen Deutung der Ableitung behalten wir die geometrische Erklärung des Integrals $F(x)$ bei, gehen aber bei der Differentiation von $F(x)$ analytisch vor. Die Differenz

$$F(x_1) - F(x)$$

ist einfach die Fläche zwischen x und x_1 in Abb. 52, und wir sehen, daß diese Fläche zwischen den Werten $(x_1 - x)m$ und $(x_1 - x)M$ liegt,

$$(x_1 - x)m \leqq F(x_1) - F(x) \leqq (x_1 - x)M,$$

worin M und m der größte bzw. kleinste Wert von $f(u)$ zwischen x und x_1 sind. Denn diese beiden Produkte sind die Rechteckflächen, welche die von der Kurve begrenzte Fläche einschließen bzw. von ihr eingeschlossen werden. Es folgt

$$m \leqq \frac{F(x_1) - F(x)}{x_1 - x} \leqq M.$$

Wir wollen annehmen, daß die Funktion $f(u)$ stetig ist, so daß, wenn x_1 sich x nähert, sowohl M wie m sich $f(x)$ nähern. Dann haben wir

(2) $$F'(x) = \lim \frac{F(x_1) - F(x)}{x_1 - x} = f(x),$$

wie behauptet. Anschaulich bedeutet dies, daß das Änderungsverhältnis der Fläche unter der Kurve bei Zunahme von x gleich der Höhe der Kurve an der Stelle x ist.

In manchen Lehrbüchern wird das Wesen des Fundamentalsatzes durch eine ungünstig gewählte Bezeichnungsweise verdunkelt. Viele Autoren führen zuerst die Ableitung ein und definieren dann die Integration einfach als die inverse Operation der Differentiation, indem sie sagen, daß $G(x)$ ein unbestimmtes Integral von $f(x)$ ist, wenn

$$G'(x) = f(x).$$

So wird die Differentiation sofort mit dem Wort »Integral« verknüpft. Erst später wird dann der Begriff des »bestimmten Inte-

grals« als Fläche oder als Grenzwert einer Summe eingeführt, und
es wird nicht betont, daß das Wort »Integral« nun eine andere Bedeutung hat. Auf diese Weise wird die Haupttatsache der Theorie
durch eine Hintertür eingeschmuggelt, und der Anfänger wird in
seinem Bestreben um ein wirkliches Verständnis ernstlich behin-
dert. Wir ziehen es vor, Funktionen $G(x)$, für die $G'(x) = f(x)$ gilt,
nicht »unbestimmte Integrale« zu nennen, sondern *primitive
Funktionen oder Stammfunktionen* von $f(x)$. Der Fundamentalsatz sagt dann einfach aus:

$F(x)$, *das Integral von $f(u)$ mit fester unterer und variabler oberer
Grenze, ist eine primitive Funktion von $f(x)$.*

Wir sagen »eine« primitive Funktion und nicht »die« primitive
Funktion, denn wenn $G(x)$ eine primitive Funktion von $f(x)$ ist,
dann ist offensichtlich auch

$$H(x) = G(x) + c \qquad (c = \text{eine beliebige Konstante})$$

eine primitive Funktion, wegen $H'(x) = G'(x)$. Auch das Umgekehrte ist richtig. *Zwei primitive Funktionen $G(x)$ und $H(x)$ können sich nur um eine Konstante unterscheiden.* Denn die Differenz
$U(x) = G(x) - H(x)$ hat die Ableitung $U'(x) = G'(x) - H'(x) =
f(x) - f(x) = 0$ und ist demnach konstant, da eine Funktion, die
durch eine überall horizontale Kurve dargestellt wird, notwendig
konstant sein muß.

Dies führt zu einer wichtigen Regel für das Bestimmen des Wertes eines Integrals von a bis b, sofern wir eine primitive Funktion
$G(x)$ von $f(x)$ kennen. Nach unserem Hauptsatz ist

$$F(x) = \int_a^x f(u)du$$

auch eine primitive Funktion von $f(x)$. Daher ist $F(x) = G(x) + c$,
worin c eine Konstante ist. Diese Konstante kann bestimmt werden, wenn wir daran denken, daß $F(a) = \int_a^a f(u)du = 0$. Dies
ergibt $0 = G(a) + c$, also $c = -G(a)$. Daher ist das bestimmte
Integral zwischen den Grenzen a und x einfach

$$F(x) = \int_a^x f(u)du = G(x) - G(a),$$

oder, wenn wir b statt x schreiben,

$$(3) \qquad \int_a^b f(u)du = G(b) - G(a),$$

308

unabhängig davon, welche besondere primitive Funktion $G(x)$ wir gewählt haben. Mit anderen Worten:

Um das bestimmte Integral $\int\limits_a^b f(x)dx$ auszuwerten, brauchen wir nur eine Funktion $G(x)$ zu finden, für die $G'(x) = f(x)$, und dann die Differenz $G(b) - G(a)$ zu bilden.

2. Erste Anwendungen. Integration von x^r, $\cos x$, $\sin x$, $\arctan x$

Es ist hier unmöglich, von der Reichweite des Fundamentalsatzes eine angemessene Vorstellung zu geben, aber vielleicht werden die folgenden Beispiele wenigstens eine Andeutung liefern. Die Probleme, denen man in der Mechanik, der Physik oder der reinen Mathematik begegnet, führen sehr oft auf bestimmte Integrale, nach deren Wert gefragt wird. Der direkte Versuch, ein solches Integral als Grenzwert einer Summe zu berechnen, kann schwierig sein. Andererseits ist es, wie wir in § 3 sahen, verhältnismäßig einfach, alle möglichen Arten von Differentiationen auszuführen und einen »Vorrat« von Kenntnissen auf diesem Gebiet zu sammeln. Jede Ableitungsformel $G'(x) = f(x)$ kann rückwärts gelesen werden und liefert dann eine primitive Funktion $G(x)$ für $f(x)$. Mit Hilfe der Formel (3) kann dies ausgenutzt werden, um das Integral von $f(x)$ zwischen zwei beliebigen Grenzen zu bestimmen.

Wenn wir zum Beispiel das Integral von x^2 oder x^3 oder x^n suchen, so können wir jetzt viel einfacher vorgehen als in § 1. Wir wissen aus unserer Differentiationsformel für x^n, daß die Ableitung von x^n gleich nx^{n-1} ist, so daß die Ableitung von

sich als

$$G(x) = \frac{x^{n+1}}{n+1} \qquad (n \neq -1)$$

$$G'(x) = \frac{n+1}{n+1} x^n = x^n$$

ergibt. Daher ist $\frac{x^{n+1}}{n+1}$ eine primitive Funktion von $f(x) = x^n$, und folglich haben wir sofort

$$\int\limits_a^b x^n dx = G(b) - G(a) = \frac{b^{n+1} - a^{n+1}}{n+1}.$$

Dieses Verfahren ist viel einfacher als die mühsame Prozedur, das Integral als Grenzwert einer Summe zu ermitteln.

Noch allgemeiner hatten wir in § 3 gefunden, daß für jedes rationale, positive oder negative s die Funktion x^s die Ableitung $s\,x^{s-1}$ hat, und daher für $s = r + 1$ die Funktion

$$G(x) = \frac{1}{r+1}x^{r+1}$$

die Ableitung $f(x) = G'(x) = x^r$. (Wir nehmen an, daß $r \neq -1$, also $s \neq 0$ ist.) Daher ist $\dfrac{x^{r+1}}{r+1}$ eine primitive Funktion oder ein »unbestimmtes Integral« von x^r, und wir haben (für positive a, b und $r \neq -1$)

$$(4) \qquad \int\limits_a^b x^r dx = \frac{1}{r+1}(b^{r+1} - a^{r+1}).$$

In (4) soll im Integrationsintervall der Integrand x^r definiert und stetig sein, wodurch $x = 0$ ausgeschlossen ist, falls $r < 0$. Daher machen wir die Annahme, daß in diesem Fall a und b positiv sind.

Für $G(x) = -\cos x$ haben wir $G'(x) = \sin x$, daher ist

$$\int\limits_0^a \sin x\, dx = -(\cos a - \cos 0) = 1 - \cos a.$$

Ebenso folgt, da für $G(x) = \sin x$ die Ableitung $G'(x) = \cos x$ ist,

$$\int\limits_0^a \cos x\, dx = \sin a - \sin 0 = \sin a.$$

Ein besonders interessantes Resultat ergibt sich aus der Formel für die Differentiation der inversen Tangensfunktion, $D \arctan x = \dfrac{1}{1+x^2}$. Es folgt, daß die Funktion $\arctan x$ eine primitive Funktion von $\dfrac{1}{1+x^2}$ ist, und wir erhalten aus (3) das Resultat

$$\arctan b - \arctan 0 = \int\limits_0^b \frac{1}{1+x^2}\, dx.$$

Nun ist $\arctan 0 = 0$, da zu dem Wert 0 des Tangens der Wert 0 des Winkels gehört. Daher haben wir

$$(5) \qquad \arctan b = \int\limits_0^b \frac{1}{1+x^2}\, dx.$$

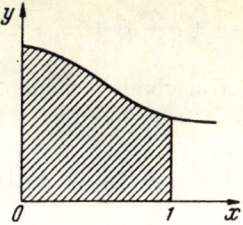

Abb. 53 $\frac{\pi}{4}$ als Fläche unter $y = \dfrac{1}{1 + x^2}$ von 0 bis 1

Ist insbesondere $b = 1$, so ist arc tan $b = \pi/4$, da dem Wert 1 des Tangens der Winkel von 45° oder vom Bogenmaß $\pi/4$ entspricht. Daher erhalten wir die bemerkenswerte Formel

(6)
$$\frac{\pi}{4} = \int\limits_0^1 \frac{1}{1 + x^2}\, dx.$$

Sie zeigt, daß die Fläche unter der Kurve $y = \dfrac{1}{1 + x^2}$ von 0 bis 1 ein Viertel der Fläche eines Kreises vom Radius 1 ist.

3. Die Leibnizsche Formel für π

Das letzte Ergebnis führt zu einer der schönsten mathematischen Entdeckungen des 17. Jahrhunderts, der Leibnizschen alternierenden Reihe für π.

(7)
$$\frac{\pi}{4} = \frac{1}{1} - \frac{1}{3} + \frac{1}{5} - \frac{1}{7} + \frac{1}{9} - \frac{1}{11} + \dots .$$

Mit dem Symbol $+ \dots$ meinen wir, daß die Folge endlicher »Partialsummen«, die man erhält, indem man den Ausdruck auf der rechten Seite nach n Gliedern abbricht, gegen den Grenzwert $\pi/4$ konvergiert, wenn n zunimmt.

Um diese berühmte Formel zu beweisen, brauchen wir uns nur an die endliche geomterische Reihe

$$\frac{1 - q^n}{1 - q} = 1 + q + q^2 + \dots + q^{n-1} \quad \text{oder}$$

311

$$\frac{1}{1-q} = 1 + q + q^2 + \ldots + q^{n-1} + \frac{q^n}{1-q}$$

zu erinnern. In dieser algebraischen Identität substituieren wir $q = -x^2$ und erhalten

(8) $\quad \dfrac{1}{1+x^2} = 1 - x^2 + x^4 - x^6 + \ldots + (-1)^{n-1} x^{2n-2} + R_n ,$

worin das »Restglied« R_n den Wert hat

$$R_n = (-1)^n \frac{x^{2n}}{1+x^2}.$$

Die Gleichung (8) kann nun zwischen den Grenzen 0 und 1 integriert werden. Nach Regel (a) von § 3 haben wir auf der rechten Seite die Summe der Integrale der einzelnen Glieder zu nehmen.

Da nach (4) $\displaystyle\int_a^b x^m dx = \frac{b^{m+1}-a^{m+1}}{m+1}$, so finden wir $\displaystyle\int_0^1 x^m dx = \dfrac{1}{m+1}$, und daher ist

(9) $\quad \displaystyle\int_0^1 \frac{dx}{1+x^2} = 1 - \frac{1}{3} + \frac{1}{5} - \frac{1}{7} + \ldots + (-1)^{n-1} \frac{1}{2n-1} + T_n ,$

worin $T_n = (-1)^n \displaystyle\int_0^1 \frac{x^{2n}}{1+x^2}\, dx$. Nach (6) ist die linke Seite von (9)

gleich $\pi/4$. Die Differenz zwischen $\pi/4$ und der Partialsumme

$$S_n = 1 - \frac{1}{3} + \frac{1}{5} + \ldots + \frac{(-1)^{n-1}}{2n-1}$$

ist $\pi/4 - S_n = T_n$. Es bleibt zu zeigen, daß T_n gegen null strebt, wenn n zunimmt. Nun ist

$$\frac{x^{2n}}{1+x^2} \leqq x^{2n} \qquad\qquad \text{für } 0 \leqq x \leqq 1.$$

Erinnern wir uns daran[1], daß $\displaystyle\int_a^b f(x)dx \leqq \int_a^b g(x)dx$, wenn $f(x) \leqq g(x)$ und $a < b$, so sehen wir, daß

$$|T_n| = \int_0^1 \frac{x^{2n}}{1+x^2}\, dx \leqq \int_0^1 x^{2n} dx;$$

---

1 Dies ergibt sich sofort aus der Bedeutung des Integrals.

da die rechte Seite gleich $\dfrac{1}{2n+1}$ ist, wie wir oben sahen [Formel (4)],

so ergibt sich $|T_n| < \dfrac{1}{2n+1}$. Folglich ist

$$\left|\frac{\pi}{4} - S_n\right| < \frac{1}{2n+1}\,.$$

Dies zeigt, daß S_n mit wachsendem n gegen $\pi/4$ strebt, da $\dfrac{1}{2n+1}$
gegen null strebt. Damit ist die LEIBNIZsche Formel bewiesen. ∎

2. Das »unendlich Kleine«

Die von WEIERSTRASS und seinen Schülern begründete Reform
der Infinitesimalrechnung beruht auf dem Gedanken, daß man
sich nicht mehr um die unendlich vielen Glieder einer konvergenten Folge bemüht, sondern das Wesen der Konvergenz vom
Grenzwertbegriff her erklärt. Man braucht dann nicht mehr über
»unendlich kleine« Größen (Differentiale) zu philosophieren;
man geht vom Grenzwert a einer konvergenten Folge a_n aus und
beschreibt das Verhalten der Differenz $a_n - a$. COURANT konnte
mit Recht sagen (s. o.), daß damit die mystisch und unklar scheinenden Aussagen über das »unendlich Kleine« weggewischt werden konnten. Eine saubere Definition der Grundbegriffe war mit
Hilfe von Ungleichungen zwischen reellen Zahlen möglich geworden. Das wurde ja im vorigen Abschnitt dargestellt.

Nun kann man aber nicht leugnen, daß die großen Forscher wie
LEIBNIZ und EULER mit »unendlich kleinen« und auch »unendlich
großen« Zahlen gearbeitet haben. Ihre Deduktionen lassen sich
freilich alle umschreiben in Begriffsbildungen der neuen, WEIER-
STRASSschen Analysis. Die meisten Mathematiker begnügten sich
damit und waren bereit, alle Aussagen über »unendlich kleine«
Größen zu vergessen.

Aber einige Mathematiker waren mit dieser Entwicklung nicht
zufrieden. Sie meinten, daß die Begriffsbildungen der genialen
Begründer und Baumeister der modernen Analysis so dumm nicht
sein konnten. So entstanden in der zweiten Hälfte des 19. Jahrhun-

derts mehrere Arbeiten, die die alte Sprechweise vom »unendlich Kleinen« rechtfertigen sollten. Das rief nun die Kritik anderer Mathematiker auf den Plan. Einer der heftigsten Gegner einer Mathematik des »unendlich Kleinen« (wie sie im 19. Jahrhundert versucht wurde) war GEORG CANTOR, der Begründer der Mengenlehre. Er hatte (gegen die Kritik mancher Zeitgenossen) die Einführung transfiniter Zahlen gerechtfertigt. Aber trotzdem (oder vielleicht gerade deshalb) wollte er das Reden über »unendlich kleine« Größen nicht gelten lassen. Auf seine Argumente werden wir noch eingehen.

Tatsächlich lag im 19. Jahrhundert (vor der WEIERSTRASSSCHEN Reform) ein mystisches Dunkel über den Fundamenten der Infinitesimalrechnung. Die 8. These von KUMMER (in seiner Antrittsrede in Breslau vom 26. Oktober 1842) erklärt ja den Begriff des Differentials für in sich widerspruchsvoll: »Differentiale sind Größen, und sie sind es nicht.«

In der Schrift von GUTBERLET über »Das Unendliche« [50] findet sich zum Differential dx die folgende Bemerkung:

> Daraus folgt mit Nothwendigkeit, daß dx Etwas sein und gleichzeitig Nichts sein muss; eine Grösse und 0. Dies ist aber nur möglich, wenn es in einer Beziehung Etwas und in einer anderen Nichts ist. Denn unter derselben Beziehung Etwas sein und Nichts sein ist gegen das oberste Denkgesetz, wovon die Nothwendigkeit und Gewissheit aller Erkenntnisse abhängt. Wenn aber Etwas in derselben Beziehung Etwas und Nichts sein kann, so kann Etwas, was schlechthin Nichts, d. h. unter jeder Rücksicht 0 ist, niemals einer Grösse gleich sein.

Auch die meisten zeitgenössischen Lehrbücher der Differentialrechnung waren nicht in der Lage, Klarheit über den Begriff des Differentials zu schaffen. Die WEIERSTRASSSCHEN Verfahren hatten sich ja so schnell nicht durchgesetzt. Einige Autoren versuchten, dem Umgang mit dem »unendlich Kleinen« ein wissenschaftlich gesichertes Fundament zu geben. Hier ist z. B. THOMAES »Abriß einer Theorie der complexen Functionen und der Thetafunctionen« [131] zu nennen, mit dem CANTOR sich ausführlicher auseinandersetzte. Auch O. STOLZ und P. DU BOIS-REYMOND bemühten sich, die Existenz aktual-unendlich-kleiner Größen abzusichern. Es zeigte sich, daß diese Autoren dabei auf die Gültigkeit des Archimedischen Axioms (s. S. 230) verzichten mußten, d. h. in den von ihnen betrachteten Bereichen gibt es »Größen« $x > 0$ und $y > 0$, für die gilt:

(*) $\qquad\qquad n \cdot x < y \qquad\qquad$ für alle natürlichen Zahlen n.

GEORG CANTOR glaubte, einen Beweis für die Nichtexistenz solcher »Größen« gefunden zu haben. Dieser »Beweis« ist in Briefen an GOLDSCHEIDER ([15], S. 407 ff.) und (gleichlautend) an WEIERSTRASS ([16]) enthalten. CANTOR vollzieht darin den folgenden Schluß:

Wenn in einem Bereich von Größen das Archimedische Axiom nicht gilt, dann haben diese Größen Eigenschaften, die seiner Vorstellung von den »linearen Größen« widersprechen.

Folgerichtig kommt er zu dem Fazit, daß »das sogenannte Archimedische ›Axiom‹ gar kein Axiom, sondern ein aus dem linearen Größenbegriff mit logischem Zwang folgender Satz« ist.

Also hängt alles an CANTORS Begriff der »linearen Größe«. Diesen erläutert er im Zusammenhang mit seinem »Beweis« so: es sind »solche Zahlgrößen, welche sich unter dem Bilde begrenzter geradliniger stetiger Strecken vorstellen lassen«. ERNST ZERMELO, der Herausgeber der »Gesammelten Abhandlungen« CANTORS, sagt in seiner Bemerkung zu jenen CANTORschen Überlegungen ([15], S. 439):

Die Nicht-Existenz »aktual-unendlich-kleiner Größen« läßt sich ebensowenig beweisen wie die Nicht-Existenz der CANTORschen Transfiniten, und der Fehlschluß ist in beiden Fällen ganz der nämliche, indem den neuen Größen gewisse Eigenschaften der gewöhnlichen »endlichen« zugeschrieben werden, die ihnen nicht zukommen können. Es handelt sich hier um die sogenannten »nicht-archimedischen« Zahlensysteme bzw. Körper, deren Existenz heute als einwandfrei nachgewiesen betrachtet werden kann...

Hat der Begründer der Mengenlehre in der Auseinandersetzung um das »unendlich Kleine« gegen seine eigenen Grundsätze verstoßen? GEORG CANTOR hat doch den vielzitierten Satz gesagt ([15], S. 182): »Das Wesen der Mathematik liegt in ihrer Freiheit.« Diese Freiheit hat er für seine Forschungsarbeit gefordert; hat er sie den Forschern, die der Mathematik eine neue Welt des »unendlich Kleinen« erschließen wollten, verweigert?

Ein heutiger Formalist wird geneigt sein, diese Fragen mit »Ja« zu beantworten. Doch um CANTOR gerecht zu werden, muß man wissen, daß der Begriff der »Existenz mathematischer Objekte« für CANTOR ein anderer war als für einen Vertreter des Formalismus (was in der ZERMELOschen Kritik zum Ausdruck kommt). CANTOR war davon überzeugt, daß mathematische Begriffe ihre Entsprechung in der Realität besitzen, und obwohl er später HILBERTS »Grundlagen der Geometrie« kennengelernt hat, hat er sich von dieser Ansicht nicht gelöst. Seine linearen Größen hatten – über die »begrenzten geradlinigen stetigen Strecken« – ihr »reales Analogon«, und gleiches galt seiner Meinung nach von seinen transfiniten Zahlen, denen er ja »dieselbe feste Dinglichkeit« zusprach wie den natürlichen Zahlen (s. S. 133). Solche »Realität« konnte er bei den »unendlich kleinen Größen« offenbar nicht erkennen. FRAENKEL trifft den Kern, wenn er CANTORS Meinung so deutete: Er hielt diese Größen für »steril und nutzlos«, nicht für in sich widerspruchsvoll. Tatsächlich sprach CANTOR in diesem Zusammenhang oft von »papiernen Größen«; aus seiner Sicht hätte er wohl auch manche Begriffsbildungen der modernen formalistisch orientierten Mathematik als »papierne Größen« abgelehnt. Doch sind Spekulationen darüber natürlich müßig.

Es wird hilfreich sein, wenn wir zunächst an einem möglichst einfachen Beispiel eines »nichtarchimedischen Systems« dem Leser die oben angesprochenen Sachverhalte vor Augen führen.

Unser Bereich bestehe aus allen Paaren (a,b) nichtnegativer reeller Zahlen ($a \geqq 0$, $b \geqq 0$); anschaulich sind das die Punkte des 1. Quadranten der Koordinatenebene (einschließlich der Achsen). Wir definieren darin Addition und Multiplikation wie folgt:

$$(a,b) + (c,d) = (a + c, b + d),$$
$$(a,b) \cdot (c,d) = (a \cdot c, b \cdot d).$$

Man sieht unmittelbar, daß die Ergebnisse wieder zu dem Bereich gehören, dieser also bzgl. der Verknüpfungen »abgeschlossen« ist. Wir benötigen ferner für unser System eine »Kleinerrelation«, d. h. eine lineare Ordnung. Man sieht leicht, daß durch die folgende Definition eine solche Ordnung in unserem Bereich gegeben ist:

$$(a,b) < (c,d) \Leftrightarrow a < c \text{ oder } (a = c \text{ und } b < d).$$

Die 5 Elemente $(0,0)$, $(0,a)$, $(0,b)$, (c,a), (c,b) sind also im Falle $0 < a < b$ und $0 < c$ so geordnet (s. Abb. 54):

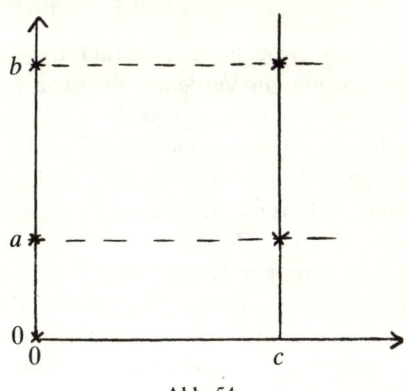

Abb. 54

$$(0,0) < (0,a) < (0,b) < (c,a) < (c,b).$$

Die nichtnegativen reellen Zahlen können als Elemente der Form

$$\underline{r} = (r,r), \quad r \geqq 0,$$

in den neuen »Zahlbereich« eingebettet werden (vgl. S. 242); entsprechend haben die »natürlichen Zahlen« hier die Form

$$\underline{n} = (n,n), \quad n \in \mathbb{N}.$$

Wir kommen nun zu den beiden uns interessierenden Eigenschaften dieses Bereichs:

1. Es gibt »unendlich kleine Größen«, d. h. von $\underline{0} = (0,0)$ verschiedene Elemente, die »kleiner« sind als jede (noch so kleine) positive reelle Zahl $\underline{r}$.
2. Das System ist »nicht-archimedisch«, enthält also Elemente, die (*) erfüllen.

Die Begründungen sind einfach: Jedes Element der Form $(0,b)$ mit $b > 0$, ist eine solche unendlich kleine Größe; es gilt nämlich

$$\underline{0} = (0,0) < (0,b) < (r,r) = \underline{r},$$

317

wobei r (> 0) beliebig klein gewählt werden kann. Also ist 1. erfüllt. Und mit

$$x = (0,1), \text{ und } y = (1,1)$$

haben wir wegen

$\underline{n} \cdot x = (n,n) \cdot (0,1) = (0,n) < (1,1)$ für alle natürlichen Zahlen n

$\underline{n} \cdot x < y$ für alle »natürlichen Zahlen« $\underline{n}$.

Also ist (*) mit diesen Größen x und y erfüllt, d. h. es gilt auch 2.

Unser Beispiel ist nur zur Verdeutlichung von 1. und 2. ausgewählt worden, es hat andere für die Analysis wichtige Eigenschaften nicht; z. B. hat der Bereich keine Körpereigenschaft, da in ihm die »additiv inversen Elemente« (negative Zahlen) fehlen. Für eine Erweiterung des Bereichs aller reellen Zahlen um »unendlich kleine« Elemente muß man deshalb andere Wege beschreiten. Im Jahre 1966 schrieb ABRAHAM ROBINSON (1918–1974) eine Arbeit über die »Non-standard-Analysis« [114], die eine Begründung der Infinitesimalrechnung mit Hilfe von »unendlich kleinen« Größen versucht. Es zeigt sich, daß diese Art der Begründung der Analysis für gewisse physikalische Anwendungen nützlich sein kann. Trotzdem darf man wohl daran festhalten, daß dem mathematischen »Normalverbraucher« die klassisch gewordene Begründung der Analysis durch die WEIERSTRASSsche Schule lieber ist als die neue Rechtfertigung des »unendlich Kleinen«.

In dieselbe Richtung wie ROBINSONS Untersuchungen geht eine Arbeit von SCHMIEDEN und LAUGWITZ [121], die LAUGWITZ später weiter ausgebaut hat. Es entstanden einige Bücher ([79] und [81]), die dem deutschen Leser einen gut verständlichen Zugang zu der neuen Analysis ermöglichen. Wir bringen im folgenden – unter Fortlassung einiger Fußnoten – eine Arbeit von LAUGWITZ [80], in der er einen Überblick über diese neue Fundierung der Analysis gibt. Dieser Artikel ist allerdings etwas anspruchsvoller; insbesondere treten einige Begriffe auf, die im Rahmen dieses Buches nicht erklärt werden.

3. Non-Standard-Analysis

Vorbemerkungen

In den letzten beiden Jahrzehnten ist die Methodik der Mathematik durch eine Rückbesinnung auf die ursprünglichen Ideen der Infinitesimalmathematik von LEIBNIZ bereichert worden. Hier soll in direktem Anschluß an LEIBNIZ ein neuer Zugang zu dieser Methode dargestellt werden. Auf einige Beispiele für ihre Verwendung wird eingegangen werden.

Im Anschluß an ABRAHAM ROBINSON hat sich der Name Nichtstandard-Analysis[*] eingebürgert, doch sind beide Worthälften irreführend: Die Methode ist nicht auf die Analysis beschränkt, wenn sie auch im Rechnen mit unendlich kleinen Differentialen eine besonders auffällige Ausprägung fand. Und der Hinweis auf LEIBNIZ zeigt schon, daß die Methode auch in der Analysis nicht etwa jünger ist als die heutzutage sonst bevorzugte Grenzwertmethode, welche als »Standard« empfunden wird. Der Name knüpft vielmehr an SKOLEMS Entdeckung aus den frühen dreißiger Jahren an, daß es in einem präzisen Sinne mehrere Modelle für ein Axiomensystem der natürlichen Zahlen gibt, neben dem üblichen Standard-Modell also auch Nichtstandard-Modelle: Letztere sind dann übrigens notwendigerweise nicht-archimedisch, sie enthalten Elemente, welche größer sind als jede »Standard«-natürliche Zahl[**].

Ich will hier zeigen, wie man die Methode in einer Weise begründen kann, welche jedem Mathematiker geläufig ist, nämlich mit dem Verfahren der Hinzunahme neuer, »idealer« Elemente zu

---

[*] A. ROBINSON: Non-standard analysis (Communicated at the meeting of April 29, 1961), Nederl. Akad. van Wetensch. Proc.Ser. A 64, 432–440 (1961) und besonders das Lehrbuch Non-Standard Analysis, Amsterdam 1966, 2nd ed. 1974. Einen neutraleren und somit farbloseren Namen hatten wir gewählt in C. SCHMIEDEN und D. LAUGWITZ, Eine Erweiterung der Analysis, Math. Zeitschr. 69, 1–39 (1958). – Auf das Verhältnis dieser Arbeit zu ROBINSONS Theorie gehen wir später ein, besonders am Ende des Anhangs.

[**] SKOLEM, T.: Über die Nichtcharakterisierbarkeit der Zahlenreihe mittels endlich oder abzählbar unendlich vieler Aussagen mit ausschließlich Zahlvariablen. Fundam. Math. 23. 150–161 (1934).

einer gegebenen mathematischen Struktur oder Theorie. In der Geometrie erhält man aus der affinen Ebene die projektive Ebene durch Hinzunahme einer idealen Geraden und auf ihr liegender idealer Punkte, wobei man statt ideal unendlichfern zu sagen pflegt. Dabei verlangt man die Gültigkeit eines Permanenzprinzips: Die für die Struktur wichtigen Eigenschaften sollen auch für die idealen Elemente gelten. Hier sind das die Inzidenzeigenschaften: Zwei verschiedene Punkte haben genau eine Verbindungsgerade; zwei verschiedene Geraden haben höchstens einen Schnittpunkt, in der Erweiterung sogar genau einen.

In der Algebra erweitert man einen Körper durch Hinzunahme eines idealen Elements Ω, von dem man verlangt, daß es alle Eigenschaften eines allgemeinen oder generischen[*] Elements des Körpers K habe: Ω soll sich also bezüglich Addition und Multiplikation so verhalten, wie es in den Körperaxiomen verlangt ist, abgesehen von den Eigenschaften, welche den speziellen, ausgezeichneten Elementen 0 und 1 besonders zukommen. So erhält man eine transzendente Körpererweiterung $K(\Omega) \supseteq K$. Verlangt man noch etwas mehr, zum Beispiel das Bestehen einer algebraischen Gleichung wie $\Omega^2 + 1 = 0$, so verhält sich Ω nicht mehr wie ein generisches Element, sondern ist ein neues spezielles Element. Hier erhält man statt der transzendenten Körpererweiterung eine algebraische. Wir erwähnen das, weil LEIBNIZ selbst gern die Analogie seiner Differentiale mit den komplexen Zahlen betont. Er wollte die Einführung der Differentiale tatsächlich als eine Adjunktion idealer Elemente aufgefaßt wissen; jedenfalls äußerte er sich in diesem Sinne in Briefen an mathematisch versierte Zeitgenossen wie PIERRE VARIGNON, während er in populären Schriften oft undeutlich blieb.

Bei den natürlichen, rationalen und reellen Zahlen interessiert zusätzlich zu den algebraischen Operationen noch die Relation $>$ der Anordnung. Was soll es nun aber, bei Hinzunahme eines Elements Ω zu den natürlichen Zahlen $\mathbb{N}$, heißen, Ω habe bezüglich $>$ alle Eigenschaften einer generischen natürlichen Zahl? Bei Hin-

---

[*] Nach Duden, Das große Wörterbuch der deutschen Sprache, 1979: Generisch (zu latein. genus: Fachsprache, selten): das Geschlecht oder die Gattung betreffend.

zunahme zweier idealer Elemente Ω, Ω' ist klar, daß man verlangen muß: Es gilt wie bei allen natürlichen Zahlen genau eine der drei Beziehungen $\Omega > \Omega'$, $\Omega = \Omega'$, $\Omega' > \Omega$. Aber was soll gelten, wenn wir nur ein einziges ideales Element adjungieren? Offenbar gilt für eine »allgemeine« natürliche Zahl n, daß $n > 7$; denn nur für die endlich vielen »speziellen« Zahlen 1, 2, 3, 4, 5, 6, 7 gilt das nicht. Und was der 7 recht ist, muß jedem speziellen n_0 billig sein. Wir werden also verlangen: Für jedes feste natürliche n_0 gilt $\Omega > n_0$. In der eingebürgerten Sprechweise sagt man, Ω sei unendlich groß. Diese Forderung übernehmen wir auch für die angeordneten Körper $\mathbb{Q}$ und $\mathbb{R}$ der rationalen und der reellen Zahlen. Das Permanenzprinzip für die Adjunktion von Ω hat zur Folge, daß Ω sich verhält wie eine unendlich große natürliche Zahl.

LEIBNIZ selbst hat sein Permanenzprinzip nicht auf die algebraischen Operationen und die Anordnung beschränkt, sondern ganz allgemein formuliert: *Die Regeln des Endlichen behalten im Unendlichen Geltung.* Wir werden freilich präzisieren müssen, was unter »Regeln« zu verstehen ist. Bevor das geschieht, soll aber an wenigen ganz einfachen Beispielen gezeigt werden, wie das Permanenzprinzip bei LEIBNIZ und später tatsächlich verwendet wurde.

LEIBNIZ benutzt nicht nur unendlich kleine Differentiale, sondern auch unendlich große Zahlen. Wir geben ein Beispiel aus den Acta eruditorum von 1702 wieder, in welchem die divergente harmonische Reihe explizit verwendet wird. (Deren Divergenz war LEIBNIZ bekannt.)

$$\frac{1}{3} + \frac{1}{8} + \frac{1}{15} + \frac{1}{24} + \text{etc} = \sum_{x \geqq 2} \frac{1}{x^2 - 1} = \sum_{x \geqq 2} \frac{1}{2}\left(\frac{1}{x-1} - \frac{1}{x+1}\right)$$

$$= \frac{1}{2}\left(\frac{1}{1} + \frac{1}{2} + \frac{1}{3} + \frac{1}{4} + \frac{1}{5} + \text{etc}\right)$$

$$+ \frac{1}{2}\left(\ast\ast\ast - \frac{1}{3} - \frac{1}{4} - \frac{1}{5} - \text{etc}\right)$$

$$= \frac{1}{2}\left(\frac{1}{1} + \frac{1}{2} + \ast\ast\ast\right) = \frac{3}{4}.$$

Die Sterne stehen übrigens bei LEIBNIZ selbst.

Noch deutlicher wird die Verwendung unendlich großer Zahlen beim jungen LEONHARD EULER, welcher explizit unendlich große

Summationsgrenzen zu benutzen pflegt, für die er manchmal i (numerus infinitus), manchmal auch ein liegendes S wie ∞ schreibt. Schon aus satztechnischen Gründen empfiehlt sich die Wahl eines gängigen Zeichens. Nach SCHMIEDENS Vorschlag nehmen wir das griechische Omega Ω. Damit würde sich LEIBNIZ' Rechnung in EULERS Stil schreiben:

$$\sum_{k=2}^{\Omega} \frac{1}{k^2-1} = \sum_{k=2}^{\Omega} \frac{1}{2}\left(\frac{1}{k-1} - \frac{1}{k+1}\right) = \frac{1}{2}\sum_{j=1}^{\Omega-1} \frac{1}{j} - \frac{1}{2}\sum_{m=3}^{\Omega+1} \frac{1}{m}$$

$$= \frac{1}{2}\left(1 + \frac{1}{2}\right) - \frac{1}{2}\left(\frac{1}{\Omega} + \frac{1}{\Omega+1}\right).$$

Unendlich kleine Zahlen wie $\frac{1}{\Omega} + \frac{1}{\Omega+1}$, also solche, die absolut genommen kleiner sind als jede positive rationale Zahl, läßt EULER neben einer endlichen Zahl weg, weil sie am reellen Wert des Ergebnisses nichts ändern; und damit folgt das Resultat.

Das folgende Beispiel beruht ebenfalls auf der Methode der Partialbruchzerlegung; wir führen es an, weil im Anschluß die typischen Merkmale von EULERS Infinitesimalmathematik erörtert werden sollen. EULER benutzt seine Summierung der harmonischen Reihen:

$$\sum_{k=1}^{\Omega} \frac{1}{k} = \ln \Omega + C \text{ mit seiner Konstanten } C = 0,5772\ldots$$

In der Arbeit über die harmonischen Reihen von 1734 (Opera omnia, I_{14}, 73–86) wird die Summe

$$1 - \frac{1}{2} + \frac{1}{3} + \frac{1}{4} - \frac{2}{5} + \frac{1}{6} + \frac{1}{7} + \frac{1}{8} - \frac{3}{9} + \text{etc}$$

als Differenz zweier divergenter Reihen aufgefaßt, nämlich

$$1 + \frac{1}{2} + \frac{1}{3} + \frac{1}{4} + \ldots + \frac{1}{\Omega\frac{\Omega+3}{2}}$$

und

$$\frac{2}{2} + \frac{3}{5} + \frac{4}{9} + \frac{5}{14} + \ldots + \frac{\Omega+1}{\Omega\frac{\Omega+3}{2}}.$$

Die erste Summe hat den unendlich großen Wert

$$C + \ln \Omega \, \frac{\Omega + 3}{2} = C + \ln \Omega + \ln (\Omega + 3) - \ln 2,$$

und die zweite wird durch Partialbrüche zerlegt in

$$\frac{2}{3}\left(1 + \frac{1}{2} + \frac{1}{3} + \ldots + \frac{1}{\Omega}\right) = \frac{2}{3}(C + \ln \Omega)$$

und

$$\frac{4}{3}\left(\frac{1}{4} + \frac{1}{5} + \frac{1}{6} + \ldots + \frac{1}{\Omega + 3}\right) = \frac{4}{3}\left(C + \ln (\Omega + 3) - 1 - \frac{1}{2} - \frac{1}{3}\right):$$

für die gegebene Reihe erhält man den Summenwert $\frac{22}{9} - C - \ln 2$.

Selbstverständlich ist es nachträglich leicht, das alles in die Grenzwertanalysis zu übersetzen, aber so hat EULER das weder gefunden noch durchgeführt. Wichtiger sind uns aber die Bemerkungen über den Umgang mit Ω, die wir aus EULERS Rechnung entnehmen können: Mit Ω wird gerechnet wie mit einer natürlichen Zahl, und zwar auch in Summen, Produkten und in der Logarithmusfunktion.

Bei Abschätzungen werden $\frac{1}{\Omega}$, $\frac{1}{\Omega + 3}$ als unendlich klein behandelt.

Es sei noch, um EULERS Bezeichnungen und Methoden weiter zu verfolgen, auf seine Arbeit »Variae observationes circa series infinitas« von 1737 hingewiesen (Opera omnia I$_{14}$, 216–244). Dort wird in Theorem 7 das »absolute Unendlich« Ω als Summe von Einsen aufgefaßt; ich schreibe $\sum\limits_{1}^{\Omega} 1 = \Omega$, dann unter Weglassung von C, welches ja nur endlich ist, geschrieben $\sum\limits_{k=1}^{\Omega} \frac{1}{k} = \ln \Omega$, und in Theorem 19 wird schließlich für die Summe der reziproken Primzahlen erhalten: $\sum \frac{1}{p} = \ln \sum \frac{1}{k} = \ln (\ln \Omega)$.

Es darf nicht verwundern, daß solch freimütiger Umgang mit dem Unendlichen und auch mit dem Gleichheitszeichen bei weniger versierten Mathematikern zu Fehlschlüssen führte und daß die Methode in Mißkredit geriet. EULER hat, wo er einen praktischen Nutzen sah oder wo er durch Herausforderungen anderer dazu genötigt wurde, durchaus zu den Grundlagen des Kalküls Stellung genommen; auf manches werden wir zurückkommen.

1. Das LEIBNIZsche Prinzip

Wir sind jetzt in der Lage, unsere Vorstellungen von dem zu adjungierenden Element Ω zu präzisieren. Dazu sei T irgendeine Theorie. Das soll bei uns nichts anderes sein als eine Kollektion von mathematischen Sätzen oder wahren Aussagen. Damit T nicht zu armselig ist und auch damit wir das Prinzip überhaupt formulieren können, wollen wir noch verlangen, daß T einiges aus der elementaren Zahlentheorie enthält, zum Beispiel die Axiome von PEANO und hinreichend viele Folgerungen aus ihnen. T kann also beispielsweise aus den Sätzen eines hinreichend umfangreichen Lehrbuchs der Analysis bestehen und möglicherweise aus Folgerungen aus ihnen. Oder, um ein klassisches Beispiel zu nennen, T kann das Buch »Disquisitiones arithmeticae« von GAUSS sein. Im übrigen ist jeder Leser frei in der Auswahl von T, das als gegeben vorausgesetzt wird. Damit hoffen wir, allen Grundlagenstreitigkeiten aus dem Weg zu gehen.

Zur Theorie gehört eine Sprache. Lesbare Bücher sind in einer Mischung aus Umgangssprache und Formelsprache abgefaßt, und wir werden später selbstverständlich auch so verfahren. Aber für eine präzise Definition brauchen wir eine präzise Sprache, und dafür ist die Umgangssprache am Anfang nicht geeignet, sondern erst dann, wenn ihre Ausdrücke mathematisch präzisiert sind. Alle Mathematiker kennen ein Alphabet für eine Sprache, in der sich unsere Theorien T formulieren lassen. Dieses Alphabet enthält: (1) Das Gleichheitszeichen $=$; (2) Zeichen für Konstante wie $1, -\frac{1}{2}, e$, oder Funktionen wie $\sin, \exp, \sqrt{\ }$ oder Relationen wie $<$, $+$; (3) Zeichen für entsprechende Variable wie m, x, f, R; (4) Interpunktionszeichen sowie Klammern; (5) Zeichen für die logischen Junktoren $\neg, \vee, \wedge, \Rightarrow, \Leftrightarrow$ und Quantoren $\vee$ (es gibt) und $\wedge$ (für alle); und schließlich entsprechende Mengenzeichen $(1')\in$; $(2')\emptyset, \{\ \}, \mathbb{N}, \mathbb{Q}, P(.), \subseteq, \cup, \cap, \bigcup, \bigcap, \ldots$; $(3')$ M, E, S etc.

Wir betrachten endliche Zeichenreihen A, die sich mit diesem Alphabet hinschreiben lassen; manche davon werden Sätze aus T sein; wir sagen dann, A gehört zu T, oder A gilt in T. Manche werden aus Sätzen von T herleitbar sein; auch von diesen sagen wir, sie gelten in T. Es sei nun $A(n)$ eine solche Zeichenreihe, in der lediglich n als freie Variable auftritt, und zwar als Variable für natürliche Zahlen $n \in \mathbb{N}$. Ferner sei ein für allemal ein neues Symbol Ω für eine Konstante eingeführt: Ω darf in dem Alphabet von T noch nicht vorgekommen sein. Wir erhalten jetzt eine neue Theorie $T\langle \Omega \rangle$ durch Hinzunahme dieses einzigen Zeichens Ω zum Alphabet von T und durch die Festlegung:

LEIBNIZsches Prinzip. *Wenn für fast alle natürlichen n, das heißt für alle mit höchstens endlich vielen Ausnahmen, $A(n)$ in T gilt, so gilt $A(\Omega)$ in $T\langle \Omega \rangle$**.

Wir wollen die Abkürzung (fan) schreiben anstelle des umständlichen »für fast alle natürlichen Zahlen n gilt in T« und das Prinzip kurz so fassen:

Wenn (fan) $A(n)$, *so gilt* $A(\Omega)$ [*in der Theorie* $T\langle \Omega \rangle$].

Einige Beispiele:

Weil (fan) $n > 7$, gilt $\Omega > 7$;
weil (fan) $3^n > n^3$, gilt $3^{\Omega} > \Omega^3$;
weil (fan) $n^2 - 1 = (n - 1) \cdot (n + 1)$, gilt $\Omega^2 - 1 = (\Omega - 1) \cdot (\Omega + 1)$;

weil (fan) $0 < \sum_{k=0}^{n} \frac{1}{k!} - \left(1 + \frac{1}{n}\right)^n < 10^{-10}$,

gilt $\quad 0 < \sum_{k=0}^{\Omega} \frac{1}{k!} - \left(1 + \frac{1}{\Omega}\right)^{\Omega} < 10^{-10}$.

Wir sehen an den Beispielen, wie das Prinzip neben Ω noch andere neue Zahlen erzeugt. Explizit werden auch alle Symbole in die neue Theorie $T\langle \Omega \rangle$ übertragen. Es fragt sich, ob implizit damit auch ihre übliche Bedeutung sinnvoll übertragen ist. Die Klärung dieser Frage stellen wir zunächst noch zurück.

2. Die Omegazahlen

Sind durch $a(n)$, $b(n)$, ... Zahlenfolgen gegeben, so ergibt das LEIBNIZsche Prinzip: Wenn (fan) $a(n) = b(n)$, so gilt $a(\Omega) = b(\Omega)$. Das Gleichheitszeichen hat auch in der neuen Theorie offensichtlich die Eigenschaften einer Äquivalenzrelation:

---

* $T\langle \Omega \rangle$ enthält T, denn man kann für jedes A aus T die konstante Aussagenfolge $A(n) = A$ für alle n bilden.

Weil (fan) $a(n) = b(n) \land b(n) = c(n) \Rightarrow a(n) = c(n)$,

gilt $\quad a(\Omega) = b(\Omega) \land b(\Omega) = c(\Omega) \Rightarrow a(\Omega) = c(\Omega)$.

Die in dieser Weise erzeugten Objekte der neuen Theorie nennen wir Omegazahlen. Das Symbol Ω stellt sich von selbst als ein Zahlzeichen heraus: Gilt nämlich (fan) $a(n) = n$, so folgt $a(\Omega) = \Omega$. Mithin gehört Ω zu der ausgezeichneten Folge (n) der natürlichen Zahlen selbst.

Zur Abkürzung verwenden wir oft die entsprechenden griechischen Buchstaben, $\alpha = a(\Omega)$. $\xi = x(\Omega)$. Aus historischen Gründen ist Ω von dieser Bezeichnungskonvention ausgenommen, man müßte sonst ν dafür schreiben.

Die am Ende des vorigen Abschnitts als Beispiele angegebenen Ausdrücke in Ω sind spezielle Omegazahlen. Dort haben wir auch gesehen, in welch selbstverständlicher Weise sich Relationen übertragen:

Wenn (fan) $a(n) > b(n)$, so gilt $\alpha > \beta$; und für Operationen:

Wenn (fan) $a(n) + b(n) = c(n)$, so gilt $\alpha + \beta = \gamma$.

Es gibt Omegazahlen, welche größer sind als jede natürliche Zahl $1, 2, 3, \ldots$; Beispiele sind Ω, Ω^2, Ω^Ω. Eine solche Zahl α heißt üblicherweise unendlich groß, in Zeichen $\alpha \gg 1$. Es gibt auch positive Omegazahlen β, welche kleiner sind als jedes $\frac{1}{n_0}$, $n_0 = 1, 2, 3, \ldots$; dann heißt β unendlich klein, in Zeichen $\beta \approx 0$. Beispiele sind $\omega = \frac{1}{\Omega}$, ω^2, ω^Ω. Allgemein soll $\alpha \approx \beta$ bedeuten, daß $|\alpha - \beta| \approx 0$ oder $= 0$ ist.

Mit $\gg$ und $\approx$ haben wir zwei Relationen kennengelernt, welche in der Theorie T überhaupt nicht definiert sind und also auch nicht vermöge des LEIBNIZschen Prinzips in $T\langle \Omega \rangle$ eingeführt werden konnten. Sie sind nicht intern, sondern extern; sie gehören nicht zum eigentlichen Bestand der Theorie $T\langle \Omega \rangle$, sondern treten erst in Erscheinung, wenn wir über die Theorie $T\langle \Omega \rangle$ reden. Gerade durch solche externen Begriffsbildungen wird die Theorie $T\langle \Omega \rangle$ erst reichhaltiger als die alte Theorie T es war; ohne sie könnten wir überhaupt keinen mathematischen Fortschritt erwarten, wir hätten lediglich eine größere Zahlenmenge erhalten, aber keine neuen Sätze zu erwarten.

Spätestens jetzt sollte die Frage beantwortet werden, welche Eigenschaften die Omegazahlen haben, und dazu müssen wir noch eine Annahme über die Theorie T machen. Wir setzen voraus, daß T eine Theorie der reellen Zahlen enthalte: Für gewisse grundsätzliche Überlegungen ist es manchmal sinnvoll, nur vorauszusetzen, daß eine Theorie der rationalen Zahlen enthalten sei, doch ergeben sich dabei kaum Änderungen. $\mathbb{R}$ ist ein angeordneter Körper, und es ist leicht zu verifizieren, daß auch die Omegazahlen den Axiomen eines angeordneten kommutativen Körpers genügen, wie man sie in jedem Lehrbuch der Algebra findet. Wir führen hier nur zwei der Verifikationen explizit vor:

Sind $a(n), b(n), \ldots \in \mathbb{R}$, so hat man:

Weil (fan) $a(n) < b(n) \vee a(n) = b(n) \vee b(n) < a(n)$,

gilt $\qquad \alpha < \beta \vee \alpha = \beta \vee \beta < \alpha$,

und

weil (fan) $c(n) = 0 \vee \bigvee\limits_{d(n)} c(n) \cdot d(n) = 1$, gilt $\gamma = 0 \vee \bigvee\limits_{\delta} \gamma \cdot \delta = 1$.

So weit bringt uns das LEIBNIZsche Prinzip ohne Mühe. Wir wollen aber, damit wir mit der üblichen Mathematik in Einklang sind, die Symbole, insbesondere die logischen Zeichen, in der üblichen Weise interpretieren: Gilt $A(\Omega) \vee B(\Omega)$, so wird man erwarten, daß wenigstens eine der beiden Aussagen $A(\Omega)$, $B(\Omega)$ gilt. Nun kann es aber vorkommen, daß die erste Aussage aus dem LEIBNIZschen Prinzip als gültig nachweisbar ist, aber keine von den beiden einzelnen. Das gilt beispielsweise für $A(\Omega):(-1)^{\Omega} = 1$ und $B(\Omega):(-1)^{\Omega} = -1$. Die Situation ist nicht so verwunderlich: Wenn man nämlich nach Modellen für $T\langle\Omega\rangle$ fragt, so hat man solche, in denen $A(\Omega)$ gilt, und andere, in denen $B(\Omega)$ gilt. Aus dem LEIBNIZschen Prinzip allein ist keine Entscheidung zu treffen, und das war nach seiner Formulierung nicht zu erwarten. Kommt man auf eine Situation, in der $A(\Omega) \vee B(\Omega)$ bewiesen ist, so muß man eventuell Fallunterscheidungen machen und nachprüfen, was unter der Voraussetzung der Gültigkeit von $A(\Omega)$ folgt und was unter Voraussetzung von $B(\Omega)$. Die Erfahrung hat gezeigt, daß man sehr gut damit arbeiten kann, und auch der skeptische Leser sei gebeten, zunächst einmal Erfahrungen im Umgang mit der Omegamathematik zu sammeln und seine Bedenken zunächst zurückstellen.

Wer aber Anhänger der modischen Meinung sein sollte, eine mathematische Theorie sei nur dann sinnvoll, wenn man unmittelbar mit dem mengentheoretischen Modell arbeitet, sei auf den Anhang verwiesen; dort werden alle solchen Modelle charakterisiert. Große Mathematiker der Vergangenheit, unter ihnen GAUSS und in unserem Jahrhundert HERMAN WEYL, hielten das Herleiten von Sätzen für das Wesentliche an der Mathematik. Für die nichteuklidische Geometrie hat GAUSS nicht nach dem Modell gesucht: Das tat man erst um 1870 beim Heraufdämmern der Mengendenkweise. Auch wenn man sich hier für den Mengenstandpunkt entscheidet, ist es unnötig und unzweckmäßig, ein spezielles Modell für $T\langle \Omega \rangle$ zugrunde zu legen.

Wir können jedenfalls davon ausgehen, daß die reellen Omegazahlen die Axiome eines angeordneten Körpers erfüllen, und für »α ist reelle Omegazahl« schreiben wir $\alpha \in {}^*\mathbb{R}$. Der reelle Körper $\mathbb{R}$ ist über die konstanten Folgen isomorph in ${}^*\mathbb{R}$ eingebettet.

Wie wir die Omegazahlen durch Zahlenfolgen der Theorie T erzeugt haben, können wir entsprechend Omega-Objekte anderen Typs, beispielsweise Mengen und Funktionen, durch Folgen von Objekten aus T erzeugen. Sind S_n Teilmengen von $\mathbb{R}$, $S_n \subseteq \mathbb{R}$, so ergibt das LEIBNIZsche Prinzip:

Wenn (fan) $x_n \in S_n$, so gilt $\xi \in \Sigma$, mit $\xi = x_\Omega$, $\Sigma = S_\Omega$.

Ein Beispiel einer Omegamenge ist das Intervall $\Sigma = \{\xi | -\Omega \leq \xi \leq \Omega\}$, mit der Mengenfolge $S_n = \{x_n | -n \leq x_n \leq n\}$. Solche Omegamengen, welche durch Folgen S_n definiert sind, heißen üblicherweise auch interne Mengen. Es gibt auch nicht-interne Teilmengen von ${}^*\mathbb{R}$, zum Beispiel die Menge aller unendlich kleinen Zahlen.

Funktionenfolgen $f_n : S_n \to \mathbb{R}$ führen auf interne Funktionen: Wenn (fan) $y_n = f_n(x_n)$, so gilt $\eta = \Phi(\xi)$. Dabei haben wir wieder den zugehörigen griechischen Buchstaben verwendet, Φ für f_Ω. Es kann vorkommen, daß fast alle f_n gleich ein und derselben reellen Funktion f sind; dann gilt das Prinzip: Wenn (fan) $y_n = f(x_n)$, so gilt $\eta = f(\xi)$. In diesem Falle kann man die interne Funktion mit demselben Buchstaben bezeichnen wie die gegebene reelle Funktion: denn wenn $\xi = x$ reell ist, ergibt sich der alte Wert. Wir nennen hier die neue Funktion die Fortsetzung der alten. Wichtige

Eigenschaften von reellen Funktionen übertragen sich auf ihre Fortsetzungen, zum Beispiel die Funktionalgleichungen:

Weil (fan) $\exp(x_n + y_n) = \exp x_n \cdot \exp y_n$,
gilt $\exp(\xi + \eta) = \exp \xi \cdot \exp \eta$.

Aber diese Fortsetzungen reeller Funktionen geben nichts wesentlich Neues; hingegen erhalten wir interne Funktionen, welche den Charakter der DIRAC-Funktion haben, nämlich überall mit Ausnahme einer unendlich kleinen Umgebung von 0 unendlich kleine Werte zu haben, aber bei 0 so unendlich groß zu werden, daß das Integral einen festen endlichen Wert, zum Beispiel 1, besitzt; auf die Integration soll allerdings erst später eingegangen werden. Beispiele sind

$$\xi = \frac{\Omega}{\pi(1 + \xi^2 \, \Omega^2)} \quad \text{und} \quad \eta = \sqrt{\frac{\Omega}{\pi}} \exp(-\Omega \cdot \xi^2).$$

Der Anwender der Mathematik ist an reellen Zahlen als Endergebnissen interessiert, aber der Theoretiker kann sich mit Nutzen der idealen Elemente bedienen. So kann man mit komplexen Zahlen rechnen, aber am Ende interessieren reelle Ergebnisse. Ebenso wie man aus einer komplexen Zahl z reelle Zahlen $|z|$, Re z oder Im z erhalten kann, läßt sich für manche Omegazahlen ξ die nächstgelegene reelle Zahl als ihr Standard-Anteil stξ einführen; dabei wird ξ als endlich vorausgesetzt, es existiert eine endliche natürliche Zahl m mit $|\xi| \leqq m$. Endlichkeit ist übrigens wieder ein externer Begriff. Eine endliche Omegazahl ξ erzeugt in $\mathbb{Q} \subseteq {}^*\mathbb{R}$ einen DEDEKINDschen Schnitt, zu dem eine reelle Zahl gehört, und diese ist der Standard-Anteil stξ von ξ. Die Abbildung st des Ringes der endlichen Zahlen auf den Körper $\mathbb{R}$ der reellen Zahlen ist ein Ringhomomorphismus, sein Kern ist das Ideal der unendlich kleinen Zahlen; für endliche α, β gilt $\alpha \approx \beta$ genau dann, wenn st$\alpha =$ stβ.

Unser Ziel ist hier nicht die Grenzwertmathematik, sondern die LEIBNIZsche Alternative dazu. Aber der Leser wird mit Recht fragen, wie sich der Grenzwert von Folgen $a_n \in \mathbb{R}$, $n = 1, 2, 3, \ldots$ hier einordnet. Das ist ganz einfach: Ist ε eine positive rationale Zahl und gilt (fan) $|a_n - a| < \varepsilon$, so folgt $|a_\Omega - a| < \varepsilon$; und hat man das für alle solchen ε, so bedeutet das gerade $a_\Omega \approx a$ oder auch

$\operatorname{sta}_\Omega = a$. Da mit a_n auch a_{m_n} gegen a konvergiert, falls m_n monoton wächst, und da das gerade bedeutet, daß $a_\mu \approx a$ für alle $\mu \gg 1$, hat man als eine notwendige Bedingung für Konvergenz: $a_\mu \approx a_\varrho$ für alle unendlich großen Zahlen μ, ϱ. Diese Bedingung ist nun auch hinreichend für Konvergenz, wie Euler bereits 1734 erkannt hat, lange vor Cauchys Formulierung des Kriteriums in 1821:

Eulersches Konvergenzkriterium. *Eine reelle Folge* (a_n) *hat genau dann einen reellen Grenzwert* a, *wenn* $a_\mu \approx a_\varrho$ *für alle* μ, $\varrho \gg 1$; *es gilt dann* $a = \operatorname{sta}_\mu$.

Beweis. Es ist nur noch das Hinreichen der Bedingung zu zeigen, und dazu müssen wir ausschließen, daß $|a_\mu| \gg 1$ für ein $\mu \gg 1$. Jedenfalls ist nach Voraussetzung $|a_\mu - a_\Omega| \leqq 1$ für alle $\mu \gg 1$, und die Folge müßte das Kunststück fertigbringen, von den endlichen a_n in die Nähe des unendlich großen a_Ω zu springen. Wir betrachten nun die Menge $\Sigma = \{\mu \mid |a_\mu - a_\Omega| \leqq 1\}$, die intern ist. Die zugehörige Mengenfolge S_n kann man nämlich einfach dadurch erhalten, daß man Σ in der Omega-Schreibweise angibt.

$$\Sigma = S_\Omega = \{m_\Omega \mid |a_{m_\Omega} - a_\Omega| \leqq 1\},$$

und Ω überall durch n ersetzt.

$$S_n = \{m_n \mid |a_{m_n} - a_n| \leqq 1\} = \{m \mid |a_m - a_n| \leqq 1\}.$$

Diese S_n sind Teilmengen von $\mathbb{N}$, und es gilt

$$S_n = \emptyset \vee \bigvee_{k_n} k_n \in S_n \wedge (r_n \in S_n \Rightarrow k_n \leqq r_n),$$

in Worten: eine nicht-leere Teilmenge von $\mathbb{N}$ enthält ein kleinstes Element. Nach dem Leibnizschen Prinzip gilt das für Σ, und Σ ist nicht leer, weil es alle unendlich großen natürlichen Zahlen enthält. Daher muß das kleinste Element von Σ endlich sein, etwa gleich k. Dann ist $|a_k - a_\Omega| \leqq 1$, und wegen $a_\mu \approx a_\Omega$ gilt: Die a_μ sind endlich. Sie haben daher einen Standard-Anteil, und zwar wegen der Voraussetzung alle den gleichen, a. Es bleibt zu zeigen, daß a der Grenzwert der Folge (a_n) ist. Anderenfalls gäbe es ein positives rationales ε_0 und eine wachsende Indexfolge (m_n) mit $|a_{m_n} - a| \geqq \varepsilon_0$ für alle n, das heißt $|a_\mu - a| \geqq \varepsilon_0/2$, und das widerspricht $a_\mu \approx a_\Omega$.

Im Beweis hat sich der ganz wichtige Satz ergeben:

Hilfssatz über natürliche Omegazahlen. *Jede nichtleere interne Menge von natürlichen Omegazahlen enthält ein kleinstes Element.*

Wir folgern daraus, daß die Menge der unendlich großen natürlichen Zahlen nicht intern sein kann: Das war auch nicht zu erwarten, denn $\gg$ ist nicht in interner Weise definiert. Man kann nun auch schließen, daß die Komplementmenge, also die der endlichen natürlichen Zahlen, in $T\langle \Omega \rangle$ nicht intern ist. EULER hat sein Kriterium sofort auf unendliche Reihen Σb_k angewendet, $b_k \in \mathbb{R}$ für endliche k. Konvergenz herrscht genau dann, wenn die Reihenreste im Unendlichen unendlich klein sind, wenn also

$$\sum_{k=\mu}^{\nu} b_k \approx 0 \quad \text{für} \quad \mu, \nu \gg 1.$$

Die Divergenz der harmonischen Reihe folgt aus $\displaystyle\sum_{k=\mu}^{2\mu} \frac{1}{k} \geqq \frac{\mu+1}{2\mu} > \frac{1}{2}$.

Der Majorantentest und mit ihm der Wurzel- und der Quotiententest folgen mühelos. Aus $\displaystyle\sum_{k=\mu}^{\mu} b_k \approx 0$ für $\mu \gg 1$ folgt $b_\mu \approx 0$, die konventionell ausgedrückte notwendige Konvergenzbedingung $\lim b_n = 0$. Wir schließen noch ein Resultat an: Die Reihe $\sum b_k$ sei konvergent, die b_k seien positiv und monoton fallend; dann hat man

$$0 \approx \sum_{k=\mu}^{\nu} b_k > \frac{1}{2} \nu\, b_\nu \geqq 0, \;\; \text{sobald} \;\; \nu \geqq 2\mu.$$

Daraus folgt $\nu b_\nu \approx 0$ für alle $\nu \gg 1$, und das ist dasselbe wie $\lim n \cdot b_n = 0$.

Diese Beispiele mögen hier genügen, um zu zeigen, wie man mit dem EULER-Kriterium arbeiten kann.

Der Hilfssatz über natürliche Omegazahlen gibt noch Anlaß zu einigen grundsätzlichen Überlegungen. Aus ihm folgt der

Satz von der vollständigen Induktion. *Eine interne Teilmenge Σ der Menge* $*\mathbb{N}$ *aller natürlichen Omegazahlen, welche 1 enthält und welche mit μ stets auch $\mu+1$ enthält, ist gleich* $*\mathbb{N}$.

Denn die Komplementmenge ist auch intern, und wäre sie nicht leer, so hätte sie ein erstes Element μ_0; dann gehörte $\mu_0 - 1$ aber zu Σ, ein Widerspruch. Man kann den Induktionssatz auch noch kürzer beweisen, und die anderen Axiome des PEANO-Systems sind für $*\mathbb{N}$ leicht zu verifizieren, wenn sie in der Theorie T vorausgesetzt waren. Die Axiome von PEANO sind also nicht nur in $\mathbb{N}$ erfüllt, sondern auch in $*\mathbb{N}$, wenn man – und das ist das wesentliche – nur von internen Mengen redet. So besteht auch kein Wi-

derspruch gegen den Satz, daß die PEANO-Axiome außer ℕ kein
weiteres, nicht isomorphes Modell haben: Er gilt nur bei unbe-
schränkter Verwendung des Mengenbegriffs, nicht aber bei der
Präzisierung der Sprache. Übrigens ist es in der Mathematik üblich
und fruchtbar, für eine Theorie einen jeweils geeigneten, eingeschränkten Mengenbegriff zugrunde zu legen. Man denke an meß-
bare Mengen, an Gebiete in der Funktionentheorie, an offene
Mengen in der Topologie.

3. Was ist Stetigkeit?

LEIBNIZ hatte seine Differentiale für eine sachgemäße sprachliche
und begriffliche Behandlung von reellen Funktionen eingeführt.
Es sei $dx \approx 0$, aber von Null verschieden*, und f sei eine Funktion,
welche in einer Umgebung von x definiert sei; dann kann man
jedenfalls das Differential $dy = f(x + dx) - f(x)$ und den Differentialquotienten $\frac{dy}{dx}$ bilden. Falls alle Differentialquotienten bei
gegebenem x denselben Standardanteil haben, schreibt man dafür
Ableitung $f'(x)$. Die Formel

$$dy = f'(x)dx + o \cdot dx \quad \text{mit} \quad o = o(x,dx) \approx 0 \quad \text{für} \quad dx \approx 0$$

ist beweistechnisch nützlich, hat aber auch didaktischen und heuristischen Wert: Zudem ist sie verallgemeinerungsfähig, weil sie
keine Nenner enthält.

Die LEIBNIZsche Fassung der Kettenregel für

$$z = f(y), y = g(x), \quad \text{also} \quad \frac{dz}{dx} = \frac{dz}{dy} \cdot \frac{dy}{dx} \quad \text{bei} \quad dy \neq 0$$

ist für Differentialquotienten stets richtig und führt auf die Fas-
sung in Ableitungen, wenn diese auf der rechten Seite existieren.
Allerdings sollte man, um Fehlschlüsse zu vermeiden, welche die
Differentialrechnung in Verruf brachten, die unendlich kleinen
Abweichungen höherer Ordnung explizit berücksichtigen oder
wenigstens »im Geiste mitdenken«, wie es LAZARE CARNOT schon

---

* Die Differentiale sind Omegazahlen, die wir aber aus historischen Gründen
  nicht mit griechischen Buchstaben schreiben.

1797 vorschlug*. Beispielsweise steht in einer Differentialgleichung $P(x,y)dx + Q(x,y)dy = o$ auf der rechten Seite nicht notwendigerweise null, sondern o ist eine Funktion mit $o/dx \approx 0 \approx o/dy$!

Es ist auch ersichtlich, wie man Integrale als Summen zu unendlich feinen Intervalleinteilungen erhält. Doch sind das Ausführungen, die nichts Neues gegenüber den Klassikern der Infinitesimalrechnung geben und für die ich hier auf die neuere Lehrbuchliteratur verweisen kann. Bemerkenswerter sind wohl Überlegungen zum Stetigkeitsbegriff, bei denen man Vor- und Nachteile der Infinitesimalauffassung gegenüber der Grenzwertmathematik erkennen kann.

CAUCHY nannte eine Funktion f stetig an einer reellen Stelle x, wenn $f(x + \alpha) \approx f(x)$ für alle $\alpha \approx 0$; gilt sogar, daß $f(\xi) \approx f(\xi')$, wenn nur $\xi \approx \xi'$ für einen Definitionsbereich I, so nennen wir f auf I gleichmäßig stetig. Das ist viel bequemer zu formulieren und zu verwenden als die ε-δ-Definition der (gleichmäßigen) Stetigkeit! Wir zeigen die logische Äquivalenz der beiden Definitionen. Sei also $I \subseteq \mathbb{R}$ der Definitionsbereich von f, $^*I$ seine Fortsetzung in $^*\mathbb{R}$, und $f(\xi) \approx f(\xi')$, sobald $\xi \approx \xi'$ für ξ, $\xi' \in {}^*I$. Wir nehmen an, zu einem positiven rationalen ε gäbe es kein δ, so daß aus $|x - x'| < \delta$, $x, x' \in I$, folgt $|f(x) - f(x')| < \varepsilon$. Dann gibt es aber zu $n = 1, 2, 3, \ldots$ zwei Folgen x_n, $x'_n \in I$ mit $|x_n - x'_n| < \frac{1}{n}$ und $|f(x_n) - f(x'_n)| \geqq \varepsilon$. Dazu gehören $\xi = x_\Omega$, $\xi' = x'_\Omega \in {}^*I$ mit $|\xi - \xi'| < \frac{1}{\Omega} \approx 0$, aber $|f(\xi) - f(\xi')| \geqq \varepsilon$, ein Widerspruch. – Auf den Beweis der Umkehrung verzichte ich hier. Wir zeigen noch: Kompaktheit von I impliziert Gleichmäßigkeit der Stetigkeit. Dabei heißt I kompakt, wenn für jedes $\xi \in {}^*I$ gilt st$\xi \in I$: bei Intervallen läuft das offensichtlich auf die Abgeschlossenheit hinaus. Wäre f nämlich nicht gleichmäßig stetig, aber stetig in jedem $x \in I$, so gäbe es ξ, $\xi' \in {}^*I$, $\xi \approx \xi'$, so daß $f(\xi) - f(\xi')$ nicht infinitesimal ist. Wegen der Kompaktheit liegt $x = $ st$\xi = $ stξ' in I, und wegen der Stetigkeit ist $f(\xi) \approx f(x) \approx f(\xi')$, ein Widerspruch.

Wir können hoffen, daß Gleichmäßigkeitsaussagen in der Infinitesimalmathematik allgemein gut zu formulieren und zu verwenden sind. Von der gleichmäßigen Differenzierbarkeit

---

* LAZARE CARNOT, Citoyen, Réflexions sur la métaphysique du calcul infinitésimal, Paris III (1797), besonders S. 39.

$$\frac{f(\xi) - f(\xi')}{\xi - \xi'} \approx f'(x) \text{ für } \xi \approx x \approx \xi',$$

hat STROYAN* gezeigt, daß sie in der Flächentheorie von GAUSS 1827 verwendet wird, anstelle der später üblich gewordenen und zu ihr logisch äquivalenten stetigen Differenzierbarkeit.

Eine Funktionenfolge $f_n: I \rightarrow \mathbb{R}$ konvergiert gegen f, wenn $f_\mu(x) \approx f(x)$ für alle $x \in I$ und alle $\mu \gg 1$; die Konvergenz ist gleichmäßig, wenn $f_\mu(\xi) \approx f(\xi)$ sogar für alle $\xi \in {}^*I$ und alle $\mu \gg 1$. In der Infinitesimalmathematik interessieren vielfach Funktionenfolgen, welche nicht gleichmäßig oder überhaupt nicht konvergieren; Beispiele sind die Folgen, welche auf DIRAC-Funktionen führen. Wir beweisen den klassischen Satz:

Sind die f_n stetig und ist die Konvergenz gegen f auf I gleichmäßig, so ist auch f stetig.

Zum Beweis sei $x = 0$ und $\mu \gg 1$; wir bilden

$$f(x + \alpha) - f(x) = [f(x + \alpha) - f_\mu(x + \alpha)] + [f_\mu(x + \alpha) - f_\mu(x)] + [f_\mu(x) - f(x)]$$

und wollen zeigen, daß die linke Seite infinitesimal ist. Auf der rechten Seite ist der letzte Term wegen der Konvergenz der Folge infinitesimal, und der erste ist es wegen der Gleichmäßigkeit. Wir brauchen nur noch zu zeigen, daß der mittlere Term für wenigstens ein $\mu \gg 1$ infinitesimal ist. Dazu bemerkt man: Die Folge $a_n = f_n(x + \alpha) - f_n(x)$ ist wegen der Stetigkeit der f_n für endliche n bei jedem festen Paar x, α infinitesimal; was wir benötigen, ist $a_\mu \approx 0$ für wenigstens ein $\mu \gg 1$. Das folgt aber aus dem sehr nützlichen

Folgenlemma von ROBINSON. *Es sei (α_μ) eine interne Folge von Omegazahlen mit $\alpha_m \approx 0$ für alle endlichen m. Dann gibt es ein $\lambda \gg 1$ mit $\alpha_x \approx 0$ für alle $x \leq \lambda$.***

---

* KEITH STROYAN, in: J. BARWISE, Handbook of Mathematical Logic, North Holland 1977.

** Eine interne Folge ist selbstverständlich nichts anderes als eine interne Funktion mit Definitionsbereich ${}^*\mathbb{N}$; doch sind ein paar Worte zur Schreibweise nützlich. Es muß für jedes $n \in \mathbb{N}$ eine komplette Folge a_n geben, mit Werten a_{nm} für $m = 1, 2, 3, \ldots$ In konventioneller Sprechweise benötigt man also eine Doppelfolge. Für endliche m ist $\alpha_m = a_{\Omega m}$; für ein $\mu = m_\Omega$ hat man $\alpha_\mu = a_{\Omega m_\Omega}$.

Beweis. Ist die interne Menge $\Sigma = \{\mu \,|\, \mu \,|\, \alpha_\mu| > 1\}$ leer, so sind wir fertig, es gilt $\alpha_\varkappa \approx 0$ sogar für alle $\varkappa \gg 1$. Sonst hat sie ein kleinstes Element, welches aber nach der Voraussetzung einen unendlich großen Index haben muß. Also gilt $\alpha_\varkappa \approx 0$ für alle kleineren Indizes.

Im Zusammenhang mit der Konvergenz von Funktionenfolgen gibt es bei CAUCHY eine bekannte Aussage, welche in der Grenzwertanalysis als falsch erscheint, in der Infinitesimalmathematik aber sinnvoll ist.* CAUCHY formulierte und bewies 1821, daß die Summe einer überall konvergenten Reihe stetiger Funktionen wieder eine stetige Funktion ist. Trigonometrische Reihen wie die 2π-periodische, für reelle x zwischen 0 und 2π gegebene

$$\frac{\pi - x}{2} = \sin x + \frac{\sin 2x}{2} + \frac{\sin 3x}{3} + \dots$$

waren längst bekannt, und wenn CAUCHY seinen Satz noch 1853 aufrechterhält und erneut beweist, so kann er seine Begriffe wohl nicht im Sinne der Grenzwertmathematik gemeint haben. In der Tat scheint CAUCHY zu benutzen, daß für unendlich kleine Argumente, z. B. $\pi \cdot \omega$, die Reihenreste im Unendlichen nicht unendlich klein zu sein brauchen, so daß also das Konvergenzkriterium verletzt wäre und nicht überall Konvergenz herrschte entgegen der Voraussetzung des Satzes. Beispielsweise erhalten wir mit dem Differential $dx = \omega$

$$\sum_{k=\Omega+1}^{2\Omega} \frac{\sin k\pi \omega}{k} = \sum_{k=\Omega+1}^{2\Omega} \frac{\sin \pi k\omega}{k\omega}\omega \approx \int_1^2 \frac{\sin \pi x}{x}\, dx,$$

und das ist, wie ein Blick auf den Graphen der Integrandenfunktion zeigt, negativ und nicht infinitesimal. CAUCHYS Satz ist also nicht widerlegt; er ist auf das Beispiel nicht anwendbar.

Wir wollen die Reihe noch etwas näher untersuchen und betrachten ihre Teilsummen für $\mu \gg 1$ und $0 < \xi \approx 0$:

$$s_\mu(\xi) = \sum_{k=1}^{\mu} \frac{\sin k\xi}{k} = \sum_{k=1}^{\mu} \frac{\sin k\xi}{k\xi}\xi \approx \int_0^t \frac{\sin x}{x}\, dx = g(t)$$

---

* Ausführliche Diskussionen und historische Bemerkungen dazu findet man bei DETLEF SPALT, Vom Mythos der mathematischen Vernunft, Darmstadt (Wiss. Buchgesellschaft), 1981.

mit $t = \mu \cdot \xi$. Die rechte Seite, als Funktion von t, erreicht ein erstes Maximum wegen $g'(t) = \dfrac{\sin t}{t} = 0$ für $\mu\xi = t = \pi$, also ist $\xi = \dfrac{\pi}{\mu}$. Der Funktionswert ist

$$s_\mu\left(\frac{\pi}{\mu}\right) = \sum_{k=1}^{\mu} \frac{\sin k\pi \cdot \dfrac{1}{\mu}}{k \cdot \dfrac{1}{\mu}} \cdot \frac{1}{\mu} \approx \int_0^1 \frac{\sin \pi x}{x}\, dx \approx 1{,}18\,\frac{\pi - \xi}{2},$$

und das ist um 18 % größer als der zu erwartende Funktionswert $\dfrac{\pi - \xi}{2}$. Dieses nach GIBBS (1898) benannte Phänomen ist bereits ein halbes Jahrhundert vorher von WILBRAHAM, und zwar mit einer solchen infinitesimal-mathematischen Rechnung, gefunden worden.

Wir beweisen noch den

Satz von DINI. *Auf einem Kompaktum K seien die stetigen reellen Funktionen f_n für jedes $x \in K$ monoton gegen null konvergent, $f_n(x) \geqq f_{n+1}(x) \geqq \ldots \to 0$. Dann ist die Konvergenz sogar gleichmäßig.*

In unserer Sprache ist also zu zeigen, daß $f_\mu(\xi) \approx 0$ für alle $\xi \in {}^*K$ und alle $\mu \gg 1$. Wegen (fan) $[0 \leqq f_{m_n}(x_n) \leqq f_k(x_n)] \wedge [k \leqq m_n]$ folgt $0 \leqq f_\mu(\xi) \leqq f_k(\xi)$ für $\mu \geqq k$, insbesondere also für $\mu \gg 1$. Wegen der Kompaktheit ist $x_0 = \mathrm{st}\,\xi \in K$, und wegen der Stetigkeit ist $|f_k(\xi) - f_k(x_0)| \approx 0$ für jedes gegebene endliche k, also nach dem Folgenlemma noch für unendlich große $\varkappa \leqq \lambda$, $f_\varkappa(\xi) \approx f_\varkappa(x_0)$; aber es ist wegen der Konvergenz $f_\varkappa(x_0) \approx 0$, daher folgt $f_\varkappa(\xi) \approx 0$, und wegen der Monotonie gilt das auch noch für alle $\varkappa > \lambda$. Das war zu beweisen.

Daß Funktionenfolgen, welche ungleichmäßig gegen null konvergieren, durchaus von physikalischem Interesse sein können, zeigen die DIRAC-Funktionen δ und ihre Ableitungen δ'.

$$\delta(\xi) = \frac{\Omega}{\pi(+\,\Omega^2\,\xi^2)}, \qquad \delta'(\xi) = \frac{-2\,\Omega^3\,\xi}{\pi(1+\Omega^2\,\xi^2)^2}.$$

Die zugehörigen Funktionenfolgen, welche man erhält, wenn man Ω durch n ersetzt, konvergieren im ersten Fall für $x \neq 0$, im zweiten sogar für alle x gegen null; δ wird für die Darstellung einer Massendichte verwendet, δ' für einen Dipol. Nahe bei 0 treten unendlich große Werte auf.

In den Beispielen haben wir interne Funktionen in der durch das LEIBNIZSCHE Prinzip nahegelegten Weise differenziert und integriert, zum Beispiel bei $\Phi = f_\Omega$:

Wenn (fan) $f_n'(x_n) = g_n(x_n)$, so gilt $\Phi'(\xi) = \gamma(\xi)$.

Wir ergänzen unsere Beispiele noch durch das unbestimmte Integral der DIRAC-Funktion.

$$\eta(\xi) = \int_0^\xi \delta(t)dt = \frac{1}{\pi}\text{arc tan }\Omega\xi,$$

das ist eine HEAVISIDE-Funktion, $\eta(x) \approx \frac{1}{2}\text{sign }x$ für alle reellen x. In einer infinitesimalen Umgebung von 0 klettert die Funktion fast um die Höhe 1. Das gibt Anlaß zu der Frage, ob η bei 0 stetig ist oder nicht. Andererseits verifiziert man leicht über die Stetigkeit der Funktionen $f_n(x) = \frac{1}{\pi}\text{arc tan }nx$, daß ε-δ-Stetigkeit erfüllt ist, allerdings kann zu einem endlichen $\varepsilon > 0$ hier ein unendlich kleines δ gehören, denn der Graph von η hat bei 0 unendlich große Steigung.

Fragen wir nun aber, was die stärkere Stetigkeit im Sinne von CAUCHY bewirkt, welche man manchmal als Standard-Stetigkeit oder S-Stetigkeit bezeichnet! Auch dabei werden sich ganz von selbst wichtige Begriffe der konventionellen Analysis einstellen. Es liegt nahe zu fragen, wann alle Glieder einer internen Funktionenfolge (f_μ) S-stetig sind; das ist bei der Folge $f_\mu(\xi) = \frac{1}{\pi}\text{arc tan }\mu\xi$ nicht der Fall, und auch nicht bei den Folgen, die man aus δ und δ' erhält, wenn man Ω durch μ ersetzt.

Seien nun alle f_μ auf $^*K$ S-stetig, K ein Kompaktum; man nennt die f_μ dann gleichgradig stetig. Es gilt also für alle μ und alle $\xi, \xi' \in {}^*K$ mit $\xi \approx \xi'$, daß $f_\mu(\xi) \approx f_\mu(\xi')$. Ist außerdem noch f_Ω auf ganz $^*K$ endlichwertig, so ist $f(x) = \text{st}f_\Omega(x)$ eine stetige reelle Funktion auf K, deren Fortsetzung auf $^*K$ auch S-stetig ist. Also gilt $f_\Omega(\xi) \approx f_\Omega(\text{st }\xi) \approx f(\text{st }\xi) \approx f(\xi)$ für alle $\xi \in {}^*K$ und daher wegen der Stetigkeit

$$M = \max\{|f_\Omega(\xi) - f(\xi)| \mid \xi \in {}^*K\} \approx 0.$$

Es ist insbesondere $M < \frac{1}{k}$ für jedes $k = 1, 2, 3, \ldots$, und daher gibt es eine monoton wachsende Indexfolge m_k, so daß

$$\max\{|f_{m_k}(x) - f(x)| \mid x \in K\} < \frac{1}{k}$$

und daher nach dem Leibnizschen Prinzip

$$|f_\mu(x) - f(x)| < \frac{1}{\Omega} \quad \text{für alle } x \in K.$$

In der drittletzten Zeile steckt der

Satz von Arzelà und Ascoli. *Eine Folge von gleichgradig stetigen, gleichmäßig beschränkten Funktionen auf einem Kompaktum enthält eine gleichmäßig konvergente Teilfolge.*

Wir beschließen diese Diskussion verschiedener Aspekte der Stetigkeit mit dem Hinweis, daß der Spezialfall reeller Funktionen lediglich der leichteren Lesbarkeit wegen behandelt wurde; Verallgemeinerungen wird der Leser selbst erkennen.

Von einem philosophischen Gesichtspunkt her wird man die zentrale Rolle des Prinzips der Kontinuität in Leibniz' Denken sehen; ganz in seinem Sinne sind »Sprungfunktionen« wie η hier nun doch stetig dargestellt.

4. Ist die Analysis ein Teil der Algebra?

Diese Frage liegt nahe, nachdem wir gezeigt haben, daß die Nichtstandard-Mathematik vermöge des Leibnizschen Prinzips erzeugt werden kann, welches seinerseits eine Verallgemeinerung der Körpererweiterung in der Algebra ist.

Viele Mathematiker versuchten, die Analysis als Teil der Algebra aufzufassen: dieser Wunsch ist bei Leibniz ganz deutlich. Schon vorher, in den Jahren 1637/38, hat Descartes in der Mathematik nur solche Kurven zugelassen, welche wir heute algebraisch nennen würden, dargestellt durch $F(x, y) = C$ mit einem Polynom F. Aus dieser impliziten Kurvengleichung und der Geradengleichung eliminiere man eine der beiden Variablen und sorge dafür, daß die entstehende Gleichung in der anderen Variablen eine Doppelwurzel hat. Damit erhält man eine Tangente. Allerdings fehlt bei Descartes noch ein Kalkül.

Newton und andere gingen mit Potenzreihen so um wie mit Polynomen. Euler faßte die bei ihm auftretenden transzendenten Funktionen oft als Polynome unendlichen Grades auf und operierte algebraisch mit ihnen. Lagrange versuchte, die gesamte Analysis auf Potenzreihen zu gründen. In den Elementen der Theorie der holomorphen und meromorphen Funktionen haben

Analogien zu Polynomen und rationalen Funktionen viel für sich. Im 19. Jahrhundert hat der Elektrotechniker HEAVISIDE einen heute noch benutzten algebraischen Kalkül für die Lösung von linearen Differentialgleichungen entworfen, der von MIKUSIŃSKI weiterentwickelt wurde. Die Theorie der Integralgleichungen war zunächst eine lineare Algebra in unendlich vielen Dimensionen, und so begann die gesamte Funktionalanalysis mit einem groß angelegten Versuch, Analysis durch lineare Algebra zu erfassen.

Wir halten uns an EULERS Methode der Polynome unendlichen Grades und erläutern sie an seiner Behandlung der Exponentialfunktion und ihrer Anwendungen. Die Funktion ist bei festem $\Omega \gg 1$ gegeben durch

$$\eta(\xi) = \left(1 + \frac{\xi}{\Omega}\right)^{\Omega}.$$

Für endliche ξ gibt der Übergang zum Standard-Anteil die reelle Exponentialfunktion der Grenzwertanalysis, wir wollen hier aber mit dem Polynom vom Grade Ω rechnen. Seit 1715 war eine Kontroverse über die Logarithmen negativer und komplexer Zahlen offen geblieben; JOHANN BERNOULLI hatte gemeint, man müsse $\ln(-x) = \ln x$ setzen, während LEIBNIZ fand, $\ln(-1)$ müsse imaginär sein. EULER geht direkt auf die Definition des Logarithmierens als Umkehroperation des Potenzierens zurück[*]:

Weil $\ln \eta = \xi$ ist, wenn $\eta = \eta(\xi) = \left(1 + \frac{\xi}{\Omega}\right)^{\Omega}$, ist im allgemeinen mit Ω-Werten für den Logarithmus eines gegebenen η zu rechnen, denn eine algebraische Gleichung vom Grade n hat im allgemeinen n Wurzeln. EULER betrachtet zunächst den Fall $\eta = 1$ mit $\left(1 + \frac{\xi}{\Omega}\right)^{\Omega} = 1$. Für die Ω-ten Einheitswurzeln ergibt die Formel von MOIVRE-EULER

$$1 + \frac{\xi}{\Omega} = \cos \frac{2\pi k}{\Omega} + \sqrt{-1} \sin \frac{2\pi k}{\Omega}, \quad k \text{ ganz,}$$

und nach Auflösung

$$\ln 1 = \xi = \Omega \left(\cos \frac{2\pi k}{\Omega} - 1\right) + \Omega \sin \frac{2\pi k}{\Omega} \sqrt{-1}.$$

---

[*] L. EULER, De la controverse entre Mrs. LEIBNIZ et BERNOULLI sur les logarithmes des nombres négatifs et imaginaires (1749). Opera omn. I_{14}, 195–232. Hier besonders S. 210–213.

Ist k endlich, so ist der Sinus unendlich wenig verschieden von seinem Argument, und $\Omega\left(\cos\dfrac{2\pi k}{\Omega}-1\right)$ ist infinitesimal; beides kann leicht aus den geometrischen Definitionen von Sinus und Cosinus gesehen werden. Wir erhalten $\ln 1\approx 2\pi k\sqrt{-1}$ und nach Übergang zum Standard-Anteil das uns gewohnte Resultat. Die Darstellung ist unseren Bezeichnungen angepaßt, aber wir haben Charakteristika von EULERS Infinitesimalmathematik übernommen: Man gehe das Problem direkt an; der dann üblich gewordene Zugang über das komplexe Integral ist ja indirekt. Und: Man gehe algebraisch vor; wir benutzen ein Polynom und den Morphismus st.

Hat man einmal die Werte $\ln 1$, so ergibt die Funktionalgleichung des Logarithmus auch die unendliche Vieldeutigkeit für beliebige $z \neq 0$. Das bringt uns auf die Frage nach der Gültigkeit der Funktionalgleichung auch für EULERS Exponentialfunktion η. Selbstverständlich können wir nur für endliche α, β die Gültigkeit der Funktional-Fastgleichung erwarten,

$$\eta(\alpha)\cdot\eta(\beta)\approx\eta(\alpha+\beta),$$

welche wir jetzt beweisen wollen. Zunächst bekommt man durch algebraische Rechnung

$$\left(1+\frac{\alpha}{\Omega}\right)^{\Omega}\left(1+\frac{\beta}{\Omega}\right)^{\Omega}=\left(1+(\alpha+\beta)\cdot\frac{1}{\Omega}+\frac{\alpha\beta}{\Omega^2}\right)^{\Omega}$$

$$=\left(1+\frac{\alpha+\beta}{\Omega}\right)^{\Omega}(1+\xi)^{\Omega}$$

mit $\xi=\dfrac{\alpha\beta}{\Omega^2\left(1+\dfrac{\alpha+\beta}{\Omega}\right)}$, und bei endlichen α, β ist $\Omega\,\xi\approx 0$.

Wir sind fertig, wenn wir gezeigt haben, daß $(1+\xi)^{\Omega}\approx 1$, sofern $\xi\Omega\approx 0$. Das folgt aber für $\xi > 0$ aus

$$1<(1+\xi)^{\Omega}=\sum_{k=0}^{\Omega}\binom{\Omega}{k}\xi^k\leqq\sum_{k=0}^{\Omega}(\Omega\,\xi)^k<\frac{1}{1-\Omega\xi}\approx 1$$

und für $\xi < 0$ aus der BERNOULLIschen Ungleichung

$$1>(1+\xi)^{\Omega}\geqq 1+\xi\Omega\approx 1.$$

Selbstverständlich gewinnt EULER aus seiner Darstellung der Exponentialfunktion auch die TAYLORsche Reihe. Die Versuchung ist groß, mit ihm so zu schließen:

$$\eta(\xi) = \left(1 + \frac{\xi}{\Omega}\right)^{\Omega}$$

$$= \sum_{k=0}^{\Omega} \binom{\Omega}{k} \frac{\xi^k}{\Omega^k} = \sum_{k=0}^{\Omega} \left(1 - \frac{1}{\Omega}\right)\left(1 - \frac{2}{\Omega}\right)\cdots\left(1 - \frac{k-1}{\Omega}\right)\frac{\xi^k}{k!} \approx \sum_{k=0}^{\Omega} \frac{\xi^k}{k!}.$$

Gegen solche Schlüsse ist mit Recht eingewendet worden, daß unendlich viele unendlich kleine Vernachlässigungen gemacht werden und man genauer nachsehen müsse, ob sie wirklich insgesamt nur eine unendlich kleine Änderung ausmachen. Wir führen das hier durch, der Kürze halber nur für positive endliche ξ: Für endliche m gilt

$$S_m = \sum_{k=0}^{m} \frac{\xi^k}{k!} \approx \sum_{k=0}^{m} \binom{\Omega}{k} \frac{\xi^k}{\Omega^k} \leqq \sum_{k=0}^{\Omega} \binom{\Omega}{k} \frac{\xi^k}{\Omega^k} \left[= \left(1 + \frac{\xi}{\Omega}\right)^{\Omega}\right]$$

$$\leqq \sum_{k=0}^{\Omega} \frac{\xi^k}{k!} = S_{\Omega}.$$

Wegen der Konvergenz der Reihe gibt es zu jedem reellen $r > 0$ ein $m = m(r)$ mit $0 < S_{\Omega} - S_m < r$, und daraus folgt $0 < S_{\Omega} - \left(1 + \frac{\xi}{\Omega}\right)^{\Omega} < r$ für jedes endliche reelle r. Die Differenz ist also infinitesimal. (Diese Überlegung verdanke ich B. RODEWALD.)

EULER hat seine Exponentialfunktion auch erfolgreich zur algebraischen Behandlung der zunächst geometrisch definierten trigonometrischen Funktionen verwendet. Besonders schön ist seine Herleitung der Produktdarstellung des Sinus; ich verweise für die Darstellung mit unseren Methoden auf die Literatur*. Solche Anwendungen sind auf spezielle Funktionen beschränkt, welche EULER allerdings sehr liebte.

Allgemein aber wird man an die Potenzreihen denken, die es nahelegen, hier Polynome unendlichen Grades,

---

* Die Rekonstruktion geht auf W. A. J. LUXEMBURG zurück. Man vergleiche K. D. STROYAN, W. A. J. LUXEMBURG, Introduction to the Theory of Infinitesimals, Academic Press 1976, p. 147–150, oder D. LAUGWITZ, Infinitesimalkalkül, Mannheim 1978.

$$\pi(\xi) = \sum_{k=0}^{\mu} \alpha_k \xi^k,$$

zu betrachten. Dabei darf μ unendlich groß sein, und auch die Koeffizienten α_k dürfen Omegazahlen sein. Wenn wir möglichst viel aus diesen Polynomen herausholen können, dann werden wir dem Ziel der Algebraisierung der Analysis nähergekommen sein. Wir werden jetzt zeigen, daß man weite Teile der Analysis einschließlich der Distributionen behandeln kann.

Zur Gewinnung solcher Polynome kann man Taylorreihen heranziehen und diese an einer unendlich großen oberen Summationsgrenze abbrechen; aber viel allgemeiner ist die Nichtstandard-Version des

Approximationssatzes von WEIERSTRASS. *Sei ϕ auf $[\alpha, \beta]$ eine stetige interne Funktion und ε eine gegebene positive Omegazahl; dann existiert ein Polynom π so, daß im ganzen Intervall gilt $|\phi(\xi) - \pi(\xi)| < \varepsilon$.*

Ist ϕ insbesondere gleich einer stetigen Funktion $f: \mathbb{R} \to \mathbb{R}$, $\alpha = -\Omega$, $\beta = \Omega$ und ε infinitesimal, so erhalten wir: Zu jeder auf ganz $\mathbb{R}$ stetigen reellen Funktion f gibt es ein Omega-Polynom π so, daß $f(\xi) \approx \pi(\xi)$ für $|\xi| \leqq \Omega$, insbesondere also für alle endlichen ξ.

Für Polynome kann man die Operationen des Differenzierens und Integrierens rein algebraisch einführen und auf Grenzwertüberlegungen verzichten; und es gilt für endliche ξ auch wieder $\int_{x_0}^{\xi} f \approx \int_{x_0}^{\xi} \pi$, wenn für alle endlichen ξ gilt $f(\xi) \approx \pi(\xi)$. Aber f' braucht nicht wieder nahe bei π' zu liegen, selbst wenn es existiert. Wenn man schon auf Algebraisierung aus ist, kann man aber versuchen, auf die stets vorhandene Ableitung von π auszuweichen, und dann gleich für k-te Ableitungen ähnliches ansetzen: Zwei Funktionen sollen äquivalent genannt werden, wenn sie durch k-malige Ableitung – für irgendein k – aus zwei infinitesimal benachbarten Funktionen entstehen; der Kürze halber betrachten wir hier alles auf dem Definitionsbereich $\mathbb{R}$:

Definition: *Es seien ϕ, ψ zwei überall definierte interne Funktionen. Wir nennen sie genau dann äquivalent, wenn es ein k gibt und zwei interne Funktionen Φ, Ψ, so daß*

(i) $\qquad\qquad \phi = \Phi^{(k)}, \ \psi = \Psi^{(k)}$ *und*

(ii) $\qquad\quad \Phi(\xi) \approx \Psi(\xi)$ *für alle endlichen* $\xi \in {}^*\mathbb{R}$.

Es ist leicht zu verifizieren, daß es sich um eine Äquivalenzrelation handelt; aber haben die zugehörigen Äquivalenzklassen einen brauchbaren Sinn? Betrachten wir dazu ein Beispiel: Es sei Φ eine interne Funktion mit $\Phi(\xi) \approx \frac{|\xi|}{2}$ für alle endlichen ξ. Dann ist es plausibel, daß Φ' etwas mit der HEAVISIDE-Funktion $h(x) = \frac{1}{2}\mathrm{sign}\, x$ zu tun hat und daß Φ'' mit der DIRAC-Function zusammenhängt. Das Beispiel legt die Vermutung nahe, daß unsere Äquivalenzklassen etwas mit den Distributionen zu tun haben, und man kann auch beweisen, daß alle Distributionen solche Klassen sind. Die SCHWARTZschen Distributionen endlicher Ordnung sind, wie die DIRAC-Distribution, als Ableitungen stetiger Funktionen hier enthalten. Sie lassen sich durch Polynome unendlichen Grades repräsentieren, weil das für alle stetigen Funktionen gilt und die Ableitungen von Polynomen wieder Polynome sind.

Damit haben wir gewisse Objekte der Analysis auf Polynome reduziert, nämlich alle stetigen Funktionen und alle Distributionen, und unter den letzteren befinden sich auch die für die Anwendungen wichtigen unstetigen Funktionen; auch die Operationen der Analysis, Differentiation und Integration, sind algebraisch. Das sind erste Schritte in Richtung einer Algebraisierung der Analysis. Es ist prinzipiell interessant, daß man alle Funktionen durch Polynome ersetzen kann. Praktisch sind andere Darstellungen oftmals geeigneter.

Nachdem sich gezeigt hat, daß die Distributionen infinitesimalmathematisch erhalten werden können, liegt es nahe, nach Spuren in der Vergangenheit zu suchen. Tatsächlich findet man schon bei EULER Beispiele, die allerdings erst hier verständlich werden, ihm aber wegen der auftretenden infiniten Zahlen bisher als Mißbrauch angekreidet wurden. Dazu gehört sein Umgang mit divergenten trigonometrischen Reihen, für den wir nur ein ganz kurzes, aber typisches Beispiel anführen wollen.

In den Institutiones calculi differentialis II, § 92 von 1755 gewinnt EULER durch Umformung der Arcustangens-Reihe die für $0 < x < 2\pi$ gültige Darstellung

$$\frac{\pi}{2} = \frac{x}{2} + \sum_{k \geqq 1} \frac{\sin kx}{k}$$

und differenziert gliedweise, so daß er erhält

$$0 = \frac{1}{2} + \cos x + \cos 2x + \cos 3x + \dots,$$

was in der Grenzwertmathematik sinnlos ist. In der Omegamathematik erhalten wir sowohl

$$\frac{\pi - x}{2} \approx s(x) = \sum_{k=1}^{\Omega} \frac{\sin kx}{k}, \quad 0 < x < \pi, \quad x \in \mathbb{R}$$

als auch

$$s'(x) = \sum_{k=1}^{\Omega} \cos kx,$$

aber nicht $s'(x) \approx -\frac{1}{2}$. Im Distributionssinne aber wird auch EULERS Resultat erhalten. Zunächst bemerkt man nämlich: Gilt für die FOURIER-Koeffizienten eine Abschätzung $|a_k|, |b_k| \leq M \cdot k^{-2}$ mit endlichem M, so ist die Reihe überall konvergent gegen eine stetige Funktion,

$$f(x) = \frac{a_0}{2} + \sum_{k=1}^{\infty} a_k \cos kx + b_k \sin kx.$$

Die trigometrischen Polynome ϕ_μ mit

$$\phi_\mu(\xi) = \frac{a_0}{2} + \sum_{k=1}^{\mu} a_k \cos k\xi + b_k \sin k\xi$$

sind daher für alle $\mu \gg 1$ äquivalent zur Funktion f, und ihre Ableitungen m-ter Ordnung repräsentieren daher für jedes feste m ein und dieselbe periodische Distribution, welche im Distributionssinne die Ableitung $f^{(m)}$ ist. In unserem Falle wähle man $f(x) = -\sum_{k=1}^{\infty} \frac{\cos kx}{k^2}$ und $m = 2$, und dann erhält man EULERS Resultat im Distributionssinne, allerdings nur für $0 < x < 2\pi$. Setzt man f auf ganz $\mathbb{R}$ periodisch fort, so ist $f^{(2)}$ gleich $\pi\delta_{2\pi}$ mit der 2π-periodischen DIRAC-Distribution.

Anhang 1: Modelle

Die Frage nach Modellen für eine Theorie $T\langle\Omega\rangle$ soll jetzt vollständig beantwortet werden. Ist ein Modell für die Theorie T gegeben, so werden wir daraus notwendige Bedingungen für ein Modell von $T\langle\Omega\rangle$ herleiten; dann wird sich ergeben, daß diese Bedingungen auch hinreichend für ein Modell sind.

In der heutigen Mathematik beruhen Modelle stets auf dem Mengenbegriff. Um auf möglichst einfache Weise zu unseren notwendigen Bedingungen zu kommen, verwenden wir nur den einfachsten Mengentyp unserer Theorie T, nämlich die Teilmengen M von $\mathbb{N}$, und dazu die einfachsten atomaren Aussagen, $m \in M$, sowie die daraus mittels logischer Junktoren zusammengesetzten Aussagen und Aussageformen. Dann haben wir für alle n, daß gilt $n \in M \vee \neg\, n \in M$. Nach dem LEIBNIZschen Prinzip, zusammen mit der Bezeichnung $*M$ für die Fortsetzung der Menge $M \subseteq \mathbb{N}$ in $T\langle \Omega \rangle$, haben wir $\Omega \in *M \vee \neg\, \Omega \in *M$. Jetzt setzen wir fest, daß alle Zeichen, insbesondere $\in$, $\vee$, $\neg$ in $T\langle \Omega \rangle$ die übliche mengentheoretische oder logische Bedeutung haben (vgl. S. 417), und dann können wir das System U derjenigen $M \subseteq \mathbb{N}$ bilden, für die $\Omega \in *M$. Wir stellen Eigenschaften von U zusammen.

Zunächst gilt für alle n: $\neg n \in \emptyset$, also

(i) $\emptyset \notin U$.

Aber U ist nicht leer, dafür sorgt das LEIBNIZsche Prinzip; ist M nämlich kofinit, also von endlicher Komplementmenge, so gilt $\Omega \in *M$. Das gibt

(ii)   Ist $M \subseteq \mathbb{N}$ kofinit, so gilt $M \in U$.

Aus der Gültigkeit von $n \in M \vee n \in (\mathbb{N} \setminus M)$ für alle n folgern wir:

(iii)   Für jedes $M \subseteq \mathbb{N}$ gilt $M \in U \vee (\mathbb{N} \setminus M) \in U$.

Für alle n gilt: $n \in M \wedge M \subseteq M' \Rightarrow n \in M'$, und daher folgt die Obermengeneigenschaft:

(iv)   Mit M gehört auch $M' \supseteq M$ zu U.

Es gilt auch die Durchschnittseigenschaft:

(v)   Mit M_1, M_2 gehört auch $M_1 \cap M_2$ zu U.

Denn für alle n gilt $n \in M_1 \wedge n \in M_2 \Rightarrow n \in M_1 \cap M_2$.

Aus (i), (ii), (iv), (v) folgt, daß U ein Filter auf $\mathbb{N}$ ist, wegen (iii) sogar ein Ultrafilter; aus (ii) hat man noch

(ii') $\bigcap\limits_{M \in U} M = \emptyset$, der Filter ist frei.

Unsere notwendige Bedingung für ein Modell der neuen Theorie ist also: Es gibt einen freien Ultrafilter U auf $\mathbb{N}$ so, daß $\Omega \in M$ genau dann gilt, wenn $\{n \in \mathbb{N} \mid n \in M$ gilt in $T\} \in U$.

Daß es Ultrafilter gibt, kann man bekanntlich nur mit Hilfe des Lemmas von Zorn (Auswahlaxiom) beweisen; dann aber folgt gleich die Existenz von unendlich vielen verschiedenen Ultrafiltern. Wegen (ii) gehören alle kofiniten Mengen jedem U an; aber es wird bei anderen unendlichen Mengen Filter geben, welchen sie angehören, und andere, zu denen sie nicht gehören. So erklärt sich, daß $(-1)^{\Omega} = 1$ oder $(-1)^{\Omega} = -1$ davon abhängt, ob die Menge der geraden Zahlen zu U gehört oder nicht. Wir haben also unendlich viele Modelle für $T\langle \Omega \rangle$ gefunden, die aber mehr leisten, als wir eigentlich verlangten; wir wollen sie daher mit $T_U\langle \Omega \rangle$ bezeichnen. Genau soll definiert sein:

$T_U\langle \Omega \rangle$ ist die Kollektion derjenigen Sätze $A(\Omega)$ mit

$$\{n \in \mathbb{N} \mid A(n) \text{ gilt in } T\} \in U.$$

Das Leibnizsche Prinzip hängt also von U ab, und das mag unschön erscheinen. Hier interessiert uns aber vor allem, daß Modelle für $T_U\langle \Omega \rangle$ im Sinne von ZFC (Mengenlehre nach Zermelo-Fraenkel mit Auswahlaxiom) existieren und daß damit im Sinne dieser Mengenlehre die Widerspruchsfreiheit auch von $T\langle \Omega \rangle$ als Teil von $T_U\langle \Omega \rangle$ gesichert ist. Die Durchführung der zugehörigen Überlegungen findet man in der Literatur.[*]

Weiter bemerkt man sofort, daß es nicht wesentlich ist, gerade $\mathbb{N}$ als Indexmenge gewählt zu haben: Jede andere unendliche Indexmenge I leistet dasselbe, Ω gehört zur identischen Abbildung von I auf sich, und U ist ein Ultrafilter auf I. Es ist bekannt, daß die Ultraprodukt-Modelle, auf die man so geführt wird, äquivalent mit Robinsons Nichtstandard-Modellen sind.[*] Das zeigt nun aber, daß unser Zugang, die Adjunktion eines einzigen neuen Elements Ω zu einer gegebenen Theorie, tatsächlich zu einer vollen Nichtstandard-Theorie $T\langle \Omega \rangle$ führt, vorausgesetzt, wir interpretieren die Symbole »wie üblich«; insbesondere

---

[*] Zentral ist der Satz von Łos. Eine besonders bequeme Darstellung findet sich in A. H. Lightstone, A. Robinson, Nonarchimedean Fields and Asymptotic Expansions. Amsterdam 1975.

bedeutet die Gültigkeit von $A(\Omega) \vee B(\Omega)$, daß $A(\Omega)$ oder $B(\Omega)$ gilt oder daß beides gilt, auch wenn wir nicht wissen und auch nicht zu wissen brauchen, welche Aussage in $T\langle \Omega \rangle$ gilt; man muß notfalls aus allen Möglichkeiten weitere Konsequenzen ziehen.

Übrigens ist die Situation in $T_U\langle \Omega \rangle$ auch nicht anders, weil Ultrafilter nicht explizit angegeben werden können.

Bisher haben wir das LEIBNIZsche Prinzip nur in einer Richtung verwendet: Wenn für fast alle n gilt $A(n)$, so gilt $A(\Omega)$. LEIBNIZ selbst aber hat auch schon an die umgekehrte Richtung gedacht; so schreibt er am 2.2.1702 an VARIGNON zur Erläuterung seines Infinitesimalkalküls: »Die Regeln des Endlichen behalten im Unendlichen Geltung..., und umgekehrt gelten die Regeln des Unendlichen für das Endliche.«

LEIBNIZ konnte natürlich nicht an Ultrafilter denken, aber auf den ersten Blick sieht es so aus, als ob eine Theorie $T_U\langle \Omega \rangle$ seinen Vorstellungen entsprechen könnte. Sagt man nämlich, $A(n)$ gelte für U-fast-alle n, wenn $\{n \mid A(n)$ gilt in $T\} \in U$, so hat man: $A(\Omega)$ gilt in $T_U\langle \Omega \rangle$ genau dann, wenn $A(n)$ in T für U-fast-alle n gilt. Es ist eine Umkehrung enthalten; man kann aus der Gültigkeit von $A(\Omega)$ auf die Existenz eines $M \in U$ schließen, so daß $A(n)$ gilt für alle $n \in M$. Was aber weiß man über M, da man den Filter U nicht vollständig beherrschen kann? Man weiß im allgemeinen nicht mehr, als daß M unendlich ist, denn endliche Mengen können nicht zu einem Filter gehören, der alle kofiniten Mengen enthält; das Komplement wäre nämlich kofinit, der Durchschnitt leer, aber $\emptyset$ gehört nicht zum Filter (dieser Schluß benötigt nicht die Ultrafiltereigenschaft).

Wenn man nun aber nicht auf die vielen $T_U\langle \Omega \rangle$ zurückgreifen will, sondern nach einer Umkehrung des LEIBNIZschen Prinzips in der eindeutig bestimmten Theorie $T\langle \Omega \rangle$ fragt, so kommt man auf dasselbe Resultat:

Erste Umkehrung des LEIBNIZschen Prinzips in T$\langle \Omega \rangle$. *Gilt $A\langle \Omega \rangle$ in $T\langle \Omega \rangle$, so gibt es unendlich viele $n \in \mathbb{N}$, so daß $A(n)$ in T gilt.*

Beweis. Gälte $A(n)$ nämlich für höchstens endlich viele n, so hätte man (fan) $\neg A(n)$, also $\neg A(\Omega)$. Da wir jetzt aber die Widerspruchsfreiheit von $T\langle \Omega \rangle$ wissen, kann das nicht gelten.

Diese Umkehrung ist nützlich, wenn man in der Omega-Theorie auf einen Satz $A(\Omega)$ gekommen ist, welcher möglicherweise nicht in der ursprünglichen Kollektion von Sätzen enthalten war: Hat man z. B. für eine Omegazahl α, daß $\alpha \approx 0$, so kann man schließen: Es gibt unendlich viele n mit $|a(n)| < 1$.

Auch im Beweis des Satzes von ARZELÀ und ASCOLI am Ende von Abschnitt 3 haben wir uns der Schlußweise dieser ersten Umkehrung bedient.

Noch näher an LEIBNIZ' Formulierung ist wohl die folgende

Zweite Umkehrung des LEIBNIZschen Prinzips. *Gilt in $T\langle\Omega\rangle$ die Aussage $A(\Omega,\mu)$ für alle $\mu \geqslant 1$, so gilt $A(\Omega,m)$ für fast alle endlichen m.*

(Dabei ist $A(.\,,.)$ eine Aussageform mit zwei Leerstellen, welche aus unserem Alphabet gebildet ist.)

Beweis. Die folgende Menge ist intern:

$$\Sigma = \{\mu \,|\, \lambda \geqq \mu \Rightarrow A(\Omega,\lambda) \text{ gilt in } T\langle\Omega\rangle\}$$

und enthält nach Voraussetzung alle $\mu \geqslant 1$. Ihr erstes Element muß also endlich sein.

Als Beispiel geben wir einen einfachen Beweis für das EULERsche Konvergenzkriterium: Ist nämlich $a(\Omega,\mu) = \alpha_\mu$ für jedes μ eine Omegazahl, die Folge α_μ intern, so folgt aus $A(\Omega,\mu)$: $|\alpha_\mu - \alpha_\Omega| < \varepsilon$ bei festem rationalem $\varepsilon > 0$ für alle $\mu \geqslant 1$, daß auch $|\alpha_m - \alpha_\Omega| < \varepsilon$ für alle endlichen $m \geqq m_0(\varepsilon)$. Daraus folgt, wenn die α_m für endliche m endlich – beispielsweise reell – sind, daß auch α_Ω endlich ist und daß daher $a = \mathrm{st}\alpha_\Omega$ existiert. Sodann hat man $|\alpha_m - a| \leqq |\alpha_m - \alpha_\Omega| + |\alpha_\Omega - a| < 2\varepsilon$ für $m \geqq m_0(\varepsilon)$, die übliche Formulierung der Konvergenz gegen a.

Abschließend bemerken wir, daß die eindeutig bestimmte Theorie $T\langle\Omega\rangle$ auch zu einem Filter gehört, nämlich dem FRECHET-Filter Fr der kofiniten Teilmengen von $\mathbb{N}$: dieser ist allerdings kein Ultrafilter. Schon einige Jahre vor ROBINSON hat C. SCHMIEDEN 1958 zusammen mit dem Verfasser das zugehörige Modell angegeben; allerdings hatten wir damals nur Formeln betrachtet und keine Aussageformen, also nur Ausdrücke ohne logische Symbole. Dann ist $^*\mathbb{R}$ nur ein teilweise geordneter Ring und kein angeordneter Körper*. Den Zusammenhang zwischen den verschiedenen Zugängen hat W. A. J. LUXEMBURG alsbald herausgestellt.**

Anhang 2: Widerspruchsfreiheit von $T\langle\Omega\rangle$

In einem gewissen Sinne läßt sich eine ganz einfache Aussage zur Widerspruchsfreiheit von $T\langle\Omega\rangle$ direkt aus der Definition, ohne Verwendung der Modelle $T_U\langle\Omega\rangle$, wie folgt erhalten.

Seien $A_1(\Omega), \ldots, A_k(\Omega)$ endlich viele Sätze von $T\langle\Omega\rangle$. Dann gehören dazu die kofiniten Mengen $M_j = \{n\in\mathbb{N} \mid A_j(n)$ gilt in $T\}$. Deren Durchschnitt ist wieder kofinit, enthält also eine natürliche Zahl m, und die Sätze $A_1(m), \ldots, A_k(m)$ gelten in T. Wenn die gegebenen Sätze $A_1(\Omega), \ldots, A_k(\Omega)$ einen Widerspruch enthielten, so auch die Sätze $A_1(m), \ldots, A_k(m)$. Wir haben daher:

Ist T widerspruchsfrei, so ist jede Kollektion von endlich vielen Sätzen in $T\langle\Omega\rangle$ widerspruchsfrei.

Beispielsweise erhält man, daß man in endlich vielen Beweisschritten aus den PEANO-Axiomen in $T\langle\Omega\rangle$ keinen Widerspruch herleiten kann. Entsprechendes gilt auch für eine Analysis, welche auf einem endlichen Axiomensystem aufbaut, welches beispielsweise ZFC enthalten kann.

Wir vermeiden den Kompaktheitssatz der Logik und sind offenbar nicht auf Aussagen erster Stufe eingeschränkt. ∎

---

* Es sind nämlich gerade die beiden Körperaxiome, die sich auf die Anordnung ($\alpha > \beta \vee \alpha = \beta \vee \beta > \alpha$) und die Existenz des Inversen ($\alpha = 0 \vee \bigvee_\beta \alpha\beta = 1$) beziehen, nur beweisbar, wenn man den Oder-Junktor $\vee$ wie üblich interpretiert, und das ist wesentlich für die Ultrafilter-Eigenschaft. Die Theorie von 1958 basierte demgegenüber auf dem freien Filter der kofiniten Mengen.

** W. A. J. LUXEMBURG, Non-Standard Analysis, Lecture Notes, California Institute of Technology, 1962.

VI. Konstruktive Mathematik

1. Leopold Kronecker

Es gibt wohl kaum einen Satz eines Mathematikers, der in unserem Jahrhundert so viel zitiert worden ist, wie die überlieferte These von Leopold Kronecker (1823–1891): »Die ganzen Zahlen hat der liebe Gott gemacht, alles andere ist Menschenwerk.« Kronecker, Sohn eines wohlhabenden jüdischen Kaufmanns, hatte das Glück, auf dem Gymnasium in Liegnitz einen hervorragenden Lehrer in Mathematik zu haben: Ernst-Eduard Kummer, dessen Kollege und Nachfolger Kronecker später wurde. Er trug mit seiner zahlentheoretischen Forschung dazu bei, daß die Universität Berlin in den sechziger Jahren des 19. Jahrhunderts für einige Jahrzehnte mathematisches Weltzentrum wurde. Wichtiger dafür war aber die neue Fundierung der Analysis durch Karl Weierstrass und seine Schüler. Aber gerade deren Umgang mit Funktionen von reellem und komplexem Argument war es, gegen den Kronecker immer wieder Einwendungen erhob. Ihn faszinierten die Gesetzlichkeiten der natürlichen Zahlen; gegen die Einführung reeller Zahlen (und die in der Funktionenlehre notwendigen Grenzwertbetrachtungen) hatte er seine Bedenken, die in dem oben zitierten Satz ihren klassischen Ausdruck fanden.

Freilich, in seinen gesammelten Abhandlungen sucht man diese These vergebens, und es ist schon bezweifelt worden, ob dieser Satz wirklich von Kronecker stammt. Aber das darf doch als sicher gelten. Wir erfahren aus dem Nachruf auf Kroneckers Lebenswerk von H. Weber [136], daß Kronecker häufig diesen Satz in den Seminaren und Tagungen der »Naturforscher und Ärzte« ins Gespräch geworfen habe. Er sprach auch von der Absicht, seine Bedenken in einem Aufsatz zu veröffentlichen. Besonders heftig war sein Widerstand gegen die CANTORsche Begründung einer Theorie »transfiniter« Zahlen. Im Jahre 1884 gab es im Briefwechsel zwischen CANTOR und dem Herausgeber der Acta Mathematica, G. MITTAG-LEFFLER (1846–1927), eine erregte Auseinandersetzung darüber, daß KRÓNECKER ausgerechnet in dieser Zeitschrift (die mehrere Arbeiten CANTORS veröffentlicht hatte) seine Attacke gegen WEIERSTRASS und CANTOR führen wollte [16]. WEIERSTRASSENS Schüler H. A. SCHWARZ (1843–1921) und CANTOR haben diesen Widerstand KRONECKERS sehr ernst genommen. In ihrem Briefwechsel fand sich schon Jahre zuvor die Frage, ob denn »Herr Professor KRONECKER«[1] diesen oder jenen Beweisgang anerkennen würde. In einem Brief von H. A. SCHWARZ [94] findet man eine Bemerkung KRONECKERS zitiert, daß es im Bereich der stetigen Funktionen solche »Schlupflöcher« gebe, daß der WEIERSTRASSsche Satz von der oberen Grenze bei gewissen Funktionen nicht erfüllt sei. Aber KRONECKER ließ es immer bei solchen allgemeinen Bemerkungen bewenden. Er sagte nicht, an welcher Stelle genau eine ungerechtfertigte Schlußweise bei WEIERSTRASS oder bei CANTOR vorliege.

So blieb es im 19. Jahrhundert bei diesen unklaren Einwendungen, die insbesondere WEIERSTRASS und CANTOR viel Kummer bereiteten. Zugegeben: Die Sätze über reelle Zahlen oder über stetige Funktionen schienen viel diffiziler zu sein als die schlichten Gesetzlichkeiten der Reihe der natürlichen Zahlen, die »der liebe Gott« selbst geschaffen hatte.

Es blieb einem Forscher des 20. Jahrhunderts vorbehalten, den Einwand gegen die klassische Analysis präzis zu formulieren und genau zu sagen, wie die von KRONECKER geahnten Einwände festgeschrieben werden konnten. Das geschah durch den Begründer des »Intuitionismus« LUITZEN EGBERTUS JAN BROUWER (1881–1966), der nur die »Urintuition« des Zählens für das Fundament einer gesicherten Mathematik hielt.

Wir geben im folgenden eine Darstellung des Wesens des »Intuitionismus« nach einer Schrift von D. VAN DALEN ([21], S. 20–40)[2].

---

1 Damals sprachen die durch ihre Forschungen ausgewiesenen jungen Professoren immer noch sehr ehrfurchtsvoll von ihren ehemaligen Lehrern.
2 Übersetzung aus dem Niederländischen von L. K. ARENDS-KAILER.

2. BROUWERS Intuitionismus   □

Bei der Lektüre und Analyse der Arbeiten BROUWERS sollten wir uns dessen bewußt sein, daß BROUWER sich bei seiner Grundlegung der Mathematik von seinen Fachkollegen entfernte und daß er nicht nur das mathematische Material zu liefern hatte, sondern auch noch die Technik, die dazu nötig war, das Gebäude der Mathematik neu zu errichten. Angesichts des gigantischen Ausmaßes dieses Auftrages darf es uns nicht verwundern, daß das Gebäude nicht in einem Anlauf fertiggestellt wurde. Revisionen waren hier und da nötig, so daß eine gewisse Entwicklung in seiner Arbeit festgestellt werden kann.

Der wichtigste Punkt des Intuitionismus ist die Erkenntnis, daß Mathematik eine geistige Aktivität des Menschen ist. Zum Vergleich mit anderen Auffassungen: Mathematik ist für den Intuitionismus nicht das Studium gewisser Strukturen oder eine Sammlung von Theorien, sondern sie besteht aus mentalen Konstruktionen. Nehmen wir gleich das auf der Hand liegende Beispiel: die natürlichen Zahlen.

BROUWERS Doktorarbeit *Over de Grondslagen der Wiskunde* (*Über die Grundlagen der Mathematik;* 1907) beginnt mit folgenden Worten: »›Een, twee, drie, . . .‹ de rij dezer klanken (gesproken ordinaal-getallen) kennen we uit ons hoofd als een reeks zonder einde, dat wil zeggen die zich altijd door voortzet volgens een als vast gekende wet.« (»›Eins, zwei drei, . . .‹, diese Reihe von Lauten (gesprochenen Ordinalzahlen) kennen wir auswendig als eine Reihe ohne Ende, das heißt als eine Reihe, die sich immer weiter fortsetzt nach einem als unveränderbar erkannten Gesetz.«)

Aus diesem Zitat dürfen wir nicht schließen, daß die natürlichen Zahlen »aus heiterem Himmel« fallen, wie etwa in KRONECKERS Aphorismus: »Die ganzen Zahlen hat der liebe Gott gemacht, alles andere ist Menschenwerk«, oder wie es in der axiomatischen Auffassung, natürliche Zahlen seien Objekte, die den PEANO-Axiomen genügen, geschieht.

Die Existenz der natürlichen Zahlen ist für BROUWER die Folge der inneren Zeitwahrnehmung. Folgendes Zitat aus *Points and Spaces* (1954) hebt einige von BROUWERS Ausgangspunkten klar hervor. »*Die erste Aktivität des Intuitionismus* besteht darin, vollkommen zwischen Mathematik und mathematischer Sprache (besonders den Sprachphänomenen, die in der theoretischen Logik beschrieben werden) zu trennen. Der Intuitionist anerkennt die Tatsache, daß Mathematik eine sprachfreie Aktivität des Geistes ist, die ihren Ursprung hat in dem fundamentalen Phänomen der Wahrnehmung einer *Zeitbewegung*, die ein Auseinanderfallen eines Lebensmomentes in zwei verschiedene Dinge ist, von denen das eine dem anderen zwar Platz macht, aber im Gedächtnis aufbewahrt wird. Wenn die in dieser Weise entstehende Zweiheit jeglicher Eigenschaft beraubt wird, bleibt das gemeinsame Substrat aller Zweiheiten zurück, die geistige Schöpfung der *leeren Zweiheit*. Diese leere Zweiheit und die zwei Einheiten, aus denen sie zusammengesetzt ist, bilden die grundlegenden mathematischen Systeme. Und die grundlegende Operation mathematischen Konstruierens ist die Schöpfung, im Geiste, der Zweiheit zweier schon vorher erworbener mathematischer Systeme und die Aufnahme dieser Zweiheit als ein neues mathematisches System. Durch Introspektion erkennt man, wie diese Grundoperation, bei fortwährendem Festhalten ohne Veränderung im Gedächtnis, nacheinander jede natürliche Zahl hervorbringt, genauso wie die ins unendliche weitergehende Reihe von natürlichen Zahlen, willkürliche endliche und unendlich weitergehende Reihen von mathematischen Systemen, die schon erworben worden waren...«

Diese, den modernen Leser wohl einigermaßen kryptisch anmutenden, Sätze machen immerhin deutlich, daß natürliche Zahlen auf dem Wege eines Zusammenfügens von Einheiten im Geiste konstruiert werden. Dies bedeutet eine klare Distanznahme zur platonistischen Ansicht: Natürliche Zahlen werden vom Individuum hergestellt und sind nicht fertig vorhanden! Bei einem dermaßen radikalen Standpunkt ist es unvermeidlich, daß es Unterschiede zur allgemein akzeptierten mathematischen Praxis gibt. Dies werden wir an einigen Beispielen zeigen.

Gibt es eine natürliche Zahl n derart, daß sich am 3. Januar 1976 im Zug von 15.09 Uhr zwischen Utrecht und Vleuten genau n Personen befanden? Für den Platoniker lautet die Antwort schlicht: ja. Denn in dem erwähnten Zug befand sich eine Menge von Menschen, und die Mächtigkeit dieser Menge ist die gefragte Zahl n.

Der Intuitionist dagegen kann die Frage nicht affirmativ beantworten, es sei denn, daß er zufällig alle involvierten Reisenden gezählt hat. Er muß nämlich die geforderte Zahl n konstruieren, indem er immer neue Einheiten hinzufügt. Nun, nach 2 weiß er schon nicht mehr, ob er noch weitere Einheiten hinzufügen oder aber aufhören soll.

Nehmen wir jetzt ein Beispiel aus der Mathematik. Die GOLD-BACHsche Vermutung lautet: Jede gerade (positive) Zahl ist die Summe von zwei ungleichen Primzahlen (wobei die 1 als Primzahl betrachtet wird[1]). Die GOLDBACHsche Vermutung ist bisher weder bestätigt noch widerlegt worden. Wir benutzen diese Vermutung, um eine Zahl zu definieren: n = 1, wenn die GOLDBACHsche Vermutung zutrifft; und wenn die GOLDBACHsche Vermutung nicht zutrifft, so ist n die erste Zahl, die nicht die Summe von zwei ungeraden Primzahlen ist.

Für den Platoniker ist die GOLDBACHsche Vermutung entweder richtig oder falsch – wenn er auch selbst nicht weiß, was hier der Fall ist –, und folglich ist n für ihn eine saubere natürliche Zahl, und zwar 1, wenn die Vermutung zutrifft; wenn die Vermutung nicht zutrifft, so gibt es eine gerade Zahl, die nicht die Summe von zwei ungeraden Primzahlen ist. Folglich gibt es dann auch eine kleinste Zahl mit dieser Eigenschaft; diese kleinste Zahl ist dann die geforderte.

Gehen wir jetzt der Frage nach, was der Intuitionist tun muß, um n zu finden. Er muß n aus Einheiten aufbauen, folglich nimmt er sich die erste Einheit und will dann entscheiden, ob er weitermachen soll. Um dies zu entscheiden, muß er jedoch wissen, ob die GOLDBACHsche Vermutung richtig ist oder falsch. Solange er das nicht weiß, kann er n nicht konstruieren; das heißt, der Intuitionist ist nicht in der Lage, obengenannte Vorschrift als Definition einer natürlichen Zahl anzuerkennen.

Bisher haben wir eine bescheidene Quantität mathematischer Objekte für den Intuitionisten gezeigt: Objekte, die fix und fertig aus natürlichen Zahlen konstruiert werden können. Zum Beispiel: ganze Zahlen, Rationalzahlen, Zahlenpaare, Dreiecke mit rationalen Eckpunkten usw. Frühere Konstruktivisten machten hier

---

1 Das ist i. a. nicht üblich. Vgl. S. 194.

halt; das heißt, andere Objekte als »effektiv konstruierte« oder »endlich definierbare« wurden von ihnen nicht anerkannt. Sie verfügten wohl über einen Vorrat von reellen Zahlen, und zwar über diejenigen, die nach einem Gesetz (oder Algorithmus) durch Rationalzahlen approximiert werden können (und das sind nicht wenige: $\sqrt{2}, \sqrt[4]{7}, e, \pi, \sin 3, \log 15$ usw.) – aber nicht über »alle« reellen Zahlen. Auf diese Frage werden wir unten zurückkommen.

Zuerst müssen wir uns Rechenschaft geben von der Beschaffenheit der Erkenntnis, die der Intuitionist von mathematischen Gegenständen hat. Fangen wir einfach an: Weshalb ist »$2 + 3 = 5$« wahr? Über welche Mittel verfügt der Intuitionist, um diese Aussage zu beweisen? Wir sahen, daß natürliche Zahlen konstruiert wurden; man kann sich leicht eine Konstruktion vorstellen, die die Aufzählung realisiert. Die Aussage »$2 + 3 = 5$« erweist sich somit als eine Aussage über zwei Konstruktionen, die zum gleichen Ergebnis führen sollen. Damit ist angedeutet, wie ein Beweis von »$2 + 3 = 5$« geliefert werden soll:

(1) konstruiere 2

(2) konstruiere 3

(3) konstruiere $2 + 3$

(4) konstruiere 5

(5) vergleiche die Ergebnisse von (3) und (4).

Auch der letzte Schritt kann als eine Konstruktion aufgefaßt werden.

Dies alles können wir zusammenfassen als: »$2 + 3 = 5$« wird bewiesen durch eine Konstruktion. Dies ist der Schlüssel zur sogenannten *Beweisinterpretation* von BROUWER-HEYTING [14]; indem man nämlich konsequent am Prinzip »Ein Beweis ist eine Konstruktion« festhält, kann man die logischen Junktoren in intuitionistischer Weise neu interpretieren. Die klassische, binäre Interpretation der logischen Junktoren geht von der (brauchbaren, jedoch zweifelhaften) Fiktion aus, daß jede (geschlossene) Aussage wahr oder unwahr ist, so daß die Wahrheit von zusammengesetzten Aussagen sozusagen »von Fall zu Fall« festgestellt werden kann. Dies ist die sogenannte Methode der Wahrheitstafeln, die wir hier weiter als hinlänglich bekannt voraussetzen (siehe [71] und [128]). Für den Intuitionisten jedoch funktioniert diese Methode nicht, weil man nicht jeder Aussage einen Wahrheitswert zusprechen kann. Man denke zum Beispiel an die GOLDBACHsche Vermutung.

In dieser Lage zeigt das Prinzip »Beweis ist Konstruktion« seine Brauchbarkeit. Wir werden jetzt eine (intuitionistische) Interpretation der gängigen logischen Junktoren[1] geben.

Ein Beweis von A ∧ B besteht aus einem Beweis von A und einem Beweis von B.

Ein Beweis von A ∨ B besteht aus einer Konstruktion, die A oder B anzeigt, und aus einem Beweis für die angezeigte Aussage.

Ein Beweis von A → B besteht aus einer Konstruktion, die jeden Beweis von A in einen Beweis von B überführt.[*]

Ein Beweis von ¬ A besteht aus einer Konstruktion, die jeglichen Beweis von A überführt in einen Beweis eines Widerspruchs.

Ein Beweis von ∀x A(x) (»für alle x gilt A(x)«) besteht aus einer Konstruktion, die jedem Objekt p (des vorher gegebenen Bereichs) einen Beweis von A(p) hinzufügt.

Ein Beweis von ∃x A(x) (»es gibt ein x, für das A(x) gilt«) besteht aus einer Konstruktion, die ein Objekt p anzeigt, und einem Beweis von A(p). (Anm. 1, S. 379)

Es ist verführerisch, die klassische (binäre) Logik mit der intuitionistischen zu vergleichen. Dann zeigt sich schon bald, daß die »Stärke« von Aussagen nicht gut vergleichbar ist. Eine Aussage wie ∃x A(x) → B hat, intuitionistisch betrachtet, eine stärkere Prämisse, als wenn man sie klassisch betrachtet, folglich ist sie intuitionistisch schwächer als klassisch. Das Verhältnis ist gerade umgekehrt für eine Existenz-Formel auf der rechten Seite der Implikation. Man erkennt, daß in dieser Weise die klassische und die intuitionistische Stärke im Fall etwas komplexerer Formeln schon bald unvergleichbar wird.

Aufgrund der Beweisinterpretation kann man einfach zeigen,

---

1 Vgl. zur Symbolik S. 410 u. 417.
* In den Fällen →, ¬, ∀ ist die Rede von einer Konstruktion, die ein bestimmtes Ziel realisiert. Vollständigkeitshalber müssen wir in jedem der Fälle fordern, daß bewiesen wird, daß die Konstruktion tatsächlich das leistet, was gefordert wird.

daß eine Aussage wahr sein (heißt »einen Beweis haben«) kann, während die Wahrheit der Teile dieser Aussage unbekannt ist.

Es sei A: In der dezimalen Entwicklung von π gibt es 9 aufeinander folgende Neuner.

B: In der dezimalen Entwicklung von π gibt es 8 aufeinander folgende Neuner.

Dann gibt es einen Beweis von A $\rightarrow$ B, wir brauchen nämlich eine Konstruktion, die einen Beweis von A überführt in einen Beweis von B. Die geforderte Konstruktion ist jedoch trivial: Wenn ich einen Beweis habe, daß 9 aufeinander folgende Neuner in der dezimalen Entwicklung von π vorkommen, so zeigt der gleiche Beweis, daß es 8 aufeinander folgende Neuner gibt.

Es ist jetzt auch deutlich, daß der Satz *vom ausgeschlossenen Dritten* für den Intuitionisten keine Gültigkeit hat: Ein Beweis von A $\vee \neg$ A enthält nämlich eine Konstruktion, die entweder A oder $\neg$A anzeigt, sowie einen Beweis der angezeigten Aussage. Nimmt man nun für A die GOLDBACHsche Vermutung, so hätten wir einen Beweis entweder dieser Vermutung oder aber ihrer Negation. Davon ist jedoch vorläufig noch keine Rede.

Die Interpretation des Existenz-Quantors zeigt auch, daß hier mehr gefordert wird als in der zweiwertigen Logik. Das Objekt p muß tatsächlich geschaffen werden können. In der Mathematik kannte man schon längst eine starke und eine schwache Bedeutung von $\exists$; man sprach von »reinen Existenz-Thesen«, wenn zwar $\exists x\, A(x)$ bewiesen, jedoch keine Methode gegeben wurde, um tatsächlich ein Objekt p mit der Eigenschaft A(p) zu finden. Bei näherer Betrachtung zeigt sich, daß ein solcher Beweis, vom intuitionistischen Standpunkt betrachtet, meistens nur $\neg \forall x\, \neg A\,(x)$ leistet. Wir geben jetzt ein konkretes Beispiel einer Existenz-These mit einem trivialen klassischen und einem »schweren« intuitionistischen Beweis.

These: Es gibt Irrationalzahlen a und b derart, daß a^b rational ist. Klassischer Beweis: gesetzt $p = \sqrt{2}^{\sqrt{2}}$. Wenn p rational ist, so genügt $a = \sqrt{2}$ und $b = \sqrt{2}$; wenn p irrational ist, so genügt $a = p$ und $b = \sqrt{2}$. Da p entweder rational oder irrational ist (Satz vom ausgeschlossenen Dritten), existieren die gesuchten a und b.

Intuitionistischer Beweis: Der Satz von GELFAND besagt, daß a^b transzendent ist, wenn a und b algebraisch irrational sind. Folglich ist p irrational und die gesuchte Lösung lautet: $a = p$, $b = \sqrt{2}$.

Man bemerke, daß die klassische Lösung keine konkreten a und b liefert; die intuitionistische Lösung tut das in der Tat wohl, benutzt dafür aber ein schönes Stück Zahlentheorie.

Aufgrund des Vorhergehenden kann man behaupten, daß die intuitionistische Interpretation der Junktoren eine Verschärfung der klassischen Interpretation bedeutet.

Hier liegt denn auch eine Quelle heilloser Verwirrung und uferloser Diskussionen: »Dem Wortlaut nach« sagen Intuitionisten und Nicht-Intuitionisten das gleiche, die Bedeutung ihrer Worte ist jedoch recht verschieden.

Wir haben jetzt den intuitionistischen Wahrheitsbegriff etwas roh skizziert; bevor wir tiefer auf diese Materie eingehen, kehren wir noch kurz zur Ontologie zurück. Wir hatten schon bemerkt, daß die gesetzmäßigen reellen Zahlen aufgrund der zur Verfügung stehenden Konstruktionsmittel vorrätig sind. Ein Kontinuum jedoch, das sich mit lauter gesetzmäßigen reellen Zahlen behelfen muß, hat gewisse mathematische Nachteile; im besonderen fehlt die lokale Kompaktheit (ein technischer Begriff; ohne genau auf die topologischen Hintergründe einzugehen, kann man sagen, daß dies gleichbedeutend ist mit dem Versagen des Satzes von HEINE-BOREL). Außerdem ist kein Grund vorhanden für die Annahme, daß das Kontinuum damit erschöpft ist. Es war ein genialer Eingriff BROUWERS, das Kontinuum zu bereichern um reelle Zahlen, die nicht gesetzmäßig bestimmt wurden. Weil es im Prinzip keinen großen Unterschied macht, ob wir Approximationen reeller Zahlen durch Rationalzahlen (CAUCHY-Reihen) betrachten oder einfach Reihen natürlicher Zahlen (eine Kodierungssache), werden wir uns jetzt auf letztere Art beschränken.

BROUWER introduzierte als neue mathematische Objekte unendlich weiterlaufende Reihen natürlicher Zahlen, die mehr oder weniger frei gewählt werden dürfen, die sogenannten *Wahlfolgen*. Für Außenseiter bringt dieser Begriff ziemliche Schwierigkeiten mit sich: Die Wahlfolgen sind nämlich ganz deutlich *unfertig*. Dadurch bedingt fallen allerhand logische Eigenschaften auf, die den aufmerksamen Leser zwar nicht wundern werden, die jedoch auf anderen Gebieten, z. B. dem der Arithmetik, mehr versteckt sind. Notiere eine Wahlfolge $a_0\ a_1\ a_2\ a_3$ als $\langle a_i \rangle_i$ und betrachte die Aussage $\exists i\,(a_i = 0) \lor \forall i\,(a_i \neq 0)$. Es ist kein Grund vorhanden, dies für gültig zu halten. Man würde dann ja vorher, obwohl die Wahlen noch getroffen werden müssen, schon entscheiden können, ob je eine positive Zahl erscheinen wird. Es ist klar, daß so etwas im allgemeinen überhaupt nicht zu entscheiden ist. Es sei $\langle a_i \rangle_i$ zum Beispiel eine sogenannte *gesetzlose Reihe* (das heißt, eine Reihe, bei der in keinem Augenblick die künftigen Wahlen bekannt oder sogar in irgendeiner Weise eingeschränkt sein werden), so ist es unmöglich, ein positives a_i künftig vorherzusagen (Anm. 2, S. 380).

Dies führt uns gleich zu einem wichtigen Punkt, der viele dazu gebracht hat, den Intuitionismus als exakte Wissenschaft abzuschreiben: seinen absichtlich subjektiven Charakter. Im Laufe der Zeit hat man nämlich immer mehr die Objektivität der Wissenschaft betont, genauer gesagt: »Die Tatsachen sind unabhängig von ihrem Beobachter«, oder, innerhalb der Mathematik: »Die Wahrheit (die wahren Aussagen) ist (sind) unabhängig von demjenigen, der sie feststellt.« Erläutern wir dies an einem Beispiel. 1761 hat LAMBERT bewiesen, daß π irrational ist; aufgrund der Objektivität der mathematischen Wahrheit war π somit auch vorher schon irrational. Was ist in dieser Angelegenheit der intuitionistische Standpunkt? Natürlich wird der Intuitionist nicht behaupten, π sei vor 1761 nicht irrational gewesen; er wird allenfalls sagen, daß vor 1761 die Irrationalität von π ein offenes Problem war. Die Zeit ist sozusagen für den Intuitionisten ein verborgener Parameter in der Mathematik. Dies ist am deutlichsten von BROUWER hervorgehoben worden in seinen Schriften seit 1948 [14], die ausgesprochen solipsistische Züge aufweisen. Schon seit den frühesten Anfängen hat BROUWER Argumente benutzt, die darauf beruhten, daß gewisse Probleme entweder gelöst waren oder aber nicht. Man könnte sagen, daß diese Technik einen gewissen heuristischen oder didaktischen Wert hat; ganz befriedigend ist sie trotzdem nicht. Zu zeigen, daß etwas unannehmbar ist, ist eine Sache; daß etwas unmöglich ist, eine andere. Es ist zum Beispiel unmittelbar deutlich, daß $\forall xy\ (x = y \lor x \neq y)$ im Bereich der reellen Zahlen unannehmbar ist; es ist jedoch bei weitem nicht trivial, $\neg\forall xy\ (x = y \lor x \neq y)$ zu beweisen. Nun, BROUWER machte in seinen späteren Artikeln das subjektive Element im Intuitionismus explizit; dabei gelang es ihm, beträchtlich stärkere Ergebnisse zu beweisen. KREISEL lieferte in seinem »Informal Rigour« [75] eine konzeptuelle Analyse des »kreativen Subjektes«; diese Analyse führte zu drei Axiomen, die aufgrund der Schriften BROUWERS plausibel sind. Wir werden im folgenden eine flüchtige Skizze dieser Axiome geben, weniger weil das Thema unverzichtbarer Teil der mathematisch-philosophischen Erziehung wäre als deshalb, weil es zeigt, daß der mathematische Solipsismus überhaupt technisch brauchbar ist und Folgen für die mathematische Praxis hat. Im übrigen ist das ganze Thema in seiner heutigen Entwicklung ziemlich spekulativ, so daß eine Warnung vor zügelloser Begeisterung hier am Platz ist.

Eine Grundannahme lautet, daß die geistige Aktivität eines sogenannten kreativen Subjektes sich vollzieht in einer diskreten Reihe von Zeitpunkten $t_0, t_1, t_2, \ldots$ (vom Typ ω). Laß »$\vdash_n A$« die symbolische Wiedergabe sein des Satzes: »Zum Zeitpunkt n hat das kreative Subjekt einen Beweis von A.« Der Ausdruck »Beweis« ist ziemlich belastet, weil man schnell dazu neigt, an einen formellen Beweis in irgendeinem System zu denken; deshalb kann »$\vdash_n A$« auch gelesen werden als »Zum Zeitpunkt n hat das kreative Subjekt Evidenz für A« oder »Zum Zeitpunkt n sieht das kreative Subjekt A ein«. Nehmen wir, zur Präzisierung der Gedanken, an, daß das kreative Subjekt genau über das Buch führt, was es zu jedem Zeitpunkt weiß (ein idealisiertes Gedächtnis oder Notizbuch); dann ist folgendes Axiom glaubhaft:

$$\vdash_n A \rightarrow \vdash_m A \quad \text{für} \quad m \geq n.$$

Das heißt, was einmal bewiesen wurde, behält seine Gültigkeit.

Des weiteren liegt es nahe, daß etwas, was einmal bewiesen wurde, weiterhin gilt; mit anderen Worten: $\exists n \, (\vdash_n A) \rightarrow A$. Die Umkehrung, $A \rightarrow \exists n \vdash_n A$, ist problematischer, da die Begründung abhängig ist von einem solipsistischen Intuitionismus. Was bedeutet nämlich für das kreative Subjekt die Aussage, daß »A gilt«? Nur *eine* Antwort ist möglich: Es gibt einen Zeitpunkt n, an dem der Beweis von A bekannt (konstruiert) ist. Eine schwächere Version, die ein bißchen mehr Spielraum läßt für »Gültigkeit« oder »Wahrheit«, lautet: Wenn A gilt, so ist es unmöglich, daß das kreative Subjekt keinen Beweis findet. In Symbolen: $A \rightarrow \neg\neg\exists n \vdash_n A$.

Uns scheint, daß nahezu jedes Argument, das die schwächere

Version glaubhaft macht, auch im Fall der stärkeren Version funktioniert. Deshalb werden wir weiterhin die stärkere Version beibehalten.

Das letzte Axiom ist vielleicht am meisten diskutabel: Zu jedem Zeitpunkt ist entscheidbar, ob das kreative Subjekt einen Beweis von A hat oder nicht. In Symbolen: $\vdash_n A \vee \neg \vdash_n A$.

Die naheliegende Begründung lautet: Das kreative Subjekt weiß, was es bisher bewiesen hat; zweifelt es im Hinblick auf A, so gilt offensichtlich, daß A noch nicht bewiesen worden ist, mit anderen Worten $\neg \vdash_n A$. Hier zeigt sich, daß es von Bedeutung ist zu präzisieren, was $\vdash_n A$ bedeutet. Bedeutet es, daß A einen Beweis hat zum Zeitpunkt n (das heißt, daß das kreative Subjekt explizit einen solchen Beweis geliefert hat), oder bedeutet es, daß A »im Prinzip« einen solchen Beweis hat? Daß dieser Unterschied nicht an den Haaren herbeigezogen worden ist, geht aus folgendem Beispiel hervor: Gesetzt $\vdash_n \forall x\, A(x)$, gilt dann auch $\vdash_n A(k)$ für jedes k?

Ein erster Zugang zum Problem wäre: Zu jedem Zeitpunkt beweist das kreative Subjekt nur eine Aussage. TROELSTRA hat nachgewiesen, daß hier unmittelbar ein Paradoxon entsteht [132].

Man könnte auch sagen: Wenn das kreative Subjekt im Hinblick auf A Wissen hat zum Zeitpunkt n, dann weiß es auch alles, was daraus mit (intuitionistischer) Logik folgt. Dieses Verfahren führt zwar nicht zu Paradoxen, doch tut es dem Konzept »einen Beweis haben für… zum Zeitpunkt…« Gewalt an (noch abgesehen davon, daß Herleitbarkeit in der intuitionistischen Prädikatenlogik unentscheidbar ist, so daß ein Konflikt mit $\vdash_n A \vee \neg \vdash_n A$ besteht). Im strengen Sinne würde man doch erwarten dürfen, daß das kreative Subjekt nicht nur einen Beweis für A hat, sondern sich auch dessen bewußt ist, diesen Beweis zu haben. Es gibt hier eine gewisse Parallele zu einer Bibliothek, in der sich, ohne katalogisiert worden zu sein, WITTGENSTEINS *Tractatus* auf einem alphabetisch falschen Platz befindet. Diese Bibliothek »besitzt« in gewissem Sinne den *Tractatus*, und dennoch: »for all practical purposes« gibt es das Buch in dieser Bibliothek *nicht;* man kann nichts im Buch nachschauen, nichts daraus zitieren.

Das Obenstehende möge zum Nachweis genügen, daß eine Theorie vom kreativen Subjekt noch längst nicht vollkommen ist. Die drei genannten Axiome reichen jedoch dazu aus, BROUWERS

Widerlegung des Prinzips vom ausgeschlossenen Dritten und anderer klassischer Prinzipien wiederzugeben. Im besonderen folgt aus diesen Axiomen die Existenz gewisser Objekte, die nicht aufgrund der gängigen Prinzipien konstruiert werden können. Zum Beispiel kann man eine Funktion angeben, die zwar effektiv (in der weiteren intuitionistischen Interpretation, die sich auf das kreative Subjekt gründet), aber nicht rekursiv ist.

Daraus geht somit hervor, daß BROUWERS Solipsismus ontologische Folgen hat: Wir haben gerade gesehen, daß der Reichtum des Universums durch ihn beeinflußt wird.

Im übrigen ist eine Warnung im Hinblick auf die Theorie des kreativen Subjektes hier wohl am Platz. Anfänger sind schnell von den neuen Begriffen beeindruckt und sind hochempfänglich für »tiefe Gedanken«, die schon bald zu einer »Philosophie des angenehmen Gefühls« führen. Man sei gewarnt!

Im vorhergehenden beschäftigten wir uns mit den positiven Aspekten des Intuitionismus, wie zum Beispiel dem Begriff »Beweis« mit einer dazugehörigen Neuinterpretation der logischen Konstanten, dem Begriff »Wahlfolge«. Diese Begriffe bedeuten eine Bereicherung im Vergleich zu den zugelassenen Objekten früherer Konstruktivisten. Man kann sagen, daß der Intuitionist »abstrakte« Objekte zu seinen Betrachtungen zuläßt (vgl. [46]) und daß er mit diesen Objekten operiert. In dieser Hinsicht ist der Intuitionismus liberaler als der Finitismus im Sinne BORELS oder HILBERTS. Finitisten lassen ausschließlich konkrete endliche Objekte zu; im besonderen sind ihre Operationen (Funktionen) ausschließlich gesetzmäßiger, kombinatorischer Natur. Für einen Finitisten (siehe das Kapitel Formalismus [21], S.53) bedeutet $\forall n \, \exists m \, A(n,m)$, daß es eine konkrete kombinatorische Operation Q gibt derart, daß $\forall n \, A(n, Q(n))$; für den Intuitionisten dagegen ist eine umfassendere Klasse von Operationen Q zugelassen; wenn A nicht abhängt von einem Wahlprozeß, dann wird Q *gesetzmäßig* sein. Aber gerade diese Gesetzmäßigkeit ist ein abstrakter Begriff, akzeptabel für den Intuitionisten, verwerflich für den Finitisten. Schematisch betrachtet liegt die Grenze zwischen Finitismus und Intuitionismus bei den Abstrakta.

Es ist gerade diese Bereicherung der Ontologie, die bewirkt, daß die intuitionistische Mathematik nicht nur ein Teil der klassischen Mathematik ist. Das bekannteste Beispiel dafür ist BROUWERS Kontinuitätsthese: *Jegliche, auf einem geschlossenen Intervall definierte, reelle Funktion ist uniform kontinuierlich.*

Der Intuitionismus hat jedoch auch eine Schattenseite, die zu Unrecht bekannter geworden ist als seine positive Seite. Besonders durch BROUWERS Polemik mit HILBERT hat dieser negative Aspekt in breiten Kreisen Aufmerksamkeit auf sich gezogen.

Schon in seiner Doktorarbeit *Over de grondslagen der wiskunde* distanziert BROUWER sich in unmißverständlicher Weise von einer Anzahl von Strömungen in der Mathematik. Im besonderen verurteilt er axiomatische Mathematik, Mengenlehre und Logistik. In einem späteren Aufsatz, »Über die Unzuverlässigkeit der logischen Prinzipien« (1908), verurteilt er explizit den Satz vom ausgeschlossenen Dritten, den er identifiziert mit HILBERTS These, es gebe keine unlösbaren Probleme.

Die Kritik an dem, was wir traditionsgemäß die klassische Mathematik nennen werden, läuft wie ein roter Faden durch die Arbeiten BROUWERS, bis zu seinem letzten Artikel.

Unglücklicherweise hat die intuitionistische Kritik sich derart oft auf den Satz vom ausgeschlossenen Dritten (Tertium non datur) konzentriert – das hat wohl damit zu tun, daß HILBERT diesem Satz eine solch führende Rolle eingeräumt hatte –, daß diese Kritik allmählich vom oberflächlichen Leser als das Wahrzeichen des Intuitionismus angesehen wurde; oder man meinte gar, daß die Intuitionisten sich ausschließlich darauf richteten, die Mathematik ohne die Benutzung des Prinzips vom ausgeschlossenen Dritten neu zu konstruieren. Bekannt ist HILBERTS Wort »Dem Mathematiker den Satz vom ausgeschlossenen Dritten zu nehmen ist damit vergleichbar, dem Astronomen sein Teleskop oder dem Boxer den Gebrauch seiner Fäuste zu nehmen.«

Wenn wir jetzt näher auf den Inhalt der oft spektakulär formulierten Kritik BROUWERS an den Verfahren der klassischen Mathematik eingehen, so sehen wir, daß nach Ansicht der Intuitionisten die klassische Mathematik ein sinnleeres Ganzes von Behauptungen und Operationen ist, das zwar systematisch scheint, jedoch bei näherer Betrachtung unverständlich ist.

Man könnte diesen negativen Aspekt kennzeichnen als »propagandistisch« und »didaktisch«. Man sollte nämlich nicht vergessen, daß BROUWER ganz und gar nicht der Mode seiner Zeit folgte; deshalb war für ihn einige Übertreibung zweckdienlich, um die Aufmerksamkeit auf sich zu ziehen. Man sollte andererseits jedoch nicht meinen, daß BROUWER nur deshalb übertrieb, weil er seine Konkurrenzlage HILBERT gegenüber verbessern wollte (wie etwa ein Fabrikant die Produkte des Konkurrenten öffentlich kritisiert, sie privat jedoch ohne Bedenken benutzt). BROUWER betrachtete die intuitionistische Mathematik als die einzig mögliche und inhaltlich korrekte Mathematik. Seine Kritik an der klassischen Mathematik ist somit kein Gelegenheitsprodukt, sondern aufrichtig gemeint. Aus diesem Grund werden wir diese Kritik doch noch kurz näher betrachten.

Im großen und ganzen kann man die intuitionistische Kritik folgendermaßen zusammenfassen: Die klassische Mathematik benutzt Begriffe und macht Aussagen, die keine inhaltliche Bedeutung haben; ihr Wahrheitsbegriff ist eine ungerechtfertigte Extrapolation des Wahrheitsbegriffes, wie er in endlichen Bereichen funktioniert.

Man könnte sagen, daß die klassische Mathematik sich mit einer Anzahl von Begriffen beschäftigt, unter denen sich manche befinden, die man auch beim Intuitionismus findet (z. B. »natürliche Zahl«, »Beweis«, »Funktion«), diesen Begriffen jedoch eine ganz andere Bedeutung verleiht, so daß die Ähnlichkeit äußerst oberflächlich ist. Der Intuitionist leugnet die Realität der klassischen Mathematik: Seines Erachtens vollzieht sie sich in einer Phantasiewelt, die bevölkert ist mit Dingen wie »Mächtigkeitsmenge«, »Ultraprodukt« und dergleichen mehr.

Gehen wir jetzt auf die Detailkritik ein; ein einziges Beispiel dürfte jeweils genügen.

a) Die Mengenlehre benutzt häufig die Potenzmengen-Operation, was heißt: Zu jeder Menge X gibt es genau eine Menge P(X), die aus allen Teilmengen von X besteht. Welche Mittel hat nun der Intuitionist, die Existenz von P(X) einzusehen? Eine unmittelbare Konstruktion, wie etwa jene der Rationalzahlen aus den ganzen Zahlen, ist nicht bekannt und scheint auch nicht möglich, wenn man den Unterschied zwischen Teilmengen von X und Elementen von X berücksichtigt. Ein mentales Objekt, das die Rolle von P(X) spielt, ist schwer vorstellbar, weil ein solches Objekt entweder durch eine Konstruktion oder durch einen wahlähnlichen Prozeß entstehen müßte. P(X) kann natürlich nicht durch Komprehension erworben werden, weil der Intuitionist ausschließlich das Aussonderungsprinzip anerkennt ([14], S. 142, Fußnote 3). Wir müssen also folgern, daß es keine Gründe gibt, die Existenz von P(X) zu rechtfertigen. Ein Gegenbeispiel oder einen Beweis von Nichtexistenz besitzen wir nicht. P($\mathbb{N}$) nimmt eine Ausnahmeposition ein, die nach einer Streuung im Sinne BROUWERS angezeigt werden kann (siehe [20]).

b) Die klassische Mathematik beruft sich zur Rechtfertigung ihrer Aussagen gern auf die Logik. Wie wir schon gesehen haben, sind einige Prinzipien der Logik für den Intuitionismus nicht akzeptabel, zum Beispiel:

$$A \vee \neg A \qquad\qquad \neg \neg A \rightarrow A$$
$$\neg \forall x\, A(x) \rightarrow \exists x \neg A(x) \qquad \neg (A \wedge B) \rightarrow \neg A \vee \neg B$$
$$(A \rightarrow B) \rightarrow (\neg A \vee B) \qquad (\neg A \rightarrow \neg B) \rightarrow (B \rightarrow A)$$

Folglich können die klassischen Ergebnisse nicht sehr zuverlässig sein.

Die intuitionistische Kritik an der Logik reicht jedoch weiter. Sofern die Logik versucht, eine Kodifizierung des Schließens beziehungsweise Denkens zu sein, setzt sie das Schließen voraus. Nun, das exakte Schließen *ist* ein Aspekt der Mathematik, und folglich setzt die Logik die Mathematik voraus. Gültigkeit von Aussagen beruht, wie wir am Anfang dieses Paragraphen sahen, auf einem Komplex geistiger Konstruktionen, und das systematische Studium der Gültigkeit dieser Aussagen, also: die Logik, ist ein Teilgebiet der Mathematik.

Wenn die klassische Mathematik (im besonderen: die platonistische) sich somit auf der Logik begründet, die als inhaltlich korrekte Wiedergabe des Schließens betrachtet wird, so ist sie zirkulär. Betrachtet sie dagegen, wie besonders die formalistische Schule, die Logik als ein Spiel auf der Basis einer Anzahl von willkürlichen Regeln, so kann sie keinen Anspruch auf inhaltliche Korrektheit erheben.

BROUWER kritisierte die Logik auch noch wegen ihrer Gebundenheit an die Sprache. Diesen Einwand braucht man jedoch nicht so schwer zu wägen, weil man, wenn erwünscht, das mathematische

Schließen selbst zum unmittelbaren Objekt des Denkens machen kann, ohne die Vermittlung durch die Sprache. Im übrigen ist die Vermittlung durch die Sprache, mit geeigneten Vorbehalten im Hinblick auf die Restriktionen, in intuitionistischen Kreisen schon längst akzeptiert worden.

c) Schon immer war die Mathematik der Bereich *par excellence*, in dem die axiomatische Methode angewandt wurde. Das Verfahren ist dabei folgendes: Man stellt eine Liste von Grundbegriffen und eine Liste von Axiomen (die mit Hilfe dieser Grundbegriffe formuliert werden) auf; dann leitet man aus den Axiomen auf dem Wege des Schließens Thesen ab (Beweise). Diese Methode gewährleistet, daß man keine implizierten Hypothesen benutzt. Es dürfte besonders die axiomatische Methode gewesen sein, die der Mathematik den Ruf kalter, unnahbarer Schönheit besorgt hat. Das historische Beispiel *par excellence* ist die Geometrie Euklids, wenn die Realisierung dieser Geometrie auch nach unseren Kriterien nicht einwandfrei ist. Auch außerhalb der Mathematik hatte die axiomatische Methode ihre Anhänger und Bewunderer; ein berühmtes Beispiel ist Spinoza.

Seit dem Aufstieg der formalen Logik ist man dazu übergegangen, sowohl die axiomatische Methode auf die Logik anzuwenden als die axiomatische Methode bei formalen Theorien unterzubringen. In dieser letzten Form erfüllt die axiomatische Methode ihre Aufgabe am besten. Alle störenden Einflüsse, im besonderen die ungenaue natürliche Sprache, sind abgewehrt, und die ideale Form des reinen Urteilens ist erreicht worden. In den Augen des Intuitionisten jedoch ist das Kind mit dem Badewasser weggeschüttet worden. Denn bei diesem Prozeß ist die Mathematik durch den begleitenden Sprachbau und sind die inhaltsbezogenen mathematischen Begriffe durch Reihen von Zeichen ersetzt worden. Die Sprache der Mathematik ist jedoch etwas anderes als die Mathematik selbst, sie ist nur »ein mangelhaftes Hilfsmittel für die Menschen, um einander die Mathematik mitzuteilen und ihr Gedächtnis für die Mathematik zu unterstützen« (1907 [14], S. 92).

Die inzwischen zu einer formalen Theorie entwickelte axiomatische Methode besteht mithin aus Studium und Analyse der mathematischen Sprache; trotz ihrer technischen Erfolge fehlt dieser

Methode die mathematische Intuition, die geistig schöpferische Aktivität, die Mathematik erst zur Mathematik macht. Es ist vor allem die bewußt gewählte Bedeutungslosigkeit der formalen Theorie, die zur Ablehnung von seiten der Intuitionisten führt.

Im übrigen hat die axiomatische Methode sogar für Intuitionisten ihren Nutzen, vorausgesetzt, daß sie in der richtigen Weise angewandt wird. Genauer gesagt: Wenn man logische Prinzipien benutzt, die intuitionistisch legitimiert sind, so folgt für ein Modell aus der Gültigkeit der Axiome die Gültigkeit der Aussagen.

BROUWER gibt folgende Analyse (1952 [14], S. 510): »Gesetzt den Fall, daß eine mathematische Konstruktion sorgfältig durch Worte beschrieben wird und daß anschließend der introspektive Charakter der Konstruktion vernachlässigt wird, so daß allein die Beschreibung übrigbleibt. Wird es dann, wenn man jetzt ein Prinzip der (klassischen) Logik anwendet, so daß eine neue sprachliche Beschreibung entsteht, möglich sein, eine dazugehörige Konstruktion zu finden, die durch diese Beschreibung ausgedrückt wird?« Die Antwort BROUWERS lautet, frei interpretiert: Ja, das wird möglich sein, vorausgesetzt, daß allein die intuitionistische Logik angewandt wird.

Die Vorteile einer Axiomatisierung haben jetzt für den Intuitionisten die vertrauten Züge: Die Rationalzahlen, die reellen Zahlen, die komplexen Zahlen sind, alle drei, Körper; mithin gelten alle Eigenschaften, die aus den Körperaxiomen (auf intuitionistischem Wege) bewiesen werden können, auch für sie. Man könnte sagen, daß der praktische Nutzen der axiomatischen Methode erhalten bleibt.

Abgesehen von obengenannten Einwänden gegen die axiomatische Praxis der klassischen Mathematik gibt es natürlich BROUWERS Skepsis bezüglich der Kommunikation. Es wundert wohl nicht, daß ein Solipsist Kommunikation und Sprache eine bescheidene Rolle beimißt. Die sprachlosen geistigen Konstruktionen sind exakt, jedoch geht ihre Exaktheit bei Kommunikation durch Vermittlung durch Sprache verloren. BROUWERS Pessimismus im Hinblick auf die Kommunikation zwischen Individuen äußert sich an vielen Stellen; wir geben hier zwei bezeichnende Zitate: »By so-called exchange with another being, the subject only touches the outer walls of an automaton« (1948 [14], S. 485); »Nun gibt es aber für Willensübertragung, insbesondere für durch die Sprache vermittelte Willensübertragung, weder Exaktheit noch Sicherheit« (1929 [14], S. 421). Es ist besonders die Betonung dessen, daß die Bedeutung vorher schon festlegt, welche die (Funktion der) Sprache zu einem äußerst mangelhaften Werkzeug reduziert. Eine »meaning-is-use«-Praxis kommt selbstredend nicht in Betracht. Dieser Pessimismus im Hinblick auf die Sprache wird nicht allgemein geteilt, und bei einem weniger (oder nicht-)solipsistischen Standpunkt gibt es gewisse Gründe, eine angemessene sprachphilosophische Analyse zu suchen.

d) In der klassischen Mathematik ist Widerspruchsfreiheit oder *Konsistenz* seit HILBERTS Programm eine Forderung, die jeder Mathematiker ohne Zögern erheben wird. Die Hintergründe dieser Forderung werden wir später ([21], S. 56 ff.) besprechen. Vorläufig stellen wir nur fest, daß die Diskussion über Konsistenz am Anfang dieses Jahrhunderts in Gang kam. Merkwürdigerweise wurde Konsistenz nicht nur als eine methodologische Forderung betrachtet, um einen Bankrott der Mathematik (oder der jeweils zur Diskussion stehenden Theorie) zu verhindern, sondern sogar als eine Garantie für die Existenz mathematischer Objekte beziehungsweise Systeme. Ein über alle Zweifel erhabener Mann wie POINCARÉ hat gelegentlich behauptet, Existenz sei die Folge von Konsistenz; eine seitdem häufig kritiklos wiederholte Behauptung. Für einen Konstruktivisten ist diese Behauptung selbstverständlich indiskutabel. Die intuitionistische Interpretation von $\exists x\, A(x)$ zeigt, daß Konsistenz nicht allein nicht ausreicht, sondern in diesem Zusammenhang letztlich irrelevant ist. Ein Konsistenzbeweis der PEANOSchen Mathematik, zum Beispiel, besagt nichts über die Existenz natürlicher Zahlen oder, genauer gesagt, über die Existenz eines Modells für das PEANOSche Axiomensystem. Aus intuitionistischer Sicht muß ein solches System durch eine (mentale) Konstruktion gegeben werden.

BROUWER äußert sich über diese Problematik denn auch unmißverständlich: »Eine durch keinen widerlegenden Widerspruch aufzuhaltende falsche Theorie ist deshalb nicht weniger falsch, genauso wie eine durch kein reprimierendes Gericht aufzuhaltende verbrecherische Politik deshalb nicht weniger verbrecherisch ist« (1923 [14], S. 270).

Die Gegner des Intuitionismus haben zahlreiche Einwände erhoben, manche prinzipieller, manche praktischer Natur. Der bekannteste Vorwurf gegen Brouwer und seinen Intuitionismus lautet wohl, daß der Intuitionismus die Mathematik verarmen läßt und sie mühselig und häßlich macht. »...Brouwer's intuitionism which is utterly destructive in its results« [45]. Sogar ein Konstruktivist wie Weyl, der eine Zeitlang zur Brouwerschen Richtung gehörte, bemerkt diese Schattenseite: »Die Mathematik erwirbt mit Brouwer die höchste intuitive Klarheit. Es gelingt ihm, die Anfangsteile der Analysis in natürlicher Weise zu entwickeln und dabei den Kontakt zur Anschauung viel enger festzuhalten, als vorher der Fall war. Es läßt sich jedoch nicht leugnen, daß bei dem Fortschritt zu höheren und mehr allgemeinen Theorien die Unanwendbarkeit der einfachen Prinzipien der klassischen Logik letztlich eine kaum mehr zu ertragende Mühseligkeit zur Folge hat. Mit Schmerzen sieht der Mathematiker, wie der Großteil seines Turmbaues, den er als solide gemauert betrachtete, sich in Nebel auflöst« ([141], S. 75). Diesen Einwand kann man verstehen, wenn man sieht, in welcher Weise konkrete Teile der intuitionistischen Mathematik, z. B. die Integrationstheorie, aufgebaut sind. Jedoch sollte man sich dessen bewußt sein, daß sogar für den Nicht-Intuitionisten ein solcher Aufbau gewinnbringender ist als eine glatte Behandlung mit Hilfe des Lemmas von Zorn oder mit Hilfe der Kardinalitätsargumente (im übrigen muß man kein Intuitionist sein, um dies schätzen zu können; in der gängigen Praxis unterscheidet man sowieso schon konstruktive und nicht-konstruktive Methoden). Im besonderen bekommt man (klassisch gesprochen) effektive Versionen von Sätzen. Betrachten wir die Entwicklung der Mathematik im zwanzigsten Jahrhundert, so zeigt sich, daß bisher der »abstrakte«, inkonstruktive Aufbau die meisten spektakulären Erfolge, und gewiß die meisten Anhänger, hatte. Im besonderen hat die Schule von Bourbaki (über sie unten mehr) die abstrakte, klassische Mathematik nahezu für sakrosankt erklärt.

Wir sollten jedoch nicht vergessen, daß es sehr wohl eine Periode gegeben hat, in der die Wahl zwischen einer konstruktiven und einer radikal klassischen Mathematik bei weitem nicht entschieden war. In den zwanziger und dreißiger Jahren hielt Brouwer an wichtigen Universitäten im Ausland Vorträge, die vielen

Mathematikern Stoff zum Nachdenken boten. Die heftige Reaktion HILBERTS in seinen Hamburger Vorträgen sind ein Hinweis dafür, daß HILBERT die Aktivitäten BROUWERS als eine ernsthafte Gefahr für die Mathematik betrachtete.[1] Im übrigen hat HILBERT (im Gegensatz zu BERNAYS und GÖDEL) den Intuitionismus BROUWERS niemals richtig schätzen können; er betrachtete ihn lediglich als eine Wiederholung von KRONECKERS Attentat auf die damalige Mathematik.

Als eine kennzeichnende Illustrierung des Standes der mathematischen Diskussion am Anfang dieses Jahrhunderts erwähnen wir die berühmte Wette zwischen HERMANN WEYL und GEORG POLYA, die am 9. Februar 1918 in Zürich abgeschlossen wurde [106]. WEYL wettete dabei, daß innerhalb von 20 Jahren der konstruktive Standpunkt bezüglich folgender konkreter Punkte siegen würde:[*]

1. Jede begrenzte Teilmenge des Kontinuums hat ein Supremum.

2. Jede unendliche Teilmenge des Kontinuums hat eine abzählbare Teilmenge.

Grob wiedergegeben, prophezeite WEYL, daß »POLYA selber oder aber die Mehrzahl der maßgebenden Mathematiker« anerkennen würde, daß beide Thesen *entweder* im gleichen Maße wie die »Hauptsätze der HEGELschen Naturphilosophie« Anspruch auf Wahrheit oder Unwahrheit würden erheben können *oder aber* unwahr sein würden. Die Reaktionen, die POLYA 1940 im Hinblick auf diese Wette bekam, waren – mit Ausnahme jener GÖDELS – für WEYL negativ.

Zur Frage des Verlustes großer Teile der gängigen Mathematik (im besonderen der transfiniten Themen) wird der orthodoxe Intuitionist antworten, daß der Verlust von etwas, das man nie besessen hat, hingenommen werden muß und unmöglich traurig stimmen kann.

Was die Mühseligkeit der Behandlung der übriggebliebenen Teile der Mathematik betrifft, so muß bemerkt werden, daß mo-

1 Vgl. Kap. VII, Abschnitt 3.
* WEYL hatte in jenen Jahren noch ein eigenes Grundlagenprogramm, das als »prädikativer Aufbau der Mathematik« bezeichnet werden kann (siehe [139] und [140]).

derne Methoden im Laufe der Jahre eine elegantere Präsentierung ermöglicht haben. BISHOP, der große Teile von BROUWERS Programm (ohne die abstrakteren Teile, die Wahlfolgen usw.) übernahm, hat in einer sehr lesbaren Weise einen konstruktiven Aufbau von Teilen der Mathematik gegeben, der für jeden Mathematiker Pflichtlektüre ist [9]. In BISHOPS Vorwort hört man eine an BROUWER erinnernde Entschlossenheit: »Dieses Buch ist ein Stück konstruktivistische Propaganda, in der Absicht zu zeigen, daß es eine befriedigende Alternative gibt. Zu diesem Zweck entwickeln wir einen Großteil der abstrakten Analysis in einem konstruktiven Rahmen... Diese unmittelbaren Intentionen dienen letztlich einem großen Ziel: das Kommen des schicksalhaften Tages zu beschleunigen, an dem die konstruktive Mathematik die akzeptierte Norm sein wird.« Klare Sprache und, angesichts des Wachstums von Informatik und numerischer Mathematik, vielleicht auch prophetische Sprache?

Ein prinzipieller Einwand gegen die intuitionistischen Ansprüche richtet sich gegen den Ausgangspunkt der Subjektivität. Die solipsistische Position mag (fast *per definitionem*) stark, denn nicht der Diskussion zugänglich sein; doch der resultierende Wahrheitsbegriff steht in einem krassen Gegensatz zu den exakten, wissenschaftlichen Traditionen. Besonders von (neo-)positivistischer Seite ist mit wenig Anerkennung zu rechnen. (Positivismus hier verstanden im populären Sinne von »auf objektive Erfahrungstatsachen gegründete Erkenntnis, wissenschaftlich angewandt«. Übrigens ist zu bemerken, daß ein Solipsist sich selbst sehr wohl als Positivisten bezeichnen kann.)

Wenn man versucht, den Intuitionismus auf eine intersubjektive Version zu begründen, so setzt man sich notwendigerweise der Kritik aus, die im großen und ganzen gegen DESCARTES erhoben wurde: Wenn es mehrere Subjekte gibt, die durch Introspektion und geistige Konstruktionen mathematisch tätig sind, so gibt es kein überzeugendes Argument, um plausibel zu machen, daß sie die gleichen Wahrheiten erfahren werden.

Im Fall der Intersubjektivität spielt die Sprache eine viel wichtigere Rolle als bei BROUWER. Auf dem Weg der Sprache müssen mathematische Konstruktionen von Individuum zu Individuum übermittelt werden; der Empfänger muß dabei (oder nach-

her) anhand der sprachlichen Beschreibung die gemeinten Konstruktionen in seinem eigenen Geiste realisieren. Es handelt sich
dabei um einen vergleichbaren Auftrag wie etwa die Aufstellung
eines Wandmöbels anhand beigefügter Anweisungen oder die
Realisierung eines Algorithmus anhand eines Programms. Inwie-
fern man auf eine genaue Korrespondenz rechnen darf, hängt unter anderem von den Kennzeichen des Kommunikationsprozesses
ab. Man setzt voraus, daß das Gesprochene beim Hörer Assozia-
tionen bewirkt, die »isomorph« sind mit den mentalen Bildern
(oder der mentalen Lage) des Sprechers. Vieles von der signifika-
tiven Arbeit MANNOURYS [87] bezieht sich auf diese Problematik.
Auf der Grundlage solcher Hypothesen über Kommunikation
kann man auf eine genaue Korrespondenz rechnen, wenn die beschriebenen mathematischen Handlungen mechanistischer Natur
sind, das heißt, wenn sie mit einer deterministischen Maschine
(vom Typ einer Turingmaschine) realisiert werden können. Wenn
jedoch ein gewisses Maß an Freiheit im Spiel ist, so ist der Nutzen
der Sprache geringer. Namentlich kann man eine Wahlfolge nicht
in einer solchen Weise beschreiben, daß der Leser sie reproduzie-
ren kann. Freilich ist es wohl möglich, partielle Beschreibungen
von Wahlfolgen zu geben derart, daß der Leser eine Wahlfolge
aufbauen kann, die der Beschreibung genügt (z. B.: »Gib die ersten fünf Werte einer Wahlfolge plus die zusätzliche Bedingung,
daß alle nachfolgenden Werte positiv sind«). Die Systeme
KLEENE-VESLEY und VAN KREISEL-TROELSTRA sind Beispiele von
(symbolischen) Sprachen zur Beschreibung von Wahlfolgen.

Zwischen den beiden Extremen, *totale Abhängigkeit von der
Sprache* (Formalismus) und *Ablehnung der wissenschaftlichen
Rolle der Sprache* (BROUWER), sind allerlei Graduierungen mög-
lich, wie oben skizziert worden ist.

Stellt man sich auf den Standpunkt BROUWERS, so hat der Übergang zu einer formalen Sprache (»formalistisches Panazee«)
natürlich keinen Zweck. Als historische Glosse kann man hinzufügen, daß die mathematische Welt erleichtert Atem schöpfte, als
HEYTING 1930 seine Formalisierung der intuitionistischen Logik
veröffentlichte. BROUWERS Schriften luden nicht zur Lektüre ein
und boten offenbar Anlaß zu Mißverständnissen.

Schließlich muß bemerkt werden, daß auch für Nicht-Intuitionisten intuitionistische Begriffe und Betrachtungen sinnvoll sein können. Es läßt sich nämlich die These verteidigen, daß die intuitionistische Mathematik den effektiven Teil der klassischen Mathematik beschreibt. Es besteht die Gewohnheit, zu diesem Zweck Subtheorien anzuzeigen, die als logische Komponente die intuitionistische Logik voraussetzen. Manchmal geht man noch weiter, indem man ein spezifisch intuitonistisches Prädikat, wie z. B. »Beseitigung«, hinzufügt. Sofern man sich auf diskret beschreibbare Teile der Mathematik beschränkt, hat diese These tatsächlich vieles für sich: Man kann mit ihr Arithmetik, Kombinatorik, rekursive Analysis usw. behandeln. Für die vollständige Analysis ist eine dermaßen triviale Adaptation unmöglich infolge der Tatsache, daß klassische und intuitionistische Analysis in manchen Punkten unvereinbar sind. Man kann allerdings die intuitionistische Analysis »mitnehmen«, indem man separate konstruktive logische Operationen introduziert, so daß man nicht allein eine pluriforme, sondern auch eine »bi-logische« Theorie bekommt.

Als technische Erläuterung: Die intuitionistische Analysis **CS** von TROELSTRA hat eine Übersetzung in der klassischen Theorie **IDB** der Analysis, das heißt, jedem Satz A mit Wahlvariablen wird ein Satz A^* ohne Wahlvariablen hinzugefügt, so daß die Ableitbarkeit von A in **CS** der Ableitbarkeit von A^* in **IDB** entspricht. Auf dem Wege dieser Übersetzung kann diese spezielle Version der intuitionistischen Analysis in die klassische Analysis inkorporiert werden. Aus den Einzelheiten der Übersetzung geht gleichzeitig hervor, daß die (intuitionistischen) Junktoren anders interpretiert werden. Eine solche Eingliederung des intuitionistischen Fragmentes bleibt jedoch problematisch, weil der Begriff »konstruktiv«, oder »effektiv«, nicht genau definiert ist: Er ist »open-ended«; das heißt, wir erkennen eine effektive Operation wieder, wenn wir eine sehen, wir besitzen jedoch keine umfassende Definition der Klasse aller effektiven Operationen. Es gibt jedoch ein pragmatisches Argument zugunsten einer systematischen Anwendung intuitionistischer Methoden für konstruktive Arbeit in der Analysis: Einige intuitionistische Systeme sind konsistent mit CHURCHS These, was heißt, daß in einem solchen System alle Funktionen rekursiv (heißt: algorithmisch) vorausgesetzt werden können. Ein damit zusammenhängendes Argument ist folgendes:

Zahlreiche intuitionistische Systeme sind geschlossen unter der Regel von Church, das heißt, wenn $\forall x \, \exists y \, A(x,y)$ herleitbar ist, so ist auch $\forall x \, A(x,f(x))$ herleitbar für eine rekursive Funktion f (vgl. [133]). Im großen und ganzen kann man folglich die Anwendung intuitionistischer Methoden unter anderen den Informatikern empfehlen: Diese Methoden bleiben im allgemeinen den algorithmischen Aspekten treu.

Die Adaption, sagen wir, der intuitionistischen Analysis ist nicht ganz problemlos, weil bestimmte Prinzipien von manchen Konstruktivisten wohl, von anderen dagegen nicht akzeptiert werden. Ein Beispiel ist Markovs Prinzip, das von der Russischen Schule akzeptiert wird, aber nicht von den Intuitionisten. Wenn man aber die Junktoren neu interpretiert nach der sogenannten *Dialektik-übersetzung* Gödels, so zeigt sich, daß Markovs *Prinzip* doch intuitionistisch akzeptabel ist, freilich muß man dabei wieder berücksichtigen, daß solche Übersetzungen die intendierte Bedeutung ändern [133].

Negationslose Mathematik

Von allen logischen Junktoren ist die Negation wohl am meisten der Kritik ausgesetzt. Eine naive Form der Kritik ist durch das Auftreten von Paradoxen bedingt. Denn wenn es keine Negation gäbe, könnte es $A \wedge \neg A$ nicht geben! Aus diesem Grund wird gelegentlich der eskapistische Vorschlag gemacht, die Negation zu verbieten. Diese Lösung geht an der Tatsache vorbei, daß ein Widerspruch kein »lokales« Phänomen ist; in nahezu allen logischen Systemen gilt folgendes: Man kann ein Paradox herleiten dann und nur dann, wenn man jede Aussage herleiten kann. Letztere Eigenschaft macht deutlich, weshalb Mathematiker (und nicht nur sie) Widersprüche nicht mögen. Denn eine Theorie, in der alles hergeleitet werden kann, macht es unmöglich, »wahr« und »unwahr« zu unterscheiden; mit anderen Worten: Eine solche Theorie hat keinerlei erklärenden oder vorhersagenden Wert. Gleichzeitig sehen wir, daß wir »inkonsistent« auch definieren können ohne Benutzung der Negation, und zwar folgendermaßen: T ist inkonsistent, wenn $T \vdash A$ gilt für alle A. Diese modifizierte Definition ist wichtig für Theorien ohne Negation, wie etwa die kombinatorische Logik. Jedenfalls kann man der Negation nicht vorwerfen, sie sei schuld an den Paradoxen.

Ein mehr inhaltsbezogener Einwand gegen die Negation wurde von C. F. R. GRISS vorgebracht, als er den Vorschlag machte, die intuitionistische Mathematik von der Negation zu säubern. Seine Kritik geht von BROUWERS Standpunkt aus, daß die *Konstruktion* (eventuell: der Wahlprozeß) das Rückgrat der Mathematik ist. »Ein Objekt a kennen« bedeutet: »eine Konstruktion für a haben«, »eine Behauptung A verstehen« bedeutet: »sich eine Konstruktion vorstellen können, die ein Beweis für A ist«. Betrachten wir als Beispiel die Aussage »0 = 1«. Eine Konstruktion, die »0 = 1« beweist, gibt es nicht; mithin habe, so GRISS, die Aussage »0 = 1« keinen Sinn; wir können sie nicht verstehen. Damit entfällt auch ¬A, das ja das gleiche bedeutet wie »Aus A folgt 0 = 1«. Vorausgesetzt, daß man wenigstens die Komponenten einer Aussage verstehen muß, wenn man die Aussage insgesamt verstehen will, so muß man zuerst A verstehen (für sinnvoll halten) und dann A → 0 = 1, aber dann muß man sich auch einen Beweis von »0 = 1« vorstellen können. Letzteres ist unmöglich, und deshalb lehnt GRISS die Negation ab.

Betrachten wir einen konkreten Fall: $\sqrt{2}$ *ist irrational*. Dies heißt, es gibt keine p und q (ganz und ungleich 0) derart, daß $(p/q)^2 = 2$. Man beweist dieses aus dem Ungereimten, indem man voraussetzt, daß es ganze Zahlen p und q gibt, derart daß $(p/q)^2 = 2$, und leitet dann einen Widerspruch her. Aber: $(p/q)^2$ ist eine verkürzte Schreibweise für: Es gibt eine Konstruktion, die zwei Zahlen p und q angibt, deren Quotient berechnet, diesen quadriert und erfolgreich mit 2 vergleicht. Eine solche Konstruktion gibt es jedoch nicht! In der Praxis lehnt GRISS denn auch den Begriff »Irrationalität« ab und ersetzt ihn durch ein positives Analogon: eine positive Entfernung zu jeder Rationalzahl zu besitzen.

GRISS' Standpunkt läuft darauf hinaus, daß »das, was es nicht gibt, auch nicht in Gedanken konstruiert (vorgestellt) werden kann«.

Es muß bemerkt werden, daß GRISS' Kritik auch Aussagen ohne Negation gefährdet, Aussagen, die jeder wohldenkende Mensch für wahr halten dürfte. Zum Beispiel: Wenn in der dezimalen Entwicklung für π eine Reihe von 9 Neunern vorkommt, dann kommt auch eine Reihe von 8 Neunern vor. Wir wissen nichts über das Vorkommen der Reihe von 9 Neunern, können uns folglich auch keinen Beweis (oder keine Konstruktion) dieser Behauptung vorstellen (sich vorstellen können bringt in diesem Kontext existenzielle Verpflichtungen mit sich!), folglich können wir uns auch keinen Beweis der Implikation vorstellen.

Die Schlußfolgerung lautet, daß die negationslose Mathematik besonders vorsichtig mit ihren Aussagen umgehen soll. Jedenfalls kann man weder Widersprüche noch Negationen zulassen. Die Konsequenzen für den Aufbau der Mathematik sind nicht gering. Um einige Folgen zu nennen: Die Ungleichheitsrelation ist nicht zugelassen; Mengen gibt es zwar, aber Komplemente und leere Mengen sind tabu. Folglich gibt es auch den Durchschnitt von A und B nur dann, wenn er nicht leer ist (heißt: wenn er bewohnt ist). Auch für Begriffe wie irrational, diskontinuierlich usw. ist in Griss' sogenannter negationsloser Mathematik kein Platz.

Von den bekannten Teilen der Mathematik – Arithmetik, Analysis – ist in der negationslosen Mathematik noch vieles zu retten, weil es für einige negative Begriffe auch positive Äquivalente gibt. So introduzierte Brouwer in seinem Aufbau der Mathematik eine sogenannte *Beseitigungsrelation* für reelle Zahlen:

$$a \neq b \quad \text{wenn} \quad \exists k \, \exists n \, \forall p \, (\, |a_{n+p} - b_{n+p}| > 2^{-k}),$$

wobei $\langle a_n \rangle$ und $\langle b_n \rangle$ Cauchy-Folgen für a und b sind. In dieser Definition kommt keine Negation vor, folglich ist der Begriff akzeptabel für die negationslose Mathematik. Mit Hilfe dieser Relation kann man vieles von dem simulieren, was andernfalls mit Ungleichheit erreicht wird. Folglich kann innerhalb der negationslosen Mathematik ein Großteil der intuitionistischen Mathematik und Analysis aufgebaut werden. Brouwer verteidigt sich gegen Griss' Kritik durch den Hinweis darauf, daß es essentiell negative Eigenschaften gibt (1948 a). Das Herz von Griss' Kritik ist jedoch, daß Negation auf Widerspruch beruht, zum Beispiel in der Form eines »quadratischen Kreises« oder einer »positiven Zahl, welche kleiner ist als alle (anderen) positiven Zahlen« (das heißt, in infinitesimal traditioneller Prägung). Solche Objekte gibt es nicht, was heißt, man kann keine Konstruktion für sie geben. Auf diese Kritik kann man erwidern, daß Begriffe R (beziehungsweise Objekte p) legitimiert sind, wenn wir wissen, was ein Beweis dafür ist, daß eine Entität a unter R fällt (beziehungsweise welcherart Konstruktion für p erforderlich ist), und *nicht*, daß es einen solchen Beweis (beziehungsweise Konstruktion) *tatsächlich gibt*. Folglich ist eine Entität C ein quadratischer Kreis, wenn es einen Beweis gibt, daß C ein Kreis ist, und einen Beweis, daß C ein Quadrat ist. Beide Teile sind vollkommen deutlich: Im Hinblick auf einen Beweis B läßt sich kontrollieren, ob er beweist, daß C ein Kreis ist, und gleichfalls, ob er beweist, daß C ein Quadrat ist. Im Falle dieser liberaleren Interpretation gibt es keine Einwände gegen Negation und Widerspruch.

Die (negationslose) Logik ist, wie zu erwarten, auch komplizierter als die intuitionistische Logik. Jede Aussage muß gewissermaßen von ihrem »Positivitätsbeweis« begleitet werden. GILMORE hat die Logik der negationslosen Mathematik untersucht. Er hat unter anderem nachgewiesen, daß innerhalb dieser negationslosen Logik (mit entsprechend gewählter Sprache und Axiomen) die intuitionistische Logik mit Hilfe einer gewissen Übersetzung zurückgefunden werden kann (vom Standpunkt der Negationslosen her ist dieser »Trick« jedoch nicht akzeptabel). Außer GRISS haben auch VAN DANTZIG und JOHANSSON Einwände gegen die Praxis der Negation vorgetragen. VAN DANTZIG veröffentlichte seine *Affirmative Mathematik* [23] und JOHANSSON seine *Minimale Logik* [64]. Die minimale Logik kann verstanden werden als ein Subsystem der intuitionistischen Logik, in dem die ex-falso-Regel zurückgewiesen wurde. Philosophisch betrachtet sind die beiden letzteren Systeme weniger interessant. Für technische Resultate bezüglich der minimalen Logik siehe [107].

Für die klassische Mathematik (beziehungsweise Logik) ist es nicht zweckmäßig, die Negation wegzulassen. Der Gedanke, daß eine Klasse immer in zwei Teile geteilt werden kann – in einen, in dem A(x) gilt, und in einen, in dem $\neg$A(x) gilt –, ist dermaßen grundlegend, daß ohne Negation die klassische Mathematik undenkbar ist (technisch gesprochen ist dies eine Tautologie, denn die klassische Logik entsteht aus der intuitionistischen Logik durch die Hinzufügung des Prinzips vom ausgeschlossenen Dritten (A $\vee$ $\neg$A) oder der Regel der doppelten Negation ($\neg\neg$A $\rightarrow$ A).

RUSSELL erwähnt [39] eine in diesem Zusammenhang bedeutsame Bemerkung GÖDELS: »When I met professor GÖDEL I dis-
covered that he was a complete Platonist. I asked him if he be-
lieved that the real world contained the operation of negation. He
said ›yes‹, and do you know, he gave a good account of himself.«

Anmerkungen

1 Es sind mehrere Versuche unternommen worden, in concreto ein System
von Konstruktionen (und mithin Beweisen) zu errichten, besonders KREISEL
und GOODMAN sind hier zu nennen. Eine befriedigende konzeptuelle Reduktion ist jedoch noch nicht erreicht worden. Bis auf weiteres ist die Relevanz
dieser Formalisierungen zweifelhaft.

Bei der Darstellung haben wir einige Vereinfachungen angebracht, die nicht
ganz harmlos sind. Die Frage stellt sich, ob wir mit dem Übergang von »A«
nach »a ist ein Beweis von A« tatsächlich eine Reduktion erreicht haben, mit
anderen Worten: Ist »a ist ein Beweis von A« nicht viel komplizierter als »A«?
Intuitionistisch betrachtet ist die Relation »a ist ein Beweis von A« entscheidbar, denn der idealisierte Mathematiker erkennt einen Beweis, wenn er einen
sieht, und er weiß, was bewiesen wird. Infolgedessen ist eine allgemeine Aussage »A« auf eine Aussage zurückgeführt worden, auf die die
zweiwertige Logik anwendbar ist. Experimentell, wenn wir diesen Terminus
benutzen dürfen, wird diese Entscheidbarkeitshypothese durch die Tatsache
unterstützt, daß in den gängigen Systemen die Beweisrelation entscheidbar
(sogar primitiv rekursiv) ist.

Die Interpretation von →, ¬ und ∀ bietet eine zusätzliche Schwierigkeit. In
jenen Fällen wird nämlich das Vorhandensein einer Konstruktion gefordert,
die auf unendlich viele Inputs funktionieren können muß, wobei das Ergebnis
eine bestimmte Eigenschaft haben soll. Es reicht in diesen Fällen nicht, eine
solche Konstruktion anzugeben: Man muß auch noch beweisen, daß diese
Konstruktion »tut, was gefordert wird«. Diese Situation ist vergleichbar mit
dem Geben eines Algorithmus (zum Beispiel zur Bestimmung des ggT oder zur
Inversion von Matrizen). Es reicht nicht, den Algorithmus anzugeben; man
muß auch noch beweisen, daß der Algorithmus die richtige Antwort gibt (in der
Informatik nehmen Korrektheitsbeweise von Programmen einen wichtigen
Platz ein). Dieser Beweis der Korrektheit findet jedoch, sozusagen, außerhalb
des Systems statt; dadurch wird Zirkularität vermieden. Anders gesagt: Diese
Beweise gehören zu einer konzeptuell einfacheren Sorte.

Schließlich noch eine grundsätzliche Bemerkung: Die Beweisinterpretation
der Implikation ist »imprädikativ«, denn die geforderte Konstruktion soll auf
alle möglichen Beweise von A funktionieren können, und wenn man annimmt,
daß die geforderte Konstruktion eine Totale ist (das heißt, daß sie auf alle
Inputs einen Output gibt), so wird sie in Termen von *allen* Konstruktionen
definiert (ähnliches gilt für ¬ und ∀). Eine Möglichkeit, sich dieser Imprädika-
tivität zu entziehen, besteht darin, daß man ausschließlich »cut free«-Beweise

(oder Beweise in Normalform) betrachtet. Es ist übrigens merkwürdig, daß die Thesen der intuitionistischen Prädikatenlogik sich schon in der weiteren, imprädikativen Interpretation als richtig erweisen. Bei BROUWER ist die Rede von einer gewissen Normalform von Beweisen ([14], 1927), die wohlgeordnete (eventuell unendliche) Reihen von elementaren Folgerungen sind. Eine Beschränkung auf ausschließlich normale Beweise scheint jedoch philosophisch nicht haltbar.

2 Man kann natürlich »Wahlfolge« als eine »Redensart« auffassen, obwohl weder BROUWERS Schriften noch die intuitionistische Praxis dazu Anlaß geben. Im Gegenteil, wenn man dem Intuitionismus gerecht werden will, so wird man die Wahlfolge als Objekt mit Existenzberechtigung akzeptieren und analysieren müssen.

Es gibt übrigens bestimmte technische Ergebnisse in der Theorie der Wahlfolgen, die in diesem Zusammenhang wichtig sind, weil sie (unter der Voraussetzung bestimmter Hypothesen) zeigen, daß Wahlfolgen aus geschlossenen Aussagen eliminiert werden können. Genauer gesagt: Jede Formel ohne Wahlparameter ist äquivalent (in einer wohlumschriebenen Theorie von induktiv definierten Mengen) mit einer Formel, die ausschließlich gesetzmäßige (gebundene und freie) Funktionsvariablen enthält ([134] und [76]). Dies zeigt, daß in der Tat die Wahlfolgen (bis zu einer gewissen Höhe) als »Redensart« betrachtet werden können.

3. Rekursive Funktionen

Der Streit zwischen dem Formalismus (HILBERT) und dem Intuitionismus (BROUWER) gehört zu den wichtigsten erkenntnistheoretischen Auseinandersetzungen unseres Jahrhunderts. Wir werden im Schlußkapitel dieser Schrift noch darauf eingehen. Hier soll zunächst klargemacht werden, wie denn »konstruktive Mathematik« aussehen kann, die von der »Urintuition« des Zählens ausgeht.

Es gibt mancherlei konstruktive Ansätze. Wir wollen uns hier darauf beschränken, einiges über »rekursive Funktionen« mitzuteilen.

Es geht im Grunde darum, die gesamte Mathematik auf den elementaren Prozeß des Zählens zurückzuführen. Wir nehmen also die Reihe der natürlichen Zahlen 1,2,3,4,5,... als gegeben hin (»von Gott geschaffen« im Sinne KRONECKERS). Der Zählprozeß liefert für jede Zahl den Nachfolger, der durch einen ' bezeichnet wird. Es ist also:

$$1' = 2, \quad 2' = 3, \quad 3' = 4, \ldots, 10' = 11, \ldots$$

Der konstruktive Mathematiker versucht nun, zunächst die zahlentheoretischen Funktionen[1] »rekursiv« auf den elementaren Prozeß des Zählens zurückzuführen. Das wird in dem folgenden Beitrag von Rózsa Péter (1905–1977) durchgeführt. Da aber für manche Anfänger der Formalismus der Rekursion nicht leicht durchschaubar ist, wollen wir die Zurückführung der Addition auf den elementaren Prozeß des Zählens etwas ausführlicher darstellen.

Es geht also um die Definition der Summe $a + b$ für irgend zwei natürliche Zahlen a und b. Die Definitionsgleichungen können so formuliert werden:

(1a) $a + 1 = a'$
(1b) $a + b' = (a + b)'$.

Nach der ersten Definitionsgleichung ist $a + 1$ gleich dem Nachfolger a' im Zählprozeß. Es ist also z. B. $7 + 1 = 7' = 8$.

Die zweite Definitionsgleichung sagt uns nun, wie wir zu einer Summe $a + b'$ kommen, wenn wir $a + b$ bereits gefunden haben. Danach ist z. B. die Summe $7 + 2 = 7 + 1' = (7 + 1)'$. Wir wissen bereits, daß $7 + 1 = 8$ ist. Deshalb folgt aus der zweiten Gleichung $7 + 2 = (7 + 1)' = 8' = 9$. Auf diese Weise kann man fortschreiten und $a + b$ für jede natürliche Zahl b bestimmen.

Damit ist die Addition auf den Prozeß des Zählens zurückgeführt. Entsprechend können wir bei der Multiplikation verfahren, wobei wir diesmal den Prozeß des Addierens als bekannt voraussetzen dürfen. Beides findet man – neben vielen weiteren Beispielen für »rekursive« Funktionen – in den folgenden Ausführungen von R. Péter.

Man beachte dabei aber, daß Péter die 0 als Anfangszahl der Reihe der natürlichen Zahlen nimmt. Die der Gleichung (1a) entsprechende Gleichung ist bei ihr daher

(1a') $a + 0 = a$.

Aus ihr ergibt sich wegen (1b) mit $b = 0$, also $b' = 0' = 1$,

---

1 Zahlentheoretische Funktionen sind hier solche Funktionen, die natürlichen Zahlen wieder natürliche Zahlen zuordnen.

$$a+1=a+0'=(a+0)'=a',$$

also unsere Gleichung (1a). Es ist daher gleichgültig, ob man mit (1a′) oder (1a) beginnt, wenn man davon absieht, daß man im zweiten Falle die 0 nicht miterfaßt. Geht man noch zu der Notation von Péter über und schreibt n statt b, $\varphi(n,a)$ statt $a+n$ und $\beta(n)$ statt n', so gewinnt man deren Definitionsgleichungen für die Addition:

$$\varphi(0,a) = a$$
$$\varphi(\beta(n),a) = \beta(\varphi(n,a)).$$

Wir bringen nun die beiden ersten Paragraphen aus dem Buch von R. Péter [104] mit Ausnahme der beiden letzten, etwas umfangreicheren Beispiele rekursiver Funktionen im § 1 und einiger kürzerer Passagen des § 2, die u. a. gerade auf die fortgelassenen Beispiele Bezug nehmen.

☐ *§ 1*
Die übliche Definition von zahlentheoretischen Funktionen, durch Übergang von n zu $n+1$

1. Man erhält die natürlichen Zahlen, wenn man von 0 oder von 1 ausgeht (in diesem Buch immer von 0) und immer wieder um 1 weiterzählt. Darum ist in der Wissenschaft der natürlichen Zahlen, in der elementaren Zahlentheorie, dieses »um 1 Weiterzählen« eine der wichtigsten Methoden. Die Aussagen über natürliche Zahlen lassen sich meistens so beweisen, daß man von n auf $n+1$ schließt; und es ist üblich, zahlentheoretische Funktionen so zu definieren, daß der Funktionswert an der Stelle 0 und außerdem die Art angegeben wird, wie der für $n+1$ angenommene Funktionswert aus an vorherigen Stellen angenommenen Funktionswerten gewonnen werden kann.

2. Die einfachste der vier Spezies, nämlich die Addition einer natürlichen Zahl zu einer anderen natürlichen Zahl a, kann so ausgeführt werden, daß man die Einheiten der betreffenden Zahl einzeln zu a hinzuzählt. Die Addition von $n+1$ kann daher so geschehen, daß zum Ergebnis $a+n$ der Addition von n noch eine 1 addiert wird. Das heißt, wenn die Summe $a+n$ mit $\varphi(n, a)$ bezeichnet wird, so ist

$$\varphi(0, a) = a$$
$$\varphi(n + 1, a) = \varphi(n, a) + 1.$$

Hier wurde also die Funktion $\varphi(n, a) = a + n$ mit Hilfe der einfacheren Funktion $\beta(a) = a + 1$ wie folgt definiert:

$$\varphi(0, a) = a$$
$$\varphi(n + 1, a) = \beta(\varphi(n, a))$$

Obwohl die Operation des Weiterzählens β ein Spezialfall der Addition, nämlich $\beta(a) = \varphi(1, a)$ ist, betrachtet man diese Operation mit Recht als einfacher als die Addition; nicht nur, da sie einstellig, die Addition dagegen zweistellig ist, sondern auch, weil sie auch geschichtlich der Addition vorangeht. Auch das Kind, bevor es noch addieren kann, weiß, daß 10 auf 9 folgt (und auch später berechnet es nicht durch Addition von 1, welche Zahl auf 9 folgt). Man kann natürlich die Definition der Addition auch wie folgt schreiben:

$$\varphi(0, a) = a$$
$$\varphi(\beta(n), a) = \beta(\varphi(n, a));$$

und ähnliches gilt weiter unten für die Definitionen anderer Funktionen.

In analoger Weise bedeutet die Multiplikation von a mit den Zahlen 1, 2, 3,... daß a 1mal, 2mal, 3mal,... addiert wird; bei dem Multiplizieren mit $n + 1$ wird also noch ein a zum Ergebnis $n \cdot a$ des Multiplizierens mit n addiert. Das heißt, wird jetzt das Produkt $n \cdot a$ mit $\varphi(n, a)$ bezeichnet, so ist

$$\varphi(0, a) = 0$$
$$\varphi(n + 1, a) = \varphi(n, a) + a.$$

Ähnlich sieht man ein, daß der Potenzwert a^{n+1} aus dem Wert a^n durch Multiplizieren mit noch einem a hervorgeht; ist also in diesem Fall $\varphi(n, a) = a^n$, so ist

$$\varphi(0, a) = 1$$
$$\varphi(n + 1, a) = \varphi(n, a) \cdot a.$$

(Hier wurde der Wert von $\varphi(0, a)$ für alle a als 1 angegeben; damit ist in der Definition auch das Übereinkommen enthalten, daß unter dem sonst unbestimmten Wert 0^0 hier 1 verstanden wird.)

3. Da wir im Gebiete der nichtnegativen ganzen Zahlen bleiben wollen, können wir nicht unbeschränkt die Differenz zweier Zahlen definieren. Statt dessen können wir eine Funktion $a \dot- n$ gut gebrauchen, worunter für $a \geqq n$ die Differenz $a - n$ und für $a < n$ (in welchem Fall $a - n$ negativ sein würde) 0 verstanden wird. ($a \dot- n$ ist also allgemein der »positive Teil« von $a - n$, wobei unter dem positiven Teil einer positiven Zahl oder von 0 die Zahl selbst, unter dem positiven Teil einer negativen Zahl aber 0 verstanden wird.)

Auch dieses modifizierte Subtrahieren einer Zahl kann so geschehen, daß man die in der Zahl enthaltenen Einheiten einzeln abzieht, aber nur so lange, bis man zu 0 kommt; von hier an wird diese neuartige Differenz immer 0 sein. Zieht man auf diese Art $n + 1$ von a ab, so erhält man also um 1 weniger, als wenn man n abzieht – vorausgesetzt, daß nach dem Abziehen von n noch wenigstens 1 übriggeblieben ist; wenn nicht, so ist das Ergebnis dasselbe, nämlich 0. Daher ist das Ergebnis bei dieser »arithmetischen« Subtraktion von $n + 1$ nicht $(a \dot- n) - 1$, sondern $(a \dot- n) \dot- 1$; das heißt, ist $\varphi(n, a) = a \dot- n$, so ist

$$\varphi(0, a) = a$$
$$\varphi(n + 1, a) = \varphi(n, a) \dot- 1.$$

In dieser Definition wurde die »arithmetische« Subtraktion von 1 benutzt. $n \dot- 1$ bedeutet die Differenz $n - 1$, solange $n \geqq 1$ ist, und wird zu 0, wenn $n = 0$ ist. Wird $\varphi(n) = n \dot- 1$ gesetzt, so ist daher

$$\varphi(0) = 0$$
$$\varphi(n + 1) = n.$$

4. Eine Summe mit beliebig vielen Gliedern und ein Produkt mit beliebig vielen Faktoren kann ebensfalls leicht durch Übergang von n zu $n + 1$ definiert werden. Ist zum Beispiel eine Funktion $\alpha(n, a_1, \ldots, a_r)$ von beliebig vielen Variablen bereits bekannt, so erhält man, indem man die Funktionswerte für $n = 0, 1, 2, \ldots$ addiert bzw. multipliziert,

$$\sum_{i=0}^{0} \alpha(i, a_1, \ldots, a_r) = \alpha(0, a_1, \ldots, a_r)$$

$$\sum_{i=0}^{n+1} \alpha(i, a_1, \ldots, a_r) = \left\{ \sum_{i=0}^{n} \alpha(i, a_1, \ldots, a_r) \right\} + \alpha(n + 1, a_1, \ldots, a_r),$$

bzw.

$$\prod_{i=0}^{0} \alpha(i, a_1, \ldots, a_r) = \alpha(0, a_1, \ldots, a_r)$$

$$\prod_{i=0}^{n+1} \alpha(i, a_1, \ldots, a_r) = \left\{ \prod_{i=0}^{n} \alpha(i, a_1, \ldots, a_r) \right\} \cdot \alpha(n+1, a_1, \ldots, a_r).$$

$\sum_{i=a}^{b}$ und $\prod_{i=a}^{b}$ sind für $b < a$ zunächst nicht definiert. Ich werde unter einer solchen Summe 0 und unter einem solchen Produkt 1 verstehen. Mit diesem Übereinkommen kann die Summe zwischen beliebigen Grenzen definiert werden:

$$\sum_{i=m}^{n} \alpha(i, a_1, \ldots, a_r) = \begin{cases} 0, \text{ falls } m > n \\ \sum_{i=0}^{n} \alpha(i, a_1, \ldots, a_r), \text{ falls } m = 0 \\ \sum_{i=0}^{n} \alpha(i, a_1, \ldots, a_r) - \sum_{i=0}^{m-1} \alpha(i, a_1, \ldots, a_r), \\ \qquad\qquad\qquad\qquad\qquad\qquad \text{falls } 0 < m \leqq n. \end{cases}$$

Freilich könnte auch das Produkt zwischen beliebigen Grenzen in analoger Weise definiert werden, nur übernimmt dann die Rolle der Subtraktion die Division, von welcher erst später die Rede sein wird. Außerdem bedeutet hierbei das Auftreten von 0-Faktoren einen Ausnahmefall. Um dies zu vermeiden, kann

$$\prod_{i=m}^{n} \alpha(i, a_1, \ldots, a_r) \text{ für } n > m \text{ durch } \prod_{i=0}^{n \div m} \alpha(i + m, a_1, \ldots, a_r)$$

definiert werden.

5. Die Trennung der einzelnen Fälle muß nicht in Worten geschehen. $m > n$, $m = 0$ und $0 < m \leqq n$ sind sich gegenseitig ausschließende Möglichkeiten, aber eine von diesen gilt immer, wie man auch m und n wählt. Es ist leicht, die »charakteristischen Funktionen« dieser Beziehungen anzugeben; das heißt solche Funktionen $\beta_1(m, n)$, $\beta_2(m, n)$ und $\beta_3(m, n)$, daß

$$\beta_1(m,n) = \begin{cases} 1, \text{ falls } m > n \\ 0 \text{ sonst,} \end{cases} \qquad \beta_2(m,n) = \begin{cases} 1, \text{ falls } m = 0 \\ 0 \text{ sonst,} \end{cases}$$

$$\beta_3(m, n) = \begin{cases} 1, \text{ falls } 0 < m \leqq n \\ 0 \text{ sonst;} \end{cases}$$

und mit diesen kann $\sum\limits_{i=m}^{n} \alpha\,(i, a_1, \ldots, a_r)$ so aufgeschrieben werden,

daß die in den einzelnen Fällen angenommenen Werte mit Hilfe der entsprechenden charakteristischen Funktionen multipliziert und dann addiert werden.

Betrachten wir zunächst die betreffenden charakteristischen Funktionen näher.

$m > n$ ist mit $m \geqq n + 1$ und dies mit $(n + 1) \dotminus m = 0$ äquivalent. $\beta_1(m, n)$ ist also eine solche Funktion, die für $(n + 1) \dotminus m = 0$ den Wert 1 und sonst 0 annimmt. $\beta_1(m, n)$ hängt also sozusagen vom »Vorzeichen« der Funktion $(n + 1) \dotminus m$ ab. Es ist nämlich unter den Zahlen mit Vorzeichen die folgende signum-Funktion gebräuchlich:

$$\text{sign}\,(a) = \begin{cases} 1, & \text{falls } a \text{ positiv ist} \\ 0, & \text{''} \quad a = 0 \\ -1, & \text{''} \quad a \text{ negativ ist.} \end{cases}$$

Hier kommen aber negative Zahlen nicht in Betracht, also lautet die Definition der entsprechenden Funktion (die wir zur Unterscheidung mit sg bezeichnen):

$$\begin{aligned} \text{sg}(0) \quad &= 0 \\ \text{sg}(n + 1) &= 1. \end{aligned}$$

Aber $\beta_1(m, n)$ verhält sich zu $\text{sg}((n + 1) \dotminus m)$ entgegengesetzt: Sein Wert ist 1, falls dies 0 ist, und umgekehrt. Wird die Funktion, die sich »entgegengesetzt« zu $\text{sg}(n)$ verhält, mit $\overline{\text{sg}}(n)$ bezeichnet, so ist

$$\begin{aligned} \overline{\text{sg}}(0) \quad &= 1 \\ \overline{\text{sg}}(n + 1) &= 0 \end{aligned}$$

(es ist freilich $\overline{\text{sg}}(n) = 1 - \text{sg}(n) = 1 \dotminus \text{sg}(n)$; und wegen unseres früheren Übereinkommens über die Potenz ist auch $\overline{\text{sg}}(n) = 0^n$), und

$$\beta_1(m, n) \;=\; \overline{\text{sg}}((n + 1) \dotminus m).$$

Da ferner der Wert $\beta_2(m, n)$ gleich 1 oder 0 ist, je nachdem $m = 0$ oder $m \neq 0$ gilt, so ist

$$\beta_2(m, n) \;=\; \overline{\text{sg}}(m).$$

Im Fall von $\beta_3(m, n)$ ist endlich zu bedenken, daß $0 < m \leqq n$ mit der Aussage: »$1 \leqq m$ und $m \leqq n$«, ferner diese mit der Aussage »$1 \dot{-} m = 0$ und $m \dot{-} n = 0$« äquivalent ist; die letzte gilt aber dann und nur dann, wenn

$$(1 \dot{-} m) + (m \dot{-} n) = 0$$

ist. $\beta_3(m, n)$ muß eben in diesem Fall 1 und sonst 0 sein; daher ist

$$\beta_3(m, n) = \overline{\mathrm{sg}}((1 \dot{-} m) + (m \dot{-} n)).$$

6. Wie bereits in der vorigen Nummer erwähnt, läßt sich die Summe mit Zuhilfenahme der charakteristischen Funktionen folgendermaßen aufschreiben:

$$\sum_{i=m}^{n} \alpha(i, a_1, \ldots, a_r) = \beta_1(m, n) \cdot 0 + \beta_2(m, n) \cdot \sum_{i=0}^{n} \alpha(i, a_1, \ldots, a_r) +$$

$$+ \beta_3(m, n) \cdot \left(\sum_{i=0}^{n} \alpha(i, a_1, \ldots, a_r) - \sum_{i=0}^{m-1} \alpha(i, a_1, \ldots, a_r) \right).$$

Es wird ja für ein beliebiges Paar (m, n) der β-Faktor des entsprechenden Funktionswertes gleich 1, und die zu den anderen Fällen gehörigen β-Faktoren werden zu 0. (Das erste Glied ist stets 0 und könnte daher freilich auch weggelassen werden.)

Auf diese Weise ist $\sum\limits_{i=m}^{n} \alpha(i, a_1, \ldots, a_r)$ nur mit Hilfe von solchen Funktionen angegeben, die sich mit Übergang von n zu $n + 1$ definieren lassen (die vorkommenden Differenzen können durch arithmetische Differenzen ersetzt werden, denn sie kommen nur dann in Frage, wenn der Minuend nicht kleiner als der Subtrahend ist).

Ganz ähnlich verfährt man mit anderen »zusammengeflickten« Definitionen, bei denen die Funktionswerte in mehreren – einander gegenseitig ausschließenden – Fällen in verschiedener Weise angegeben werden: Sind $\alpha_1, \alpha_2, \ldots, \alpha_k$ und $\beta_1, \beta_2, \ldots, \beta_k$ bereits bekannte Funktionen der Variablen $a_1, \ldots, a_r$, und ist bei jeder Wahl der Variablen ein und nur ein β_i gleich 0, so kann die durch

$$\varphi(a_1, \ldots, a_r) = \begin{cases} \alpha_1(a_1, \ldots, a_r), & \text{falls} \quad \beta_1(a_1, \ldots, a_r) = 0 \\ \alpha_2(a_1, \ldots, a_r), & \text{''} \quad \beta_2(a_1, \ldots, a_r) = 0 \\ \cdots\cdots\cdots\cdots\cdots\cdots\cdots\cdots\cdots\cdots\cdots \\ \alpha_k(a_1, \ldots, a_r), & \text{''} \quad \beta_k(a_1, \ldots, a_r) = 0 \end{cases}$$

definierte Funktion $\varphi(a_1, \ldots, a_r)$ auch folgendermaßen aufgeschrieben werden:

$$\begin{aligned} \varphi(a_1, \ldots, a_r) = \quad & \alpha_1(a_1, \ldots, a_r) \cdot \overline{\text{sg}}(\beta_1(a_1, \ldots, a_r)) + \\ & + \alpha_2(a_1, \ldots, a_r) \cdot \overline{\text{sg}}(\beta_2(a_1, \ldots, a_r)) + \\ & \cdots\cdots\cdots\cdots\cdots\cdots\cdots\cdots\cdots\cdots \\ & + \alpha_k(a_1, \ldots, a_r) \cdot \overline{\text{sg}}(\beta_k(a_1, \ldots, a_r)). \end{aligned}$$

Falls die Bedingungen für die verschiedenen Fälle, in welchen die
Funktionswerte von φ auf verschiedene Weise definiert werden,
nicht in der Form $\beta(a_1, \ldots, a_r) = 0$ angegeben werden (wie z. B.
oben: $m > n$ und $0 < m \leqq n$), so sollen sie natürlich zuerst auf diese
Form gebracht werden (falls dies möglich ist), d. h., man hat die
charakteristischen Funktionen der entsprechenden Beziehungen
aufzusuchen.

7. Am Ende von Nr. **5** war zu bedenken, daß die Aussage
»$1 \div m = 0$ und $m \div n = 0$« dann und nur dann wahr ist, wenn

$$(1 \div m) + (m \div n) = 0.$$

Allgemein kann die Summe nicht-negativer Zahlen dann und nur
dann 0 sein, wenn jedes Glied 0 ist. Wenn daher $\alpha(n, a_1, \ldots, a_r)$
nur nicht-negative Werte annimmt, so ist für ein beliebiges r-tupel
$a_1, \ldots, a_r$ der Wert von

$$\text{sg}\left(\sum_{i=0}^{n} \alpha(i, a_1, \ldots, a_r)\right)$$

gleich 0 oder 1, je nachdem der Wert von $\alpha(i, a_1, \ldots, a_r)$ für alle i
zwischen 0 und n (die Grenzen einbegriffen) gleich 0 ist oder nicht.

Ein Produkt ist dagegen dann und nur dann gleich 0, wenn wenigstens einer seiner Faktoren 0 ist; so ist für ein beliebiges r-tupel
$a_1, \ldots, a_r$

$$\text{sg}\left(\prod_{i=0}^{n} \alpha(i, a_1, \ldots, a_r)\right)$$

gleich 0 oder 1, je nachdem es zwischen 0 und n ein i gibt oder
nicht, für welches $\alpha(i, a_1, \ldots, a_r) = 0$ ist.

Statt sg kann auch $\overline{\text{sg}}$ benutzt werden, um auszudrücken, ob für alle i bis n (bzw. ob es ein i bis n gibt für welches) der Wert $\alpha(i, a_1, \ldots, a_r)$ gleich 0 ist; wird nämlich in den vorigen Ausdrücken sg durch $\overline{\text{sg}}$ ersetzt, so wird ihr Wert gleich 1, falls dies der Fall ist, und andernfalls 0. So erhält man die charakteristischen Funktionen der betreffenden Aussagen.

8. Natürlich kann von einer unbeschränkten Division im Gebiete der natürlichen Zahlen wieder keine Rede sein. Dafür kann der ganzzahlige »arithmetische« Quotient und der Rest der Division betrachtet werden. Ist $n \neq 0$, so ist der arithmetische Quotient der Division $\dfrac{a}{n}$ die in $\dfrac{a}{n}$ enthaltene größte ganze Zahl: $\left[\dfrac{a}{n}\right]$.

Man kann diese Zahl finden, indem man n der Reihe nach mit 0, 1, 2, ... multipliziert und die erste Zahl nimmt, deren Nachfolger mit n multipliziert schon mehr als a ergibt. Unter allen natürlichen Zahlen kann man nicht immer die kleinste Zahl mit einer gegebenen Beschaffenheit effektiv aufsuchen; im vorliegenden Fall kann aber der Quotient nicht größer als der Dividend sein, also können wir ihn sicher unter den Zahlen bis a (a einbegriffen) finden.

Diese in vielen Worten erzählte Definition läßt sich wieder ohne ein einziges Wort aufschreiben. Erstens ist die Aussage, daß der Nachfolger von i mit n multipliziert eine Zahl größer als a ergibt, das heißt, daß $(i+1)n > a$ ist, mit $(i+1)n \geqq a + 1$ und dies mit

$$(a+1) \dot- (i+1)n = 0$$

gleichbedeutend. Ferner ist nach Nr. 7 der Wert

$$\text{sg}\left(\prod_{j=0}^{k} ((a+1) \dot- (j+1)n) \right)$$

gleich 0 oder 1, je nachdem es zwischen 0 und k (die Grenzen einbegriffen) ein j mit $(a+1) \dot- (j+1)n = 0$ gibt oder nicht. Daher sind die Werte von

$$\text{sg}\left(\prod_{j=0}^{0} ((a+1) \dot- (j+1)n) \right), \quad \text{sg}\left(\prod_{j=0}^{1} ((a+1) \dot- (j+1)n) \right)$$

$$\text{sg}\left(\prod_{j=0}^{2} ((a+1) \dot- (j+1)n) \right), \ldots$$

so lange gleich 1, bis man zur kleinsten Zahl i gelangt, für welche $(a+1) \dot- (i+1)n = 0$ ist; von hier an sind alle Werte

$$\text{sg}\left(\prod_{j=0}^{i}((a+1) \dot{-} (j+1)n)\right), \ \text{sg}\left(\prod_{j=0}^{i+1}((a+1) \dot{-} (j+1)n)\right), \dots,$$

$$\text{sg}\left(\prod_{j=0}^{a}((a+1) \dot{-} (j+1)n)\right)$$

gleich 0. Unter den aufgezählten Werten kommt also 1 für $j = 0, 1,$ $2, \dots, i-1$, also gerade i-mal vor. Werden daher diese Werte summiert, so ergeben sie i-mal 1, das heißt:

$$i = \sum_{k=0}^{a} \text{sg}\left(\prod_{j=0}^{k}((a+1) \dot{-} (j+1)n)\right).$$

Dieses i war aber gerade die kleinste Zahl, deren Nachfolger mit n multipliziert mehr als a ergibt; für $n \neq 0$ ist daher $i = \left[\dfrac{a}{n}\right]$. Durch 0 kann man freilich nicht dividieren; es soll aber übereingekommen werden, daß $\left[\dfrac{a}{0}\right] = 0$ ist. Dieses Übereinkommen kann auch in die vorherige Definition einbezogen werden: Wenn man mit $\text{sg}(n)$ multipliziert, so ergibt sich 0 für $n = 0$; für alle anderen n läßt das Multiplizieren mit $\text{sg}(n) = 1$ das Ergebnis unverändert. Also ist

$$\left[\frac{a}{n}\right] = \text{sg}(n) \cdot \sum_{k=0}^{a} \text{sg}\left(\prod_{j=0}^{k}((a+1) \dot{-} (j+1)n)\right).$$

Auf diese Art ist $\left[\dfrac{a}{n}\right]$ mit Hilfe von sg, Σ, Π und $\dot{-}$ ausgedrückt; diese sind aber alle durch Übergang von n auf $n+1$ definiert worden.

9. Allgemein sieht man, genau so, wie im in der vorigen Nummer betrachteten Fall ein, daß, falls $\alpha(n, a_1, \dots, a_r)$ eine bereits bekannte Funktion ist, für welche es zu einem beliebigen r-tupel $a_1, \dots, a_r$ eine Zahl i unter den Zahlen bis zu einer Schranke n gibt, für die $\alpha(i, a_1, \dots, a_r) = 0$ ist, dann die kleinste derartige Zahl i als Funktion von $a_1, \dots, a_r$ folgendermaßen aufgeschrieben werden kann:

$$\sum_{k=0}^{n} \text{sg}\left(\prod_{j=0}^{k} \alpha(j, a_1, \dots, a_r)\right).$$

10. Der Rest der Division $\dfrac{a}{n}$, das heißt die kleinste von a und n abhängige nichtnegative Zahl r, zu welcher es ein q gibt, so daß

$$a = qn + r,$$

läßt sich nun folgendermaßen aufschreiben: Es ist

$$a = \left[\frac{a}{n}\right] n + r, \text{ also } r = a - \left[\frac{a}{n}\right] n;$$

hier kann der Subtrahend nicht größer als der Minuend sein, die Differenz kann also durch die arithmetische Differenz ersetzt werden. Wird daher der Rest r als Funktion von a und n mit res(a, n) bezeichnet, so ist

$$\text{res}(a, n) = a \dotminus \left[\frac{a}{n}\right] n.$$

(Für $n = 0$ ist res$(a, 0) = a \dotminus 0 = a$).

Es ist klar, daß für $n \neq 0$ die Zahl a durch n teilbar oder nicht teilbar ist, je nachdem der Rest der Division 0 ist oder nicht:

$$\text{sg(res}(a, n)) = \begin{cases} 0, & \text{falls } a \text{ durch } n \text{ teilbar ist} \\ 1 & \text{sonst;} \end{cases}$$

und daher ist $\overline{\text{sg}}(\text{res}(a, n))$ die charakteristische Funktion der Teilbarkeit einer Zahl a durch n.

11. Mit Hilfe des Begriffs der Teilbarkeit lassen sich auch die mit dem Primzahlbegriff zusammenhängenden zahlentheoretischen Funktionen definieren.

Das Primzahlsein von n kann auf verschiedene Arten ausgedrückt werden. Zum Beispiel dadurch, daß die Teileranzahl der betreffenden Zahl 2 ist. Die Teiler einer Zahl n können so aufgesucht werden, daß man alle Zahlen von 1 bis n daraufhin untersucht, ob sie n teilen, das heißt, ob $\overline{\text{sg}}(\text{res}(n, i))$ den Wert 1 hat. Wird 1 so viele Male addiert, wieviel Teiler gefunden worden sind, so erhält man die Anzahl der Teiler; also ist die Anzahl der Teiler von n:

$$S(n) = \sum_{i=1}^{n} \overline{\text{sg}}(\text{res}(n, i)).$$

Hierin ist auch das Übereinkommen $S(0) = 0$ enthalten, denn der Wert von $\sum_{i=1}^{0}$ ist ja 0.

(Wenn nicht nach der Teileranzahl, sondern nach der Teilersumme gefragt wird, so werden nicht Einsen addiert, sooft ein Teiler i von n, das heißt eine solche Zahl gefunden wird, für welche $\overline{\text{sg}}(\text{res}(n, i)) = 1$ ist; sondern diese Zahlen i selber. Daher erhält man die Teilersumme von n, indem man die Glieder der obigen Summe mit diesen Zahlen i multipliziert:

$$\sum_{i=1}^{n} i \cdot \overline{sg}(res(n, i)).)$$

Es ist nun n dann und nur dann eine Primzahl, wenn $S(n) = 2$, das heißt $|S(n) - 2| = 0$ ist. Es ist also die charakteristische Funktion der Primzahleigenschaft einer Zahl n

$$\overline{sg}(|S(n) - 2|).$$

Die Anzahl $\pi(n)$ der Primzahlen bis zu einer Zahl n kann wieder so erhalten werden, daß so viele Male 1 gezählt wird, wieviel Primzahlen bis n vorhanden sind. Der Wert von $\overline{sg}(|S(i) - 2|)$ ist eben 1, wenn i eine Primzahl, und 0, wenn i keine Primzahl ist; also ist die Anzahl der Primzahlen bis n (n einbegriffen)

$$\pi(n) = \sum_{i=2}^{n} \overline{sg}(|S(i) - 2|).$$

12. In der vorigen Nummer wurde der absolute Betrag einer Differenz benutzt. Dieser kann aber leicht mit Hilfe der arithmetischen Differenz aufgeschrieben werden:

$$|a - b| = (a \div b) + (b \div a);$$

es ist ja auf der rechten Seite der Wert des Gliedes, in dem der Minuend kleiner als der Subtrahend ist, gleich 0; und im anderen Glied wird von der größeren (bzw. nicht kleineren) Zahl die andere abgezogen.

13. Die Primzahleigenschaft von n kann auch dadurch charakterisiert werden, daß $n \geqq 2$ ist, und unterhalb n nicht zwei Zahlen zu finden sind, deren Produkt n wäre. $n \geqq 2$ ist mit $2 \div n = 0$ gleichbedeutend. Die andere Behauptung ist für $n \geqq 2$ damit gleichbedeutend, daß $(n - 1)!^2$ nicht durch n teilbar ist, das heißt, daß

$$\overline{sg}(res((n - 1)!^2, n)) = 0$$

ist; die hier vorkommende Differenz ist der arithmetischen Differenz gleich, und so erhält man – unter Benutzung dessen, was am Anfang von Nr. **7** hervorgehoben wurde –, daß n dann und nur dann eine Primzahl ist, wenn

$$(2 \div n) + \overline{sg}(res((n \div 1)!^2, n)) = 0$$

ist. Die charakteristische Funktion der Primzahleigenschaft von n (die gleich 1 ist, falls n eine Primzahl, und 0, falls n keine Primzahl ist) kann also auch folgendermaßen aufgeschrieben werden:

$$\overline{sg}((2 \doteq n) + \overline{sg}(res((n \doteq 1)!^2, n))).$$

14. Für $n \geqq 2$ läßt sich aber mit Hilfe der bisher definierten Funktionen auch unmittelbar aufschreiben, daß es zwischen 2 und $n - 1$ keine Zahlen a und b gibt, deren Produkt gleich n ist, das heißt, für welche $|ab - n| = 0$ ist. Daß es solche Zahlen a und b gibt, kann nach Nr. 7 durch

$$\prod_{a=2}^{n-1} \prod_{b=2}^{n-1} |ab - n| = 0$$

ausgedrückt werden (für $n = 2$ wird ja unter diesen Produkten 1 verstanden, und sonst ist das Produkt dann und nur dann 0, wenn wenigstens einer der Faktoren 0 ist). Ist also das Produkt auf der linken Seite nicht 0, das heißt (da hier $n - 1 = n \doteq 1$ ist), gilt

$$\overline{sg}\left(\prod_{a=2}^{n \doteq 1} \prod_{b=2}^{n \doteq 1} |ab - n|\right) = 0,$$

so gibt es keine solchen Zahlen a und b; daher ist n eine Primzahl.

15. Geht man endlich von jener Charakterisierung der Primzahleigenschaft von n aus, daß für alle a und b aus $ab = n$ entweder $a = 1$ oder $b = 1$ folgt, so muß man zuerst bedenken, daß nicht sämtliche natürliche Zahlen zu untersuchen sind (das wäre auch nicht möglich); als Faktor von n kommt ja keine Zahl größer als n in Betracht. Dann kann die Aussage »Aus $ab = n$ folgt $a = 1$ oder $b = 1$« auch folgenderweise formuliert werden: »Entweder gilt $ab = n$ nicht, oder es gilt eine der Behauptungen $a = 1$, $b = 1$.« Hier ist $ab = n$ mit

$$|ab - n| = 0$$

gleichbedeutend; daher kann die Behauptung $ab \neq n$ durch

$$\overline{sg}(|ab - n|) = 0$$

ausgedrückt werden. Daß wenigstens eine der Behauptungen $a = 1$, $b = 1$ gilt, ist mit

$$|a - 1| \cdot |b - 1| = 0$$

393

gleichbedeutend; das Produkt ist ja dann und nur dann 0, wenn wenigstens einer seiner Faktoren 0 ist. Es kann also die Aussage »Aus $ab = n$ folgt $a = 1$ oder $b = 1$« folgendermaßen aufgeschrieben werden:

$$\overline{\mathrm{sg}}(|ab - n|) \cdot |a - 1| \cdot |b - 1| = 0.$$

Und daß diese Behauptung für alle a und b zwischen 1 und n gilt (die Grenzen einbegriffen), ist nach Nr. **7** der Aussage

$$\sum_{a=1}^{n} \sum_{b=1}^{n} \overline{\mathrm{sg}}(|ab - n|) \cdot |a - 1| \cdot |b - 1| = 0$$

äquivalent; die Summe ist ja dann und nur dann gleich 0, wenn jedes Glied gleich 0 ist.

16. Mit Hilfe der bisher definierten Funktionen kann auch die n-te Primzahl als Funktion von n aufgeschrieben werden. Die n-te Primzahl wird im allgemeinen durch p_n bezeichnet, um aber p_n auch für $n = 0$ als eine Primzahl zu definieren, ist es zweckmäßig, $p_0 = 2$ zu setzen und für $n \neq 0$ unter p_n die n-te *ungerade* Primzahl zu verstehen (so daß allgemein p_n die $n + 1$te Primzahl ist). Die $n + 1$te Primzahl ist nun die erste unter den Zahlen, bis zu welchen genau $n + 1$ Primzahlen in der Zahlenreihe zu finden sind. Da die Anzahl der Primzahlen bis i mit $\pi(i)$ bezeichnet wird, kann die Aussage, daß es bis i (i einbegriffen) genau $n + 1$ Primzahlen gibt, folgenderweise aufgeschrieben werden:

$$\pi(i) = n + 1, \quad \text{das heißt} \quad |n + 1 - \pi(i)| = 0.$$

Die kleinste Zahl i dieser Art könnte freilich wieder nicht aus allen natürlichen Zahlen herausgesucht werden; sie kann aber bekanntlich gewisse Schranken nicht überschreiten; man kann z. B. elementar beweisen, daß*

$$p_n < 2^{2^{n+1}}$$

gilt.

Nach Nr. **9** ist daher die kleinste Zahl der gewünschten Art bis zur Schranke $2^{2^{n+1}}$:

$$\sum_{k=0}^{2^{2^{n+1}}} \mathrm{sg}\left(\prod_{j=0}^{k} |n + 1 - \pi(j)| \right).$$

Es ist also

---

* Siehe z. B. G. Pólya und G. Szegö, *Aufgaben und Lehrsätze aus der Analysis* (1925), Abschnitt VIII, Kapitel 2, Aufgabe 94, S. 133, Lösung S. 342.

$$p_n = \sum_{k=0}^{2^{2^{n+1}}} \mathrm{sg}\left(\prod_{j=0}^{k} |n + 1 - \pi(j)| \right).$$

17. Auch die Primfaktorenzerlegung einer Zahl n kann in analoger Weise behandelt werden. Mit welchem Exponenten wird darin p_a teilnehmen? Gewiß mit dem größten Exponenten, mit dem p_a erhoben noch einen Teiler von n ergibt. Dieser größte Exponent kann als die erste Zahl i aufgesucht werden, für welche n durch p_a^{i+1} nicht mehr teilbar ist, für welche also $\mathrm{res}(n, p_a^{i+1}) \neq 0$, das heißt $\overline{\mathrm{sg}}(\mathrm{res}(n, p_a^{i+1})) = 0$ ist. Und dieser Exponent i kann freilich nicht beliebig groß sein; er kann nämlich die Schranke n nicht überschreiten. Nach Nr. **9** ist die kleinste derartige Zahl i

$$\sum_{k=0}^{n} \mathrm{sg}\left(\prod_{j=0}^{k} \overline{\mathrm{sg}}(\mathrm{res}(n, p_a^{j+1})) \right).$$

Es soll der Exponent von p_a in der Primfaktorenzerlegung von n mit $\exp_a(n)$ bezeichnet werden. Von der Primfaktorenzerlegung von $n = 0$ kann man nicht reden; nach Übereinkommen sei jedoch

$$\exp_a(0) = 0.$$

Dieses Übereinkommen kann derart in die vorherige Definition einbezogen werden, daß man einen Faktor hinzunimmt, der für $n = 0$ gleich 0, und in allen anderen Fällen gleich 1 ist. Aber $\mathrm{sg}(n)$ wurde gerade auf diese Art definiert; es ist also allgemein

$$\exp_a(n) = \mathrm{sg}(n) \cdot \sum_{k=0}^{n} \mathrm{sg}\left(\prod_{j=0}^{k} \overline{\mathrm{sg}}(\mathrm{res}(n, p_a^{j+1})) \right).$$

18. Man kann auch die Frage stellen, welcher der größte Primfaktor einer Zahl $n > 1$ sei? Wenn in der Zerlegung von n in Primzahlpotenzen sämtliche Glieder der Primzahlenfolge bis zum größten Primfaktor – eventuell mit dem Exponenten 0 – aufgenommen werden, so ist der Index des größten Primfaktors sozusagen das Maß der »Länge« dieser Zerlegung; darum bezeichnen wir diesen Index mit $\mathrm{long}(n)$. Dieser *größte* Index kann als ein gewisser *kleinster* Index aufgesucht werden; nämlich als der kleinste solche Index i, über den schon alle Primzahlen mit dem Exponenten 0 in der Zerlegung von n teilnehmen. Freilich braucht man dazu die übrigen Primzahlen nicht bis ins Unendliche zu untersuchen; es sind nämlich nicht alle Zahlen Primzahlen, daher ist die n-te Primzahl sicher größer als n, und daher hat n über p_n gewiß keine Primfaktoren mehr. Daß die Primzahl p_l für alle Indizes l von i bis n mit dem Exponenten 0 in der Primfaktorenzerlegung von n teilnimmt, kann mit Hilfe der in der vorigen Nummer eingeführten Funktion folgendermaßen aufgeschrieben werden:

$$\sum_{l=i+1}^{n} \exp_l(n) = 0.$$

Und die kleinste Zahl i, für welche dies gilt (unterhalb $n > 1$ gibt es freilich immer eine solche Zahl i) ist nach Nr. **9**

$$\text{long}(n) = \sum_{k=0}^{n} \text{sg}\left(\prod_{j=0}^{k} \left(\sum_{l=j+1}^{n} \exp_l(n) \right) \right).$$

Da für jedes l

$$\exp_l(0) = \exp_l(1) = 0$$

ist, so ist nach der Definition für $n \leqq 1$

$$\text{long}(n) = 0.$$

19. Es ist üblich, gewisse zahlentheoretische Funktionen mit Hilfe der Primfaktorenzerlegung zu definieren. Wenn zum Beispiel $\varphi(n)$ die EULERsche φ-Funktion, das heißt, die Anzahl der zu n relativ-primen Zahlen unterhalb n bedeutet, so ist nach Übereinkommen $\varphi(0) = \varphi(1) = 1$, und wenn die Primfaktorenzerlegung einer Zahl $n > 1$

$$n = q_1^{a_1} \cdot q_2^{a_2} \cdot \ldots \cdot q_r^{a_r}$$

ist, so gilt, wie bekannt,

$$\varphi(n) = (q_1^{a_1} - q_1^{a_1-1})(q_2^{a_2} - q_2^{a_2-1}) \ldots (q_r^{a_r} - q_r^{a_r-1}).$$

Wie bereits hervorgehoben wurde, ist die n-te Primzahl größer als n, und die Primfaktoren von n sind sämtlich kleiner als sie. Daß n durch p_i teilbar ist, kann durch $\text{res}(n, p_i) = 0$ ausgedrückt werden. Wird daher

$$p(i) = \begin{cases} p_i^{\exp_i(n)} - p_i^{\exp_i(n)-1} = p_i^{\exp_i(n)} \mathbin{\dot-} p_i^{\exp_i(n)\mathbin{\dot-}1}, & \text{falls } \text{res}(n, p_i) = 0 \\ 1 \text{ sonst (das heißt, falls } \overline{\text{sg}}(\text{res}(n, p_i)) = 0) \end{cases}$$

gesetzt, so ist, da »$n = 0$ oder $n = 1$« mit $n \cdot |n - 1| = 0$ gleichbedeutend ist,

$$\varphi(n) = \begin{cases} 1, & \text{falls } n \cdot |n - 1| = 0, \\ \prod_{i=0}^{n} p(i) & \text{sonst (das heißt, falls } \overline{\text{sg}}(n \cdot |n - 1|) = 0). \end{cases}$$

20. Der größte gemeinsame Teiler und das kleinste gemeinsame Vielfache zweier Zahlen lassen sich ebenfalls auf Grund der Primfaktorenzerlegung definieren; es treten ja in diesen dieselben Primfaktoren wie in den beiden Zahlen auf, und zwar mit dem kleineren (richtiger nicht-größeren), bzw. größeren (nicht-kleineren) Exponenten. Die nicht-größere der Zahlen a und b ist:

$$\min(a, b) = \begin{cases} a, \text{ falls } a \leqq b, \text{ das heißt } a \doteq b = 0 \\ b, \text{ falls } a > b, \text{ das heißt } a \geqq b + 1, \text{ das heißt} \\ \qquad\qquad\qquad\qquad\qquad\qquad b + 1 \doteq a = 0. \end{cases}$$

Nach Nr. **6** kann diese Definition auch folgendermaßen aufgeschrieben werden:

$$\min(a, b) = a \cdot \overline{\mathrm{sg}}(a \doteq b) + b \cdot \overline{\mathrm{sg}}((b + 1) \doteq a).$$

Ganz ähnlich läßt sich mit bereits eingeführten Funktionen auch die nicht-kleinere der Zahlen a und b definieren:

$$\max(a, b) = a \cdot \overline{\mathrm{sg}}(b \doteq a) + b \cdot \overline{\mathrm{sg}}((a + 1) \doteq b).$$

(Man kann aus diesen natürlich auch das Minimum oder Maximum von mehreren Zahlen erhalten; es ist ja zum Beispiel

$$\min(a, b, c) = \min(\min(a, b), c).)$$

21. Der größte gemeinsame Teiler zweier Zahlen kann aber auch ohne Benutzung der Primfaktorenzerlegung charakterisiert werden. Das Aufsuchen des größten gemeinsamen Teilers von zwei großen Zahlen kann dadurch erleichtert werden, daß auch in der Differenz und in der Summe der betreffenden Zahlen alle ihre gemeinsamen Teiler aufgehen; dies ermöglicht ja, statt des größten gemeinsamen Teilers großer Zahlen den größten gemeinsamen Teiler ihrer Differenz und der kleineren Zahl zu bestimmen. In 0 gehen alle Zahlen auf; wird also der größte gemeinsame Teiler von m und n mit dv (m, n) bezeichnet und 0 unter dv $(0, 0)$ verstanden, so ist

$$\mathrm{dv}(0, n) = n, \qquad \mathrm{dv}(m + 1, 0) = m + 1$$

und

$$\mathrm{dv}(m + 1, n + 1) = \begin{cases} \mathrm{dv}(m + 1 - (n + 1), n + 1), \text{ falls } m \geqq n, \\ \qquad\qquad\qquad\qquad\qquad \text{das heißt } n \doteq m = 0 \\ \mathrm{dv}(m + 1, n + 1 - (m + 1)), \text{ falls } n \doteq m \neq 0. \end{cases}$$

(Hier ist natürlich $m + 1 - (n + 1) = m - n$ und $n + 1 - (m + 1)$ $= n - m$.)

Da nach den Definitionen in Nr. 5

$$\overline{sg}(n \dot- m) = \begin{cases} 1, & \text{falls } n \dot- m = 0 \\ 0, & \text{\hphantom{falls} } n \dot- m \neq 0 \end{cases}$$

und

$$sg(n \dot- m) = \begin{cases} 1, & \text{falls } n \dot- m \neq 0 \\ 0, & \text{\hphantom{falls} } n \dot- m = 0, \end{cases}$$

kann der letzte Fall der Definition (die Differenzen durch die mit ihnen übereinstimmenden arithmetischen Differenzen ersetzt) auf folgende Form gebracht werden:

$$dv(m + 1, n + 1) = \overline{sg}(n \dot- m) \cdot dv(m \dot- n, n + 1) +$$
$$sg(n \dot- m) \cdot dv(m + 1, n \dot- m).$$

Hier werden die Werte der zweistelligen Funktion $dv(m, n)$ mit Hilfe von Werten bestimmt, welche an Stellen mit kleinerem ersten und unverändertem zweiten Argument oder mit unverändertem ersten und kleinerem zweiten Argument angenommen werden. Da auf diese Art die Berechnung von $dv(m, n)$ allmählich auf Funktionswerte an solchen Stellen zurückgeführt wird, wo das eine oder das andere Argument durch immer kleinere Zahlen vertreten wird, gelangt man in endlich vielen Schritten zu Stellen, wo das eine Argument 0 ist, und dort ist der Funktionswert dem anderen Argument gleich.

Im Besitz des größten gemeinsamen Teilers kann man das kleinste gemeinsame Vielfache von m und n erhalten, indem man das Produkt von m und n durch ihren größten gemeinsamen Teiler teilt; dieser geht darin natürlich auf, und so ist das kleinste gemeinsame Vielfache von m und n

$$\left[\frac{mn}{dv(m, n)} \right].$$

22. Man begegnet weiteren zahlentheoretischen Funktionen z. B. in der Kombinatorik. Die Anzahl der möglichen Vertauschungen (Permutationen) von n Elementen läßt sich bekanntlich mit Übergang von n auf $n + 1$ bestimmen. Ist nämlich die Anzahl der Permutationen von n Elementen P_n, so kann in den Permutationen von $n + 1$ Elementen jedes dieser $n + 1$ Elemente so viele

Male als erstes Element auftreten, auf wieviel Arten die anderen n Elemente untereinander vertauscht werden können, das heißt P_n-mal; also ist

$$P_{n+1} = (n+1)P_n.$$

Hier geht man gewöhnlich nicht von 0, sondern von 1 aus. Ein einziges Element kann freilich nur in eine einzige Reihenfolge gebracht werden; also lautet die vollständige Definition:

$$P_1 = 1$$
$$P_{n+1} = (n+1)P_n.$$

Damit wir auch hier von 0 ausgehen können, sei nach Übereinkommen $P_0 = 1$. Das stört hier nichts, denn wird in der zweiten Definitionsgleichung 0 für n eingesetzt, so ergibt sich daraus

$$P_1 = 1 \cdot P_0 = 1.$$

Daher kann die Definition von P_n auch folgendermaßen lauten:

$$P_0 = 1$$
$$P_{n+1} = (n+1) \cdot P_n.$$

Überlegen wir bei dieser Definition, wie sich der Funktionswert an einer beliebig gegebenen Stelle aufgrund des Überganges von n auf $n+1$ bestimmen läßt. Es sei zum Beispiel $n = 3$. Wird für n in der zweiten Definitionsgleichung 2, dann zur Berechnung des auftretenden P_2-Wertes 1, endlich um P_1 berechnen zu können, 0 eingesetzt, so gewinnt man der Reihe nach:

$$P_3 = 3 \cdot P_2,$$
$$P_2 = 2 \cdot P_1, \quad \text{also} \quad P_3 = 3 \cdot 2 \cdot P_1,$$
$$P_1 = 1 \cdot P_0, \quad \text{also} \quad P_3 = 3 \cdot 2 \cdot 1 \cdot P_0.$$

Der Wert von P_0 ist aber nach der ersten Definitionsgleichung 1; also ist endlich

$$P_3 = 3 \cdot 2 \cdot 1 \cdot 1 = 1 \cdot 2 \cdot 3.$$

Ähnlich sieht man auch an anderen Stellen n ein, daß man Schritt für Schritt zurückgehend – deshalb wird eine solche Definition »Rekursion« genannt –

$$P_n = n(n-1)(n-2) \cdot \ldots \cdot 3 \cdot 2 \cdot 1 \cdot 1 = 1 \cdot 2 \cdot 3 \cdot \ldots \cdot n$$

erhält; und dieses Produkt wird kürzer als $n!$ bezeichnet.

23. Mit Verwendung von $n!$ lassen sich auch andere in der Kombinatorik benutzte Funktionen ausdrücken. Solche Funktionen können aber auch selbständig definiert werden. Die Zahl $\binom{n}{a}$ gibt zum Beispiel an, auf wie viele Arten a Elemente aus n Elementen ausgewählt werden können. Dieser Wert läßt sich mit Übergang von n auf $n+1$ folgendermaßen bestimmen: ist $0 < a \leqq n+1$, und will man a Elemente aus $n+1$ Elementen auswählen, so sei eines der $n+1$ Elemente ausgezeichnet. Es kann unter a ausgewählten Elementen das ausgezeichnete vorkommen oder nicht. Nicht-ausgezeichnete Elemente der Anzahl a können aus den übrigen n Elementen auf $\binom{n}{a}$ Arten ausgezählt werden; und zu dem ausgezeichneten Element noch $a-1$ nicht-ausgezeichnete auf $\binom{n}{a-1}$ Arten. Daher ist

$$\binom{n+1}{a} = \binom{n}{a} + \binom{n}{a-1}.$$

Da nach Annahme $a > 0$ ist, so ist hier $a - 1 = a \mathbin{\dot{-}} 1$. Nach Übereinkommen ist $\binom{n}{0} = 1$ für alle n; für $a = 0$ gilt also $\binom{n+1}{a} = \binom{n}{a} = 1$. Also kann man den Fall $a = 0$ dadurch in das vorherige Ergebnis einbeziehen, daß man das Glied $\binom{n}{a-1}$ mit 0 multipliziert, falls $a = 0$, und mit 1, falls $a \neq 0$; das heißt, dieses Glied ist mit $\mathrm{sg}(a)$ zu multiplizieren. Ferner ist nach Übereinkommen $\binom{n}{a} = 0$ für $a > n$. Da

$$\overline{\mathrm{sg}}(a \mathbin{\dot{-}} n) = \begin{cases} 1, & \text{falls } a \leqq n \\ 0, & \text{falls } a > n \end{cases}$$

ist, hat man zur Berücksichtigung des Falls $a > n+1$ noch einen Faktor $\overline{\mathrm{sg}}(a \mathbin{\dot{-}} (n+1))$ zu dem Ausdruck von $\binom{n+1}{a}$ zu fügen. Dazu kommt noch, daß nach unserem Übereinkommen

$$\binom{0}{a} = \begin{cases} 1, & \text{falls } a = 0 \\ 0, & \text{falls } a \neq 0, \end{cases}$$

also $\binom{0}{a} = \overline{\mathrm{sg}}(a)$ ist. Also lautet die vollständige Definition:

$$\binom{0}{a} = \overline{\mathrm{sg}}(a)$$

$$\binom{n+1}{a} = \overline{\mathrm{sg}}(a \mathbin{\dot{-}} (n+1)) \cdot \left(\binom{n}{a} + \mathrm{sg}(a) \cdot \binom{n}{a \mathbin{\dot{-}} 1} \right).$$

Bei dieser Definition schließt man vom Funktionswert an der Stelle n auf den Funktionswert an der Stelle $n+1$, das andere Argument bleibt aber dabei nicht unverändert; zur Berechnung von $\binom{n+1}{a}$ wird nämlich nicht nur der für dasselbe a angenommene Wert $\binom{n}{a}$, sondern auch $\binom{n}{a \div 1}$ verwendet. Bekanntlich taugt diese Defintion dennoch zur Berechnung von $\binom{n}{a}$ an allen Stellen (die Bildung des »PASCALschen Dreiecks« beruht darauf).

24. In verschiedenen Gebieten der Mathematik spielt die »Folge von FIBONACCI«

$$0, 1, 1, 2, 3, 5, 8, 13, 21, \dots$$

eine Rolle. Vom dritten Glied an ist jedes Glied dieser Folge die Summe der beiden vorherigen Glieder. Wird das erste Glied als der Wert einer Funktion an der Stelle 0, das $n+1$te Glied als der Wert dieser Funktion an der Stelle n betrachtet, so läßt sich die betreffende Funktion Fib(n) durch

$$\text{Fib}(0) = 0$$
$$\text{Fib}(n+1) = \begin{cases} 1, & \text{falls } n = 0 \\ \text{Fib}(n-1) + \text{Fib}(n) & \text{sonst} \end{cases}$$

definieren. Hier ist $n - 1 = n \div 1$; wenn man noch die Definition von sg(n) und von $\overline{\text{sg}}(n)$ in Nr. **5** in Betracht zieht, so kann die Definition auch auf die Form

$$\text{Fib}(0) = 0$$
$$\text{Fib}(n+1) = \overline{\text{sg}}(n) + \text{sg}(n) \cdot (\text{Fib}(n \div 1) + \text{Fib}(n))$$

gebracht werden.

Daß diese Definition an jeder Stelle die Berechnung des Wertes Fib(n) ermöglicht, das sieht jeder, der sich daran macht, die Folge von FIBONACCI beliebig weitgehend aufzuschreiben. In der Definition geschieht der Übergang nicht gerade von n auf $n+1$, es werden aber jedenfalls die Funktionswerte an größeren Stellen durch an kleineren Stellen angenommene Funktionswerte festgelegt.

25. Auch solche zahlentheoretische Funktionen können eine Rolle spielen, die von der Analysis geliefert werden. $a \div n$ und $\left[\dfrac{a}{n}\right]$ waren bereits solche Funktionen: in diesen wurden nur die nicht-negativen ganzen Werte der in der Analysis gebrauchten Differenz- und Quotient-Funktionen in Betracht gezogen. Statt $\sqrt{n}$ kann im Gebiete der nicht-negativen ganzen Zahlen ähnlich $[\sqrt{n}]$ (das heißt die in $\sqrt{n}$ enthaltene größte ganze Zahl) benutzt werden. Dieser Wert ist für eine Quadratzahl n gleich $\sqrt{n}$; von hier an ändert sich der Wert von $[\sqrt{n}]$ bis zur nächsten Quadratzahl nicht. Wenn man zur nächsten Quadratzahl $([\sqrt{n}]+1)^2$ gelangt, so wächst der Funktionswert um 1. Es ist also

$$[\sqrt{n+1}] = \begin{cases} [\sqrt{n}], & \text{falls } n+1 \neq ([\sqrt{n}]+1)^2 \\ [\sqrt{n}]+1, & \text{falls } n+1 = ([\sqrt{n}]+1)^2. \end{cases}$$

$n+1 = ([\sqrt{n}]+1)^2$ ist gleichbedeutend damit, daß $|n+1-([\sqrt{b}]+1)^2| = 0$; und der Wert von $\overline{sg}(|n+1-([\sqrt{n}]+1)^2|)$ ist 0 oder 1, je nachdem $n+1$ ungleich oder gleich $([\sqrt{n}]+1)^2$ ist. Daher ist

$$[\sqrt{n+1}] = [\sqrt{n}] + \overline{sg}(|n+1-([\sqrt{n}]+1)^2|);$$

und dazu muß noch hinzugenommen werden, daß

$$[\sqrt{0}] = 0.$$

Also kann auch $[\sqrt{n}]$ durch Übergang von n zu $n+1$, das heißt durch Rekursion, definiert werden. [...]

§2
Rekursive Funktionen und Beziehungen

1. Im vorigen Kapitel wurden mannigfaltige Definitionen solcher Funktionen angegeben, die in der elementaren Zahlentheorie eine Rolle spielen, wobei darauf geachtet wurde, daß die Definition die Berechnung des Funktionswertes an jeder konkreten Stelle tatsächlich ermöglicht (also, daß sie nicht die Auswahl einer Zahl mit gewissen Eigenschaften aus allen natürlichen Zahlen fordert und sich nicht darauf beruft, daß sämtliche natürlichen Zahlen eine gewisse Eigenschaft haben). SKOLEM [125] hat als erster dargelegt, daß sich die elementare Zahlentheorie in diesem Sinne konstruktiv aufbauen läßt. Es hat sich herausgestellt, daß ein Teil der betreffenden Definitionen eine Art Rekursion ist, das heißt eine derartige Definition, welche den Wert der definierten Funktion an gewissen Anfangsstellen angibt und vorschreibt, wie die übrigen Funktionswerte aus Funktionswerten an vorangehenden Stellen zu berechnen sind. Die anderen Funktionen wurden aus bereits bekannten Funktionen durch Substitutionen aufgebaut (unsere erste durch Substitutionen aufgebaute Funktion war $\beta_1(m, n)$ in Nr. **5** des § 1; $\beta_1(m, n)$ ist nämlich so entstanden, daß in der Funktion $a \doteq n$ erst n in m umbenannt und $n + 1$ für a eingesetzt, dann die so gebildete Funktion $(n + 1) \doteq m$ in $\overline{sg}(n)$ an Stelle von n substituiert wurde).

Man beruft sich nicht nur bei der Substitution auf bereits bekannte Funktionen, sondern auch bei der rekursiven Definition; es beruht ja z. B. die Definition von $[\sqrt{n}]$ in Nr. **25** des § 1

$$[\sqrt{0}] = 0$$

$$[\sqrt{n+1}] = [\sqrt{n}] + \overline{sg}(|n + 1 - ([\sqrt{n}] + 1)^2|)$$

auf der Annahme, daß die Konstante 0 und die aus $n + 1$, n^2, $|a - b|$, $\overline{sg}(n)$ und $a + n$ durch Substitution aufgebaute Funktion

$$a + \overline{sg}(|n + 1 - (a + 1)^2|)$$

bereits bekannt sind.

Die verwendeten bekannten Funktionen lassen sich ähnlich aus anderen bekannten Funktionen aufbauen. Werden die Definitionen in § 1 rückwärts verfolgt, so stellt es sich heraus, daß sämtliche dort definierte Funktionen von den Konstanten und von den Funktionen n und $n + 1$ ausgehend durch Substitutionen und Rekursionen aufgebaut werden können. Sogar n muß nicht als Grundfunktion genommen werden; man kann ja die Funktion $\varphi(n) = n$ mit Hilfe von 0 und $n + 1$ durch die Rekursion

$$\varphi(0) = 0$$
$$\varphi(n + 1) = n + 1$$

definieren (hier hängt $\varphi(n + 1)$ eigentlich gar nicht von dem an der vorangehenden Stelle angenommenen Funktionswert $\varphi(n)$, sondern nur von der Stelle ab; das gleiche gilt aber auch für die Definition der Funktionen $n \doteq 1$, $sg(n)$ und $\overline{sg}(n)$). Und von den Konstanten genügt es, 0 als Grundfunktion zu nehmen; denn geht man von $n + 1$ aus und substituiert man für n immer wieder $n + 1$, so erhält man die Funktionen

$$n+1, \quad (n+1)+1 = n+2, \quad (n+1)+2 = n+3, \quad \ldots;$$

aus diesen ergeben sich aber, wenn man 0 für n einsetzt, der Reihe nach die Konstanten

$$1, 2, 3, \ldots$$

So genügt es, für die Definitionen in § 1 als Ausgangsfunktionen 0 und $n+1$ zu nehmen.

Unter »Zahlen« werde ich im folgenden immer nicht-negative ganze Zahlen, unter »Funktionen« solche Funktionen verstehen, deren Variablen die nicht-negativen ganzen Zahlen durchlaufen, und deren Werte ebenfalls nicht-negative ganze Zahlen sind.

Man nennt die Funktionen, die aus gewissen Ausgangsfunktionen durch eine endliche Anzahl von Substitutionen und Rekursionen aufgebaut werden können, rekursiv. Ich bezeichne die *rekursiven Funktionen* entweder mit kleinen griechischen Buchstaben oder auf eine solche Art, die an ihre Bedeutung erinnert.

Der Aufbau der rekursiven Funktionen in endlich vielen Schritten aus den Ausgangsfunktionen ermöglicht es, daß man unter den Funktionen der elementaren Zahlentheorie, sozusagen in der Funktionslehre der elementaren Zahlentheorie, ähnliche Schlußweisen wie in der Lehre der natürlichen Zahlen gebraucht. Daß die natürlichen Zahlen eine gewisse Eigenschaft haben, kann so bewiesen werden, daß man zeigt: 0 besitzt die betreffende Eigenschaft, und diese »vererbt sich« von vorangehenden Zahlen auf die nachfolgenden. Ähnlich können die Eigenschaften der rekursiven Funktionen dadurch bestätigt werden, daß man zeigt: die Ausgangsfunktionen besitzen die betreffende Eigenschaft, und diese »vererbt sich« von beliebigen Funktionen auch auf jene Funktionen, die aus ihnen durch Substitution oder durch Rekursion entstehen.

2. Der Begriff der Rekursion muß aber noch präzisiert werden. Im § 1 waren die meisten Rekursionen von folgender Form: Eine Funktion einer Variablen, kurz eine einstellige Funktion, wurde aus einer Konstanten k und aus einer Funktion $\beta(n, a)$ durch die Gleichungen

$$\varphi(0) = k$$
$$\varphi(n+1) = \beta(n, \varphi(n))$$

aufgebaut; oder allgemein, eine $r+1$-stellige Funktion $\varphi\,(n,\ a_1,\ldots,a_r)$ wurde aus einer r-stelligen Funktion $\alpha(a_1,\ldots,\ a_r)$ und aus einer $r+2$-stelligen Funktion $\beta\,(n,\ a_1,\ldots,\ a_r,\ a_{r+1})$ durch Gleichungen der Form:

$$\varphi\,(0,\ a_1,\ldots,\ a_r) = \alpha(a_1,\ldots,a_r)$$
$$\varphi\,(n+1,\ a_1,\ldots,\ a_r) = \beta\,(n,\ a_1,\ldots,\ a_r,\ \varphi\,(n,\ a_1,\ldots,\ a_r))$$

aufgebaut. Hier ist n die Rekursionsvariable; $a_1,\ldots,\ a_r$ sind Parameter.

Eine derartige Rekursion wird eine primitive Rekursion genannt, und die Funktionen, die, von 0 und $n+1$ ausgehend, durch endlich viele Substitutionen und primitive Rekursionen definiert werden können, primitiv-rekursive Funktionen.

Zum Beispiel wurde in Nr. **22** des § 1 die Anzahl P_n der Permutationen als einstellige Funktion der Elementenzahl n durch die Rekursion

$$P_0 = 1$$
$$P_{n+1} = (n+1)\cdot P_n$$

definiert. Hier ist $k=1$, und die Funktion $\beta\,(n,\ a)$ ist $(n+1)\cdot a$. In der Definition

$$\varphi(0,\ a) = a$$
$$\varphi(n+1,\ a) = \varphi(n,\ a) + 1$$

der zweistelligen Funktion $a+n$ (§ 1, Nr. **2**) ist

$$\alpha(a_1) = a_1 \quad \text{und} \quad \beta\,(n,\ a_1,\ a_2) = a_2 + 1.$$

(Es ist natürlich gleichgültig, wie die Variablen bezeichnet werden; in unserer Definition steht z. B. a statt a_1.) Wie man auch hier sieht, muß β nicht tatsächlich von all seinen Variablen abhängen; *es wird immer die Hinzunahme fiktiver Variablen zugelassen, von welchen die Funktion nicht tatsächlich abhängt.* Wäre das nicht erlaubt, so könnte man, von der Konstanten 0 und von der einstelligen Funktion $n+1$ (die hier durch Umbenennung der Variablen die Form a_2+1 angenommen hat) ausgehend, gar keine mehrstellige Funktion erhalten; unser Beispiel zeigt aber, daß man mit Hilfe der als dreistellig betrachteten Funktion $n+1$ eine echte zweistellige Funktion definieren kann.

3. Es wurden aber im § 1 auch vier solche Rekursionen verwendet, die nicht in das Schema der primitiven Rekursion passen:

1) in Nr. **24** die Definition

$$\text{Fib}(0) = 0$$
$$\text{Fib}(n+1) = \overline{\text{sg}}(n) + \text{sg}(n) \cdot (\text{Fib}(n \dot{-} 1) + \text{Fib}(n))$$

der Folge von FIBONACCI, wo zur Berechnung des Funktionswertes an der Stelle $n+1$ nicht nur der unmittelbar vorangehende Wert benutzt wird, sondern auch ein früher angenommener.

[...]

3) in Nr. **23** die Definition

$$\binom{0}{a} = \overline{\text{sg}}(a)$$

$$\binom{n+1}{a} = \overline{\text{sg}}(a \dot{-} (n+1)) \left(\binom{n}{a} + \text{sg}(a) \cdot \binom{n}{a \dot{-} 1} \right)$$

der Anzahl der Kombinationen a-ter Klasse aus n Elementen, wo a nicht die Rekursionsvariable und doch kein unveränderter Parameter ist; es wird nämlich auch $a \dot{-} 1$ für a eingesetzt;

4) in Nr. **21** die Definition

$$\text{dv}(0, n) = n, \quad \text{dv}(m+1, 0) = m+1$$
$$\text{dv}(m+1, n+1) = \overline{\text{sg}}(n \dot{-} m)\, \text{dv}(m \dot{-} n, n+1) +$$
$$+ \text{sg}(n \dot{-} m)\, \text{dv}(m+1, n \dot{-} m)$$

des größten gemeinsamen Teilers von m und n, wo die Rekursion zugleich nach beiden Variablen verläuft; der Wert an der Stelle $(m+1, n+1)$ wird nämlich aus Werten an solchen Stellen aufgebaut, wo entweder das erste Argument oder, bei unverändertem ersten Argument, das zweite Argument verkleinert wird.

Es wird sich aber in den folgenden Paragraphen herausstellen, daß man die genannten vier nicht-primitiven Rekursionen durch primitive Rekursionen und Substitutionen ersetzen kann. Daher kann man sich bei der Definition der gebräuchlichen Funktionen der elementaren Zahlentheorie auf die Verwendung von primitiven Rekursionen beschränken.

4. Im § 1 ist es öfters vorgekommen, daß in der Definition einer Funktion gewisse Fälle zu unterscheiden waren, je nachdem, welche Beziehungen zwischen den Argumenten bestehen. Es wurden z. B. in Nr. **4** in der Definition von $\sum\limits_{i=m}^{n} \alpha(i, a_1, \ldots, a_r)$ die Fälle $m > n$, $m = 0$ und $0 < m \leqq n$ unterschieden. Diese Relationen wurden in Nr. **5** durch die »charakteristischen Funktionen« $\beta_1(m,n)$, $\beta_2(m,n)$, $\beta_3(m,n)$ charakterisiert. Diese haben den Wert 1, wenn zwischen den Argumenten die betreffende Relation besteht, und 0, wenn dies nicht der Fall ist. Die genannten Beziehungen können aber ebensogut mit Hilfe von $\overline{sg}(\beta_1(m,n))$, $\overline{sg}(\beta_2(m,n))$ und $\overline{sg}(\beta_3(m,n))$ charakterisiert werden: diese Funktionen werden dann und nur dann zu 0, wenn die betreffende Beziehung zwischen m und n besteht.

Ich werde Relationen allgemein mit großen Buchstaben bezeichnen. *Eine Beziehung $B(a_1,\ldots,a_r)$ heißt rekursiv, wenn es eine rekursive Funktion β $(a_1,\ldots,a_r)$ gibt, welche dann und nur dann verschwindet, wenn zwischen $a_1,\ldots,a_r$ die Beziehung B besteht. Ist hierbei β eine primitiv-rekursive Funktion, so ist B eine primitiv-rekursive Beziehung* [43].

Bereits in § 1 kamen viele primitiv-rekursive Beziehungen zur Verwendung.

Wie schon soeben gezeigt wurde, ist

$$a > b$$

eine solche Relation; diese ist ja mit $a \geqq b+1$ gleichbedeutend, und dies gilt dann und nur dann, wenn

$$(b+1) \dotdiv a = 0$$

ist. $(b+1) \dotdiv a$ ist aber eine primitiv-rekursive Funktion, da sie durch Substitution (und Umbenennung der Variablen) aus $n+1$ und $a \dotdiv n$ aufgebaut wird.

Natürlich ist auch die Beziehung

$$a = b$$

primitiv-rekursiv, denn sie besteht dann und nur dann, wenn

$$|a - b| = 0$$

und $|a - b|$ ist nach Nr. **12** des § 1 primitiv-rekursiv.

Nach Nr. **10** des § 1 ist auch die Teilbarkeit von a durch b für $b \neq 0$ primitiv-rekursiv, dies ist ja mit

$$\text{res}\,(a,\,b) = 0$$

gleichbedeutend.

Aus Nr. **11, 13, 14, 15** des § 1 kann auf verschiedene Weisen eingesehen werden, daß die Primzahleigenschaft primitiv rekursiv ist.

5. Haben sich bereits gewisse Beziehungen als primitiv-rekursiv erwiesen, so kann man daraus schließen, daß gewisse Verknüpfungen dieser Beziehungen auch primitiv-rekursiv sind.

Ich werde in diesem Kapitel jene primitiv-rekursive Funktion, von der behauptet wird, daß sie dann und nur dann verschwindet, wenn eine primitiv-rekursive Beziehung $B(a_1,\ldots,a_r)$ bzw. $B_i(a_1,\ldots,a_r)$ besteht, mit $\beta(a_1,\ldots,a_r)$ bzw. $\beta_i(a_1,\ldots,a_r)$ bezeichnen.

Ist nun $B(a_1,\ldots,a_n)$ eine primitiv-rekursive Beziehung, so gilt das auch für ihre Negation, die mit $\overline{B}(a_1,\ldots,a_r)$ bezeichnet wird. Denn

$$\overline{\mathrm{sg}}(\beta(a_1,\ldots,a_r))$$

verschwindet dann und nur dann, wenn

$$\beta(a_1,\ldots,a_r) \neq 0$$

ist, das heißt, wenn $B(a_1,\ldots,a_r)$ nicht besteht.

Also sind die Beziehungen: $a \neq b$, »b teilt nicht a«, ferner »a ist eine zusammengesetzte Zahl«, sämtlich primitiv-rekursiv.

6. In Nr. 5 des § 1 hatte man zu bedenken, daß die Behauptung

$$\text{»}1 \dot- m = 0 \text{ und } m \dot- n = 0\text{«}$$

dann und nur dann wahr ist, wenn

$$(1 \dot- m) + (m \dot- n) = 0$$

gilt; es ist ja die Summe von nicht-negativen Zahlen dann und nur dann gleich 0, wenn alle Glieder verschwinden.

Genauso sieht man allgemein ein, daß mit $B_1(a_1,\ldots,a_r)$, $B_2(a_1,\ldots,a_r),\ldots,B_k(a_1,\ldots,a_r)$ auch die Aussage

$$\text{»}B_1(a_1,\ldots,a_r) \text{ und } B_2(a_1,\ldots,a_r) \text{ und }\ldots\text{ und } B_k(a_1,\ldots,a_r)\text{«},$$

welche etwas kürzer in der Form

$$B_1(a_1,\ldots,a_r) \;\&\; B_2(a_1,\ldots,a_r) \;\&\ldots\&\; B_k(a_1,\ldots,a_r)$$

geschrieben werden kann, primitiv-rekursiv ist; denn sie ist ja mit

$$\beta_1(a_1,\ldots,a_r) + \beta_2(a_1,\ldots,a_r) + \ldots + \beta_k(a_1,\ldots,a_r) = 0$$

gleichbedeutend. (Natürlich ist mit der zweigliedrigen Summe auch die mehrgliedrige Summe primitiv-rekursiv; z. B. kann $a + b + c$ aus $a + b$ durch Einsetzen der zweigliedrigen Summe $b + c$ für b erhalten werden.)

7. In Nr. **15** des § 1 kam zur Verwendung, daß die Aussage

$$»|a-1| = 0 \quad \text{oder} \quad |b-1| = 0«,$$

welche man kürzer in der Form

$$|a-1| = 0 \lor |b-1| = 0$$

aufzeichnet, dann und nur dann wahr ist, wenn

$$|a-1| \cdot |b-1| = 0;$$

ein Produkt ist ja dann und nur dann 0, wenn einer seiner Faktoren 0 ist. (Hier bedeutet das Wörtchen »oder« genauer, daß wenigstens eine der Aussagen wahr ist; wobei die Möglichkeit, daß beide wahr sind, nicht ausgeschlossen wird.)

Genauso sieht man allgemein ein, daß mit $B_1(a_1, \ldots, a_r)$, $B_2(a_1, \ldots, a_r), \ldots, B_k(a_1, \ldots, a_r)$ auch die Aussage

$$B_1(a_1, \ldots, a_r) \lor B_2(a_1, \ldots, a_r) \lor \ldots \lor B_k(a_1, \ldots, a_r)$$

primitiv-rekursiv ist; diese ist ja mit

$$\beta_1(a_1, \ldots, a_r) \cdot \beta_2(a_1, \ldots, a_r) \cdot \ldots \cdot \beta_k(a_1, \ldots, a_r) = 0$$

gleichbedeutend. (Es ist natürlich auch das mehrgliedrige Produkt primitiv-rekursiv, es kann ja durch Substitutionen aus zweigliedrigen Produkten aufgebaut werden.)

8. Es kam ebenfalls in Nr. **15** des § 1 zur Verwendung, daß die Aussage

$$»\text{Aus } |ab - n| = 0 \text{ folgt } |a-1||b-1| = 0«,$$

die kürzer mit

$$|ab - n| = 0 \to |a-1||b-1| = 0$$

bezeichnet werden kann, damit als gleichbedeutend betrachtet wird, daß entweder $|ab - n| = 0$ nicht besteht, oder es besteht auch $|a-1||b-1| = 0$. Dies kann aber nach der vorherigen Nummer folgendermaßen aufgezeichnet werden:

$$|ab - n| \neq 0 \lor |a-1||b-1| = 0;$$

und dies ist eine primitiv-rekursive Beziehung.

Genauso sieht man allgemein ein, daß mit $B_1(a_1, \ldots, a_r)$ und $B_2(a_1, \ldots, a_r)$ auch

$$B_1(a_1, \ldots, a_r) \to B_2(a_1, \ldots, a_r)$$

eine primitiv-kursive Beziehung ist.

9. Auch in Nr. **7** des § 1 haben wir uns auf jene Eigenschaften der Summe und des Produktes berufen, die in den vorherigen Nummern benutzt wurden. Aufgrund des dort Durchdachten, aber auch unabhängig davon, sieht man leicht ein, daß die Aussage

»*Für alle i* zwischen 0 und n (die Grenzen einbegriffen)
besteht $B(i, a_1, \ldots, a_r)$«,

die, falls man den Ausdruck »für alle *i*« mit »(i)« abkürzt, in der Form

$$(i) \, [i \leqq n \to B(i, a_1, \ldots, a_r)]$$

geschrieben werden kann, mit

$$\sum_{i=0}^{n} \beta(i, a_1, \ldots, a_r) = 0$$

gleichbedeutend, also mit $B(i, a_1, \ldots, a_r)$ primitiv-rekursiv ist. Und die Aussage

»*Es gibt ein i* zwischen 0 und n (die Grenzen einbegriffen),
für welches $B(i, a_1, \ldots, a_r)$ besteht«,

die, falls man den Ausdruck »es gibt ein *i*, für welches« mit »(Ei)« abkürzt, in der Form

$$(Ei) \, [i \leqq n \, \& \, B(i, a_1, \ldots, a_r)]$$

geschrieben werden kann, ist mit

$$\prod_{i=0}^{n} \beta(i, a_1, \ldots, a_r) = 0$$

gleichbedeutend, also ebenfalls mit $B(i, a_1, \ldots, a_r)$ primitiv-rekursiv.

Die Zeichen für »alle« und für »es gibt« werden auch Quantoren genannt. Die in ihnen auftretenden Variablen sind »gebunden«; d. h. die betreffende Beziehung hängt von diesen nicht mehr ab. Es hängt ja der Wert von

410

$$\sum_{i=0}^{n} \beta(i, a_1, \ldots, a_r) \quad \text{und} \quad \prod_{i=0}^{n} \beta(i, a_1, \ldots, a_r)$$

nicht von i ab; diese Werte sind vielmehr vollständig bestimmt, wenn die Funktion β, ferner der Wert von $a_1, \ldots, a_r$ und n angegeben werden.

Natürlich liefern Kombinationen solcher mit Quantoren versehenen primitiv-rekursiven Beziehungen wieder primitiv-rekursive Relationen. Z. B. ist bei einer primitiv-rekursiven Beziehung $B(a, b)$ die Aussage

»Für alle i_1 zwischen 0 und n_1 gibt es ein i_2 zwischen 0 und n_2, so daß $B(i_1, i_2)$ besteht«, kürzer:

$$(i_1) \left[i_1 \leqq n_1 \rightarrow (Ei_2) \left[i_2 \leqq n_2 \,\&\, B(i_1, i_2) \right] \right],$$

mit

$$\sum_{i_1=0}^{n_1} \left(\prod_{i_2=0}^{n_2} \beta(i_1, i_2) \right) = 0$$

gleichbedeutend, also primitiv-rekursiv.

10. Aus Nr. **6** des § 1 kann man entnehmen, daß, falls $B_1(a_1, \ldots, a_r)$, $B_2(a_1, \ldots, a_r), \ldots, B_k(a_1, \ldots, a_r)$ solche primitiv-rekursiven Beziehungen sind, daß für alle $a_1, \ldots, a_r$ eine und nur eine von ihnen besteht (es ist also das Bestehen von $B_k(a_1, \ldots, a_r)$ damit gleichbedeutend, daß keine der übrigen Beziehungen $B_1(a_1, \ldots, a_r), \ldots, B_{k-1}(a_1, \ldots, a_r)$ besteht, kürzer, daß

$$\overline{B}_1(a_1, \ldots, a_r) \,\&\, \overline{B}_2(a_1, \ldots, a_r) \,\&\, \ldots \,\&\, \overline{B}_{k-1}(a_1, \ldots, a_r)$$

besteht, daher folgt die primitiv-rekursive Beschaffenheit von B_k nach Nr. **5** und **6** dieses Kapitels bereits daraus, daß die übrigen Beziehungen primitiv-rekursiv sind), so ist auch die mit ihnen aus den primitiv-rekursiven Funktionen $\alpha_1(a_1, \ldots, a_r)$, $\alpha_2(a_1, \ldots, a_r), \ldots, \alpha_k(a_1, \ldots, a_r)$ »zusammengeflickte« Funktion

$$\varphi(a_1, \ldots, a_r) = \begin{cases} \alpha_1(a_1, \ldots, a_r), & \text{falls } B_1(a_1, \ldots, a_r) \text{ besteht} \\ \alpha_2(a_1, \ldots, a_r), & \text{falls } B_2(a_1, \ldots, a_r) \text{ besteht} \\ \ldots \ldots \ldots \ldots \ldots \ldots \ldots \ldots \\ \alpha_k(a_1, \ldots, a_r), & \text{falls } B_k(a_1, \ldots, a_r) \text{ besteht} \end{cases}$$

primitiv-rekursiv. [...]

11. Es wurden aber nicht nur in den »zusammengeflickten« Definitionen rekursive Beziehungen verwendet.

>*Das kleinste i* zwischen 0 und *n* (die Grenzen einbegriffen),
>   *für welches* eine Beziehung $B(i, a_1, \ldots, a_r)$ besteht«

kann, wenn »das kleinste *i*, für welches« mit μ_i abgekürzt wird, in der Form

$$\mu_i [i \leqq n \ \& \ B(i, a_1, \ldots, a_r)]$$

geschrieben werden. Aus Nr. **9** des § 1 kann man entnehmen, daß, wenn es überhaupt ein solches *i* zwischen 0 und *n* gibt, das kleinste derartige *i* als Funktion von $a_1, \ldots, a_r$ folgendermaßen erhalten werden kann:

$$\sum_{k=0}^{n} \mathrm{sg}\left(\prod_{j=0}^{k} \beta(j, a_1, \ldots, a_r) \right).$$

Gibt es zwischen 0 und *n* kein solches *i*, für welches $B(i, a_1, \ldots, a_r)$ besteht, daß heißt, unter Benutzung der Abkürzungen von Nr. **5** und **9** dieses Kapitels, wenn

$$(i) \ [i \leqq n \rightarrow \overline{B}(i, a_1, \ldots, a_r)]$$

besteht, so versteht man 0 unter μ_i. Also lautet die Definition dieses Ausdrucks:

$$\mu_i[i \leqq n \ \& \ B(i, a_1, \ldots, a_r)] = \begin{cases} 0, & \text{falls } (i) \ [i \leqq n \rightarrow \overline{B}(i, a_1, \ldots, a_r)] \\[2mm] \displaystyle\sum_{k=0}^{n} \mathrm{sg}\left(\prod_{j=0}^{k} \beta(j, a_1, \ldots, a_r) \right) & \text{sonst.} \end{cases}$$

Nach der vorigen Nummer ist diese zusammengeflickte Funktion samt der Beziehung $B(i, a_1, \ldots, a_r)$ primitiv-rekursiv.

In Nr. **8, 16** und **17** des § 1 wurden $\left[\dfrac{a}{n} \right]$, p_{n+1} und $\exp_a(n)$ als ein kleinstes *i* von gewisser Beschaffenheit definiert. Unter Verwendung von μ_i lassen sich diese Definitionen einfacher aufschreiben; und dabei kann auch der Faktor $\mathrm{sg}(n)$, der wegen des Ausnahmefalles $n = 0$ hinzugenommen wurde, weggelassen werden. Es ist z. B.

$$\left[\frac{a}{n} \right] = \mu_i[i \leqq a \ \& \ a + 1 \leqq (i+1)n],$$

und darin ist zugleich auch $\left[\dfrac{a}{0} \right] = 0$ enthalten; denn es gibt kein *i*, für welches $a + 1 \leqq (i + 1) \cdot 0$ wäre, und wenn es kein solches i gibt, so ist der Wert von μ_i für $n = 0$ gleich 0.

Ähnlich ist

$$p_n = \mu_i \left[i \leqq 2^{2^{n+1}} \ \& \ \pi(i) = n + 1 \right],$$

und

$$\exp_a(n) = \mu_i \left[i \leqq n \ \& \ \operatorname{res}(n, p_a^{i+1}) \neq 0 \right].$$

Wenn es bis n nur ein einziges i gibt, für welches eine primitiv-rekursive Beziehung $B(i, a_1, \ldots, a_r)$ besteht, so ergibt μ_i dieses einzige i. So läßt sich auch *das größte i bis n*, für welches $\beta(i, a_1, \ldots, a_r)$ besteht, falls ein solches i überhaupt existiert, ebenfalls als ein gewisses kleinstes i, also mit μ_i aufschreiben; nämlich als das kleinste (das einzige) i, für welches $B(i, a_1, \ldots, a_r)$ besteht, wobei für größere $k \leqq n$ $\overline{B}(k, a_1, \ldots, a_r)$ besteht (ähnlich wurde schon in Nr. **18** des § 1 verfahren). Wird das betrachtete größte i mit μ_i' bezeichnet, so ist daher

$$\mu_i'[i \leqq n \ \& \ B(i, a_1, \ldots, a_r)] =$$
$$= \mu_i \big[i \leqq n \ \& \ B(i, a_1, \ldots, a_r) \ \& $$
$$\& \ (k) \left[k \leqq n \to (k > i \to \overline{B}(k, a_1, \ldots, a_r)) \right] \big].$$

Mit Benutzung von μ_i' läßt sich z. B. die Defintion von $\operatorname{long}(n)$ in Nr. **18** des § 1 auf folgende Form bringen:

$$\operatorname{long}(n) = \mu_i'[i \leqq n \ \& \ \exp_i(n) \neq 0]. \quad \blacksquare$$

VII. Entscheidungsprobleme

1. Mathematische Formalismen

GEORG CHRISTOPH LICHTENBERG, der geistreiche Spötter, hat einmal über die Mathematiker gesagt ([83], S. 305):

> Die Mathemtik ist eine gar herrliche Wissenschaft, aber die Mathematiker taugen oft den Henker nicht..., so verlangt sehr oft der sogenannte Mathematiker für einen der tiefen Denker gehalten zu werden, ob es gleich darunter die größten Plunderköpfe gibt, untauglich zu irgendeinem Geschäft, das Nachdenken erfordert, wenn es nicht unmittelbar durch jene leichte Verbindung von Zeichen geschehen kann, die mehr das Werk der Routine als des Denkens sind.

Auch GOETHE dachte ähnlich und sprach vom »Hexengewirre« der mathematischen Formeln.

Es ist daher beachtlich, daß in unserem Jahrhundert gerade die Beschäftigung mit den Möglichkeiten und Grenzen mathematischer Formalismen zu tiefgehenden erkenntniskritischen Einsichten führte, die über den Bereich der Mathematik hinaus ihre Bedeutung haben. Der Weg dazu führte über eine Idee, die wir schon bei dem vielseitigen GOTTFRIED WILHELM LEIBNIZ finden. Er hat seine Beiträge zur Infinitesimalrechnung in einer eigenen, sich als sehr zweckmäßig erweisenden Formalsprache ausgebaut. Darüber hinaus war er der Meinung, daß die Erstellung einer Formalsprache für die Philosophie und insbesondere für die Logik von Nutzen sein könnte. Er hat berichtet [82]:

> Als ich noch als Knabe nur die Lehrsätze der gewöhnlichen Logik kannte und die Mathematik mir fremd war, entstand mir, ich weiß nicht, durch welche Eingebung, der Gedanke, man könne eine Analysis der Begriffe erfinden, mit deren

Hilfe durch Kombination die Wahrheiten ausgedrückt und gleichsam mittels Zahlen berechnet werden könnten. Es ist ergötzlich, sich jetzt daran zu erinnern, durch welche, wenn auch kindliche Gründe, ich zur Ahnung einer so großen Sache gekommen bin.

LEIBNIZ hoffte, daß mit Hilfe einer solchen philosophischen Formalsprache die Meinungsverschiedenheiten unter den Philosophen ausgeräumt werden könnten. Wenn zwei Forscher sich über irgendeine philosophische Aussage nicht einig wären, so brauchte man nur zu sagen: »Komm, laß uns rechnen.«

Der auf so vielen Gebieten wissenschaftlich aktive LEIBNIZ hat diese seine Idee nicht weiter ausgebaut. Erst etwa zwei Jahrhunderte später nahm GEORGE BOOLE (1815–1864) die LEIBNIZsche Idee auf seine Weie auf und schuf einen Kalkül der formalen Logik[1]. Andere Mathematiker und Philosophen bauten die BOOLEschen Ideen weiter aus; in unserem Jahrhundert gibt es schon eine große Zahl von Lehrbüchern der mathematischen Logik. Freilich ist es auch heute nicht möglich, alle Meinungsverschiedenheiten der Philosophen durch Rechnen in einem dieser Kalküle auszutragen. Die Bedeutung der neuen Disziplin liegt einmal in der Möglichkeit der kurzen und präzisen Darstellung mathematischer Beweisgänge, darüber hinaus hat die formale Logik auch eine hohe erkenntniskritische Bedeutung. Davon soll in diesem Kapitel noch später die Rede sein.

Von den vielen Schriften zur mathematischen Logik ist das Lehrbuch von HILBERT und ACKERMANN [59] besonders wichtig. Das Axiomensystem der Aussagenlogik kann als charakteristisch für den modernen mathematischen Formalismus gelten. Von den Axiomen kann man nicht behaupten, daß sie alle nur etwas ausdrücken, was uns allen »evident« erscheint. Das letzte dieser Axiome (s. S. 443) erscheint dem ungeschulten Leser verwirrend kompliziert zu sein, und doch kann man aus diesem Axiomensystem alle »immer wahren« Aussagen (Tautologien) herleiten. Auch kann man die Widerspruchsfreiheit dieses Systems leicht beweisen. Es ist also so recht ein Muster für eine gute mathematische Theorie. Dieses System konnte einem Mathematiker Hoffnung

---

1 Näheres dazu in [89]

machen, daß man auch die übrigen Gebiete der Mathematik in entsprechender Art axiomatisieren kann. Aber diese Hoffnung hat sich als trügerisch erwiesen. Durch Ausbau des Formalismus und Anwendung der mathematischen Logik kann man beweisen, daß es nichtentscheidbare Probleme gibt. Davon wird später noch zu reden sein. Wir bringen zunächst die geschlossene Darstellung der Aussagenlogik aus dem HILBERT/ACKERMANN.

Vorher wollen wir noch anmerken, daß die benutzten Symbole bei den einzelnen mathematischen Autoren durchaus verschieden sind. Es zeichnet sich aber im deutschen Sprachraum eine Entwicklung ab, die von HEINRICH SCHOLZ eingeführte praktische Symbolik [123] allgemein zu übernehmen. Wir stellen deshalb in einer Tabelle die Symbole für die Operationen in der Aussagenlogik bei HILBERT und SCHOLZ zusammen. Dann folgt das Kapitel aus HILBERT/ACKERMANN über den Aussagenkalkül ([59] S. 4 ff.)

Hilbert	Operation	Scholz
&	und	$\wedge$
$\vee$	oder	$\vee$
$\rightarrow$	wenn, dann	$\Rightarrow$
$\sim$	genau dann, wenn	$\Leftrightarrow$
$\overline{X}$	non X	$\neg\, X$

2. Aussagenlogik

Der Aussagenkalkül

Einen ersten, unentbehrlichen Bestandteil der mathematischen Logik bildet der sogenannte Aussagenkalkül. Unter einer Aussage ist jeder Satz zu verstehen, von dem es sinnvoll ist, zu behaupten, daß sein Inhalt richtig oder falsch ist. Aussagen sind z. B. »Die Mathematik ist eine Wissenschaft«, »Der Schnee ist schwarz«, »9 ist eine Primzahl«. In dem Aussagenkalkül wird auf die feinere logische Struktur der Aussagen, die etwa in der Beziehung zwischen Prädikat und Subjekt zum Ausdruck kommt, nicht eingegangen, sondern die Aussagen werden als Ganzes in ihrer logischen Verknüpfung mit anderen Aussagen betrachtet.

§ 1

Einführung der logischen Grundverknüpfungen

Aussagen können in bestimmter Weise zu neuen Aussagen verknüpft werden. Z. B. kann man aus den beiden Aussagen «2 ist kleiner als 3«, »Der Schnee ist schwarz« die neuen Aussagen bilden: »2 ist kleiner als 3 *und* der Schnee ist schwarz«, »2 ist kleiner als 3 *oder* der Schnee ist schwarz«, »Wenn 2 kleiner ist als 3, *so* ist der Schnee schwarz«. Endlich kann man aus »2 ist kleiner als 3« die neue Aussage bilden »2 ist *nicht* kleiner als 3«, die das logische Gegenteil der ersten Aussage ausdrückt.

Diese Verknüpfungen von Aussagen sind sprachlich durch die Worte »*und*«, »*oder*«, »*nicht*«, »*wenn – so*« gegeben.

Wir wollen nun diese Grundverknüpfungen von Aussagen durch eine geeignete Symbolik darstellen. Als Bezeichnungen für Aussagen verwenden wir große lateinische Buchstaben: $X, Y, Z, U, \ldots$ Zur Wiedergabe der logischen Verknüpfung der Aussagen führen wir die folgenden 5 Zeichen ein:

1. $\overline{X}$ (lies »X nicht«) bezeichnet das kontradiktorische Gegenteil von X. $\overline{X}$ bedeutet die Aussage, die richtig ist, wenn X falsch ist, und die falsch ist, wenn X richtig ist.

2. $X \& Y$ (lies »X und Y«) bezeichnet die Aussage, die dann und nur dann richtig ist, wenn sowohl X als Y richtig ist.

3. $X \vee Y$ (lies »X oder Y«) bezeichnet die Aussage, die dann und nur dann richtig ist, wenn mindestens eine der beiden Aussagen X, Y richtig ist.

4. $X \rightarrow Y$ (lies »*wenn X, so Y*«) bezeichnet die Aussage, die dann und nur dann falsch ist, wenn X richtig und Y falsch ist.

5. $X \sim Y$ (lies »X *gleichwertig Y*«), auch wohl $X \rightleftharpoons Y$ oder $X \longleftrightarrow Y$ geschrieben, bezeichnet die Aussage, die dann und nur dann richtig ist, wenn X und Y beide richtig oder X und Y beide falsch sind. $X \sim Y$ bedeutet also, daß X und Y beide denselben Wahrheitswert haben.

Zu 3. bemerken wir, daß die Verknüpfung »X oder Y« nicht mit dem ausschließenden oder, im Sinne des lateinischen *aut – aut*, verwechselt werden darf. Dieses »oder« hat vielmehr die Bedeutung von »oder auch« im Sinne des lateinischen *vel,* d. h. die Möglichkeit des Zusammenbestehens von X und Y wird mit zugelassen.*

Die Beziehung »wenn X, so Y« ist nicht so aufzufassen, als ob damit ein Verhältnis von Grund und Folge bezeichnet werden soll. Vielmehr ist die Aussage $X \rightarrow Y$ immer schon dann richtig, wenn X eine falsche oder auch, wenn Y eine richtige Aussage ist.

So haben z. B. folgende Aussagen als richtig zu gelten:

Wenn »2mal 2 gleich 4«, so »ist der Schnee weiß«.

Wenn »2mal 2 gleich 5«, so »ist der Schnee weiß«.

Wenn »2mal 2 gleich 5«, so »ist der Schnee schwarz«.

Falsch wäre dagegen die Aussage: Wenn »2mal 2 gleich 4«, so »ist der Schnee schwarz«. Immerhin hat die Beziehung $X \rightarrow Y$ mit der Beziehung von Grund und Folge das gemeinsam, daß im Falle der Richtigkeit von $X \rightarrow Y$ aus dem Bestehen von X das Bestehen von Y entnommen werden kann.

Die Beziehung $X \sim Y$ hat nicht etwa den Sinn, daß X mit Y gleichbedeutend ist, sie besteht vielmehr zwischen irgend zwei richtigen und auch zwischen irgend zwei falschen Aussagen. Z. B. sind die Aussagen

$$(2 \text{ und } 2 \text{ gleich } 4) \sim (\text{der Schnee ist weiß}),$$
$$(2 > 3) \sim (\text{der Schnee ist schwarz})$$

richtig.

Besonders wichtig ist noch die allgemeine Bemerkung, daß nach unserer Definition der logischen Grundverknüpfungen die *Richtigkeit oder Falschheit einer Aussagenverknüpfung nur von der Richtigkeit und Falschheit der verknüpften Aussagen, nicht aber von ihrem Inhalt abhängig ist.* Bezeichnen wir zur Abkürzung eine richtige Aussage mit $\mathfrak{R}$ und eine falsche Aussage mit $\mathfrak{F}$, so ist z. B. die Verknüpfung $\rightarrow$ dadurch gekennzeichnet, daß die Aussagen $\mathfrak{R} \rightarrow \mathfrak{R}$, $\mathfrak{F} \rightarrow \mathfrak{R}$ und $\mathfrak{F} \rightarrow \mathfrak{F}$ richtig sind, $\mathfrak{R} \rightarrow \mathfrak{F}$ aber falsch ist. Für die Verknüpfung & ist $\mathfrak{R} \& \mathfrak{R}$ richtig, $\mathfrak{R} \& \mathfrak{F}$, $\mathfrak{F} \& \mathfrak{R}$, $\mathfrak{F} \& \mathfrak{F}$

---

* Das ausschließende »entweder – oder« kann durch eine Kombination der Grundzeichen ausgedrückt werden. »Entweder X oder Y« ist die Negation von $X \sim Y$ und wird dargestellt durch $\overline{X \sim Y}$.

sämtlich falsch. Weiter ist $\Re \vee \Re$, $\Re \vee \mathfrak{F}$, $\mathfrak{F} \vee \Re$ richtig, $\mathfrak{F} \vee \mathfrak{F}$ falsch. Die Verbindung $\sim$ ist dadurch gekennzeichnet, daß $\Re \sim \Re$, $\mathfrak{F} \sim \mathfrak{F}$ richtig, dagegen $\Re \sim \mathfrak{F}$, $\mathfrak{F} \sim \Re$ falsch sind. Endlich ist $\overline{\Re}$ falsch, $\overline{\mathfrak{F}}$ richtig.

Wir sind demnach berechtigt, die Grundverknüpfungen als Wahrheitsfunktionen aufzufassen, d. h. als bestimmte Funktionen, für die als Argumente und als Funktionswerte nur $\Re$ und $\mathfrak{F}$ in Frage kommen.

Zur formalen Kennzeichnung der eingeführten Operationen ist zu bemerken, daß die Negation $\overline{X}$ allein eingliedrig ist, während die übrigen Operationen alle zweigliedrig sind.

§2
Äquivalenzen; Entbehrlichkeit von Grundverknüpfungen
Durch mehrfache Anwendung der Grundverknüpfungen lassen sich aus gegebenen Aussagen kompliziertere Aussagenverbindungen bilden. Z. B. entsteht so aus den Grundaussagen *X, Y, Z* die zusammengesetzte Aussage $((X \to Y) \, \& \, (Y \to Z)) \, \& \, (X \vee Z)$. Jede derartige Aussagenverbindung stellt, genau wie die Grundverknüpfungen, eine bestimmte Wahrheitsfunktion dar. Bei der obigen Aussagenverbindung haben wir für *X, Y, Z* die acht möglichen Werte $\Re, \Re, \Re$; $\Re, \Re, \mathfrak{F}$; $\Re, \mathfrak{F}, \Re$; $\Re, \mathfrak{F}, \mathfrak{F}$; $\mathfrak{F}, \Re, \Re$; $\mathfrak{F}, \Re, \mathfrak{F}$; $\mathfrak{F}, \mathfrak{F}, \Re$; $\mathfrak{F}, \mathfrak{F}, \mathfrak{F}$. Jedem dieser Werte wird durch

$$((X \to Y) \, \& \, (Y \to Z)) \, \& \, (X \vee Z)$$

entweder der Wert $\Re$ oder $\mathfrak{F}$ zugeordnet. Z. B. entspricht der Kombination $\mathfrak{F}, \Re, \mathfrak{F}$ der Wert $\mathfrak{F}$. Wir können nämlich für

$$((\mathfrak{F} \to \Re) \, \& \, (\Re \to \mathfrak{F})) \, \& \, (\overline{\mathfrak{F}} \vee \mathfrak{F})$$

gemäß der Definition der Grundverknüpfungen

$$(\Re \, \& \, \mathfrak{F}) \, \& \, \mathfrak{F}$$

setzen, und weiter $\mathfrak{F} \, \& \, \mathfrak{F}$ und endlich $\mathfrak{F}$.

Es ist nun bemerkenswert, daß verschiedene dieser Grundverknüpfungen gleichbedeutend sind, d. h. dieselbe Wahrheitsfunktion darstellen. So ist $\overline{\overline{X}}$ gleichbedeutend mit *X*; die doppelte Verneinung ist dasselbe wie die Bejahung. In der Tat ergibt $\overline{\overline{X}}$ ebenso wie *X* für eingesetztes $\Re$ den Wert $\Re$ und für eingesetztes $\mathfrak{F}$ den Wert

ℱ. Solche gleichbedeutende Aussagenverknüpfungen wollen wir im folgenden »äquivalent« nennen. Zur Abkürzung schreiben wir

(1) $\overline{\overline{X}}$ äq X.*

Wir wollen im folgenden eine Reihe weiterer Äquivalenzen zusammenstellen. Zunächst zeigt sich in der Wirkungsweise der Zeichen & und ∨ eine Analogie mit den Zeichen + und · in der Algebra. Es bestehen nämlich die folgenden Äquivalenzen:

(2) $X \& Y$ äq $Y \& X$,
(3) $X \& (Y \& Z)$ äq $(X \& Y) \& Z$,
(4) $X \vee Y$ äq $Y \vee X$,
(5) $X \vee (Y \vee Z)$ äq $(X \vee Y) \vee Z$,
(6) $X \vee (Y \& Z)$ äq $(X \vee Y) \& (X \vee Z)$.

Die Richtigkeit dieser (und aller sonstigen) Äquivalenzen bestätigt man, wie aus dem Gesagten schon hervorgeht, auf die folgende Weise: Man nimmt alle möglichen Kombinationen, die sich aus 𝕽 und ℱ für die Grundaussagen bilden lassen, und überzeugt sich davon, daß für jede einzelne Kombination jedesmal die beiden Seiten der betrachteten Äquivalenz den gleichen Wahrheitswert ergeben. Diese Nachprüfung sei dem Leser überlassen.

Aus den Äquivalenzen (2) bis (6) ergibt sich ein *kommutatives, assoziatives* und *distributives* Gesetz. Wegen dieser Analogie zur Algebra hat man auch $X \& Y$ als die *logische Summe* und $X \vee Y$ als das *logische Produkt* bezeichnet. Aus den angegebenen Gesetzen folgt, daß man bei logischen Ausdrücken in ähnlicher Weise wie in der Algebra »ausmultiplizieren« bzw. einen gemeinsamen Faktor ausklammern kann. – Ebensogut hätten wir übrigens $X \& Y$ als logisches Produkt und $X \vee Y$ als logische Summe bezeichnen können, und diese Bezeichnung ist sogar in der Logik gebräuchlicher. Es gilt nämlich, im Unterschied zur Algebra, noch ein *zweites distributives Gesetz:*

(7) $X \& (Y \vee Z)$ äq $(X \& Y) \vee (X \& Z)$.

---

* Es sei hervorgehoben, daß die hier gebrauchte Schriftabkürzung äq nicht zu unseren logischen Symbolen gehört.

Ein Beispiel zur Erläuterung des zweiten distributiven Gesetzes ist folgendes: Es werde die Wetterprophezeiung ausgesprochen: »Es regnet heute, und morgen scheint die Sonne, oder übermorgen scheint die Sonne.« Dieselbe Behauptung läßt sich auch so ausdrücken: »Es regnet heute, und morgen scheint die Sonne, oder es regnet heute, und übermorgen scheint die Sonne.«

Da der Sprachgebrauch in der Logik bezüglich der Worte »Summe« und »Produkt« schwankt, wollen wir lieber diese Ausdrücke überhaupt vermeiden. Wir bezeichnen statt dessen $X \& Y$ als die *Konjunktion* von X und Y, $X \vee Y$ als die *Disjunktion* von X und Y. Für $X \rightarrow Y$ ist die Bezeichnung *Implikation* gebräuchlich.

Wegen des kommutativen und assoziativen Gesetzes können mehrgliedrige Konjunktionen oder Disjunktionen ohne Klammern geschrieben werden. Ferner setzen wir zur weiteren Ersparung von Klammern fest, daß $\vee$ *enger bindet als* $\&$ und $\&$ wieder enger als $\rightarrow$ und $\sim$. Das Zeichen $\vee$ kann auch ebenso wie in der Algebra das Zeichen $\cdot$ fortgelassen werden.

Für die Vereinfachung von Konjunktionen und Disjunktionen sind die folgenden Äquivalenzen wesentlich:

(8) $\qquad\qquad\qquad X \& X \text{ äq } X,$

(9) $\qquad\qquad\qquad X \vee X \text{ äq } X.$

Es braucht also in einer Konjunktion oder Disjunktion, in der ein Glied mehrfach vorkommt, dieses nur einmal geschrieben zu werden. Ebenso sind die folgenden Äquivalenzen geeignet, kompliziertere Aussagenverbindungen durch einfachere zu ersetzen.

(10) $\qquad\qquad\qquad X \& \mathfrak{R} \text{ äq } X,$

(11) $\qquad\qquad\qquad X \& \mathfrak{F} \text{ äq } \mathfrak{F}.$

(10) sagt aus, daß ein richtiges Konjunktionsglied stets fortgelassen werden darf, (11), daß eine Konjunktion falsch ist, in der eine falsche Aussage vorkommt.

Entsprechend haben wir für die Disjunktion:

(12) $\qquad\qquad\qquad X \vee \mathfrak{R} \text{ äq } \mathfrak{R},$

(13) $\qquad\qquad\qquad X \vee \mathfrak{F} \text{ äq } X.$

Eine Disjunktion ist richtig, wenn sie ein richtiges Glied enthält. Ein falsches Glied darf in einer Disjunktion fortgelassen werden.

Auch bei der Implikation haben wir ähnliche Beziehungen.

(14) $\Re \rightarrow X$ äq X; $X \rightarrow \Im$ äq $\overline{X}$,
(15) $\Im \rightarrow X$ äq $\Re$; $X \rightarrow \Re$ äq $\Re$.

Eine Implikation mit richtigem Vorderglied (falschem Hinterglied) ist mit ihrem Hinterglied (negiertem Vorderglied) äquivalent. Eine Implikation mit falschem Vorderglied (richtigem Hinterglied) stellt immer eine richtige Aussage dar.

Für die Gleichwertigkeitsbeziehung haben wir endlich

(16) $X \sim \Re$ äq $\underline{X}$,
(17) $X \sim \Im$ äq $\overline{X}$.

Bei der Verbindung der Negation mit & und ∨ ist die folgende Beziehung wesentlich:

(18) $\overline{X \& Y}$ äq $\overline{X} \vee \overline{Y}$.

Es bedeute z. B. X die Behauptung »Das Dreieck △ ist rechtwinklig«, Y bedeute »Das Dreieck △ ist gleichschenklig«. Der Verbindung $X \& Y$ entspricht dann die Aussage »Das Dreieck △ ist rechtwinklig, und das Dreieck △ ist gleichschenklig«. Das kontradiktorische Gegenteil hiervon, ist die Aussage »Das Dreieck △ ist nicht rechtwinklig, oder das Dreieck △ ist nicht gleichschenklig«, und diese Aussage wird durch $\overline{X} \vee \overline{Y}$ dargestellt.

Ebenso gilt:

(19) $\overline{X \vee Y}$ äq $\overline{X} \& \overline{Y}$.

Z. B. werde bei einer Prüfung in Mathematik verlangt, daß der Kandidat mindestens in einem der Gebiete Arithmetik und Geometrie beschlagen sei. X bedeute die Aussage »Der Kandidat kann Arithmetik«, Y bedeute »Der Kandidat kann Geometrie«. Die Anforderung des Examens wird von dem Kandidaten erfüllt, wenn $X \vee Y$ richtig ist. Fällt nun der Kandidat bei der Prüfung durch, liegt also das Gegenteil von $X \vee Y$ vor, so bedeute dies »Der Kandidat kann nicht Arithmetik und er kann nicht Geometrie«, was durch $\overline{X} \& \overline{Y}$ dargestellt wird.

Weitere Äquivalenzen ergeben sich, wenn wir die Zeichen $\rightarrow$ und $\sim$ heranziehen.

Da die Aussage $X \rightarrow Y$ bedeutet, daß nicht gleichzeitig X richtig und Y falsch ist, so hat man

(20) $$X \to Y \text{ äq } \overline{X \& \overline{Y}}.$$

Unter Benutzung von (18) kann man für $\overline{X \& \overline{Y}}$ auch $\overline{X} \lor \overline{\overline{Y}}$, und nach (1) auch $\overline{X} \lor Y$ schreiben. Es gilt also auch

(21) $$X \to Y \text{ äq } \overline{X} \lor Y.$$

Nimmt man in dieser Äquivalenz $\overline{X}$ statt X und benutzt man, daß $\overline{\overline{X}}$ äq X, so erhält man die neue Beziehung

(22) $$X \lor Y \text{ äq } \overline{X} \to Y.$$

Nach (20) hat man $\overline{Y} \to \overline{X}$ äq $\overline{\overline{Y} \& \overline{\overline{X}}}$. Nach (1) kann man dafür $\overline{Y} \& \overline{X}$, nach (2) $X \& \overline{Y}$ und nach (20) $X \to Y$ setzen. Es ergibt sich also:

(23) $$X \to Y \text{ äq } \overline{Y} \to \overline{X}.$$

Bestehen ferner die beiden Aussagen $X \to Y$ und $Y \to X$ zu Recht, so heißt das, daß nicht gleichzeitig X richtig und Y falsch und auch nicht gleichzeitig Y richtig und X falsch ist. Die Aussage $(X \to Y) \& (Y \to X)$ bedeutet also, daß X und Y beide den gleichen Wahrheitswert haben. Mit anderen Worten, es besteht die Äquivalenz

(24) $$X \sim Y \text{ äq } (X \to Y) \& (Y \to X).$$

Aus der Bedeutung der Verknüpfung $\sim$ ergibt sich unmittelbar, daß

(25) $$X \sim Y \text{ äq } Y \sim X,$$

(26) $$X \sim Y \text{ äq } \overline{X} \sim \overline{Y}.$$

Weiter erhält man aus (19) und (18), indem man von beiden Seiten der Äquivalenz das Gegenteil nimmt und benutzt, daß die doppelte Verneinung nach (1) fortgelassen werden kann:

(27) $$X \lor Y \text{ äq } \overline{\overline{X} \& \overline{Y}},$$

(28) $$X \& Y \text{ äq } \overline{\overline{X} \lor \overline{Y}}.$$

An diesen Äquivalenzen zeigt sich eine *Vielfachheit in der Darstellung von Aussagenverknüpfungen durch die eingeführten Zeichen*. Es wird so die Frage nahegelegt, ob nicht *einige von den logischen Grundverknüpfungen entbehrlich sind*. Das ist tatsächlich der Fall.

424

Aus (24) ergibt sich zunächst, daß man das Zeichen $\sim$ entbehren kann, da sich die Verknüpfung $X \sim Y$ durch $\rightarrow$ und & wiedergeben läßt. Aus (20) und (27) folgt weiter, daß auch $\rightarrow$ und $\vee$ entbehrlich sind, daß man also mit & und $^-$ auskommen kann. Ebenso ergibt sich aus (21) und (28), daß auch $\vee$ und $^-$ genügen. Desgleichen sind $\rightarrow$ und $^-$ ausreichend; denn nach (28) läßt sich zunächst & durch $\vee$ und $^-$, und nach (22) $\vee$ durch $\rightarrow$ und $^-$ ausdrücken.

Die Darstellung mit $\rightarrow$ und $^-$ hat FREGE, die mit $\vee$ und $^-$ RUSSELL zugrunde gelegt (d. h. unter Benutzung anderer Symbole). Am natürlichsten ist es wohl, von der Darstellung durch & und $^-$ auszugehen, wie es in BRENTANOS Urteilslehre geschieht. Besonders zweckmäßig ist der Gebrauch der drei Zeichen &, $\vee$, $^-$, da sich infolge der Äquivalenzen (2) bis (6) dann eine besonders einfache rechnerische Behandlung der logischen Ausdrücke ergibt.

Mit $\sim$ und $^-$ können nicht alle Verknüpfungen dargestellt werden. So ist schon X & Y nicht mit diesen Zeichen darstellbar. Zum Beweis wollen wir zunächst annehmen, daß nur die Grundaussagen X und Y gebraucht werden. Wir betrachten dann die 8 Aussagen:

$$X;\ Y;\ \overline{X};\ \overline{Y}\ ;\ X \sim X;\ X \sim \overline{X};\ X \sim Y;\ X \sim \overline{Y}.$$

Negiert man eine dieser Aussagen, oder setzt man zwei dieser Aussagen durch $\sim$ zusammen, so erhält man wieder Aussagen, die einer der 8 Aussagen äquivalent sind. Z. B. ist

$$(X \sim Y) \sim Y \text{ äq } X;\ \ (X \sim Y) \sim (X \sim Y) \text{ äq } X \sim X \ \ \text{usw.}$$

Da die Grundaussagen X und Y unter den 8 Aussagen selbst vorkommen, so ergibt sich, daß jede Aussage, die aus X und Y nur durch Anwendung von $\sim$ und $^-$ gebildet wird, einer dieser 8 Aussagen äquivalent ist. X & Y ist aber keiner dieser Aussagen äquivalent. – Gäbe es eine mit X & Y äquivalente und nur mit $\sim$ und $^-$ gebildete Aussagenverknüpfung, die noch die Grundaussagen Z, $U,\ldots$, T enthielte, so müßte die Äquivalenz auch bestehen, falls man Z, $U,\ldots$, T alle durch X ersetzt. Damit kommen wir auf den vorigen Fall zurück.

Die Negation ist bei der Darstellung der Aussagenverknüpfungen unentbehrlich. Z. B. läßt sich $\overline{X}$ ohne Anwendung der Negation nicht darstellen. Alle mit dem unbestimmten Zeichen X durch

Anwendung von &, ∨, →, ~ gebildeten Ausdrücke stellen nämlich nur solche Aussagen dar, welche richtig sind, sofern X richtig ist, während $\overline{X}$ den entgegengesetzten Wahrheitswert hat wie X.

Bemerkenswert ist, daß die Verknüpfung ∨ durch → allein, ohne Anwendung der Negation ausgedrückt werden kann. Es gilt nämlich

$$X \vee Y \text{ äq } (X \to Y) \to Y.$$

Für $X \& Y$ ist eine derartige Darstellung nicht möglich.

Als Kuriosität sei erwähnt, daß man auch mit einem einzigen logischen Zeichen auskommt, wie es Sheffer gezeigt hat. Dieser benutzt als einzige Grundverknüpfung X/Y, in Worten: »X und Y bestehen nicht beide«. X/X ist dann gleichbedeutend mit $\overline{X}$. $(X/X)/(Y/Y)$ ist äquivalent mit $\overline{X}/\overline{Y}$, d. h. $X \vee Y$. Da man ∨ und ‾ durch den Shefferschen Strich ausdrücken kann, so gilt das auch für die übrigen Grundverknüpfungen.

Als wichtig für die Darstellung der Gleichwertigkeitsbeziehung seien noch folgende Äquivalenzen erwähnt:

(29) $X \sim Y$ äq $\overline{X} \vee Y \& \overline{Y} \vee X$,
(30) $X \sim Y$ äq $(X \& Y)(\overline{X} \& \overline{Y})$.

(29) geht aus (24) hervor, indem man nach (21) die Verknüpfung → durch ∨ und ‾ ersetzt. (30) ergibt sich unmittelbar aus der Bedeutung von ~.

§ 3
Normalform für die logischen Ausdrücke
Wir haben bisher gesehen, wie man aus bestimmten Grundaussagen, die wir mit $X, Y, Z., \ldots$ bezeichnen, durch ein- oder mehrmalige Anwendung der Verknüpfungen &, ∨, →, ‾ neue Aussagen bilden kann. Die im vorigen Paragraphen aufgestellten Äquivalenzen lehren uns, daß es für inhaltlich gleichbedeutende Verbindungen von Grundaussagen eine Vielfachheit der Darstellung gibt, bei denen man von einer zur anderen nach Belieben übergehen kann. Es ist nun bemerkenswert, daß jede *Aussagenverbindung durch eine äquivalente Umformung auf eine gewisse Normalform gebracht werden kann;* und zwar besteht diese Normalform aus einer Konjunktion von Disjunktionen, in denen jedes Dis-

junktionsglied entweder eine Grundaussage oder die Negation einer solchen ist.

Wir bilden uns aufgrund der aufgestellten Äquivalenzen folgende Regeln für die Umformung von Ausdrücken:

a 1) *Mit den Zeichen & und ∨ kann, wie in der Algebra, assoziativ, kommutativ* und *distributiv gerechnet werden.*

a 2) $\bar{\bar{X}}$ *kann ersetzt werden durch X.*

a 3) *Für* $\overline{X \, \& \, Y}$ *kann man* $\bar{X} \vee \bar{Y}$, *für* $\overline{X \vee Y}$ *kann man* $\bar{X} \, \& \, \bar{Y}$ *schreiben.*

a 4) $X \rightarrow Y$ *kann durch* $\bar{X} \vee Y$, $X \sim Y$ *durch* $\bar{X}Y \, \& \, \bar{Y}X$ *ersetzt werden.* *

Es ist hier immer die gegenseitige Ersetzbarkeit gemeint.

Die Umformung geschieht nun in der folgenden Weise: Zunächst kann jeder Ausdruck unter Benutzung der Regel a 4) durch einen äquivalenten ersetzt werden, der nicht mehr die Zeichen $\rightarrow$ und $\sim$ enthält. Der so entstehende Ausdruck baut sich dann durch Anwendung der drei Zeichen &, ∨, $^-$ auf. Durch sukzessive Anwendung der Regel a 3) kann man dann erreichen, daß die Negationsstriche immer weiter nach innen rücken und schließlich nur über den Grundaussagen stehen. Z. B. wird aus

$$\overline{(XY \, \& \, \bar{Y}) \vee (Z \, \& \, Y)}$$

zunächst

$$\overline{XY \, \& \, \bar{Y}} \, \& \, \overline{(Z \, \& \, Y)},$$

dann durch nochmalige Anwendung von a 3):

$$\overline{XY} \vee \bar{\bar{Y}} \, \& \, \bar{Z} \vee \bar{Y}.$$

und schließlich

$$\overline{(\bar{X} \, \& \, \bar{Y})} \bar{\bar{Y}} \, \& \, \bar{Z} \, \bar{Y}.$$

Der so entstehende Ausdruck setzt sich dann aus negierten und unnegierten Grundaussagen durch & und ∨ zusammen. Nun wendet man das distributive Gesetz an. Bei unserem Beispiel erhält man so:

$$\bar{X}\bar{\bar{Y}} \, \& \, \bar{Y}\bar{\bar{Y}} \, \& \, \bar{Z}\bar{Y}.$$

---

* Wir gebrauchen hier und im folgenden häufig die schon erwähnte bequeme Schreibweise, bei der das Zeichen ∨ fortgelassen wird.

Ersetzen wir nun schließlich nach a 2) $\overline{\overline{X}}$ durch X, $\overline{\overline{\overline{X}}}$ durch $\overline{X}$ usw., so ist der Ausdruck auf die Normalform gebracht.

Als ein zweites Beispiel betrachten wir den Ausdruck

$$(X \rightarrow Y) \sim (\overline{Y} \rightarrow \overline{X}).$$

Schafft man hier zunächst nach a 4) das Zeichen $\rightarrow$ fort, so erhält man:

$$\overline{X}\, Y \sim \overline{\overline{Y}}\, \overline{X}.$$

$\overline{\overline{Y}}$ wird durch Y ersetzt:

$$\overline{X}\, Y \sim Y \overline{X}.$$

Durch abermalige Anwendung von a 4) erhält man

$$(\overline{\overline{X}\, Y})\, Y \overline{X}\ \&\ (\overline{Y \overline{X}})\, \overline{X}\, Y,$$

$$(\overline{\overline{X}}\ \&\ \overline{Y})\, Y \overline{X}\ \&\ (\overline{Y}\ \&\ \overline{\overline{X}})\, \overline{X}\, Y\quad [\text{nach a 3}].$$

$\overline{\overline{X}}$ wird durch X ersetzt:

$$(X\ \&\ \overline{Y})\, Y \overline{X}\ \&\ (\overline{Y}\ \&\ X)\, \overline{X}\, Y$$

Durch Anwendung des distributiven Gesetzes erhält man dann

$$X Y \overline{X}\ \&\ \overline{Y}\, Y \overline{X}\ \&\ \overline{Y}\, \overline{X}\, Y\ \&\ X \overline{X}\, Y.$$

Das ist eine Normaldarstellung von $(X \rightarrow Y) \sim (\overline{Y} \rightarrow \overline{X})$.

Es sei übrigens bemerkt, daß die zu einer Aussagenverbindung gehörige Normaldarstellung nicht eindeutig ist. Z. B. gehört zu $X \sim Y$ einmal nach (29) die Normaldarstellung $\overline{X}\, Y\ \&\ \overline{Y}\, X$. Andererseits erhält man, indem man auf die rechte Seite von (30) das distributive Gesetz anwendet,

$$X \overline{X}\ \&\ X \overline{Y}\ \&\ Y \overline{X}\ \&\ Y \overline{Y}.$$

§ 4

Charakterisierung der immer richtigen Aussagenverbindungen

Ob eine Aussagenverbindung, die sich aus den Grundaussagen $X_2, \ldots, X_n$ in bestimmter Weise mit Hilfe der logischen Zeichen $\&$, $\vee$, $\rightarrow$, $\sim$, $^{-}$ aufbaut, richtig oder falsch ist, hängt nur davon ab, wie sich Richtigkeit und Falschheit auf die Grundaussagen verteilt. Der Wahrheitswert einer Aussagenverbindung bleibt ungeändert, falls eine Teilaussage durch eine gleichwertige ersetzt wird. Daraus ergibt sich übrigens, daß das Zeichen ∼ in unserem Kalkül eine ähnliche Rolle spielt wie das Zeichen = in der Algebra.

Die erste Aufgabe für die Logik ist es nun, *diejenigen Verbindungen von Aussagen zu finden, welche stets, d. h. unabhängig davon, ob die Grundaussagen richtige oder falsche Behauptungen darstellen, richtig sind.*

Da wir zu jedem logischen Ausdruck einen äquivalenten in der Normalform angeben können, so kommt es zur Beantwortung dieser Frage nur darauf an, *zu entscheiden, wann ein Ausdruck in der Normalform eine immer richtige Aussagenverbindung* darstellt. Diese Feststellung geschieht mit Hilfe der folgenden, leicht zu verifizierenden Regeln:

b 1) $X\overline{X}$ ist immer richtig.

b 2) Wenn X richtig ist und Y eine beliebige Aussage bedeutet, so ist auch $X\,Y$ richtig.

b 3) Wenn X richtig und Y richtig ist, dann ist auch $X \,\&\, Y$ richtig.

Diese Regeln sind so aufzufassen, daß für X und Y irgendwelche Aussagen und Aussagenverbindungen eingesetzt werden dürfen.

Gemäß den Regeln b 1), b 2), b 3) und a 1) werden alle Ausdrücke in *der Normalform als richtig statuiert, die dadurch charakterisiert sind, daß in jeder Disjunktion mindestens eine der Grundaussagen zugleich mit ihrer Negation auftritt.* Daß ein derartiger Ausdruck bei beliebigem Inhalt der Grundaussagen eine richtige Aussage darstellt, geht auch unmittelbar aus der Bedeutung der Negation sowie der Verknüpfungen »und« und »oder« hervor. Dies sind aber auch die einzigen Ausdrücke, die stets richtig sind. Denn wenn bei einem Konjunktionsgliede einer Normalform, das ja die Form einer Disjunktion hat, jede Grundaussage entweder nur unverneint oder nur verneint als Faktor auftritt, so kann diese Disjunktion zu einer falschen Aussage gemacht werden, indem für die unverneinten Aussagezeichen falsche und für die verneinten richtige Aussagen eingesetzt werden. Es stellt dann ein Konjunktionsglied der Normalform eine falsche Aussage dar, und daher muß auch der ganze Ausdruck eine falsche Aussage darstellen, unabhängig davon, was man für die noch unbestimmten Aussagezeichen einsetzt.

Wir wollen an einigen Beispielen zeigen, wie man nach der angegebenen Methode Aussagen als immer richtig nachweist.

1. $X \sim X$.

Die Umformung nach Regel a 4) ergibt

$$\overline{X}\,X \,\&\, \overline{X}\,X.$$

Der letzte Ausdruck in der Normalform enthält in jedem Konjunktionsgliede eine Grundaussage und ihr Gegenteil, er ist also richtig.

2. $X \,\&\, Y \rightarrow X$.

Die Umformung ergibt

$$\overline{X \,\&\, Y} \vee X \quad \text{[nach a 4)]},$$
$$\overline{X}\,\overline{Y}\,X \qquad \text{[nach a 3)]}.$$

Die letzte Disjunktion enthält X und $\overline{X}$, ist also richtig.

3. $(X \,\&\, (X \rightarrow Y)) \rightarrow Y$.

Man erhält

$$\overline{X \,\&\, \overline{\overline{X}\,\overline{Y}}} \vee Y \qquad \text{[durch zweimalige Anwendung von a 4)]},$$
$$\overline{X}\,(\overline{\overline{X} \,\&\, \overline{Y}})\,Y \qquad \text{[nach a 3)]},$$
$$\overline{X}\,\overline{X}\,Y \,\&\, \overline{X}\,\overline{Y}\,Y \quad \text{[nach a 1)]},$$
$$\overline{X}\,X\,Y \,\&\, \overline{X}\,\overline{Y}\,Y \quad \text{[nach a 2)]}.$$

Die erste Disjunktion enthält X und $\overline{X}$, die zweite Y und $\overline{Y}$. $(X \,\&\, (X \rightarrow Y)) \rightarrow Y$ ist also eine immer richtige Aussagenverbindung.

§ 5

Das Prinzip der Dualität

Eine wichtige Bemerkung zur Charakterisierung unseres Kalküls schließt sich an die Regel a 3) an. Aus dieser läßt sich entnehmen, daß *von einem Ausdruck, welcher aus den Grundaussagen und ihren Negationen allein durch konjunktive und disjunktive Verknüpfung gebildet ist, das Gegenteil dadurch erhalten wird, daß man die Zeichen & und ∨ miteinander vertauscht und die Grundaussagen gegen ihre Negationen auswechselt.*

Hiervon können wir folgende Anwendung machen. Es sei ein Ausdruck von der Form $\mathfrak{A} \sim \mathfrak{B}$, oder wie wir auch sagen, eine logische Gleichung als immer richtig erwiesen. (Wir gebrauchen deutsche Buchstaben zur Bezeichnung von Aussagenverbindungen, deren genaue formale Gestalt unbestimmt gelassen wird,

430

mitunter auch zur Abkürzung.) Da $\mathfrak{A} \sim \mathfrak{B}$ gleichbedeutend ist mit $\overline{\mathfrak{A}} \sim \overline{\mathfrak{B}}$, so erhalten wir wieder einen richtigen Ausdruck, indem wir von beiden Seiten der Gleichung das Gegenteil bilden. Sind nun die beiden Seiten der Gleichung aus den Grundaussagen und ihren Negationen nur durch Konjunktion und Disjunktion gebildet, so können wir die eben genannte Regel anwenden. Wir erhalten demnach eine Formel, die aus der anfänglichen Gleichung $\mathfrak{A} \sim \mathfrak{B}$ dadurch entsteht, daß die Zeichen & und ∨ unter sich und die Grundaussagen mit ihrem Gegenteil vertauscht werden. Da diese Gleichung immer richtig ist, so können wir sie anwenden, indem wir für eine jede Grundaussage das Gegenteil einsetzen. Dadurch heben wir aber die Vertauschung der Grundaussagen mit ihren Negationen auf.

Somit ergibt sich folgendes *Dualitätsprinzip: Aus einer Formel* $\mathfrak{A} \sim \mathfrak{B}$, *die stets richtig ist und deren beide Seiten aus Grundaussagen und deren Negationen nur durch konjunktive und disjunktive Verknüpfung gebildet sind, erhält man wieder eine richtige Gleichung, indem man & und ∨ miteinander vertauscht.*

So ist z. B.

$$X\,(Y \,\&\, Z) \sim X\,Y \,\&\, X\,Z$$

immer richtig. Es ist die Formel des ersten distributiven Gesetzes. Aus dieser gewinnt man gemäß dem Dualitätsprinzip die Formel

$$X \,\&\, Y\,Z \sim (X \,\&\, Y)\,(X \,\&\, Z),$$

welche gleichfalls richtig ist und das zweite distributive Gesetz darstellt.

Ebenso ist der richtigen Formel

$$(X \,\&\, \overline{X})\,Y \sim Y$$

nach dem Dualitätsprinzip die ebenfalls richtige Formel

$$X\overline{X} \,\&\, Y \sim Y$$

zugeordnet.

§ 6

Die disjunktive Normalform für logische Ausdrücke

Von der Regel zur Bildung des Gegenteils läßt sich eine wichtige Anwendung machen. Wir hatten gesehen, daß jeder logische Ausdruck auf eine Normalform gebracht werden kann. Diese Normalform besteht aus einer Konjunktion von Disjunktionen, wo jedes Disjunktionsglied eine negierte oder unnegierte Grundaussage ist. Die Umformung eines Ausdrucks zur Normalform geschieht mit Hilfe der Regeln a 1) bis a 4). Daneben gibt es noch eine *zweite Normalform,* die aus einer Disjunktion von Konjunktionen besteht. Jedes Konjunktionsglied ist eine negierte oder unnegierte Grundaussage. Wir bezeichnen diese Normalform als *»disjunktive«* und die frühere zur Unterscheidung als *»konjunktive«.*

Die Umformung eines Ausdrucks zur disjunktiven Normalform kann man in der folgenden Weise vornehmen: Man negiert den ursprünglichen Ausdruck, bringt ihn dann auf die konjunktive Normalform und bildet dann wieder das Gegenteil gemäß unserer Regel. Man kann auch den Umstand benutzen, daß in bezug auf die Regeln a 1) bis a 4) sich Konjunktion und Disjunktion vollkommen dual verhalten.

Wie man aus der konjunktiven Normalform ablesen kann, ob ein Ausdruck immer richtig ist oder nicht, so kann man mit Hilfe der disjunktiven entscheiden, ob er immer falsch ist. Dies ist dann und nur dann der Fall, wenn jedes Disjunktionsglied mit einer Grundaussage zugleich ihr Gegenteil enthält.

Der Beweis dafür ergibt sich, wenn man berücksichtigt, daß das Gegenteil einer disjunktiven Normalform durch eine konjunktive Normalform dargestellt wird und daß eine Formel dann und nur dann immer falsch ist, wenn das Gegenteil immer richtig ist.

Als Beispiel für die Anwendung der disjunktiven Normalform betrachten wir die Aussagenverbindung

$$\overline{X}\,Y \,\&\, \overline{Y}\,Z \,\&\, X \,\&\, \overline{Z}.$$

Durch Anwendung des zweiten distributiven Gesetzes erhält man die Normalform

$$(\overline{X} \,\&\, \overline{Y} \,\&\, X \,\&\, \overline{Z}) \vee (\overline{X} \,\&\, Z \,\&\, X \,\&\, \overline{Z}) \vee (Y \,\&\, \overline{Y} \,\&\, X \,\&\, \overline{Z}) \vee$$
$$(Y \,\&\, Z \,\&\, X \,\&\, \overline{Z}).$$

Hier enthält jedes Disjunktionsglied eine Grundaussage und ihre Negation, die ersten beiden X und $\overline{X}$, das dritte Y und $\overline{Y}$, das vierte Z und $\overline{Z}$. $\overline{X}Y \,\&\, \overline{Y}Z \,\&\, X \,\&\, \overline{Z}$ stellt also eine Aussage dar, die immer falsch ist.

Die disjunktive Normalform hat den Vorzug einer besonderen Übersichtlichkeit. Die einzelnen Disjunktionsglieder geben die verschiedenen Möglichkeiten, unter denen die gegebene Aussagenverbindung zu Recht besteht. So lautet z. B. die zu $X \sim Y$ gehörige disjunktive Normalform $(X \,\&\, Y)\,(\overline{X} \,\&\, \overline{Y})$, und diese läßt erkennen, daß X und Y entweder beide bestehen oder beide nicht bestehen müssen, falls $X \sim Y$ richtig sein soll.

§ 7
Mannigfaltigkeit der Aussagenverbindungen, die aus gegebenen Grundaussagen gebildet werden können
Eine weitere wichtige Bemerkung über den Kalkül bezieht sich auf die Mannigfaltigkeit der Aussagen, die durch Kombination von endlich vielen Grundaussagen $X_1, X_2, \ldots, X_n$ gebildet werden können. Wir wollen dabei nur diejenigen Aussagen als verschieden betrachten, die nicht logisch äquivalent sind. Unter dieser Voraussetzung besteht die Mannigfaltigkeit nur aus endlich vielen Aussagen.

Wie wir früher erwähnten, ist eine aus $X_1, X_2, \ldots, X_n$ gebildete Aussage mit einer anderen derartigen Aussage dann und nur dann äquivalent, wenn beide Aussagen für beliebige Werte der $X_1, \ldots, X_n$ den gleichen Wahrheitswert haben. Es kommen zunächst für die Richtigkeit oder Falschheit der Grundaussagen 2^n Möglichkeiten in Betracht, da ja jede einzelne der Aussagen $X_1, X_2, \ldots, X_n$ richtig oder falsch sein kann. Eine aus $X_1, X_2, \ldots, X_n$ zusammengesetzte Aussage ist nun dadurch bestimmt, daß für jeden der 2^n Fälle ausgemacht wird, ob sie dabei richtig oder falsch ist. Es gibt demnach genau $2^{(2^n)}$ verschiedene Aussagen, die sich aus $X_1, X_2, \ldots, X_n$ zusammensetzen.

Die 4 verschiedenen, mit X allein gebildeten Aussagen sind

$$X;\ \overline{X};\ X \vee \overline{X};\ X \,\&\, \overline{X}.$$

Die 16 verschiedenen Aussagen, welche sich aus X und Y bilden lassen, sind

$$X; \ Y; \ X \& Y; \ X \lor Y; \ X \to Y; \ Y \to X; \ X \sim Y; \ X \lor \overline{X}$$

und deren Negationen:

$$\overline{X}; \ \overline{Y}; \ \overline{X} \lor \overline{Y}; \ \overline{X} \& \overline{Y}; \ X \& \overline{Y}; \ Y \& \overline{X}; \ X \sim \overline{Y}; \ X \& \overline{X}.$$

Unter den $2^{(2^n)}$ Aussagen haben zwei eine Sonderstellung, nämlich die immer richtige Aussage, welche z. B. durch $X_1 \lor \overline{X}_1$ (oder auch $X_1 \sim X_1$) darstellbar ist, und die immer falsche, die man durch $X_1 \& \overline{X}_1$ darstellen kann.

Einen formalen Überblick über die verschiedenen, aus X_1, $X_2, \ldots, X_n$ zu bildenden Aussagen gewinnt man durch den folgenden Satz:

Jeder mit den Grundaussagen $X_1, X_2, \ldots, X_n$ gebildete Ausdruck ist einer Teilkonjunktion des nach dem ersten distributiven Gesetz entwickelten Ausdrucks

$$(X_1 \& \overline{X}_1) \lor (X_2 \& \overline{X}_2) \lor \ldots \lor (X_n \& \overline{X}_n)$$

äquivalent. Eine Ausnahme bilden dabei nur die immer richtigen Ausdrücke. Man kann aber auch die uneigentliche Teilkonjunktion, die entsteht, wenn man alle Glieder fortläßt, als einen immer richtigen Ausdruck ansehen. Die Konjunktionsglieder des obigen, entwickelten Ausdrucks bezeichnet SCHRÖDER [124] als die *Konstituenten* von $X_1, X_2, \ldots, X_n$.

Der Beweis für diese Behauptung ergibt sich folgendermaßen: Man bringe den mit $X_1, \ldots, X_n$ gebildeten Ausdruck zunächst auf die konjunktive Normalform. Da der Wahrheitswert eines Ausdrucks ungeändert bleibt, wenn man ein richtiges Konjunktionsglied fortläßt, so brauchen wir die Konjunktionsglieder nicht aufzuschreiben, die zu einem X ein $\overline{X}$ enthalten. Benutzt man ferner die Regel, daß man statt $X \lor X$ nur X zu schreiben braucht, so ist jedes der noch übrigbleibenden Konjunktionsglieder eine Disjunktion von lauter verschiedenen Gliedern aus der Reihe $X_1, \ldots, X_n$, $\overline{X}_1, \ldots, \overline{X}_n$. Fehlt in einer Disjunktion sowohl X_i als $\overline{X}_i$, so können wir diese Disjunktion durch das immer falsche Glied $X_i \& \overline{X}_i$ erweitern und wieder das erste distributive Gesetz anwenden, ohne daß der Wahrheitswert der ganzen Aussage geändert wird. Schließlich enthält jedes Konjunktionsglied für jedes i entweder X_i oder $\overline{X}_i$. Wir brauchen dann von den Konjunktionsgliedern, die sich nur

434

durch die verschiedenen Anordnungen der durch $\vee$ verknüpften Glieder unterscheiden, nur je einen zu schreiben. Damit hat dann der Ausdruck die verlangte Form bekommen.

Wir erhalten so für jede aus $X_1, X_2, \ldots, X_n$ gebildete Aussage eine Darstellung durch eine »*ausgezeichnete*« *konjunktive Normalform*.

Diese Normalform ist (bis auf eine Vertauschung der Konjunktions- oder Disjunktionsglieder unter sich) eindeutig in dem Sinne, daß zwei äquivalente Aussagenverbindungen durch dieselbe Normalform dargestellt werden. Es gibt nämlich zu $X_1, \ldots, X_n$ genau $2^{(2^n)}$ verschiedene Ausdrücke in der Normalform, also ebensoviel, wie sich verschiedene Aussagen aus $X_1, X_2, \ldots, X_n$ bilden lassen.

Die angegebene ausgezeichnete Normalform gestattet die verschiedensten Anwendungen. Sie kann zunächst dazu dienen, unter Umständen eine *einfachere Darstellung* für eine gegebene Aussagenverbindung zu finden. Man bringt zu diesem Zweck den Ausdruck auf die ausgezeichnete Normalform und vereinfacht ihn dann eventuell unter Anwendung der folgenden *Eliminationsregel*:

$$X \mathfrak{A} \,\&\, \overline{X} \,\mathfrak{A}, \quad \text{d. h.} \quad (X \,\&\, \overline{X}) \vee \mathfrak{A}$$

ist äquivalent mit $\mathfrak{A}$.

Als Beispiel betrachten wir die Aussagenverbindung $A \,\&\, A\,B$. Um die Entwicklung nach A und B zu bekommen, ersetzen wir das Konjunktionsglied A durch $A \vee (B \,\&\, \overline{B})$ und lösen die Klammern nach dem ersten distributiven Gesetz auf. Schreibt man das doppelt auftretende Glied $A\,B$ nur einmal, so erhält man als ausgezeichnete Normalform

$$A\,B \,\&\, A\overline{B}.$$

Klammert man hier A aus, so erhält man $A\,(B \,\&\, \overline{B})$ und nach dem angegebenen Eliminationssatz A. A ist also die einfachste Darstellung für $A \,\&\, A\,B$.

Ein anderes Beispiel liefert uns der Ausdruck $A \,\&\, \overline{A}\,B$. Hier erhält man als Normalform

$$A\,B \,\&\, A\overline{B} \,\&\, \overline{A}\,B.$$

Hier lassen sich das erste und zweite und das erste und dritte Glied zusammenfassen. Um beide Eliminationen ausführen zu können, schreiben wir das erste Glied doppelt:

$$(A\,B\,\&\,A\overline{B})\,\&\,(A\,B\,\&\,\overline{A}\,B).$$

Die Elimination ergibt $A\,\&\,B$.

Es sei ferner bemerkt, daß man aus der benutzten ausgezeichneten Normalform ersehen kann, ob *eine Aussage, welche aus den Grundaussagen* $X_1, X_2, \ldots, X_n$ *zusammengesetzt ist, ohne Anwendung des Negationszeichens dargestellt werden kann.* Das ist dann und nur dann der Fall, wenn in der ausgezeichneten Normalform der betrachteten Aussage das Konjunktionsglied $\overline{X}_1 \vee \overline{X}_2 \vee \ldots \vee \overline{X}_n$ nicht vorkommt. Hat man nämlich eine Aussage, die sich aus X_1, $X_2, \ldots, X_n$ ohne Negation aufbaut, so ist diese Aussage immer richtig, falls für $X_1, X_2, \ldots, X_n$ richtige Aussagen eingesetzt werden. Eine Aussage, die $\overline{X}_1 \vee \overline{X}_2 \vee \ldots \vee \overline{X}_n$ als Konjunktionsglied enthält, hat aber nicht diese Eigenschaft. Die genannte Bedingung ist also notwendig. Andererseits ist sie auch hinreichend, denn man kann jedes Glied der ausgezeichneten Normalform, das nicht gleich $\overline{X}_1 \vee \overline{X}_2 \vee \ldots \vee \overline{X}_n$ ist, ohne Negation ausdrücken. Z. B. schreibt man

$$X_1\overline{X}_2\,\overline{X}_3\ldots\overline{X}_n \quad \text{als} \quad (X_2\,\&\,X_3\,\&\ldots\&\,X_n)\to X_1$$

$$X_1\,\overline{X}_2\,X_3\overline{X}_4\,X_5\overline{X}_6\ldots \quad \text{als} \quad (X_2\,\&\,X_4\,\&\,X_6\,\&\ldots)\to X_1 \vee X_3 \vee X_5 \vee \ldots$$

usw.

Es sind demnach gerade die Hälfte der $2^{(2^n)}$ Aussagen, die aus $X_1, X_2, \ldots, X_n$ gebildet werden können, ohne die Negation ausdrückbar.

§ 8
Ergänzende Bemerkungen zum Problem der Allgemeingültigkeit und Erfüllbarkeit

Die im vorigen angegebene ausgezeichnete Normalform für einen Ausdruck, der sich aus den Grundaussagen $X_1, X_2, \ldots, X_n$ zusammensetzt, wollen wir auch kurz als *Entwicklung des Ausdrucks nach* $X_1, X_2, \ldots, X_n$ bezeichnen.

Es sei uns nun eine Aussagenverbindung gegeben, in der außer $X_1, X_2, \ldots, X_n$ noch die Grundaussagen $Y_1, Y_2, \ldots, Y_m$ vorkommen. Auch bei einem derartigen Ausdruck können wir in gewissem Sinne von einer Entwicklung nach $X_1, \ldots, X_n$ sprechen. Es läßt sich nämlich der Ausdruck darstellen als eine *Konjunktion, bei der jedes Konjunktionsglied die Disjunktion eines Ausdrucks, der nur von $Y_1, Y_2, \ldots, Y_m$ abhängt, und eines der Konstituenten von $X_1, X_2, \ldots, X_n$ ist.*

Der Beweis ist sehr einfach. Wir brauchen den Ausdruck nur nach sämtlichen vorkommenden Grundaussagen, also nach $X_1, \ldots, X_n, Y_1, \ldots, Y_m$ zu entwickeln und die Glieder, die die gleichen Konstituenten in bezug auf $X_1, X_2, \ldots, X_n$ enthalten, zusammenzufassen.

Diese Entwicklung eines Ausdrucks nach $X_1, X_2, \ldots, X_n$ bietet uns gewisse Vorteile. Wir hatten gesehen, daß die Entscheidung über die *Allgemeingültigkeit eines Ausdrucks,* d. h. die Aufgabe, bei einem vorgelegten logischen Ausdruck durch ein bestimmtes, endliches Verfahren zu entscheiden, ob er immer richtig ist oder nicht, im Aussagenkalkül vollständig gelöst ist. Die Beantwortung dieser Frage geschieht durch die Umformung auf die konjunktive Normalform. Dual zu dem Problem der Allgemeingültigkeit ist das Problem der *Erfüllbarkeit,* d. h. das Problem, zu entscheiden, ob ein vorgelegter logischer Ausdruck immer falsch ist oder ob es Aussagen gibt, die ihn erfüllen, d. h. für die er richtig ist. Die Lösung dieses Problems kann durch Umformen zur disjunktiven Normalform geschehen, oder man kann auch den negierten Ausdruck auf die konjunktive Normalform bringen. An diese Probleme der Allgemeingültigkeit bzw. Erfüllbarkeit schließen sich nun noch weitere ähnliche Fragestellungen an.

Man habe einen Ausdruck, in dem die Grundaussagen $X_1, \ldots, X_n, Y_1, \ldots, Y_m$ vorkommen. $Y_1, \ldots, Y_m$ mögen hier bestimmte, feste Aussagen bedeuten. Wir fragen nun, welcher Bedingung müssen die $Y_1, Y_2, \ldots, Y_m$ genügen, damit der Ausdruck bei beliebiger Wahl der X richtig ist? Ferner: unter welchen Bedingungen für $Y_1, Y_2, \ldots, Y_m$ ist der Ausdruck immer falsch?

Wir wollen bei der Beantwortung dieser Fragen, der Einfachheit halber, n gleich 2 annehmen. Für beliebiges n ist die Lösung genau analog. Es laute die Entwicklung des Ausdrucks nach X_1 und X_2

$$(A) \qquad \Phi_1(Y_1,\ldots,Y_m)\,X_1X_2\,\&\,\Phi_2(Y_1,\ldots,Y_m)\,X_1\overline{X}_2\,\&$$
$$\Phi_3(Y_1,\ldots,Y_m)\,\overline{X}_1X_2\,\&\,\Phi_4(Y_1,\ldots,Y_m)\,\overline{X}_1\overline{X}_2.$$

Wir dürfen hier annehmen, daß alle 4 Glieder wirklich vorkommen. Sollte z. B. das Glied mit $X_1\overline{X}_2$ fehlen, so kann man einen Ausdruck $\Phi_2(Y_1,\ldots,Y_m)X_1\overline{X}_2$ hinzufügen, in dem $\Phi_2(Y_1,\ldots,Y_m)$ eine immer richtige Aussagenverbindung ist.

Wir behaupten nun: *Notwendig und hinreichend dafür, daß die Formel* (A) *für beliebige X_1 und X_2 richtig ist, ist die Richtigkeit der Aussage:* $\Phi_1(Y_1,\ldots,Y_m)\,\&\,\Phi_2(Y_1,\ldots,Y_m)\,\&\,\Phi_3(Y_1,\ldots,Y_m)\,\&$ $\Phi_4(Y_1,\ldots,Y_m)$.

Daß die Bedingung hinreichend ist, ist klar. Sie ist aber auch notwendig, denn wäre z. B. $\Phi_3(Y_1, Y_2,\ldots, Y_m)$ nicht richtig, so ersetzen wir X_1 durch eine richtige und X_2 durch eine falsche Aussage. (A) ist dann äquivalent mit $\Phi_3(Y_1,\ldots,Y_m)$, also nicht richtig.

Entsprechend ergibt sich die Lösung des dualen Problems. Der Ausdruck (A) ist in den $X_1,\ldots,X_n$ dann und nur dann erfüllbar, wenn die $Y_1,\ldots,Y_m$ so beschaffen sind, daß
$$\Phi_1(Y_1,\ldots,Y_m)\lor\Phi_2(Y_1,\ldots,Y_m)\lor\Phi_3(Y_1,\ldots,Y_m)\lor\Phi_4(Y_1,\ldots,Y_m)$$
zutrifft.

§ 9
Systematische Übersicht über alle Folgerungen aus gegebenen Axiomen

Wir hatten in § 4 eine Methode erhalten, die es uns ermöglichte, alle Verbindungen von Aussagen zu finden, die aus rein logischen Gründen richtig sind, und bei einer gegebenen Aussagenverbindung zu entscheiden, ob sie von dieser Art ist oder nicht. Es entsteht nun die *weitere Aufgabe, aus gegebenen Voraussetzungen (Axiomen) alle Folgerungen abzuleiten, insoweit das möglich ist, falls wir die Aussagen nur als ungetrenntes Ganzes betrachten.*

Denken wir uns eine bestimmte endliche Anzahl von Axiomen, $\mathfrak{A}_1, \mathfrak{A}_2,\ldots, \mathfrak{A}_n$, gegeben*. Die Frage, ob dann eine bestimmte andere Aussagenverbindung $\mathfrak{C}$ eine logische Folgerung dieser Axiome darstellt, läßt sich mit den bisherigen Mitteln durchaus

---

* Über den Gebrauch der deutschen Buchstaben vgl. § 5.

beantworten. Dies ist dann und nur dann der Fall, wenn
$(\mathfrak{A}_1 \mathbin{\&} \mathfrak{A}_2 \mathbin{\&} \ldots \mathbin{\&} \mathfrak{A}_n) \rightarrow \mathfrak{C}$ eine allgemeingültige logische Formel
ist. Z. B. entspricht dem Schluß von A und $A \rightarrow B$ auf B die Allge-
meingültigkeit der Formel

$$(A \mathbin{\&} (A \rightarrow B)) \rightarrow B.$$

Wir haben aber noch keinen systematischen Überblick über alle
möglichen Folgerungen, die man ziehen kann. Zu einem solchen
verhilft uns erst die ausgezeichnete konjunktive Normalform.

Es mögen in unseren Axiomen die Grundaussagen $X_1, \ldots, X_n$
vorkommen. Wir denken uns dann sämtliche Axiome durch & verbunden und die so entstehende Aussagenverbindung nach $X_1, \ldots,$
X_n entwickelt. Nehmen wir nun irgendeinen Konstituenten von
$X_1, X_2, \ldots, X_n$, der in der entstandenen ausgezeichneten Normalform nicht als konjunktives Glied vorkommt. Durch geeignete
Einsetzung von richtigen bzw. falschen Aussagen für die $X_1, \ldots,$
X_n kann man diesen Konstituenten in eine Disjunktion von lauter
falschen Aussagen, also in eine falsche Aussage verwandeln.
Andererseits geht durch diese Einsetzung unsere ausgezeichnete
Normalform in eine richtige Aussage über; denn jedes ihrer Konjunktionsglieder unterscheidet sich von dem betrachteten Konstituenten dadurch, daß mindestens an einer Stelle ein Disjunktionsglied durch sein Gegenteil ersetzt ist. Der betrachtete Konstituent
ist also keine logische Folgerung aus den Axiomen. Daraus ergibt
sich, daß für jede Folgerung aus den Axiomen die ausgezeichnete
Normalform nur solche Konstituenten enthält, die auch schon in
der Entwicklung der Voraussetzung vorkamen.

Unter Anwendung dieser Bemerkung ergibt sich für die Ableitung der Folgerungen aus einem System von Axiomen das folgende allgemeine Verfahren:

*Man verbinde sämtliche Axiome durch & und bilde für den so
entstehenden Ausdruck die ausgezeichnete konjunktive Normalform. Von den Konjunktionsgliedern kann man nun irgendwelche
auswählen und durch & verbinden und erhält so alle Konsequenzen
der Axiome in der ausgezeichneten Normalform.* Mit Hilfe der
S. 435 erwähnten Eliminationsregel läßt sich dann unter Umständen noch eine einfachere Schreibweise für die Folgerung gewinnen.

In dem erwähnten Fall, wo A und $A \rightarrow B$ als Axiome genommen
werden, sieht das Verfahren folgendermaßen aus:

$A \& (A \to B)$ wird zunächst nach A und B entwickelt.

$$A \& (A \to B) \text{ äq } A \& \overline{A} B,$$
$$A \& \overline{A} B \text{ äq } A (B \& \overline{B}) \& \overline{A} B,$$
$$A (B \& \overline{B}) \& \overline{A} B \text{ äq } A B \& A \overline{B} \& \overline{A} B.$$

$A B \& A \overline{B} \& \overline{A} B$ stellt die ausgezeichnete Normalform für die Axiome dar. $A B \& \overline{A} B$ äq $(A \& \overline{A}) B$ äq B ist also eine Folgerung aus den Axiomen.

Die anderen Folgerungen, die man noch aus A und $A \to B$ gewinnen kann, sind $A B; A\overline{B}; \overline{A} B; A B \& A \overline{B}$ äq $A (B \& \overline{B})$ äq $A;$ $A \overline{B} \& \overline{A} B$ äq $A \sim B$ und natürlich $A B \& A \overline{B} \& \overline{A} B$ äq $A \& B$. Will man auch die Folgerungen erhalten, in denen noch eine andere nicht in den Axiomen vorkommende Aussage C vorkommt, so muß man die Voraussetzung statt nach A und B, nach A, B, C entwickeln.

Ein anderes Beispiel ist das folgende: Man habe zwei Axiome $A \sim B$, $B \sim C$. Ich schreibe zunächst die Axiome in der Normalform:

$$\overline{A} B \& \overline{B} A; \quad \overline{B} C \& \overline{C} B.$$

Entwickelt man die Voraussetzung nach A, B und C, so erhält man

$$A B \overline{C} \& A \overline{B} C \& A \overline{B} \overline{C} \& \overline{A} B C \& \overline{A} B \overline{C} \& \overline{A} \overline{B} C.$$

Eine Konsequenz ist hier z. B.

$$A B \overline{C} \& A \overline{B} \overline{C} \& \overline{A} B C \& \overline{A} \overline{B} C.$$

Durch Zusammenfassen ergibt sich

$$A \overline{C} (B \& \overline{B}) \& \overline{A} C (B \& \overline{B})$$

oder

$$A \overline{C} \& \overline{A} C, \quad \text{d. h. } A \sim C.$$

Es sollen noch zwei Beispiele für die Anwendung solcher Schlüsse angeführt werden:

Es bedeute A die Aussage »Jede reelle Zahl ist algebraisch«, B bedeute »Die Menge der reellen Zahlen ist abzählbar«. In der Mathematik wird gezeigt:

erstens: $A \to B$, d. h. »Wenn jede reelle Zahl algebraisch ist, so ist die Menge der reellen Zahlen abzählbar«;

zweitens, $\overline{B}$, d. h. »Die Menge der reellen Zahlen ist nicht abzählbar«. Die Voraussetzung ist hier

$$\overline{A}\, B \,\&\, \overline{B}$$

oder in entwickelter Form

$$\overline{A}\, B \,\&\, A\overline{B} \,\&\, \overline{A}\overline{B}.$$

Eine Konsequenz ist hier $\overline{A}\, B \,\&\, \overline{A}\overline{B}$ äq $\overline{A}\,(B \,\&\, \overline{B})$ äq $\overline{A}$. D. h. man findet

»Nicht jede reelle Zahl ist algebraisch.« Dies ist der Schluß auf die Existenz transzendenter Zahlen.

Als ein zweites Beispiel mögen die Aussagen A, B, C folgendes bedeuten:

A: »Der Additionssatz der Geschwindigkeiten ist gültig.«

B: »Das Licht pflanzt sich im Fixsternsystem nach allen Richtungen mit gleicher Geschwindigkeit fort.«

C: »Das Licht pflanzt sich auf der Erde nach allen Richtungen mit gleicher Geschwindigkeit fort.«

Dann besteht zunächst der mathematische Satz: $(A \,\&\, B) \rightarrow \overline{C}$, d. h. »Wenn der Additionssatz der Geschwindigkeiten gültig ist und das Licht sich im Fixsternsystem nach allen Richtungen mit gleicher Geschwindigkeit fortpflanzt, dann ist auf der Erde die Fortpflanzungsgeschwindigkeit nicht nach allen Richtungen die gleiche.«

Ferner entnehmen wir der physikalischen Erfahrung, daß B und C richtig sind. Wir haben also die Axiome

$$(A \,\&\, B) \rightarrow \overline{C}; \ B; \ C.$$

In der konjunktiven Normalform lautet die Voraussetzung

$$\overline{A}\,\overline{B}\,\overline{C} \,\&\, B \,\&\, C$$

und entwickelt

$$\overline{A}\,\overline{B}\,\overline{C} \,\&\, B\,A\,C \,\&\, B\,A\,\overline{C} \,\&\, B\overline{A}\,C \,\&\, B\overline{A}\,\overline{C} \,\&\, C\,A\overline{B} \,\&\, C\overline{A}\,\overline{B}.$$

Als Folgerung ergibt sich hier

$$\overline{A}\,\overline{B}\,\overline{C} \,\&\, B\overline{A}\,\overline{C} \,\&\, B\overline{A}\,C \,\&\, \overline{B}\,\overline{A}\,C.$$

Durch Zusammenfassen erhält man weiter

$$(\bar{B} \,\&\, B)\,\bar{A}\,\bar{C} \,\&\, (B \,\&\, \bar{B})\,\bar{A}\,C,$$
$$\bar{A}\,\bar{C} \,\&\, \bar{A}\,C,$$
$$(\bar{C} \,\&\, C)\,\bar{A},$$
$$\bar{A}.$$

Es ergibt sich also die Folgerung, daß der Additionssatz der Geschwindigkeiten nicht gültig ist.

Aus irgend zwei einander widersprechenden Axiomen kann jeder beliebige Satz bewiesen werden. Hat man nämlich A und $\bar{A}$ als Axiome und ist B irgendeine andere Aussage, so ergibt die Entwicklung der Voraussetzung $A \,\&\, \bar{A}$ nach A und B

$$A\,B \,\&\, A\,\bar{B} \,\&\, \bar{A}\,B \,\&\, \bar{A}\,B.$$

Daraus folgt
$$A\,B \,\&\, \bar{A}\,B, \text{ also } B.$$

Das angegebene Verfahren ermöglicht uns, sämtliche Folgerungen aus gegebenen Axiomen zu ziehen, oder mit anderen Worten, sämtliche Aussagenverbindungen zu finden, die *schwächer* sind als eine vorgelegte. Man kann nun umgekehrt fragen, welche Aussagenverbindungen *stärker* sind als die vorgelegte, d. h. aus welchen Voraussetzungen sie sich als Folgerung ergibt. Die Lösung dieses Problems geschieht in ähnlicher Weise wie vorher: Die Folgerung wird zunächst nach sämtlichen Grundaussagen entwickelt, also auf die ausgezeichnete Normalform gebracht. Man wählt nun von den nicht vorkommenden Konstituenten irgendwelche aus, fügt sie mit & zu der Folgerung hinzu und erhält so alle möglichen Voraussetzungen.

§ 10
Die Axiome des Aussagenkalküls

Die axiomatische Form für die Theorie des Aussagenkalküls wird dadurch erhalten, daß man unter den immer richtigen Aussagenverbindungen eine Auswahl trifft und dann formale Regeln angibt, nach denen sich alle übrigen immer richtigen Formeln aus jenen ableiten lassen. Diese Regeln spielen im Logikkalkül dieselbe Rolle, welche sonst in den mathematischen und physikalischen Theorien das logische Schließen hat. Daß das logische Schließen hier nicht in der gewöhnlichen inhaltlichen Weise benutzt werden darf, liegt daran, daß ja die logischen Schlußweisen den Gegenstand unserer Untersuchung bilden.

Wir unterscheiden zwischen *logischen Grundformeln* (Axiomen) und *Grundregeln zur Ableitung richtiger Formeln.* Als logische Grundformeln wollen wir die folgenden vier einführen:

a) $X \vee X \rightarrow X$.

b) $X \rightarrow X \vee Y$.

c) $X \vee Y \rightarrow Y \vee X$.

d) $(X \rightarrow Y) \rightarrow [Z \vee X \rightarrow Z \vee Y]$.

Das erste Axiom bedeutet, daß eine Aussage richtig ist, wenn die Disjunktion der Aussage mit sich selbst richtig ist. Das zweite Axiom ist nichts anderes als die auf S. 429 erwähnte Regel b 2), das dritte postuliert die Kommutativität der Disjunktion, und das vierte sagt, daß bei einer richtigen Implikation $X \rightarrow Y$ beide Seiten mit einer beliebigen Aussage Z disjunktiv verknüpft werden dürfen.

Das Zeichen $\rightarrow$ wollen wir übrigens nur als Abkürzung gebrauchen. $X \rightarrow Y$ soll eine bequemere Schreibweise sein für $\overline{X} \vee Y$. Das Axiom a) z. B. heißt also ohne Abkürzungen geschrieben: $\overline{X \vee X} \vee X$.

Für die Gewinnung neuer Formeln aus den zugrunde gelegten Ausgangsformeln sowie aus bereits abgeleiteten Formeln haben wir die folgenden beiden Regeln:

α) Einsetzungsregel. Für eine Aussagenvariable (d. h. für einen großen lateinischen Buchstaben) *darf, aber dann überall, wo sie vorkommt, ein und dieselbe Aussagenverbindung eingesetzt werden.*

β) Schlußschema. Aus zwei Formeln 𝔄 *und* 𝔄→𝔅 *gewinnt man die neue Formel* 𝔅.

In dem nächsten Paragraphen werden wir die Handhabung der beiden Regeln zur Gewinnung von neuen Formeln aus bereits abgeleiteten, bzw. den Axiomen, ausführlich erläutern. Hier seien noch einige Bemerkungen allgemeiner Art zur Axiomatik des Aussagenkalküls überhaupt angeknüpft.

Bei der Aufstellung des Axiomensystems haben wir nur die Verknüpfungen $\vee$ und $^-$ benutzt. Es entspricht dies der früher erwähnten Tatsache, daß diese beiden Verknüpfungen zur Darstellung aller Aussagenverbindungen ausreichend sind. Der Bequemlichkeit halber verwenden wir allerdings auch die Zeichen →, &, ∼. Doch sind die Formeln, in denen diese Zeichen gebraucht werden, dann nur als Abkürzungen für Formeln aufzufassen, die nur die Zeichen ∨ und ⁻ enthalten. So ist eine Formel $\mathfrak{A} \to \mathfrak{B}$ als Abkürzung für $\overline{\mathfrak{A}} \vee \mathfrak{B}$, $\mathfrak{A} \& \mathfrak{B}$ als Abkürzung für $\overline{\overline{\mathfrak{A}} \vee \overline{\mathfrak{B}}}$ und $\mathfrak{A} \sim \mathfrak{B}$ als Abkürzung für $(\mathfrak{A} \to \mathfrak{B}) \& (\mathfrak{B} \to \mathfrak{A})$, d. h $\overline{\overline{\overline{\mathfrak{A}} \vee \mathfrak{B}} \vee \overline{\overline{\mathfrak{B}} \vee \mathfrak{A}}}$ anzusehen [vgl. die Äquivalenzen (21), (28), (24) in § 2].

Das von uns benutzte Axiomensystem ist im wesentlichen von WHITEHEAD und RUSSELL (in der 1. Auflage der Principia Mathematica [118]) angegeben worden. Ein von den Verfassern außerdem noch benutztes Axiom

$$X \vee (Y \vee Z) \to Y \vee (X \vee Z),$$

das die Assoziativität der disjunktiven Verknüpfung ausdrückt, erwies sich später als entbehrlich [7].

Da die Verknüpfungen & und ⁻, ebenso wie → und ⁻ ebenfalls zur Darstellung aller Aussagenverbindungen ausreichen, kann man auch Axiome zugrunde legen, in denen nur & und ⁻ oder nur → und ⁻ vorkommen. Eines besonderen Interesses haben sich in den letzten Jahren die Axiomensysteme der letztgenannten Art, die also nur *Implikation* und *Negation* zugrunde legen, erfreut. Das erste dieser Axiomensysteme, bei denen übrigens als Ableitungsregeln ebenfalls unsere Regeln α) und β) verwendet werden, stammt bereits von FREGE [37]. Es besteht aus den folgenden sechs Axiomen:

1. $X \to (Y \to X)$,
2. $(X \to (Y \to Z)) \to ((X \to Y) \to (X \to Z))$,
3. $(X \to (Y \to Z)) \to (Y \to (X \to Z))$,
4. $(X \to Y) \to (\overline{Y} \to \overline{X})$,
5. $\overline{\overline{X}} \to X$,
6. $X \to \overline{\overline{X}}$.

Dieses FREGESche Axiomensystem läßt sich, wie J. LUKASIEWICZ gezeigt hat, durch das folgende einfachere, aus nur drei Axiomen bestehende System ersetzen:

1. $X \to (Y \to X)$,
2. $(X \to (Y \to Z)) \to ((X \to Y) \to (X \to Z))$,
3. $(\overline{X} \to \overline{Y}) \to (Y \to X)$.

444

Es ist sogar möglich, nur eine einzige mit Implikation und Negation gebildete Ausgangsformel zugrunde zu legen [86].

Unter alleiniger Benutzung der SHEFFERSchen *Strichverknüp-
fung X/Y,* die wir früher erwähnten, hat zuerst J. NICOD ein Axiomensystem des Aussagenkalküls aufgestellt [99]. Dieses System
verwendet als einzige Ausgangsformel

$$[X/(Y/Z)]/\{[U/(U/U)]/[(V/Y)/((X/V)/(X/V))]\}.$$

An Stelle unseres Schlußschemas β benutzt es die Regel: Aus zwei
Formeln $\mathfrak{A}$ und $\mathfrak{A}/(\mathfrak{B}/\mathfrak{C})$ gewinnt man die neue Formel $\mathfrak{C}$.

Unter Umständen verdient auch ein Axiomensystem des Aussagenkalküls den Vorzug, in dem gleich von vornherein alle Grundverknüpfungen eingeführt werden, dann nämlich, wenn es sich
darum handelt, die Rolle, die einer jeden dieser Grundverknüpfungen beim logischen Schließen zufällt, möglichst deutlich zum
Ausdruck zu bringen. Ein unter diesem Gesichtspunkt ausgewähl-
tes Axiomensystem ist von HILBERT und BERNAYS angegeben worden ([60], S. 66).

Übrigens ist auch in unseren Regeln a 1) bis a 4), b 1) bis b 3) (§ 3
und § 4) eine Axiomatik des Aussagenkalküls enthalten. Es handelt sich hier um ein System mit der einzigen Ausgangsformel
$X \vee \overline{X}$ und 6 Regeln zur Ableitung neuer Formeln.

Wir erwähnen endlich noch als eine Sonderstellung einnehmend
den von G. GENTZEN aufgestellten »Kalkül des natürlichen Schließens« [40], der aus dem Bestreben hervorgegangen ist, das formale
Ableiten von Formeln mehr als bisher dem inhaltlichen Beweisver-
fahren, wie es z. B. in der Mathematik üblich ist, anzugleichen. Der
Kalkül enthält keine logischen Axiome, sondern nur Schlußfigu-
ren, die angeben, welche Folgerungen aus gegebenen Annahmen
gezogen werden können, sowie solche, die Formeln liefern, bei
denen die Abhängigkeit von den Annahmen beseitigt ist.

§ 11
Beispiele für die Ableitung von Formeln aus den Axiomen

Wir kehren nun zurück zu unserem aus den Grundformeln a) bis d)
und den Ableitungsregeln α) und β) bestehenden Axiomensystem.

Es sollen eine Reihe von Beispielen für die streng formale Ableitung von Formeln aus den Axiomen gegeben werden. Wir wollen uns etwas länger dabei aufhalten, da erfahrungsgemäß dem Anfänger die Wahrung des rein formalen Standpunktes besondere Schwierigkeiten zu machen pflegt.

Bei der Ableitung der Formeln empfiehlt es sich, gewisse sehr häufig wiederkehrende Operationen in Form von *abgeleiteten Regeln* zusammenzufassen. Durch eine solche Regel wird ein für allemal das Ergebnis des betreffenden formalen Übergangs vorweggenommen, und der Beweis für die Regel besteht darin, daß allgemein das Verfahren angegeben wird, durch welches in jedem einzelnen Fall jener Übergang gemäß den Grundregeln zu vollziehen ist.

Regel I: Ist $\mathfrak{A} \vee \mathfrak{A}$ eine beweisbare Formel, so gilt dasselbe für $\mathfrak{A}$.

Der Beweis ergibt sich unmittelbar aus Axiom a). Durch Einsetzung in a) erhält man:

$$\mathfrak{A} \vee \mathfrak{A} \to \mathfrak{A}.$$

Da ferner $\mathfrak{A} \vee \mathfrak{A}$ beweisbar ist, so liefert das Schlußschema die Formel $\mathfrak{A}$.

Regel II: Ist $\mathfrak{A}$ eine beweisbare Formel und $\mathfrak{B}$ eine beliebige andere, so ist auch $\mathfrak{A} \vee \mathfrak{B}$ eine beweisbare Formel.

Diese Regel ergibt sich in derselben Weise aus dem Axiom b) wie Regel I aus a).

Ebenso entsprechen den Axiomen c), d) die Regeln III und IV, wie überhaupt zu jeder Formel, die eine Folgebeziehung ausdrückt, auch eine entsprechende Regel gehört:

Regel III: Ist $\mathfrak{A} \vee \mathfrak{B}$ eine beweisbare Formel, so gilt dasselbe für $\mathfrak{B} \vee \mathfrak{A}$.

Regel IV: Ist $\mathfrak{A} \to \mathfrak{B}$ eine beweisbare Formel und $\mathfrak{C}$ eine beliebige andere Formel, so ist auch $\mathfrak{C} \mathfrak{A} \to \mathfrak{C} \mathfrak{B}$ eine beweisbare Formel.

Formel (1): $\qquad (X \to Y) \to [(Z \to X) \to (Z \to Y)].$

Beweis: $(X \to Y) \to [\overline{Z}\, X \to \overline{Z}\, Y]$ entsteht durch Einsetzung von $\overline{Z}$ für Z aus Axiom d). Das ist aber schon die Formel (1), wenn wir die Abkürzung $\to$ durch ihre Bedeutung ersetzen.

Regel V: Sind $\mathfrak{A} \to \mathfrak{B}$ und $\mathfrak{B} \to \mathfrak{C}$ beweisbare Formeln, so ist auch $\mathfrak{A} \to \mathfrak{C}$ eine beweisbare Formel.

Diese Regel entspricht der Formel (1). Man beweist sie, indem

446

man in (1) für X, Y, Z bezüglich $\mathfrak{B}$, $\mathfrak{C}$, $\mathfrak{A}$ einsetzt und dann zweimal das Schlußschema anwendet.

Formel (2): $\overline{X} \vee X$.

Beweis: $\quad X \rightarrow X \vee X \quad$ [durch Einsetzung von X für Y in b)],
$\qquad\quad X \vee X \rightarrow X \quad$ [nach a)],
$\qquad\quad X \rightarrow X \qquad\quad$ [nach Regel V].

Die letzte Formel ist eine abgekürzte Schreibweise für $\overline{X} \vee X$.

Formel (3): $X \vee \overline{X}$.

Diese Formel ergibt sich aus (2) durch Anwendung der Regel III.

Formel (4): $X \rightarrow \overline{\overline{X}}$.

Beweis: (4) ist eine Abkürzung für $\overline{X}\,\overline{\overline{X}}$, und diese Formel geht aus (3) hervor, indem man $\overline{X}$ für X einsetzt.

Formel (5): $\overline{\overline{X}} \rightarrow X$.

Beweis: $\quad \overline{X} \rightarrow \overline{\overline{\overline{X}}} \qquad$ [durch Einsetzung in (4)],
$\qquad\quad X\overline{X} \rightarrow X\overline{\overline{\overline{X}}} \qquad$ [nach Regel IV],
$\qquad\quad X\overline{\overline{\overline{X}}} \qquad\qquad$ [wegen (3) und Regel β)],
$\qquad\quad \overline{\overline{X}}X \qquad\qquad$ [nach Regel III].

Das letzte ist die Formel (5).

Formel (6): $(X \rightarrow Y) \rightarrow (\overline{Y} \rightarrow \overline{X})$.

Beweis: $\quad Y \rightarrow \overline{\overline{Y}} \qquad\qquad$ [Formel (4)],
$\qquad\quad \overline{X}Y \rightarrow \overline{X}\,\overline{\overline{Y}} \qquad$ [Regel IV],
$\qquad\quad \overline{X}\,\overline{\overline{Y}} \rightarrow \overline{\overline{Y}}\,\overline{X} \qquad$ [Einsetzung in c)],
$\qquad\quad \overline{X}Y \rightarrow \overline{\overline{Y}}\,\overline{X} \qquad$ [Regel V].

Das ist die gesuchte Formel.

Regel VI: Tritt ein Ausdruck $\mathfrak{A}$ als Bestandteil in einer Aussagenverbindung auf, die in diesem Sinne mit $\Phi(\mathfrak{A})$ bezeichnet werden möge, und sind $\mathfrak{A} \rightarrow \mathfrak{B}$ und $\mathfrak{B} \rightarrow \mathfrak{A}$ beweisbare Formeln, so sind auch $\Phi(\mathfrak{A}) \rightarrow \Phi(\mathfrak{B})$ und $\Phi(\mathfrak{B}) \rightarrow \Phi(\mathfrak{A})$ beweisbare Formeln. – Durch die Form von $\mathfrak{A}$ und durch den Gesamtausdruck ist übrigens noch nicht eindeutig bestimmt, was $\Phi(\mathfrak{A})$ bedeuten soll. Der Ausdruck $X \rightarrow XY$ kann z. B. in dreierlei Sinne als $\Phi(X)$ bezeichnet werden, da für $\Phi(\mathfrak{A})$ jeder der drei Ausdrücke $\mathfrak{A} \rightarrow XY$, $X \rightarrow \mathfrak{A}Y$,

$\mathfrak{A} \rightarrow \mathfrak{A} \, Y$ genommen werden kann. Die Regel VI trifft für jede mögliche Definition von $\Phi(\mathfrak{A})$ zu.

Diese Regel läßt sich auch so aussprechen: *Zwei Ausdrücke, die in gegenseitiger Folgebeziehung stehen, dürfen in einer beweisbaren Formel füreinander eingesetzt werden.*

Beweis: Es genügt, die Regel für den Fall zu beweisen, daß $\mathfrak{A}$ nur einmal in $\Phi(\mathfrak{A})$ vorkommt, und daß $\Phi(\mathfrak{A})$ eine der Formen $\overline{\mathfrak{A}}$, $\mathfrak{C}\,\mathfrak{A}$, $\mathfrak{A}\,\mathfrak{C}$ hat. Die allgemeine Regel läßt sich durch mehrfache Anwendung dieser einfachen Regel gewinnen, indem man Φ von innen heraus aufbaut. Für jeden Teilausdruck Φ' von Φ erhält man nämlich sukzessive

$$\Phi'(\mathfrak{B}) \rightarrow \Phi'(\mathfrak{A}) \quad \text{und} \quad \Phi'(\mathfrak{A}) \rightarrow \Phi'(\mathfrak{B}).$$

Es seien also $\mathfrak{A} \rightarrow \mathfrak{B}$ und $\mathfrak{B} \rightarrow \mathfrak{A}$ schon bewiesen. Wir beweisen dann:

$\alpha)$ $\overline{\mathfrak{A}} \rightarrow \overline{\mathfrak{B}}$ und $\overline{\mathfrak{B}} \rightarrow \overline{\mathfrak{A}}$.

Man erhält diese beiden Formeln, indem man zunächst durch Einsetzung in Formel (6)

$$(\mathfrak{A} \rightarrow \mathfrak{B}) \rightarrow (\overline{\mathfrak{B}} \rightarrow \overline{\mathfrak{A}}),$$

und

$$(\mathfrak{B} \rightarrow \mathfrak{A}) \rightarrow (\overline{\mathfrak{A}} \rightarrow \overline{\mathfrak{B}})$$

beweist und benutzt, daß $\mathfrak{A} \rightarrow \mathfrak{B}$ und $\mathfrak{B} \rightarrow \mathfrak{A}$ schon bewiesen sind.

$\beta)$ $\mathfrak{C}\,\mathfrak{A} \rightarrow \mathfrak{C}\,\mathfrak{B}$; $\mathfrak{C}\,\mathfrak{B} \rightarrow \mathfrak{C}\,\mathfrak{A}$.

Beide Formeln erhält man aus $\mathfrak{A} \rightarrow \mathfrak{B}$ bzw. $\mathfrak{B} \rightarrow \mathfrak{A}$ durch Anwendung der Regel IV.

$\gamma)$ $\mathfrak{A}\,\mathfrak{C} \rightarrow \mathfrak{B}\,\mathfrak{C}$; $\mathfrak{B}\,\mathfrak{C} \rightarrow \mathfrak{A}\,\mathfrak{C}$.

Dieser Fall läßt sich auf $\beta)$ zurückführen, indem man mehrmals das Axiom c) und die Regel V anwendet.

Als Anwendung von Regel VI und Axiom c) ergibt sich die *Kommutativität der Disjunktion*. Da man nämlich durch Einsetzung in c)

$$\mathfrak{A} \vee \mathfrak{B} \rightarrow \mathfrak{B} \vee \mathfrak{A} \quad \text{und} \quad \mathfrak{B} \vee \mathfrak{A} \rightarrow \mathfrak{A} \vee \mathfrak{B}$$

erhält, so darf in jeder Aussagenverbindung für eine Disjunktion $\mathfrak{A} \vee \mathfrak{B}$ immer $\mathfrak{B} \vee \mathfrak{A}$ eingesetzt werden.

Desgleichen ergibt sich aus Formel (4) und (5) und der Regel VI, daß man $\mathfrak{A}$ durch $\overline{\overline{\mathfrak{A}}}$ ersetzen darf und umgekehrt.

Formel (7): $\overline{X \,\&\, Y} \rightarrow \overline{X} \vee \overline{Y}$.

Beweis: $X \,\&\, Y$ ist eine Abkürzung für $\overline{\overline{X}\,\overline{Y}}$. Die Formel $\overline{\overline{\overline{X}\,\overline{Y}}} \rightarrow \overline{X}\,\overline{Y}$ entsteht durch Einsetzung aus $\overline{\overline{X}} \rightarrow X$.

Ebenso gewinnt man aus $X \to \overline{\overline{X}}$ die folgenden Formeln:

Formel (8): $\quad \overline{X} \lor \overline{Y} \to \overline{X \& Y}$.

Formel (9): $\quad \overline{\overline{X} \lor \overline{Y}} \to \overline{X} \& \overline{Y}$.

Formel (10): $\quad \overline{X} \& \overline{Y} \to \overline{\overline{X} \lor \overline{Y}}$.

Beweis: Die beiden Formeln (9) und (10) schreiben sich ohne

Abkürzung $\overline{X \lor Y} \to \overline{\overline{X}} \lor \overline{\overline{Y}}$ und $\overline{\overline{X}} \lor \overline{\overline{Y}} \to \overline{X \lor Y}$.

Sie entstehen aus $\overline{X \lor Y} \to \overline{X} \lor \overline{Y}$, indem nach Regel VI auf der rechten bzw. linken Seite X durch $\overline{X}$ und Y durch $\overline{Y}$ ersetzt wird.

Die Formeln (7), (8) und (9), (10) liefern uns in Verbindung mit Regel VI die frühere Regel a 3), S. 427.[1] [...]

Ein weiteres Ableiten von Formeln und Regeln erweist sich als unnötig. Es zeigte sich nämlich, daß die Regeln a 1) bis a 4), b 1) bis b 3), die wir früher aufgestellt hatten, sich aus den Axiomen als abgeleitete Regeln gewinnen lassen. Daraus folgt, daß alle die Bemerkungen, die wir früher im Anschluß an diese Regeln machten, z. B. die, die das Prinzip der Dualität und die Normalform betrafen, sich auch axiomatisch wiedergewinnen lassen. Demnach braucht man, um die Beweisbarkeit einer Formel zu zeigen, nicht jedesmal bis auf die Axiome zurückzugehen. Denn eine Aussagenformel ist dann und nur dann aus den Axiomen beweisbar, wenn in der zugehörigen konjunktiven Normalform jede Disjunktion zwei Glieder enthält, von denen das eine das Gegenteil des anderen ist.

§ 12
Die Widerspruchsfreiheit des Axiomensystems

Die axiomatische Einführung des Aussagenkalküls macht es uns möglich, auf den Aussagenkalkül die Fragestellungen und Betrachtungen, die der axiomatischen Methode eigentümlich sind, anzuwenden. Die wichtigsten der entstehenden Fragen sind die nach der *Widerspruchsfreiheit, Unabhängigkeit* und *Vollständigkeit* des Axiomensystems. Wir wollen uns zunächst mit der Widerspruchsfreiheit der Axiome befassen.

---

1 Wir begnügen uns mit diesen Ableitungsbeispielen. Auf ähnliche Weise werden weitere Formeln und Regeln abgeleitet, die aber innerhalb der hier wiedergegebenen Paragraphen keine Rolle spielen.

Die Frage nach der Widerspruchsfreiheit kann hier in einem übertragenen Sinne gestellt werden. Wir wollen die Axiome widerspruchsfrei nennen, wenn es unmöglich ist, mit Hilfe des Kalküls zwei Aussagenverbindungen abzuleiten, die in der Beziehung des Gegenteils zueinander stehen, die man also aus dem Aussagenpaar X, $\overline{X}$ erhält, wenn man X beide Male in gleicher Weise ersetzt.

Die angegebene Definition der Widerspruchsfreiheit macht eine Erläuterung notwendig. Es wird hier scheinbar ein bestimmtes logisches Prinzip, nämlich der Satz vom Widerspruch, vor den anderen Prinzipien ausgezeichnet. In Wirklichkeit ist es aber so, daß das Auftreten eines formalen Widerspruchs, d. h. die Beweisbarkeit zweier Formeln $\mathfrak{A}$, $\overline{\mathfrak{A}}$ den ganzen Kalkül zur Bedeutungslosigkeit verurteilen würde; denn wir hatten schon früher bemerkt, daß, wenn zwei Aussagen von der Form $\mathfrak{A}$ und $\overline{\mathfrak{A}}$ beweisbar sind, für jede beliebige andere Aussage dasselbe gelten würde. Die Widerspruchsfreiheit des Kalküls im Sinne der Definition ist also gleichbedeutend damit, daß nicht jede beliebige Formel beweisbar ist.

Um die Widerspruchsfreiheit des Kalküls einzusehen, verfahren wir in folgender Weise:

Wir fassen die Aussagezeichen X, Y, Z, ... als arithmetische Variable auf, für welche nur die Werte 0, 1 in Betracht kommen. $X \vee Y$ deuten wir als das arithmetische Produkt, und $\overline{X}$ erklären wir so, daß $\overline{0}$ gleich 1 und $\overline{1}$ gleich 0 ist. Aufgrund dieser Interpretation stellt jede Aussagenverbindung eine arithmetische Funktion der Grundaussagen dar, welche nur die Werte 0 und 1 haben kann. Ist diese Funktion identisch gleich 0, so wollen wir der Kürze halber auch von dem symbolischen Ausdruck sagen, daß er identisch gleich 0 ist.

An Hand der gegebenen Deutung können wir nun eine gemeinsame Eigenschaft aller derjenigen Formeln angeben, die sich aus unseren Axiomen ableiten lassen. Diese besteht darin, daß aufgrund der arithmetischen Interpretation die Formeln für jedes in Betracht kommende Wertsystem der Variablen den Wert 0 ergeben, daß sie also identisch gleich 0 sind.

Daß diese Eigenschaft zunächst den Axiomen a) bis d) zukommt, machen wir uns folgendermaßen klar:

Wir stellen durch Probieren fest, daß $\overline{X} \vee X$ immer den Wert 0 hat. Daraus folgt, daß auch $\overline{X \vee X} \vee X$ [Axiom a)] stets gleich 0 ist, weil $X \vee X$ immer denselben Wert hat wie X. – Ferner hat $\overline{X}(XY)$ [Axiom b)] denselben Wert wie $(\overline{X} \vee X) Y$ wegen der Assoziativität des arithmetischen Produktes. Es ist also stets 0, weil $0 \vee Y$ stets gleich 0 ist. Da $Y \vee X$ stets den gleichen Wert hat wie $X \vee Y$, so ist $\overline{X \vee Y} \vee (Y \vee X)$ als Spezialfall von $\overline{X} X$ stets gleich 0. Formel c) ergibt also stets den Wert 0. Endlich gilt dasselbe für die Formel d): Für $Z = 0$ ist nämlich ein Faktor 0, und für $Z = 1$ hat $Z \vee X$ denselben Wert wie X, $Z \vee Y$ denselben Wert wie Y, so daß die ganze Formel denselben Wert ergibt wie $\overline{X Y}\ \overline{X} Y$, was wieder ein Spezialfall von $\overline{X} X$ ist.

Die Formeln der vier Axiome haben also in der Tat alle die genannte Eigenschaft. Bei der Anwendung der beiden in Betracht kommenden Regeln für die Ableitung neuer Formeln, nämlich der Einsetzungsregel und des Schlußschemas, bleibt aber diese Eigenschaft immer erhalten. Denn was die erste Regel betrifft, so ist klar, daß durch Einsetzen eines Ausdrucks an Stelle einer Variablen der Wertevorrat für die Variablen jedenfalls nicht erweitert werden kann. Und wenn wir mit Hilfe der zweiten Regel aus zwei Formeln $\mathfrak{A}$ und $\overline{\mathfrak{A}}\mathfrak{B}$ die Formel $\mathfrak{B}$ ableiten, so überträgt sich die Eigenschaft, immer den Wert 0 zu liefern, von jenen beiden Formeln auf die abgeleitete Formel; denn da die Formel $\mathfrak{A}$ immer den Wert 0 ergibt, so hat $\overline{\mathfrak{A}}$ immer den Wert 1, also hat $\overline{\mathfrak{A}}\mathfrak{B}$ denselben Wert wie $\mathfrak{B}$, und hiernach hat $\mathfrak{B}$ ebenso wie $\overline{\mathfrak{A}}\mathfrak{B}$ immer den Wert 0.

Wir sehen somit, daß tatsächlich mit Hilfe unseres Kalküls nur solche Formeln erhalten werden, die bei der arithmetischen Deutung immer den Wert 0 liefern. Indem wir dies feststellen, sind wir aber schon am Ende unseres Nachweises. Denn offenbar können zwei Formeln, die dadurch aus X und $\overline{X}$ hervorgehen, daß man für X beide Male dieselbe Aussagenverknüpfung einsetzt, nicht beide die Eigenschaft besitzen, immer gleich 0 zu sein; vielmehr wenn die eine immer den Wert 0 besitzt, so hat die andere immer den Wert 1.

§ 13
Die Unabhängigkeit und Vollständigkeit des Systems

An die Frage der Widerspruchsfreiheit, die wir für das Axiomensystem bejahend beantworten konnten, schließt sich die weitere
Frage an, ob die Axiome alle *unabhängig* voneinander sind oder
ob man nicht das eine oder das andere dieser Axiome entbehren
kann.*

Die Antwort lautet, daß das Axiomensystem tatsächlich der
Forderung der Unabhängigkeit genügt.

Wir zeigen zunächst, daß die Formal a) $\overline{X \vee X} \vee X$ nicht aus den
übrigen Axiomen abgeleitet werden kann, und zwar auch dann
nicht, wenn man die Formel $\overline{X} \vee X$ als Axiom hinzunimmt, so daß
also die Formel a) in dem axiomatischen System nicht durch die
einfachere $\overline{X}X$ ersetzt werden kann. Auch für die anderen Axiome
wird der Unabhängigkeitsbeweis in dem verschärften Sinne ge-
führt, daß das betreffende Axiom nicht durch $\overline{X} \vee X$ ersetzt werden
kann.

Der Beweis geschieht wieder mit Hilfe einer arithmetischen
Interpretation. Wir nehmen als Werte für die Variablen $X, Y,$
$Z, \ldots$ die Restklassen 0, 1, 2 modulo 4. Das Zeichen »$\vee$« soll wieder die gewöhnliche Multiplikation darstellen, und $\overline{X}$ erklären wir
durch die Festsetzungen: $\overline{0}$ bedeutet 1, $\overline{1}$ bedeutet 0, $\overline{2}$ bedeutet 2.

Man kann nun verifizieren, daß die Formeln $\overline{X} \vee X$, b), c), d) bei
der gegebenen Deutung der Variablen *immer* die Restklasse 0 ergeben, und diese Eigenschaft überträgt sich bei der Anwendung
der beiden Regeln auf alle aus jenen 4 Formeln abgeleiteten Formeln, was man auf gleiche Weise wie vorher beim Beweise der
Widerspruchsfreiheit einsieht. Wäre daher die Formel a) aus b),
c), d) und $\overline{X} \vee X$ mit Hilfe der Regeln ableitbar, so müßte $\overline{XX} \vee X$
für jeden zulässigen Wert von X die Restklasse 0 ergeben. Dies ist
aber nicht der Fall. Denn setzen wir für X den Wert 2 ein, dann
ergibt sich

$$\overline{2 \vee 2} \vee 2 = \overline{0} \vee 2 = 1 \vee 2 = 2,$$

also nicht der Wert 0.

---

* Diese Frage der Unabhängigkeit des Axiomensystems ist ebenfalls in der
S. 444 zitierten Arbeit von P. Bernays [7] gelöst worden.

Die Unabhängigkeit des Axioms b) $\overline{X} \vee (X \vee Y)$ von den übrigen Axiomen mit Einschluß von $\overline{X} \vee X$ zeigen wir auf folgende Weise. Es werden wieder X, Y, Z als Variable betrachtet, die die Werte 0, 1, 2, 3 annehmen können. Wir definieren aber jetzt die Verknüpfung $\vee$ für diese Variablen durch

$$0 \vee 0 = 0 \vee 1 = 0 \vee 2 = 0 \vee 3 = 0; \qquad 1 \vee 1 = 1 \vee 2 = 1 \vee 3 = 1;$$
$$2 \vee 2 = 2; \qquad 3 \vee 3 = 3; \qquad 2 \vee 3 = 2$$

und durch die Festsetzung, daß das kommutative Gesetz gelten soll. Ferner versteht man unter $\overline{0}$, $\overline{1}$, $\overline{2}$, $\overline{3}$ bezüglich 1, 0, 3, 2. Welche Werte man dann für die Variablen auch wählt, so ergeben die Formeln a), c), d) und $\overline{X} \vee X$ immer den Wert 0 oder 2. Diese Eigenschaft bleibt für alle Formeln bestehen, die man mit Hilfe der beiden Regeln aus a), c), d) und $\overline{X} \vee X$ ableitet. Dagegen hat $\overline{X}(XY)$ den Wert 1, falls man $X = 2$ und $Y = 1$ nimmt.

Entsprechend zeigt man die Unabhängigkeit des Axioms c) $\overline{XY}(YX)$. Man erklärt $\overline{0}$ durch 1, $\overline{1}$ durch 0, $\overline{2}$ durch 0, $\overline{3}$ durch 2. Ferner sei

$$0 \vee 0 = 0 \vee 1 = \ 0 \vee 2 = 0 \vee 3 = 1 \vee 0 = \ 2 \vee 0 = 3 \vee 0 = 0;$$
$$1 \vee 1 = 1; \qquad 1 \vee 2 = 2 \vee 1 = 2; \qquad 1 \vee 3 = 3 \vee 1 = 3;$$
$$2 \vee 3 = 0; \qquad 3 \vee 2 = 3; \qquad 2 \vee 2 = 2; \qquad 3 \vee 3 = 3.$$

Man erkennt dann leicht, daß die Formeln a), b), d) und $\overline{X} \vee X$ bei beliebigen Ersetzungen der großen lateinischen Buchstaben durch die Zahlen 0, 1, 2, 3 den Wert 0 ergeben und daß diese Eigenschaft bei Ableitung neuer Formeln erhalten bleibt. Dagegen erhält c) den Wert 3, falls man X durch 2 und Y durch 3 ersetzt. Dieser Unabhängigkeitsbeweis liefert uns noch mehr. Er zeigt, daß das assoziative Gesetz

$$\overline{X(YZ)}\,\big((XY)Z\big)$$

nicht ohne Benutzung des Axioms c) bewiesen werden kann. Ersetzt man nämlich in dieser Formel X durch 3, Y durch 2, Z durch 3, so wird

$$\overline{3 \vee (2 \vee 3)} \vee \big((3 \vee 2) \vee 3\big) = \overline{0} \vee 3 = 1 \vee 3 = 3.$$

Das assoziative Gesetz ist also von den Axiomen a), c) und d) unabhängig.

Es bleibt noch übrig, die Unabhängigkeit des Axioms d) von den übrigen Axiomen zu zeigen. Dies gelingt durch das folgende System von Definitionen:

Die Variablen X, Y, Z mögen die Werte 0, 1, 2, 3 annehmen können. Es sei

$$\bar{0} = 1, \qquad \bar{1} = 0, \qquad \bar{2} = 3, \qquad \bar{3} = 0.$$
$$0 \vee 0 = 0 \vee 1 = 1 \vee 0 = 0 \vee 2 = 2 \vee 0 = 0 \vee 3 = 3 \vee 0 = 2 \vee 3 = 3 \vee 2 = 0.$$
$$1 \vee 1 = 1, \qquad 1 \vee 2 = 2 \vee 1 = 2, \qquad 1 \vee 3 = 3 \vee 1 = 3.$$
$$2 \vee 2 = 2, \qquad 3 \vee 3 = 3.$$

Dann ergeben die Formeln a), b), c) und $\bar{X} \vee X$ immer den Wert 0 und ebenso alle daraus abgeleiteten Formeln. Dagegen erhält d) den Wert 2, wenn man $X = 3$, $Y = 1$ und $Z = 2$ nimmt.

Wir haben damit die *Unabhängigkeit der Axiome* a) bis d) gezeigt. Stellen wir nun die Frage nach der *Vollständigkeit*. Die Vollständigkeit eines Axiomensystems läßt sich in zweierlei Weise definieren. Einmal kann man darunter verstehen, daß sich aus dem Axiomensystem alle richtigen Formeln eines gewissen, inhaltlich zu charakterisierenden Gebietes gewinnen lassen. Man kann aber auch den Begriff der Vollständigkeit schärfer fassen, so daß ein Axiomensystem nur dann vollständig heißt, wenn durch die Hinzufügung einer bisher nicht ableitbaren Formel zu dem System der Grundformeln stets ein Widerspruch entsteht.

Die Vollständigkeit im ersten Sinne würde hier besagen, daß man aus den Axiomen a) bis d) alle immer richtigen Aussageformeln ableiten kann. Sie ist, wie wir schon sahen, erfüllt.

Es besteht aber auch die Vollständigkeit in dem schärferen Sinne. Wir können uns davon auf die folgende Weise überzeugen: Sei $\mathfrak{A}$ irgendeine aus den Axiomen nicht beweisbare Formel. $\mathfrak{B}$ sei der zu $\mathfrak{A}$ gehörige Ausdruck in der konjunktiven Normalform. Da $\mathfrak{B}$ ebensowenig wie $\mathfrak{A}$ beweisbar sein kann, so muß unter den Konjunktionsgliedern von $\mathfrak{B}$ eine Disjunktion $\mathfrak{C}$ vorkommen, bei der keine zwei Glieder einander entgegengesetzt sind. Setzt man in $\mathfrak{C}$ für jedes unverneinte Aussagezeichen X, für jedes verneinte Aussagezeichen $\bar{X}$ ein, so erhält man eine Disjunktion der Form $X \vee X \vee \ldots \vee X$, die nach den Regeln des Aussagenkalküls mit X äquivalent ist. Würde nun $\mathfrak{A}$ als richtige Formel postuliert, so würden sich auch $\mathfrak{B}$ und $\mathfrak{C}$ und schließlich X als richtige Formeln ergeben. Dann dürfte aber auch $\overline{X}$ für X eingesetzt werden, und wir erhielten einen Widerspruch. Es stellt sich also das System der betrachteten Axiome als vollständig heraus. ∎

3. Das HILBERTsche Programm

Wie bereits im Kapitel III – Mengenlehre – berichtet, stand HILBERT im Jahre 1897 im Briefwechsel mit CANTOR über die Antinomien der Mengenlehre [16], [108]. HILBERT schätzte die Leistungen CANTORS sehr hoch ein und war darum auch bemüht, das Antinomien-Problem zu lösen. Im Gegensatz zu CANTOR war er ein Vertreter der axiomatischen Methode, und so reifte in ihm der Gedanke, durch eine saubere Formalisierung die ganze Mathematik widerspruchsfrei aufzubauen.

Ein wichtiges Hilfsmittel schien ihm dabei die mathematische Logik zu sein. Mit der Formalsprache der Logik hoffte er, die Beweisgänge der Mathematik so aufzubauen, daß das Auftreten von Widersprüchen ausgeschlossen werden konnte.

Im Jahre 1900, auf dem Pariser Mathematikerkongreß, hatte HILBERT mit der Formulierung einer Reihe ungelöster Probleme der Mathematik großes Aufsehen erregt. Im Jahre 1922 geschah das noch einmal, als er sein Programm zu einem formal gesicherten Aufbau der Mathematik in Vorträgen in Kopenhagen und Hamburg entwickelte.

Wir bringen jetzt die HILBERTsche Arbeit, die den Inhalt dieser Vorträge wiedergibt [55].

Neubegründung der Mathematik ☐

Die Grundlagen der Mathematik sind seit langem von den verschiedensten Autoren auf die mannigfaltigste Art untersucht worden: dabei wurden glänzende Gedankenreihen entwickelt und bedeutsame bleibende Ergebnisse erzielt. Wenn ich jetzt eine neue tiefergehende Behandlung des Problems für erforderlich halte und in Angriff nehme, so geschieht dies weniger, um einzelne mathematische Theorien zu befestigen, als deshalb, weil meiner Meinung nach alle bisherigen Untersuchungen über die Grundlagen der Mathematik noch keinen Weg erkennen lassen, der es ermöglicht, jede die Grundlagen betreffende Frage so zu formulieren, daß eine eindeutige Antwort darauf erfolgen muß. Das ist es aber, was ich verlange: es soll in mathematischen Angelegenheiten prinzipiell keine Zweifel, es soll keine Halbwahrheiten und auch nicht Wahrheiten von prinzipiell verschiedener Art geben können. So muß es – um gleich einen fernen schwierigen Programmpunkt als Beispiel zu nehmen – möglich sein, ZERMELOS Auswahlpostulat derart zu formulieren, daß es im selben Sinne und ebenso zuverlässig gültig ist wie die arithmetische Behauptung $2 + 2 = 4$. Ich bin der Meinung, daß die Grundlagen der Mathematik der vollen Klarheit und Erkenntnis fähig sind und daß das Problem der Begründung unserer Wissenschaft ein schwieriges, aber ein in endgültiger Weise lösbares ist. In welchem Sinne und mit welchen Mitteln ich die Lösung zu erreichen glaube, kurz zu kennzeichnen, soll der Zweck dieser vorläufigen Mitteilungen sein.

Gegenwärtig liegt noch ein besonders aktuelles Interesse für diesen Gegenstand vor. Angesehene und hochverdiente Mathematiker, WEYL und BROUWER, suchen die Lösung des Problems auf einem meiner Meinung nach falschen Wege.

WEYL behauptet in seiner Kritik der bisherigen Begründung des Zahlbegriffs, daß in dem üblichen Verfahren ein Zirkel (circulus vitiosus) vorliege. Diesen Zirkel findet er darin, daß zur Definition reeller Zahlen Einteilungen benutzt werden, welche sich danach bestimmen, ob es reelle Zahlen von einer vorgeschriebenen Beschaffenheit gibt. Meiner Meinung nach verhält sich aber die Sache so: Wenn man die üblichen Definitionen der reellen Zahl durch DEDEKINDschen Schnitt, Zahlfolge oder Fundamentalreihe zugrunde legt, so zeigt es sich, daß in der Auffassung der Mathematiker dabei verschiedene methodische Standpunkte nebeneinander bestehen. Der Standpunkt, den WEYL wählt und von dem aus er seinen Zirkel aufweist, ist keineswegs einer von diesen, sondern scheint mir vielmehr künstlich zurechtgemacht. WEYL begründet die Berechtigung seines ihm eigentümlichen Standpunktes damit, daß dabei das konstruktive Prinzip gewahrt bleibe; meiner Meinung nach hätte er eben, weil er zu einem Zirkel gelangte, daraus erkennen müssen, daß sein Standpunkt und damit das konstruktive Prinzip in seiner Fassung und Anwendung unbrauchbar und von ihm aus der Weg in die Analysis ungangbar ist.

Die üblichen von den Mathematikern eingenommenen Standpunkte beruhen keineswegs auf dem konstruktiven Prinzip und weisen auch den WEYLschen Zirkel nicht auf; es sind wesentlich zwei Standpunkte, die in Frage kommen:

Erstens sagt man etwa: eine reelle Zahl ist eine Einteilung der rationalen Zahlen, die die DEDEKINDsche Schnitteigenschaft besitzt; dabei ist der Begriff der Einteilungen der rationalen Zahlen seinem Inhalte nach scharf und seinem Umfange nach genau begrenzt. Der bekannte Einwand gegen diesen Standpunkt besteht darin, daß der Begriff einer Einteilung der rationalen Zahlen auf eins hinausläuft mit dem Begriff der Menge; der allgemeine Begriff der Menge aber hat in der Tat zu Paradoxien Anlaß gegeben. Wenn WEYL sich diesen Einwand in welcher Form auch immer zu eigen macht, so ist zunächst zu erwidern, daß er nicht zwingend ist. Der Umstand, daß der Begriff der Menge im allgemeinsten Sinne nicht ohne weiteres zulässig ist, schließt keineswegs aus, daß der Begriff einer Menge von ganzen Zahlen korrekt ist. Und die Paradoxien der Mengenlehre können nicht als Beweis dafür angesehen werden, daß der Begriff der Menge von ganzen Zahlen zu Widersprüchen führt. Im Gegenteil: alle unsere mathematischen Erfahrungen sprechen für die Korrektheit und Widerspruchsfreiheit dieses Begriffs.

Wenn man aber geltend macht, es entspräche nicht den Anforderungen der mathematischen Strenge, daß beim Aufbau der mathematischen Wissenschaft eine solche Voraussetzung stillschweigend gemacht werde, so verweise ich auf den zweiten Standpunkt zur Begründung des Zahlbegriffs, der diesem Vorwurf nicht ausgesetzt ist, nämlich auf die axiomatische Begründungsmethode; diese charakterisiert sich etwa folgendermaßen. Das Kontinuum der reellen Zahlen ist ein System von Dingen, die durch bestimmte Beziehungen, sogenannte Axiome, miteinander verknüpft sind. Insbesondere treten an Stelle der Definition der reellen Zahl durch den DEDEKINDschen Schnitt die zwei Stetigkeitsaxiome, nämlich das archimedische Axiom und das sogenannte Vollständigkeitsaxiom. Die DEDEKINDschen Schnitte können dann zwar auch zur Festlegung der einzelnen reellen Zahlen dienen, aber sie dienen nicht zur Definition des Begriffs der reellen Zahl. Vielmehr ist begrifflich eine reelle Zahl eben ein Ding unseres Systems.

Diese Begründung der Theorie des Kontinuums ist keineswegs im Gegensatz zur Anschauung. Der Begriff der extensiven Größe, wie wir ihn aus der Anschauung entnehmen, ist ein selbständiger gegenüber dem Begriff der Anzahl, und es ist daher durchaus der Anschauung entsprechend, wenn wir Anzahl und Maßzahl oder Größe grundsätzlich unterscheiden.

Der geschilderte Standpunkt ist vollends logisch vollkommen einwandfrei, und es bleibt nur dabei unentschieden, ob ein System der verlangten Art denkbar ist, d. h. ob die Axiome nicht etwa auf einen Widerspruch führen. Nun gibt es wohl kaum ein Gebiet innerhalb oder außerhalb der mathematischen Wissenschaft, das gründlicher erforscht ist als die reelle Analysis. Die Verfolgung der Schlußweisen, die auf dem Begriff der Zahlenmengen beruhen, hat man bis zum äußersten getrieben, und nicht der Schatten einer Unstimmigkeit hat sich irgendwo ergeben: wenn WEYL dabei eine »innere Haltlosigkeit der Grundlagen, auf denen der Aufbau des Reiches ruht«, bemerkt und sich wegen »der drohenden Auflösung des Staatswesens der Analysis« Sorge macht, so sieht er Gespenster. Vielmehr herrscht in der Analysis trotz der kühnsten und mannigfaltigsten Kombinationen unter Anwendung der raffiniertesten Mittel eine vollkommene Sicherheit des Schließens und eine offenkundige Einhelligkeit aller Ergebnisse. Jene Axiome, aufgrund deren diese Sicherheit und Einhelligkeit da ist, anzunehmen, ist daher berechtigt; diese Berechtigung streitig machen hieße von vornherein aller Wissenschaft die Möglichkeit ihres Betriebes nehmen: wenn irgendwo sonst, ist hier die Axiomatik angebracht.

Freilich entsteht das Problem, die Widerspruchsfreiheit der Axiome nachzuweisen; es ist dies ein bekanntes, auch von mir seit Jahrzehnten niemals außer Augen gelassenes Problem. Die vorliegende Mitteilung handelt von der Lösung dieses Problems.

Was WEYL und BROUWER tun, kommt im Prinzip darauf hinaus, daß sie die einstigen Pfade von KRONECKER wandeln: sie suchen die Mathematik dadurch zu begründen, daß sie alles ihnen unbequem Erscheinende über Bord werfen und eine Verbotsdiktatur à la KRONECKER errichten. Dies heißt aber, unsere Wissenschaft zerstückeln und verstümmeln, und wir laufen Gefahr, einen großen Teil unserer wertvollsten Schätze zu verlieren, wenn wir solchen Reformatoren folgen. Weyl und Brouwer verfemen die allgemeinen Begriffe der Irrationalzahl, der Funktion, ja schon der zahlentheoretischen Funktion, die Cantorschen Zahlen höherer Zahlklassen usw.; der Satz, daß es unter unendlich vielen positiven ganzen Zahlen stets eine kleinste gibt, und sogar das logische »Tertium non datur« z. B. in der Behauptung: entweder gibt es nur eine endliche Anzahl von Primzahlen oder unendlich viele, sind Beispiele verbotener Sätze und Schlußweisen. Ich glaube, daß, sowenig es Kronecker damals gelang, die Irrationalzahl abzuschaffen – Weyl und Brouwer gestatten übrigens noch die Konservierung eines Torso –, ebensowenig werden Weyl und Brouwer heute durchdringen; nein: Brouwer ist nicht, wie Weyl meint, die Revolution, sondern nur die Wiederholung eines Putschversuches mit alten Mitteln, der seinerzeit, viel schneidiger unternommen, doch gänzlich mißlang und jetzt zumal, wo die Staatsmacht durch Frege, Dedekind und Cantor so wohl gerüstet und befestigt ist, von vornherein zur Erfolglosigkeit verurteilt ist.

Zusammenfassend möchte ich sagen: Wenn man von einer mathematischen Krise spricht, so darf man jedenfalls nicht, wie es Weyl tut, von einer neuen Krise sprechen. Der Circulus vitiosus ist von Weyl künstlich in die Analysis hineingetragen. Seine Darstellung der Unsicherheit der Resultate der heutigen Analysis entspricht nicht dem wirklichen Sachverhalt. Und was die von ihm und Brouwer so stark betonten konstruktiven Tendenzen angeht, so hat eben Weyl meiner Meinung nach den richtigen Weg zur Realisierung dieser Tendenzen verfehlt. Erst der hier in Verfolgung der Axiomatik eingeschlagene Weg wird, wie ich glaube, den konstruktiven Tendenzen, soweit sie natürlich sind, völlig gerecht.

Das Ziel, die Mathematik sicher zu begründen, ist auch das meinige; ich möchte der Mathematik den alten Ruf der unanfechtbaren Wahrheit, der ihr durch die Paradoxien der Mengenlehre verlorenzugehen scheint, wiederherstellen; aber ich glaube, daß dies bei voller Erhaltung ihres Besitzstandes möglich ist. Die Methode, die ich dazu einschlage, ist keine andere als die axiomatische; ihr Wesen ist dieses.

Um ein Teilgebiet einer Wissenschaft zu erforschen, basiert man es auf eine möglichst geringe Anzahl von möglichst einfachen, anschaulichen und faßlichen Prinzipien, die man als Axiome aufstellt und sammelt. Dabei hindert nichts, auch beweisbare oder unserer Überzeugung nach beweisbare Sätze als Axiome aufzunehmen. Ja, wie die Geschichte zeigt, ist dies Verfahren bisweilen sogar sehr am Platze: Beispiele dafür sind LEGENDRES Primzahlpostulat in der Theorie der quadratischen Reste, RIEMANNS Vermutung über die Nullstellen von $\zeta(s)$, der Wurzelexistenzsatz in der Algebra, endlich die sogenannte Ergodenhypothese, ein mathematischer Satz, von dessen Beweis wir noch heute weit entfernt sind und der trotzdem Grundlage für die statistische Mechanik geworden ist.

Die axiomatische Methode ist tatsächlich und bleibt das unserem Geiste angemessene unentbehrliche Hilfsmittel einer jeden exakten Forschung, auf welchem Gebiete es auch sei: sie ist logisch unanfechtbar und zugleich fruchtbar; sie gewährleistet dabei der Forschung die vollste Bewegungsfreiheit. Axiomatisch verfahren heißt in diesem Sinne nichts anderes als mit Bewußtsein denken: Während es früher ohne die axiomatische Methode naiv geschah, daß man an gewisse Zusammenhänge wie an Dogmen glaubte, so hebt die Axiomenlehre diese Naivität auf, läßt uns jedoch die Vorteile des Glaubens.

Aber es handelt sich jetzt um noch Wichtigeres: Gerade durch die Ausbildung, die ich der axiomatischen Methode glaube geben zu können, werden wir einsehen, wie sie uns dazu führt, über die Prinzipien des Schließens in der Mathematik volle Klarheit zu erlangen. Wie schon erwähnt, können wir nämlich von vornherein niemals der Widerspruchsfreiheit unserer Axiome sicher sein, sofern wir nicht den Nachweis dafür besonders führen. Die Axiomatik zwingt uns daher, zu diesem schwierigen erkenntnistheoretischen Problem Stellung zu nehmen. Der Nachweis der Widerspruchsfreiheit der Axiome gelingt in vielen Fällen, z. B. in der Geometrie, der Thermodynamik, der Strahlungstheorie und anderen physikalischen Disziplinen, dadurch, daß man den Nachweis auf die Frage der Widerspruchsfreiheit der Axiome der Analysis zurückführt; diese Frage ihrerseits aber ist ein bisher ungelöstes Problem.

Es gab bisher kaum einen ernsten Versuch, die Widerspruchsfreiheit der Axiome, sei es in der Zahlentheorie, der Analysis oder in der Mengenlehre, darzutun.

KRONECKER prägte den Wahlspruch: Die ganze Zahl schuf der liebe Gott, alles andere ist Menschenwerk. Demgemäß verpönte er – der klassische Verbotsdiktator –, was ihm nicht ganze Zahl war; andererseits lag es ihm und seiner Schule deshalb auch fern, über die ganze Zahl selbst weiter nachzudenken.

POINCARÉ war von vornherein von der Unmöglichkeit eines Nachweises der Widerspruchsfreiheit der arithmetischen Axiome überzeugt. Nach ihm ist das Prinzip der vollständigen Induktion eine Eigenschaft unseres Geistes, d. h. in der Sprache KRONECKERS: vom lieben Gott geschaffen. Sein Einwand, dieses Prinzip könnte nicht anders als selbst durch vollständige Induktion bewiesen werden, ist unberechtigt und wird durch meine Theorie widerlegt.

Von philosophischer Seite ist wohl die Wichtigkeit unserer Frage nach der Widerspruchsfreiheit der Axiome erkannt; ich finde aber auch in dieser Literatur nirgends eine offensichtliche Förderung der Lösung des Problems im mathematischen Sinne.

Dagegen wird unsere Frage in ihrem Wesen berührt durch die älteren Bestrebungen, Zahlentheorie und Analysis auf Mengenlehre sowie diese auf reine Logik zu gründen.

FREGE hat die Begründung der Zahlenlehre auf reine Logik, DEDEKIND auf Mengenlehre als ein Kapitel der reinen Logik versucht: beide haben ihr Ziel nicht erreicht. FREGE hatte die gewohnten Begriffsbildungen der Logik in ihrer Anwendung auf Mathematik nicht vorsichtig genug gehandhabt: so hielt er den Umfang eines Begriffs für etwas ohne weiteres Gegebenes, derart, daß er dann diese Umfänge uneingeschränkt wieder als Dinge selbst nehmen zu dürfen glaubte. Er verfiel so gewissermaßen einem extremen Begriffsrealismus. Ähnlich erging es DEDEKIND; sein klassischer Irrtum bestand darin, daß er das System aller Dinge als Ausgang nahm. So glänzend und bestechend DEDEKINDS Idee, die endliche Zahl auf das Unendliche zu begründen, erschien, heute wird die Ungangbarkeit dieses Weges – nicht zum mindesten auch durch meine nachfolgenden Ausführungen – außer Zweifel gesetzt.

Die scharfsinnigen Untersuchungen von FREGE und DEDEKIND

haben trotzdem die wertvollsten Früchte gezeitigt; FREGE und DEDEKIND haben die moderne Kritik der Analysis inauguriert, und diese, getragen von Männern wie CANTOR, ZERMELO und RUSSELL, »mündet« nicht, wie WEYL behauptet, »in Chaos und Leersinn«: vielmehr verdanken wir ihr einmal tiefgehende auf axiomatischer Grundlage ruhende Theorien – insbesondere die von ZERMELO und die von RUSSELL – und andererseits die sachgemäße Entwicklung des sogenannten Logikkalküls, dessen Grundideen sich immer mehr und mehr als unentbehrliches Hilfsmittel bei logisch-mathematischen Untersuchungen herausstellen.

Dies ist in meiner Auffassung ungefähr der heutige Stand der Frage hinsichtlich der Grundlagen der Mathematik. Hiernach kann ein befriedigender Abschluß der Untersuchungen über diese Grundlagen nur durch die Lösung des Problems von der Widerspruchsfreiheit der Axiome der Analysis erzielt werden. Gelingt uns dieser Nachweis, so stellen wir damit fest, daß die mathematischen Aussagen in der Tat unanfechtbare und endgültige Wahrheiten sind – eine Erkenntnis, die auch wegen ihres allgemeinen philosophischen Charakters von größter Bedeutung für uns ist.

Wir wenden uns der Lösung dieses Problems zu.

Wie wir sahen, hat sich das abstrakte Operieren mit allgemeinen Begriffsumfängen und Inhalten als unzulänglich und unsicher herausgestellt. Als Vorbedingung für die Anwendung logischer Schlüsse und die Betätigung logischer Operationen muß vielmehr schon etwas in der Vorstellung gegeben sein: gewisse außerlogische diskrete Objekte, die anschaulich als unmittelbares Erlebnis vor allem Denken da sind. Soll das logische Schließen sicher sein, so müssen sich diese Objekte vollkommen in allen Teilen überblikken lassen, und ihre Aufweisung, ihre Unterscheidung, ihr Aufeinanderfolgen ist mit den Objekten zugleich unmittelbar anschaulich für uns da als etwas, das sich nicht noch auf etwas anderes reduzieren läßt. Indem ich diesen Standpunkt einnehme, sind mir – im genauen Gegensatz zu FREGE und DEDEKIND – die Gegenstände der Zahlentheorie die Zeichen selbst, deren Gestalt unabhängig von Ort und Zeit und von den besonderen Bedingungen der Herstellung des Zeichens sowie von geringfügigen Unterschieden in der Ausführung sich von uns allgemein und sicher wiedererkennen

462

läßt.* Hierin liegt die feste philosophische Einstellung, die ich zur Begründung der reinen Mathematik – wie überhaupt zu allem wissenschaftlichen Denken, Verstehen und Mitteilen – für erforderlich halte: *am Anfang* – so heißt es hier – *ist das Zeichen.*

Wir wenden uns zunächst mit dieser philosophischen Einstellung der elementaren Zahlenlehre zu und überlegen, ob und bis wie weit auf dieser rein anschaulichen Basis der konkreten Zeichen die Wissenschaft der Zahlentheorie zustande kommen würde. Wir beginnen also mit folgenden Erklärungen der Zahlen.

Das Zeichen 1 ist eine Zahl.

Ein Zeichen, das mit 1 beginnt und mit 1 endigt, so daß dazwischen auf 1 immer + und auf + immer 1 folgt, ist ebenfalls eine Zahl, z. B. die Zeichen

$$1 + 1,$$
$$1 + 1 + 1.$$

Diese Zahlzeichen, die Zahlen sind und die Zahlen vollständig ausmachen, sind selbst Gegenstand unserer Betrachtung, haben aber sonst keinerlei *Bedeutung.* Außer diesen Zeichen wenden wir noch andere Zeichen an, die etwas *bedeuten* und zur Mitteilung dienen, z. B. das Zeichen 2 zur Abkürzung für das Zahlzeichen 1 + 1 oder das Zeichen 3 zur Abkürzung für das Zahlzeichen 1 + 1 + 1; ferner wenden wir die Zeichen =, > an, die zur Mitteilung von Behauptungen dienen. So soll denn 2 + 3 = 3 + 2 keine Formel sein, sondern nur zur Mitteilung der Tatsache dienen, daß 2 + 3 und 3 + 2 mit Rücksicht auf die benutzten Abkürzungen dasselbe Zahlzeichen, nämlich das Zahlzeichen 1 + 1 + 1 + 1 + 1 sind. Ebensowenig ist alsdann 3 > 2 eine Formel, sondern dient vielmehr nur zur Mitteilung der Tatsache, daß das Zeichen 3, d. h. 1 + 1 + 1, über das Zeichen 2, d. h. 1 + 1, hinausragt oder daß das letztere Zeichen ein Teilstück des ersteren ist.

Wir verwenden zur Mitteilung auch Buchstaben a, b, c für Zahlzeichen. Dann ist auch $b > a$ nicht etwa eine Formel, sondern nur die Mitteilung, daß das Zahlzeichen b über das Zahlzeichen a hinausragt. Und ebenso wäre vom gegenwärtigen Standpunkte aus

---

* In diesem Sinne nenne ich Zeichen von derselben Gestalt auch kurz »dasselbe Zeichen«.

$\alpha + \mathfrak{b} = \mathfrak{b} + \alpha$ nur die Mitteilung der Tatsache, daß das Zahlzeichen $\alpha + \mathfrak{b}$ dasselbe ist wie $\mathfrak{b} + \alpha$. Und dabei kann dann das inhaltliche Zutreffen dieser Mitteilung folgendermaßen eingesehen werden. Es sei – wie wir annehmen dürfen – $\mathfrak{b} > \alpha$, d. h. das Zahlzeichen $\mathfrak{b}$ rage über α hinaus: dann läßt sich $\mathfrak{b}$ zerlegen in der Gestalt $\alpha + \mathfrak{c}$, wo $\mathfrak{c}$ zur Mitteilung einer Zahl diene; man hat dann nur $\alpha + \alpha + \mathfrak{c} = \alpha + \mathfrak{c} + \alpha$ zu beweisen, d. h., daß $\alpha + \alpha + \mathfrak{c}$ dasselbe Zahlzeichen ist, wie $\alpha + \mathfrak{c} + \alpha$. Dies ist aber der Fall, sobald $\alpha + \mathfrak{c}$ dasselbe Zeichen wie $\mathfrak{c} + \alpha$, d. h. $\alpha + \mathfrak{c} = \mathfrak{c} + \alpha$ ist. Hierin ist aber gegenüber der ursprünglichen Mitteilung mindestens eine 1 durch das Abspalten von α fortgeschafft worden, und dies Verfahren des Abspaltens kann so lange fortgesetzt werden, bis die zu vertauschenden Summanden miteinander übereinstimmen. Denn ein jedes Zahlzeichen α ist ja aus den Zeichen 1 und + in der vorhin erklärten Weise aufgebaut; es kann daher durch Abspalten und Auslöschen der einzelnen Zeichen auch wieder abgebaut werden.

Bei der solcherart betriebenen Zahlentheorie gibt es keine Axiome, und also sind auch keinerlei Widersprüche möglich. Wir haben eben konkrete Zeichen als Objekte, operieren mit diesen und machen über sie inhaltliche Aussagen. Und was insbesondere den soeben ausgeführten Beweis für $\alpha + \mathfrak{b} = \mathfrak{b} + \alpha$ betrifft, so ist dieser Beweis, wie ich noch besonders hervorheben möchte, ebenso lediglich ein auf dem Auf- und Abbau der Zahlzeichen beruhendes Verfahren und seinem Wesen nach verschieden von demjenigen Prinzip, welches als Prinzip der vollständigen Induktion oder Schluß von n auf n + 1 in der höheren Arithmetik eine so hervorragende Rolle spielt. Letzteres Prinzip ist vielmehr, wie wir später erkennen werden, ein weitertragendes formales, einer höheren Stufe angehöriges Prinzip, das seinerseits eines Beweises bedürftig und fähig ist.

Sicherlich können wir durch diese anschauliche inhaltliche Art der Behandlung, wie wir sie geschildert und angewandt haben, in der Zahlentheorie noch erheblich weiter vorwärtskommen. Aber freilich läßt sich nicht die ganze Mathematik auf solche Art erfassen. Schon beim Übertritt zum Standpunkt der höheren Arithmetik und Algebra, z. B. wenn wir Behauptungen über unendlich viele Zahlen oder Funktionen gewinnen wollen, versagt jenes inhaltliche Verfahren. Denn für unendlich viele Zahlen können wir nicht

Zahlzeichen hinschreiben oder Abkürzungen einführen; wir würden, sobald wir diese Schwierigkeit nicht bedenken, zu denjenigen Ungereimtheiten gelangen, die FREGE in seinen kritischen Ausführungen über die hergebrachten Definitionen der Irrationalzahl mit Recht rügt. Und die Analysis läßt sich durch ein solches konkretes Verfahren, wie es eben für die elementare Zahlenlehre angewandt wurde, schon deshalb nicht aufbauen, weil wir bloß durch derartige inhaltliche Mitteilungen das Wesen der Analysis gar nicht erschöpfen, sondern vielmehr eigentliche, wirkliche Formeln zu ihrem Aufbau brauchen.

Wir können aber einen entsprechenden Standpunkt gewinnen, indem wir uns auf eine höhere Stufe der Betrachtung begeben, von der aus die Axiome, Formeln und Beweise der mathematischen Theorie selbst Gegenstand einer inhaltlichen Untersuchung sind. Dazu müssen aber zunächst die üblichen inhaltlichen Überlegungen der mathematischen Theorie durch Formeln und Regeln ersetzt bzw. durch Formalismen nachgebildet werden, d. h. es muß eine strenge Formalisierung der ganzen mathematischen Theorien einschließlich ihrer Beweise durchgeführt werden, so daß die mathematischen Schlüsse und Begriffsbildungen – nach dem Muster des Logikkalküls – in das Gebäude der Mathematik als formale Bestandteile einbezogen sind. Die Axiome, Formeln und Beweise, aus denen dieses formale Gebäude besteht, sind genau das, was bei dem vorhin geschilderten Aufbau der elementaren Zahlenlehre die Zahlzeichen waren, und mit jenen erst werden, wie mit den Zahlzeichen in der Zahlenlehre, inhaltliche Überlegungen angestellt, d. h. das eigentliche Denken ausgeübt: dadurch werden die inhaltlichen Überlegungen, die selbstverständlich niemals völlig entbehrt oder ausgeschaltet werden können, an eine andere Stelle, gewissermaßen auf ein höheres Niveau verlegt, und zugleich wird in der Mathematik eine strenge und systematische Trennung zwischen den Formeln und formalen Beweisen einerseits und den inhaltlichen Überlegungen andererseits möglich.

In der gegenwärtigen Mitteilung ist es meine Aufgabe, zu zeigen, wie dieser Grundgedanke in vollkommen strenger und einwandfreier Weise durchgeführt werden kann und daß damit zugleich unser Problem des Nachweises der Widerspruchsfreiheit der Axiome der Arithmetik und Analysis gelöst wird.

Für die konkret-inhaltliche Zahlentheorie kamen wir, wie eben gezeigt, mit den Zeichen 1, + aus. Zum Aufbau der Gesamtmathematik werden wir weitere verschiedene Arten von Zeichen einführen und deren Handhabung erklären. Wir unterscheiden:

I. *Individualzeichen* (meist griechische Buchstaben):
1. 1, + (Bestandteile der Zahlzeichen),
2. $\varphi(*)$, $\psi(*)$, $\sigma(*,*)$, $\delta(*,*)$ $\mu(*,*)$ (individuelle Funktionen mit Leerstellen, individuelle Funktionenfunktionen),
3. $=$ (gleich), $\neq$ (ungleich), $>$ (größer) (mathematische Zeichen),
4. Z (Zahl sein), Φ (Funktion sein),
5. $\rightarrow$ (»folgt«, ein logisches Zeichen),
6. ( ) (Allzeichen).

II. *Variable* (lateinische Buchstaben):
1. $a, b, c, d, p, q, r, s, t$ (Grundvariable),
2. $f(*)$, $g(*)$ (variable Funktionen, variable Funktionenfunktionen),
3. $A, B, C, D, S, T, U, V, W$ (variable Formeln)

III. *Zeichen zur Mitteilung* (deutsche Buchstaben):
1. $\mathfrak{a}, \mathfrak{b}, \mathfrak{c}, \mathfrak{f}$ (Funktionale),
2. $\mathfrak{A}, \mathfrak{B}, \mathfrak{C}, \mathfrak{K}, \mathfrak{S}, \mathfrak{T}$ (Formeln).

Zunächst sind zur Handhabung dieser Zeichen einige Erklärungen erforderlich.

Nebeneinander stehende Zeichen heißen eine Zeile, untereinander stehende Zeilen heißen eine Figur.

Individualzeichen (I) und Variable (II) sind allein diejenigen Zeichen, die im Kalkül vorkommen und das formale Gebäude ausmachen, während die letzte Gattung von Zeichen (III) nur zur Mitteilung bei den inhaltlichen Überlegungen dienen. Wir wollen im allgemeinen als Individualzeichen (I) griechische, als Variable (II) lateinische und als Zeichen zur Mitteilung (III) stets deutsche Buchstaben wählen. Letztere Zeichen (III) sollen auch gelegentlich und provisorisch als *Kurzzeichen* dienen; dabei ist Kurzzeichen ein Zeichen, welches lediglich zur kürzeren Schreibweise da ist und ein bestimmtes anderes Zeichen *bedeutet*. Es sei jedoch ausdrücklich bemerkt, daß die Einführung von Kurzzeichen zum Aufbau der Mathematik nicht nötig ist, sondern daß wir der Zeichen III nur zur Mitteilung im eigentlichen Sinne, d. h. bei dem inhaltlichen Operieren an den formalen Beweisen bedürfen.

Ein Zahlzeichen, eine Grundvariable, eine individuelle oder eine variable Funktion, deren Leerstellen mit Zahlzeichen, Grundvariablen oder Funktionen ausgefüllt sind, desgleichen eine individuelle oder variable Funktionenfunktion, deren Leerstellen ausgefüllt sind, heißt ein *Funktional.* Ein Funktional kann stets selbst in eine entsprechende Leerstelle eingesetzt werden; sind dadurch die Leerstellen einer Funktion oder einer Funktionenfunktion sämtlich ausgefüllt, so heißt die entstehende Zeile wiederum ein Funktional. Ein Funktional ist also ein zusammengesetztes Zeichen, das aus den Zeichen I 1., 2., II 1., 2. besteht, dagegen nicht die Zeichen I 3., 4., 5., 6., II 3. enthält.

Stellt man zu beiden Seiten des Zeichens = oder des Zeichens ⧧ ein Funktional, so heißt die entstehende Zeile eine *Primformel;* desgleichen entsteht eine Primformel, wenn man die Leerstelle des logischen Zeichens Z durch ein Funktional ausfüllt. Wenn also $\mathfrak{a}$, $\mathfrak{b}$ Funktionale bedeuten, so sind

$$\mathfrak{a} = \mathfrak{b},$$
$$\mathfrak{a} \neq \mathfrak{b},$$
$$Z(\mathfrak{a})$$

Primformeln.

Wenn man zu beiden Seiten eines Folgezeichens eine Primformel oder eine variable Formel (II 3.)* stellt, so entsteht eine *Folgeformel.* Stellt man an beide Seiten eines Folgezeichens eine Primformel, eine variable Formel oder eine Folgeformel, so heißt die entstehende Zeile wiederum eine *Formel.* Und allgemein soll

$$\mathfrak{A} \rightarrow \mathfrak{B}$$

eine Formel sein, wenn $\mathfrak{A}$ und $\mathfrak{B}$ variable oder bereits vorher aufgestellte Formeln sind.

Gewisse Formeln, die als die Bausteine des formalen Gebäudes der Mathematik dienen, werden *Axiome* genannt.

Bei der Behandlung der Axiome und beim Operieren mit ihnen sind zunächst folgende allgemeine Regeln zu beachten:

Individualzeichen bleiben unersetzbar; für Grundvariable dürfen Funktionale beliebig eingesetzt werden.

---

* Die betreffende Variable kann noch ein oder mehrere Funktionale als Argumente bei sich haben. So ist z. B. $C(1, \mathfrak{a})$ eine variable Formel.

Klammern werden in üblicher Weise gebraucht, um Bestandteile von Zeichen abzusondern; sie dienen zur Kennzeichnung von Leerstellen und beim Einsetzen von Zeilen zur Sicherheit und Eindeutigkeit.

Das Allzeichen I 6. ist ein logisches Zeichen: eine Klammer mit einer Variablen darin; der dahinter stehende Formelabschnitt, der diese Variable im allgemeinen enthält, wird durch eine besondere Klammer abgegrenzt und dadurch als der Wirkungsbereich jenes Allzeichens kenntlich gemacht. Für das Allzeichen gelten noch folgende besondere Regeln:

Eine Variable in einer Formel heiße »frei«, wenn sie nicht in einem Allzeichen dieser Formel steht; vor eine Formel darf stets ein Allzeichen mit einer freien Variablen darin vorgesetzt werden, so daß die ganze Formel der Wirkungsbereich dieses Allzeichens wird. Umgekehrt darf ein Allzeichen, dessen Wirkungsbereich die ganze übrige Formel ist, stets fortgelassen werden.

Eine in einem Allzeichen stehende Variable darf darin und zugleich in dem zugehörigen Wirkungsbereich durch irgendeine andere daselbst nicht vorkommende Variable ersetzt werden.

Zwei unmittelbar aufeinanderfolgende Allzeichen, deren Wirkungsbereiche sich gleich weit erstrecken, dürfen miteinander vertauscht werden.

Wenn ein Bestandteil einer Formel

$$(b) \, (\mathfrak{A} \rightarrow \mathfrak{B}(b))$$

lautet, wo $\mathfrak{A}$ die Variable b nicht enthält, so darf (b) hinter das Zeichen $\rightarrow$ gesetzt werden, so daß die Formel

$$\mathfrak{A} \rightarrow (b) \, \mathfrak{B}(b)$$

entsteht.

Wir wollen nun zunächst zeigen, wie wir zu den Sätzen des elementaren Rechnens von unserem neuen formalen Standpunkte aus gelangen. Dazu haben wir eine Tabelle von Axiomen nötig, die folgendermaßen beginnt:

1. $a = a$,
2. $1 + (a + 1) = (1 + a) + 1$,
3. $a = b \rightarrow a + 1 = b + 1$,
4. $a + 1 = b + 1 \rightarrow a = b$,
5. $a = c \rightarrow (b = c \rightarrow a = b)$.

Ferner bedienen wir uns beim Schließen des Schlußschemas

$$\frac{\mathfrak{S} \quad \mathfrak{S} \to \mathfrak{T}}{\mathfrak{T}}.$$

Alsdann lassen sich die formalen Beweise für die Zahlengleichungen, wie folgendes spezielle Beispiel zeigt, führen:

Aus Axiom 1. gewinnen wir durch Einsetzen

$$1 = 1,$$

ferner mit Benutzung des Kurzzeichens 2 für 1 + 1 und des Kurzzeichens 3 für 2 + 1

$$2 = 2 \tag{1}$$

und

$$3 = 3. \tag{2}$$

Aus Axiom 2. ergibt sich ferner durch Einsetzen

$$1 + (1 + 1) = (1 + 1) + 1$$

oder

$$1 + 2 = 2 + 1$$

oder

$$1 + 2 = 3. \tag{3}$$

Aus Axiom 5. bekommen wir durch Einsetzen

$$3 = 3 \to (1 + 2 = 3 \to 3 = 1 + 2),$$

wegen (2) folgt hieraus mittels des Schlußschemas die Formel

$$1 + 2 = 3 \to 3 = 1 + 2$$

und endlich wegen (3) mittels des Schlußschemas die Formel

$$3 = 1 + 2.$$

Dies ist somit eine aus unseren bisherigen Axiomen beweisbare Formel.

Da wir aus den bisherigen Axiomen noch nicht alle Formeln, die wir brauchen, bekommen, so steht uns der Weg offen, noch weitere Axiome hinzuzufügen. Zuvor ist jedoch eine Festsetzung, was ein Beweis ist, und eine genaue Anweisung über den Gebrauch der Axiome nötig.

Ein *Beweis* ist eine Figur, die uns als solche anschaulich vorliegen muß; er besteht aus Schlüssen vermöge des Schlußschemas

$$\frac{\mathfrak{S} \quad \mathfrak{S} \to \mathfrak{T}}{\mathfrak{T}},$$

wobei jedesmal jede der Prämissen, d. h. der betreffenden Formeln $\mathfrak{S}$ und $\mathfrak{S} \to \mathfrak{T}$, entweder ein Axiom ist bzw. direkt durch Einsetzung aus einem Axiom entsteht oder mit der *Endformel* $\mathfrak{T}$ eines Schlusses übereinstimmt, der vorher im Beweise vorkommt bzw. durch Einsetzung aus einer solchen Endformel entsteht.

Eine Formel soll *beweisbar* heißen, wenn sie entweder ein Axiom ist bzw. durch Einsetzen aus einem Axiom entsteht oder die Endformel eines Beweises ist bzw. durch Einsetzung aus einer solchen Endformel entsteht. Somit ist der Begriff »beweisbar« relativ bezüglich des zugrundeliegenden Axiomensystems zu verstehen. Dieser Relativismus ist naturgemäß und notwendig; aus ihm entspringt auch keinerlei Schaden, da das Axiomensystem beständig erweitert und der formale Aufbau, unserer konstruktiven Tendenz entsprechend, immer vollständiger wird.

Um unsere Ziele zu erreichen, müssen wir die Beweise als solche zum Gegenstande unserer Untersuchung machen; wir werden so zu einer Art *Beweistheorie* gedrängt, die von dem Operieren mit den Beweisen selbst handelt. Für die konkret-anschauliche Zahlentheorie, die wir zuerst betrieben, waren die Zahlen das Gegenständliche und Aufweisbare, und die Beweise der Sätze über die Zahlen fielen schon in das gedankliche Gebiet. Bei unserer jetzigen Untersuchung ist der Beweis selbst etwas Konkretes und Aufweisbares; die inhaltlichen Überlegungen erfolgen erst an dem Beweise. Wie der Physiker seinen Apparat, der Astronom seinen Standort untersucht, wie der Philosoph Vernunftkritik übt, so hat meiner Meinung nach der Mathematiker seine Sätze erst durch eine Beweiskritik sicherzustellen, und dazu bedarf er dieser Beweistheorie.

Vergegenwärtigen wir uns nun insbesondere unsere Absicht, die Widerspruchsfreiheit der Axiome nachzuweisen. Von dem gegenwärtigen Standpunkte aus scheint dieses Problem zunächst sinnlos, da ja nur »beweisbare« Formeln entstehen, die gewissermaßen Äquivalente für lauter positive Behauptungen sind und demnach keinerlei Widerspruch erzeugen: wir könnten neben $1 = 1$ auch $1 = 1 + 1$ als Formel gelten lassen, falls sie sich durch unsere Schlußregeln als eine beweisbare Formel ergäbe. Soll aber unser Formalismus den vollen Ersatz bieten für die frühere wirkliche, aus Schlüssen und Behauptungen bestehende Theorie, so muß auch der inhaltliche Widerspruch sein formales Äquivalent finden. Damit dies der Fall ist, müssen wir neben der Gleichheit die Ungleichheit wie jene gewissermaßen als positive Aussage nehmen und durch ein neues Zeichen $\neq$ mittels neuer Axiome einführen, mit denen dann nach unseren Regeln wie früher operiert wird. Und dann erklären wir ein Axiomensystem als *widerspruchsfrei*, wenn vermöge desselben

$$\mathfrak{a} = \mathfrak{b} \text{ und } \mathfrak{a} \neq \mathfrak{b}$$

niemals zugleich beweisbare Formeln sind, wo $\mathfrak{a}$, $\mathfrak{b}$ Funktionale bedeuten.

Diesen allgemeinen Ausführungen entsprechend stellen wir das neue Axiom auf

6. $\qquad\qquad a + 1 \neq 1;$

dagegen schalten wir zunächst der Einfachheit halber das Axiom 2. aus: sodann besteht die erste Probe eines wirklichen Nachweises der Widerspruchsfreiheit in unserer neuen Beweistheorie darin, daß wir nunmehr folgenden Satz beweisen:

Das Axiomensystem, das aus den fünf Axiomen

1. $a = a,$
3. $a = b \rightarrow a + 1 = b + 1,$
4. $a + 1 = b + 1 \rightarrow a = b,$
5. $a = c \rightarrow (b = c \rightarrow a = b),$
6. $a + 1 \neq 1$

besteht, ist widerspruchsfrei.

Der Beweis dieses Satzes geschieht in mehreren Schritten; zunächst beweisen wir folgendes:

Hilfssatz. Eine beweisbare Formel kann höchstens zweimal das Zeichen $\rightarrow$ enthalten.

In der Tat: es sei uns im Gegensatz zu dieser Behauptung ein Beweis für eine Formel mit mehr als zwei Zeichen $\rightarrow$ vorgelegt; dann gehen wir diesen Beweis durch bis zu einer Formel, die zum ersten Male diese Eigenschaft besitzt, d. h. derart, daß keine im Beweise dieser Formel vorausgehende Formel mehr als zweimal $\rightarrow$ aufweist. Diese Formel kann aus einem Axiom direkt durch Einsetzung nicht entstanden sein; denn für die in den Axiomen auftretenden Substituenden a, b, c dürfen nur Funktionale eingesetzt werden, und diese bringen keine neuen Zeichen $\rightarrow$ mit sich. Jene Formel kann aber auch nicht als Endformel $\mathfrak{T}$ eines Schlusses erscheinen; denn dann wäre die zweite Prämisse dieses Schlusses $\mathfrak{S} \rightarrow \mathfrak{T}$ eine frühere Formel mit mehr als zwei Zeichen $\rightarrow$ und folglich die in Rede stehende Formel $\mathfrak{T}$ nicht eine erste mit dieser Eigenschaft.

Ferner beweisen wir:

Hilfssatz. Eine Formel $\mathfrak{a} = \mathfrak{b}$ ist nur dann beweisbar, wenn $\mathfrak{a}$ und $\mathfrak{b}$ dasselbe Zeichen sind.

Zum Beweise unterscheiden wir wieder die beiden Fälle. Erstens die Formel entstehe direkt durch Einsetzen aus einem Axiom; dann käme dafür nur Axiom 1. selbst in Betracht, und die Behauptung unseres Satzes ist in diesem Falle offenbar zutreffend. Zweitens nehmen wir einen Beweis als vorliegend an mit der Endformel $\mathfrak{a} = \mathfrak{b}$, wo $\mathfrak{a}$ und $\mathfrak{b}$ nicht dasselbe Zeichen sind und wo überdies nicht schon an früherer Stelle im Beweise eine solche Formel vorkommt. In unserem Schlußschema müßte alsdann $\mathfrak{T}$ mit $\mathfrak{a} = \mathfrak{b}$ übereinstimmen und $\mathfrak{S}$ eine beweisbare Formel sein; die zweite Prämisse hätte also die Gestalt

$$\mathfrak{S} \rightarrow \mathfrak{a} = \mathfrak{b}. \tag{4}$$

Diese Formel müßte nun ihrerseits entweder durch Einsetzung aus einem Axiom oder als Endformel eines Beweises hervorgehen. Im ersteren Falle kämen nur die Axiome 3. und 4. in Betracht: handelte es sich um Axiom 3., so müßte $\mathfrak{a}$ von der Gestalt $\mathfrak{a}' + 1$ und $\mathfrak{b}$ von der Gestalt $\mathfrak{b}' + 1$ und $\mathfrak{S}$ müßte die Formel $\mathfrak{a}' = \mathfrak{b}'$ sein. Wären nun $\mathfrak{a}'$ und $\mathfrak{b}'$ dieselben Zeichen, so müßten auch $\mathfrak{a}$ und $\mathfrak{b}$ dieselben Zeichen sein – gegen unsere Annahme. Wären aber andererseits

$\mathfrak{a}'$ und $\mathfrak{b}'$ nicht dieselben Zeichen, so wäre ja $\mathfrak{S}$, d. h. $\mathfrak{a}' = \mathfrak{b}'$, eine im Beweis vor $\mathfrak{T}$ vorkommende Formel von der in Rede stehenden verlangten Art – was wiederum nicht sein darf; handelte es sich aber um Axiom 4., so müßte $\mathfrak{S}$ die Formel $\mathfrak{a} + 1 = \mathfrak{b} + 1$ sein, in der dann zu beiden Seiten des Gleichheitszeichens sicher nicht dasselbe Zeichen stände; dies ist wiederum unmöglich, da $\mathfrak{S}$ im Beweise voransteht. Es bleibt demnach nur die Möglichkeit übrig, daß (4) die Endformel eines Beweises ist, dessen letzter Schluß die Gestalt

$$\frac{\mathfrak{U} \qquad \mathfrak{U} \to (\mathfrak{S} \to \mathfrak{a} = \mathfrak{b})}{\mathfrak{S} \to \mathfrak{a} = \mathfrak{b}}$$

haben müßte. Hierin untersuchen wir wiederum das Zustandekommen der zweiten Prämisse

$$\mathfrak{U} \to (\mathfrak{S} \to \mathfrak{a} = \mathfrak{b}). \tag{5}$$

Wäre dieselbe direkt durch Einsetzen aus einem Axiom erhalten, so käme dafür nur Axiom 5. in Betracht, und $\mathfrak{S}$ müßte alsdann von der Gestalt $\mathfrak{b} = \mathfrak{c}$ und $\mathfrak{U}$ von der Gestalt $\mathfrak{a} = \mathfrak{c}$ sein. Wäre nun $\mathfrak{c}$ dasselbe wie $\mathfrak{b}$, so wäre $\mathfrak{U}$ nichts anderes als $\mathfrak{a} = \mathfrak{b}$, und diese Formel wäre also im Beweise schon an früherer Stelle da, als angenommen worden ist. Wäre aber $\mathfrak{c}$ nicht dasselbe wie $\mathfrak{b}$, so ist ja die Formel $\mathfrak{b} = \mathfrak{c}$ eine im Beweise frühere Formel von der für $\mathfrak{T}$ ursprünglich verlangten Eigenschaft. Es bleibt demnach nur die Möglichkeit offen, daß (5) Endformel eines Schlusses ist; dann müßte aber die zweite Prämisse dieses Schlusses eine Formel mit mindestens drei Zeichen $\to$ sein, und dies wäre nach dem vorhin bewiesenen Satze keinenfalls eine beweisbare Formel.

Damit ist unser zweiter Hilfssatz ebenfalls als zutreffend erkannt.

Wir haben vorhin ein Axiomensystem als widerspruchsfrei erklärt, wenn vermöge desselben

$$\mathfrak{a} = \mathfrak{b} \quad \text{und} \quad \mathfrak{a} \neq \mathfrak{b}$$

niemals zugleich beweisbare Formeln sind. Da nun nach dem eben bewiesenen Satze $\mathfrak{a} = \mathfrak{b}$ nur dann eine beweisbare Formel ist, wenn $\mathfrak{a}$ und $\mathfrak{b}$ dasselbe Zeichen sind, so läuft jetzt der Nachweis für die Widerspruchsfreiheit unserer Axiome darauf hinaus, zu zeigen, daß aufgrund unseres Axiomensystems niemals eine beweisbare Formel von der Gestalt

$$\alpha \neq \alpha \qquad (6)$$

zustande kommen kann. Wir zeigen dies wie folgt.

Um eine das Zeichen $\neq$ enthaltende Formel von der Gestalt (6) durch Einsetzung direkt aus einem Axiom zu gewinnen, wäre notwendig, Axiom 6. heranzuziehen; eine aus Axiom 6. durch Einsetzung entstehende Formel hat aber stets die Gestalt

$$\alpha' + 1 \neq 1$$

und hierin ist $\alpha' + 1$ gewiß nicht dasselbe Zeichen wie 1. Sollte andererseits (6) als Endformel eines Schlusses zustande kommen, so müßte die zweite Prämisse dieses Schlusses die Gestalt

$$\mathfrak{S} \rightarrow \alpha \neq \alpha \qquad (7)$$

haben und, da eine solche Formel sicher nicht direkt durch Einsetzung aus einem Axiom entstehen kann, so müßte auch diese Formel (7) durch einen Schluß entstanden sein. Die zweite Prämisse dieses Schlusses wäre alsdann

$$\mathfrak{T} \rightarrow (\mathfrak{S} \rightarrow \alpha \neq \alpha),$$

und auch diese Formel müßte aus gleichem Grunde durch einen Schluß hervorgehen, dessen zweite Prämisse notwendig die Gestalt

$$\mathfrak{U} \rightarrow (\mathfrak{T} \rightarrow (\mathfrak{S} \rightarrow \alpha \neq \alpha))$$

haben würde. Eine solche Formel kann aber, da sie sicher mehr als zwei Zeichen $\rightarrow$ enthält, nach dem ersten vorhin bewiesenen Hilfssatze sicher keine beweisbare Formel sein. Damit entfällt auch die Möglichkeit, daß (6) eine beweisbare Formel ist, und der Nachweis für die Widerspruchsfreiheit unseres Axiomensystems ist völlig gelungen.

Ein nächstes Ziel wäre es, die entsprechende Untersuchung zu führen, nachdem wir das vorhin ausgeschaltete Axiom 2. wieder aufgenommen haben. Es gelingt auch in der Tat, wie ich hier nur mitteilen möchte, auf diesem Wege die Widerspruchsfreiheit des Axiomensystems nachzuweisen, das aus den Axiomen

1. $a = a$,
2. $1 + (a + 1) = (1 + a) + 1$,

3. $a = b \rightarrow a + 1 = b + 1$,
4. $a + 1 = b + 1 \rightarrow a = b$,
5. $a = c \rightarrow (b = c \rightarrow a = b)$,
6. $a + 1 \neq 1$

besteht.

Wir haben bisher außer dem Zeichen $\rightarrow$ und dem Allzeichen kein anderes logisches Zeichen eingeführt und insbesondere für die logische Operation »*nicht*« die Formalisierung vermieden. Dieses Verhalten gegenüber der Negation ist für unsere Beweistheorie charakteristisch: ein formales Äquivalent für die fehlende Negation liegt lediglich in dem Zeichen $\neq$, durch dessen Einführung die Ungleichheit gewissermaßen ebenso positiv ausgedrückt und behandelt wird wie die Gleichheit, deren Gegenstück sie ist. Inhaltlich kommt die Negation nur im Nachweise der Widerspruchsfreiheit zur Anwendung, und zwar nur, insoweit es unserer Grundeinstellung entspricht. Mit Rücksicht auf diesen Umstand bringt uns, wie ich glaube, unsere Beweistheorie zugleich auch eine erkenntnistheoretische wichtige Einsicht in die Bedeutung und das Wesen der Negation.

Der logische Begriff »*alle*« kommt in unserer Theorie durch die darin auftretenden Variablen und diejenigen Regeln zur Geltung, die wir über das Operieren mit ihnen und mit dem Allzeichen festgesetzt haben.

Derjenige logische Begriff, der dann schließlich noch der Formalisierung bedarf, ist der Begriff »*es gibt*«, ein Begriff, der bekanntlich in der formalen Logik bereits durch die Negation und den Begriff »alle« ausdrückbar ist. Da aber in unserer Beweistheorie die Negation keine direkte Darstellung haben darf, so wird hier die Formalisierung von »es gibt« dadurch erreicht, daß man individuelle Funktionszeichen mittels einer Art impliziten Definition einführt, indem gewissermaßen das, »was es gibt«, durch eine Funktion wirklich hergestellt wird. Das einfachste Beispiel dafür ist folgendes:

Um auszudrücken: wenn α nicht 1 ist, so »gibt es« eine Zahl, die α vorausgeht, führen wir das Funktionszeichen $\delta(*)$ mit einer Leerstelle als Individualzeichen ein und stellen als Axiom die Formel auf

7. $\qquad a \neq 1 \rightarrow a = \delta(a) + 1$.

Es gelingt dann wiederum, wie ich hier nur erwähne, durch inhaltliche Überlegungen nachzuweisen, daß das aus den Axiomen 1.–7. bestehende Axiomensystem widerspruchsfrei ist.

Obwohl diese Darlegungen nur die ersten Anfänge meiner Beweistheorie enthalten, läßt sich aus ihnen doch die allgemeine Tendenz und Richtung erkennen, in der die Neubegründung der Mathematik geschehen soll. Zwei Gesichtspunkte treten besonders dabei hervor.

Erstens: Alles, was bisher die eigentliche Mathematik ausmacht, wird nunmehr streng formalisiert, so daß *die eigentliche Mathematik* oder die Mathematik in engerem Sinne zu einem Bestande an beweisbaren Formeln wird. Die Formeln dieses Bestandes unterscheiden sich von den gewöhnlichen Formeln der Mathematik nur dadurch, daß außer den mathematischen Zeichen noch das Zeichen $\rightarrow$, das Allzeichen und die Zeichen für Aussagen darin vorkommen. Dieser Umstand entspricht einer seit langem[*] von mir vertretenen Überzeugung, daß wegen der engen Verknüpfung und Untrennbarkeit arithmetischer und logischer Wahrheiten ein simultaner Aufbau der Arithmetik und formalen Logik notwendig ist.

Zweitens: Zu dieser eigentlichen Mathematik kommt eine gewissermaßen neue Mathematik, eine *Metamathematik,* hinzu, die zur Sicherung jener dient, indem sie sie vor dem Terror der unnötigen Verbote sowie der Not der Paradoxien schützt. In dieser Metamathematik kommt – im Gegensatz zu den rein formalen Schlußweisen der eigentlichen Mathematik – das inhaltliche Schließen zur Anwendung, und zwar zum Nachweis der Widerspruchsfreiheit der Axiome.

Die Entwicklung der mathematischen Wissenschaft geschieht hiernach beständig wechselnd auf zweierlei Art: durch Gewinnung neuer »beweisbarer« Formeln aus den Axiomen mittels formalen Schließens und durch Hinzufügung neuer Axiome nebst dem Nachweis ihrer Widerspruchsfreiheit mittels inhaltlichen Schließens.

---

[*] Vgl. meinen Vortrag »Über den Zahlbegriff«, Jber. dtsch. Math.-Ver. Bd. 8, 1900, S. 180–184, abgedruckt als Anhang VI meiner »Grundlagen der Geometrie« [54].

Den gewonnenen Prinzipien und soeben gekennzeichneten Tendenzen folgend, gehen wir nun an die Aufgabe heran, die Neubegründung der Mathematik durchzuführen.

Unser bisheriger Bestand an Axiomen sind lediglich die vorhin genannten Axiome 1.–7. Diese Axiome sind rein arithmetischen Charakters; die beweisbaren Formeln, die sich aus ihnen ergeben, bieten noch keinerlei Grundlage für die Theorie der reellen Zahl und machen sogar nur einen kleinen Teil der Arithmetik aus. Ein Blick auf diese bisherigen Axiome 1.–7. zeigt uns, daß darin nur solche Variable (kleine lateinische Buchstaben ohne Leerstellen) vorkommen, die Grundvariable sind. Aber bereits zur Begründung der Arithmetik reichen Axiome von solcher Art keineswegs aus. Vielmehr sind eine Reihe von Axiomen notwendig, die variable Formeln (große lateinische Buchstaben) enthalten, und zwar stellen wir zunächst folgende zwei arithmetische Axiome mit je einer variablen Formel auf:

Axiom der mathematischen Gleichheit

8. $a = b \rightarrow (A(a) \rightarrow A(b))$.

Axiom der vollständigen Induktion

9. $(a)(A(a) \rightarrow A(a + 1)) \rightarrow \{ A(1) \rightarrow (Z(b) \rightarrow A(b)) \}$.

Außerdem bedürfen wir noch eines Bestandes solcher Axiome, die den gewöhnlichen logischen Schlußweisen entsprechen; es sind dies folgende vier Axiome mit variablen Formeln:

Axiome des logischen Schließens

10. $A \rightarrow (B \rightarrow A)$,
11. $\{A \rightarrow (A \rightarrow B)\} \rightarrow (A \rightarrow B)$,
12. $\{A \rightarrow (B \rightarrow C)\} \rightarrow \{B \rightarrow (A \rightarrow C)\}$,
13. $(B \rightarrow C) \rightarrow \{(A \rightarrow B) \rightarrow (A \rightarrow C)\}$.

Ferner brauchen wir noch zwei Axiome für die mathematische Ungleichheit, die uns als Äquivalent für gewisse bei inhaltlichen Überlegungen unentbehrliche Schlußweisen dienen, nämlich die folgenden Axiome:

14. $a \neq a \rightarrow A$,
15. $(a = b \rightarrow A) \rightarrow \{(a \neq b \rightarrow A) \rightarrow A\}$.

Wie schon erwähnt, bilden die Axiome 1.–7. nur einen Teil der zum Aufbau notwendigen arithmetischen Axiome. Zu ihrer Vervollständigung bedarf es vor allem der Einführung des logischen Funktionszeichens Z (ganze rationale positive Zahl sein). Andererseits ist eine einschränkende Abänderung des Axioms 6. nötig. Indem wir zugleich – um mit der üblichen Schreibweise in Einklang zu kommen – statt des Funktionszeichens $\delta(*)$ das Zeichen $* - 1$ gebrauchen, ferner die Axiome 2., 7. generalisieren bzw. ergänzen, dagegen die Axiome 3., 4., 5. ausschalten, weil sie nunmehr beweisbare Formeln werden, gelangen wir schließlich dazu, an Stelle der früheren Axiome 2.–7. die folgenden zu nehmen:

Arithmetische Axiome

16. $Z(1)$,
17. $Z(a) \rightarrow Z(a + 1)$,
18. $Z(a) \rightarrow (a \neq 1 \rightarrow Z(a - 1))$,
19. $Z(a) \rightarrow (a + 1 \neq 1)$,
20. $(a + 1) - 1 = a$,
21. $(a - 1) + 1 = a$,
22. $a + (b + 1) = (a + b) + 1$,
23. $a - (b + 1) = (a - b) - 1$.

Wenn wir dieses Axiomensystem 1., 8.–23. zugrunde legen, so gelingt es lediglich durch Anwendung unserer Regeln, d. h. auf dem formalen Wege, den gesamten Bestand an Formeln und Sätzen der Arithmetik zu gewinnen.

Das erste nunmehr zu erstrebende wichtige Ziel ist es, für dieses Axiomensystem 1., 8.–23. die Widerspruchsfreiheit zu beweisen. Dieser Beweis gelingt in der Tat, und damit ist insbesondere die Schlußweise der vollständigen Induktion (Axiom 9.), wie sie der Arithmetik charakteristisch ist, gesichert.

Aber der wesentlichste Schritt bleibt noch zu tun übrig, nämlich der Nachweis der Anwendbarkeit des logischen Prinzips »*Tertium non datur*« in dem Sinne der Erlaubnis, auch bei unendlich vielen Zahlen, Funktionen oder Funktionenfunktionen schließen zu dürfen, daß eine Aussage entweder für alle diese Zahlen, Funktionen bzw. Funktionenfunktionen gilt oder daß notwendig unter ihnen eine Zahl, Funktion bzw. Funktionenfunktion vorkommt, für die die Aussage nicht gilt. Erst durch den Nachweis der Anwendbarkeit dieses Prinzips ist die Begründung der Theorie der reellen Zahlen geleistet und die Brücke zur Analysis und Mengenlehre geschlagen.

Dieser Nachweis gelingt nun im Sinne und aufgrund der dargelegten Grundgedanken, indem ich gewisse Funktionenfunktionen τ und α durch Aufstellung von Axiomensystemen einführe und die Widerspruchsfreiheit dieser Axiomensysteme nachweise.

Das einfachste Beispiel einer dem dargelegten Zwecke dienenden Funktionenfunktion ist die Funktionenfunktion $\varkappa(f)$, wo das Argument f eine variable zahlentheoretische Funktion der Grundvariablen a ist, so daß

$$Z(a) \rightarrow \{f(a) \neq 1 - 1 \rightarrow Z(f(a))\}$$

gilt, und wo dann $\varkappa(f) = 1 - 1$ sein soll, falls f für alle a den Wert 1 hat, während sonst $\varkappa(f)$ das kleinste ganzzahlige Argument bedeuten soll, für welches f nicht 1 ist. Das Axiomensystem für dieses $\varkappa(f)$ lautet:

24. $(\varkappa(f) = 1 - 1) \rightarrow (Z(a) \rightarrow f(a) = 1)$,
25. $(\varkappa(f) \neq 1 - 1) \rightarrow Z(\varkappa(f))$,
26. $(\varkappa(f) \neq 1 - 1) \rightarrow (f(\varkappa(f)) \neq 1)$,
27. $Z(a) \rightarrow \{Z(\varkappa(f) - a) \rightarrow f(\varkappa(f) - a) = 1\}$.

In ähnlicher Weise läßt sich ein gewisses Paar zusammengehöriger Funktionenfunktionen τ und α einführen, durch die die vollständige Begründung der Theorie der reellen Zahlen und insbesondere der Nachweis der Existenz der oberen Grenze für jede beliebige Menge reeller Zahlen möglich wird.

Zum Schluß dieser ersten Mitteilung möchte ich noch bemerken, daß mich bei der Durchführung und Ausarbeitung der hier dargelegten Ideen P. BERNAYS aufs wesentlichste unterstützt hat. ■

4. Entscheidungsprobleme

Im Jahr 1930 hielt DAVID HILBERT in seiner Vaterstadt Königsberg einen vielbeachteten Vortrag über das Thema »Naturerkennen und Logik« [56]. Sein Referat strahlte einen fröhlichen Optimismus aus. Er war davon überzeugt, daß es der exakten Forschung gelingen würde, die noch offenen Fragen so oder so zu lösen. Er rechnete nicht nur damit, daß sein – soeben dargestelltes – Programm für die Mathematik durchführbar sei; er sah die Lage der exakten Naturwissenschaften ähnlich und wandte sich gegen das »törichte« Ignorabimus von EMIL DU BOIS-REYMOND (1818 bis 1896). Er erwähnte diesen Forscher nicht ausdrücklich, denn er durfte voraussetzen, daß die sich über Jahrzehnte hinziehende Diskussion über die Thesen DU BOIS-REYMONDS von 1872 und 1880 [26] seinen Zuhörern noch im Gedächtnis waren.

EMIL DU BOIS-REYMOND hatte u. a. auch ein Problem genannt, von dem er meinte, daß es exakter Forschung nicht zugänglich sei: die Frage nach dem Wesen des menschlichen Bewußtseins. Darauf ging HILBERT jedoch nicht ein. Ihn interessierten vorwiegend mathematische und physikalische Probleme im engeren Sinne, aber er glaubte wohl, daß die Lösung solcher Fragestellungen auch dieses DU BOIS-REYMONDsche Problem erledigen würde.

HILBERT wußte natürlich, daß es auch in der Mathematik unlösbare Probleme gab. Aber er sah eine Frage auch dann als »gelöst« an, wenn man die Unlösbarkeit exakt beweisen konnte.

Ein Jahr später, im Jahre 1931, veröffentlichte KURT GÖDEL (1906–1978) seine berühmte erkenntniskritische Arbeit [43], von der HEINRICH SCHOLZ [123] gesagt hat, sie sei eine »Kritik der reinen Vernunft vom Jahre 1931«. Durch einen schwierigen Beweisgang konnte GÖDEL zeigen, daß, wenn die formale Zahlentheorie in sich widerspruchsfrei sei, diese Widerspruchsfreiheit nicht mit den Mitteln des Systems selbst bewiesen werden konnte. Damit war gerade das Kernstück des HILBERTschen Programms getroffen: er wollte die Widerspruchsfreiheit der elementaren mathematischen Disziplinen bewiesen sehen. Damit wollte er der Mathematik jene Sicherheit wiedergeben, die durch die Antinomien der Mengenlehre angeschlagen war.

Es heißt in der Biographie von REID [111], daß HILBERT verärgert reagierte, als ihm die Arbeit von GÖDEL bekannt wurde. HILBERT war damals schon ein kranker, alter Mann, und er hat sich in die Diskussion über die GÖDELsche Arbeit nicht mehr eingeschaltet. Man konnte HILBERTS Leben dadurch verlängern, daß man ihm neue amerikanische Medikamente verschaffte. Er hat noch gut zehn Jahre gelebt. Seinen erkenntnistheoretischen Optimismus hat er nicht aufgegeben. Noch im Jahre 1942 hielt er in Berlin einen Vortrag, in dem er im wesentlichen die Gedanken des Königsberger Referats wiederholte.

Die Deduktionen von GÖDEL sind langwierig und für Anfänger schwer zu verstehen. Es soll deshalb versucht werden, seine Grundgedanken durch Wiedergabe eines Kapitels aus meinem Buch »Wandlungen des mathematischen Denkens« ([97], S. 112–121) verständlich zu machen.

Entscheidungsprobleme   □

> God exists since mathematics is consistent,
> and the devil exists since we cannot prove it.
> WEYL

Der Versuch, im Sinne des HILBERTschen »Programms« die Widerspruchsfreiheit und Vollständigkeit eines Axiomensystems nachzuweisen, führt auf gewisse »Entscheidungsprobleme«, mit denen wir uns jetzt beschäftigen wollen.

Die Frage, ob es »nicht entscheidbare« Probleme gebe, tauchte schon auf, als KRONECKER seine Kritik an der WEIERSTRASSSchen Theorie der Irrationalzahlen anmeldete. Die im Jahre 1906 erschienenen »Grundbegriffe der Mengenlehre« von HESSENBERG enthalten bereits ein ganzes Kapitel über »Logische Vollständigkeit und Entscheidbarkeit«. Dort wird berichtet, daß H. A. SCHWARZ KRONECKER aufgefordert habe, ein nachweislich unentscheidbares Beispiel anzugeben.

Das gelang damals nicht. Im Jahre 1926 hat FINSLER [34] diese Frage wieder aufgenommen.

Er geht aus von der einfachen mengentheoretischen Feststellung, daß es nicht mehr als »abzählbar viele« Beweise von mathematischen Sätzen geben kann. Alle Beweise werden nämlich mit endlich vielen »Zeichen« geführt. Dabei verstehen wir unter »Zeichen« die etwa in der deutschen Sprache benutzten Buchstaben und die sonst noch für einen mathematischen Beweis benötigten Symbole $(=, +, -, \ldots)$. Die Menge aller »möglichen« Beweise ist nur eine (echte) Teilmenge einer gewissen abzählbaren Menge $\mathfrak{Z}$. Diese Menge $\mathfrak{Z}$ ist einfach die Menge *aller* möglichen »Zeichenkombinationen«, die unser »Setzerkasten« zuläßt. Zu $\mathfrak{Z}$ gehören natürlich auch viele sinnlose Zeichenkombinationen, aber auch alle möglichen lyrischen Gedichte.

Daß $\mathfrak{Z}$ abzählbar ist, wird sofort klar, wenn man diese Menge nach irgendeiner Vorschrift »lexikographisch« ordnet.

Wir erinnern uns jetzt, daß die Menge aller reellen Zahlen *nicht* abzählbar ist. Abzählbar ist dagegen nicht nur die Menge der rationalen, sondern auch die der algebraischen Zahlen*. Der schon von CANTOR erbrachte Beweis für diese Tatsache ist in jedem Lehrbuch der Mengenlehre zu finden (z. B. in [67]). Da die Menge aller reellen Zahlen nicht abzählbar ist, muß das auch für die Menge $\mathfrak{T}$ der nicht algebraischen oder *transzendenten* Zahlen gelten. Nun betrachte man den Satz:

»*a ist eine transzendente Zahl.*«

Für die Zahl π wurde diese Aussage bekanntlich von LINDEMANN bewiesen. Kann man sie für jede transzendente Zahl *a* beweisen?

FINSLER schließt so: Der Beweis kann deshalb nicht für alle transzendenten Zahlen erbracht werden, weil die Menge aller Beweise abzählbar, die der transzendenten Zahlen dagegen von der Mächtigkeit des Kontinuums ist. Gegen die Argumentation ist nun freilich der Einwand möglich,** daß doch Schlußweisen denkbar seien, die den Transzendenzbeweis gleich für eine Teilmenge von $\mathfrak{T}$ erledigen, die von der Mächtigkeit des Kontinuums ist.

Wir müssen uns versagen, auf die interessanten weiteren Beispiele der FINSLERschen Arbeit einzugehen. Wir wollen lieber ver-

---

* Eine Zahl heißt algebraisch, wenn sie die Wurzel einer algebraischen Gleichung $a_n x^n + a_{n-1} x^{n-1} + \ldots + a_0 = 0$ ist mit ganzzahligen Koeffizienten a_ν.

** Diese Bemerkung stammt von R. SPRAGUE.

suchen, das Verständnis für die wichtige Arbeit [43] von Gödel vorzubereiten, in der ein nicht entscheidbares Problem in einer streng formalisierten Theorie angegeben wurde.

Dazu soll zuerst ein bei Hermes [53] angegebenes Beispiel eines nicht entscheidbaren Problems besprochen werden. Es benutzt den Begriff der »berechenbaren Funktion«.

Wenn in diesem Kapitel von »Funktionen« die Rede ist, so sind (wenn nichts anderes vermerkt wird) immer zahlentheoretische Funktionen gemeint. Wir nennen eine solche Funktion $f(n)$ »berechenbar«, wenn es ein Verfahren gibt, nach dem für jeden Wert n der Wert der Funktion $f(n)$ *in endlich vielen Schritten* berechnet werden kann.

Beispiele für solche berechenbaren Funktionen sind die primitiv rekursiven (s. S. 405). Es wurde aber schon gesagt, daß es noch allgemeinere Typen von effektiv berechenbaren Funktionen gibt.

Als weitere Vorbereitung wollen wir jetzt folgendes Problem angreifen: Es soll mit Hilfe der Ziffern 0 ... 9 eine Art »Telegraphiesystem« hergestellt werden, mit dem man »Nachrichten« speziell mathematischen Inhalts übertragen kann.

Zu übertragen sind also: 1. Zahlen, 2. Buchstaben und Wörter der Umgangssprache, 3. mathematische Symbole wie +, =, − usf. Das geschieht etwa so:

Die Ziffer 0 wollen wir als »Trennzeichen« zwischen den einzelnen Symbolen verwenden. Das bedeutet, daß Zahlen wie 10, 20 usw. nicht als »Zeichen« verwendet werden dürfen, um Mißverständnisse zu vermeiden. Aber das ist auch nicht nötig. Wir können die Ziffern 1 bis 9 »sich selber« zuordnen, die Null dann der Zahl 11, und die folgenden Zahlen stehen dann (ohne die 20, 30, 40 usw.!) für die Buchstaben des gewöhnlichen Alphabets und die benötigten mathematischen Zeichen.

Wir stellen etwa folgendes »Wörterbuch« auf:

1	1	b	13	s	31	·	43
2	2	...		...		(	44
...		h	19	z	38	)	45
9	9	i	21	=	39	[	46
0	11	...		+	41	]	47
a	12	r	29	−	42	$\sqrt{}$	48
						...	

Dieses »Wörterbuch« kann bei Bedarf nach Belieben verlängert werden für weitere mathematische Zeichen. Mit den Zahlen bis 99 (ohne 50, 60, . . .) dürfte man aber auskommen.

Jetzt kann jeder Satz im Klartext und jede Formel durch eine Ziffernfolge symbolisiert werden. 0 steht dabei als »Trennungszeichen« zwischen einzelnen Symbolen, und man kann noch verabreden, daß man Wörter (der Umgangssprache) oder Zeilen einer mathematischen Deduktion durch 00 trennt.

$$f(12) = 17$$

kann z. B. »übersetzt« werden in die Ziffernfolge

$$1704401020450390107.$$

Der Name HILBERT lautet im »Telegrammtext«:

$$19021023013016029032.$$

Diesen Prozeß der Charakterisierung von Wörtern und mathematischen Symbolen nennt man allgemein »Gödelisierung« nach dem österreichischen Mathematiker K. GÖDEL, der zuerst ein derartiges (sich nicht mit der hier gegebenen Zuordnung deckendes) Verfahren gegeben hat [43].

Wenden wir uns jetzt wieder den »berechenbaren« Funktionen zu! Zu jeder solchen Funktion gehört eine »Rechenvorschrift«, die uns angibt, wie (für jedes n) der Funktionswert $f(n)$ zu berechnen sei. Für $f(n) = n!$ lautet diese Vorschrift etwa so:

$$f(0) = 1$$
$$f(n) = n \cdot f(n-1).$$

Durch die »Gödelisierung« wird dieser »Vorschrift« die »GÖDEL-Nummer der Funktion $f(n)$« zugeordnet:

$$17044011045039010017044025045039025043017044025042010 45.$$

$$(1)$$

Durch unser »Wörterbuch« sind wir in der Lage, jeder berechenbaren Funktion – durch »Gödelisierung« der Berechnungsvorschrift – eine natürliche Zahl als »GÖDEL-Nummer« zuzuordnen.

Es ist einleuchtend, daß umgekehrt nicht jede natürliche Zahl GÖDEL-Nummer einer berechenbaren Funktion ist. Dazu ist ja zunächst notwendig, daß die 0 genügend oft und so verteilt vorkommt, daß die Zahl als »Telegrammtext« gedeutet werden kann. Aber selbst wenn dies zutrifft, kann die Interpretation einfach eine sinnlose Folge von Zeichen, Klammern, Buchstaben usw. ergeben.

Wir wollen nun unter Benutzung der »Gödelisierung« eine *nicht berechenbare* Funktion definieren. Es sei

$$g(n) = \begin{cases} 1, & \text{wenn } n \text{ } nicht \text{ die Gödel-Nummer einer} \\ & \text{berechenbaren Funktion ist,} \\ f(n) + 1, & \text{wenn } n \text{ die Gödel-Nummer der} \\ & \text{berechenbaren Funktion } f(n) \text{ ist.} \end{cases} \quad (2)$$

Diese Funktion $g(n)$ kann nicht berechenbar sein. Denn sonst gäbe es ja eine Gödel-Nummer N für $g(n)$, die man durch »Übersetzung« der etwa existierenden Rechenvorschrift für $g(n)$ gewinnen könnte. Dann wäre aber nach der Definition (2) von $g(n)$: $g(N) = g(N) + 1$, und das ist ein Widerspruch. Die Annahme, $g(n)$ sei »berechenbar«, ist also falsch.

Das bedeutet, daß man nicht etwa die Definition (2) selbst als eine solche »Rechenvorschrift« deuten darf. Diese Definition macht ja eine »Fallunterscheidung«. Und nur, wenn die hier geforderte Entscheidung (ob n die Gödel-Nummer einer berechenbaren Funktion ist oder nicht) »berechenbar« wäre, könnte man aus der Definition (2) auch eine »Rechenvorschrift« gewinnen.

Wir wollen die Möglichkeit, eine Entscheidung zu *berechnen*, an einem anderen einfacheren Beispiel erläutern.

Definieren wir

$$h(n) = \begin{cases} 0, & \text{wenn } n \text{ eine Primzahl ist,} \\ n & \text{sonst.} \end{cases} \quad (3)$$

Auch hier ist wie bei (2) in die Definition eine »Fallentscheidung« aufgenommen. Diese »Entscheidung« kann aber in eine Rechenvorschrift umgeformt werden. Dazu beachten wir, daß der Satz

Pr(n): n ist eine Primzahl

ein *primitiv rekursives Prädikat* ist. Es gibt zu diesem Prädikat eine charakteristische Funktion

$$\alpha_5(n) = \mathrm{sg}(S(n) \div 2) + \overline{\mathrm{sg}}(n \div 1),$$

die genau dann verschwindet, wenn $Pr(n)$ wahr ist. Sonst hat sie den Wert 1.[1] Die Funktion $h(n)$ kann deshalb einfach so berechnet werden:

$$h(n) = \alpha_5(n) \cdot n.$$

Die hier auftretende charakteristische Funktion $\alpha_5(n)$ ist eine Art von Roboter, der die in (3) geforderte Entscheidung automatisch vollzieht.

Einen solchen Roboter gibt es für die durch (2) definierte Funktion $g(n)$ nicht. Das lehrt der oben durchgeführte Beweis. Wir können das Ergebnis auch so formulieren:

Es ist nicht entscheidbar, ob n die GÖDEL-*Nummer einer berechenbaren Funktion ist.*

Das heißt: Es gibt keine berechenbare Funktion, die genau dann gleich 0 wird, wenn n eine solche GÖDEL-Nummer ist. Das schließt natürlich nicht aus, daß man durch Rückübersetzen einer natürlichen Zahl (etwa von (1) auf S. 484) in die »mathematische Umgangssprache« nach dem »Wörterbuch« auf S. 483 zufällig wirklich auf die GÖDEL-Nummer einer berechenbaren Funktion stößt oder auch auf eine sinnlose Zeichenkombination, die ganz bestimmt *nicht* die GÖDEL-Nummer einer berechenbaren Zahl sein kann. Mit der Formulierung »Es ist nicht entscheidbar...« ist nur behauptet, daß es keine berechenbare Funktion gibt, die diese Entscheidung für alle n »vollzieht«.

Die bisherigen Beispiele von »Entscheidungsproblemen« haben einen wesentlichen Mangel: Bei den »abzählbar vielen« Beweisen FINSLERS und bei den auf irgendeine Weise zu definierenden »berechenbaren Funktionen« war ausdrücklich die Verwendung der »Umgangssprache« zugelassen. Die Buchstaben der gewöhnlichen Sprache spielen ja sowohl in der Abzählung der »möglichen Beweise« wie in dem »Wörterbuch« zur Verschlüsselung der »Berechnungsvorschriften« der Funktionen eine Rolle. Man könnte

---

1 Man vgl. dazu S. 385, beachte dabei aber, daß die Zuordnung von 0 und 1 gegenüber dort vertauscht ist.

meinen, daß das Auftreten »nicht entscheidbarer« Probleme gerade in diesem Umstand begründet liegt.

Oder gibt es auch in der Mathematik der »formalen Systeme« solche nicht entscheidbaren Probleme? GÖDEL hat [43] den Nachweis geführt, daß das in der Tat zutrifft. [...]

Wir wollen versuchen, den Grundgedanken dieses Beweises hier darzustellen.

Betrachten wir das schon früher eingeführte »formale System« der Zahlentheorie.[1] Zu den Axiomen gehören nicht nur Z 1 bis Z 9, sondern auch die Fundamente der Aussagen- und Prädikatenlogik mit ihren »Schlußregeln«. Es ist ohne weiteres möglich, allen denkbaren Aussagen dieses formalen Systems eine »GÖDEL-Nummer« zuzuordnen. Das Wörterbuch müßte etwas anders aussehen als das auf S. 483 eingeführte. Es besteht nicht mehr die Notwendigkeit, »Klartextaussagen« zu verschlüsseln, dafür brauchen wir GÖDEL-Nummern für alle Zeichen der formalen Logik. Da wir außerdem Aussagen mit »Zahlenvariablen« $x, y, z, \ldots$ (in beliebiger Anzahl) zulassen müssen, brauchen wir auch »GÖDEL-Nummern« für diese Variablen. Hier verfährt man am besten so, daß man die Variablen mit $x, x', x'', x''', \ldots$ bezeichnet und einfach eine GÖDEL-Nummer für x und eine für das Zeichen $'$ einführt. Die Einzelheiten dieses Verfahrens brauchen wir hier nicht zu exerzieren. Es genügt die Feststellung, daß auf die eine oder andere Weise eine »Gödelisierung« aller (richtigen oder falschen) zahlentheoretischen Aussagen möglich ist, ganz gleich, ob es sich um reine Zahlenbeziehungen handelt (z. B. $3 + 2 = 5$) oder um Aussagen mit Zahlenvariablen wie[2]

$$\bigwedge_x [(x \cdot x - 1) = (x + 1)(x - 1)]. \tag{4}$$

Eine GÖDEL-Nummer kann aber nicht nur der Formel, sondern auch dem formalisierten Beweis zugeordnet werden. Wenn man das in diesem Kapitel angegebene Verfahren der Gödelisierung

---

1 Das hier erwähnte System hat eine gewisse Ähnlichkeit mit dem HILBERTschen System auf S. 468 ff.

2 »$\bigwedge_x$« ist eine weitere gebräuchliche Schreibweise des *Allquantors* (»für alle x«). Vgl. dazu S. 357 und S. 410.

(mit den schon erwähnten notwendigen Änderungen) benutzt, braucht man nur die GÖDEL-Nummern der einzelnen Zeilen des Beweises hintereinander aufzuschreiben, gekoppelt durch das »Trennungszeichen« 00.

Wir wollen im folgenden zahlentheoretische Formeln mit einer »freien«, also nicht – wie x in (4) – durch einen Quantor gebundenen, Variablen berechnen. $\mathfrak{F}_n(x)$ sei eine solche Formel mit der GÖDEL-Nummer n. Setzt man für die Variable x gerade diese Zahl n ein, so erhält man eine Beziehung zwischen Zahlen, die wir sinngemäß mit $\mathfrak{F}_n(n)$ bezeichnen.

Nehmen wir an, $\mathfrak{F}_n(n)$ sei eine in unserem formalen System beweisbare Aussage. Dann gibt es eine GÖDEL-Nummer m für diesen Beweis. Zwischen den Zahlen n und m besteht dann ein gewisser zahlentheoretischer Zusammenhang. Das kann man sich etwa so veranschaulichen:

Es seien A und B gewisse »Aussagen« in unserem formalen System. Dann wird sich die GÖDEL-Nummer von $A \Rightarrow B$ aus den GÖDEL-Nummern a von A und b von B so zusammensetzen:

$$a00c00b,$$

wobei c die GÖDEL-Nummer des Zeichens $\Rightarrow$ ist. Da nun jeder formale Beweis sich nach den Schlußregeln aus den Axiomen aufbauen läßt bis zu der »zu beweisenden« Schlußformel, muß auch zwischen der GÖDEL-Nummer der zu beweisenden Schlußformel und der des ganzen Beweises ein gewisser Zusammenhang bestehen. Die genaue Untersuchung dieses »Zusammenhanges« zwischen der GÖDEL-Nummer n der Formel $\mathfrak{F}_n(x)$ und der Nummer m des Beweises von $\mathfrak{F}_n(n)$ ist nicht ganz einfach und muß hier übergangen werden. Wir müssen uns darauf beschränken, folgendes Ergebnis hinzunehmen:

Es gibt eine Formel $A(n, m)$, die genau dann richtig ist, wenn m die GÖDEL-Nummer des Beweises von $\mathfrak{F}_n (n)$ ist.[*]

Die Aussage

$$\bigwedge_{x'} \neg\, A(x, x') \quad (\text{»Für alle } x' \text{ ist } A(x, x') \text{ falsch«}) \tag{5}$$

---

[*] $A(n, m)$ ist eine »primitiv-rekursive« Beziehung. Vgl. S. 407.

mit der einen »freien« Variablen x bedeutet dann:

Die Formel $\mathfrak{F}_x(x)$ ist nicht beweisbar. (5 a)

Denn gäbe es einen (formalen) Beweis, so hätte dieser Beweis doch eine GÖDEL-Nummer m, und für diese Zahl m müßte $A(x, m)$ richtig sein. (5) sagt nun aber gerade, daß $A(x, x')$ für *alle* Werte von x' falsch ist!

Die Formel (5) hat nun aber gewiß auch eine GÖDEL-Nummer. Sie sei N. Setzen wir für x in (5) die Zahl N ein, so erhalten wir

$$\bigwedge_{x'} \neg\, A(N, x') \quad \text{(»Für alle x' ist $A(N, x')$ \textit{falsch}«)}. \tag{6}$$

Diese Formel behauptet ihre eigene Unbeweisbarkeit!

Denn sie sagt doch nach (5 a): Es gibt keinen Beweis für die Formel $\mathfrak{F}_N(N)$. Das ist aber doch die Formel, die man erhält, wenn man in die Formel der GÖDEL-Nummer N eben dieses N für die Variable x einsetzt. Die Formel mit der GÖDEL-Nummer N ist aber (5), und wenn man hier N für x setzt, erhält man (6)!

(6) ist nicht »*entscheidbar*«. Das heißt: Weder die Aussage (6) noch ihre Negation ist beweisbar – wenn man die Widerspruchsfreiheit unseres formalen Systems voraussetzt.

Denn nehmen wir einmal an, (6) sei (formal) beweisbar. Dann müßte es für diesen Beweis doch eine GÖDEL-Nummer M geben, und für diese Zahl M wäre die Formel $A(N, M)$ wahr. *Es gibt* dann also eine gewisse Zahl M, für die $A(N, M)$ richtig ist, und deshalb kann *nicht*

$$\bigwedge_{x'} \neg\, A(N, x')$$

gelten, d. h. (6) wäre falsch.

Aber man kann auch nicht die Negation von (6) beweisen. Aus dieser Negation ergibt sich die (auch »formal« daraus ableitbare) Aussage

$$\bigvee_{x'} A(N, x') \quad \text{(»\textit{Es gibt} ein x', für das $A(N, x')$ gilt«)}. \tag{7}$$

Das läßt sich aber wieder so deuten: Es gibt doch einen Beweis für (6), und die GÖDEL-Nummer dieses Beweises ist gerade jene Zahl, deren Existenz durch (7) behauptet wird.

Wir haben also damit in (6) ein Beispiel einer nicht entscheidbaren Formel im »formalen System« der Zahlentheorie gefunden.

Bei diesen Überlegungen wurde vorausgesetzt, daß unser formales System widerspruchsfrei sei. Kann man das beweisen? Wir nehmen damit die seinerzeit gestellte HILBERTsche Frage wieder auf. Überlegen wir zunächst, wie ein solcher Beweis etwa geführt werden könnte. Nach den im Bereich der formalen Logik angestellten Überlegungen genügt es, *einen* bestimmten Widerspruch herauszugreifen und nachzuweisen, daß dieser Widerspruch nicht »ableitbar« ist in unserem System. Nun kann man ([70], S. 210) im formalen System der Zahlentheorie leicht zeigen:

$$\neg \, (0 = 1) \quad (\text{»}0 = 1\text{« ist falsch}). \tag{8}$$

Ist nun womöglich *auch* die Aussage

$$0 = 1 \tag{9}$$

ableitbar?

Es sei r die GÖDEL-Nummer von (9). Auch (9) können wir als eine Formel $\mathfrak{F}_r(x)$ bezeichnen. In ihr kommt allerdings überhaupt keine »Variable« x vor. Das bedeutet dann, daß $\mathfrak{F}_r(x)$ für alle Werte x, also auch für $x = r$, dieselbe Formel ist. Daß (9) *nicht* beweisbar ist, könnte man dann so ausdrücken:

$$\bigwedge_{x'} \neg \, A(r, x'). \tag{10}$$

Denn (10) kann doch so interpretiert werden: Keine Zahl x' ist die GÖDEL-Nummer eines Beweises für (9). Ein formaler Beweis von (10) wäre also der Kern eines Beweises für die Widerspruchsfreiheit unseres Systems.

Die (angenommene) Widerspruchsfreiheit unseres Systems führte aber zu dem Schluß, daß (6) nicht beweisbar sei. Dieser Beweis wurde allerdings nicht »formal«, sondern durch Überlegungen in der Umgangssprache geführt. Wir wollen einen solchen Beweis zum Unterschied von dem formalen »intuitiv« nennen. Wir haben also »intuitiv« die Nichtbeweisbarkeit von (6) nachgewiesen, die doch gerade durch (6) selbst ausgedrückt wird. Wenn es nun gelänge, die Widerspruchsfreiheit in der angedeuteten Weise (oder auf einem anderen Wege) *formal* zu beweisen, so könnte man (siehe dazu [70], S. 210) die »intuitiven« Überlegungen von S. 489 zu einem »formalen« Beweis von (6) verdichten.

Daß aber die Annahme, (6) sei beweisbar, auf einen Widerspruch führt, haben wir bereits erkannt.

Das heißt also: Ein formaler Beweis für die Widerspruchsfreiheit unseres Systems führt auf einen Widerspruch. Wenn wir unser System kurz mit dem Buchstaben $\mathfrak{S}$ bezeichnen, können wir die gewonnene Einsicht auch so formulieren:

Falls das zahlentheoretische System $\mathfrak{S}$ widerspruchsfrei ist, dann ist die Widerspruchsfreiheit nicht mit den Mitteln dieses Systems zu beweisen.

Man hat diese Einsicht zusammen mit den Konsequenzen des SKOLEMschen Satzes ([97], S. 92) so gedeutet, daß das HILBERTsche Programm nicht durchführbar und der »Formalismus« gescheitert sei. Aber man kann die Dinge auch anders sehen.

Halten wir uns an folgende Ergebnisse:

1. Es gibt in der formalen Zahlentheorie nicht entscheidbare Probleme.
2. Die Widerspruchsfreiheit des formalen Systems kann nicht mit den Mitteln des Systems bewiesen werden.
3. Die Axiome der Zahlentheorie leisten keine »implizite Definition« der Zahlenreihe.

Wenn man etwa mit CURRY in der Mathematik die »Wissenschaft von den formalen Systemen« sieht, wird man diese Einsichten als interessante, wenn auch für manche Forscher vielleicht unerwartete Erkenntnisse über ein bestimmtes »formales System« sehen. Freilich: HILBERT hatte den Beweis der Widerspruchsfreiheit fest in seinem Programm geplant. Nun haben die oben durchgeführten Überlegungen aber nur gezeigt, daß die Widerspruchsfreiheit von $\mathfrak{S}$ *nicht mit Mitteln von* $\mathfrak{S}$ beweisbar ist. Drastisch ausgedrückt: Man kann sich nicht an seinem eigenen Zopf aus dem Sumpfe ziehen, aus dem Sumpf des (durch den fehlenden Beweis der Widerspruchsfreiheit) »Ungesicherten«.

Man muß außerhalb des Sumpfes stehen, wenn man jemanden herausziehen will. Und wenn man die Widerspruchsfreiheit von $\mathfrak{S}$ nachweisen will, muß man Hilfsmittel zur Verfügung haben, die nicht zu $\mathfrak{S}$ selber gehören.

Im Jahre 1936 hat GENTZEN die Widerspruchsfreiheit der Zahlentheorie bewiesen mit Hilfe der »transfinitiven Induktion« ([41] und [42]). Dabei handelt es sich um eine Verallgemeinerung des bekannten Induktionsschlusses für die Zahlenreihe auf abzählbare Mengen von komplizierterem »Ordnungstypus«. Später hat auch ACKERMANN [1] auf anderem Wege, aber ebenfalls unter Benutzung einer solchen »transfiniten Induktion« die Widerspruchsfreiheit der Zahlentheorie begründet.

GENTZEN vertritt (wie wir meinen: mit Recht) die Ansicht ([42], S. 9), daß sein Beweis durchaus »konstruktiv« sei. Damit wäre dann die von HILBERT gestellte Aufgabe »dennoch« gelöst, wenn auch nicht in der ursprünglich vorgesehenen Form.

Die Beschäftigung mit der Theorie der rekursiven Funktionen hat zu vielen erkenntnistheoretisch bedeutsamen Ergebnissen geführt. Wir wollen wenigstens einen wichtigen Satz über die »arithmetischen« Formeln erwähnen. Man nennt eine Beziehung zwischen nichtnegativen ganzen Zahlen oder Zahlenvariablen *arithmetisch,* wenn sie mit Hilfe der Zeichen $+$, $\cdot$ (»mal«) und den logischen Symbolen dargestellt werden kann.

$$2 + 2 = 4, \ 3 \cdot 3 = 9, \ \bigwedge_n [(n + 1) \cdot (n + 1) = n \cdot n + 2 \cdot n + 1]$$

sind danach arithmetische Beziehungen. Aber auch die Aussage *»Es gibt pythagoreische Zahlen«:*

$$\bigvee_x \bigvee_y \bigvee_z (x \cdot x + y \cdot y = z \cdot z)$$

gehört hierher oder die GOLDBACHsche Vermutung, die man ja so schreiben kann:

$$\bigwedge_n \bigvee_p \bigvee_q [\{n + n = p + q\} \wedge \{ \bigwedge_u \bigwedge_v (p = u \cdot v \Rightarrow p = u \vee p = v) \wedge$$
$$\wedge \ (q = u \cdot v \Rightarrow q = u \vee q = v)\}].$$

Es sei nun $\mathfrak{A}_m(n)$ eine einstellige arithmetische Formel mit der GÖDEL-Nummer m. Dann gilt:

   Das Prädikat

   »$\mathfrak{A}_m(n)$ *ist eine wahre arithmetische Formel«*   (11)

ist nicht entscheidbar.

Das heißt: Es gibt keine rekursive Funktion $f(m, n)$, die genau dann verschwindet, wenn $\mathfrak{A}_m(n)$ eine arithmetische Formel ist.

Die Bedeutung dieses Ergebnisses leuchtet ein: Rekursive Funktionen kann man durch Automaten berechnen. Gäbe es eine rekursive Funktion, die die Gültigkeit des Satzes (11) entscheidet, könnte man die Lösung aller offenen arithmetischen Fragen einer Maschine übertragen. Es ist eine wichtige (und vielleicht auch tröstliche) Einsicht, daß die schöpferische Leistung des Forschers auch in Zukunft nicht überflüssig wird.

Wir wollen noch einen weiteren Begriff einführen, der in der modernen Grundlagenforschung eine wichtige Rolle spielt: den der *aufzählbaren* Menge.

Eine Menge M nichtnegativer Zahlen heißt *aufzählbar,* wenn $x \in M$ genau dann gilt, wenn

$$\bigvee_{y} R\,(x, y)$$

für ein rekursives Prädikat $R\,(x, y)$.

Man kann es auch so ausdrücken: Eine aufzählbare Menge M ist eine Menge

$$M = \{\, x\,|\,x \in \mathbb{N} \wedge \bigvee_{y} f(x, y) = 0\}$$

für eine gewisse rekursive Funktion $f(x, y)$.

Um die »Aufzählung« der Menge M zu vollziehen, denke man sich die Paare (m, n) etwa in der »diagonalen« Abzählung notiert:

$$(0,0),\ (0,1),\ (1,0),\ (0,2),\ (1,1),\ (2,0),\ \ldots \qquad (12)$$

Man prüft nun für alle Paare dieser Folge, ob $f(x, y) = 0$ richtig ist und notiert diejenigen x, für die das zutrifft. Auf diese Weise erhält man eine »Aufzählung« der Elemente von M, die z. B. so anfangen kann:

$$0, 3, 1, 5, 9, 16, 12, \ldots$$

Die Zahl 2 kommt bisher nicht vor. Es *kann* sein, daß sie noch auftritt (weil z. B. $f\,(2, 93452) = 0$ gilt!). Aber man kann im allgemeinen nicht *entscheiden,* ob eine vorgegebene Zahl zur Menge M gehört oder nicht. Gibt es eine rekursive Funktion, die eine solche Entscheidung vollzieht, dann heißt die Menge *nicht nur aufzählbar, sondern rekursiv.* Von der Menge der GÖDEL-Nummern der einstelligen allgemein rekursiven Funktionen (vgl. [104], S. 172) kann man zeigen: *Sie ist aufzählbar, aber nicht rekursiv.*

Wir haben den Versuch unternommen, auch moderne Untersuchungen über Grundlagenprobleme in einer möglichst einfachen Sprache verständlich zu machen. Es ist einleuchtend, daß wir in diesem Bericht nicht bis an die Front der heutigen Forschung führen können. Allein die verschiedenartigen Entscheidungsprobleme haben zu einer umfangreichen Literatur* Anlaß gegeben, die wir hier nicht würdigen können.

[...]

---

* Siehe z. B. [2] und [129] mit den umfangreichen Literaturverzeichnissen.

VIII. Mathematik und Weltanschauung

1. Neutrale Mathematik?

Am 8. Juli 1828 teilte der Theologiestudent ERNST EDUARD KUMMER (1810–1893) seiner Mutter in einem Brief mit, daß er die Absicht habe, das Studienfach zu wechseln. Er wollte nicht Pfarrer, sondern Mathematiker werden. Zur Begründung führte er dies an:

> Glauben Sie nicht, daß ich von ängstlichen Zweifeln umstrickt sei, nein, es ist nie klarer vor meine Seele getreten, daß der Mensch unter jeder Bedingung recht handeln soll, ohne irgend einen Lohn zu sehen, aber ich halte nicht das äußere Glück für das höchste Gut des Menschen, sondern die Seelenruhe, welche aus dem Bewußtsein hervorgeht recht gehandelt zu haben. Solange ich dieß Bewußtsein haben werde, werde ich mich nie von einem nidrigen Unmuthe hinreißen lassen an einem Gott und einer Unsterblichkeit zu verzweifeln, wenn ich auch auf dem Wege der Vernunft erkannt habe, daß der Geist unsterblich ist, und daß ein Gott ist, welcher diesen Geist ins Dasein gerufen hat, nicht um ihn zu vernichten, sondern um ihn zu seiner höchsten Vollkommenheit sich erheben zu lassen, in welcher seine Seligkeit bestehen wird. Jetzt kann ich mit gutem Gewissen nicht fortfahren Theologie zu studieren, darum habe ich es aufgegeben, und habe mir die Mathematik erwählt, weil es die Wissenschaft ist, in welcher der tiefer forschende von anderen nicht mißverstanden, oder für gottlos und schlecht gehalten wird, sondern in welcher was einer wahres findet von allen anerkannt werden muß und anerkannt wird.

Der junge KUMMER hat sich also für die Mathematik entschieden, weil er in ihr eine weltanschaulich neutrale Wissenschaft sah, in der es keinen Streit um Ketzereien wie unter den Theologen gab.

Man kann in der Tat darauf hinweisen, daß es unter den mathematischen Forschern Vertreter aller Weltanschauungen und Religionen gibt. CAUCHY war ein überzeugter Katholik, LAPLACE war Atheist, GAUSS ein entschiedener Protestant. Ein mathematischer Satz, den etwa ein Mathematiker in Moskau beweist, gilt auch in Berlin oder in Washington.

In unserem Jahrhundert gilt nun diese Feststellung nicht mehr uneingeschränkt. In der modernen Grundlagenforschung gibt es wichtige Meinungsverschiedenheiten. Man denke nur an den Streit zwischen Formalisten und Intuitionisten, der hier in mehreren Beiträgen deutlich wird (s. insbesondere Kap. VI, Abschn. 2 und Kap. VII, Abschn. 3). Es ist allgemein üblich, diese Auseinandersetzung zwischen der großen Schar der Formalisten und den wenigen Anhängern von BROUWERS Intuitionismus (oder einer anderen Form von konstruktiver Mathematik) als gegeben hinzunehmen. Bei näherer Analyse der heftigen Auseinandersetzungen zwischen HILBERT und BROUWER kann aber deutlich werden, daß diese unterschiedlichen Auffassungen über das Wesen der Mathematik ihren Grund in einer unterschiedlichen Weltanschauung haben.

Wir wollen das im folgenden begründen und darüber hinaus in weiteren Abschnitten zeigen, daß die Beschäftigung mit der so abstrakt erscheinenden Mathematik die Weltsicht des Menschen entscheidend verändern kann.

2. Das Fundament des mathematischen Denkens

Die Schriften von BROUWER sind schwierig zu lesen. Wir haben deshalb bei der Darstellung der Grundgedanken des Intuitionismus auf eine Abhandlung von VAN DALEN zurückgegriffen (Kap. VI, Abschn. 2). Sehr klar kommen einige Grundzüge dieser Richtung auch in der Rektoratsrede von EHRHARD SCHMIDT aus dem Jahre 1929 [120] zum Ausdruck. SCHMIDT verdeutlicht dort die BROUWERsche Haltung zum Satz vom ausgeschlossenen Dritten (»Tertium non datur«) am Beispiel der GOLDBACHschen Vermutung (vgl. S. 355).

Inzwischen hat man mit Hilfe von Computern die GOLDBACHsche Vermutung an immer größeren Zahlen geprüft und immer noch kein Gegenbeispiel gefunden. Es spricht alles dafür, daß es ein solches nicht gibt. Zu dieser Annahme wird man gedrängt, da die Zerlegung gerader Zahlen meist sogar auf mehrere Weisen möglich ist, besonders bei größeren Zahlen. Aber dennoch sieht kein Mathematiker die GOLDBACHsche Vermutung als bewiesen an.

Kann man nun sagen, diese Vermutung ist entweder wahr oder falsch: Tertium non datur? ERHARD SCHMIDT fragt, auf welche Weise man die These oder ihre Antithese beweisen könnte. Um zu begründen, daß die GOLDBACHsche Vermutung falsch ist, braucht man nur ein Gegenbeispiel anzugeben. Wenn man aber ihre Richtigkeit beweisen will, muß man zeigen, daß aus der Eigenschaft einer Zahl, gerade zu sein, folgt, daß man sie immer additiv in zwei Primzahlen zerfällen kann. Die Aussagen

> Entweder kann man aus der Tatsache, daß eine Zahl den Primfaktor 2 enthält, ihre additive Zerfällung in zwei Primzahlen beweisen
>
> oder
>
> Man kann ein Gegenbeispiel angeben

bilden aber – BROUWER zufolge – keine echte Alternative, und deshalb ist die Anwendung des Tertium non datur unzulässig (vgl. S. 358).

Aber es bleibt doch dabei, daß die meisten Mathematiker und Philosophen den Satz vom ausgeschlossenen Dritten für eine logische Grundwahrheit halten, die ebenso sicher ist wie die durch den Prozeß des Zählens gewonnenen Erkenntnisse. HEINRICH SCHOLZ (1884–1956) sieht in seiner Arbeit »Der Gottesgedanke in der Mathematik« ([123], S. 293 ff.) in den logischen Grundsätzen eine Art Gottesgeschenk für die Menschheit. Man muß aber nicht auf die Vorstellung von einem persönlichen Gott zurückgreifen, um die Sicherheit der logischen Grundsätze als gegeben anzusehen. Wenn die Goldbachsche Vermutung nicht falsch ist, dann ist sie eben wahr, auch wenn wir die Wahrheit nicht konstruktiv beweisen können.

BROUWER hat mit Hilfe von bisher ungelösten Problemen Beispiele von Zahlen angegeben, von denen man nicht entscheiden kann, ob sie rational sind oder nicht oder auch ob sie kleiner, größer oder gleich 1 sind (s. S. 355). Als BROUWER einmal bei einem Vortrag in Göttingen ein solches Beispiel erwähnte, sagte einer der Teilnehmer: »Aber Gott weiß es.« BROUWER erwiderte kühl: »Ich habe keinen direkten Draht zu Gott.«

HILBERT glaubte, daß das Universum den Menschen erkennbar sei, und die uneingeschränkte Benutzung des Tertium non datur war ihm selbstverständlich. Er hat am 3. September 1928 in Bologna in seinem Vortrag »Probleme der Grundlegung der Mathematik« [57] gesagt:

> Denn wie wäre es mit der Wahrheit unseres Wissens überhaupt und wie mit der Existenz und dem Fortschritt der Wissenschaft bestellt, wenn es nicht einmal in der Mathematik sichere Wahrheit gäbe? Tatsächlich kommt heutzutage gar nicht selten in Fachschriften und öffentlichen Vorträgen Zweifelsucht und Kleinmut gegenüber der Wissenschaft zum Ausdruck; es ist dies eine gewisse Art Okkultismus, den ich für schädlich halte. Die Beweistheorie macht eine solche Einstellung unmöglich und verschafft uns das Hochgefühl der Überzeugung, daß wenigstens dem mathematischen Verstande keine Schranken gezogen sind und daß er sogar die Gesetze des eigenen Denkens selbst aufzuspüren vermag. CANTOR hat gesagt: das Wesen der Mathematik besteht in ihrer Freiheit, und ich möchte für die Zweifelsüchtigen und Kleinmütigen hinzufügen: in der Mathematik gibt es kein Ignorabimus, wir können vielmehr sinnvolle Fragen stets beantworten, und es bestätigt sich, was vielleicht schon ARISTOTELES vorausfühlte, daß unser Verstand keinerlei geheimnisvolle Künste treibt, vielmehr nur nach ganz bestimmten aufstellbaren Regeln verfährt – zugleich die Gewähr für die absolute Objektivität seines Urteilens –.

Er erwähnt BROUWER zwar in seinem Vortrag nicht, aber es ist sehr wahrscheinlich, daß die heftige Auseinandersetzung mit BROUWER bei der Formulierung dieser Sätze eine Rolle gespielt hat. Vermutlich hat der Widerspruch zu BROUWER ihn zu jener Formulierung veranlaßt, daß die *Wahrheit* erkennbar sei. Einige Jahrzehnte zuvor hatte er gesagt (in seinem Briefwechsel mit FREGE [61]), daß es in der Geometrie nicht um »Wahrheit«, sondern nur um Sicherheit gehe.

HILBERT war durch BROUWER aufs äußerste gereizt worden. So

hatte dieser gegen die formalistische Beweisführung eingewandt, daß ein Verbrecher auch dann ein Verbrecher bleibe, wenn man ihm nichts beweisen kann. Daran ändere auch ein Freispruch wegen Mangels an Beweisen nichts [21]. Es ist verständlich, daß HILBERT über diesen taktlosen Vergleich empört war. Die Bemerkung BROUWERS trifft aber auch in der Sache daneben. Bei einem Gerichtsprozeß geht es um Zeugenaussagen und Indizien, und der Richter muß versuchen abzuwägen. Das Gegenstück wäre ein Mathematiker, der die Behauptung wagen würde, bis jetzt hat sich die GOLDBACHSche Vermutung immer als richtig erwiesen; wir können sie also als einen Lehrsatz ansprechen. Das tut aber kein mathematischer Forscher.

Aber nehmen wir einmal an, daß ein Mathematiker den folgenden Satz beweisen würde:

Aus der Annahme, daß sich *alle* geraden Zahlen > 2 additiv in Primzahlen zerlegen lassen, folgt ein Widerspruch.

In diesem Fall würde ein Formalist sagen, daß die GOLDBACHSche Vermutung falsch sei, auch wenn man bis jetzt noch kein Gegenbeispiel gefunden hat. Natürlich würden sich in diesem Fall viele Mathematiker darum bemühen, ein Gegenbeispiel zu finden. Man würde dann sagen, daß es ein solches Gegenbeispiel geben muß, auch wenn wir es noch nicht kennen. Reine Existenzbeweise spielen in der modernen Mathematik (z. B. in der Funktionentheorie) eine große Rolle, und es ist für einen Mathematiker eine Genugtuung, wenn Jahrzehnte später die Existenzaussage durch einen konstruktiven Beweis untermauert werden kann.

Wenn man die Denkweise von BROUWER und von HILBERT charakterisieren will, könnte man das etwa so tun: BROUWER ist ein großer Baumeister im Reich der Zahlen. Die intuitiv gegebene Zahlenreihe ist sein Arbeitsfeld, und er freut sich, wenn ihm ein besonders schönes Bauwerk gelingt. Er hat einmal gesagt, daß die Mathematik ein Tun sei.

HILBERT dagegen ist ein universaler Forscher, der die Gesetzlichkeiten des Weltalls verstehen will. Er ist ja nicht nur ein erfolgreicher Mathematiker, sondern auch ein guter Theoretiker der Physik gewesen. Er ist von einem großen Optimismus hinsichtlich der Möglichkeiten des menschlichen Geistes erfüllt. Als Hilfsmittel, die Naturgesetze zu durchschauen, gelten ihm nicht nur die

Zahlen, sondern auch die Gesetze einer formalen Logik. Dies gibt ihm die Möglichkeit zu ungewöhnlichen Deduktionen, die der klassischen Mathematik bisher fremd waren. Der Algebraiker GORDAN (1837–1912) hat einmal über einen HILBERTschen Beweis zur Invariantentheorie gesagt: »Das ist nicht Mathematik. Das ist Theologie« ([111], S. 34).

HILBERT war aber kein mystischer Schwärmer, sondern ein klarer Denker, der ohne Rücksichten mit den Grundgesetzen der Logik arbeitete. Im Jahr 1926 hat HILBERT, der Herausgeber der »Mathematischen Annalen«, einen heftigen Kampf geführt, um BROUWER aus dem Redaktionskollegium auszuschließen. Kürzlich hat VAN DALEN nach den alten Akten den »Krieg der Frösche und der Mäuse« beschrieben [22]. Mathematiker von Rang, wie ERHARD SCHMIDT, CARATHÉODORY und EINSTEIN, haben vergebens zu vermitteln versucht. EINSTEIN nahm das Ganze nicht so ernst; von ihm stammt die Bezeichnung »ein Krieg der Frösche und der Mäuse«. Die Auseinandersetzung endete mit einer Neuordnung des Redaktionskollegiums, dem BROUWER in der Folgezeit nicht mehr angehörte. Wir meinen: Ganz so lächerlich, wie EINSTEIN die Auseinandersetzung nahm, ist sie wohl doch nicht. Es steckt, wie wir versuchten zu zeigen, ein unterschiedliches weltanschauliches Denken dahinter.

Dazu kommt, daß BROUWER von einer harten Intoleranz war. Es ist eine Betrachtungsweise möglich (und sie setzt sich immer mehr durch), daß es sinnvoll ist zu fragen, ob eine Deduktion »konstruktiv« ist oder nicht. Man fragt ja auch in der Geometrie danach, welche Konstruktionen mit den klassischen Hilfsmitteln Zirkel und Lineal ausgeführt werden können. Wenn ein Geometer außerdem einen Rechtwinkelhaken benutzt, so kann er manche Aufgabe lösen, für die eine Konstruktion mit Zirkel und Lineal nicht möglich ist (vgl. dazu [8]). Es widerspricht nicht dem Geist der Mathematik, wenn man Konstruktionen mit dem Einschiebelineal vornimmt, wohl aber ist es interessant zu wissen, *welche* Hilfsmittel bei einer geometrischen Beweisführung benutzt werden. Wenn man es so sieht, wird die konstruktive Denkweise zu einer schönen Bereicherung der Mathematik.

In diesem Zusammenhang muß noch erwähnt werden, daß viele Ergebnisse der Naturforschung den Gedanken nahelegen, daß die

Mathematik nicht nur ein menschliches Tun sei. Gerade die großen Forscher wie EINSTEIN und PLANCK arbeiteten aus der Überzeugung, daß sie objektiven Naturgesetzen auf der Spur waren. In
manchen Fällen war die mathematische Theorie noch gar nicht
weit genug entwickelt, um die Versuchsergebnisse angemessen zu
beschreiben. Und so wurden die Mathematiker angeregt, ihre
Strukturen entsprechend auszuweiten. Man kann das hier Wesentliche aber auch noch einfacher fundieren. Die Mineralogen finden
im uralten Gestein Kristalle mit Symmetrieeigenschaften, die man
am besten mit Hilfe der Gruppentheorie beschreiben kann. In der
Natur waren also bereits vor Millionen von Jahren mathematische
Gesetzlichkeiten realisiert, die die mathematische Forschung erst
seit dem vorigen Jahrhundert untersucht. Angesichts dieses Be-
fundes erscheint es nicht so wichtig, daß der Mensch erst in letzter
Zeit einige Gesetzlichkeiten der mathematischen Strukturen herausgefunden hat.

3. Die erkenntniskritische Funktion

Im Jahre 1931 legte ein Student der Mathematik an der Berliner
Universität im Rahmen seines Staatsexamens eine Prüfung in Philosophie ab. Der Prüfer, der Pädagoge EDUARD SPRANGER, war
begeistert über das Wissen und das philosophische Verständnis des
Kandidaten. Er sagte aber zu ihm: »Ich kann Ihnen nur eine Zwei
geben, weil Sie nicht Griechisch können. Die Kenntnis der griechischen Sprache ist für ein tieferes Eindringen in die Philosophie
unerläßlich.« Im selben Jahr 1931 erschien die Arbeit von KURT
GÖDEL [43] zum Problem der Widerspruchsfreiheit in der Zahlentheorie. Er konnte zeigen, daß, wenn die formale Zahlentheorie
widerspruchsfrei ist, man das mit den Mitteln des Systems selbst
nicht beweisen kann (s. Kap. VII, Abschn. 4). Man kann die Bedeutung dieser Arbeit kaum überschätzen. Seither haben die
Philosophen das auch erkannt und beschäftigen sich auf ihren Tagungen oft mit Grundlagenfragen der Mathematik und der mathematischen Logik.

Zurück zu unserer Prüfung vom Jahr 1931. Wenn man dem Kandidaten der Mathematik und dem Prüfer die Aufgabe stellen

würde, die GÖDELsche Arbeit durchzuarbeiten, dann ist anzunehmen, daß das dem begabten jungen Mathematiker weniger Schwierigkeiten machen würde als dem Pädagogen. Vielleicht würde es dem jungen Mathematiker sogar leichter fallen, das griechische Denken zu verstehen, als dem klassisch gebildeten Gelehrten, sich in die Denkweise der modernen Grundlagenforschung einzuarbeiten.

Die Mathematik zeichnet sich vor andern Wissenschaften dadurch aus, daß sie Einsichten schafft über die Grenzen ihrer Methoden. Das erste bedeutende Beispiel für die erkenntniskritische Funktion der Mathematik war die Entdeckung, daß es inkommensurable Strecken gibt ([97], Kap. II). Die Pythagoreer hatten ja aufgrund ihrer Erkenntnisse in der Astronomie und in der Musikwissenschaft die These aufgestellt: »Alles ist Zahl«. Und dann stellten sie bestürzt fest, daß nicht einmal die Seiten und die Diagonale eines Quadrats ein gemeinsames Maß haben. Ein anderes Beispiel liefert die CANTORsche Mengenlehre. Die ersten Einwände gegen sie beruhen ja auf der irrtümlichen Meinung, daß die Gesetze der elementaren Algebra auch für transfinite Mengen gültig sein müssen. Wir wollen uns versagen, an dieser Stelle weitere Beispiele für die erkenntniskritische Klarheit der Mathematik zusammenzustellen (Näheres siehe [96]).

Wer sich wieder und wieder mit der Mathematik beschäftigt, wird darüber belehrt, daß man nicht unzulässig verallgemeinern darf. Wenn einer durch die kritische Schule der reinen Mathematik gegangen ist, dann darf man erwarten, daß er diesen kritischen Geist auch mitnimmt, wenn es um allgemeine weltanschauliche Fragen geht.

4. Sinn für das »ganz andere«

Als man DAVID HILBERT einmal berichtete, daß einer seiner Studenten von der Mathematik zur Germanistik übergegangen sei, sagte er: »Der Arme! Er ist unter die Dichter gegangen, weil er für die Mathematik nicht genug Phantasie hat.« Wer sich intensiv mit den Grundlagen der Mathematik beschäftigt, merkt bald, daß der Umgang mit Zahlen und Figuren keineswegs stumpfsinnig ist. Vertreter einer anderen Meinung sind der Auffassung, daß man den freien, schöpferischen Geist nicht binden sollte; es könne für die Lösung gewisser Aufgaben von Nutzen sein, die Methoden der Mathematik zu beherrschen, aber stumpfsinnig bleibe sie deshalb doch.

Dem können wir nur entgegensetzen, daß JOHANN VON BOLYAI seinem Vater WOLFGANG nach der Entdeckung der nichteuklidischen Geometrie schrieb, er habe eine neue Welt entdeckt, mit einer ganz eigentümlichen Flora und Fauna (vgl. [97]). Ähnliches könnte der sagen, der sich mit der CANTORschen Mengenlehre befaßt. Für die transfiniten Zahlen gelten ganz andere Regeln als für die natürlichen. Die Welt des Unendlichen ist eben anders strukturiert als die der elementaren Zahlen. Ein Wissenschaftler muß Phantasie haben, viel schöpferische Phantasie, um eine solche neue Welt aufzubauen. Dabei ist diese in der Mathematik geforderte Phantasie eine ganz andere als die, mit der uns die Dichter in irgendeine Traumwelt einführen. In den neuen Gebieten der Mathematik herrschen ebenso strenge Gesetze wie in der elementaren. Wer sich in diese neuen »Provinzen« der Mathematik eingearbeitet hat, wird erkennen, daß Realitäten denkbar sind, die sich von den uns vertrauten unterscheiden. Damit ist natürlich nicht gesagt, daß jeder solchen mathematischen Provinz auch eine Realität in der physikalischen Welt entspricht. Aber wir gewöhnen uns an den Gedanken, daß es so sein könnte.

Ich habe in den letzten Jahren öfter mit einem befreundeten Arzt über Gott und die Welt diskutiert. Dabei äußerte der Mediziner immer wieder die Ansicht, daß im »Jenseits« die Menschen nicht viel anders aussehen und sich nicht viel anders verständigen könnten als hier in unserer Welt. Sie müßten jedenfalls zwei Augen haben, zwei Ohren, eine Nase usw. Ich habe dem widersprochen, weil mich meine Beschäftigung mit der Mathematik gelehrt hat, daß alles auch »ganz anders« sein kann.

In summa: Es gibt viele Gebiete in der Philosophie, in denen der Mathematiker durch seine spezifische Denkweise einen Beitrag leisten kann. Seine disziplinierte Freiheit des Denkens könnte auch in der Politik und der Wirtschaft dazu anregen, neue sinnvolle Ordnungen zu schaffen.

Literaturverzeichnis

Bei Verweisen auf die Titel dieses Literaturverzeichnisses sind im allgemeinen nur die entsprechenden Nummern in eckigen Klammern angegeben.

1 Ackermann, W.: Zur Widerspruchsfreiheit der Zahlentheorie. Math. Ann. *117*, 162–194, 1940.
2 Ackermann, W.: Solvable Cases of the Decision Problem. Amsterdam 1954.
3 Bachmann, H.: Der Weg der mathematischen Grundlagenforschung. Bern 1983.
4 Barwise, J.: Handbook of Mathematical Logic. Amsterdam 1977.
5 Becker, O.: Grundlagen der Mathematik in geschichtlicher Entwicklung. Freiburg–München 1954.
6 Beltrami, E.: Teoria fondamentale degli spazii di curvatura constante. Annali di matematica, Serie II, t. *2*, 232–255, 1868.
7 Bernays, P.: Axiomatische Untersuchung des Aussagenkalküls der Principia Mathematica. Math. Z. *25*, 305–320, 1926.
8 Bieberbach, L.: Theorie der geometrischen Konstruktionen. Basel 1952.
9 Bishop, E.: Foundations of Constructive Analysis. New York 1967.
10 Bolyai, J.: Appendix scientiam spatii absolute veram exhibens. 1832, unveränderter Nachdruck 1907.
11 Bolzano, B.: Paradoxien des Unendlichen. Leipzig 1851, Neudruck Darmstadt 1964.
12 Bolzano, B.: Anti-Euklid. Acta Historiae rerum naturalium nec non technicarum *11*, 203–216, 1967.
13 Brouwer, L. E. J.: Historical Background, Principles and Methods of Intuitionism. South African Journal of Science *49*, 139–146, 1952.

14 Brouwer, L. E. J.: Collected Works. Herausgegeben von A. Heyting. Amsterdam 1975.

15 Cantor, G.: Gesammelte Abhandlungen mathematischen und philosophischen Inhalts. Herausgegeben von E. Zermelo nebst einem Lebenslauf von A. Fraenkel. Hildesheim 1962.

16 Cantor, G.: Briefe. Herausgegeben von H. Meschkowski und W. Nilson. Berlin–Heidelberg–New York 1991.

17 Cohen, P. J.: The Independency of the Continuum Hypothesis. Proc. Nat. Acad. Sci. USA 50, 1143–1148, 1963.

18 Cohen, P. J.: Set Theory and the Continuum Hypothesis. Amsterdam 1966.

19 Courant, R. und Robbins, H.: Was ist Mathematik? Berlin–Göttingen–Heidelberg 1962.

20 Dalen, D. van: The Use of Kripke's Schema as a Reduction Principle. Journ. of Symbolic Logic 42, 238–240, 1977.

21 Dalen, D van: Filosofische Grondslagen van de Wiskunde. Assen–Amsterdam 1978.

22 Dalen, D. van: The War of the Frogs and the Mice, or the Crisis of the Mathematische Annalen. Department of Philosophy, University of Utrecht, Logic Group Reprint Series No. 28, 1987.

23 Dantzig, D. van: On the Principles of Intuitionistic and Affirmative Mathematics. Indag. Math. 9, 429–440, 506–517, 1947.

24 Davis, P. J. und Hersh, R.: Erfahrung Mathematik. Basel–Boston–Stuttgart 1986.

25 Dedekind, R.: Was sind und was sollen die Zahlen? Stetigkeit und irrationale Zahlen. 7. Aufl., Braunschweig 1965.

26 Du Bois-Reymond, E.: Über die Grenzen des Naturerkennens. Die sieben Welträtsel. 2 Vorträge. Leipzig 1916.

27 Eggleston, H. G.: Covering the Three Dimensional Set with Sets of Smaller Diameter. J. London Math. Soc. 30, 11–24, 1955.

28 Einstein, A.: Erklärung der Perihelbewegung des Merkur aus der allgemeinen Relativitätstheorie. Sitzungsber. d. Kgl. Preuß. Akad. d. Wiss. 1915, 831–839.

29 Einstein, A.: Geometrie und Erfahrung. Sitzungsber. d. Preuß. Akad. d. Wiss. 1921, 123–130.

30 Engel, F. und Stäckel, P.: Urkunden zur Geschichte der nicht-euklidischen Geometrie. 1. Band: N. I. Lobatschewsky, Zwei geometrische Abhandlungen. Leipzig 1899. 2. Band: W. und J. Bolyai, Geometrische Untersuchungen. Leipzig 1913.

31 Euklid: Die Elemente. Herausgegeben von C. Thaer. Darmstadt 1975.

32 Euler, L.: Opera omnia, Ser. 1, V, 353–365, Zürich 1911–1956.

33 Feigl, G.: Einführung in die höhere Mathematik. Herausgegeben von H. Rohrbach. Berlin–Göttingen–Heidelberg 1953.

34 Finsler, P.: Formale Beweise und die Entscheidbarkeit. Math. Z. *25*, 677–682, 1926.

35 Fraenkel, A.: Einführung in die Mengenlehre. 3. Aufl., Berlin–Göttingen–Heidelberg 1928.

36 Fraenkel, A.: Abstract Set Theory. Amsterdam 1961.

37 Frege, G.: Begriffsschrift, eine der arithmetischen nachgebildete Formelsprache des reinen Denkens. Halle 1879.

38 Gale, D.: On Inscribing n-dimensional Sets in a Regular n-simplex. Proc. Am. Math. Soc. *4*, 222–225, 1953.

39 Gandy, R. O.: Bertrand Russell, as Mathematician. Bull. London Math. Soc. *5*, 342–348, 1973.

40 Gentzen, G.: Untersuchungen über das logische Schließen I, II. Math. Z. *39*, 176–210, 405–431, 1934.

41 Gentzen, G.: Die Widerspruchsfreiheit der reinen Zahlentheorie. Math. Ann. *112*, 493–565, 1936.

42 Gentzen, G.: Die gegenwärtige Lage in der mathematischen Grundlagenforschung. – Neue Fassung des Widerspruchsfreiheitsbeweises für die reine Zahlentheorie. Forschungen zur Logik und zur Grundlegung der exakten Wissenschaften, Neue Folge, Heft 4. Leipzig 1938.

43 Gödel, K.: Über formal unentscheidbare Sätze der Principia Mathematica und verwandter Systeme I. Monatshefte für Mathematik und Physik *38*, 173–198, 1931.

44 Gödel, K.: The Consistency of the Axiom of Choice and the Generalized Continuum Hypothesis. Proc. Nat. Acad. Sci. USA *24*, 556–557, 1938.

45 Gödel, K.: What is Cantor's Continuum Problem? Am. Math. Monthly *54*, 515–525, 1947.

46 Gödel, K.: Über eine bisher noch nicht benutzte Erweiterung des finiten Standpunktes. Dialectica *12*, 280–287, 1958.

47 Goldbach, Ch.: Leonhard Euler und Christian Goldbach: Briefwechsel 1729–1764. Herausgegeben von A. P. Juschkewitsch und E. Winter. Berlin 1965.

48 Goodstein, R. L.: Constructive Formalism. Essays on the Foundation of Mathematics. Leicester 1965.

49 Grünbaum, B.: A Simple Proof of Borsuk's Conjecture in Three Dimensions. Proc. Cambridge Phil. Soc. *53*, 776–778, 1957.

50 Gutberlet, C.: Das Unendliche, metaphysisch und mathematisch betrachtet. Mainz 1878.

51 Hadwiger, H.: Vorlesungen über Inhalt, Oberfläche und Isoperimetrie. Berlin–Göttingen–Heidelberg 1957.

52 Heine, E.: Die Elemente der Functionenlehre. J. f. d. reine u. angew. Math. *74*, 172–188, 1872.

53 Hermes, H.: Aufzählbarkeit, Entscheidbarkeit, Berechenbarkeit. Berlin–Göttingen–Heidelberg 1961.

54 Hilbert, D.: Grundlagen der Geometrie. 1. Aufl., Leipzig 1899, 12. Aufl., Stuttgart 1977.

55 Hilbert, D.: Neubegründung der Mathematik. Erste Mitteilung. Abhandl. aus dem Math. Seminar der Hamburger Universität *1*, 157–177, 1922.

56 Hilbert, D.: Naturerkennen und Logik. Naturwissenschaften 1930, 959–963.

57 Hilbert, D.: Probleme der Grundlegung der Mathematik. Math. Ann. *102*, 1–9, 1930.

58 Hilbert, D.: Gesammelte Abhandlungen. 2. Aufl., Berlin–Heidelberg–New York 1970.

59 Hilbert, D. und Ackermann, W.: Grundzüge der theoretischen Logik. 5. Aufl., Berlin–Göttingen–Heidelberg 1967.

60 Hilbert, D. und Bernays, P.: Grundlagen der Mathematik I, II. Berlin 1934–1939.

61 Hilbert, D. und Frege, G.: Briefwechsel. Herausgegeben von G. Steck. Sitzungsberichte Heidelberger Akad. der Wiss., math.-nat. Kl. 1941, 1–31.

62 Jaglom, J. M. und Boltjanski, W. G.: Konvexe Figuren. Berlin 1956.

63 Jaskowski, S.: On the Rules of Suppositions in Formal Logic. Studia logica *1*, 1934.

64 Johansson, I.: Der Minimalkalkül, ein reduzierter intuitionistischer Formalismus. Comp. Math. *4*, 119–136, 1936.

65 Jung, H. W. E.: Über die kleinste Kugel, die eine räumliche Figur einschließt. J. f. d. reine u. angew. Math. *123*, 241–257, 1901.

66 Jung, H. W. E.: Über den kleinsten Kreis, der eine ebene Figur einschließt. J. f. d. reine u. angew. Math. *137*, 310–313, 1910.

67 Kamke, E.: Mengenlehre. 4. Aufl., Berlin 1962.

68 Killing, W. und Hovestadt, H.: Handbuch des mathematischen Unterrichts I. Leipzig–Berlin 1910.

69 Kirsch, A.: Die Pferchkugel eines Punkthaufens. Math.-Phys. Semesterberichte *III*, 214–218, 1953.

70 Kleene, S. C.: Introduction to Metamathematics. Amsterdam–Groningen 1952.

71 Kleene, S. C.: Mathematical Logic. New York 1967.

72 Klein, F.: Gesammelte mathematische Abhandlungen. Berlin 1923.

73 Kowalewski, G.: Grundzüge der Differential- und Integralrechnung. 3. Aufl., Berlin–Leipzig 1923.

74 Kowalewski, G.: Bestand und Wandel. München 1950.

75 Kreisel, G.: Informal Rigour and Completeness Proofs. In: Lakatos, I.: Problems in the Philosophy of Mathematics. Amsterdam 1969.

76 Kreisel, G. und Troelstra, A. S.: Formal Systems for Some Branches of Intuitionistic Analysis. Annals of Math. Logic 1, 229–387, 1970.

77 Landau, E.: Grundlagen der Analysis. Leipzig 1930, Neudruck New York 1957.

78 Laugwitz, D.: Der Vierfarbensatz bewiesen. In: Fuchssteiner, B., U. Kulisch, D. Laugwitz, R. Riedl: Jahrbuch Mathematik 1977, 165–167, Mannheim 1977.

79 Laugwitz, D.: Infinitesimalkalkül. Mannheim 1978.

80 Laugwitz, D.: Nichtstandard-Mathematik, begründet durch eine Verallgemeinerung der Körpererweiterung. Expo. Math. 4, 307–333, 1983.

81 Laugwitz, D.: Zahlen und Kontinuum. Eine Einführung in die Infinitesimalmathematik. Darmstadt 1986.

82 Leibniz, G. W.: Schöpferische Vernunft. Münster–Köln 1955.

83 Lichtenberg, G. C.: Tag und Dämmerung. Aphorismen – Schriften – Briefe – Tagebücher. Leipzig 1941.

84 Lichtenberg, G. C.: Aphorismen und Briefe. Berlin 1953.

85 Lobatschewsky, N.: Geometrische Untersuchungen zur Theorie der Parallellinien. Berlin 1840.

86 Lukasiewicz, J. und Tarski, A.: Untersuchungen über den Aussagenkalkül. C. R. Soc. Sci. Varsovie 23, KL. III, 30–50, 1930.

87 Mannoury, G.: Die signifischen Grundlagen der Mathematik. Erkenntnis 4, 288–309, 317–345, 1934.

88 Meister Eckehart: Die deutschen und lateinischen Werke. Herausgegeben im Auftrag der DFG, 1–?, Stuttgart–Berlin 1936 ff.

89 Meschkowski, H.: Denkweisen großer Mathematiker. 3. Aufl., Braunschweig 1990.

90 Meschkowski, H.: Nichteuklidische Geometrie. 4. Aufl., Braunschweig 1971.

91 Meschkowski, H.: Ungelöste und unlösbare Probleme der Geometrie. 2. Aufl., Mannheim–Wien–Zürich 1975.

92 Meschkowski, H.: Mathematiker-Lexikon. 3. Aufl., Mannheim–Wien–Zürich 1980.

93 Meschkowski, H.: Unendliche Reihen. 2. Aufl., Mannheim–Wien–Zürich 1982.

94 Meschkowski, H.: Georg Cantor – Leben, Werk und Wirkung. Mannheim–Wien–Zürich 1983.

95 Meschkowski, H.: Problemgeschichte der Mathematik, I, II, III. 2. Aufl., Mannheim–Wien–Zürich 1984–1986.

96 Meschkowski, H.: Was wir wirklich wissen. München–Zürich 1984.

97 Meschkowski, H.: Wandlungen des mathematischen Denkens. 5. Aufl., München–Zürich 1985.

98 Nevanlinna, R. und Kustaanheimo, P. E.: Grundlagen der Geometrie. Basel–Stuttgart 1976.

99 Nicod, J. G. P.: A Reduction in the Number of the Primitive Propositions of Logic. Proc. Camb. Phil. Soc. *19*, 32–41, 1917.

100 Pál, J.: Über ein elementares Variationsproblem. Det Kgl. Danske Vid. Selbskab, Mat.-Fys. Medd. III 2, 1920.

101 Pasch, M.: Vorlesungen über neuere Geometrie. Leipzig 1882.

102 Peano, G.: Arithmetica principia, nova methodo exposita. Turin 1889.

103 Perron, O.: Nichteuklidische Elementargeometrie der Ebene. Stuttgart 1962.

104 Péter, R.: Rekursive Funktionen. 2. Aufl., Berlin 1957.

105 Poincaré, H.: Wissenschaft und Hypothese. 2. Aufl., Leipzig 1906.

106 Polya, G.: Eine Erinnerung an Hermann Weyl. Math. Z. *126*, 296–298, 1972.

107 Prawitz, D. und Malmnäs, P. E.: A Survey of Some Connections Between Classical, Intuitionistic and Minimal Logic. In: Schmidt, A., Schütte, K., Thiele, H. J., Contr. to Mathematical Logic. Amsterdam 1968.

108 Purkert, W. und Ilgauds, H. J.: Georg Cantor 1845–1918. Basel–Boston–Stuttgart 1987.

109 Rademacher, H. und Toeplitz, O.: Von Zahlen und Figuren. Berlin 1933, Nachdruck Berlin–Heidelberg–New York 1968.

110 Ramsey, F. P.: The Foundations of Mathematics and Other Logical Essays. Herausgegeben von R. B. Braithwaite. London 1931.

111 Reid, C.: Hilbert. Berlin–Heidelberg–New York 1970.

112 Reidemeister, K. (Hrsg.): Hilbert. Gedenkband. Berlin–Heidelberg–New York 1971.

113 Riemann, B.: Gesammelte mathematische Werke. Herausgegeben von H. Weber und R. Dedekind. Leipzig 1892.

114 Robinson, A.: Non-Standard Analysis. Amsterdam 1966.

115 Rosenbloom, P.: The Elements of Mathematical Logic. New York 1950.

116 Russell, B.: On Some Difficulties in the Theory of Transfinite Numbers and Order Types. Proc. London Math. Soc. *4*, 29–53, 1906.

117 Russell, B.: Mathematical Logic as Basis on the Theory of Types. Am. J. of Math. *30*, 263–301, 1908.

118 Russell, B. und Whitehead, A. N.: Principia Mathematica I, II, III. Cambridge 1910–1913.

119 Schmidt, A.: Mathematische Grundlagenforschung. In: Enzyklopädie der mathematischen Wissenschaften. Leipzig 1950, 1952.

120 Schmidt, E.: Über Gewißheit in der Mathematik. Rektoratsrede. Berlin 1930.

121 Schmieden, C. und Laugwitz, D.: Eine Erweiterung der Infinitesimalrechnung. Math. Z. *69*, 1–39, 1958.

122 Schoenflies, H.: Die Crisis in Cantors mathematischem Schaffen. Acta Math. *50*, 217–231, 1927.

123 Scholz, H.: Mathesis Universalis. Abhandlungen zur Philosophie als strenger Wissenschaft. Herausgegeben von Hermes, H., Kambartel, F., Ritter, J. 2. Aufl., Basel–Stuttgart 1969.

124 Schröder, E.: Algebra der Logik, I, II. Leipzig 1890/91.

125 Skolem, Th.: Begründung der elementaren Arithmetik durch die rekurrierende Denkweise ohne Anwendung scheinbarer Veränderlichen mit unendlichem Ausdehnungsbereich. Videnskapsselskapets Skrifter I. Mat.-Naturv. Kl. *6*, 3–38, 1923.

126 Sprague, R.: Über ein elementares Variationsproblem. Mat. Tideskrift 1936, 96–99.

127 Sprague, R.: Unterhaltsame Mathematik. Braunschweig 1961.

128 Swaart de, H. C. M. und Hubbeling, H. G.: Inleiding in de symbolische logica. Assen 1977.

129 Tarski, A., Mostowski, A. und Robinson, R. M.: Undecideable Theories. Amsterdam 1953.

130 Thiel, C. (Hrsg.): Erkenntnistheoretische Grundlagen der Mathematik. Hildesheim 1982.

131 Thomae, K. J.: Abriß einer Theorie der complexen Functionen und der Thetafunctionen. Halle 1870, 2. Aufl., 1873.

132 Troelstra, A. S.: Principles of Intuitionism. Lecture Notes in Mathematics 95, Berlin–Heidelberg–New York 1969.

133 Troelstra, A. S. (Hrsg.): Metamathematical Investigation of Intuitionistic Arithmetic and Analysis. Lecture Notes in Mathematics 344, Berlin–Heidelberg–New York 1973.

134 Troelstra, A. S.: Choice Sequences. A Chapter of Intuitionistic Mathematics. Oxford 1977.

135 Waerden, B. van der: Moderne Algebra. Berlin 1930.

136 Weber, H.: Leopold Kronecker. J.-Ber. Deutsch. Math. Verein. 2, 5–31, 1891–1892.

137 Weierstraß, K.: Mathematische Werke. Berlin 1894.

138 Weierstraß, K.: Einleitung in die Theorie der analytischen Funktionen. Vorlesung Berlin 1878. Bearb. v. P. Ulrich. Braunschweig–Wiesbaden 1988.

139 Weyl, H.: Das Kontinuum. Kritische Untersuchungen über die Grundlagen der Analysis. Leipzig 1918.

140 Weyl, H.: Über die neue Grundlagenkrise der Mathematik. Math. Z. 10, 39–79, 1921.

141 Weyl, H.: Philosophie der Mathematik und Naturwissenschaft. München 1928, Neudruck 1966.

142 Zacharias, M.: Elementargeometrie der Ebene und des Raumes. Berlin 1930.

143 Zermelo, E.: Beweis, daß jede Menge wohlgeordnet werden kann. Math. Ann. 59, 514–516, 1904.

144 Zermelo, E.: Neuer Beweis für die Wohlordnung. Math. Ann. 65, 107–128, 1908.

145 Zermelo, E.: Untersuchungen über die Grundlagen der Mengenlehre I. Math. Ann. 65, 261–281, 1908.

Autorenverzeichnis

Bieberbach, Ludwig (1886–1982)

1905–1910 Studium in Heidelberg und Göttingen, 1910 Promotion in Göttingen. 1913–1915 Prof. in Basel, 1915–1921 in Frankfurt am Main, danach an der Berliner Universität (bis 1945). Lebte nach 1945 zunächst noch in Berlin, später in Bayern, und war weiter wissenschaftlich tätig.

Hauptarbeitsgebiete Bieberbachs waren Analysis und Funktionentheorie, doch beschäftigte er sich auch mit Grundlagenfragen (Geometrie, Analysis). Er hat eine große Zahl von Lehrbüchern zu Teilbereichen aus diesen Gebieten geschrieben, die fast alle mehrere Auflagen und Reprints erreichten. Zu den wichtigsten Werken gehören das »Lehrbuch der Funktionentheorie« (2 Bde. 1921, 1926), die »Theorie der Differentialgleichungen« (1923) sowie die »Theorie der geometrischen Konstruktionen« (1952). Das letzte Buch wurde zu einem Standardwerk für den darin behandelten Problemkreis. (↑ S. 94 ff.)

Cantor, Georg (1845–1918)

1862–1867 Studium in Zürich, Göttingen und besonders in Berlin bei Kronecker und Weierstraß, 1867 Promotion bei Weierstraß, 1869 Habilitation in Halle. Zuerst dort Privatdozent, ab 1872 a. o. Prof. und ab 1879 o. Prof. in Halle, wo er bis zu seiner Emeritierung im Jahre 1913 wirkte. Cantor hatte entscheidenden Anteil an der Gründung der Deutschen Mathematiker-Vereinigung im Jahre 1890; in den ersten Jahren war er deren Vorsitzender. Er setzte sich auch für die Einrichtung internationaler Mathematikerkongresse ein; solche Kongresse fanden von 1900 an regelmäßig statt.

Georg Cantor gilt als einer der bedeutendsten Mathematiker

des 19. Jahrhunderts. Sein Lebenswerk war die Begründung der Mengenlehre und der Theorie der transfiniten Zahlen, die er hartnäckig gegen alle Kritik verteidigte. Seine Ideen haben die Mathematik des 20. Jahrhunderts ungemein befruchtet und die Diskussion um die Grundlagenfragen vorangetrieben. Vornehmlich in jüngeren Jahren hat Cantor sich auch mit anderen Bereichen der Mathematik beschäftigt (Analysis, Zahlentheorie, Theorie der reellen Zahlen). Cantor hat sich intensiv mit philosophischen und theologischen Fragestellungen befaßt, insbesondere solchen, die sich auf die Problematik des Unendlichen beziehen. Er versuchte, seine mathematischen Theorien in sein platonistisches Weltbild einzuordnen. Obwohl in späteren Jahren mit ↑ Hilbert befreundet, war er deshalb gegenüber streng formalistischen Ansätzen sehr zurückhaltend. (↑ S. 104 ff., 180 ff. u. 314 ff., ↑ Meschkowski, H., Georg Cantor, Zürich 1983)

Cohen, Paul Joseph (geb. 1934)
1958 Abschluß seines Mathematikstudiums mit Promotion zum Ph. D. (Doktor der Philosophie). Lehrte zunächst an verschiedenen Instituten (u. a. an der Harvard University), seit 1961 wirkt er an der Stanford University, von 1964 an als o. Prof.

Cohen arbeitet über Mengenlehre, Entscheidungsprobleme und Teilbereiche der Analysis. Sein Name wurde 1963 durch den Nachweis bekannt, daß die Kontinuumhypothese von den Axiomen der Zermelo-Fraenkelschen Mengenlehre unabhängig ist. Die dabei verwendete »Erzwingungsmethode« (»forcing method«) wurde für viele Unabhängigkeitsbeweise grundlegend.

Auf dem Internationalen Mathematikerkongreß von 1966 erhielt Cohen für diese bedeutende Leistung die Fields-Medaille. (↑ S. 181 ff.)

Courant, Richard (1888–1972)
1907–1911 Studium in Breslau (Wrocław), Zürich und Göttingen, wo er schon 1908 »Privatassistent« ↑ Hilberts wurde, bei dem er 1910 promovierte. 1912 Privatdozent, dann 4 Jahre Militärdienst im 1. Weltkrieg, 1919 a. o. Prof. und ab 1921 o. Prof. in Göttingen (als Nachfolger Felix Kleins). Emigrierte 1933 über England in die USA. Dort war er zunächst in Cambridge (Mass.)

und dann an der Univ. von New York tätig. Er begründete das »Institute for Mathematics and Mechanics«, das heute nach ihm benannt ist.

Hauptarbeitsgebiet dieses außerordentlich vielseitigen Forschers waren die reelle und komplexe Analysis und ihre Anwendungen. Seine bekanntesten Werke sind die »Funktionentheorie« (1922, mit A. Hurwitz), die zusammen mit ↑ Hilbert verfaßten breit angelegten »Methoden der mathematischen Physik« (1. Bd. 1924, 2. Bd. 1937) und die »Vorlesungen über Differential- und Integralrechnung« (2 Bde., 1927/28). Courant war stets um eine ausführliche und durchsichtige Darstellungsweise bemüht; in dem weitverbreiteten und beliebten Buch »Was ist Mathematik?« (»What is Mathematics?«, 1941, mit ↑ H. Robbins) wird das besonders deutlich. (↑ S. 247 ff., ↑ Reid, C., Richard Courant 1888–1972. Berlin–Heidelberg–New York 1979)

van Dalen, Dirk (geb. 1932)
Studium der Mathematik in Amsterdam, Promotion bei dem Intuitionisten Heyting. Arbeitete in Amsterdam, Haarlem und Utrecht und hat heute einen Lehrstuhl für Logik und Grundlagen und Philosophie der Mathematik in Utrecht.

Seine Arbeitsgebiete sind Logik und Geschichte der Mathematik sowie konstruktive Grundlagen der Mathematik unter besonderer Berücksichtigung des Intuitionismus. Die wichtigsten größeren Veröffentlichungen sind: »Filosofische Grondslagen van de Wiskunde« (1978), »Logic and Structure« (1981), »Sets: Naive, Axiomatic and Applied« (1981, mit H. Doets und H. de Swart) und das zusammen mit A. S. Troelstra herausgegebene Buch »Constructivism in Mathematics« (1988). (↑ S. 352 ff.)

Einstein, Albert (1879–1955)
Studium 1896–1901 in Zürich, Promotion 1905. 1908 Privatdozent in Bern, 1909 a. o. Prof. an der Univ. Zürich, 1911 Prof. f. theoretische Physik in Prag, 1912 Rückkehr nach Zürich und dort Prof. am Polytechnikum. 1913 Mitglied der Preuß. Akademie der Wissenschaften und Übersiedlung nach Berlin, Prof. an der Berliner Universität. 1922 Nobelpreis für die Theorie des photoelektrischen Effekts. 1933 Emigration in die USA, dort bis 1945 Prof.

für theoretische Physik am Institute for Advanced Study in Princeton.

Mit dem Namen »Einstein« untrennbar verbunden sind die spezielle und die allgemeine Relativitätstheorie. Diese Theorien haben die mathematische Forschung jahrzehntelang angeregt, u. a. mußte die Riemannsche Theorie des Raumes neu durchdacht und verallgemeinert werden. Einsteins Beschäftigung mit den Grundlagen der Physik und Mathematik beinhaltete die Auseinandersetzung mit der Frage der Realgeltung der Geometrie. Seine Auffassung kam dem »Konventionalismus« ↑ Poincarés nahe. (↑ S. 83 ff., ↑ Clark, R. W., Albert Einstein – Leben und Werk, Esslingen 1974)

Feigl, Georg (1890–1945)
Studium und Promotion (1918) in Jena, Habilitation 1927 in Berlin bei E. Schmidt. 1933 a. o. Prof., 1935 o. Prof. in Breslau (Wrocław).

Hauptarbeitsgebiete Feigls waren Grundlagen der Geometrie und Topologie. Er war aber der Lehre stärker verbunden als der Forschung, insbesondere versuchte er, Anfängern den Einstieg in das Mathematikstudium zu erleichtern. Seine diesem Ziel dienende Vorlesungsreihe »Einführung in die höhere Mathematik« wurde nach dem Kriege von seinem Freund ↑ H. Rohrbach, der zur gleichen Zeit wie Feigl Assistent in Berlin war, herausgegeben. (↑ S. 217 ff.)

Fraenkel, Abraham Adolf (1891–1965)
Studium in München, Marburg, Berlin und Breslau (Wrocław), 1914 Promotion in Marburg. 1914–1918 Kriegsdienst, zunächst im Sanitätsdienst, später als Meteorologe in einer Feldwetterwarte. Trotzdem 1916 Habilitation in Marburg, wo Fraenkel bis 1921 als Privatdozent wirkte. 1922–1928 a. o. Prof. an der Univ. Marburg, dann bis 1933 o. Prof. an der Univ. Kiel. 1933 Emigration nach Israel, bis 1959 (Emeritierung) o. Prof. an der Univ. Jerusalem, mit der er schon vorher engen Kontakt hatte. Von 1938 bis 1940 war Fraenkel Rektor dieser Universität.

Fraenkel beschäftigte sich zunächst mit algebraischen Fragen, seine Hauptarbeiten aber betreffen die Mengenlehre. Man verdankt ihm Arbeiten zum Problem des Auswahlaxioms und besonders eine verbesserte Fassung des Zermeloschen Axiomensystems der Mengenlehre, die heute als das »System von Zermelo-Fraenkel« bekannt ist. Fraenkel hat sich intensiv mit dem Gedankengut ↑ Cantors auseinandergesetzt und die erste umfangreichere Biographie Cantors geschrieben. Seine im Felde konzipierte und 1919 erschienene »Einleitung in die Mengenlehre« wurde in der die Forschungsergebnisse jener Zeit berücksichtigenden 3. Aufl., die fast den dreifachen Umfang der ersten hatte, zu einem Standardwerk der Mengenlehre. (↑ S. 135 ff., ↑ Fraenkel, A. A., Lebenskreise, Stuttgart 1967)

Hersh, Reuben (geb. 1927)
Nach Studium der englischen Literatur (1946 B. A., Harvard Univ.) und Einsatz im Korea-Krieg Studium der Mathematik (1962 Ph. D., New York Univ.). Hersh war danach an verschiedenen Universitäten tätig (New York, Stanford) und ist jetzt Professor an der Univ. von New Mexico in Albuquerque.

Hersh arbeitete u. a. über partielle Differentialgleichungen, Non-Standard-Analysis und Philosophie der Mathematik und veröffentlichte dazu mehrere Arbeiten. Das zusammen mit Ph. S. Davis verfaßte Buch »The Mathematical Experience« (»Erfahrung Mathematik«) gewann einen nationalen Buchpreis. (↑ S. 181 ff.)

Hilbert, David (1862–1943)
1880–1885 Studium der Mathematik in Königsberg (Kaliningrad), dort 1885 Promotion und 1886 Habilitation. Danach Privatdozent, a. o. Prof. und 1893 o. Prof. in Königsberg. 1895 Berufung nach Göttingen, wo er trotz zahlreicher anderer Angebote bis zu seiner Emeritierung 1930 blieb. Hilbert hatte maßgeblichen Anteil am Ausbau der Univ. Göttingen zur »mathematischen Hochburg« Deutschlands; er war deren zentrale Figur.

Hilbert wird als der bedeutendste und vielseitigste Mathematiker seiner Zeit angesehen. Man hat gesagt, daß er der letzte Mathematiker war, der in allen Gebieten seiner Wissenschaft zu Hause war. In der Tat hat er Arbeiten zur Algebra, Zahlentheorie, Geometrie und verschiedenen Gebieten der Analysis ebenso veröffentlicht wie solche über mathematische Physik, zur mathematischen Logik und zur Grundlagenforschung. Seine 1899 erschienenen »Grundlagen der Geometrie« wurden zu einem bahnbrechenden Werk; die darin geäußerte Auffassung von der Bedeutung der Axiome markiert den Anfang der heute in der Mathematik üblichen Axiomatik. Die Fragen der Widerspruchsfreiheit, Vollständigkeit und Unabhängigkeit von Axiomensystemen wurden fortan zu Kernproblemen der Wissenschaftstheorie. Hilbert ist der Hauptvertreter des Formalismus. (↑ S. 56ff. u. 416ff., ↑ Reid, C., Hilbert. Berlin–Heidelberg–New York 1970)

Landau, Edmund (1877–1938)
Studium in München (1 Semester) und Berlin, wo er 1899 promovierte und sich 1901 habilitierte. Bis 1909 Privatdozent an der Univ. Berlin, dann Berufung nach Göttingen als Nachfolger von Minkowski. 1933 verlor er seinen Lehrstuhl. Landau blieb aber in Deutschland und arbeitete unermüdlich wissenschaftlich weiter. Gelegentlich konnte er Gastvorlesungen im Ausland (Cambridge, Brüssel) halten.

Landaus Hauptarbeitsgebiete waren die Zahlentheorie und die Funktionentheorie. Er hat ca. 250 Arbeiten veröffentlicht. In seinem ersten großen Werk, dem fast 1000 Seiten umfassenden zweibändigen »Handbuch über die Lehre von der Verteilung der Primzahlen« (1909) ist die Darstellung noch betont ausführlich, in den 1927 erschienenen »Vorlesungen über Zahlentheorie« ist dagegen sein berühmt-berüchtigter extrem knapper Stil, der »Landau-Stil«, schon sehr ausgeprägt. In den »Grundlagen der Analysis« (1930) wird er konsequent verwendet. (↑ S. 197ff.)

Laugwitz, Detlef (geb. 1932)
Studium ab 1949 in Göttingen, dort 1954 Promotion. Habilitation 1958 an der TU München. Seit 1958 an der TH Darmstadt tätig, ab 1963 als o. Prof. für Mathematik.

Laugwitz' Hauptarbeitsgebiete sind Differentialgeometrie, Analysis unter besonderer Berücksichtigung der Non-Standard-Analysis und Geschichte der Mathematik. Er hat zahlreiche Aufsätze und Bücher zu diesen Bereichen verfaßt (u. a. »Differentialgeometrie in Vektorräumen« 1965, »Infinitesimalkalkül« 1978, »Zahlen und Kontinuum« 1986) und war daneben mehrfach als

Herausgeber (z. T. mit anderen) tätig (»Meyers Handbuch der Mathematik«, »Überblicke Mathematik«). (↑ S. 318 ff.)

Péter (geb. Politzer), Rózsa (1905–1977)

Studium 1922–1927 an der Univ. Budapest, dort 1935 Promotion. Danach lehrte R. Péter an der Univ. Budapest, ab 1955 als Professorin.

Frau Péter hatte sich schon in ihrer Dissertation mit Problemen der Theorie der rekursiven Funktionen befaßt; sie ist diesem Forschungsbereich treu geblieben, hat sich aber naheliegenderweise zusätzlich Fragen der theoretischen Informatik zugewandt (Programmiersprachen, Methodologie des Programmierens, u. a.). Ihr Werk »Rekursive Funktionen« (1950) war eine erste zusammenfassende Darstellung dieses Gebietes. (↑ S. 381 ff.)

Poincaré, Henri (1854–1912)

1873–1877 Ingenieurstudium in Paris mit Abschluß als Ingenieur für Bergbau. 1879 Promotion in Mathematik; im gleichen Jahr schon Prof. für Analysis in Caen. 1881 a. o. Prof., ab 1885 o. Prof. an der Sorbonne in Paris. Poincaré arbeitete viele Jahre zugleich an der Ecole Polytechnique; er war 1906 Präsident der franz. Akademie und hielt 1909 Gastvorlesungen in Göttingen.

Poincaré gilt als der bedeutendste französische Mathematiker zu Beginn des 20. Jahrhunderts. Er war in der »angewandten« Mathematik ebenso fruchtbar wie in der »reinen«; unter seinen ca. 500 Publikationen finden sich Abhandlungen zur Astronomie, Thermodynamik, Hydromechanik, Elastizitätstheorie, Elektrizitätslehre und zur Optik. In der reinen Mathematik hat er bedeutende Arbeiten zur Funktionentheorie, Topologie, Theorie der Differentialgleichungen, Wahrscheinlichkeitsrechnung und zur Algebra geliefert. Sein Name ist mit vielen mathematischen Sachverhalten verbunden; am bekanntesten ist das Poincarésche Modell einer nichteuklidischen Geometrie. In späteren Jahren hat er sich intensiv mit Grundlagenfragen der Naturwissenschaften und der Mathematik (Raumproblem) auseinandergesetzt; sein diesbezüglicher Standpunkt wird als »Konventionalismus« bezeichnet. Der Mengenlehre ↑ Cantors stand Poincaré skeptisch gegenüber; er war ein Gegner des »Aktual-Unendlichen«. So gesehen gilt er als einer der Vorläufer des Intuitionismus, doch findet man bei ihm auch Aussagen, die in eine formalistische Auffassung der Mathematik hineinpassen. Die Thesen Poincarés haben das Denken vieler Mathematiker unseres Jahrhunderts beeinflußt. Zu seinen bekanntesten Werken zählt die (allgemein verständlich geschriebene) Schrift »La Science et l'Hypothèse« (»Wissenschaft und Hypothese«, 1902). (↑ S. 81 ff., ↑ Bellivier, A., Poincaré. Paris 1956)

Rademacher, Hans (1892–1969)
Studium 1911–1915 und Promotion (1916) in Göttingen, 1919 Habilitation in Berlin. 1922 a. o. Prof. in Hamburg, 1925 o. Prof. an der Univ. Breslau (Wrocław). Rademacher war überzeugter Pazifist und aktives Mitglied im »Verein zur Abwehr des Antisemitismus«. Er emigrierte deshalb 1933 in die USA, wo er zunächst als Gastprof., dann als Assistent-Prof. und schließlich als Prof. an der Univ. von Pennsylvania, Philadelphia, lehrte. Nach seiner Emeritierung hielt er Gastvorlesungen an der Rockefeller Univ. in New York.

Rademacher hat zahlreiche Beiträge zu den verschiedensten Gebieten der Mathematik geliefert. Er begann mit Arbeiten zur Analysis und zur Maßtheorie, später folgten Untersuchungen über Fragen der Zahlentheorie und der Theorie der konvexen Körper. Sein zusammen mit ↑ O. Toeplitz 1933 publiziertes Buch »Von Zahlen und Figuren. Proben mathematischen Denkens für Liebhaber der Mathematik« wurde zu einem der bekanntesten Bücher dieses Typs; wissenschaftlich bedeutsamer sind seine »Lectures in Elementary Number Theory« (1964). (↑ S. 28 ff.)

Robbins, Herbert Ellis (geb. 1915)
Studium an der Harvard Univ. (bis 1936), dort Promotion 1938. Lehrte von 1939 bis 1942 an der New York Univ., war dann Soldat und von 1946 bis 1953 an der Univ. von North Carolina tätig; danach Prof. für Statistik an der Columbia Univ., New York.

Robbins hat eine Reihe wichtiger Beiträge zur mathematischen Statistik geliefert. In Deutschland wurde sein Name aber besonders durch das zusammen mit ↑ R. Courant geschriebene Buch »What is Mathematics?« (»Was ist Mathematik?«, 1941) bekannt. (↑ S. 247 ff.)

Rohrbach, Hans (geb. 1903)

1921–1929 Studium in Berlin und Philadelphia, 1929–1935 (zusammen mit ↑ G. Feigl) Assistent an der Univ. Berlin. 1932 Promotion, 1936 Oberassistent in Göttingen, dort 1937 Habilitation und Dozentur. 1941 a. o. Prof., 1942 o. Prof. in Prag; 1946 Gastprof., 1951 o. Prof. an der Univ. Mainz, wo er 1971 emeritiert wurde. 1966/67 Rektor dieser Univ.

Rohrbach hat hauptsächlich auf dem Gebiete der (additiven) Zahlentheorie gearbeitet. 1953 hat er die Vorlesungen von ↑ G. Feigl »Einführung in die höhere Mathematik« herausgegeben. 1944 gelang es Rohrbach, durch geschicktes und zähes Verhandeln die Vollstreckung des durch den Volksgerichtshof erlassenen Todesurteils für einen Kollegen (den später an der TU Berlin tätigen Ernst Mohr) so weit zu verzögern, daß dieser durch das Kriegsende gerettet wurde. Neben manchen anderen Auszeichnungen erhielt Rohrbach 1974 das Bundesverdienstkreuz am Bande. (↑ S. 217 ff.)

Sprague, Roland (1894–1967)

Sprague, ein Enkel von H. A. Schwarz und Urenkel von E. E. Kummer, studierte in Göttingen und in Berlin. Er war zunächst im Schuldienst tätig, wurde 1949 an die PH Berlin berufen, promovierte deshalb 1950 an der FU Berlin und war danach Prof. an der PH Berlin.

Sprague hat eine ganze Reihe origineller wissenschaftlicher Arbeiten zur Zahlen- und Gruppentheorie, über mathematische Spiele und zur geometrischen Topologie veröffentlicht. Sein Büchlein »Unterhaltsame Mathematik« (1961) gibt einen Einblick in den Ideenreichtum dieses Mathematikers, der zugleich ein hervorragender Lehrer war. (↑ S. 17 ff.)

Toeplitz, Otto (1881–1940)

Studium in Breslau (Wrocław), dort 1905 Promotion. Fortsetzung seiner Studien in Göttingen bei F. Klein, Minkowski und ↑ Hilbert. 1913 wurde er o. Prof. in Kiel, 1927 in Bonn. 1933 verlor Toeplitz sein Amt und widmete sich Aufgaben in der jüdischen Gemeinde (Hilfe für jüdische Studenten). Emigrierte 1938 nach Palästina.

Toeplitz hat eine Reihe von wichtigen Arbeiten zur Theorie der quadratischen Formen veröffentlicht, später hat er sich mit der Theorie der Integralgleichungen und mit Gleichungssystemen mit unendlich vielen Unbekannten beschäftigt. Mindestens ebenso intensiv hat er sich mit Fragen der Lehre in Schule und Hochschule auseinandergesetzt. Toeplitz bemängelte, daß in den üblichen Vorlesungen nirgends die Frage berührt wird: »Warum so? Wie kommt man zu ihnen?« (den Begriffen der Mathematik). Er versuchte, die Anfängervorlesungen historisch-genetisch aufzubauen. Typisch für ihn ist das 1949 aus seinem Nachlaß von G. Köthe herausgegebene Buch »Die Entwicklung der Infinitesimalrechnung« ebenso wie das zusammen mit ↑ H. Rademacher verfaßte Buch »Von Zahlen und Figuren« (1933).

Kurz vor seinem Tode hat er sich verzweifelt die Frage gestellt: »Was haben wir in der Erziehung unserer Studenten falsch gemacht, daß diese Jugend sich so entwickeln konnte?« (↑ S. 28ff.)

Quellenverzeichnis

Kapitel I:

Sprague, R., Unterhaltsame Mathematik. Braunschweig 1961 (Vieweg). S. 4, 5, 14, 15, 17, 24, 25, 26, 38, 39, 40, 41, 47, 48
Rademacher, H. und Toeplitz, O., Von Zahlen und Figuren. Berlin 1933 (Springer). S. 19–27
Meschkowski, H., Ungelöste und unlösbare Probleme der Geometrie. 2. Aufl., Mannheim–Zürich–Wien 1975 (BI – Wissenschaftsverlag). S. 12, 66–75

Kapitel II:

Hilbert, D., Grundlagen der Geometrie. 3. Aufl., Leipzig–Berlin 1909 (Teubner). S. 1–20
Hilbert, D. und Frege, G., Briefwechsel. Herausgegeben von G. Steck. Sitzungsberichte der Heidelberger Akademie der Wissenschaften, math.-nat. Klasse 1941. Briefnummern XV 7–9
Poincaré, H., Wissenschaft und Hypothese. 2. Aufl., Leipzig 1906 (Teubner). S. 38–40
Einstein, A., Geometrie und Erfahrung. Sitzungsberichte der Preußischen Akademie der Wissenschaften 1921. S. 123–130
Bieberbach, L., Theorie der geometrischen Konstruktionen. Basel 1952 (Birkhäuser). S. 24–27, 50–53

Kapitel III:

Cantor, G., Beiträge zur Begründung der transfiniten Mengenlehre. Mathematische Annalen 46, 1895 (Springer). S. 481–496
Fraenkel, A. A., Einführung in die Mengenlehre. 3. Aufl., Berlin–Göttingen–Heidelberg 1928 (Springer). S. 268–285, 288–293, 295–312

Davis, P.J. und Hersh, R., Erfahrung Mathematik. Basel–Boston–Stuttgart 1986 (Birkhäuser). S. 235–245

Kapitel IV:

Landau, E., Grundlagen der Analysis. Leipzig 1930 (Teubner). S. 25–42
Feigl, G., Einführung in die höhere Mathematik. Herausgegeben von H. Rohrbach. Berlin–Göttingen–Heidelberg 1953 (Springer). S. 1–9, 333–345

Kapitel V:

Courant, R. und Robbins, H., Was ist Mathematik? Berlin–Göttingen–Heidelberg 1962 (Springer). S. 220–235, 302–337
Laugwitz, D., Nichtstandard-Mathematik, begründet durch eine Verallgemeinerung der Körpererweiterung. Expo Math. 4, 1983 (BI). S. 307–333

Kapitel VI:

Dalen, D. van, Filosofische Grondslagen van de Wiskunde. Assen–Amsterdam 1978 (van Gorcum). S. 20–40
Péter, R., Rekursive Funktionen. 2. Aufl., Berlin 1957 (Akademie-Verlag). S. 7–25, 30–41

Kapitel VII:

Hilbert, D. und Ackermann, W., Grundzüge der theoretischen Logik. 3. Aufl., Berlin–Göttingen–Heidelberg 1949 (Springer). S. 3–33
Hilbert, D., Neubegründung der Mathematik. 1. Mitteilung. Abhandlungen aus dem Mathematischen Seminar der Hamburger Universität 1, 1922 (Vandenhoeck & Ruprecht). S. 157–177
Meschkowski, H., Wandlungen des mathematischen Denkens. 5. Aufl., München–Zürich 1985 (Piper). S. 112–121

Nachwort

«Lust an der Erkenntnis» – Herbert Meschkowski hat sie in reichem Maße besessen. Ohne diese Quelle hätte sein Lebenswerk nicht entstehen können, ein Werk, das darauf gerichtet war, eben diese Lust bei anderen zu wecken und zu fördern. »Erkenntnis« war für Meschkowski nie nur Erkenntnis innerhalb seines Faches – dafür zeugt das Werk seiner letzten Jahre in besonderem Maße. Doch die Beschäftigung mit der Mathematik hatte für ihn die wichtige Funktion, zur »Redlichkeit des Denkens« zu gelangen. Meschkowski ist nie müde geworden, diese Redlichkeit für alle Bereiche des menschlichen Denkens und des daraus resultierenden Handelns zu fordern; dies klingt auch im letzten Kapitel des vorliegenden Buches an. Mit diesem für ihn so charakteristischen Gedanken hat Meschkowski sein Lebenswerk abgeschlossen.

Alle diejenigen, die bis in seine letzten Tage hinein am Denken dieses Mannes teilhaben konnten, werden dafür dankbar sein. Ich hatte das Glück, zu ihnen zu gehören.

Berlin, im Dezember 1990   Winfried Nilson

Lust am Forschen
Ein Lesebuch zu den Naturwissenschaften
Herausgegeben von Klaus Stadler.
503 Seiten. Serie Piper 1050

»Lust am Forschen« möchte zeigen, warum Wissenschaftler gern
forschen, welche Freude sie am Erwerb neuen Wissens und an
überraschenden Ergebnissen haben. Dabei soll auch der
eigentliche Prozeß des Forschens in den verschiedensten
Bereichen moderner Naturwissenschaft deutlich werden.
Glücklicherweise haben große Naturwissenschaftler immer
wieder sowohl über ihre »Lust am Forschen« als auch über ihre
Arbeit und deren Ergebnisse in Büchern berichtet, die sich auch
an Nichtwissenschaftler wenden. Dieses Lesebuch versammelt
70 Texte von 51 Autoren, deren Bücher im Rahmen des
wissenschaftlichen Programms des Piper Verlags erschienen sind.
In 9 Kapiteln kommen Themen zur Sprache, die die Forschung
in verschiedensten naturwissenschaftlichen Disziplinen vor allem
in unserem Jahrhundert, aber auch schon in vorausgegangenen
Zeiten geprägt haben. Einige Texte stellen große
Naturwissenschaftler früherer Jahrhunderte vor. Ziel des Buches
ist es, die Leser mit einem breiten Spektrum
naturwissenschaftlichen Forschens vertraut zu machen und sie
zu eigenem Weiterlesen und Weiterdenken anzuregen.

PIPER

Edgar Lüscher

Moderne Physik

Von der Mikrostruktur der Materie bis zum Bau des Universums
Unter Mitarbeit von Ernst Hofmeister. 508 Seiten mit 330 Abbildungen
und 50 Tabellen. Serie Piper 457

Die moderne Physik hat unser Leben und unser Weltbild entscheidend
verändert. Angewandte Physik in Form der modernen Technik ist aus
unserem Alltag nicht mehr wegzudenken – die immer wichtiger
werdende Mikroelektronik ist dafür nur ein Beispiel. Dieses Buch
macht die moderne Physik in ihrer Gesamtheit, von der Mikrostruktur
der Materie bis zum Bau des Universums, deutlich. Grundlegende
Arbeitsgebiete – wie etwa Raum und Zeit, Wellen, Energie,
Festkörperphysik – werden anschaulich dargestellt und in ihren
Zusammenhängen verdeutlicht. Unterstützt von über 330 meist
farbigen Abbildungen, erhält der Leser einen einzigartigen Einblick in
die Werkstatt des modernen Physikers.

»Es gibt im ganzen deutschen Sprachraum kein vergleichbares Buch,
mit welchem der Laie sich den ganzen Korpus der Physik fast ohne
Formeln in ihren Grundzügen einverleiben kann .. Viel mehr als eine
faszinierende Einführung in die Physik: ein echter und fundamentaler
Beitrag zur Kultur.«   Neue Zürcher Zeitung

PIPER